内蒙古公共气象服务丛书

农牧业气象服务与管理

主编 乌 兰 党志成

内 容 简 介

本书围绕内蒙古自治区公共气象服务的重点领域——生态与农牧业生产中居主要地位的玉米、春小麦、大豆、马铃薯、日光温室、天然牧草、草地畜牧业产前、产中、产后系列化气象服务工作进行了系统的总结，形成了相应的业务指标及规范、产品制作流程及考核标准、年度气象服务工作历等系列化成果，既是服务型业务理念创新的产物，也是多年来气象服务实践的宝贵结晶。

本书可供我国北方特别是内蒙古自治区从事气象服务的工作人员使用，也可供农牧业科技部门及工作人员参考。

图书在版编目(CIP)数据

农牧业气象服务与管理 / 乌兰，党志成主编. — 北京：气象出版社，2018.5
（内蒙古公共气象服务丛书）
ISBN 978-7-5029-6763-5

Ⅰ.①农… Ⅱ.①乌… ②党… Ⅲ.①农业气象-气象服务-内蒙古 Ⅳ.①S165

中国版本图书馆 CIP 数据核字（2018）第 084565 号

农牧业气象服务与管理
乌 兰 党志成 主编

出版发行：气象出版社	
地　　址：北京市海淀区中关村南大街 46 号	邮政编码：100081
电　　话：010-68407112（总编室）　010-68408042（发行部）	
网　　址：http://www.qxcbs.com	E-mail：qxcbs@cma.gov.cn
责任编辑：林雨晨	**终　　审：吴晓鹏**
责任校对：王丽梅	**责任技编：赵相宁**
封面设计：博雅思企划	
印　　刷：北京建宏印刷有限公司	
开　　本：787 mm×1092 mm　1/16	印　　张：32.125
字　　数：826 千字	
版　　次：2018 年 5 月第 1 版	印　　次：2018 年 5 月第 1 次印刷
定　　价：160.00 元	

本书如存在文字不清、漏印以及缺页、倒页、脱页等，请与本社发行部联系调换。

《内蒙古公共气象服务丛书》编委会

主　　任：乌　兰　党志成

副主任：杨志捷　乌兰巴特尔　张永生

编　　委：牛宝亮　邢金熠　杨耀芳　卢　华
　　　　　杨文义　薛德友　孙永刚　李喜仓
　　　　　李云鹏　高剑锋　陈亚军　李松如
　　　　　达布希拉图　　　李永利　李文科
　　　　　杨经培　娄玉贵　韩德林　李　毅
　　　　　王　民　于长文　刘见文　李春筱
　　　　　张喜林　陈　杰　姜　桓

序　言

　　服务是气象事业的根本,切实做好气象服务工作,对于经济建设、社会发展、保障人民群众生命财产安全和生产生活意义重大。几十年来,内蒙古广大气象工作者艰苦创业、不懈探索、勤奋工作,使内蒙古气象事业从无到有,从小到大,建成了功能比较齐全、具有较高现代化水平、在国内外有较好影响、基本适应自治区经济社会发展的气象服务体系。

　　特别是进入 21 世纪以来,随着内蒙古自治区经济社会发展对气象服务需求的不断增加和科技对气象服务支撑作用的明显提升,气象服务的发展空间及作用也明显扩大和提高。自治区气象部门立足内蒙古地域辽阔、东西狭长、横跨三北、地处祖国北疆和京津上游的气候及地理区位,立足生态大区、畜牧业大区、农业大区、能源大区等区域经济布局,立足气象灾害及衍生灾害种类多、频次高、影响重等灾害防御工作面临的现实挑战,立足于边疆少数民族自治区公共气象服务及灾害预警产品制作及传播的特殊性,将主要精力及主攻方向融入和助力自治区防灾减灾现实需求与经济社会发展大局。全区各级气象部门积极推动部门气象向社会气象转变,营造了"被动服务向主动服务转变、单一服务向综合服务转变、粗放服务向精细服务转变、传统服务向现代服务转变"的创新创业氛围。在预报预警服务、监测与评估服务、灾害防御的组织管理等方面,大胆的探索拓展取得了明显成效。率先建成全国省级规模最大的生态监测评估气象业务体系,建成服务风电场数量居全国首位的省级最大风资源观测精细化评价和预报体系,创立了全国气象系统最早且规模最大的民航气象服务模式,在全国最早创立了旨在完善基层气象灾害防御体制机制的苏木乡镇气象助理员制度,在气象系统率先与高校合作实施了欠发达地区人才引进和培养模式,自主研发三级部门共用的综合信息系统有力支撑了业务规范化、办公自动化、管理信息化、服务智能化,研发了蒙文网站、蒙文手机客户端及联合研发预警收音机促进了边远地区灾害预警信息的快速传播和广泛覆盖,首创多源数据融合应用的气象灾害损失定量化评估业务在多省保险领域推广应用,建成全国规模最大的(飞机、火箭、高炮)人工影响天气作业体系,在全国率先形成部门联动、社会参与的林业、森警、气象三位一体防扑火联动机制,建立了载人航天飞行器气象服务保障支持等体系。气象服务在经济建设、灾害防御、重大工程、重大活动、突发事件以及气候变化应对服务中发挥的作用日显突出,气象服务的决策参与度、专业依赖度、公众关注度和社会响应度显著提升,得到了中国气象局及我区各级党委政府的认可和各族人民群众的广泛好评。

　　在服务领域进一步拓展和服务业务不断深化的同时,我们也发现气象服务供给能力与需求之间仍然存在很多不适应,且在制约和影响着气象服务能力的进一步提升。如服务的理念和意识还需进一步巩固和深化,先进科技成果的学习和应用还需进一步增强,气象与社会、系统内部上级与下级单位之间、同级部门之间、业务与业务之间及管理和业务之间,还存在着开放不足、解放不够等不顺畅、不协调、不规范等问题,都迫切需要从整体范畴系统地改进管理、业务、技术及服务的体制机制,建立与之相适应相匹配的流程、规范和标准,以此推进综合服务水平上新台阶,进一步提升气象服务经济社会发展的能力和基础作用。

　　基于这种认识,在深入学习领会党的十八大和十九大精神的基础上,凝练形成了"服务型业务"理念。该理念的核心是,以服务经济社会发展为重心,以转变作风为切入,从管理层面规范内外服务,从科技层面强化支撑与保障,从业务层面提升整体服务效率和效益,切实推进业务、服务、管理体制机制深度改革。在全区广大干部职工深入研讨达成共识的前提下,自治区气象局形成了"以服务型业务为抓手,全面推进气象现代化"的发展思路。目的在于将软实力建设放在现代化建设中更加突出的位置,通过软实力的提升适应和促进现代化软硬实力协调发展,更好地彰显气象现代化的综合效益。

在实际操作中,通过抓体制机制、抓职能职责、抓业务与产品等关键环节,逐步实现了"四个明晰",即上下游供给流程明晰、业务服务与产品标准明晰、单位与岗位职责明晰、业务服务与管理运行机制明晰。服务型业务的建设和推进,使气象管理、业务与服务在全程化、规范化、标准化中迈出了可喜一步,本丛书就是服务型业务建设的初步成果。本丛书围绕内蒙古公共气象服务的重点领域生态与农牧业生产的产前、产中、产后系列化服务和全区主要气象灾害与衍生灾害的灾前、灾中、灾后及重大活动保障全程化管理与服务的要求、规律及特点,制定了相应的流程、规范和标准,以及产品分类和制作方法等,吸收了全区气象工作者多年的服务经验和气象系统最新科技成果。丛书编写者中,既有多年来奋斗在旗县级气象服务一线的科技人员,也有自治区、盟市两级拥有深厚业务积淀的高级工程师及资深管理工作者。成书过程中历经反复修改,凝聚了编写者的大量心血。从气象服务的系统性、规范性等制度层面看,丛书是理念创新和实践探索的宝贵结晶,其编制适应了气象事业的发展规律,适应了自治区经济社会的发展需求,适应了气象科技的发展趋势,既是对"服务型业务"建设成果的一次总结,也会对进一步提高公共气象服务和气象防灾减灾救灾工作产生积极的促进作用。在此,我对为编著丛书付出辛勤劳动的所有工作人员致以衷心的敬意,也对丛书的出版表示热烈的祝贺。

由于"服务型业务"的建设实践涉及到新旧业务体制机制的碰撞,也涉及到国家、地方、部门内部各种政策及制度的学习理解和落实,还涉及到对于快速发展的科学技术及其成果的学习借鉴和吸收,加之丛书的编写是带有探索性质的一种尝试,无论是管理、业务、服务的制度完善,业务及科技成果的系统性应用,还是文字表达都难免存在很多不足,需要在实践中不断完善。需要说明的是,本丛书都是基于编写专家所在地服务实践为蓝本,业务服务指标及参考等具有地域局限性,其他地区应结合本地实际进行相应调整。另外,从业务及科技成果支撑管理与服务的角度看,还应通过现代大数据和信息化技术搭实服务平台,将流程、规范、标准、产品及考核等相对固化,并在应用中不断修正。若得如此,将会更有利于推进气象服务供给侧结构性改革取得实实在在的成果,在建设气象现代化和助力自治区经济社会发展中取得事半功倍的效果。

2017 年 10 月

目 录

序言

玉米气象服务与管理篇

前言
- **第1章 概论** ………………………………………………………………………………（5）
  - 1.1 自然地理与农业气候概况 ………………………………………………………（5）
  - 1.2 玉米农业生产特点 ………………………………………………………………（6）
  - 1.3 玉米生物学特性 …………………………………………………………………（9）
  - 1.4 玉米栽培技术 ……………………………………………………………………（12）
- **第2章 环境条件及其影响** ………………………………………………………………（16）
  - 2.1 农业气象条件和作物适宜指标 …………………………………………………（16）
  - 2.2 玉米农业气象灾害 ………………………………………………………………（23）
  - 2.3 病虫害 ……………………………………………………………………………（30）
- **第3章 农业气象服务** ……………………………………………………………………（35）
  - 3.1 产品制作要求 ……………………………………………………………………（35）
  - 3.2 农业气象服务规范 ………………………………………………………………（42）
  - 3.3 岗位职责 …………………………………………………………………………（43）
- **第4章 玉米农业气象服务考核** …………………………………………………………（45）
  - 4.1 农业气象监测服务产品考核 ……………………………………………………（45）
  - 4.2 农业气象预报预警服务产品考核 ………………………………………………（46）
  - 4.3 农业气象评估服务产品考核 ……………………………………………………（48）
- 附录A 农业气象术语 ………………………………………………………………………（51）
- 附录B 玉米农业气象服务工作历 …………………………………………………………（55）
- 附录C 主要农业气象灾害指标 ……………………………………………………………（65）
- 附录D 产品制作模板 ………………………………………………………………………（67）
- 附录E 主要玉米品种 ………………………………………………………………………（77）
- 附件F 农业气象灾害调查方法 ……………………………………………………………（81）

春小麦气象服务与管理篇

前言
- **第1章 概论** ………………………………………………………………………………（87）
  - 1.1 自然地理与农业气候概况 ………………………………………………………（87）
  - 1.2 小麦农业生产特点 ………………………………………………………………（88）
- **第2章 环境条件及其影响** ………………………………………………………………（93）

2.1 小麦对环境条件的需求 …………………………………………………… (93)
2.2 主要发育期和主要农事活动农业气象条件及适宜指标 ………………… (95)
2.3 小麦农业气象灾害 ………………………………………………………… (99)
2.4 病虫害 ……………………………………………………………………… (105)
2.5 河套灌区小麦栽培技术 …………………………………………………… (106)

第 3 章 农业气象服务 ……………………………………………………………… (108)
3.1 服务产品制作要求 ………………………………………………………… (108)
3.2 气象服务规范 ……………………………………………………………… (115)
3.3 岗位职责 …………………………………………………………………… (117)

第 4 章 小麦气象服务产品考核 …………………………………………………… (118)
4.1 气象监测产品考核 ………………………………………………………… (118)
4.2 气象预报预警产品考核 …………………………………………………… (119)
4.3 灾害评估产品考核 ………………………………………………………… (121)

附录 A 农业气象名词解释 ………………………………………………………… (124)
附录 B 河套地区小麦农业气象服务工作历 ……………………………………… (127)
附录 C 小麦主要农业气象灾害指标 ……………………………………………… (135)
附录 D 服务产品模板 ……………………………………………………………… (136)
附录 E 主要小麦品种 ……………………………………………………………… (148)

大豆气象服务与管理篇

前言

第 1 章 概论 ………………………………………………………………………… (153)
1.1 自然地理与农业气候概况 ………………………………………………… (153)
1.2 大豆农业生产特点 ………………………………………………………… (156)
1.3 大豆气象服务现状 ………………………………………………………… (160)

第 2 章 大豆生产与环境条件 ……………………………………………………… (161)
2.1 大豆生长发育对环境条件的需求 ………………………………………… (161)
2.2 气象条件对大豆生长发育的影响及适宜指标 …………………………… (162)
2.3 大豆农业气象灾害 ………………………………………………………… (164)
2.4 大豆主要病虫害 …………………………………………………………… (170)
2.5 栽培措施 …………………………………………………………………… (172)
2.6 收获与贮藏 ………………………………………………………………… (174)

第 3 章 大豆气象服务业务 ………………………………………………………… (175)
3.1 产品制作要求 ……………………………………………………………… (175)
3.2 大豆产品服务规范 ………………………………………………………… (182)
3.3 岗位职责 …………………………………………………………………… (185)

第 4 章 大豆农业气象服务产品考核 ……………………………………………… (187)
4.1 大豆农业气象监测分析产品考核 ………………………………………… (187)
4.2 大豆农业气象预报预警产品考核 ………………………………………… (188)
4.3 大豆农业气象灾害评估产品考核 ………………………………………… (189)

参考文献	(190)
附录A	气候适宜度分析方法及指标	(191)
附录B	大豆产量预报方法及预报等级	(193)
附录C	大豆关键发育期预报方法	(194)
附录D	大豆农业气象服务工作历	(195)
附录E	服务产品范例	(204)

马铃薯气象服务与管理篇

前言

第1章 概论 ………………………………………………………………… (223)
1.1 自然地理与农业气候概况 ………………………………………… (223)
1.2 马铃薯农业生产特点 ……………………………………………… (223)
1.3 编写意义 …………………………………………………………… (225)

第2章 马铃薯生产与环境条件 ………………………………………… (226)
2.1 马铃薯对环境条件的需求 ………………………………………… (226)
2.2 马铃薯主要发育期气象条件和适宜指标 ………………………… (227)
2.3 马铃薯主要农业气象灾害 ………………………………………… (230)
2.4 马铃薯主要病虫害 ………………………………………………… (236)
2.5 马铃薯栽培技术 …………………………………………………… (240)

第3章 马铃薯气象服务业务规范 ……………………………………… (242)
3.1 马铃薯产品制作规范 ……………………………………………… (242)
3.2 马铃薯产品服务规范 ……………………………………………… (257)
3.3 马铃薯服务岗位职责分工 ………………………………………… (259)

第4章 马铃薯气象服务考核 …………………………………………… (261)
4.1 马铃薯服务过程考核 ……………………………………………… (261)
4.2 马铃薯服务产品考核 ……………………………………………… (262)
4.3 服务效益考核 ……………………………………………………… (264)

附录A 农业气象术语 ……………………………………………………… (265)
附录B 农业气象服务工作历 ……………………………………………… (267)
附录C 主要农业气象灾害指标及影响特征 ……………………………… (270)
附录D 乌兰察布市马铃薯生产系列化气象服务系统功能简介 ………… (271)
附录E 典型服务案例 ……………………………………………………… (273)

日光温室气象服务与管理篇

前言

第1章 概论 ………………………………………………………………… (291)
1.1 自然地理与农业气候概况 ………………………………………… (291)
1.2 包头市日光温室生产基本情况 …………………………………… (294)

第2章 环境条件及其影响 ……………………………………………… (296)
2.1 日光温室主要蔬果生长发育气象指标 …………………………… (296)

2.2	日光温室主要气象灾害及防御对策	(298)
2.3	日光温室主要病虫害及防治措施	(301)
2.4	茬口安排及栽培技术	(304)

第3章 日光温室气象服务 (308)
3.1 日光温室气象服务产品制作要求 (308)
3.2 日光温室气象服务规程 (321)
3.3 岗位职责 (324)

第4章 日光温室气象服务考核 (326)
4.1 服务过程考核 (326)
4.2 服务产品考核 (327)
4.3 服务效益考核 (329)

参考文献 (330)
附录A 名词术语解释 (331)
附录B 日光温室农业气象服务工作历 (333)
附录C 日光温室作物生育期气象指标 (344)
附录D 不同类型日光温室预报模型 (348)
附录E 日光温室作物气象预警指标 (351)
附录F 产品模板 (355)

天然草地牧草气象服务与管理篇

前言

第1章 概论 (369)
1.1 地形地貌与气候特点概况 (369)
1.2 草原植被类型与天然牧草分布 (370)
1.3 锡林郭勒盟草原生态系统 (370)
1.4 天然牧草气象服务需求 (371)

第2章 气象条件对天然牧草生长发育的影响 (373)
2.1 气象条件对天然牧草缓慢生长期的影响 (374)
2.2 气象条件对天然牧草积极生长期的影响 (375)
2.3 气象条件对天然牧草渐止生长期的影响 (376)

第3章 天然草地牧草气象服务 (377)
3.1 天然草地牧草气象服务流程 (377)
3.2 天然牧草返青期预报气象服务 (379)
3.3 天然牧草返青期监测服务 (381)
3.4 天然牧草生长动态监测服务 (382)
3.5 天然草场暖季家畜承载能力气象服务 (386)
3.6 天然牧草开花期预报气象服务 (388)
3.7 天然牧草营养成分监测服务 (391)
3.8 天然牧草产量预报气象服务 (394)
3.9 天然草地打草期气象服务 (396)

3.10　天然牧草黄枯期气象服务 …………………………………………………… (400)
第4章　天然草地牧草气象服务考核 …………………………………………………… (403)
4.1　天然草地牧草气象预报服务产品考核 ……………………………………… (403)
4.2　天然草地牧草气象监测服务产品考核 ……………………………………… (404)
4.3　天然草地牧草气象评估服务产品考核 ……………………………………… (405)
参考文献 ……………………………………………………………………………………… (406)
附录A　天然草地牧草气象服务工作名词解释 ……………………………………… (407)
附录B　天然草地牧草气象服务工作制度与职责 …………………………………… (410)
附录C　天然草地牧草气象服务工作历 ……………………………………………… (412)
附录D　天然草地牧草气象服务产品制作规范 ……………………………………… (413)
附录E　天然草地牧草气象服务工作相关指标 ……………………………………… (416)

草地畜牧业气象服务与管理篇

前言
第1章　概论 ………………………………………………………………………………… (423)
1.1　气候特点概述 ………………………………………………………………… (424)
1.2　地形地貌概况 ………………………………………………………………… (424)
1.3　畜种分布状况 ………………………………………………………………… (425)
1.4　草地畜牧业气象服务需求 …………………………………………………… (426)
第2章　气象条件对草地畜牧业的影响 ………………………………………………… (427)
2.1　春季气象条件对畜牧业的影响 ……………………………………………… (427)
2.2　夏季气象条件对畜牧业的影响 ……………………………………………… (428)
2.3　秋季气象条件对畜牧业的影响 ……………………………………………… (429)
2.4　冬季气象条件对畜牧业的影响 ……………………………………………… (430)
第3章　草地畜牧业气象服务 …………………………………………………………… (432)
3.1　草地畜牧业气象服务流程 …………………………………………………… (432)
3.2　放牧绵羊接羔保育气象服务 ………………………………………………… (433)
3.3　家畜饱青期气象服务 ………………………………………………………… (438)
3.4　家畜驱虫气象服务 …………………………………………………………… (441)
3.5　抓绒剪毛期气象服务 ………………………………………………………… (443)
3.6　家畜药浴气象服务 …………………………………………………………… (448)
3.7　冷季载畜量预报气象服务 …………………………………………………… (450)
3.8　家畜配种期气象服务 ………………………………………………………… (453)
3.9　家畜膘情监测气象服务 ……………………………………………………… (455)
第4章　牧用天气预报气象服务 ………………………………………………………… (462)
4.1　牧用天气预报气象服务流程 ………………………………………………… (462)
4.2　寒潮天气对牧事活动影响的气象服务 ……………………………………… (464)
4.3　大风、沙尘天气对牧事活动影响的气象服务 ……………………………… (468)
4.4　冷雨湿雪天气对牧事活动影响的气象服务 ………………………………… (472)
4.5　暴风雪天气对牧事活动影响的气象服务 …………………………………… (476)

第 5 章 畜产品气候品质认证气象服务 …………………………………………… (481)
5.1 工作流程 ……………………………………………………………………… (481)
5.2 技术流程 ……………………………………………………………………… (482)
5.3 服务流程 ……………………………………………………………………… (485)
第 6 章 草地畜牧业气象服务考核 ………………………………………………… (487)
6.1 草地畜牧业气象预报服务产品考核 ………………………………………… (487)
6.2 草地畜牧业气象监测服务产品考核 ………………………………………… (488)
6.3 牧用天气预报服务产品考核 ………………………………………………… (489)
6.4 草地畜牧业气象评估服务产品考核 ………………………………………… (490)
参考文献 ……………………………………………………………………………… (491)
附录 A 草地畜牧业气象服务工作名词解释 ……………………………………… (492)
附录 B 草地畜牧业气象服务工作制度与职责 …………………………………… (493)
附录 C 草地畜牧业气象服务工作历 ……………………………………………… (495)
附录 D 草地畜牧业气象服务产品制作规范 ……………………………………… (496)
附录 F 草地畜牧业气象服务工作相关指标 ……………………………………… (499)

玉米
气象服务与管理篇
YUMI QIXIANG FUWU YU GUANLI PIAN

《玉米气象服务与管理篇》编写组

主　编：杨　松
成　员：刘俊林　高飞翔　孔德胤
　　　　韩　军　刘　伟　孙向伟
　　　　包佳婧　李雪冰　李建军
　　　　刘艳丽

前　言

　　玉米既是我们国家主要粮食作物,也是内蒙古自治区更是巴彦淖尔市主要粮食作物,同时也是重要的饲料作物,近年来,作为一种重要的工业原料,对经济发展有着极为重要的作用。

　　玉米是喜温高水肥作物,对气象条件要求较高,为此,巴彦淖尔市从20世纪80年代开展了农业气象服务,促进了玉米产业的发展。近年来,国家不断加大对"三农"的支持力度,开展专项农业气象服务成为趋势,原有单一、分散的气象服务已不能适应新常态下气象服务的需求,开展多元化、精细化、全程化、系列化专项农业气象服务,已成为趋势。

　　为促进气象为农服务融入式发展,深化气象为农服务"两个体系建设",巴彦淖尔市气象局组织编写了河套地区玉米气象服务与管理,指导河套灌区及其周边地区地市及旗县级气象局开展玉米气象服务工作,不断提高气象为农服务业务能力,提升气象为农服务综合效益。

　　本篇分四部分,一是玉米生产概况和生长特点;二是玉米生长的环境条件及其指标;三是玉米气象服务运行内容;四是玉米气象服务运行机制和考核办法。具体章节和编写人员分工如下:

　　第1章　概论,杨松、高飞翔编写;

　　第2章　玉米环境条件,杨松、孔德胤编写;

　　第3章　玉米农业气象服务,杨松编写;

　　第4章　玉米农业气象服务考核,杨松、高飞翔编写;

　　附录,杨松、高飞翔、孔德胤和孙向伟编写。

　　本篇由杨松负责组织编写、内容修订和统稿,孔德胤负责数据统计,高飞翔负责文字校对及手册排版,刘俊林、韩军、刘伟、刘艳丽负责审稿,孙向伟、包佳婧、李雪冰、李建军参加了指标收集、整理、本地化订正及数据统计工作。

　　本篇编写过程中,内蒙古自治区气象局乌兰局长、杨志捷副局长、乌兰巴特副局长,应急与减灾处张永生处长、牛宝亮副处长多次给予指导,生态中心陈素华、侯琼、唐红艳、吴瑞芬等专家提出了很多宝贵意见和建议,在此表示衷心感谢。

　　由于编者水平有限,内容上尚难尽人意,缺点错误在所难免,敬请读者指出。

编者
2017年8月

第1章 概 论

1.1 自然地理与农业气候概况

1.1.1 自然地理

巴彦淖尔市地处内蒙古高原,地理位置在 105°12′—109°53′E,40°13′—42°28′N,东与包头市相连,西与阿拉善盟接壤,南与鄂尔多斯市相望,北与蒙古国为邻,国境线 368.9km。全市东西长 378km,南北宽 238km,面积 6.6 万 km²,全市共辖 1 区、2 县、4 旗,59 个苏木(乡镇),人口 174 万。

巴彦淖尔市北部为乌拉特草原,中部为阴山山脉,南部为河套平原。

乌拉特草原南接阴山山地,北连蒙古国草原,面积 3.06 万 km²,约占全市总面积的 47%。地势由南向北倾斜,起伏较小,是天然的草牧场。中部分布低山丘陵;西部广泛而零散地分布着沙漠和戈壁,面积较大的沙漠有博克特沙漠,沙漠里有梭梭灌木林。

阴山山地横亘于河套平原与乌拉特草原之间,南坡陡峭,像一道屏障立于河套平原之北;北坡平缓,缓接乌拉特草原,面积近 1.91 万 km²,占全市面积的 29%。

南部是著名的河套平原(后套地区),河套平原南有黄河滋润,北有狼山环抱,面积近 1.59 万 km²,占全市总面积 24%,素有"黄河百害,唯富一套"的美誉,是亚洲最大的一首制自流引水灌区,水利资源丰富,是国家和自治区重要的商品粮生产基地;西南部为乌兰布和沙漠;中东部是山旱农业区。

1.1.2 农业气候概况

巴彦淖尔市属典型的中温带大陆性季风气候,四季分明,雨热同季。年平均气温 4.3~8.3℃,套区全年≥10℃积温为 3053~3339℃·d,在作物生长季(4—9 月)内,日平均气温为 17.7~18.8℃,日较差为 12.8~14.7℃,无霜期为 142~150d。乌拉特高原年降水量为 120~200mm,河套平原为 130~285mm,阴山山地为 200~300mm,雨量多集中在夏季 7 月、8 月。年蒸发量为 2030~3180mm。巴彦淖尔市年日照时数为 3100~3300h,是中国日照时数最多的地区之一,有利于长日照作物的生长。农作物单种一季有余,两季不足,夏、秋作物套种可充分利用光热资源。巴彦淖尔市冬、春季多北风或西北风,夏季多偏南或偏东风。河套平原有阴山山脉为屏障,年平均风速 2.5~3.3m/s,阴山以北高平原为 3.3~6.3m/s。

巴彦淖尔地区光热资源丰富,日照时数长,昼夜温差大,地势平坦,较适宜玉米生长。但地域广阔,气候多变,自然灾害频繁。春季气温回升迅速且不稳定,秋季气温下降较快,霜冻和低温冷害制约着玉米早播和正常成熟,夏季的高温干旱使玉米水分消耗过大,玉米常处于水分亏缺状态。由于有黄河水灌溉,光照充足,因此,对玉米生长影响最大的因素为热量条件。

1.1.3 灾害频发,影响玉米生长

玉米生产中农业气象灾害较多,主要有潮塌、霜冻、倒春寒、风雨灾、高温干旱、连阴雨等。上述灾害中以风雨灾和高温干旱发生频率最高,程度较为严重而影响最大,其他灾害虽然发生频率、危害程度不高,但此起彼伏,对玉米生产也造成较大影响。

潮塌每年都有发生,潮塌落潮迟早直接影响玉米播种墒情,当落潮较早时,墒情差,玉米播种出苗率就会受到影响;有些年份由于气温高,玉米播种早,而霜冻结束晚,会造成玉米叶片受冻;还有些年份,玉米播种期或出苗后,气温持续偏低,玉米出苗或幼苗生长受限,出苗率下降,植株瘦弱,影响后期生长,导致产量下降;河套灌区年降水量少且分布不均,特别是6月气温迅速上升后,常常出现长时间高温少雨或无雨的时段,造成玉米水分补充不及时而受到干旱影响,甚至因红蜘蛛严重发生而产量下降;玉米是高秆作物,随着玉米抽雄后,植株长至最高,降水也逐渐增多,而8月是一年中雨量最大的时段,出现暴风雨就会导致玉米倒伏而减产;7月中下旬是一年中温度最高时段,容易出现高温热害,影响玉米抽雄开花授粉;8月后雨水渐多,容易出现连阴雨天气,虽然出现频率不高,但玉米是喜温作物,低温阴雨寡照对玉米产量的形成影响也较大。

1.2 玉米农业生产特点

1.2.1 农业气候特点

玉米全生育期(播种至成熟)130～160d,≥10℃的活动积温2600～3200℃·d;日照时数1200～1500h。全生育期需水6750～7500m³/hm²,由于本地区降水少,蒸发量大,作物需水主要来源于灌溉。

1.2.1.1 光照有余,热量不足,配合欠佳

(1)光能丰富,日照条件较好,利于玉米优质高产

巴彦淖尔市年总辐射总量为6151～6386MJ/m²,其中磴口县最高,日照时数为3185～3221h,日照百分率为65%～77%。本地区地势平坦,区域差异不明显,在作物生长季内,作物生长期基本一致,日平均日照时数均在9.9h以上,日照百分率在69%以上。充足的光照和丰富的太阳辐射,使玉米在生长最旺盛的季节里,深层叶片仍能得到较充足的光照,从而提高了作物的干物质生产能力,为高产、优质奠定了良好的物质基础。

(2)年平均气温低,作物生长季短,但有效积温相对较高

年平均气温较低,日平均气温≥10℃日数较少,作物生长季短,只能种植生育期相对较短的作物,春秋两季光照资源虽然丰富,但由于气温较低,不能较好利用;夏季气温较高,使得有效积温相对较高,作物产量和质量均较高。

(3)春秋气温变幅大,升降快

日平均气温由0℃稳定升至10℃的持续时间较短,为36～39d。春季气温回升快,变幅大,有利于玉米早播,但适宜播种期相应缩短,不利于玉米壮苗早发。秋季降温快,≥20℃气温维持时间短,玉米的灌浆易受低温冷害及霜冻危害,同时光资源也得不到充分利用,影响其正常成熟。进入9月后,旬平均温度以3.2～4.0℃的速度递减。到9月20日以后,气温迅速下降到10℃以下,玉米停止生长。

(4)夏季炎热,雨热同季,利于玉米生长

夏季平均气温为21.8~23.1℃,热量条件较好,此期大多数白天最高气温近30℃,部分白天气温则超过30℃甚至34℃。炎热的气候使玉米水分散失较快,常处于干旱缺水状态,生长受到影响,但由于雨热同季,影响减小,同时,夏季高温能加速玉米的生育进程,使其能较充分利用光能资源,从而获得高产。

(5)气温日较差大,利于玉米干物质积累

气温日较差较大,如6月、7月,日较差为12.9~14.4℃,东西部没有明显差异。白天气温高,日照充足,光合作用强,干物质积累较多,夜间温度低,呼吸减弱,干物质消耗少,易获得优质高产。

1.2.1.2 降水强度低,年际变化大,主要集中在生长季

灌区年降水量为141~220mm,主要集中在6—8月,呈东多西少态势。湿润度为0.1~0.17,是一个没有灌溉,就没有农业的地区。

(1)降水量少,难以满足作物需水

年总降水日数为50~58d,其中日降水量在5mm以下的日数约占75%以上,日降水量大于25mm的降水日数只有0.5~0.8d。由于蒸发强烈,作物吸收少,难以满足作物对水分的需求。

(2)降水集中于作物生长季内,利用率高

玉米生长季在4—9月,全生育期降水量约占全年总量的89%~91%。年主要降水集中在6—8月,此时段正值玉米生长旺季,且气温高、光照强,光热水同季,节约了灌溉水,有利于作物快速生长。

(3)降水年际变化大,适时降水少

灌区虽然降水强度低,但受东南季风影响,季风活动的迟早、强弱对夏季降水的影响很大,致使降水变率大,保证率低。降水量最多年为288.4~359.9mm,最少年为60.8~74.9mm,相差达4~5倍。由于降水次数少,且分布极不均匀,在作物需水关键期往往无降水,降水多数不适时,但本区有黄河水灌溉,灌水量和灌水时间可以人工控制,解决了玉米生长期降水不足的问题。

1.2.1.3 蒸发强烈,空气湿度小,农田需水较多

(1)蒸发强烈,空气湿度小

灌区太阳辐射强烈,蒸发量较大,其最高值在5月、6月,与雨热的最高值(7—8月)相比,具有超前性,且自东向西逐渐增强,与降水的趋势相反。年总蒸发量是年总降雨量的12~17倍,强烈的蒸发使得空气较为干燥,年相对湿度为47%~53%,玉米灌溉后水分散失快,容易失水干旱。

(2)降水少,作物需水量大

本地区蒸发降水比值较大,降水严重不足,作物水分亏损较严重,就玉米而言,全生育期需水量约490mm,缺水达400mm,亏损最大的时段在5月、6月,亏损量达260mm。

1.2.2 玉米种植分布

玉米起源于中南美洲热带和亚热带高原地区,居三大粮食作物(玉米、小麦、大米)之首,是种植范围最广的谷类作物,全世界有七十个国家每年种植面积在10万hm^2以上。玉米能适应多种生态条件,从湿润多雨到半干旱气候,从冷凉到高温气候条件都可以种植玉米。

巴彦淖尔市是内蒙古自治区玉米主产区之一，2015年种植面积达28.05万hm^2，占农作物总播面积的40.6%，其中，乌拉特前旗种植面积最大，超过7.86万hm^2，其次为临河、杭锦后旗、五原县、乌拉特中旗和磴口县，乌拉特后旗最少，仅0.21万hm^2。全市平均单产10500kg/hm^2，近年来随着种植密度增大，单产也越来越高，高产田超过15000kg/hm^2。

1.2.3 玉米主要品种及特性

1.2.3.1 玉米主要品种熟性

根据玉米生育期的长短，可分为早、中、中晚、晚熟类型。

(1)早熟品种：春播80～100d，积温2000～2200℃·d。早熟品种一般植株矮小，叶片数量少，为14～17片。由于生育期的限制，产量潜力较小。

(2)中熟品种：春播100～120d，需积温2300～2500℃·d。叶片为17～19片。

(3)中晚熟品种：春播120～135d，需积温2500～2800℃·d。一般植株高大，叶片为19～21片。

(4)晚熟品种：春播135d以上，需积温2800℃·d以上。一般植株高大，叶片为21～25片，由于生育期长，产量潜力较大。

由于温度高低和光照时数的差异，玉米品种在南北向引种时，生育期会发生变化。一般规律是：北方品种向南方引种，常因日照短、温度高而缩短生育期；反之，向北引种生育期会有所延长。玉米对光周期敏感，属短日照植物，在引种新品种时需要注意这一点。生育期变化的大小，取决于品种本身对光温的敏感程度，对光温愈敏感，生育期变化愈大。

巴彦淖尔市一般种植中晚熟品种，南部地区可以种植晚熟品种。中晚熟品种主要有科河28、西蒙6号、登海605等；晚熟品种主要有科河24、科河409、KX3564等。

1.2.3.2 玉米发育阶段及特点

(1)发育期

玉米从播种至新种子成熟为止，经过种子萌动发芽、出苗、三叶、七叶、拔节、抽雄、开花、吐丝、乳熟，直到成熟，完成了整个生长发育过程。发育期的观测是根据作物外部形态变化，确定各发育期出现的日期。

1)播种期　即播种的日期。巴彦淖尔市河套灌区一般在4月下旬至5月上旬播种，此时播种可选择中晚熟品种，以后播种需要选择中熟或早熟品种。

2)出苗期　玉米播种或种植后，幼芽、芽鞘、子叶或幼叶等露出地面3.0cm的日期。此时一般在5月上中旬，播种至出苗一般需要8～15天。

3)三叶期　玉米第一、二片叶完全展开，第三片叶抽出并刚展开达到2.0cm的时期。三叶期种子胚乳养分已基本耗尽，幼苗开始从土壤内吸收养分，所以又称为"离乳期"、"断奶期"。此期一般在5月下旬，出苗至三叶一般需要8～10天。

4)七叶期　玉米出苗后第七片叶露出2.0cm。此期一般在6月上旬，三叶至七叶一般需要8～10天。

5)拔节期　玉米基部第一节环状突起露出地面3.0cm时称为拔节期。此时期是作物生殖生长与营养生长同时并进的时期，需要充足水分、养分和光照条件。此期一般在7月上旬，七叶至拔节一般需要25～30天。

6)抽雄期　玉米雄穗主轴从顶叶露出3～5cm的日期，茎秆下部节间长度与粗度基本固定，雄穗分化已经完成。此期一般在7月下旬，拔节至抽雄一般需要15～20天。

7)开花(扬花)期　玉米雄穗散出花粉,为开花期。此期一般在7月下旬,在抽雄后2~3天。

8)吐丝期　玉米雌穗花丝伸出苞叶1~2cm长的日期。正常情况下,玉米吐丝期和雄穗开花期同步或迟2~3天,一般也在7月下旬。

9)乳熟期　玉米种子成熟初期,压破果皮,籽粒内含物质为乳胶状。植株中、上部茎、叶和穗呈绿色,下部茎、叶开始变黄。作物乳熟期为灌浆普遍期。此期一般在8月下旬,吐丝后30~35天。

10)成熟期　80%以上雌穗苞叶变黄而松散,籽粒硬化,呈现本品种固有形状、颜色,种胚下方尖冠处形成黑色层的日期。此时干物质不再增加,是收获的适宜期。此期一般在9月中下旬,受浇水和气温影响变化较大,玉米浇4次水,气温不高,成熟期会有所延迟。近年来,随着初霜延迟,大部分玉米会选择浇4次水。

生产上,通常以全田10%的植株达到上述标准为始期的记载标准,50%的植株达到上述标准为普期的记载标准。另外,生产中还常用小、大喇叭口期作为生育进程和田间肥水管理的标志。小喇叭口期是指植株有12~13片可见叶,7片展开叶,心叶形似小喇叭口。大喇叭口期是指叶片大部可见,但未全展,心叶丛生,上平中空,形似大喇叭口。

(2)生育阶段

玉米各器官的发生、发育具有稳定的规律性和顺序性。依其根、茎、叶、穗、粒先后发生的主次关系和营养生长、生殖生长的进程,将其一生划分成苗期、穗期和花粒期三个阶段。每个阶段包括一个或几个生育时期。生产上根据每个生育阶段的生育特点进行阶段性管理。

1)苗期阶段:苗期阶段也称营养生长阶段,从出苗到拔节,是玉米生根、长叶、分化茎节的营养生长阶段,以根生长为中心。保证一播全苗,促进根系生长,培育壮苗是该期田间管理的中心任务。壮苗的个体长相是:根系发达,叶片肥厚,叶鞘扁宽,苗色深绿,新叶重叠;群体表现则为苗全、苗齐、苗匀、苗壮。

2)穗期阶段:穗期阶段也称营养生长和生殖生长并进阶段,是从拔节到雄穗开花的时期。此阶段既有根、茎、叶旺盛生长,也有雌雄穗的快速分化发育。这期间增生节根3~5层,茎节间伸长、增粗、定型,叶片全部展开,雄穗抽出并开花。大喇叭口期以前植株以营养生长为主,其后转为生殖生长为主。调节植株生育状况,促进根系健壮发达,争取茎秆中下部节间短粗、坚实,保证雌雄穗分化发育良好,形成壮株,为穗大、粒多、粒重奠定基础。

3)花粒期阶段:花粒期也称生殖生长阶段,雄穗开花到籽粒成熟,包括开花、吐丝和成熟三个时期。此阶段营养生长基本结束,进入以开花、受精、结实、籽粒发育的生殖生长阶段。籽粒迅速生成、充实,成为光合产物的运输、转移中心。该阶段田间管理的中心任务是:保证正常开花、授粉、受精,增加粒数;扩大籽粒体积,最大限度地保持绿叶面积,增加光合强度,延长灌浆时间;防灾防倒,争取粒多、粒大、粒饱、高产。

1.3　玉米生物学特性

1.3.1　温度

玉米是喜温作物,在不同生长发育时期,均要求较高的温度。以10℃作为生物学零度,高于10℃的温度才是有效温度。

(1)播种至出苗期。玉米种子在6~7℃时开始萌动发芽,但发芽慢,易发生粉种现象。一般在10℃以上发芽正常,最适宜的温度为25~28℃,10~13℃时发芽较稳健。因此,生产上一般以土层5~10cm地温稳定在10~12℃时为春玉米的始播期。

(2)出苗至抽雄期。玉米从出苗到抽雄,生长发育的速度,决定于温度的高低。根系生长最适宜的温度为20~24℃,5℃以下停止生长。茎秆生长最适宜温度为24~28℃,最高32℃以上,12℃以下停止生长;叶片生长最适宜温度为25~27℃,最高为30~33℃,10℃以下停止生长。玉米幼苗在4~5叶前有一定的耐低温能力,短时间-3℃的低温霜冻,对幼苗生长无明显危害,但-4℃低温持续4h以上,幼苗就会遭受严重冻害,甚至造成死亡。5片叶之后抗寒性逐渐降低,6片叶时生长点仍然在地面以下,轻微的冻害不至于冻死生长点。如果6片叶以后再遇到霜冻,生长点已经长出地表,就不能抵抗霜冻了。总之,温度低于3℃或高于35℃都会抑制幼苗的生长。

(3)抽雄至授粉期。玉米抽雄、吐丝至授粉期,对温度的要求极为敏感。此期最适宜的日平均温度为25~27℃,低于18℃和高于35℃雄花不开放。在28~30℃的温度和65%~80%的相对湿度条件下,花粉活力只能维持5~6h,8h后活力即明显下降,24h后完全丧失活力;温度高于32℃,相对湿度接近30%时,散粉后1~2h,花粉即迅速干枯,失去发芽力,花丝也容易枯死而降低活力。

(4)籽粒灌浆期。要求日平均温度为22~24℃。昼夜温差大,有利于干物质的积累和籽粒灌浆。低于16℃影响营养物质的转运和积累。玉米成熟后期当温度低于3℃时即停止生长;遇到-3℃的低温,在果穗籽粒尚未成熟而含水量很大时,就会受冻失去发芽力。

1.3.2 光照

玉米属短日照、高光效、C4作物。在短日照条件下发育较快,长日照条件下发育缓慢。一般在每天8~9h光照条件下发育提前,生育期缩短,在长日照(18h以上)条件下,发育滞后,成熟期略有推迟。早熟品种对光周期反应较弱,晚熟品种反应较强。如果出苗后长期处于短日照条件下,就会使植株矮小,提早抽雄开花而降低产量,干旱和短日照共同作用则更加明显。温带品种引入热带就会表现这种情况。反之,如果出苗后长期处在长日照条件下,也会使玉米植株高大,茎叶繁茂,叶片数增多,抽雄开花期推迟,甚至不能开花。在强光照条件下,合成较多的光合产物,供应各器官生长发育,茎秆粗壮坚实,叶片肥厚挺拔。玉米需光量较大,光饱和点约为10万lx以上,光补偿点为4000lx。在此范围内,光合作用强度随光照强度增加而增加。光照强度如低于光补偿点,则合成的有机养分少于呼吸消耗量,入不敷出,植株生长停滞。玉米不同生育时期对光照时数的要求有差异,播种前到乳熟期为8~10h,乳熟期至完熟期应大于9h。雌穗比雄穗的发育对日照长度要求更严格,许多低纬度的品种引到高纬度地区种植能够抽雄,但雌穗不能吐丝。

1.3.3 水分

水分是决定玉米生命活动的原生质重要成员(原生质80%是水)。有了水玉米叶片才能进行光合作用,制造各种有机物质,根系才能从土壤中吸收氮、磷、钾等矿质元素。矿质元素在植株内的运转、分配和合成有机物质的过程,都必须在水分充足的条件下才能正常进行。水分还可以通过蒸腾作用来调节植株的体温,玉米的蒸腾系数一般在250~320g,生产1kg玉米籽粒要耗水0.664m^3。春玉米一生耗水量为200~240m^3。玉米种子萌发时,全部膨胀需要的水量占种子绝对重量的48%～50%,土壤湿度应在60%左右。玉米播种出苗最适宜的土壤湿度为65%～70%。出苗到拔节土壤湿度保持在60%左右,有利于促进根系生长发育,茎秆粗壮。玉米抽雄前10天至抽雄后20天,是玉米需水的临界期,此期土壤湿度一般保持在75%～80%,玉米高产田应达到80%,若低于60%,就会造成"卡脖旱"而不能正常抽雄散粉或吐丝,造成严重减产。乳熟期,土壤湿度应保持在75%左右。玉米受精后的灌浆期大量的物质向籽粒运输,仍然需要较多的水分。蜡熟到完熟期需水量虽减少,为防止植株早衰,土壤湿度也应保持在65%左右,不能低于45%,这样才能确保穗大、粒多、粒饱、高产。

1.3.4 土壤

土壤是玉米扎根生长的场所,为植株根系生长发育提供水分、空气及矿物质营养。玉米对土壤空气要求比较高,适宜土壤空气容量一般为30%,是小麦的1.5～2倍;土壤空气最适含氧量为10%～15%。因而,土层深厚,结构良好,肥、水、气、热等因素协调的土壤,有利于玉米根系的生长和肥水的吸收,根系发达,植株健壮,高产稳产。沙壤土、中壤土和壤土容重比黏土低,总空隙度和外毛管孔隙度大,通气性好,玉米根系条数、根干重、单株叶面积、穗粒数和千粒重都是沙壤土居高。

巴彦淖尔全市土壤类型较多,有灌淤土、盐土、碱土、风沙土、潮土、新积土、沼泽土、灰土、栗钙土、棕钙土、灰漠土、灰棕漠土、石质土、粗骨土14个土类,32个亚类,94个土属,348个土种。

1.3.5 土壤水分

1.3.5.1 土壤水分特点

河套灌区土壤水分主要来源于降水、黄河水。

土壤水分是作物需水的主要来源。一般来说,降水量大,进入土壤中的水分多。但强度大的降水或者阵性降水,容易造成地表流失,渗入土壤中的水分就少;而强度小的连续性降水,有利于土壤水分的吸收和储存,所以渗入土壤中的水分就多。沙土疏松,渗水性强,但蓄水性差;黏土紧实,蓄水性强,但渗水性差;沙黏适中的土壤既渗水又蓄水,土壤结构好、地势平坦、植被覆盖密的地方,对降水的吸收较多,土壤湿度较大。

凋萎湿度也叫萎蔫系数。就是当土壤水分减少到植物生长受到严重抑制,以致植物丧失膨压,甚至在夜间蒸发最小的情况下,植物也不能恢复。这时的土壤湿度称为凋萎湿度。凋萎湿度在一定的土壤上是一个常数,而且随土壤类型的变化,其差异是比较明显的。凋萎湿度是影响作物正常生长的土壤湿度下限,凋萎湿度以下的土壤水分,作物则不能利用,称为无效水分。凋萎湿度以上的土壤水分,才是被植物利用的有效水分。

土壤含水量测定使用目测法:这种方法很简单,用眼看,手捏,就可大致确定墒情好坏。目测墒情可分为五级:一级,土壤过分潮湿,呈浆糊状,人、畜都不能下地,作物感到水分过多。二级,土壤比较潮湿,用手可捏成坚固的土团,在手背上一压,可留下泥痕。这样的墒情,田间耕作困难,耕地很费力。三级,土壤墒情适中,不粘手,用手指可捏成薄土片。这样的墒情,耕作适宜、效率高、质量好,对作物播种和生育最为有利。四级,土壤比较干燥,稍有湿润感觉,用手压,可勉强形成土团,但一触即散。这种墒情,耕作费力,质量差。五级,土壤过分干燥,无湿的感觉,黏土地土壤坚硬,沙土呈松散状态。这种墒情,不能耕作,播种,作物生长感到缺水。

测墒还可用另一种方法,凭观察土壤的颜色,感觉其湿润程度,来判断土壤墒情,其标准见

表 1.1。

表 1.1 土壤墒情判断标准

类型	土色	湿润程度	重量含水量	性状和问题	措施
黑墒以上	暗黑	湿润,手捏有水滴出	23%以上	水多空气少,氧气不足不宜播种	排水散墒
黑墒	黑黄	湿润,手捏成团,扔之散,手有湿印	20%~23%	水分相对稍多,氧稍不足,为播种上限	适时播种稍散墒
黄墒	黄	湿润,捏成团,扔之散碎,手捏有湿印和凉爽感	12%~20%	最适播种	适播,稍加保墒
潮干土	灰	潮干半湿润捏不成团,手无湿印而有微温暖的感觉	8%~12%	水分含量不足,是播种的临界墒情,由于昼夜墒情变化只有一部分出苗	抗旱抢种浇水补墒后再播
灰墒	灰		8%~12%		
燥墒	黄		8%~12%		
干土面	灰—灰白	干无湿润感,捏散成面风吹飞动	8%以下	水分含量过低种子不能出苗	先浇后播

1.3.5.2 气象条件对土壤水分的影响

河套灌区影响土壤水分变化的主要因子是降水、蒸发、气温和日照时数。其中降水和蒸发的影响是直接的,气温和日照时数的影响是间接的。对于土壤不同层次,气候因子所起的作用不同。但对土壤水分含量起主要作用的还是降水和蒸发两个因子。

自然状况下,河套灌区土壤水分变化较大时段在 6—8 月,有明显降水,土壤含水率就会上升,有连续降水,就能保持,否则,就会持续下降,直至下降到接近凋萎湿度。一般年份在 6—8 月不能持续保持较高土壤含水率,在其余月份,即使降水较少,土壤含水率变化也相对较小。

1.3.6 养分

玉米生长所需的营养元素有 20 多种,其中氮、磷、钾属 3 种大量元素,钙、镁、硫属 3 种中量元素,锌、锰、铜、钼、铁、硼以及铝、钴、氯、钠、锡、铅、银、硅、铬、钡、铅等属于微量元素。玉米植株体内所需的多种元素,各具特长,同等至要,彼此制约,相互促进。玉米所需的矿物质营养主要来自土壤和肥料,土壤有机质含量及供肥能力与玉米产量密切相关,玉米吸收的矿质营养元素 60%~80% 来自土壤,20%~40% 从当季施用的肥料中吸收。玉米对土壤酸碱度(pH 值)的适应范围为 5~8,以 6.5~7.0 最适宜。

1.4 玉米栽培技术

1.4.1 普通栽培技术

1.4.1.1 整地

玉米的根系比其他农作物的根系要发达,属于须根类植物,植株比较高大,需要的养分和水分比较多,必须通过发达的根系源源不断地从土地里吸收养分和水分,所以对于土壤的状况要求很高,在整地的时候必须讲究细致化,选择土质疏松、肥沃、抗洪涝条件比较好的地段,耕地时要适当,过浅容易导致玉米根系生长发育不健全,遇到大风降雨时,抗倒伏能力比较弱。因此,种植玉米的地段翻地的深度在 25cm 以上,之后要进一步精细处理,保障玉米有个合适的发芽环境。深翻土地时应施入一定量腐熟的农家肥,以提高玉米的产量,一般用量 12~18t/hm²。

1.4.1.2 播种

河套地区1年只种植1茬,4月15—30日进行播种,选择较抗旱的玉米品种。玉米一般采取直播栽培,播种前可对种子进行包衣处理,以防止地下害虫的发生。播种最好在雨后进行,可使种子尽快发芽,长势整齐,苗期一致。播种时应施入一定量的氮磷钾复合肥,用量为$1200\sim1500kg/hm^2$。根据不同的土壤条件确定合理的种植密度,一般披散型玉米的种植株数为3500～4000株/亩[①],半紧凑型玉米的种植株数为4200～5000株/亩,紧凑型玉米的种植株数为4800～5500株/亩。在合理密植的基础上还要提高播种质量,首先到播种时应做到将种子播在合理的深度,同时保证所播的种子要深浅和盖土厚度一致;其次要保持株、行距一致;第三是根据土壤质地和墒情的不同调整播种深度,土壤墒情好的地块要浅播,一般以3～5cm为宜,盖土厚度最好是2～4cm;土壤墒情不好的地块要深播,一般以8～10cm为宜,盖土厚度最好是6～8cm,而且播种后要镇压,以减少土壤水分蒸发,为苗齐、苗匀、苗壮提供有力保障。地膜覆盖技术的应用,可解决增温、保墒、除杂草的问题。

1.4.1.3 田间管理

玉米播种后18～20d出苗。当玉米长到3～4片叶子时,开始间苗,除去弱苗、病苗,每穴留1～2株壮苗,同时除草松土,促进幼苗生长。如出现缺苗断垄的情况,可移栽补种或用种子补播。除草可进行1～2次,应将杂草连根拔起,防止在短期内再生,并适当培土。

1.4.1.4 中耕松土

当玉米长到5～6片叶子时,可用铧式犁对玉米地进行一次翻土,翻土的目的是防止玉米倒伏,起到松土、翻垄的作用。当玉米长到7～9片叶时,追施尿素20～30kg/亩,并灌足水分。雨天土壤潮湿、积水,注意开深沟排积水,改善土壤的通气条件。为消灭杂草,防止土壤板结,促进根系生长,进行中耕培土,产生有效果穗,切断部分毛根,刺激多发新根,增强抗旱抗倒能力。垄沟的深度一般为30cm左右。

当日平均温度达到18℃以上时,玉米植株开始拔节,并以较快的速度生长。在一定范围内,温度愈高生长愈快。玉米抽雄、开花期要求日平均温度达26～27℃,土壤持水量在70%～80%。玉米的抽穗结实期是决定有效果穗数的关键时期,为了达到高产目的,可适量补肥,并灌足水分,预防病虫害的发生。

1.4.1.5 病虫害防治

苗期对害虫地老虎危害,使用2.5%溴氰菊脂乳油灌根,用量10mL/亩。6月中下旬百株玉米有黏虫150头时达到防治指标,用5%灭幼脲三号胶悬剂,40mL兑水30～50kg/亩喷雾防治。玉米大喇叭口期用3%的杀螟灵颗粒剂,每株玉米使用0.2g防治。7月底—8月初,发生红蜘蛛危害时,用0.6%苦参碱水剂喷施叶面,用量75mL/亩,或用20%的哒螨灵乳油防治,75g兑水30kg/亩喷雾。

1.4.1.6 采收

河套地区玉米的生育期一般为130～150d。在玉米籽粒达到生理成熟、体积最大、干重最高时收获,产量最高。玉米采收在吐丝后41～48d进行;从穗尖上看,玉米果穗尖端部呈白色中微带黄色或者淡黄、浅绿色;外苞叶上有大块褐斑;用指甲划破粒顶时,中部粒顶无浆液或有

[①] 1亩=1/15hm²≈667m²,全书下同。

极少浆液流出,基部籽粒有浆,但流出很少或不流出;含水量达到60%～65%时为最佳采收期。采收后应将其充分晾干,然后脱粒贮藏;或者直接脱粒出售。

1.4.1.7 灌溉

玉米全生育期灌水一般需要4次。浇头次水在6月上旬的玉米小喇叭口期,浇2次水在7月上中旬的玉米孕穗期,浇3次水在7月下旬或8月上旬玉米灌浆初期,浇4次水在8月下旬或9月上旬的玉米蜡熟期。

1.4.1.8 收获

最佳收获时期为果穗苞叶变白而松散时,籽粒基部黑色层形成。

1.4.1.9 秸秆处理

玉米采收后的秸秆可晒干直接作薪柴;或将其粉碎作为畜禽的饲料;也可用深翻机械将秸秆深翻入土壤内,作为肥料从而使土壤肥沃,促进下一年玉米的高产。玉米茬在没有其他用途的情况下,可用灭茬机将其粉碎并深埋入土壤,达到土地保墒的目的。

1.4.2 玉米宽覆膜高密度栽培技术

1.4.2.1 播种准备

玉米宽覆膜高密度栽培应选择耕地平整度好,肥力中上等,有机质含量在1%以上,耕层含盐量低于0.25%,土壤质地中性稍微偏碱性,pH值7.5～8.0,灌排条件好的地块。耕作层上虚下实,结合秋耕翻地施入腐熟有机肥2500～3000kg/亩,或者施入碳酸氢铵50kg/亩。耕地每3年深松1次(深度25～30cm),秋耕翻地后及早平整土地并修筑田埂,灌溉秋水。黄河灌区封冻前做好耕地耙耱,早春季节做好顶凌耱、耙整地,以利土壤保墒。井灌区灌溉后在适耕期及时耙耱,以利土壤保墒。播种前耙糙,达到土碎、地平、好墒情。

1.4.2.2 选择地膜与品种

覆盖地膜使用幅宽170cm、厚度0.01mm。玉米品种选用耐密植型品种。

1.4.2.3 播种带型及种植密度

(1)采用190cm种植带型。种植带每膜播种4行,两边大行,中间小行。大行50cm,小行40cm。两膜之间相距50cm。

(2)种植密度株距23cm,留苗6017株/亩;株距24cm,留苗5262株/亩;株距30cm,留苗4677株/亩。

1.4.2.4 播种期与播种

河套灌区玉米播种期适宜在4月15—30日。选用与播种带相配套的玉米专用播种机。播种过程中覆膜、播种、施肥、覆土1次完成,省工省时质量好。

1.4.2.5 出苗期的管理

(1)防止地膜破损

播种后经常检查地膜,特别是大风过后,如果发现地膜有破损,影响保温保墒,应对破损的地方(包括放苗口)及早使用细土封实。

(2)查苗、放苗

玉米苗没顶出地膜的要及时开口放苗。对缺苗的地方在相邻穴保留双株。破膜时选择阴天进行,易于适应风和阳光。晴天放风时,应选早晨或傍晚,大风天气不放苗。玉米苗放出膜后,使用细湿土封堵放苗口,防止透风后降温跑墒和生长杂草。

1.4.2.6 灌溉

见 1.4.1.7。

1.4.2.7 配方施肥

采用测土配方施肥:玉米播种时施用种肥磷酸二铵 30kg/亩、钾肥 6kg/亩,或者施用玉米配方专用肥(N7－P28－K10)50kg/亩。玉米浇灌头水时,开沟深施提苗肥尿素,施尿素 40kg/亩提肥,浇灌 2 次水时施尿素 20kg/亩。

1.4.2.8 防治病虫害

见 1.4.1.5。

1.4.2.9 收获

最佳收获时期为果穗苞叶变白而松散时,籽粒基部黑色层形成。

第 2 章　环境条件及其影响

2.1　农业气象条件和作物适宜指标

2.1.1　春耕备耕农业气象条件及适宜指标

2.1.1.1　秋冬季

秋浇时,应根据玉米播种晚的特点和气象条件适当多浇,一般一轮灌地以秋浇时旬平均气温≥1℃,每亩应多浇 20m³,1℃以内按正常浇灌;入冬后及时采取磙压等措施破坏表土层水分毛细管,降低水分散失,一般应在 12 月和 2 月上中旬分两次进行。

2.1.1.2　春季

开春后,一般在 3 月中下旬后,根据潮塌发生情况,继续调整墒情,如潮塌发生轻,在潮塌高峰时,地块仍能进人,就应尽快采取保墒措施,避免墒情不足;如潮塌严重,可不必采取措施。

4 月中旬接近播种时,如墒干,应先覆膜,提升墒情,再播种;如墒重,则需要通过耙地进行晾墒。

2.1.2　重要发育期农业气象条件指标

玉米全生育期(播种至成熟)需要 130~160d,≥10℃的活动积温 2600~3200℃·d;日照时数 1200~1500h;由于本地区降水少,蒸发量特大,作物需水主要来源于灌溉,因此,需水量较大,一般全生育期需水 6750~7500m³/hm²。玉米全生育期分为播种、出苗、三叶、七叶、拔节、抽雄、开花、吐丝、乳熟、成熟等主要发育期。

2.1.2.1　播种—出苗

(1)农业气象条件

玉米最适宜播种期为 5~10cm 地温稳定通过 10℃初日前后,同时满足以下两个条件:一是出苗后 5 天内轻霜冻结束,二是重霜冻结束后出苗。地膜覆盖玉米常以 5~10cm 地温稳定通过 8℃作为玉米适宜播种期的开始,但由于 8℃在气象服务中不好掌握,因此,一般以 5~10cm 地温稳定通过 10℃初日前 3~5 天作为适宜播种期的开始。

巴彦淖尔地区此期气温低于适宜温度,平均气温 14~18℃,一般需要 12~25d,因此,出苗较晚。气温高出苗快,有利于壮苗、齐苗。早播玉米苗期茎秆粗壮,组织坚实,有利于根系向纵深发展,能提早玉米成熟期。

玉米苗期对霜冻较为敏感,受冻后,恢复生长需要一周以上,因此,在种植覆膜玉米时,不能播种太早,要防止终霜冻危害。一般掌握在 4 月 20 日左右为宜,这时遇到霜冻的概率较小,能充分利用热量条件。

1)不利农业气象条件及可能出现的灾害

①墒干:玉米播种一般在4月中下旬,此时,大多数年份潮塌已落潮,如遇到偏西风较多,气候干燥的年份,表土层土壤水分散失严重,干土层较厚,墒情较差,玉米播种后出苗率下降,出苗不整齐。

②潮塌:潮塌一般在3月下旬至4月上旬开始落潮,但部分年份,由于气温持续偏低,潮塌时间延长,最晚可延迟至4月中下旬,土壤湿度大于80%时,发芽不良,大于90%时玉米播种延迟,同时湿度大容易导致玉米粉种,影响出苗率。

③板结:河套灌区盐碱较严重,春季风大,蒸发强烈,雨后水分散失,土壤表层会迅速形成板结层,种子发芽后难以穿越板结层,待营养全部消耗完后,就会霉变粉种。部分种子虽能勉强出土,但因消耗过多营养,苗势较弱,不利于后期生长。

④低温:玉米是喜温作物,从播种到后期生长,一直需要较高温度。但河套灌区春季气温变化较大,特别是玉米播种后的4月中下旬到5月,容易出现持续低温,地温低于8℃可造成粉种。个别年份在5月下旬发生的强降温过程,会造成玉米生长缓慢,植株瘦弱,抗逆性减弱。

⑤缺苗断垄:玉米在播种后,常因天旱、土壤墒情不足、雨后土壤板结,造成缺苗断垄,玉米发生缺苗断垄应根据不同情况采取不同的应变措施。一是由土壤墒情不足而引起缺苗断垄的,应及时浇水促进出苗;二是雨后土壤板结引起缺苗断垄的应在土壤稍干后立即进行中耕松土,增加土壤透气性,以利出苗;三是种子发生粉种而失去活力的,应根据缺苗情况采取相应措施,对于缺苗在30%以下的,可选择移苗;对于缺苗在30%~70%的,应该及时催芽补种,缺苗80%以上的应毁苗重种。

2)应采取的农业措施及主要的农事活动

①调整墒情,用好地膜:北方春季风多风大,蒸发强烈,土壤失墒快,在无灌溉地区,最好秋耕、施肥、耙耱、冬镇压,早春顶凌耙耱,起垄种植;在灌区,也应秋深翻、压肥,浇好秋水,冬季碾地镇压,做好保墒工作,确保地膜效果。在个别潮塌严重,发生时间延迟的年份,应及时耙地晾墒,调整墒情,确保适墒播种。

②施足基肥:增施有机肥能改善土壤团粒结构,增强作物养分吸收能力,因此,每年秋翻时应深翻,并施足有机肥,具有防旱、防寒作用,是全苗、壮苗的有效措施之一。

③适时早播,一播全苗:在适宜播种期争取早播,并精选种子,采用浸种、药剂和种衣剂拌种等方法搞好种子处理,争取一播全苗。

④合理密植:均匀播种,及时中耕松土,促进根系发育,使植株生长健壮,防止蹲苗和空秆发生。

(2)农业气象指标

适宜农业气象指标:①玉米种子发芽温度最低8~10℃,适宜气温12~16℃。②播种时耕层土壤湿度要求达到田间持水量的70%~80%。③5~10cm地温稳定在10~12℃时为适宜播期。一般10~12℃时播种18~20天出苗;15~18℃时播种8~10天出苗;20℃时播种5~6天就可以出苗。

不利农业气象指标:①地温低于8℃易造成粉种。②土壤含水量低于60%或高于80%对出苗均不利。③幼苗时遇到2~3℃低温影响正常生长。④地面最低温度低于-1℃,幼苗受伤,-3℃死亡。

2.1.2.2 出苗—拔节（苗期）

(1)农业气象条件

玉米6月底7月初进入拔节期，出苗到拔节长达40～50天。玉米苗期气温对植株的影响最大，植株能否有足够的灌浆时间，主要看前期植株生长速度。

玉米此期适宜温度为20～24℃。巴彦淖尔地区此期平均气温为20～22℃，积温1000℃·d以上，日照时数450h以上。此期间温度较高，符合玉米生长要求，能够壮苗生长，生育期提前，为后期灌浆节约了时间，为获得高产奠定了基础。此期尚未进入雨季，降水较少，阶段性干旱发生频繁，作物需要的水分几乎全部依靠灌溉。但玉米此期需水量也较少，生产上应避免浇水过多，防止因浇水导致地温下降，减缓作物生长速度。

1)不利农业气象条件及可能出现的灾害

①低温：玉米出苗后遭遇低温会影响其正常生长，低于4～5℃时根系停止生长，发育期延迟，缩短后期穗分化时间或影响后期正常灌浆成熟，同时，玉米幼苗生长缓慢，不利于壮苗，影响后期正常生长。

②霜冻：地面最低温度低于-1℃，幼苗受伤，-3℃以下时会死亡。

③暴雨：苗期出现暴雨后，水分过多，会抑制根系发育。此外，暴雨后田间易出现积水，导致根系呼吸受制，影响其正常生长。

2)应采取的农业措施及主要的农事活动

苗期的田间管理主要是保证苗全、苗齐、苗壮，应适当控制地上茎叶生长，积极促进根系生长，即促下控上。

①移栽补苗保证全苗：玉米出苗后应立即查苗补缺。

②根据苗情追肥、促壮苗。

③适时中耕，既破坏土壤表层毛细管，起到保墒作用，也能去除杂草，促进根系生长。

(2)农业气象指标

适宜农业气象指标：①最适宜的日平均气温为18～20℃，最低气温5℃，最高气温30℃。②出苗至七叶无降水，七叶至拔节10mm以下。③适宜土壤相对湿度为60%～75%。

不利农业气象指标：①低温冷害，旬平均气温距平低于1℃以上，就会延迟玉米发育期。②霜冻：春季地面温度在-1℃以下叶片就会受到冻害，在-3℃以下时植株就会冻死。

2.1.2.3 拔节—抽雄

(1)农业气象条件

此期玉米生长旺盛，营养生长与生殖生长同时进行，茎叶生长速度很快，雌雄穗不断分化形成，干物质积累增加，叶面蒸腾逐渐增大，要求有充足的水分和养分，是需水关键期，全生育期25%左右的水分需要在此时提供给作物。虽然此时降水逐渐增多，但玉米需水量较大，远不能满足生长需水要求，因此，大部分水分仍然来源于灌溉，生产上需在此时为玉米补水，此时缺水就会形成"卡脖旱"，致使玉米雄穗抽出困难或出现雌雄穗间隔时间过长，影响授粉受精，造成严重减产。

这一时期本地区平均气温为22～25℃，较为符合作物生长要求。此时是巴彦淖尔地区最热时段，常出现高温天气，极端最高气温也出现在这一阶段。温度过高，湿度过小，水分散失增多，容易造成干旱，对玉米造成危害。

1)不利农业气象条件及可能出现的灾害

①高温干旱：玉米拔节后，进入需水关键期，高温使土壤水分消耗增大，干旱导致玉米缺水。当土壤含水量低于15%易造成雌穗部分不孕或空秆。日平均气温超过32℃时，生长速度减慢。

②风雨灾：此期是玉米的需水关键期，降水一般对玉米较为有利，但如伴随大风，也会使玉米倒伏，造成大幅度减产。而且此期降水多为阵性降水，如果在浇水后遇到风雨灾，还会造成田间积水，导致根系呼吸困难，生长受阻，植株生长缓慢，最终导致减产。

③空秆现象：玉米空秆，是指植株不能产生有效果穗的现象。空秆的原因很多，除少数植株是由于腋芽不能分化成雌穗外，大多数是由于水、肥供应不足，或通风透光不良，造成体内营养物质缺乏，使幼穗不能分化或中途停止分化。其次，病虫害也能造成空秆，因为病虫能向植株夺取养料，或直接破坏雌穗。此外，开花后未能传粉受精，也是形成空秆的原因之一。

2) 应采取的农业措施及主要的农事活动

玉米穗期田间管理的中心任务是攻秆攻穗，严防缺水脱肥，避免"卡脖旱"和涝害。具体措施有适时追肥、灌水、中耕、培土、抗倒伏、防涝。

①适期追肥

攻秆肥：拔节前后的一次追肥，一般在出苗后50天左右。追肥量应根据地力、底肥和苗情而定。地力高、底肥足、苗壮时，应适当控制肥量或不追肥，以防穗位过高，追肥时间也应推迟。地薄肥少苗弱的情况下，则应适时早追和多追肥。

攻穗肥：此次追肥指抽雄前10天接近大喇叭口期的追肥。重施穗肥，对增加粒重和提高产量都有较大的作用。

②灌水：拔节水、攻穗水、攻粒水，与施肥相结合。

拔节后浇好攻秆水，促进茎叶生长和雌雄穗分化。

大喇叭口期浇好攻穗水，防止卡脖旱。

③中耕培土

拔节时应进行深中耕(6.7～8.3cm)，促使新根大量生出，扩大吸水范围，除草灭荒。

到大喇叭口期应结合施肥培土，促使气生根早日入土防止植株倒伏，提高产量。同时还有利于雨季防涝。在土性不黏、排水良好的情况下，培土不宜太高，以免使根系周围通气不良，影响根系发育。

④防治病虫害：主要害虫有玉米螟、红蜘蛛和蚜虫等，必须及时防治。

(2) 农业气象指标

以长穗为中心，营养生长与生殖生长旺盛并进，到抽雄前全部叶片已伸出，茎秆生长快，根系深扎，地上部长出支持根，雄穗雌穗先后分化形成。

适宜农业气象条件：①当日平均气温达到18℃以上时，植株开始拔节，拔节后日平均气温25～27℃，是茎叶生长的适宜温度。②此期最适宜温度24～26℃，最低温度18℃，最高温度30℃。③适宜的土壤水分为田间持水量70%左右。④需水量占总需水量的29.6%～33.4%。⑤每天日照时数为9～10h。⑥大雨以下降水，风力较小，最大2～3级，且分布均匀。

不利农业气象指标：①最高气温低于24℃，生长速度减慢。②土壤含水量低于40%易造成雌穗部分不孕或空秆。

2.1.2.4 抽雄—吐丝

(1) 农业气象条件

玉米本地区此时段温度为23～25℃，比较适宜玉米生长，但由于本地区为干旱地区，当高温出现时往往伴随大气干旱，相对湿度低于30%，花粉、花丝因此容易干枯，高温干旱也常使花粉和粉丝缩短成活时间,降低授粉质量和授粉成功率,适宜授粉时间缩短,从而造成授粉不全,产生缺粒现象,最终减产,还易导致红蜘蛛的发生。

玉米开花是水分需求最多的时期,也是河套灌区 2、3 水浇灌时期,生产上将这两次水集中安排在开花前后,就是为防止此期玉米缺水。此期一旦缺水,将影响开花授粉的正常进行。

1)不利农业气象条件及可能出现的灾害

①高温干旱:此期是玉米需水关键期,高温干旱不仅使花粉容易干枯,也会使玉米出现缺水状态,日平均温度高于 32~35℃,大气相对湿度低于 50%的高温干燥条件下,雄穗不能抽出,或花粉迅速干瘪而丧失生命力,相对湿度低于 30%,花粉就会丧失活力,甚至停止开花,造成空穗或秃顶。

②风雨灾:玉米此期虽然需水,但降水如伴随大风,就会造成玉米倒伏。此期的降水一般为阵性降水,特别是在浇水后遇到暴雨,还会造成田间积水,导致根系呼吸困难,生长受阻,植株生长缓慢,最终导致减产。

③阴雨天:阴雨天主要对玉米开花授粉有影响,玉米属于异花授粉作物,花粉通过风自然降落到雌蕊上,达到授粉的目的,降水后,花粉与雄穗粘合紧密,难以下落,降低了玉米花粉授粉率。相对湿度高于 95%时,花粉就会丧失活力,甚至停止开花。

2)应采取的农业措施及主要的农事活动

该阶段的中心任务是为玉米授粉创造良好的环境条件,增加授粉率。

①培土:玉米此时气生根生长旺盛,适当培土,有利于气生根下扎和生长,加强支持力,提高抗倒伏能力。

②人工授粉:人工授粉是减少秃顶缺粒的有效措施,开花授粉遇到天气不良时,进行人工授粉增产效果更明显。

③浇水施肥:玉米此时不仅是需水临界期,也是需肥临界期,由于高温干旱,不仅水分消耗多,养分消耗也较多,及时浇水施肥能确保玉米正常开花授粉。

(2)农业气象指标

适宜农业气象指标:①月平均气温 25~28℃为宜,最低气温 18℃,最高气温 30℃,天晴伴有微风。②土壤相对湿度 70%~80%为宜。③田间持水量 80%左右为最好。④抽雄前 10 天至后 20 天,需水量 270mm 适合有机质合成,转化和输送的温度是 22~24℃。⑤需水量占总需水量的 13.8%~27.8%;⑥每天日照 8~12h 有利于提早抽穗开花。

不利农业气象指标:①最高气温高于 35℃,空气相对湿度低于 50%、土壤含水量低于 40%,易造成捂包或花丝的枯萎。②最高气温≤24℃不利于抽雄,阴雨或气温低于 18℃,将会造成授粉不良。

2.1.2.5 吐丝—成熟

(1)农业气象条件

玉米此期适宜温度为 22~24℃,时间越长,灌浆越好,产量越高。本地区玉米此期约 50~55 天,平均气温在 21~23℃,比适宜气温略低,容易受到日平均气温低于 16℃ 天气或初霜的影响。积温 1100~1200℃·d,日照时数约近 500h。

玉米吐丝至成熟期间≥20℃的日数越多,灌浆速度越快,积累的干物质就越多,穗粒重和百粒重就越高,产量就高。这种日数增加 1 天,每亩可增产 12.1kg。若 16~20℃的日数越多,灌浆速度则越慢,这种日数增加 1 天,每亩仅增产 3.25kg;如果小于 16℃日数增加 1 天,每亩减产约 14kg。

这一时期是玉米需水量最大的时期,也是一年中雨量最大的时段,一方面,需要浇水为玉米补充水分,另一方面,此时暴风雨出现概率较大,玉米是一种需水量较多但又不耐涝的作物,如果土壤相对湿度超过80%,对其灌浆生长不利,因此,还要注意防涝排水。

后山地区在推广地膜玉米的同时,还应注意春季的霜冻和积温条件,选择日期适宜的品种,避免造成减产。

1)不利农业气象条件及可能出现的灾害

①低温冷害:日平均气温低于16℃灌浆停止。

②风雨灾:风雨灾造成玉米倒伏。

③阴雨天:不仅温度低,且无光照,光合作用受制。

④持续数小时的$-2\sim-3$℃的霜冻,造成植株死亡。

⑤秃顶、缺粒现象:秃顶是果穗顶端未结籽粒,缺粒是果穗的籽粒行中有少数籽粒没有长成,也叫"稀粒"。秃顶和缺粒主要是由于花丝没有授到花粉。未能授粉的原因有以下几个:①开花时遇到高温干旱,使抽丝时间延迟,当雌穗抽丝时,雄花大量散粉的时期已过,特别是果穗顶部的花丝抽出较迟,更不容易授到花粉;同时高温干旱,也使花粉寿命缩短。②开花期间遇到连日下雨,花粉遇水结团或吸水胀破,减少了花丝授粉的机会。③在种植过稀或面积过小时,由于花粉数量少,往往授粉不足。④品种混杂,有的品种雄穗分枝少,花粉也就少;或不同品种间雌雄穗开花间隔时间过长,花丝得不到花粉受精,因而秃顶较多。此外,栽培措施不当,植株营养不足或受旱,果穗顶部雌花受精后未能发育,也会造成秃顶。

⑥玉米倒伏的现象:风害是玉米倒伏的主要外因。在下雨和灌水之后,如遇强风,很容易造成玉米大面积倒伏或茎折。倒伏后的玉米茎叶重叠,影响了叶片对光能的吸收和利用,而茎折的玉米,茎秆内养分和水分的运输功能受到破坏,影响了器官发育。倒伏不但降低产量,而且影响田间管理和机械化收获。

防止和减轻玉米倒伏的措施一般有如下几种:(a)选用植株较矮、基秆韧性强、叶片上冲助抗倒品种。这种品种敦实粗壮,承风面小,抗倒伏能力强。(b)合理密植,前期适时蹲苗,控制肥水,改善通风透光条件,使玉米茎秆发育健壮。(c)对高产玉米田和缺钾田,每亩施用7～10kg钾肥,可以增强抗倒能力。④顺风向成行种植。这种方法简便易行,对风害有一定减缓作用。

⑦后期早衰:玉米从拔节到开花期,为营养生长和生殖生长并进期,此时玉米茎叶和雌穗吸收养分的绝对量和累积速度达到高峰,根系需要从土壤中吸收大量养分,以保证形成穗大粒多的需要。从授粉到成熟期为籽粒形成期。根系在授粉后仍需从土壤中缓缓地吸收养分,以满足籽粒灌浆的需要。如穗肥用量不足,或者土壤保肥能力不强,流失过大,土壤供肥不足,玉米后期必然发生早衰,影响后期籽粒灌浆,导致粒重下降而减产。另外,即使施用了穗肥,但因高产需肥较多,到后期仍然可能出现脱肥早衰。出现早衰后,叶色褪淡,后期叶片功能下降,影响籽粒灌浆,致使粒重下降。防早衰措施一是增施攻粒肥,二是进行根外喷肥。

2)应采取的农业措施及主要的农事活动

该阶段的中心任务是为玉米结实创造良好的环境条件,提高光合作用效率,延长根和叶的生理功能,防止早衰,争取活熟,提高粒重。

①自然授粉不好时,要进行人工辅助授粉。

②浇好攻粒水:玉米此期虽然需水下降,且是河套灌区降水较多月份,但由于此期时间长,降水不稳定,适时浇好攻粒水,是确保玉米粒重的关键。

③酌施粒肥:为了防止后期脱肥,应适量施入氮磷肥。前期追肥不多和地薄生长差有脱肥

现象时,酌施粒肥增产效果大。如前期施肥多生长正常时也可不施。

④防雹防倒伏:冰雹、暴风雨会造成玉米倒伏,影响作物正常的生长发育,灌浆困难,产生瘪粒,造成严重减产。

⑤预防霜冻:秋霜来临前,应及时采取措施(站秆扒皮晒,去除老叶),促进早熟。

⑥适期收获:当基叶、苞叶变黄,籽粒出现光泽而变坚硬时,应及时收获。收获时应注意降水,及时晾晒,避免霉变。

(2)农业气象指标

适宜农业气象指标:①灌浆阶段最适宜的温度条件是22～24℃,最低气温16℃,最高气温32℃,快速增重期适宜温度20～28℃,要求积温380℃·d以上。②最适宜灌浆的日照时数7～10h,适宜时数4～12h。③土壤含水量不低于18%,相对湿度为70%～80%。④需水量占总需水量的19.2%～31.5%。⑤大雨以下降水,风力较小,最大2～3级,且分布均匀。

不利农业气象指标:①16℃是停止灌浆的界限温度。②气温高于30℃,则呼吸消耗增强,功能叶片老化加快,籽粒灌浆不足。③遇到3℃的低温,即完全停止生长,影响成熟和产量。④持续数小时的-2～-3℃的霜冻,造成植株死亡。

2.1.3 重要农事活动

2.1.3.1 整地播种

玉米是喜温作物,需要适当高温,河套灌区春季气温回升快,但变幅大,需待气温稳定通过8℃时,覆膜玉米开始播种,不覆膜玉米需要气温稳定通过10℃后才开始播种。

(1)整地:4月中旬,平均气温接近10℃时,根据墒情开始整地。应尽量保证土地平整,干土层均匀。

(2)播种:当气温稳定通过8℃时,覆膜玉米开始播种,不覆膜玉米需要气温稳定通过10℃后才开始播种。一般整完地就应立即播种,避免跑墒。播深控制在3～5cm,播种过深,出苗比较弱,过浅则种子落入干土中而不易出苗。如墒情过大,可适当推迟播期3～5天,或加大播量,以每穴增加1粒为宜。

如播后风大,应注意覆好地膜,避免风大毁膜;如墒情不足,播后应压紧土壤,促进水分上潮。

2.1.3.2 浇水施肥

玉米全生育期灌水一般需要4次。浇头次水在6月上旬的玉米小喇叭口期,浇2次水在7月上旬的玉米孕穗期,浇3次水在7月下旬或8月上旬玉米灌浆期,浇4次水在8月下旬或9月上旬的玉米蜡熟期。

(1)第一次浇水:此期应注意气温变化,如出现倒春寒,则浇水时应采取浅浇快轮,浇水量减少20%。

(2)第二、三水:此时玉米植株高大,浇水应注意风雨灾,或大风情况,应避免在风雨灾或大风天气浇水,也应尽量避免浇水后第二天有大风,有降水时,应适当减少浇水量。

(3)第四水:应注意玉米成熟情况,如浇水时发育期晚5～10天,应减少水量50%,或不浇水。

2.1.3.3 病虫草害防治

(1)除草

1)锄地:当玉米长到3～4片叶子时,开始除草松土,同时间苗,除去弱苗、病苗,每穴留1～2株壮苗,促进幼苗生长;当玉米长到5～6片叶子时,为消灭杂草,防止土壤板结,促进根系生长,进行中耕培土。

2)喷药:适于播前处理土壤的,就要在播前使用;适于播后苗前使用的,就应在播后苗前使用;适于茎叶处理的,要避开作物敏感期。择时就是要避开高温、高湿或大风、降温天气,以防产生药害或降低药效,一般应选择晴朗无风的天气,下午17时以后用药,较为安全。玉米在芽期和1~4叶期前对除草剂最敏感,容易产生药害,这些生育阶段施用除草剂应注意药剂的浓度。

(2)病虫害防治

1)地老虎防治:冬季气温偏高,地老虎等地下害虫容易多发,地老虎的危害主要是咬断幼苗近地面的茎部,使植株死亡,造成缺苗断垄,地老虎的防治可用50%巴丹可湿性粉剂拌炒香的米糠或麦麸以1:50撒于玉米地中诱杀幼虫。

2)红蜘蛛:7月底至8月,出现高温干旱灾害时,容易爆发红蜘蛛危害,应及时用0.6%苦参碱水剂喷施叶面,用量75mL/亩,或用20%的哒螨灵乳油防治,75g兑水30kg/亩喷雾。

2.1.3.4 收获

(1)选择适宜收获期

在适宜收获期内,应注意天气变化,有降水时,应在降水前收获,如不能,则降水后应晾3~5天开始收获。

如秋浇将至,应在秋浇前收获,避免浇水后增大玉米含水量,造成脱水困难或霉变。

(2)玉米晾晒

收获时,玉米水分多,应注意晾晒。

收获时如已开始秋浇,应在地稍干能进人时尽快收获,晾晒时应减少玉米棒晾晒层数,避免霉变。

2.2 玉米农业气象灾害

2.2.1 潮塌

潮塌,是内蒙古河套地区春季播种期间出现的一种渍害。3月中下旬气温稳定通过0℃时,正值春小麦播种期,耕层土壤出现表层解冻,下层尚未化冻的状态,土壤水分呈现向上输送的现象。当表层土壤水分含量出现饱和状态时,造成土壤过湿,不能进行耕作而形成灾害。

造成潮塌灾害的基础原因是秋季灌溉水量大,时间晚。河套地区每年在10—11月浇灌秋水,灌水量平均为230m³/亩,有的年份可达到300m³/亩,部分水分不能及时下渗而滞留田间。封冻期到来时(11月中旬),许多农田中约有2/3以上的水分尚未渗透到深层而冻结于土壤表层,形成"爬冰地"。经过漫长的冬季部分水分逐渐蒸发,但仍有相当一部分水分冻结在土壤上层。春季温度回暖后,表层土壤随温度升高迅速解冻,在垂直剖面上由下至上出现冻融交替现象,上层土壤水分呈现过饱和状态,并可持续7~10天,若遇春雨情况更加严重。秋浇水量越大,浇水时间越晚,潮塌会越严重。

造成潮塌灾害的气象原因是3月气温回升过快,或出现明显降水。气温越高,冻土层土壤水分化冻越多,水分上潮越快,表土层水分含量越大,潮塌发生也越快,发生面积也越大,危害也越严重;有些年份虽然气温不高,但如果出现明显降水,也会直接引发潮塌,如果高温下出现降水,不仅加快潮塌发生速度,更会加重潮塌发生程度。

2.2.1.1 潮塌发生规律与特征

河套灌区潮塌主要发生在3月中旬到3月下旬,最早在2月下旬初发生,最晚在3月底发生。从起潮到落潮一般20～30天,短则10～15天,长则40天;潮塌发生面积从西到东,从南向北逐渐增大。当表层土壤水分含量出现饱和状态时,造成土壤过湿,不能进行耕作而形成灾害。若遇冬季严寒,冻土层加厚,早春急剧升温或有春雨,潮塌更加严重。

2.2.1.2 潮塌指标及影响

(1)潮塌指标

1)发生指标:日平均气温稳定通过1.0℃,持续7天以上;或日平均气温在0℃以上维持3天时,降水3mm就开始起潮;或平均气温迅速上升到5℃以上,持续3～6天时,潮塌起潮。

潮塌发生晚,落潮晚,时间在3月下旬后期,有时到4月中下旬。

2)发生程度指标:潮塌等级分为3级,分别为轻、中、严重。根据河套灌区多年潮塌的发生情况,采用发生持续时间来确定潮塌等级。潮塌等级以 C 表示。

轻:$C<10d$;

中:$10d<C<20d$;

严重:$C>20d$。

(2)潮塌影响

潮塌主要影响小麦播种,但对玉米播种也有较大影响,主要反映在以下几个方面。

1)潮塌危害时间延迟,导致玉米播种延迟。

2)土壤湿度过大,地温较低,造成玉米粉种。

3)潮塌结束过早,玉米播种时土壤水分不足,影响出苗率。

2.2.1.3 防御措施

(1)预防措施

1)适时适量浇秋水。

2)采用保墒地。

3)根据秋浇情况和冬季雨雪情时调整墒情。

(2)补救措施

1)耙地晾墒,适时抢种,或选择稍短日期品种,推迟播种。

2)调整地块。

2.2.2 倒春寒

倒春寒是指初春(一般指3月)气温回升较快,气温偏高,而在春季后期(一般指4月或5月)气温较正常年份偏低的天气现象。气象学中,受较强冷空气频繁袭击后,气温下降较快,并持续时间长达1旬以上的前暖后冷的现象称作"倒春寒"。

倒春寒主要导致玉米粉种或出苗后生长缓慢,影响出苗率,延迟发育期,容易受后期霜冻影响。

2.2.2.1 发生规律和特征

对于玉米来说,4月下旬至5月出现倒春寒对其影响较大,从各旬出现倒春寒的概率来说,5月上中旬最大,都超过40%,出现连续两旬低温的概率仍然较大,都在20%左右,出现连续三旬低温的有10%。

重倒春寒的发生概率为20%;中等倒春寒的发生概率为15%;轻倒春寒的发生概率为

10%。4月份平均发生9次,发生概率为30%;5月份平均发生10次,发生概率为33.3%。倒春寒发生越晚,危害越重。时空分布为北部重于南部,东部重于西部。

2.2.2.2 指标及影响

(1)指标

分为三个等级。

轻:旬气温距平$\geqslant-1$℃,连续两旬为中,连续三旬为重;

中:旬气温距平$\geqslant-2$℃,连续两旬为重;

重:旬气温距平$\geqslant-3$℃。

(2)影响

4月下旬至5月上旬出现倒春寒会增大粉种率,降低出苗率;5月中下旬出现倒春寒会延缓作物生长速度,也不利于壮苗,对后期生长成熟造成影响。

2.2.2.3 防御措施

(1)预防措施

提前覆膜,提高地温,或推迟播种,选择适宜品种。

(2)补救措施

1)观测出苗情况及时补苗。

2)适当减少浇水量和次数。

2.2.3 霜冻

霜冻是指在作物生长季节里,由于气温下降使植株茎、叶温下降到0℃以下,使正在生长发育的植物受到冻伤,从而导致减产、品质下降或绝收。植物霜冻灾害是农业气象学概念,是一种农业气象灾害。终霜冻出现在玉米出苗之后,而初霜冻是在玉米成熟之前。

2.2.3.1 发生规律和特征

河套地区轻度终霜冻,正常年份发生5月2—13日,临河最早,五原最迟;最早发生在4月17日为临河区,最晚发生在陕坝镇为6月2日,时空分布从西南到东北,呈延后的趋势。

河套地区重度终霜冻,正常年份发生4月25至5月7日,磴口、临河最早,五原最迟;最早发生在4月1日,为磴口的巴彦高勒镇,最晚发生在陕坝镇为6月2日,时空分布从西南到东北,呈延后的趋势。

河套地区轻度初霜冻,正常年份发生10月5—15日,临河最晚,杭后最早;最晚发生在11月5日,为临河区和乌拉山镇,最早发生在陕坝镇为9月8日,时空分布从西南到东北,呈提早的趋势。

河套地区重度初霜冻,正常年份发生10月10—21日,磴口、临河最迟,大佘太最早;最早发生在9月24日,为大佘太镇,最晚发生在临河为11月10日,时空分布从西南到东北,呈提早的趋势。

2.2.3.2 终霜冻指标及影响

(1)指标

春季作物植株较小,受地温影响较大,因此,以地面最低温度T_d作为霜冻指标。

轻:$T_d\leqslant-1$℃;

中：$T_d \leqslant -2℃$；

重：$T_d \leqslant -3℃$。

(2)影响

1)轻霜冻可致玉米叶片受冻,部分受冻部位可以恢复。

2)幼苗部分被冻死,出现缺苗断垄现象。

2.2.3.3 初霜冻指标及影响

(1)指标

秋季作物植株高大,受气温影响较大,因此,以最低气温 T_1 作为霜冻指标。

轻：$T_1 \leqslant 0℃$；

中：$T_1 \leqslant -1℃$；

重：$T_1 \leqslant -2℃$。

(2)影响

根据日最低气温下降的幅度、低温强度及植物遭到霜冻害后受害和减产的程度,规定植物霜冻灾害为二级,即轻霜冻害、重霜冻害。

轻霜冻害:最低气温下降较明显,但低温强度不大,植株顶部、叶尖或少部分叶片受冻,受冻株率小于30%,部分受冻部位可以恢复。其中减产幅度一般在5%以内。

重霜冻害:降温明显,低温强度较大,受冻株率为30%~70%,植株上半部叶片大部分受冻,且不能恢复;减产5%~15%

2.2.3.4 防御措施

(1)预防措施

1)根据预报,霜后播种短日期品种,或根据预报推算,霜后出苗。

2)穴播深种,周围有覆土遮挡。

3)熏烟法:在霜冻之夜,在田间熏烟可有效地减轻避免霜冻灾害。但要注意两点:一是烟火点应适当密些,使烟幕能基本覆盖全园;二是点燃时间要适当,应在上风方向,00—02时点燃,直至日出前仍有烟幕笼罩在地面,这样效果最好。

4)喷水法:在霜冻发生前,用喷雾器对植株表面喷水,可使其体温下降缓慢,而且可以增加大气中水汽含量,水汽凝结放热,以缓和霜害。明显的霜冻天,可多次喷水。

5)覆盖法:用草帘、薄膜将作物幼苗覆盖。此法适用较小面积。

6)秋季减少浇水,站秆扒皮。

(2)补救措施

1)根据苗情补苗或毁种。

2)初霜冻后,如受冻严重,可改为青储玉米。

2.2.4 风雨灾

主要是指玉米植株长大后,出现的降水伴有一定风力的灾害。

2.2.4.1 发生规律和特征

对玉米来说,风雨灾的发生一般是在抽雄后至成熟,从时间上说,一般在7月中下旬至9月中下旬。在灌浆初期以前,由于植株体相对较轻,且根系固持能力较强,因此,不易倒伏,但一旦出现倒伏,其危害较大,虽然可以采取一定措施扶正,但实践中,难以做到恢复原状,仍会造成较大影响;在灌浆中期以后,由于籽粒逐渐加重,根系逐渐老化,固持能力减弱,更容易倒伏。

从灾害发生特征来看,由于其是复合因子灾害,必须有降水与风力相结合才能致灾,特别是瞬时风力较大,又有降水的天气过程,一般都是局地发生,因此,此灾发生范围较小,但出现频次相对较高,受降水分布影响,一般东部严重,危害也大。

2.2.4.2 指标及影响

(1)指标

1)夏季风雨灾

轻:小到中雨,风力6~7级以上,或中到大雨,风力4~5级;

中:中到大雨,风力6~7级以上,或大到暴雨,风力4~5级;

重:大到暴雨,风力6~7级,或暴雨以上,风力4~5级。

2)秋季风雨灾

轻:小到中雨,风力6~7级以上,或中到大雨,风力4~5级;

中:中雨,风力6~7级以上,或大雨,风力4~5级;

重:中到大雨,风力6~7级,或大到暴雨以上,风力4~5级。

其中一项因子不达标,下降一个等级。

(2)影响

风雨灾会导致玉米倒伏,轻则影响光合作用,抑制光合产物运输,重则茎秆折断,造成减产,甚至绝收。

2.2.4.3 防御措施

(1)预防措施

1)底肥施足磷钾肥。

2)及时培土,增强作物抗倒伏能力。

3)浇水时,看天看地看庄稼确定浇水时间和浇水量,雨前避免浇水。

4)成熟时,及时收获。

(2)补救措施

1)有积水,及时排水。

2)在雨晴地面稍干后用长秆轻轻抖落茎叶上水珠,减轻其压力,促其抬头。

3)拔节前后的倒伏。因植株自身有恢复直立能力,不影响将来正常授粉,可以不用人工扶起。

4)抽雄授粉前后的倒伏。此时植株高大,倒后株间相互叠压,难以恢复直立,不仅直接影响正常授粉,还影响到光合作用进行,必须人工扶起,扶起时要早、慢、轻,结合培土。

人工扶直玉米。玉米倒伏后要立刻人工扶直。玉米茎基部第一节、第二节间比较脆弱,加之已有部分根系受损,扶直时要避免折断和增长根伤。可一人扶直另一人根部培土。应设法随倒随扶,拖延不但难以扶起也会增长丧失。对倒伏不严重的玉米,因为植株自身调节能力强,通常能直立起来,茎叶空间排列也能基本合理。

加强水肥管理。倒伏的玉米因为光合作用差,生理机能受到扰乱,影响灌浆巩固。对只追一次肥的田块,可再追一次肥。如果第一次追肥未施磷钾肥,可用1.4%丰收素5000倍液喷洒植株,有利于蛋白质和叶绿素的合成,增长玉米籽粒丰满度。并适时喷洒喷施磷酸二氢钾,促进其生长。

防治病虫害。玉米倒伏后,经常发生病害。叶部病害如玉米大小斑病、锈病等,发病初期叶片涌现水渍状青灰色雀斑,可用 50% 敌菌灵 500 倍液或 75% 百菌清 300 倍液喷施。每隔 7~10 天一次,连喷 2~3 次。每公顷用石灰粉 225~300kg 拌细土 750kg 均匀撒施田间,能有效地防治病害的发生和蔓延。适时防治玉米螟,当玉米呈喇叭口时每公顷用 1.3% 的呋喃丹颗粒剂 7.5~11.3kg 丢心叶或用 3% 的辛硫磷颗粒剂 3750g 兑细沙 75~105kg 丢心叶。

5)成熟时,及时收获。

6)及时晾晒被雨淋的农作物产品。

2.2.5 高温

主要是指玉米抽雄开花吐丝期间,出现的气温高于 32℃,并持续一定时间,影响玉米正常开花授粉的灾害。主要发生在 7 月中下旬至 8 月上旬,以 7 月下旬为主。

影响玉米雄穗开花散粉的主要因素是温度和湿度。玉米开花适宜温度为 25~28℃,适宜相对湿度为 65%~90%。在温湿度均适宜的条件下,玉米雄穗全天都有花朵开放,一般以上午 07—09 时开花最多,下午逐渐减少,夜间更少。

2.2.5.1 发生规律和特征

高温是一种单一要素的农业气象灾害,即最高气温达到 32℃ 以上对农作物产生的危害,一般来说,主要是对农作物开花授粉造成的影响,对于河套灌区玉米来说,其开花期主要在 7 月下旬至 8 月上旬,高温降低了花粉活力,缩短了花期,降低了授粉率,其籽粒减少,最终导致减产。玉米花期时间短,因此危害时间也较短。

由于高温直接影响花粉,高温最不易防范,特别是 35℃ 以上的高温天气,出现 2~3 天就会对作物开花授粉造成危害,即使浇水,仍不能解除危害。

35℃ 以下的高温出现概率较高,几乎每年都有,35℃ 以上的高温灾害概率较低,河套灌区只有磴口、临河平均超过 4 天,五原、杭锦后旗出现概率均不足 50%。

2.2.5.2 指标及影响

(1)指标

用 T_g 表示高温,分三个等级。

轻:35℃>T_g≥32℃,连续 3~5 天,或 T_g≥35℃,1~2 天;

中:38℃>T_g≥35℃,持续 3~5 天,或 T_g≥38℃ 持续 1~2 天。

重:38℃>T_g≥35℃,持续 5 天以上,或 T_g≥38℃ 持续 3~5 天。

(2)影响

气温在 35℃ 以上时,花粉会很快丧失活力,或者花药不能正常开裂散粉;高于 38℃ 不能开花。

2.2.5.3 防御措施

(1)预防措施

1)提前浇水。

2)喷施叶面肥可缓解高温影响,促进授粉。

(2)补救措施

1)进行辅助授粉 在高温干旱期间,花粉自然散粉传粉能力下降,尤其是异花授粉的玉米,可采用竹竿赶粉或采粉涂抹等人工辅助授粉法,使落在柱头上的花粉量增加,增加选择授粉受精的机会，减少高温对结实率的影响，一般可增加结实率5%～8%。

2)灌水降温　适时灌水可改善田间小气候，降低株间温度1～2℃，增加相对湿度，有效地削弱高温对作物的直接伤害。

2.2.6　高温干旱

是指玉米生育期内出现的温度长期较高，降水较少，导致玉米生长受损的现象。

在开花期内，温度持续超过30℃、相对湿度在60%以下时，开花甚少，雌穗不能正常受精，出现严重缺粒，造成减产。这种因高温干旱导致花粉丧失授粉能力的现象，称为高温杀雄。

2.2.6.1　发生规律和特征

高温干旱则是一种复合因子造成的灾害，即最高气温超过30℃持续一段时间，且在此期间降水量少于一定数量，即对农作物产生危害。高温干旱主要出现在夏季。

高温干旱主要是作物缺水，因此，只要浇水及时就不存在问题，反而有利于农作物取得高产。

高温干旱出现概率也较低，由于其需要最高气温超过30℃一旬以上，且降水不足才会造成危害，因此，发生概率远低于高温灾害。

从空间上看，30年间（1981—2010），磴口3次重度发生年，7次中度发生年，4次轻度发生年。发生概率分别为10.0%、23.3%、13.3%；临河5次重度发生年，5次中度发生年，8次轻度发生年。发生概率分别为16.7%、16.7%、26.7%；杭后1次重度发生年，3次中度发生年，6次轻度发生年。发生概率分别为3.3%、10.0%、20.0%；五原2次重度发生年，3次中度发生年，7次轻度发生年。发生概率分别为6.7%、10.0%、23.3%；乌拉特前旗1次重度发生年，3次中度发生年，6次轻度发生年。发生概率分别为3.3%、10.0%、20.0%。

从河套地区5个旗县区来看，以临河、磴口发生最重，五原次之，乌拉特前旗、杭后最轻。从发生时间看，7月份发生最多，6月次之，8月最少。

从发生年代来看，2000年后最重，20世纪90年代次之，80年代最轻。

2.2.6.2　指标及影响

（1）指标

分三个等级。

轻：日最高气温 $T_g \geqslant 30℃$ 日数，连续10～15天，降水量 $R \leqslant 5.0$ mm；

中：日最高气温 $T_g \geqslant 30℃$，连续16～20天，累计降水量 $R \leqslant 5.0$ mm，为中度发生，或有2个轻过程，为中度发生；

重：日最高气温 $T_g \geqslant 30℃$，连续21天以上，累计降水量 $R \leqslant 5.0$ mm，为重度发生；或有3个轻过程，或有1个中度过程和1个轻过程，为重度发生年。

（2）影响

在长时间高温下，水分消耗增大，水分不能及时补充，致使农作物水分短缺或植株体水分平衡被破坏，从而使农作物不能正常生长而导致减产。

2.2.6.3　防御措施

（1）预防措施

1)根据预报，做好浇水安排。

2)喷药防治红蜘蛛。

(2)补救措施

1)安排河水浇灌,有井水及时浇灌。

2)结合防治蚜虫、红蜘蛛,用磷酸二氢钾或草木灰等溶液,连续进行多次喷雾,增加植株穗部水分,能够降温增湿,同时可给叶片提供必需的水分及养分,提高籽粒饱满度。

2.2.7 连阴雨

连阴雨指连续 3~5 天以上的阴雨天气现象(中间可以有短暂的日照时间)。连阴雨天气的日降水量可以是小雨、中雨,也可以是大雨或暴雨。

2.2.7.1 发生规律和特征

一年中,≥3 日连阴雨频次最多,是≥5 日连阴雨频次的近 4 倍,是≥7 日连阴雨频次的 5~9 倍。≥5 日和≥7 日连阴雨频次较为接近,≥5 日连阴雨频次各地为 0.4~0.7 次,而≥7 日连阴雨频次仅为 0.2~0.4 次。

2.2.7.2 指标及影响

(1)指标

分为三个等级。

轻:连续 3~5d,总雨量大于 5mm;

中:连续 5~7d(包括 5 天)内空一天,总雨量大于 10mm;

重:7d 以上,内空 2d,总雨量大于 15mm;

期间平均每日日照时数≤3h;气温距平≥-1℃。

(2)影响

连阴雨的影响主要有以下几方面。

一是气温下降,光照不足,生育进程延缓,导致灌浆不足,产量降低;二是花期降水影响开花授粉,降低授粉率;三是影响收获和储藏。

2.2.7.3 防御措施

(1)预防措施

1)大喇叭口期前,及时锄地,提高地温。

2)雨前忌浇水。

(2)补救措施

1)成熟期雨后采用站杆扒皮,加快成熟期。

2)打掉老叶,增加通风透光,促进成熟。

2.3 病虫害

2.3.1 玉米红蜘蛛

红蜘蛛学名玉米叶螨,又名棉红蜘蛛,俗称大蜘蛛。分布广泛,食性杂,可为害 110 多种植物。

红蜘蛛主要危害玉米、黍子、豆类、花生、瓜类、向日葵、茄子、苦菜、狗尾草、马唐和杂草,聚集植株叶背刺吸叶片汁液被害处,呈现失绿斑点或条斑,严重时整个叶片变白干枯。

玉米红蜘蛛是内蒙古巴彦淖尔市玉米生产中的主要虫害之一,其危害重、防治难,成为困扰农民、影响玉米增产增收的重要问题。

2.3.1.1 发生规律

玉米红蜘蛛在巴彦淖尔市一年发生10～20代,雌成螨爬入杂草根下的土缝、树皮等处吐丝结网潜伏越冬。春季,随着气温的回升越冬成螨开始活动、取食、繁殖,5月份玉米出苗后,在杂草上危害的红蜘蛛陆续向玉米田转移。随着气温的升高,红蜘蛛繁殖加快,并逐步形成虫源中心,于6月中下旬扩散蔓延,7—8月形成危害高峰期,先在玉米田点片发生,气候条件适宜时迅速蔓延全田。

2.3.1.2 气象条件

当气温在30℃以上,相对湿度在50%以下时,有助于玉米红蜘蛛的急剧增殖,适宜气候条件越稳定,持续时间越长,危害也越重,而在低温的情况下,种群数量会减少,降雨也能影响红蜘蛛的生长发育和繁殖,凡降雨量多、降雨强度大时对玉米红蜘蛛有抑制作用。如果是干旱年份,一定要加强对红蜘蛛的田间调查,尤其是6月中下旬,高温少雨时更要严密监视,如持续高温少雨,要及早防治。

2.3.1.3 防治措施

(1)清除根茬并销毁。

(2)结合秋翻,用好年冬+哒螨灵做好土壤处理和周围环境处理。

(3)7月上旬开始用阿维菌素药剂+尼缩郎+好年冬制成1:1:1的1500倍液混配液茎叶喷雾。

(4)由于玉米后期植株高大,田间操作空间小,茎叶喷雾比较困难,也可通过以下途径进行防治。

1)玉米行间撒施甲拌磷颗粒剂或用沙土拌甲拌磷撒施熏蒸。

2)可用烟熏剂在傍晚无风时进行熏蒸。

(5)不论采取哪种防治方法,一定要做好区域化防治(也就是成片集中防治),否则玉米红蜘蛛将发生迁徙危害,降低防治效果。

(6)玉米红蜘蛛的防治,应以"防"为主,以"治"为辅,应提前做好预防工作,最大限度地降低其发生及危害程度。

2.3.2 蚜虫

玉米蚜虫又叫玉米蜜虫、腻虫等。是禾本科植物的重要害虫。苗期以成蚜、若蚜群集在心叶中为害,抽穗后为害穗部,吸收汁液,妨碍生长,还能传播多种禾本科谷类病毒。属同翅目,蚜科。

2.3.2.1 发生规律

(1)寄主范围广,危害重而且传播病害。蚜虫除危害玉米、高粱、大麦、谷子、水稻等作物外,尚能在狗尾草、马唐、雀稗、芦苇等杂草上危害。玉米蚜虫以成、若蚜刺吸植物汁液,苗期均集中在心中叶内危害。在危害的同时分泌"蜜露",可在叶面形成一层黑色霉状物,影响作物的光合作用,导致减产;此外,尚能传播玉米矮花叶病毒病,其危害更大。

(2)为害特点:成、若蚜刺吸植物组织汁液,引致叶片变黄或发红,影响生长发育,严重时植株枯死。玉米蚜多群集在心叶,为害叶片时分泌蜜露,产生黑色霉状物,别于高粱蚜。在紧凑型玉米上主要为害雄花和上层1~5叶,下部叶受害轻,刺吸玉米的汁液,致叶片变黄枯死,常使叶面生霉变黑,影响光合作用,降低粒重,并传播病毒病造成减产。寄主有玉米、高粱、小麦、狗尾草等。

2.3.2.2 气象条件

一年发生10~20代,一般以无翅胎生雌蚜在小麦苗及禾本科杂草的心叶里越冬。春季温度回升到7℃左右时,在越冬寄主的心叶里即开始活动,大都在麦苗心叶里繁殖危害。随着植株生长不断向上移动,集中在新形成的心叶内危害,抽穗后大都迁移到未抽穗的植株或无效蘖上危害,极少在穗部危害。5月底6月初向玉米迁移。玉米抽雄前,一直群集于心叶里繁殖为害,抽雄后扩散至雄穗、雌穗上繁殖为害,扬花期气温高(平均气温23~25℃),营养丰富,蚜量激增,是玉米蚜繁殖为害的最有利时期,故防治适期应在玉米抽雄前。暴风雨对玉米蚜有较大控制作用。杂草较重发生的田块,有利于玉米蚜偏重发生。

2.3.2.3 防治方法

玉米蚜天敌多,可对其起到抑制作用。如蜘蛛类有草间小黑蛛、隆背微蛛等。1个玉米心叶中只要有1头草间小黑蛛就能抑制玉米蚜的发生,它每日可捕食12~25头玉米蚜。瓢虫类有粉蜡瓢虫、异色瓢虫等。此外,食蚜蝇、草蛉、蚜茧蜂、步行虫、蚜霉菌都是玉米蚜的天敌。

(1)清除田边沟旁的杂草,消灭滋生基地,减少虫量。

(2)药剂防治。可喷洒40%乐果乳油或80%敌敌畏乳油1500~2000倍液,或50%马拉硫磷乳油1000倍液。另外,可结合防治玉米螟用颗粒剂防治,也可用40%氧化乐果乳油或40%久效磷乳油100倍液在玉米雌穗上节涂茎。

2.3.3 玉米螟

玉米螟也叫钻心虫,是玉米的主要虫害之一。可危害玉米植株地上的各个部位,使受害部分丧失功能,降低籽粒产量。玉米螟分布广、食性杂、危害大,危害的植物有玉米、高粱、谷子等20多种,以幼虫蛀茎取食,破坏组织,造成籽粒不饱满,青枯早熟,风折倒伏,甚至颗粒不收,严重影响了作物的产量和质量。危害严重年份产量损失率可达20%以上。

2.3.3.1 发生规律

玉米螟一生要经过成虫、卵、幼虫和蛹4个阶段。成虫白天隐藏在玉米叶片下和杂草丛中,晚上活动、产卵。成虫有趋向植株高大、生长嫩绿的玉米田产卵的习性,在高度为33cm以下的植株上很少产卵。卵块多产在植株中下部叶片背面。1头雌成虫能产卵5~12块,每块有几十至100多粒卵。卵产下时呈乳白色,随后变为淡黄色,孵化前为黑色。温度在20℃以上,卵经2~8天孵化成幼虫。初孵幼虫一部分在原玉米株上危害,另一部分吐丝下垂,随风飘到邻近的玉米上取食。幼虫有5龄,低龄期群集在玉米心叶、雄蕊和玉米苞上危害,是防治关键时期。玉米心叶受害出现半透明斑点和小孔,附近有虫粪。玉米苗期受害,植株干枯死亡;玉米生长中后期受害,茎被蛀,养分和水分运输受阻,易被风吹折。雄穗抽出时受害,不能开花,多呈黄白色,枯死;抽出后受害,上部枯白,中部折断,影响授粉。雌穗在结实前受害,往往不结实;结实后受害,籽粒被蛀食且有虫粪,影响产量和品质。

温度16~30℃及多雨的季节有利于玉米螟大发生;高温干旱、相对湿度40%以下,成虫发生量显著减少;暴雨天气玉米螟的卵和低龄幼虫大批死亡。

2.3.3.2 气象条件

影响玉米螟的气象条件主要是降水量和温度。春季复苏的越冬幼虫,羽化后的成虫都需要一定的水分才能化蛹和产卵,产卵时又要求较高的湿度。所以,一般春季3—5月份的雨水充足,相对湿度高,常常大发生。但雨量过大,也可抑制玉米螟大发生。温度主要影响发育速度,各虫态的适宜温度为15～30℃,越冬幼虫有很强的耐寒力。

2.3.3.3 防治方法

(1)农业防治

1)处理秸秆,消灭越冬虫源。收获后将有虫的玉米秸秆用作燃料或铡碎沤肥。用作工业原料的秸秆、穗轴当年用不完的,要封垛存放,隔年使用。

2)设置诱集田。利用雌蛾喜好高大植株产卵的特点,春播时在正常播期前1个月种植小面积早播玉米作诱集带,诱集成虫产卵,产卵高峰期使用高效农药一举歼灭。

(2)生物防治

1)以菌治虫

即使用苏云金杆菌或白僵菌进行处理,方法有两种:

①心叶中期(玉米螟卵处于孵化初期至孵化盛期)施用白僵菌或苏云金杆菌颗粒剂消灭幼虫。颗粒剂可以自行制作,白僵菌颗粒剂是将每克50亿～500亿的白僵菌孢子粉500g与过筛煤渣5kg拌匀,苏云金杆菌颗粒剂是将苏云金杆菌乳剂15mL同砂粒3.5kg拌匀制成,每株用2g施入玉米心叶内。此外每亩用白僵菌粉250g与陶土750g混合喷粉,也可达到较好的防效。

②早春使用白僵菌封垛,即在越冬幼虫化蛹前用白僵菌对寄主秸秆根茬进行喷粉封垛,用量为$100g/m^2$。

2)以虫治虫

即利用自然或释放的赤眼蜂消灭玉米螟。为了提高田间自然赤眼蜂的寄生率,可采用增加间作物的方法。例如在玉米田内间作绿豆,可增加赤眼蜂的数量。此外,利用人工释放赤眼蜂方法防治玉米螟,即在越冬代幼虫孵化率达到20%～30%后的第11天放第1次蜂,以后每4～5天放1次,连续放3次。放蜂量为每亩1.5万～3.0万头。

(3)化学防治

最为普遍的方法是在玉米心叶末期施用含有化学农药的颗粒剂。颗粒剂可使用市售的制成品,如0.1%氯氟氰菊酯颗粒剂,每株施用0.16g;3%辛硫磷颗粒剂,按1:15拌煤渣后,每株施用2g;1.5%辛硫磷颗粒剂,每株施用1g;5%杀虫双颗粒剂,每亩用200克与细土4kg拌匀后撒施。如果没有现成的颗粒剂时也可以使用化学农药和过筛的煤渣参照配制白僵菌颗粒剂的方法配制。自行配制的颗粒剂应经过药效及安全性试验后,再大量使用。穗期一般使用药剂灌注雄穗及蘸花丝的方法防治。用药剂灌注雄穗时,常用的药剂有25%杀虫双水剂500倍液,50%敌敌畏乳剂800倍液,0.5%阿维菌素乳油1000倍液,5%氟虫脲(卡死克)乳油2500倍液。药剂蘸花丝时可将50%敌敌畏乳剂800倍液灌入废弃的矿泉水瓶内,瓶口盖上带吸管的瓶盖。在玉米散粉基本结束时蘸花丝,熏杀在穗部为害的幼虫。

(4)其他防治方法

1)灯光诱杀成虫。目前一般市售的诱虫灯,如频振式杀虫灯、双光雷达自控式害虫诱杀灯都很有效。使用时应仔细阅读诱器的使用说明,加强试用期间的维护和管理,提高灯具的杀虫效果。

  2)性信息素的利用。较常使用的是诱杀法,即使用人工合成的玉米螟性信息素诱芯,在成虫交尾的场所诱杀雄虫,使群体中雄虫交配率下降,降低下一代的发生率。使用时一般相距50m设一诱源,每个诱源放 $100\sim400\mu g$ 的诱芯1枚。将其放在直径约20cm的盛有洗衣粉液的水盆上,水盆高出株冠。使用此法也要注意维护和管理,应及时地捞出雄虫,并添加水和洗衣粉。

第3章 农业气象服务

3.1 产品制作要求

玉米全程系列化服务包括产前、产中、产后农业气象服务,即从影响播种墒情的天气出现开始,一般以播前一个月左右开始到收获后一个月。主要包括以下内容。

3.1.1 农业气象监测分析产品

3.1.1.1 旬月季年监测分析产品

(1)发布时间:每旬第一日(每月3日前,季度5日前,年10日前)。

(2)资料收集

1)气象资料:分旬月气温(旬月平均)、降水、日照、蒸发、湿度等。

春季(3—5月):地温(5~10cm)、墒情(冻土层及化冻情况),稳定通过10℃日期,春季风速风向,灾害(春雨、霜冻、低温冷害、干旱、暴风雨等)。

夏季(6—8月):长势、墒情、浇水情况,灾害(高温干旱、风雨灾等)。

秋季(9—10月):发育期(成熟程度),灾害(低温阴雨、风雨灾、霜冻等)。

2)农业生产情况:播种出苗情况、生产问题(出苗情况、地膜使用等)、农事活动(浇水施肥、喷药、耕翻、收获等)。

(3)产品要求

1)产品主要发送到党政和涉农部门领导和技术人员。

2)如有影响未来作物生长的情况,应摘要通过短信向用户同时发送。

(4)产品主要内容

1)气候分析:分析相应时段气温、降水、日照、蒸发等,不同时段对作物生长有影响的气象要素或灾害,如风速风向、冻土层、春雨、暴雨、霜冻等。与常年和上年同期比较。

2)影响评述

3月、4月:主要考虑气温、降水、蒸发、风速风向等要素。3月气温高,降水少,蒸发强烈,偏西风易导致土壤水分加快散失,不利于保持良好墒情,4月中下旬气温低,风沙天气多,墒情差,不利于播种出苗。

播后降水,易形成板结层,影响出苗。

5月:主要考虑气温、降水。气温低,出苗慢,易粉种,如有降水($\geqslant$3mm),又会形成板结层,抑制出苗,影响长势。

6月:主要考虑气温、降水、光照。6月气温一般回升很快,气温高,玉米生长快,但伴随降水少,会引发蚜虫和红蜘蛛等虫害;6月中旬玉米拔节后,生长很快,气温过高,降水少,浇水不及时,影响玉米正常生长。

7月：上中旬，玉米达到大喇叭口期，植株生长较快，中下旬进入抽雄扬花期，此期最怕缺水。玉米穗期耗水量最大，占一生耗水总量的30%～35%，抽雄期耗水强度最大，是玉米需水的临界期，干旱、缺水会造成不同程度的减产，甚至绝收，严重影响产量，此时要及时灌溉，否则，损失不可估量。

8月：玉米处于灌浆期，需要高温，适当降水，浇水及时。如高温、干旱，玉米灌浆就会受阻，导致百粒重下降，造成减产；如低温阴雨，也会延缓灌浆，不能正常成熟，导致减产。

9月：进入玉米灌浆后期，低温阴雨延迟成熟，容易受到霜冻危害；霜冻出现早也会导致不能正常成熟，造成减产。

10月：玉米晾晒期。雨天影响玉米晾晒，雨量越大，影响越大。晴好天气有利于晾晒。

3）近期预报：下月气候预测；重点下月上旬。

4）生产建议分析

3月、4月：3月气温高，偏西风多，风大，建议及时采取保墒措施。

如4月中下旬气温低，墒情差，建议一是适当推迟播种；二是先覆膜，后播种；三是座水播种。

如风大，建议覆膜时压好地膜。

如土壤湿度较大，建议适时晾墒，适当推迟播种。

5月：出现气温低，出苗慢，导致粉种，可建议松土提高地温，促进出苗和幼苗生长。

如有降水（≥3mm），会形成板结层，抑制出苗，影响长势。可建议雨后及时消除板结层，松土增温。

三叶后建议及时放苗、间苗，风大时，要建议结合放苗，培土压膜，避免膜被风吹起，影响地膜效果。

6月：主要会遇到高温干旱、暴雨，部分年份也能遇到低温冷害。高温干旱会引发蚜虫和红蜘蛛等虫害，也会造成土壤水分散失过快，导致玉米缺水，影响玉米正常生长。

为此可建议及时喷药防治虫害，浇水前注意是否有暴雨，避免田间积水，此时是玉米头水，浇水不宜过多，避免徒长；浇水后容易长草，建议结合除草，及时进行中耕松土，减少水分散失；低温年份可建议多松土，提高地温。

7月：主要问题仍然是高温干旱、风雨灾等，在建议及时浇水的同时，要补充肥料，此时浇水要注意风力，特别是出现风雨灾时，要不浇或少浇，避免倒伏；玉米开花时如出现高温天气，可在高温来临前建议进行人工辅助授粉；受冰雹灾后，视受灾情况，提出毁种，增施肥料等建议。

8月：容易出现暴雨，形成田间积水，可建议及时排水，雨前避免浇水；出现低温连阴雨时，浇水要少。

9月：低温阴雨对玉米影响较大，如有发育期延迟情况，停止浇水，适时采取促早熟措施；并根据玉米成熟情况和霜冻出现情况，及时采取防霜准备工作。

10月：此期是玉米晾晒期，降水影响玉米晾晒，雨量越大，影响越大。建议关注天气变化，适时晾晒。

（5）技术方法

主要采用对比分析方法，一是针对气温、降水、日照等要素进行对比分析，评价其优劣，并关注各要素变化特点，对于其重大变化过程的影响应给予重点评述。

针对不同时期需要关注的重点问题的影响，进行重点评述。

(6)背景知识

见第1章、第2章。

3.1.1.2 主要发育期农业气象条件评述产品

(1)发布时间:见服务工作历要求。

(2)资料收集

1)气象资料:发育时段内气温(月平均)、降水、日照、蒸发、湿度等,春季地温(5~10cm)、墒情(冻土层及化冻情况),稳定通过10℃日期,春季风速风向,灾害(春雨、霜冻、低温冷害、高温干旱、暴风雨等)。

2)农业生产情况:生产问题(出苗情况、地膜使用等)、农事活动(浇水施肥、喷药、耕翻、收获等)。

(3)产品要求:发布时间按服务工作历要求进行。

(4)产品主要内容

1)气候分析:分析相应时段内气温、降水、日照、蒸发等,不同发育期影响要素或灾害,如风速风向、冻土层、春雨、暴雨、霜冻等。与常年和上年同期比较。

2)影响评述

播种—三叶期:主要评述此期内气温,降水情况,判断其优劣,根据出苗率、长势、墒情等,分析主要气象要素对玉米发芽出苗生长的影响。重点评述期间主要气象要素变化或灾害发生对玉米正常生长的影响。

七叶—拔节期:主要评述此期内气温、降水、日照、墒情等要素,根据其适宜指标,判断其优劣,分析主要气象要素对玉米生长的影响。重点评述期间主要气象要素变化或灾害的影响。

拔节—开花期:主要评述此期内气温、降水、日照、墒情等要素,根据其适宜指标,判断其优劣,分析主要气象要素对玉米生长的影响。重点评述此期发生的气象灾害,特别是发育期变化和开花授粉情况。

全生育期:对玉米全生育期内各主要时段主要气象要素和灾害发生情况进行综合评述,分析其优劣及对产量的可能影响。

3)近期预报:下月趋势预报;重点下月上旬。

4)生产建议分析

播种—三叶期:如播种期气温低,墒情差,出苗差,建议及时松土增温,注意培土放苗。如风大,建议辅助放苗时,压好地膜。

七叶—拔节期:如苗弱,应建议头水多追肥,促进壮苗;如高温干旱,建议及时浇水追肥。

拔节—开花期:根据后期预报结论,提出浇水等建议。

(5)对比分析方法:分析玉米各重要时期的气象要素与水热需求进行比较判断,并与常年和上一年度结果比较,综合评估水分和热量条件对玉米的利弊影响。

(6)背景知识

见第1章、第2章。

3.1.2 农业气象预报预警产品

3.1.2.1 农用天气预报(农事活动气象条件和灾害性农用天气预报)

(1)发布时间:按工作历要求。

(2)资料收集:作物生长状况、预报内容。

(3)产品要求

1)农事活动类应主要提出当前天气条件对农事活动的影响和能否开展农事活动,以及开展农事活动的措施建议等。

2)不利天气条件类应主要提出当前天气条件对农事活动的影响和应对不利条件的措施建议。

(4)产品主要内容

1)近期主要预报结论:针对农事活动或不利条件的主要要素及其变化情况。

2)天气条件对农事活动或作物生长的不利影响或危害影响评估。

3)建议:根据天气变化影响评估结果,提出针对性生产建议。

(5)技术方法

根据作物生长发育指标对天气条件优劣进行评判;根据农事活动需要的天气条件进行优劣评判,并提出适宜的建议。

(6)基础知识

见第1章、第2章。

3.1.2.2 农业气象灾害预报预警

(1)灾害名称。

(2)发布条件:农业气象灾害预报在常年发生期前20~30天;预警适时。

(3)资料收集:收集气象资料,天气预报信息,玉米生产生长情况等。

(4)主要内容

1)预报预警结论:灾害出现时间,发生程度。

2)影响预评估:根据灾害出现时间、发生程度,玉米出苗及长势情况,评估灾害的可能影响。

3)生产建议:根据评估结果,提出毁种、补种或加强田间管理,松土增加追肥等建议。

(5)技术方法

根据常年灾害发生情况与气象条件,建立预报模型;根据短期天气预报结果制作预警。

(6)背景知识

见第1章、第2章。

3.1.2.3 发育期预报

(1)播种期预报

1)发布条件:产品应在常年适宜播种时段前20天发布。河套灌区主要播种期在4月下旬,因此,适宜播种期预报应在3月下旬发布。

2)发布内容

①预报结论:根据本地区地形及气候条件,提出不同玉米种植分区的适宜种植时段。分区划分应与地方有共识。

②预报依据:当前墒情及未来墒情变化趋势;气温稳定通过10℃时间;终霜冻时间。

一般来说,只有重霜冻才可能冻死玉米苗,河套灌区重霜冻主要在4月中下旬结束,所以霜冻不是播种时考虑的最重要指标。

河套灌区玉米播种限制因子主要是温度,其次是墒情,如墒情不好,则温度条件基本满足,就可播种,如果墒情好,可适当推迟。

③生产建议分析:如播种期气温低,墒情差,建议一是适当推迟播种;二是先覆膜后播种;三是座水播种。

如风大,建议覆膜时压好地膜。

如土壤湿度较大,建议适时晾墒,适当推迟播种。

3)制作方法

①资料收集

气象资料:气温、地温(5~10cm)、降水、墒情(冻土层及化冻情况),气温稳定通过10℃日期。

农业生产资料:主要品种(熟性、生长特点)、分布、生产问题(出苗情况、地膜使用等)、整地情况。

②产品要求

发布时间视多年平均情况,具体发布日期应考虑当年气候变化情况,可适当提前,但不宜推后。

产品除向党政涉农部门发送外,要编发短信向直通式种植户、合作社、信息员等发送,第一时间指导玉米播种工作开展。

稳定通过界限温度日期、霜冻结束或出现日期等预测可采用经验统计模型、气候预测模型等方法,或借用已有的预报结果,或通过统计相关法、物候学法等直接建立日期预测模型。

一般以气温稳定通过10℃初日为适宜播种期开始日,以霜冻结束日为终止日。

(2)收获期预报

1)发布条件:8月下旬。

2)发布内容

①预报结论:主要成熟时段。预测玉米成熟期的时间,提前或推迟的天数。用表格列出与上一年比较、与常年比较的结果。

②预报依据:农作物完成某一发育期需要一定的热量条件,玉米一般以≥10℃活动积温为依据。根据玉米开花期实况资料和开花到成熟期间的平均积温和发育期日数,预测玉米成熟期的时间,提前或推迟的天数。

③未来天气(至成熟):根据9月短期气候预测提出。

④生产建议:针对目前生产状况,结合玉米成熟期预报结果,提出能够促进作物成熟避免遭受早霜冻危害的措施和建议。

3)制作方法

①资料信息:玉米长势、乳熟期、未来气象条件(主要是热量条件)等

②产品要求:产品发送至党政和涉农部门领导及技术人员。

③玉米开花到成熟期一般需要50~60d,需要≥10℃活动积温900~1200℃·d。

注:早(提前5天以上)、偏早(提前3~5天)、正常(提前2天或推迟2天)、偏晚(推迟3~5天)、晚(推迟5天以上)

统计本地区稳定≥10℃积温、玉米发育期、有效积温、玉米开花至成熟期生物学下限温度,采用物候学方法、积温法直接建立日期预报模型。

(a)物候学方法

$$D = D_0 + n \tag{3.1}$$

式中：D 为预报的玉米成熟期出现日期，D_0 为玉米开花期的实际出现日期，n 为两发育期多年平均间隔日数。

(b)积温法

在适宜的温度范围内，作物发育速度与温度高低成比例。作物完成某一发育期所需要的有效积温为一定值。有效积温法公式可写成

$$D = D_1 + A/(t - B) \tag{3.2}$$

式中：D 为预报的玉米成熟日期，D_1 为玉米开花期实际出现日期，A 为完成本发育阶段所需要的有效积温；B 为期间的生物学下限温度，t 为该阶段平均气温的预报值或多年平均值。

3.1.2.4 产量预报

(1)发布条件

玉米产量预报一般分两次进行，即趋势预报（7月15日前）和定量预报（8月15日前）。

(2)发布内容

1)主要结论：趋势产量（丰、偏丰、平、偏歉、歉）、定量产量数据结果，与近5年均值比较。

通过文字、图表说明玉米产量趋势及定量预报结果，趋势预报等级用语表述清楚，包括预测的单、总产数字或丰歉趋势，与近5年平均值相比较的增减产幅度。

2)预报依据：根据农业生产和气象条件的关系，对过去和现在的气象实况以及未来可能出现的气象条件进行分析鉴定，并提出相应的建议以供生产部门使用。

分播种期、生长期两个时段评价气象条件对农业产量形成的利弊影响。重点分析作物长势和影响的关键气象因子。播种面积资料从统计部门和农业部门获取，有条件的地区亦可在7月31日之前利用高分辨遥感资料提取玉米播种面积。

参考短期气候趋势预测结果，分析未来天气气候条件对玉米产量形成的可能影响。

3)未来天气气候预报结果。

4)生产建议：根据前期长势和未来天气气候变化对玉米的影响评估，提出相应生产建议。

参考未来天气和气候预测，弥补前期不足或防御未来不利气象条件应采取的措施或应重视的问题；充分利用未来有利气象条件，提出具体建议和措施。

(3)制作方法

1)产品要求

①收集从播种到发布产品前的主要气象要素及其变化特征，作物生长状况，生产活动情况等。

②决策产品主要发送到当值涉农部门领导。预报项目包括总产和单产。玉米产量预报产品在规定时间前发出即为准时（以内网传输时间为准），否则为迟报。如果后期天气、气候条件对农作物产量有较大影响时，在定量预报发布后15～20天内根据需要制作订正预报，并及时传输给上一级业务单位及业务主管单位和当地有关农业生产部门。

2)技术方法：将常年玉米单产划分为趋势产量和气象产量，其中趋势产量用正交多项式、滑动平均等方法进行分解和提取，公式为

$$y = y_t + y_w \tag{3.3}$$

式中：y_t 为趋势产量，y_w 为气象产量。

通过对气象因子与玉米气象产量的相关分析，筛选对产量影响显著的气象因子，并利用这些气象因子建立统计预报模型，通过输入前期实况气象因子来预报玉米气象产量。趋势产量和气象产量预报值之和为实际预报单产，单产和当年面积相乘即为玉米总产量预报值。

目前产量预报方法基本以数理统计模型为主,近年来在多种统计方法的应用、气候模式与农业气象模式结合、信息技术的应用、作物生长模拟模型的应用等方面取得了一些成果。当前农业气象预报发展方向是在指标的针对性,统计模型因子的物理概念和生物物理机理、数学模型和资料处理方法以及基于作物生长模拟模型的农业气象预测预报方法;多学科交叉、多种预测方法结合、长中短期预测相结合、动态预测和补充订正相结合、卫星遥感动态监测信息与预警模式相结合是开展农业气象预测的有效途径。

3.1.3 农业气象灾害评估产品

3.1.3.1 灾害名称
按灾害种类分,主要有以下几种:霜冻、倒春寒、风雨灾、高温、高温干旱、连阴雨。

3.1.3.2 评估条件
当灾害发生程度达到中等以上等级标准时,启动灾害评估机制。

3.1.3.3 资料信息
灾情、范围、损失情况;玉米长势、前期气候条件、生产管理(浇水施肥)情况。

3.1.3.4 评估内容
(1)灾情及评估结论:主要根据调查和灾害天气实况得出。
(2)生产建议:根据灾害出现时间段,影响情况及未来天气变化等生产建议。

3.1.3.5 制作方法
根据不同灾害指标判定发生程度。

3.1.4 重大专题服务产品

3.1.4.1 产品名称
对作物生长有严重影响的天气气候事件;玉米生长发育农业气象问题专题分析;玉米引种气候分析等。

3.1.4.2 发布条件
根据需要实时发布。

3.1.4.3 发布内容
主要有气候异常对作物生长的影响;玉米生长发育农业气象问题专题分析;玉米引种气候分析等。
(1)问题简述:简要叙述出现的气象气候问题或农作物生长气象问题,包括出现的时间(或持续时间),气象要素情况等。
(2)调查结果:根据指标判断,可能造成的影响或问题的原因,进行实地调查,并简述调查结果。
(3)问题分析:对气象气候要素及其可能影响进行分析或评述;或根据调查结果,运用农业气象原理,分析造成影响的原因。
(4)决策建议:根据影响和实际情况,提出针对性较强,可操作性较强的应对措施。

3.1.4.4 制作方法
(1)资料信息:根据出现问题内容进行收集。

(2)产品要求:产品主要发送至有关领导和技术人员;如有重大影响的农业气象问题持续,要有翔实的数据分析,要有确实可靠的结论,要有针对性强的应对措施。

(3)可根据问题需要,利用相关指标或评判模型进行问题分析和影响评估,提出问题严重程度和影响程度及危害。

3.2 农业气象服务规范

3.2.1 业务流程

(1)制定完善服务工作历。

(2)落实工作内容:根据服务大纲和工作历的安排,将每一项具体工作内容,分配到相应服务人员。

(3)按照工作历要求的时间和内容制作发布产品。

1)收集数据及生产信息。

根据产品需要,收集相应气象资料和生产信息(农情、农气观测资料、信息员反馈)。

2)按照工作历要求内容制作产品:分析数据,计算模型,取得结果,形成产品。

3)审核:组长或其他服务人员。

4)签发:分管局长。

5)发布:按工作历要求发布对象和渠道传送信息。

6)产品归档。

3.2.2 服务产品规范

3.2.2.1 模板

(1)版面设置

服务产品左上角标明"为农气象服务信息",正文抬头为"玉米气象服务信息",要求为58号红色隶书;正文题目要求对服务产品内容高度概括,为二号黑体,可分一行或多行居中排列;要做到词义完整,排列对称,间距恰当。

单位名称、日期、分析人等均为楷体四号字,发送单位均为宋体4号字。(见后面的模板)产品期数是当年编发的份数排序,命名为"20××年玉米气象服务信息第几期"。排序序号用楷体四号字标注于发布产品标识的下一行居中。

正文内容为仿宋_GB2312 四号字;要做到排列对称,间距恰当。在正文最后一页最下行用红色反线与正文间隔,红色反线下左侧空两格分两行用仿宋4号字,分别标注呈报单位和报送单位,呈报单位指所在地上级党政领导部门和本部门上级单位,报送单位指所在地下属党政部门和其他相关联系单位。

(2)用纸及装订

纸质材料用纸采用 A4 型纸,其成品幅面尺寸为:210mm×297mm,产品版心尺寸为:156mm×225mm(不含页码)。产品左侧两订装订,不能缺页。

3.2.2.2 发布对象

(1)决策服务产品:通过 Notes 给气象部门内部科室、领导发送,通过电子邮箱给政府、涉农部门领导、气象信息服务站发送;通过手机短信给气象助理员和信息员发送。

(2)直通式服务信息:直接通过手机短信发送,重要信息电话或全网发布。

3.2.2.3 发布方式

服务产品要及时上传综合信息网和门户网站。综合信息网上传到决策气象服务栏目中的专业专项气象服务,命名为"20××玉米气象服务信息第几期";门户网站上传到气象服务中相应的栏目里,命名为"20××年玉米气象服务信息第几期"。

3.2.2.4 服务产品签发制度

发布的产品需标识分析、审核、签发人姓名,分析人平行排列于发布单位标识右侧,用楷体4号字居右。分析人员为服务产品撰写责任人,审核人员为气象台长(服务组长)或其他服务人员,签发人员为分管业务局长。

3.2.2.5 注意事项

服务产品是气象服务工作最重要的形式,产品质量不仅直接影响服务效果,还影响个人的学术声誉和单位的形象。因此,请服务人员根据业务分工认真履行好自己的职责,严格按照时限和产品标准与规范要求撰写、发布、上传服务产品,同时严格执行撰写、审核和签发流程,如果未履行程序发布服务产品,在社会上造成不良影响,要依照制度追究相关人员的责任。

3.2.3 部门合作

(1)信息共享:农情、气象信息。

(2)共同调查:长势、生产问题、灾情调查等。

(3)会商及发布产品:在重大灾害性天气或重大生产问题出现或即将出现时,开展天气或问题会商会。

3.3 岗位职责

农业气象服务岗位主要工作内容是:基础情报、专题情报、农作物生长发育评价等,农业农用天气预报预警、农事活动预报、农业气象灾害预报、病虫害预报、产量预报和物候期预报等包括农业气象问题专题分析评估、农业气象灾害评估分析等。

服务人员按照服务大纲和工作历服务产品内容撰写服务产品,开展服务。

3.3.1 基本职责

(1)负责农业气象服务指标体系研究和产品研发工作;

(2)负责农业气象监测数据的质量监控工作;负责农业气象服务指标体系研究和产品研发工作;

(3)负责重大农业气象灾害评估、重大农业气象问题服务工作。

3.3.2 基本要求

(1)熟悉当地地形、地貌特征、气候背景和农业生产状况;熟知不同区域、不同季节主要农业气象灾害类型;

(2)熟悉产品制作流程、标准和内容,掌握相关业务制作软件、工具等,并严格按照产品制作流程和相关规范进行产品制作及发布；

（3）掌握主要农业气象指标和服务方法及天气气候条件对农业生产的影响。

3.3.3 业务要求

（1）密切监视天气实况和未来天气和气候预测、土壤墒情及农情信息，尤其要关注对农业生产有较大影响的转折性、关键性、灾害性天气过程时及时制作发布相关产品；及时收集和查询有关预报、农情、灾害等信息。

（2）盟市业务人员应定期浏览自治区发布的产品，制作和提供指导产品，旗县级参考上级指导产品制作本机服务产品。

（3）及时主动与相关部门合作，掌握最新农业产业结构、农作物发育进程、长势等适时的农情信息、气象灾情信息及灾害防御能力、措施等；掌握最新农业生产形势、社会经济因素和产量数据等。

第4章 玉米农业气象服务考核

为加强玉米全程系列化农业气象服务管理工作,促进玉米农业气象服务规范化、标准化和系列化可持续发展,不断提高服务人员服务能力和工作质量,对服务工作进行业务考核。

玉米全程系列化农业气象服务产品按服务对象分主要有决策类、"直通式"两大类,按内容分主要有预报预测类、情报评价类、专题分析类等三种。下面根据不同产品服务对象、时间、服务内容分别建立考核标准。具体考核标准详见各系列化服务产品制定的考核标准。

4.1 农业气象监测服务产品考核

该类产品包括分月(3—10月)农业气象条件评述、重要发育期农业气象条件评述(播种—三叶、七叶—拔节、拔节—开花、开花—乳熟)。

4.1.1 考核内容

考核内容包括产品格式、产品内容质量、产品时效性、种类和数量等。

是否符合工作历及大纲要求。

提要重点突出、归纳合理、概括准确,分析内容观点明确、逻辑性强,生产建议合理、适用、具有针对性。

4.1.2 考核标准

时效性考核:按照工作历要求,在规定时间前发出即为准时(以内网传输时间为准),否则为迟报。准时按100分计算,每迟报1天扣5分,超过3天扣10分计算,超过10天按0分计算,没有在规定时段内发布规定产品不得分,直通式产品应保留发布信息,以备查验。

产品质量考核:主要为产品规范性、内容完整性、数据准确性等。

评分标准:考核分为优、良、合格、不合格四个等级,评分标准见表4.1。

表 4.1 评价分析产品考核标准

考核等级	产品时效	评分标准	
优 (90—100)	及时发布	规范性	1. 数据准确,表述明确,产品内容完整;9—10分 2. 名词术语、计量单位、符号使用规范。9—10分 3. 图表颜色搭配美观,解释作用强;5分 4. 语言简练,重点突出,没有错别字或漏字。5分
		服务质量	1. 分析全面,资料运用合理,与农业生产结合紧密,结论符合实际。35—40分 2. 生产建议针对性与指导性强;28—30分

续表

考核等级	产品时效		评分标准
良 (80—89)	准时	规范性	1. 数据基本准确,表述较明确,产品内容较完整;7—8分 2. 存在1—2处名词术语、计量单位、符号使用不规范;7—8分 3. 图表颜色搭配较美观,解释作用较强;4分 4. 语言较简练,重点较突出,错别字或漏字少于2处。4分
		服务质量	1. 资料运用合理,与农业生产结合较好,结论符合实际。33—35分 2. 生产建议针对性与指导性较强;25—28分
合格 (60—79)	准时	规范性	1. 数据有1处错误,表述基本明确,产品内容基本完整;6分 2. 存在3—4处名词术语、计量单位、符号使用不规范;6分 3. 图表颜色搭配基本美观,能起到一定解释作用;3分 4. 语言较简练,重点较突出,错别字或漏字少于3处。3分
		服务质量	1. 资料运用基本合理,与农业生产联系较少,结论基本符合实际。25—33分 2. 生产建议针对性与指导性一般;20—25分
不合格 (0—59)	迟报	规范性	1. 数据有2处以上错误,表述不够明确,产品内容基本完整;5分(含5分)以下 2. 存在4处以上名词术语、计量单位、符号使用不规范;5分(含5分)以下 3. 图表颜色搭配不够美观,解释作用较差;1—2分 4. 语言不够简练,重点不够突出,错别字或漏字大于等于3处。1—2分
		服务质量	1. 资料运用不合理,与农业生产基本没有联系,结论与实际有明显误差;25分(含25分)以下 2. 农业生产建议针对性与指导性较差;20分(含20分)以下

4.2 农业气象预报预警服务产品考核

4.2.1 农业气象预报产品考核

该类产品包括农用天气预报、农业气象灾害预报、发育期预报、产量预报。

4.2.1.1 考核内容

考核内容包括产品的时效性、产品内容质量、产品种类和数量等。预测依据科学合理,理由充分、观点明确、预测准确、重点突出、逻辑性强;生产建议具有针对性、适用性、可操作性。

4.2.1.2 考核标准

时效性考核:按照工作历要求,在规定时间前发出即为准时(以内网传输时间为准),否则为迟报。准时按100分计算,每迟报1天扣5分,超过3天扣10分计算,超过10天按0分计算,没有在规定时段内发布规定产品不得分,直通式产品应保留发布信息,以备查验。

产品质量考核:主要为产品规范性、完整性、产品质量。预报结果的准确性暂时不做考核。

评分标准:考核分为优、良、合格、不合格四个等级,评分标准见表4.2。

表4.2 预测预报服务产品考核标准

考核等级	产品时效		评分标准
优 (90—100)	及时 发布	规范性	1. 数据准确,表述明确,产品内容完整;9—10分 2. 名词术语、计量单位、符号使用规范。9—10分 3. 图表颜色搭配美观,解释作用强;5分 4. 语言简练,重点突出,没有错别字或漏字。5分
		服务质量	1. 资料运用合理,方法正确,结论准确。35—40分 2. 生产建议针对性与指导性强,与农业生产结合紧密;28—30分

续表

考核等级	产品时效		评分标准
良 (80—89)	准时	规范性	1. 数据基本准确,表述较明确,产品内容较完整;7—8分 2. 存在1—2处名词术语、计量单位、符号使用不规范;7—8分 3. 图表颜色搭配较美观,解释作用较强;4分 4. 语言较简练,重点较突出,错别字或漏字少于2处。4分
		服务质量	1. 资料运用合理,方法正确,结论较准确。33—35分 2. 生产建议针对性与指导性较强,较符合农业生产实际;25—28分
合格 (60—79)	准时	规范性	1. 数据有1处错误,表述基本明确,产品内容基本完整;6分 2. 存在3—4处名词术语、计量单位、符号使用不规范;6分 3. 图表颜色搭配基本美观,能起到一定解释作用;3分 4. 语言较简练,重点较突出,错别字或漏字少于3处。3分
		服务质量	1. 资料运用基本合理,结论接近实际;25—33分 2. 生产建议针对性指导性不强。20—25分
不合格 (0—59)	迟报	规范性	1. 数据有2处以上错误,表述不够明确,产品内容基本完整;5分(含5分)以下 2. 存在4处以上名词术语、计量单位、符号使用不规范;5分(含5分)以下 3. 图表颜色搭配不够美观,解释作用较差;1—2分 4. 语言不够简练,重点不够突出,错别字或漏字大于等于3处。1—2分
		服务质量	1. 资料运用不合理,结论与实际有明显误差;25分(含25分)以下 2. 农业生产建议针对性与指导性较差。20分(含20分)以下

4.2.2 农业气象灾害预报预警服务产品考核

主要包括霜冻、暴雨和高温干旱预报预警等。

4.2.2.1 考核内容

考核内容包括产品的时效性、产品质量、产品种类和数量等。根据各级气象台发布的天气预报及其灾害性天气预警种类、程度(预警信号等级、出现时间、出现区域等内容),或关键性、转折性天气事件,针对性的分析该天气事件对适时农业生产和农事活动的影响强度、范围,及时制作并发布相应的系列化预警服务产品,并提出有针对性的防灾减灾生产建议。

4.2.2.2 考核标准

时效性考核:按照工作历要求,在规定时间前发出即为准时(以内网传输时间为准),否则为迟报。准时按100分计算,每迟报1天扣5分,超过3天扣10分计算,超过10天按0分计算,没有在规定时段内发布规定产品不得分,直通式产品应保留发布信息,以备查验。

产品质量考核:主要为产品规范性、完整性、产品质量。评估结果及影响范围和数量的准确性暂时不做考核。

评分标准:考核分为优、良、合格、不合格四个等级,评分标准见表4.3。

表4.3 灾害预报预警服务产品考核标准

考核等级	产品时效		评分标准
优 (90—100)	及时发布	规范性	1. 数据准确,表述明确,产品内容完整;9—10分 2. 名词术语、计量单位、符号使用规范;9—10分 3. 图表颜色搭配美观,解释作用强;5分 4. 语言简练,重点突出,没有错别字或漏字。5分
		服务质量	1. 资料运用合理,方法正确,结论准确;35—40分 2. 生产建议针对性与指导性强,与农业生产结合紧密;28—30分

续表

考核等级	产品时效		评分标准
良 (80—89)	准时	规范性	1. 数据基本准确,表述较明确,产品内容较完整;7—8分 2. 存在1—2处名词术语、计量单位、符号使用不规范;7—8分 3. 图表颜色搭配较美观,解释作用较强;4分 4. 语言较简练,重点较突出,错别字或漏字少于2处。4分
		服务质量	1. 资料运用合理,方法正确,结论较准确;33—35分 2. 生产建议针对性与指导性较强,较符合农业生产实际。25—28分
合格 (60—79)	准时	规范性	1. 数据有1处错误,表述基本明确,产品内容基本完整;6分 2. 存在3—4处名词术语、计量单位、符号使用不规范;6分 3. 图表颜色搭配基本美观,能起到一定解释作用;3分 4. 语言较简练,重点较突出,错别字或漏字少于3处。3分
		服务质量	1. 资料运用基本合理,结论接近实际。25—33分 2. 生产建议针对性指导性不强;20—25分
不合格 (0—59)	迟报	规范性	1. 数据有2处以上错误,表述不够明确,产品内容基本完整;5分(含5分)以下 2. 存在4处以上名词术语、计量单位、符号使用不规范;5分(含5分)以下 3. 图表颜色搭配不够美观,解释作用较差;1—2分 4. 语言不够简练,重点不够突出,错别字或漏字大于等于3处。1—2分
		服务质量	1. 资料运用不合理,结论与实际有明显误差;25分(含25分)以下 2. 农业生产建议针对性与指导性较差。20分(含20分)以下

4.3 农业气象评估服务产品考核

4.3.1 农业气象评估服务产品考核

4.3.1.1 考核内容

考核内容包括产品的时效性、产品内容质量、产品种类和数量等。服务产品评估依据要充分,科学合理,观点明确,重点突出,逻辑性强,评估结论准确。

4.3.1.2 考核标准

时效性考核:按照工作历要求,在规定时间前发出即为准时(以内网传输时间为准),否则为迟报。准时按100分计算,每迟报1天扣5分,超过3天扣10分计算,超过10天按0分计算,没有在规定时段内发布规定产品不得分,直通式产品应保留发布信息,以备查验。

产品质量考核:主要为产品规范性、完整性、产品质量。评估结果及影响范围和数量的准确性暂时不做考核。

评分标准:考核分为优、良、合格、不合格四个等级,评分标准见表4.4。

表4.4 农业气象灾害评估服务产品考核标准

考核等级	产品时效		评分标准
优 (90—100)	及时发布	规范性	1. 数据准确,表述明确,产品内容完整;9—10分 2. 名词术语、计量单位、符号使用规范;9—10分 3. 图表颜色搭配美观,解释作用强;5分 4. 语言简练,重点突出,没有错别字或漏字。5分
		服务质量	1. 资料运用合理,方法正确,评估结论准确,损失评估依据充分、灾害表述明确、影响区域表述准确,结论准确;35—40分 2. 生产建议针对性与指导性强,与农业生产结合紧密;28—30分

续表

考核等级	产品时效		评分标准
良 (80—89)	准时	规范性	1. 数据基本准确,表述较明确,产品内容较完整;7—8 分 2. 存在 1—2 处名词术语、计量单位、符号使用不规范;7—8 分 3. 图表颜色搭配较美观,解释作用较强;4 分 4. 语言较简练,重点较突出,错别字或漏字少于 2 处。4 分
		服务质量	1. 资料运用合理,方法正确,评估结论较准确、损失评估依据较充分、灾害表述较明确、影响区域表述较准确,结论较准确;33—35 分 2. 生产建议针对性与指导性较强,较符合农业生产实际。25—28 分
合格 (60—79)	准时	规范性	1. 数据有 1 处错误,表述基本明确,产品内容基本完整;6 分 2. 存在 3—4 处名词术语、计量单位、符号使用不规范;6 分 3. 图表颜色搭配基本美观,能起到一定解释作用;3 分 4. 语言较简练,重点较突出,错别字或漏字少于 3 处。3 分
		服务质量	1. 资料运用、评估结论基本合理,损失评估主要依据符合、灾害表述较简单、影响区域表述基本准确,结论接近实际;25—33 分 2. 生产建议针对性指导性不强;20—25 分
不合格 (0—59)	迟报	规范性	1. 数据有 2 处以上错误,表述不够明确,产品内容基本完整;5 分(含 5 分)以下 2. 存在 4 处以上名词术语、计量单位、符号使用不规范;5 分(含 5 分)以下 3. 图表颜色搭配不够美观,解释作用较差; 4. 语言不够简练,重点不够突出,错别字或漏字大于等于 3 处。1—2 分
		服务质量	1. 资料方法运用不合理,结论与实际有明显误差;25 分(含 25 分)以下 2. 农业生产建议针对性与指导性较差。20 分(含 20 分)以下

4.3.2 专题分析服务产品考核

主要包括农业气象灾害、影响生长发育的农业气象问题等出现时发布的相关产品。

4.3.2.1 考核内容

考核内容包括产品的时效性、产品内容质量、产品种类和数量等。系列化服务产品科学论证依据要充分,科学合理,观点明确,重点突出,逻辑性强。

4.3.2.2 考核标准

时效性考核:按照工作历要求,在专题任务出现后—5 天或党政有关部门规定时间前发出即为准时(以内网传输时间为准),否则为迟报。准时按 100 分计算,每迟报 1 天扣 5 分,超过 3 天扣 10 分计算,超过 10 天按 0 分计算,没有在规定时段内发布规定产品不得分,直通式产品应保留发布信息,以备查验。

产品质量考核:主要为产品规范性、完整性、产品质量。评估结果及影响范围和数量的准确性暂时不做考核。

评分标准:考核分为优、良、合格、不合格四个等级,评分标准见表 4.5。

表 4.5 专题分析服务产品考核标准

考核等级	产品时效		评分标准
优 (90—100)	及时发布	规范性	1. 数据准确,表述明确,产品内容完整;9—10 分 2. 名词术语、计量单位、符号使用规范;9—10 分 3. 图表颜色搭配美观,解释作用强;5 分 4. 语言简练,重点突出,没有错别字或漏字。5 分
		服务质量	1. 分析人为及自然原因对玉米生长的影响原因全面充分,提出科学合理、切实可行的对策,且表述准确;35—40 分 2. 科学提出应对措施和建议,针对性、可操作性、指导性强。28—30 分

续表

考核等级	产品时效		评分标准
良 (80—89)	准时	规范性	1. 数据基本准确,表述较明确,产品内容较完整;7—8分 2. 存在1—2处名词术语、计量单位、符号使用不规范;7—8分 3. 图表颜色搭配较美观,解释作用较强;4分 4. 语言较简练,重点较突出,错别字或漏字少于2处。4分
		服务质量	1. 分析人为及自然原因对玉米生长的影响原因较全面;33—35分 2. 提出科学合理、有针对性指导性、切实可行的对策。25—58分
合格 (60—79)	准时	规范性	1. 数据有1处错误,表述基本明确,产品内容基本完整;6分 2. 存在3—4处名词术语、计量单位、符号使用不规范;6分 3. 图表颜色搭配基本美观,能起到一定解释作用;3分 4. 语言较简练,重点较突出,错别字或漏字少于3处。3分
		服务质量	1. 分析人为及自然原因对玉米生长的影响原因;25—33分 2. 提出科学合理、可行的对策,表述较一般。20—25分
不合格 (0—59)	迟报	规范性	1. 数据有2处以上错误,表述不够明确,产品内容基本完整;5分(含5分)以下 2. 存在4处以上名词术语、计量单位、符号使用不规范;5分(含5分)以下 3. 图表颜色搭配不够美观,解释作用较差;1—2分 4. 语言不够简练,重点不够突出,错别字或漏字大于等于3处。1—2分
		服务质量	1. 分析人为及自然原因对玉米生长发育的影响原因错误,与农业生产基本没有联系,结论与实际有明显误差;25分(含25分)以下 2. 农业生产建议针对性与指导性较差。20分(含20分)以下

附录A 农业气象术语

1. 雹灾 降雹给农业生产造成的灾害。冰雹是坚硬的球状、锥状或形状不规则的固态降水,雹核一般不透明,外面包有透明的冰层,或由透明冰层与不透明冰层相间组成。大小差异大,大的指直径可达数十毫米。其主要表现是使农作物、蔬菜和果树遭受机械损伤和冻伤,同时冰雹对畜牧业和农业设施也会带来危害。雹灾的轻重,取决于作物生育期和冰雹的破坏力。在作物抽穗、灌浆和成熟期遇到冰雹,可经常导致绝收或严重减产。

2. 耕作层 土壤耕层0～30cm内。一般来说,作物全部根系的一半左右分布在该层内。

3. 春旱 发生于春季的旱象。春旱的基本特点是气温虽不太高但回升较快,大气湿度小、蒸发旺盛并伴有使土壤边干的冷风,降水稀少。春旱影响春播作物的适时播种,幼苗出土困难,造成缺苗断垄或减少分蘖。

4. 终霜冻 又称晚霜冻,春季发生的霜冻,晚春的最后一次霜冻称为终霜冻。

5. 倒春寒 初春(一般指3月)气温回升较快,而在春季后期(一般指4月、5月)气温较正常年份偏低的现象。如果后春的旬平均气温比常年偏低2℃以上,则认为是严重到春寒天气,可给农业生产造成严重危害。

6. 倒伏 群体偏大,基部节间过长,秆细软,根系浅而弱,中部叶片大且披垂,遇风雨或浇水遇大风造成倒伏。抽穗时旗叶鞘易兜水,乳熟末期籽粒鲜重最大,最易发生倒伏。抽穗后倒伏越早减产越严重,茎倒减产又大于根倒。倒后植株虽能弯曲起立,但灌浆延迟,产量下降,且不利于机收。高肥地应控制播量,早春应控制徒长,后期浇水应避开大风天气。

7. 气温 在百叶箱中观测到的距离地面1.5m高度处的空气温度。通常采用摄氏度(℃)为单位。

8. 地温 地表面和地面以下不同深度处土壤温度的总称。

9. 地下水 不透水层以上积聚的、存在与地下岩石及土壤空隙中的水。它是自然水文循环过程的重要组成部分。地下水在农业上既是灌溉的主要水源之一,又是农田排水的一个对象。

10. 低温冷害 是指在作物生长期间出现一个或多个低温天气过程,使作物生长发育和产量形成遭受不良影响,导致严重减产或品质降低。低温冷害在内蒙古地区主要危害玉米、大豆。严重冷害年减产可达20%以上。

11. 低温阴雨 连续多日阴雨并伴有气温下降的天气。每次过程5～7d或10d左右,降水一般不大,但气温较低。

12. 冻害 0℃或0℃以下的低温,对植物造成伤害,从而导致减产、品质下降或绝收。

13. 发育 生物体的生命史中,其结构和功能从简单到复杂的转化过程。即在生物体生长的同时,伴随生物内部的分化,产生不同机能、不同形态结构的转化过程。发育属于质的变化,生长属于量的增加。

14. 发育期 生物生长发育过程中具有重要意义的器官或形态的质变过程(例如:出苗、三叶、拔节、开花、成熟等)。

15. 风害 大风给农业生产造成的危害。主要使土壤风蚀、沙化、对作物和树木产生机械损伤,影响农事活动,破坏农业设施,传播植物病虫害和输送污染物质。

16. 风力 风的强度,气象上常用蒲福风级表示。

17. 风沙和沙尘暴 风沙是大风造成的一种恶劣天气,能埋没农作物,产生机械损伤或对新鲜农产品造成污染。风沙还侵蚀土壤,使土壤肥力下降,淤塞水库塘坝水井。风沙分为扬沙和沙尘暴两种,只是程度的不同。前者是由大风将地面尘沙吹起,使空气水平能见度降低到1~10km以内,尘土和细沙在空中分布较为均匀。沙尘暴是强风将大量沙尘吹到空中,使水平能见度不足1km。"风沙滚滚天畔来,白天屋里点灯台,行人出门不见路,一半草场沙里埋。"即为鲜明写照。沙尘暴的范围通常要比风沙大得多,特别强烈的沙尘暴俗称黑风暴。

18. 干旱 长期无雨或少雨,使土壤水分不足,作物水分平衡遭到破坏而减产的农业气象灾害。

19. 灌浆水 小麦、玉米、高粱等作物籽粒灌浆期的田间灌溉,可增加叶片光合强度、延长植株上部叶片的功能期,促进产物向籽粒运转,对增加粒重和提高产量起重要作用。小麦灌浆水还可以改善麦田小气候,防御干热风灾害。

20. 活动温度 一般指大于生长下限温度的日平均温度。如某天日平均温度为15℃,而作物下限温度为10℃,则当天对该作物的活动温度就是15℃。

21. 积温 某一时期内大于或小于某一界限温度的日平均温度的总和。积温是表示某地或某时段温度特点的常用指标之一。大于0℃的积温为正积温,小于0℃的积温为负积温,正、负积温的多少可表示某地的冷暖程度。其单位为度·日(℃·d)。

22. 界限温度 标志某些重要物候现象或农事活动的开始、终止或转折点温度,叫作农业气象界限温度,简称界限温度。一般农业上常用的界限温度(日平均温度)有:0℃——土壤冻结与解冻,喜凉作物开始生长,如小麦;5℃——早春作物之播种,多种树木开始生长,喜凉作物积极生长,喜温作物开始播种,如甜菜,向日葵;10℃——喜温作物开始播种与生长,如玉米;15℃——喜温作物开始生长,喜热作物开始播种。

23. 距平值 某一气象要素值与其平均值之间的偏差。

24. 涝灾 长期阴雨或暴雨后,在地势低洼、地形闭塞的地区,雨水不能迅速排泄造成农田积水或土壤水分过度饱和所形成的灾害。

25. 冷害 农业生物在0℃以上的相对低温下受到的伤害或不利影响称为冷害。耐寒作物、喜温作物和动物都有可能遭受冷害。对于作物而言,低温冷害有障碍型、延迟型、混合型和病害型等几种。障碍型指作物生殖生长期间遇低温使生理机能破坏,造成不育而减产。延迟型指作物营养生长因持续低温发育延迟,不能在霜前完成灌浆或不能正常成熟而减产和降低品质。混合型指延迟型和障碍型同时发生,其危害更大。

26. 年景预报 根据天气条件对主要农作物产量形成的作用而对全年或某一生长季的作物产量丰歉状况的估计。

27. 农业气象产量预报 根据农业气象条件预报农业生产对象可能形成的产量。农业产量的形成与生产水平、品种特性等多因素有关,但经常影响产量波动的主要因素是气象条件。常用的方法有:(1)作物产量统计预报方程方法:历年产量波动与气象因子变化之间建立统计关系。(2)气象条件对比评定产量方法:以水热条件平均状况对比预报年的水热条件从而估产。(3)产量形成数值模拟及遥感估产法。

28. 农业气象订正预报　对已发布的农业气象预报,在预报时效内进行必要的修改。例如在发出预报之后,根据新的观测资料、灾情和相关农业气象条件预报数据的分析,发现已发出的预报结论出入较大,因而需要对原预报内容进行修改,以使预报与实况更为相符。

29. 农业气象灾害　是农业生产过程中不利天气、气候和微气象条件造成灾害的总称。中国农业受灾损失的70%~80%都是由气象灾害造成的,如旱、涝、冷、冻、风灾、冰雹等。许多动植物病虫害的发生也与异常气象条件有关。中国是世界上农业气象灾害严重的国家之一,其中又以旱涝灾害为最严重。

30. 农业生物灾害　指对农业有害的生物在一定环境条件下爆发或流行造成的重大危害和损失的变异过程。主要表现在两个方面:一是造成农作物大面积减产甚至绝收,或畜禽大量感病,生产力下降甚至死亡;二是导致农产品大量变质,造成严重的经济损失。

31. 农用天气预报　针对农业生产要求而编发的专业性天气预报。这种预报从农业生产需要出发,依据天气学原理,通过对天气图和单站气象要素的分析统计,预报未来天气条件及其对农事活动的影响,以便有针对性地采取措施,趋利避害。

32. 生殖生长　植物从花芽分化或幼穗分化开始到开花、结实、形成种子的全部过程,即植物繁殖器官的生长过程。

33. 贪青　春寒年土壤水分过大后期施氮又过多,小蘖迟迟不死亡,叶片大而披垂,叶色深,到灌浆后期仍不落黄,养分不能向籽粒充分转移,遇高温和长日照逼熟,粒长沟深,粒重不高,蛋白质含量低,品质差。前期应控氮控水。

34. 霜冻　是指农作物生长季内冷空气入侵,使土壤表面、植物表面及近地面空气层的温度骤降到0℃以下,使正在生长发育的农作物植株(茎叶)受到冻伤或死亡的现象。中国大部地区的霜冻发生在春季农作物生长初期和秋季农作物生长末期,分别称为终霜冻和初霜冻。其中春季的最后一次霜冻和秋季的第一次霜冻的危害特别大,分别称为终霜冻和初霜冻或晚霜冻和早霜冻。

　　轻霜冻害　最低气温下降较明显,但低温强度不大,植株顶部、叶尖或少部分叶片受冻,受冻株率小于30%,部分受冻部位可以恢复。其中粮食作物减产幅度一般在5%以内。

　　中霜冻害　降温明显,低温强度较大,受冻株率在30%~70%,植株上半部叶片大部分受冻,且不能恢复;幼苗部分被冻死。其中粮食作物减产5%~15%。

　　重霜冻害　降温幅度和低温强度都很大,受冻株率70%以上,植株冠层大部叶片受冻死亡或作物幼苗大部分冻死。其中粮食作物减产15%以上或绝收。

35. 田间最大持水量　也叫饱和持水量、全蓄水量。土壤完全为水所饱和时的含水量。以占干土壤的百分比表示。在自然条件下,只有在降雨量或灌水量较大时,或土壤被水淹没的情况下才能发生。

36. 天气展望　对未来一段时间内(常指5~15d)天气演变趋势的预测。因预测的时效较长,对气象要素的变化不做细致分析,仅对天气变化趋势作概略的估计。

37. 土地盐碱化　土壤盐碱化指土壤含盐碱量太高,超过0.3%使农作物低产甚至不能生长的情况。形成盐碱土的条件:地下水通常都含有一定盐分,北方干旱地区地下水的含量更高。如地下水位高且气候又干旱,地下水通过土壤毛细管上升到地面蒸发,留下盐分,使表层及耕层土壤的含盐量不断升高,就形成了盐碱土。通常低洼地地下水位较高,易形成盐碱土。

38. 土壤湿度　土壤的干湿程度。通常用土壤含水量占田间持水量的百分数表示,也可用土壤含水量占烘干土重的百分数表示。

39. 完熟期 禾谷类作物的后熟期。这时植株枯黄,叶和茎节干燥收缩,籽粒含水量下降到 15%～20%。

40. 物候变化 即物候变迁。物候期在长时期中的显著变化及其趋势。

41. 物候期 动植物物候现象出现的日期,以年、月、日来表示。

42. 阴害 持续阴天光照不足,可导致光合作用下降,叶色淡,养分积累不足,茎秆细弱易倒折,授粉不良,病害蔓延等一系列严重后果。在生产水平较低时阴害尚不成为明显的灾害,在生产水平较高或日照特少时,阴害可能成为突出的灾害。种植作物密度过大或间作套种时两茬作物之间调节不当,都可能人为造成作物群体内光照不足而产生阴害。北方近年来日光温室发展很快,由于室内并不加温,完全靠塑料薄膜覆盖利用太阳辐射,只要覆盖严密,墙体保温隔热好,在来强寒潮刮大风时也能良好保温,但如出现连阴天就会导致温室内气温持续下降,使喜温蔬菜生长不良,甚至发生冷害和冻害。

43. 营养生长 植物根、茎、叶等营养器官的发生、增长过程。一般指种子发芽到植物开花器官或幼穗分化完成时为止。

44. 有效温度 所谓有效温度,是指日平均温度与下限温度之差。如某天日平均温度为 15℃,而作物下限温度为 10℃,则当天对该作物的有效温度应为 5℃。

45. 灾害性天气 可以对大自然和人类的生命、生产活动造成严重灾害的天气。一般指暴雨、寒潮、大风、霜冻、旱涝、干热风、冰雹、雷暴和龙卷等。

46. 蒸发 液态或固态物质转变为气态的过程。气象上主要指液态水转变为水汽。

47. 蒸腾 植物体直接向外界蒸发水分的过程。植物根系从土壤中吸收水分,绝大部分通过叶面气孔散失到大气中。蒸腾可降低植物体的温度,可使溶于水中的矿质营养随上升液流分布到植物体各部分,以维持正常的生命活动。气象条件、土壤湿度和植物状况是决定蒸腾作用大小的主要因子,其中温度、空气湿度、太阳辐射、风速和土壤湿度具有决定意义。

48. 蒸散 又称农田总蒸发量。农田土壤蒸发和植物蒸腾的总和。在农田中,播种以前只有蒸发,播种出苗后蒸发、蒸腾同时存在,即开始有蒸散。

49. 作物发育期预报 根据作物发育速度与外界气象条件的关系,对未来某一发育期到来日期的预报。由于发育期也是一种物候现象,因此有时也称"物候期预报"。这种预报除直接可为适时进行农作物管理服务外,也是其他农用气象预报的基础。如小麦干热风预报的前提之一是小麦腊熟期出现日期的预报。

50. 作物水分临界期 农作物生长发育过程中对水分最敏感的时期,由于水分缺乏或过多对产量影响最大的时期。临界期不一定是植物需水量最多的时期。

附录B 玉米农业气象服务工作历

月份	农事活动或发育期	产品名称	产品类别	关注内容	产品内容及要求	发布对象	发布方式	发布时间/条件
3月下旬		播种期预报	预报类	关注要点：当前土壤墒情，未来气温及热量变化，播种期降水量级及分布。有利农业气象条件：气温高，无降水，墒情好。不利农业气象条件：4月下旬至5月上旬持续低温；播后出现降水（3毫米以上）；风小，水分散失少，土壤过湿，水分散失多，土壤过干。	1. 预报结论：不同区域适宜播种时间段 2. 预报依据 3. 生产建议	决策部门	决策：纸质、网络、手机短信	下旬发布
					1. 预报结论：不同区域适宜播种时间段 2. 生产建议	直通式服务用户	直通式：短信、微信、大喇叭、广播、电视	
		3月农业气象条件评价	情报评价类	关注要点：温度、降水变化对土壤墒情、土壤解冻的影响。有利农业气象条件：气温正常，墒情良好。不利农业气象条件：潮塌落潮湿偏凉风大，水分散失多；偏西风多，3月中下旬风落潮湿，水分散失少，土壤过湿。	1. 气候分析 2. 影响评述 3. 4月气候预测 4. 生产建议	决策部门	纸质、网络	3日前发布
4月上旬	整地调墒	整地调墒农用天气预报	预报类	关注要点：当前土壤墒情（适宜：相对湿度70%～80%）；气温、降水对土壤墒情的影响。有利条件：气温正常，晴朗风小。不利条件：气温偏高或偏低，偏西风多	1. 预报结论：适宜时段程度 2. 生产建议	直通式服务用户	短信、微信、大喇叭、广播、电视	每周一期，适时加密
		霜冻预报	预报类	关注要点：玉米播种出苗时间，霜冻结束早。有利条件：霜冻结束早。不利条件：气温正常，霜冻结束晚，出苗早。	1. 预报结论：出现时间及发生程度 2. 影响预评估 3. 生产建议	决策部门、直通式服务用户	纸质、网络、手机短信	4月10日前

· 55 ·

续表

月份	农事活动或发育期	产品名称	产品类别	关注内容	产品内容及要求	发布对象	发布方式	发布时间/条件
4月中下旬	播种	播种农用天气预报	预报类	关注要点：当前气温、地温、土壤墒情是否适宜，降水、大风对播种的影响。有利农业气象条件：气温高、墒情好；不利农业气象条件：气温低、风大、墒情差；气温高、土壤湿度大；播后降水（3毫米以上）。	1. 预报结论：适宜时段、程度 2. 生产建议	直通式服务用户	短信、微信、大喇叭、广播、电视	每周一期，适时（天气发生变化）加密
		灾害（顶凌雨、倒春寒）性农用天气预报预警	预报类	关注要点：降水量，倒春寒灾害出现时间，发生程度，对播种的影响。有利农业气象条件：气温高、墒情好；不利农业气象条件：低温大风沙尘天气，降水（3毫米以上）。	1. 预报结论：灾害名称、灾害程度、影响范围、持续时间 2. 生产建议	直通式服务用户	短信、微信、大喇叭、广播、电视	适时。顶凌雨：≥3毫米。倒春寒：4月旬气温距平≥-1℃；
		4月农业气候条件评价	情报评价类	关注要点：气温是否适宜，降水、大风对播种的影响。有利农业气象条件：气温高、墒情好；不利农业气象条件：低温大风沙尘天气，降水（3毫米以上）。	1. 气候分析 2. 影响评述 3. 5月气候预测 4. 生产建议	决策部门	纸质、网络	3日前发布
5月上旬	播种出苗	播种（辅助出苗）气象条件预报	预报类	关注要点：气温、土壤墒情，霜冻。有利农业气象条件：气温高、无降水；不利农业气象条件：持续低温、降水（3毫米以上）。	1. 预报结论：适宜程度 2. 生产建议	直通式服务用户	短信、微信、大喇叭、广播、电视	每周一期，适时（天气发生变化）加密
		灾害（顶凌雨、倒春寒、霜冻）性农用天气预报预警	预报类	关注要点：降水、降温持续时间，霜冻灾害出现时间，发生程度，对播种的影响。有利农业气象条件：气温高、墒情好；不利农业气象条件：低温大风沙尘天气，出苗前降水（3毫米以上）。	1. 预报结论：灾害名称、灾害程度、影响范围、持续时间 2. 生产建议	直通式服务用户	短信、微信、大喇叭、广播、电视	适时。顶凌雨：≥3毫米。倒春寒：5月旬气温距平≥-2℃

附录B 玉米农业气象服务工作历

续表

月份	农事活动或发育期	产品名称	产品类别	关注内容	产品内容及要求	发布对象	发布方式	发布时间/条件
5月中旬	出苗、三叶	灾害（顶苗雨、倒春寒、霜冻）影响评估	评估类	关注要点：降水、降温持续时间，霜冻；灾害出现时间，发生程度，对播种的影响。有利农业气象条件：气温高，墒情良好。不利农业气象条件：低温沙尘大风或出苗前降水（3毫米以上）。	1. 灾情及评估结论：发生程度范围，灾害延续或近期天气情况。2. 损失情况。3. 生产建议	决策部门	纸质、网络	适时。顶苗雨：≥3毫米。倒春寒：5月旬气温距平≤-2℃
		辅助出苗适宜气象条件预报	预报类	关注要点：出苗情况，降水、大风。有利农业气象条件：气温高，无降水。不利农业气象条件：低温沙尘大风，降水（3毫米以上）。	1. 预报结论：适宜与否。2. 生产建议	直通式服务用户	短信、微信、大喇叭、广播电视	周一发布，适时（天气发生变化）加密
		灾害（霜冻、冷害）性农用天气预报预警	预报类	关注要点：气温、降水。有利农业气象条件：气温高，天气晴好。不利农业气象条件：持续低温，出现霜冻或继续降水（3毫米以上）。	1. 预报结论：灾害名称、灾害程度、影响范围，持续时间。2. 生产建议	直通式服务用户	短信、微信、大喇叭、广播电视	适时。霜冻：地面温度-1℃以下；倒春寒：5月旬气温距平≤-2℃
		灾害（霜冻、冷害）影响评估	评估类	关注要点：灾害发生程度，作物受害程度，未来天气变化。有利农业气象条件：气温高、天气晴好。不利农业气象条件：气温缓慢回升，幅度大或继续出现灾害天气。	1. 灾情及评估结论：发生程度范围，灾害延续或近期天气情况。2. 损失情况。3. 生产建议	决策部门	纸质、网络	灾后2天
5月下旬	三叶	灾害（霜冻、冷害、暴雨）性农用天气预报预警	预报类	关注要点：气温、灾害（霜冻、冷害）降水，大风。有利农业气象条件：天气晴好、气温高。不利农业气象条件：持续低温，霜冻、降水，大风。	1. 预报结论：灾害名称、影响范围，持续时间。2. 生产建议	直通式服务用户	短信、微信、大喇叭、广播电视	适时发布条件同上
		播种—三叶期农业气象条件分析	情报评价类	关注要点：气温、冷害、降水、大风。有利农业气象条件：气温高，无降水、霜冻、降水多，大风多。	1. 气候影响评述。2. 近期预报。3. 生产建议	决策部门	纸质、网络	三叶期后5天

续表

月份	农事活动或发育期	产品名称	产品类别	关注内容	产品内容及要求	发布对象	发布方式	发布时间/条件
6月上旬	三叶玉米、头水、松土除草	灾害（霜冻、冷害）影响评估	评估类	关注要点：发生程度，作物受害程度，未来天气变化。有利农业气象条件：气温缓慢回升。不利农业气象条件：气温回升快，幅度大或继续出现灾害天气。	1. 灾情及评估结论：发生程度范围，损失情况；2. 灾害延续或近期天气；3. 生产建议	决策部门	纸质、网络	灾后2天内
		5月农业气象条件评价	情报评价类	关注要点：降水，苗情。有利农业气象条件：气温高，墒情良好。不利农业气象条件：气温低，出苗前有降水（3毫米以上），墒情差。	1. 气候分析；2. 影响评述；3. 近期预报；4. 生产建议	决策部门	纸质、网络	3日前发布
		农事活动（头水、松土除草）气象条件预报	预报类	关注要点：降水，墒情是否适宜，玉米苗情。有利农业气象条件：天气晴好，气温高，中雨以下降水。不利农业气象条件：持续低温、暴雨。	1. 预报结论：适宜程度，适宜时段；2. 生产建议	直通式服务用户	短信、微信、大喇叭、广播、电视	每周一期，适时天气发生变化加密
		灾害（暴雨、冷害）性农用天气预报预警	预报类	关注要点：降水强度偏幅度。有利农业气象条件：天气晴好，气温高。不利农业气象条件：低温持续偏长、暴雨强度大。	1. 预报结论：灾害名称、影响范围、持续时间；2. 生产建议	直通式服务用户	短信、微信、大喇叭、广播、电视	适时。暴雨：≥50mm。冷害：旬气温距平≥-2℃
6月中下旬	七叶拔节松土拔节	松土除草（防黏虫）喷药气象条件预报	预报类	关注要点：降水，虫害发生情况。有利农业气象条件：天气晴好，气温高。不利农业气象条件：气温持续偏低、暴雨、冰雹。	1. 预报结论：适宜程度，适宜时段；2. 生产建议	直通式服务用户	短信、微信、大喇叭、广播、电视	每周一期，适时天气发生变化加密
		七叶拔节期农业气象条件分析	情报评价类	关注要点：气温，降水对玉米长势影响。有利农业气象条件：天气晴好，气温高。不利农业气象条件：气温持续偏低、暴雨、冰雹。	1. 气候影响评述；2. 近期预报；3. 生产建议	决策部门	纸质、网络	拔节后5天内
		灾害（高温暴雨干旱等）性农用天气预报预警	预报类	关注要点：高温日数，降水，长势，虫害。有利农业气象条件：高温干旱、暴雨、冰雹。不利农业气象条件：高温干旱，暴雨、冰雹。	1. 预报结论：灾害名称、影响范围、持续时间；2. 生产建议	直通式服务用户	短信、微信、大喇叭、广播、电视	适时。发布条件见附表。

附录B 玉米农业气象服务工作历

续表

月份	农事活动或发育期	产品名称	产品类别	关注内容	产品内容及要求	发布对象	发布方式	发布时间/条件
6月中下旬	七叶披节松土拔节	灾害(高温干旱、暴雨)影响评估	评估类	关注要点：发生程度、作物受害程度、未来天气变化。有利农业气象条件：气温正常，雨量适宜。不利农业气象条件：长时间高温干旱、雨少或)、强降水。	1. 灾情及评估结论：发生程度范围、损失情况。2. 灾害延续或近期天气。3. 生产建议。	决策部门	纸质、网络	灾后2天内
		6月农业气象条件评价	情报评价类	关注要点：气温、降水、长势、虫害。有利农业气象条件：天气晴好，气温适宜。不利农业气象条件：高温干旱、风雨灾、冰雹。	1. 气候分析。2. 影响评述。3. 近期预报。4. 生产建议。	决策部门	纸质、网络	3日前发布
7月上旬	大喇叭口期、浇二水	浇水施肥喷药气象条件预报	预报类	关注要点：降水、大风、长势、墒情。有利农业气象条件：天气晴好，充足降水。不利农业气象条件：高温干旱、风雨灾、冰雹。	1. 预报结论：适宜时段。2. 生产建议。	直通式服务用户	短信、微信、大喇叭、广播、电视	每周一期，适时(天气发生变化)加密
		灾害(高温干旱、暴雨)灾害性天气预报预警	预报类	关注要点：高温持续时间、长势。有利农业气象条件：天气晴好。不利农业气象条件：高温干旱、暴雨、冰雹。	1. 灾害名称、影响范围、持续时间。2. 生产建议。	直通式服务用户	短信、微信、大喇叭、广播、电视	适时。发布条件见附表。
		灾害(高温干旱、暴雨)影响评估	评估类	关注要点：发生程度、作物受害程度、未来天气变化。有利农业气象条件：气温正常，雨量适宜。不利农业气象条件：长时间高温干旱、雨少或)、强降水。	1. 灾情及评估结论：发生程度范围、损失情况。2. 灾害延续或近期天气。3. 生产建议。	决策部门	纸质、网络	灾后2天内
7月中旬	浇三水、抽雄	产量趋势预报	预报类	关注要点：降水变化与玉米生长要求；灾害情况；前期农业气象条件匹配程度、光、温、水匹配好、苗情。有利农业气象条件：春雨匹配较好。不利农业气象条件：高温干旱、霜冻影响、低温冷害。	1. 预报结论：2. 预报依据：前期农业气象条件匹配程度、未来农业气象条件对生长发育影响、霜冻影响。3. 生产建议。	决策部门	纸质、网络	7月15日前
		浇水施肥气象条件预报	预报类	关注要点：降水、大风、玉米长势。有利农业气象条件：天气晴好，充足降水。不利农业气象条件：高温干旱、暴雨、冰雹。	1. 预报结论：适宜时段。2. 生产建议。	直通式服务用户	短信、微信、大喇叭、广播、电视	每周一期，适时(天气发生变化)加密

续表

月份	农事活动或发育期	产品名称	产品类别	关注内容	产品内容及要求	发布对象	发布方式	发布时间/条件
7月中旬	浇二水、抽雄	灾害(高温干旱、暴雨等)农用天气预报预警	预报类	关注要点:高温持续时间、强度;长势。有利农业气象条件:天气晴好。不利农业气象条件:高温干旱、暴雨、冰雹。	1.预报结论:灾害名称、灾害程度、影响范围、持续时间 2.生产建议	直通式服务用户	短信、微信、大喇叭、广播、电视	适时。发布条件见附表。
		高温干旱灾害预评估	评估类	关注要点:高温发生程度、发生时间、玉米长势、浇水情况(墒情)。	1.预评估结论:危害程度 2.预评估依据 3.生产建议	决策部门 直通式服务用户	决策:纸质、网络、手机短信。直通式:短信、微信、大喇叭	发生前根据预报发布
		浇水、喷药气象条件评估	评估类	关注要点:降水、大风,作物长势及其影响。有利农业气象条件:天气晴好。不利农业气象条件:高温干旱、长时间高温无雨、少雨、强降水。	1.预评估结论:适宜时段 2.生产建议	决策部门	纸质、网络	灾后2天内
7月下旬	抽雄开花吐丝 浇三水、喷药	浇水、喷药气象条件预报	预报类	关注要点:降水量(强度、持续时间),作物长势及其影响。有利农业气象条件:气温正常,雨量适宜。不利农业气象条件:高温干旱、风雨、冰雹。	1.预报结论:灾害名称、适宜时段 2.生产建议	直通式服务用户	短信、微信、大喇叭	每周一期,适时(天气发生变化)加密
		灾害(高温、连阴雨、暴雨等)农用天气预报预警	预报类	关注要点:天气变化。有利农业气象条件:天气晴好。不利农业气象条件:高温干旱、长时间高温无雨(或少雨)、强降水、冰雹。	1.预报结论:灾害名称、灾害程度、影响范围、持续时间 2.生产建议	直通式服务用户	短信、微信、大喇叭、广播、电视	适时。发布条件见附表。
		灾害(高温、连阴雨、暴雨)影响评估	评估类	关注要点:发生程度、作物受害程度、气象条件变化。有利农业气象条件:气温正常,雨量适宜。不利农业气象条件:高温干旱、长时间高温无雨(或少雨)、强降水。	1.灾情及评估结论:发生程度、影响范围、损失情况 2.灾害延续或近期天气 3.生产建议	决策部门	纸质、网络	灾后2天内

附录B 玉米农业气象服务工作历

续表

月份	农事活动或发育期	产品名称	产品类别	关注内容	产品内容及要求	发布对象	发布方式	发布时间/条件
8月上旬	灌浆初期浇三水	7月农业气象条件评价	情报评价类	关注要点：气温、降水是否适宜，灾害情况；对玉米长势影响。有利农业气象条件：天气晴好，气温适宜，雨量适中。不利农业气象条件：高温干旱，风雨灾，暴雨，冰雹。	1. 气候分析 2. 影响评述 3. 近期预报 4. 生产建议	决策部门	纸质、网络	3日前发布
		拔节—开花期农业气象条件分析	情报评价类	关注要点：气温、降水条件；灾害情况，温度好，长势。有利农业气象条件：天气晴好，温度适宜，雨量适中。不利农业气象条件：高温、干旱、暴雨、风雨灾、冰雹。	1. 气候影响评述 2. 近期预报 3. 生产建议	决策部门	纸质、网络	吐丝后5天
		浇水施肥、喷药等性农用天气预报预警	预报类	关注要点：降水、风力、作物长势及其影响。有利农业气象条件：天气晴好。不利农业气象条件：风雨灾、冰雹。	1. 预报结度：适宜时段，适宜程度 2. 生产建议	直通式服务用户	短信、微信、大喇叭	每周一期，适时（天气发生变化）加密
		灾害（暴风雨、低温阴雨等）性农用天气预报预警	预报类	关注要点：灾害量级（强度）、持续时间，对作物长势影响。有利农业气象条件：天气晴好。不利农业气象条件：暴雨、风雨灾、冰雹。	1. 预报结度、影响范围、持续时间 2. 生产建议	直通式服务用户	短信、微信、大喇叭、广播电视	适时，发布条件见附表。
		灾害性（风雨、低温阴雨等）农用天气影响评估	评估类	关注要点：发生程度，作物受灾程度，未来天气变化。有利农业气象条件：气温正常，雨量适宜。不利农业气象条件：连阴雨，强降水。	1. 灾情及评估结论：发生范围、损失情况 2. 灾害延续或近期天气 3. 生产建议	决策部门	纸质、网络	灾后2天内
8月中旬	灌浆	灾害性（风雨、低温阴雨、冰雹）农用天气预报预警	预报类	关注要点：灾害量级（强度）、持续时间，对作物长势影响。有利农业气象条件：天气晴好，雨量适宜。不利农业气象条件：风雨灾、连阴雨、冰雹。	1. 预报结度、影响范围、持续时间 2. 生产建议	直通式服务用户	短信、微信、大喇叭	适时，发布条件见附表。
		产量定量预报	预报类	关注要点：气温、降水条件；光、温、水匹配较好，灌溉情况，长势。有利农业气象条件：光、温、水匹配较好。不利农业气象条件：农业气象灾害。	1. 预报结论 2. 预报依据：前期农业气象条件匹配程度、长势；未来农业气象条件对生长发育影响；霜冻影响。	决策部门	纸质、网络	8月15日前

续表

月份	农事活动或发育期	产品名称	产品类别	关注内容	产品内容及要求	发布对象	发布方式	发布时间/条件
8月下旬		灾害（风雨、低温阴雨、暴雨）影响评估	评估类	关注要点：发生程度，作物受害程度，未来天气变化。有利农业气象条件：气温正常，雨量适宜。不利农业气象条件：低温阴雨、强降水。	1. 灾情及评估结论：发生程度，损失情况。2. 生产建议。	决策部门	纸质、网络	灾后2天内
		浇水气象条件预报	预报类	关注要点：气温，降水，风力及长势。有利农业气象条件：天气晴好，雨量适宜。不利农业气象条件：暴风雨、冰雹。	1. 预报结论：适宜时段。2. 生产建议。	直通式服务用户	短信、微信、大喇叭	每周一期，适时（天气发生变化）加密
	灌浆浇四水	灾害性（风雨、低温阴雨、冰雹）农用天气预报预警	预报类	关注要点：当前玉米灌浆水热量条件，持续时间，对作物影响。有利农业气象条件：天气晴好，雨量适宜。不利农业气象条件：风雨灾、低温灾、霜冻、冰雹。	1. 灾害名称，影响范围，持续时间。2. 生产建议。	直通式服务用户	短信、微信、大喇叭	适时。发布条件见附表。
		收获期预报	预报类	关注要点：未来热量条件；收获期降水趋势，霜冻发生时间及强度。	1. 预报结论：适宜时段。2. 生产建议。	直通式服务用户	短信、微信、大喇叭	8月底前
		灾害（风雨、低温阴雨、暴雨）影响评估	评估类	关注要点：发生程度，作物受害程度，未来天气变化。有利农业气象条件：气温正常，雨量适宜。不利农业气象条件：低温阴雨、强降水。	1. 灾情及评估结论：发生程度，损失情况。2. 灾害延续或近期天气。3. 生产建议。	决策部门	纸质、网络	灾后2天内
9月上旬		8月农业气象条件评价	情报评价类	关注要点：气温，降水，暴雨等情况；对长势影响。有利农业气象条件：天气晴好，气温适宜。不利农业气象条件：高温干旱、风雨灾、冰雹。	1. 气候分析。2. 影响评述。3. 近期预报。4. 生产建议。	决策部门	纸质、网络	3日前发布
	灌浆浇四水	浇水气象条件预报	预报类	关注要点：气温，降水，气温偏高。有利农业气象条件：天气晴好，气温适宜。不利农业气象条件：气温偏低，阴雨天气，霜冻。	1. 预报结论。2. 生产建议。	直通式服务用户	短信、微信、大喇叭	每周一期，适时（天气发生变化）加密

附录B 玉米农业气象服务工作历

续表

月份	农事活动或发育期	产品名称	产品类别	关注内容	产品内容及要求	发布对象	发布方式	发布时间/条件
9月上旬	灌浆、浇四水	灾害性(霜冻、风雨灾、低温寡照)天气预报预警	预报类	关注要点:灾害强度、持续时间、对作物长势影响。有利农业气象条件:天气晴好、雨量适宜。不利农业气象条件:风雨灾、低温冻害。	1. 预报结论:灾害名称、灾害程度、影响范围、持续时间 2. 生产建议	直通式服务用户	短信、微信、大喇叭、广播电视、全网发布	适时。发布条件见附表。
		灾害(霜冻、风雨灾、低温寡照)影响评估	评估类	关注要点:发生程度、作物受害程度,未来天气变化。有利农业气象条件:气温正常、雨量适宜。不利农业气象条件:低温阴雨、霜冻。	1. 灾情及评估结论:发生程度范围、损失情况 2. 灾害延续或近期天气 3. 生产建议	决策部门	纸质、网络、手机短信	灾后2天内
9月中旬		收获农用天气条件预报	预报类	关注要点:气温、降水。有利农业气象条件:天气晴好、雨量适宜。不利农业气象条件:阴雨天气。	1. 预报结论:适宜时段 2. 生产建议	直通式服务用户	短信、微信、大喇叭	每周一期,适时(天气发生变化)加密
		灾害(霜冻、风雨灾、低温寡照)影响评估	评估类	关注要点:发生程度、作物受害程度,未来天气变化。有利农业气象条件:天气晴好、雨量适宜。不利农业气象条件:重霜冻、霜冻。	1. 预报结论:灾害名称、灾害程度、影响范围、持续时间 2. 生产建议	直通式服务用户	短信、微信、大喇叭	适时。发布条件见附表。
9月下旬	收获、晾晒	收获、晾晒气象条件预报	预报类	关注要点:降水。有利农业气象条件:天气晴好、气温正常、雨量适宜。不利农业气象条件:阴雨天气。	1. 灾情及评估结论:发生程度范围、损失情况 2. 灾害延续或近期天气 3. 生产建议	决策部门	纸质、网络	灾后2天内
					1. 预报结论 2. 生产建议	直通式服务用户	短信、微信、大喇叭	每周一期,适时(天气发生变化)加密
10月	晾晒	9月农业气象条件评价	情报评价类	关注要点:降水、气温、霜冻、灌浆情况。有利农业气象条件:天气晴好。不利农业气象条件:持续低温、霜冻发生早。	1. 气候分析 2. 影响评述 3. 近期预报 4. 生产建议:根据10月降水情况提出晾晒建议。	决策部门	纸质、网络	3前发布

续表

月份	农事活动或发育期	产品名称	产品类别	关注内容	产品内容及要求	发布对象	发布方式	发布时间/条件
10月	晾晒	晾晒农用天气预报	预报类	关注要点：降水。有利农业气象条件：天气晴好。不利农业气象条件：阴雨天气。	1. 预报结论 2. 生产建议	直通式服务用户	短信、微信、大喇叭	适时（天气发生变化）
		全生育期农业气象条件分析	情报评价类	关注要点：气温、降水匹配程度；灾害发生及影响；长势与气象条件关系。有利农业气象条件：光、温、水匹配较好。不利农业气象条件：农业气象灾害。	1. 气候分析 2. 影响评述 3. 主要农业气象灾害	决策部门	纸质、网络	收表后1月内
生产季节		关于××问题的分析（报告）	专题报告	关注要点：气候异常对作物生长的影响；玉米生长发育农业气象问题专题分析；玉米引种气候分析。	1. 问题（状态） 2. 原因分析 3. 建议	决策部门	纸质、网络	适时

附录 C 主要农业气象灾害指标

表 C.1 春季（3—5月）重点关注灾害农用天气预报服务方案

灾害名称	时间	当前关注要素	未来关注气象要素	气象灾害指标	主要影响评价	方法与产品
潮塌	4月	气温、降水	气温、降水	日平均气温稳定通过1.0℃，持续7d以上；或日平均气温在0℃以上维持3d时，降水3mm就开始起潮，持续3~6d时，潮塌起潮；气温迅速上升到5℃以上，落潮晚，潮塌发生晚，时间在3月下旬后期，到4月中下旬。	4月中下旬，表土层过湿（相对湿度≥90%）延迟播种或粉种	根据温度和降水预报，结合各地墒情，确定潮塌重点发生区域
倒春寒、低温冷害	4月、5月	温度（生产情况）	温度	轻：旬气温距平≥−1℃，连续两旬旬中、连续三旬为中；中：旬气温距平≥−2℃，连续两旬为重；重：旬气温距平≥−3℃。		
霜冻	4月下旬—5月	气温、作物发育期	气温	轻：地面最低温度−1℃以下；中：地面最低温度−2℃以下；重：地面最低温度−3℃以下。	发生冻害	根据未来预报，结合发育期，确定作物受灾程度

表 C.2 夏季（6—8月）重点关注灾害农用天气预报服务方案

灾害名称	时间	当前关注要素	未来关注气象因子	气象灾害指标	主要影响评价	方法与产品
风雨灾	7月—8月	风速、降雨	雨量、风力及其持续时间	轻：小到中雨，风力6~7级以上，或中到大雨，风力4~5级；中：中到大雨，风力6~7级以上，或大到暴雨，风力4~5级；重：大到暴雨，风力6~7级，或暴雨以上，风力4~5级。	造成玉米倒伏而减产	根据未来预报，结合发生时段和作物发育期，分析受损程度
高温	7月下旬	气温、降水、发育期	最高气温持续时间	轻：35℃>T_g≥32℃，持续3~5d，或T_g≥35℃，1~2d；中：38℃>T_g≥35℃，持续3~5d，或T_g≥38℃持续1~2d；重：38℃>T_g≥35℃，持续5d以上，或T_g≥38℃，持续3~5d。	影响玉米开花授粉，结实率下降而减产	根据未来预报，结合发生时段和持续时间，分析受损程度

续表

灾害名称	时间	当前关注要素	未来关注气象因子	气象灾害指标	主要影响评价	方法与产品
高温干旱	6—8月	降水、气温	降水量、最高气温、持续时间	轻：$T_g \geq 30℃$日数，一个月内15～20天，降水量在0.1～5mm； 中：$T_g \geq 30℃$日数，一个月内16～20天，降水量在5～10mm； 重：$T_g \geq 30℃$日数，持续20～30天以上，无降水；或$T_g \geq 30℃$日数，持续20天以上，降水量在0.1～5mm；或$T_g \geq 30℃$日数，40天内有30天以上，降水量在0.1～5mm。	长时间干旱，作物汲水期缩短，各种作物受到干旱危害	根据未来预报，结合发生时段和持续时间，分析受损程度
连阴雨	7月下旬	降水、日照、温度	光照、温度	轻：连续3～5d，总雨量大于5mm； 中：连续5～7d包括5d内空一天，总雨量大于15mm； 重：7d以上，内空2d，总雨量大于10mm，期间平均每日日照平＜3h，气温距平≥-1℃。	开花期影响开花授粉；灌浆期影响灌浆	根据未来预报，结合发生时段和持续时间，分析受损程度

表 C.3 秋季（9—10月）重点关注灾害农用天气预报服务方案

灾害名称	时间	当前关注要素	未来关注气象因子	气象灾害指标	主要影响评价	方法与产品
低温寡照	9月上中旬	气温、降水	气温、降水量、日照	轻：旬平均气温距平≤-1℃，日照时数少20%； 中：旬平均气温距平≤-2℃，日照时数少30%； 重：旬平均气温距平≤-3℃，日照时数少40%。	低温寡照会降低作物灌浆速度，延迟成熟，降低品质	根据温度和降水预报，结合作物发育期，分析影响程度
霜冻	9月	气温、作物发育期	气温	轻：最低气温0℃以下； 中：最低气温-1℃以下； 重：最低气温-2℃以下。	发生冻害	根据未来预报，结合发育期，确定受灾程度
风雨灾	9月中旬	风速、降雨	雨量、风力及其持续时间	轻：小到中雨，风力6～7级以上，或中到大雨，风力4～5级； 中：中到大雨，风力6～7级以上，或大到暴雨，风力4～5级； 重：大到暴雨，风力4～5级。	造成玉米倒伏而减产	根据未来预报和作物生长时段，分析受损程度
连阴雨	9月	收获	光照	轻：连阴雨（日降水3mm以上）3d以上； 中：连阴雨（日降水3mm以上）5d以上； 重：连阴雨（日降水3mm以上）7d以上。	玉米籽粒长时间处于潮湿状态，易霉变	根据未来预报，结合收获或晾晒实际，提出生产建议

附录 D 产品制作模板

D.1 版面设置

服务产品左上角标明"为农气象服务信息",正文抬头为"玉米气象服务信息",要求为58号红色隶书;正文题目要求对服务产品内容高度概括,为二号黑体,可分一行或多行居中排列;要做到词义完整,排列对称,间距恰当。

单位名称、日期、分析人等均为楷体四号字,发送单位均为宋体4号字。(见后面的模板)产品期数是当年编发的份数排序,命名为"20××年玉米气象服务信息第几期"。排序序号用楷体四号字标注于发布产品标识的下一行居中。

正文内容为仿宋_GB2312四号字;要做到排列对称,间距恰当。在正文最后一页最下行用红色反线与正文间隔,红色反线下左侧空两格分两行用仿宋4号字,分别标注呈报单位和报送单位,呈报单位指所在地上级党政领导部门和本部门上级单位,报送单位指所在地下属党政部门和其他相关联系单位。

D.2 用纸及装订

纸质材料用纸采用A4型纸,其成品幅面尺寸为:210mm×297mm,产品版心尺寸为:156mm×225mm(不含页码)。产品左侧两订装订,不能缺页。

D.3 模板

D.3.1 评价分析

D.3.1.1 定期评价(图D.1a,b)

D.3.1.2 生育期评价(图D.2a,b,c)

D.3.2 农用天气预报(图D.3)

D.3.3 农业气象预报

D.3.4 预警

D.3.5 产量预报(图D.4a,b,c)

D.3.6 预评估

巴彦淖尔市生态与农业气象信息

总 378 期

农业气象监测 2015 年第 24 期

内蒙古巴彦淖尔市农业气象试验站　　　　　　分析：包佳婧
2015 年 9 月 3 日　　　　　　　　　　　　　　签发：杨　松

2015 年 8 月生态与农业气象信息

本期内容提要

8月临河区总体气候特征为气温正常，降水特少，蒸发较强，日照充足。降水少，对向日葵、玉米等大秋作物的灌浆有一定的影响，加剧了蚜虫、红蜘蛛等喜旱害虫的严重发生，影响了作物正常生长。9月份应加强田间管理，及时采取措施，促进大秋作物正常成熟。

一、气候概况

8月临河区总体气候特征为气温正常，降水特少，蒸发较强，日照充足。月平均气温22.2℃，与常年持平，较去年同期偏高0.9℃；月降水量仅为4.4mm，分别比常年和去年同期偏少40.9mm和22.5mm，为近45年来第三极少值年；日照时数为332.7h，分别比常年和去年同期偏多45.1h和44.8h；月蒸发量为183.6mm，分别比常年和去年同期偏多10.1mm和22.7mm。

2015年8月份临河站气象要素与历史对比表

气象要素 年份	气温（℃）	降水（mm）	日照（h）	蒸发量（mm）
今年	22.2	4.4	332.7	183.6
常年	22.2	45.3	287.6	173.5

图 D.1a　定期评价

距平	0.0	-40.9	45.1	10.1
去年	21.3	26.9	287.9	160.9
与去年差值	0.9	-22.5	44.8	22.7

二、气候影响评述

本月气温正常，能满足作物生长需要，但降水特少，空气干燥，不利于作物有效补充水分，对向日葵、玉米等大秋作物的灌浆有一定的影响，同时加剧了蚜虫、红蜘蛛等喜旱害虫的严重发生，抑制了作物正常生长；晴好天气利于瓜类、番茄、青椒等作物的收获、储运，同时利于已收获作物的晾晒。

三、气候展望：

预计，2015年9月降水量较常年略多，为22.4~26.9 mm；平均气温较常年略高，为16.7~17.7℃。

四、生产建议

1、加强晚熟大秋作物田间管理，及时采取促早熟措施，避免早霜危害。

2、雨水多不利于作物采收，应关注天气变化，适时收获各种作物，避免雨水影响，并及时翻地准备秋浇。同时，利用晴好天气晾晒已收获农作物。

呈送：市委、市人大、市政府、市政协、巴彦淖尔市气象局领导；
报送：市局业务科、巴彦淖尔市农牧业局；
发送：各旗县区气象局、气象台、灾害防御中心。

图 D.1b 定期评价

巴彦淖尔市生态与农业气象信息

总 368 期

农业气象监测 2015 年第 18 期

内蒙古巴彦淖尔市农业气象试验站　　　　　　分析：孙向伟
2015 年 8 月 10 日　　　　　　　　　　　　　　签发：杨　松

春玉米拔节-开花期农业气象条件评述

本期内容提要

今年春玉米拔节到开花期气象条件总体对植株弊大于利。这一时期气温低、蒸发弱，作物生长减缓，致使发育期进一步延迟；降水显著偏少，不利于植株及时补充水分，由于大气干旱，红蜘蛛严重发生，影响玉米正常生长。日照正常，对植株生长影响不大。雹灾面积较小，对全区玉米产量影响不大。

一、春玉米拔节到开花期的气候条件

拔节到开花期，平均气温为 23.1℃，分别比常年和去年同期低 0.8℃和 0.1℃。降水量为 3.6mm，分别比常年和去年同期少 11.7mm 和 24.1mm。日照时数为 199.4h，分别比常年和去年同期多 0.2h 和 5.1 小时。蒸发量为 122.5mm，比常年同期少 22.8mm，比去年同期多 11.2mm。

二、主要气象灾害

7 月 7 日 17 时 55 分开始临河区新华镇联合村出现强对流天气，降雹持续时间约 20 分钟左右。冰雹最大直径约 12 毫米，普遍雹粒约 4 至 6 毫米，冰雹打裂了玉米的部分枝叶，但没有发生倒伏。

三、对春玉米生长发育的影响

图 D.2a　生育期评价

据农业部门调查,今年玉米播种期比常年平均晚5天,拔节期比常年晚7-10天。拔节-开花期气温低、蒸发弱,作物生长减缓,致使发育期进一步推迟;降水显著偏少,不利于植株及时补充水分,同时由于天气干旱,红蜘蛛发生严重,影响了玉米正常生长;日照正常,对植株影响不大。受雹灾影响,部分玉米植株叶片受损,光合作用面积下降,有机营养物质供应减少,影响果穗发育以及吐丝以后籽粒灌浆,会造成不同程度减产。由于雹灾面积较小,对全区玉米产量影响不大。

总的来说,今年春玉米拔节到开花期气象条件不佳,不利于玉米正常生长。

2015年春玉米拔节到开花期气象要素与历史对比表

要素 \ 发育期 \ 年份		拔节-开花 18/6-7/7
气温（℃）	今年	23.1
	常年	23.9
	去年	23.2
降水（mm）	今年	3.6
	常年	15.3
	去年	27.7
日照（h）	今年	199.4
	常年	199.2
	去年	194.3
蒸发（mm）	今年	122.5
	常年	145.3
	去年	111.3

四、未来天气及其影响

预计八月有三次降水过程:13-15日有小雨;20-22日小到中雨;24-25日有小雨。未来虽多阴雨天气,但降水仍

图 D.2b 生育期评价

然偏少，土壤湿度仍会继续下降，不能满足玉米生长需要。

五、生产建议

对长势较弱的植株增施"攻粒肥"，促进子粒灌浆，但数量不易过多；由于前期干旱少雨，玉米红蜘蛛严重发生，要采取措施，加强防治；近期阵性降水较多，加强田间管理，避免倒伏；适时补水，促进玉米灌浆。

呈送： 市委、市人大、市政府、市政协、巴彦淖尔市气象局领导；
报送： 市局业务科、巴彦淖尔市农牧业局；
发送： 各旗县区气象局、气象台、灾害防御中心。

图 D.2c 生育期评价

巴彦淖尔市生态与农业气象信息

总 378 期

农业气象预报 2015 年第 32 期

内蒙古巴彦淖尔市农业气象试验站　　　　　分析：孙向伟
2015 年 9 月 28 日　　　　　　　　　　　　签发：杨　松

农用天气预报

预计：未来一周 29-30 日有小雨，1-4 日以晴为主，30-2 日风力增大，平均风力可达 4-5 级，周内最低气温 2~11℃，最高气温 16~20℃。其中 1 日、2 日凌晨有霜冻或轻霜冻。

建议：

1、雨后抓紧收获，但收获时，应注意晾晒，特别是向日葵。未成熟的玉米应采取去底部老叶、去光杆植株等促早熟措施，以增加通风透光，促其早熟。

2、收获后及时秋翻，提高秋浇蓄水量。

3、秋浇应适当减少水量，特别是中雨以上、东北部地区。

4、及时采摘成熟瓜菜，避免霜冻影响。

5、温室加强管理，根据降温或大风风力，及时覆盖棉帘，一些刚移栽，尚处于缓苗期的瓜菜要特别注意。

呈送：市委、市人大、市政府、市政协、巴彦淖尔市气象局领导；
报送：市局业务科、巴彦淖尔市农牧业局；
发送：各旗县区气象局、气象台、灾害防御中心。

图 D.3　农用天气预报

巴彦淖尔市生态与农业气象信息

总 358 期

农业气象预报 2015 年第 23 期

内蒙古巴彦淖尔市农业气象试验站　　　分析：孔德胤
2015 年 8 月 12 日　　　　　　　　　　签发：杨　松

春玉米产量定量预报

<u>本期内容提要</u>

　　预计，今年春玉米单产比去年略减，总产比去年略少。按照中国气象局丰歉年标准，春玉米单产比近 5 年平均产量（10459 公斤/公顷）偏高，约为（11025-11775）公斤/公顷，属丰年；总产比近 5 年平均产量偏多 9%以上，约为（60.9-65.0）万吨，属丰年。

一、玉米产量定量预报

根据临河区 2015 年春播以来的农业气象条件、产量预报模式计算结果，结合未来气候趋势预测，预计今年玉米单产比去年略减，由于播种面积减少以及整个生育期内农业气象条件的不利影响，总产比去年略少。按照中国气象局丰歉年标准，玉米单产与近 5 年平均产量（10459 公斤/公顷）偏高，约为 11025-11775 公斤/公顷，属丰年；总产比近 5 年平均数多 9%以上，约为 60.9-65.0 万吨，属丰年。

二、预报依据

1、关键生育期内气温偏低到正常，春玉米发育期延迟

玉米播种到出苗期，平均气温为 17.4℃，分别比常年和去年同期高 3.8℃和 5.9℃。气温、地温高对种子萌发出苗较为有利。出苗至抽雄期气温为 20.2℃，分别比常年和去年

图 D.4a　产量预报

同期偏低 0.8℃和 1.0℃。

此期气温低,同时出现阶段性低温,对植株生长不利,发育期延迟。吐丝至乳熟期气温为 24.3℃,虽比常年低 0.1℃,但比去年高 0.2℃,仍属于适宜范围,对灌浆较为有利。

2、关键生育期降水偏少,不能满足春玉米生长需求

播种至三叶期,没有降水,土壤没有板结,有利于玉米出苗。七叶到拔节期,降水量为 1.8mm,分别比常年和去年同期少 13.0mm 和 10.6mm,降水虽然偏少,但由于气温低,蒸发弱,土壤水分散失少,土壤相对湿度仍保持在60%以上,因此本阶段较少的降水对苗期玉米影响不大;拔节至乳熟期降水量为26.1mm,比常年同期多0.9mm,比去年同期少8.3mm。拔节以后,植株开始进入旺盛的营养生长和生殖生长阶段,植株体迅速增大,对水分的需求更为迫切。此阶段的降水虽然比常年同期多,由于仅 7 月 20 日过程降水量就为 16.1 mm,且降水范围较小,所以仍不能为玉米提供必要的水分补充。浇水不及时,容易造成"卡脖旱",影响更大。长期大气干旱,导致玉米红蜘蛛严重发生,也会对产量形成造成一定影响。

3、苗期日照偏多有利于壮苗,旺盛生长期偏低不利于有机物质积累

出苗期到三叶期,日照时数偏多,此时光照时间长,有利于壮苗。七叶到吐丝发育时段日照总时数为 524.6h,比常年少 59.3h。日照时数偏少,光合作用合成的有机物相应减少,不利于植株健壮生长。吐丝至乳熟期日照为357.5h,分别比常年和去年偏多 34.7h 和 32.2h。有利于作物的光合作用,对产量形成较为有利。

综上所述,今年的春玉米整个生育期内农业气象条件对其生长弊大于利,在吐丝期前光、温、水条件匹配不尽合理,

图 D.4b 产量预报

在吐丝至乳熟期光、温、水条件匹配一般，因此今年的玉米单产略低于去年。

三、农业气候展望

预计：8月16-18日有小雨，20-22日有小到中雨，24-25日有小雨。总体来看降水较常年偏少，气温略高。

四、生产建议

1、秋季仍有冰雹等强对流天气，各地应密切关注天气变化和灾害预警，做好气象灾害防御工作，减少灾害造成的经济损失。

2、注重春玉米生长后期的田间管理，积极采取有效措施促进玉米霜前成熟。措施主要有：把不结棒的植株和小株拔掉，提高光能利用率，把有效的养分和水分集中供给正常的植株；蜡熟中后期进行扒皮晾晒，可促进玉米提早成熟，防止秋霜冻影响。

3、由于前期持续干旱，玉米红蜘蛛较为严重，未来天气条件仍有利于玉米红蜘蛛发展，建议有关部门和农民采取一切可能措施积极防治，减轻红蜘蛛危害。

呈送：市委、市人大、市政府、市政协、巴彦淖尔市气象局领导；
报送：市局业务科、巴彦淖尔市农牧业局；
发送：各旗县区气象局、气象台、灾害防御中心。

图 D.4c　产量预报

附录 E　主要玉米品种

E.1　粮饲兼用型

(1) 科河 28

巴彦淖尔市科河种业选育。

特征特性：生育期 131d 左右，株型紧凑，属中晚熟品种；株高 290cm，穗位 122cm，穗长 17.5cm 左右；籽粒黄色，偏硬粒型，百粒重 31.8g；是高产稳产品种。

栽培技术要点：4 月中下旬覆膜播种；大行距 80cm，小行距 33cm，株距 26cm，每亩保苗 4500 株；每亩施种肥磷酸二铵 20～25kg，配合钾肥 7kg；结合浇水每亩施尿素 25～30kg，本着前轻后重的原则在拔节期、大喇叭口期分两次追施。

适宜地区：巴彦淖尔市≥10℃活动积温 2700℃·d 以上的沿黄灌区、中旗山前井灌区种植。

(2) 西蒙 6 号

内蒙古西蒙种业有限公司选育。

特征特性：生育期 131d 左右，株型半紧凑，属中晚熟品种；株高 314cm，穗位 116cm，穗长 20.7cm 左右；籽粒黄色，偏马齿型，百粒重 36.2g。

栽培技术要点：4 月中下旬覆膜播种；大行距 80cm，小行距 33cm，株距 26cm，每亩保苗 4500 株；每亩施种肥磷酸二铵 20～25kg，结合浇水每亩施尿素 30kg；花期根据气候适时浇水，同时根据植株长势适时施足攻穗肥，每亩施碳酸氢铵 25kg。

适宜地区：巴彦淖尔市≥10℃活动积温 2700℃·d 以上的地区种植。

(3) 科河 409

巴彦淖尔市科河种业选育。

特征特性：生育期 132d 左右，株型半紧凑，属晚熟品种；株高 306cm，穗位 135cm，穗长 19.6cm 左右；籽粒黄色，半马齿型，百粒重 34.3g。

栽培技术要点：4 月中下旬覆膜播种；大行距 80cm，小行距 33cm，株距 33～40cm，每亩保苗 3000～3500 株；每亩施种肥磷酸二铵 20～25kg，配合钾肥 7kg；结合浇水每亩施尿素 25～30kg，本着前轻后重的原则在拔节期、大喇叭口期分两次追施。

适宜地区：巴彦淖尔市≥10℃活动积温 2800℃·d 以上的地区种植。

(4) 巴单 998

巴彦淖尔市农牧业科学研究院选育。

特征特性：生育期 130d 左右，株型紧凑，属中晚熟品种；株高 263cm，穗位 111cm，穗长 19.7cm 左右；籽粒黄色，马齿型，百粒重 36.4g。

栽培技术要点：4 月中下旬覆膜播种；大行距 80cm，小行距 33cm，株距 26～30cm，每亩保苗 4000～4500 株；每亩施种肥磷酸二铵 20～25kg，结合浇水每亩施尿素 30kg；花期根据气候适时浇水，同时根据植株长势适时施足攻穗肥，每亩施碳酸氢铵 25kg。

适宜地区:巴彦淖尔市≥10℃活动积温2700℃·d以上的地区种植。

(5)KX3564

KWS种子股份有限公司选育

特征特性:生育期136d左右,株型半紧凑,属中晚熟品种;株高274cm,穗位106cm,穗长19.4cm;籽粒黄色,马齿型,百粒重34.2g;有"假熟"现象,苞叶干枯、黑色层出现、籽粒乳线消失时收获。

栽培技术要点:4月中下旬覆膜播种;大行距80cm,小行距33cm,株距26～30cm,每亩保苗4000～4500株;苗期每亩施磷肥15kg,每亩追施尿素30～40kg,全生育期灌水3～4次。

适宜地区:巴彦淖尔市≥10℃活动积温2900℃·d以上的地区种植。

(6)登海605

山东登海种业股份有限公司选育。

特征特性:生育期131d,株型紧凑,属中晚熟品种;株高275cm,穗位111cm;穗长19.4cm;粒黄色,马齿型,百粒重35.0g。

栽培技术要点:4月中下旬覆膜播种;大行距80cm,小行距33cm,株距26～30cm,每亩保苗4000～4500株;每亩施种肥磷酸二铵35kg,钾肥10kg,浇头水每亩施尿素10～15kg,浇二水每亩施尿素25～30kg。

适宜地区:巴彦淖尔市≥10℃活动积温2700℃·d以上的地区种植。

(7)内单314

内蒙古农牧业科学院玉米研究中心选育。

特征特性:生育期为138d,株型紧凑,持绿性好,属晚熟耐密型品种;株高245cm,穗位100cm左右;穗长23cm左右;粒黄色,马齿型,百粒重36.0g。

栽培技术要点:4月中下旬覆膜播种;大行距80cm,小行距33cm,株距28cm,每亩保苗4000～4200株;每亩深施种肥磷酸二铵25～30kg,配合钾肥7kg;结合浇水每亩施尿素25～30kg,本着前轻后重的原则在拔节期、大喇叭口期分两次追施。

适宜地区:巴彦淖尔市≥10℃活动积温3000℃·d以上的沿黄灌区中等肥力土地种植。

(8)巴单28号

巴彦淖尔市农牧业科学研究院选育。

特征特性:生育期135d左右,株型半紧凑,属中晚熟品种;株高300cm,穗位112cm,穗长20.5cm左右;籽粒黄色,偏硬粒型,百粒重35.1g。

栽培技术要点:4月中下旬覆膜播种;大行距80cm,小行距33cm,株距30cm,每亩保苗4000株;每亩施种肥磷酸二铵20～25kg,结合浇水每亩施尿素30kg;花期根据气候适时浇水,同时根据植株长势适时施足攻穗肥,每亩施碳酸氢铵25kg。

适宜地区:巴彦淖尔市≥10℃活动积温2900℃·d以上的地区种植。

(9)丰田6号(丰田1016)

赤峰市松山区种子公司选育。

特征特性:生育期为126d,株型紧凑,属中晚熟品种;株高290cm,穗位113cm;穗长20cm左右;粒黄色,马齿型,百粒重36.0g。

栽培技术要点:4月中下旬覆膜播种;大行距80cm,小行距33cm,株距26～30cm,每亩保苗4000～4500株(中等肥力地块每亩适宜密度为4000株,高肥力地块每亩适宜密度为4500株);每亩施种肥磷酸二铵20～30kg,结合浇水分两次施肥为宜,即拔节期每亩追施尿素20kg

左右,大喇叭口期每亩追施尿素 15kg 左右。

适宜地区:巴彦淖尔市≥10℃活动积温 2700℃·d 以上的地区种植。

(10)玉龙 9 号

翁牛特旗玉龙种子有限公司选育。

特征特性:生育期 129d,株型半紧凑,属中熟品种;株高 268cm,穗位 96cm,穗长 18.7cm 左右;籽粒黄色,马齿型,百粒重 35.4g。

栽培技术要点:4 月中下旬覆膜播种;每亩保苗 4000~4500 株,每亩施底肥二胺 40kg(注意种肥隔离),大喇叭口期、拔节期每亩追施尿素 35kg。

适宜地区:巴彦淖尔市≥10℃活动积温 2700℃·d 以上的地区种植。

(11)金创 1 号

内蒙古蒙科农玉米研究所。

特征特性:生育期为 132d,株型平展,属中熟品种;株高 321cm,穗位 118cm;穗长 19.7cm 左右;粒橙黄色,偏硬粒型,百粒重 33.5g。

栽培技术要点:4 月中下旬覆膜播种;大行距 80cm,小行距 33cm,株距 30~33cm,每亩保苗 3500~4000 株;每亩施种肥磷酸二铵 20~30kg,结合浇水分两次施肥为宜,即拔节期每亩追施尿素 20kg 左右,大喇叭口期每亩追施尿素 15kg 左右。

适宜地区:巴彦淖尔市≥10℃活动积温 2800℃·d 以上的地区种植。

(12)大民 3307

内蒙古大民种业有限公司

特征特性:生育期 115d,株型平展,属中早熟品种;株高 238cm,穗位 83cm,穗长 19.5cm 左右;籽粒黄色,半马齿型,百粒重 32.6g。

栽培技术要点:4 月中下旬覆膜播种;每亩保苗 3800~4000 株,每亩施底肥二胺 40kg,大喇叭口期、拔节期每亩追施尿素 35kg。

适宜地区:巴彦淖尔市≥10℃活动积温 2400℃·d 以上的地区种植。

E.2 青饲型

(1)科多八号

北京市种子公司选育。

特征特性:株高 350cm 左右,分蘖性强,茎叶繁茂,根系发达,具有分枝多穗性,青饲每亩产 5200~5900kg。

栽培技术要点:4 月下旬播种;大行距 90cm,小行距 33cm,株距 23~26cm,每亩保苗 4000~4600 株;每亩施有机肥 5000kg,深施磷酸二铵 20kg,苗高 30cm 时每亩追复合肥 30kg,封垄前培土拔节前浇水,抽雄 30d 后即可收割。

适宜地区:巴彦淖尔市≥10℃活动积温 2800℃·d 以上的地区种植。

(2)桂青贮一号

广西壮族自治区玉米研究所选育。

特征特性:幼苗叶鞘紫色,叶片绿色,叶缘紫色,花药黄色,颖壳紫色。株型平展,株高 323cm,成株叶片数 16~17 片。高抗矮花叶病,抗大斑病、丝黑穗病和纹枯病,高感小斑病。

栽培技术要点:中等肥力以上地块栽培,每亩适宜密度 4300 株左右。注意防治小斑病。

适宜地区:巴彦淖尔市≥10℃活动积温 2750℃·d 以上的地区种植。

(3)京科青贮 516

北京市农林科学院玉米研究中心选育。

特征特性:平均生育期135d,半紧凑型植株,株高320cm,穗位141cm,长筒型果穗,红轴,穗长20～25cm,穗粗5.0cm,穗行数14～16行。半马齿型籽粒,浅黄色。

栽培技术要点:4月下旬播种,大行距90cm,小行距33cm,每亩保苗4500～5000株;每亩施磷酸二铵20kg,结合浇水每亩施尿素30kg。

适宜地区:巴彦淖尔市≥10℃活动积温2900℃·d以上的地区种植。

(4)西蒙青贮707

内蒙古西蒙种业有限公司选育。

特征特性:平均生育期126d,半紧凑型植株,株高311cm,穗位134cm,总叶片数23片,长筒型果穗,红轴,穗长23cm,穗粗5.1cm,穗行数16～18行。马齿型籽粒,黄色。

栽培技术要点:4月15日左右播种,每亩保苗3000～3500株;每亩基施腐熟的有机肥5000kg磷二铵40kg,特别在6叶期、拔节期、大喇叭口期追施尿素25kg。

适宜地区:巴彦淖尔市≥10℃活动积温2700℃·d以上的地区种植。

附件 F 农业气象灾害调查方法

F.1 调查内容

干旱、洪涝、渍害(湿害)、连阴雨、冰雹、霜冻、风灾等。

F.1.1 观测的时间和地点

观测时间:在灾害发生后及时进行观测。从玉米受害开始至受害症状不再加重为止。

观测地点:一般在玉米生育状况观测地段上进行,若灾害重大,还要做好所在区域(市、县、区)的调查。

F.1.2 观测和记载项目

观测和记载项目包括:

a) 农业气象灾害的名称、受害期;
b) 天气气候情况;
c) 受害症状、受害程度;
d) 灾前灾后采取的主要措施,预计对产量的影响,代表地段灾情类型;
e) 地段所涉范围(乡镇及县)受灾面积和比例。

F.1.3 受害期

当地农业气象灾害开始发生,玉米出现受害症状时记为灾害开始期,灾害解除或受害部位症状不再发展时记为终止期,其中灾害如有加重,必须进行记载。霜冻、洪涝、冰雹等突发性灾害除记载玉米受害的开始和终止日期外,还应记载天气过程开始和终止的时间(以时或分计)。以台站气象观测记录为准。

当有的农业气象灾害达到当地灾害指标时,则将达到灾害指标日期记为灾害发生开始期,并进行各项观测,如未发现玉米有受害症状,则继续监测两旬,然后按实况做出判断,如判断玉米未受害,记载"未受害"并分析原因,记入备注栏。

F.1.4 农业气象灾害及期间的天气气候情况

受灾期间天气气候情况记载

在灾害开始、增强和结束时记载使作物受害的天气气候情况。主要记载导致灾害发生的前期气象条件、灾害开始至终止期间的气象条件及其变化、使灾害解除的气象条件、对玉米产量的影响等,见表 F.1。

表 F.1 农业气象灾害及期间的天气气候情况

灾害名称	天气气候情况记载内容
干旱	最长连续无降水日数、干旱期间的降水量和天数、逐旬记载地段干土层厚度(cm)、土壤相对湿度(%)
洪涝	连续降水日数、过程降水量、日最大降水量及日期、水层厚度、水层滞留时间
连阴雨	连续阴雨日数、过程降水量
冰雹	最大冰雹直径(mm)、冰雹密度(个数/m²)或积雹厚度(cm)
霜冻	过程最低气温≤0℃持续时间、极端最低气温及日期
风灾	过程平均风速、最大风速及出现日期、持续时间

F.2 受灾程度、受害症状和程度

受害程度、受害症状和程度：记录作物受害后的特征状况，主要描述作物受害的器官（叶片、果穗等）、受害部位（上、中、下）及外部形态、颜色的变化等，受害程度的判断见表F.2。

表 F.2 受害症状及受害程度

灾害名称	程 度		
	轻	中	重
干旱	对播种、出苗不利。植株生长缓慢，叶片下垂，少量（5%以下）叶片卷缩。	出苗缓慢不齐；植株生长缓慢，部分（5%～20%）叶片卷缩。	缺苗、断垄；不能播种出苗。植株生长缓慢，大量（20%以上）叶片卷缩。
洪涝	洪水冲刷农田，积水1天以内，少部分（10%以内）植株受淹，但根系无腐烂现象。	部分（10%～50%）植株受淹，积水在1～2天排出，部分（10%～50%）植株根系腐烂。	大部分（50%～100%）植株受淹，大部分（50%～100%）植株根系腐烂严重，出现植株死亡。
连阴雨	发育期推迟，但根系未腐烂，少量（5%以内）。	发育期推迟10天以上，部分（5%～20%）植株根系腐烂	发育期推迟15天以上，植株根系腐烂严重（20%以上）。
冰雹	叶片击破，个别叶、茎、果实击破、打落。	部分（50%以下）叶片破碎，部分（5%～20%）茎秆折断。	发育期推迟15天以上，植株根系腐烂严重（20%以上）。
霜冻	少量（10%以内）叶片受冻。	部分（10～50%）叶片受冻卷缩。	大量叶片（50%以上）受冻卷缩。

F.2.1 植株受害程度

反映玉米受害的数量，统计植株受害百分率。其方法是在受害程度有代表性的4个地方分别数出一定数量（每个小区不少于25）的株数，统计其中受害（不论受害轻重）、死亡株数，分别求出百分率（百分率取整）。大范围旱、涝等灾害，植株受灾程度一致，则不统计植株受害百分率，记载"全田受害"。

F.2.2 器官受害程度

反映植株受害的严重性。目测估计器官受害百分率。

F.3 灾前和灾后采取的主要措施

记载措施名称、效果。如喷药填写药品名称。

F.4 预计对产量的影响

按照无影响、轻、中、重记载，中等以上应估计减产百分率。

F.5 地段代表灾害类型

所在区域（市、县、区）灾情分轻、中、重三类，记载代表性地段灾情类型。

F.6 地段所在乡镇和全县受灾面积和比例

通过调查记载观测玉米和其他玉米的受灾面积和比例，并注明资料来源。如灾后进行调查，所在区域（市、县、区）情况这里可不记载。

春小麦
气象服务与管理篇
CHUNXIAOMAI
QIXIANG FUWU YU GUANLI PIAN

《春小麦气象服务与管理篇》编写组

主　编：杨　松

成　员：刘俊林　伍秀峰　孔德胤　孙向伟
　　　　何建业　史润琴　刘玉平　高飞翔
　　　　李雪冰　李建军　包佳婧

前　言

小麦是我国主要粮食作物，也是内蒙古自治区和巴彦淖尔市的主要粮食作物，对河套灌区农业经济发展有着极为重要的作用。

巴彦淖尔市从 20 世纪 80 年代开展农业气象服务，通过多年小麦农业气象研究与服务建立了从播种到收获，主要发育期的农业气象指标和服务方法，促进了小麦农业气象服务的发展。

基层气象局是为农服务的第一线，气象为农服务的着力点和主要依托就在于此。然而由于基层气象局缺乏为农服务人才，不仅农业气象专业人员匮乏，连涉农专业人员也较少，基本没有为农服务经验和基本知识。为加强小麦的气象服务，我们编写小麦气象服务与管理，意在指导河套灌区及其周边地区地市及旗县级气象局加强小麦气象服务工作，不断提高气象服务人员的业务能力，提升气象为农服务综合效益。

本篇分四部分，一是小麦生产概况和生长特点；二是小麦生长的环境条件及其指标；三是小麦气象服务内容；四是小麦气象服务运行机制和考核办法。具体章节和编写人员分工如下：

第 1 章　概论，杨松、高飞翔、编写；

第 2 章　环境条件及其影响，杨松、孔德胤编写；

第 3 章　农业气象服务，杨松、何建业编写；

第 4 章　农业气象服务考核，高飞翔、孙向伟编写；

附录，杨松、孔德胤、高飞翔和孙向伟编写。

本篇由杨松负责组织、内容编写和统稿，孔德胤负责数据统计、指标修订，高飞翔负责文字校对，包佳婧负责手册排版，刘俊林、伍秀峰、刘玉平审稿，李雪冰、孙向伟、包佳婧、李建军参加了资料收集、整理、数据统计工作。

由于编者水平有限，内容上尚难尽人意，缺点错误在所难免，敬请读者指出。

编者

2017 年 8 月

第1章 概 论

1.1 自然地理与农业气候概况

1.1.1 自然地理

巴彦淖尔市地处内蒙古高原,地理位置在 $105°12'—109°53'E,40°13'—42°28'N$,东与包头市相连,西与阿拉善盟接壤,南与鄂尔多斯市相望,北与蒙古国为邻,国境线 368.9km。全市东西长 378km,南北宽 238km,面积 6.4km²,全市共辖 1 区、2 县、4 旗、48 个苏木(乡镇),人口 174 万。阴山山脉呈东西向横贯中部,北部为广阔的天然牧场——乌拉特草原;南部是著名的河套平原(后套地区),素有"黄河百害,唯富一套"的美誉,是亚洲最大的一首制自流引水灌区,水利资源丰富,是国家和自治区重要的商品粮生产基地;西南部为乌兰布和沙漠;中东部是山旱农业区。

1.1.2 农业气候概况

1.1.2.1 农业气候特点

巴彦淖尔河套地区,四季分明,雨热同季。全年 $≥0℃$ 积温为 $3549\sim3808℃\cdot d$,年日照时数为 $3131\sim3214h$,无霜期为 $142\sim150d$。在小麦生长季(3—7 月)内,日平均气温为 $16.7\sim18.6℃$,日较差为 $13.1\sim14.1℃$。

巴彦淖尔地区光热资源丰富,日照时数长,昼夜温差大,地势平坦,较适宜小麦生长。因地域广阔,气候多变,自然灾害频繁。由于春季气温回升迅速而不稳定,制约着小麦早播,夏季天气炎热,高温干旱、干热风使小麦水分消耗过大,黄河水期间隔较长,常不能满足供应,特别是小麦灌浆期,小麦水分供应失去平衡,影响正常成熟,生长后期常处于水分亏缺状态,因降水分布不均,常出现风雨灾导致小麦倒伏,这些灾害严重威胁着小麦的正常生长。

1.1.2.2 小麦农业气候特点

春小麦属耐寒喜凉长日照作物,全生育期 $110\sim130$ 天,需要 $≥0℃$ 的活动积温 $1500\sim2100℃\cdot d$,目前巴彦淖尔地区主栽品种属中晚熟品种,需要积温 $1800\sim2000℃\cdot d$,需要日照时数 $1000\sim1200h$,需水约 $5250\sim6000m^3/hm^2$。

(1)日照条件较好,日照时间增加较快,利于小麦优质,不利于高产。

本区年总辐射总量为 $6151\sim6386MJ/m^2$,其中磴口县最高,稍低于条件较好的西藏南部,日照时数为 $3185\sim3221h$,日照百分率为 $65\%\sim77\%$。本地区地势平坦,区域差异不明显,在作物生长季内,日平均日照时数均在 $9.9h$ 以上,日照百分率在 69% 以上。充足的光照和丰富的太阳辐射,使小麦在生长最旺盛的季节里,深层叶片仍能得较充足的光照,从而提高了作物的干物质生产能力,为高产、优质奠定了良好的物质基础。

小麦是长日照作物,春季日照时间增加较快,小麦发育速度也相应加快,小麦幼穗分化时间缩短,穗粒数难以增加,影响了小麦高产。

(2)温度变化不利于小麦高产

1)春季气温上升快,变幅大

日平均气温由0℃稳定升至10℃的持续时间较短,为36~39天。春季气温回升快,变幅大,有利于小麦早播,对春季迅速增长的光能资源能够较充分地利用,但适宜播种期相应缩短,也不利于小麦壮苗早发。

2)夏季炎热,水热同季,不利于小麦生长

夏季平均气温为21.8~23.1℃,比热量条件较好的北京(21.9℃)还要高,此期大多数日最高气温近30℃,部分日最高气温则超过32℃,甚至34℃以上,出现干热风天气。炎热的天气使小麦水分散失较快,常处于干旱缺水状态,生长受到影响,但由于雨热同季,特别是降水主要集中在夏季,影响减小,同时,小麦夏季高温能加速小麦的灌浆进程,使其能较充分利用此期光能资源,从而获得优质高产。

3)气温日较差大,利于小麦干物质积累

本区的日较差较大,如6月、7月,日较差为12.2~13.7℃,比北京高2~4℃,本区西部高于东部,山旱区高于河套地区,日照充足,光合作用强,干物质积累较多,夜间温度低,呼吸减弱,消耗干物质少。温差大,有利于小麦干物质积累,获得优质高产。

(3)降水强度低,年际变化大

灌区年降水量为141~220mm,由于纬度相近,地形开阔平坦,差异不明显。东部稍多,西部稍少。湿润度为0.1~0.17,是一个没有灌溉,就没有农业的地区。

1)小麦生长季降水少,但利用率高

本区小麦生长季在3—7月,全生育期降水量约占全年总量的39%~41%。前期降水少,小麦需水量也少,6—7月,气温升高,降水增多,此时段正值小麦生长旺季,且气温高、光照强,光热水同季,节约了灌溉水,有利于作物快速生长。

2)降水少,作物需水量大

由于本地区蒸发降水比值较大,降水严重不足,其作物水分亏损较严重,就小麦而言,全生育期需水量约400~450mm,而缺水就达380mm,亏损最大的时段在5月、6月,亏损量达260mm。

(4)蒸发强烈,空气湿度小,农田需水较多

灌区由于太阳辐射强烈,蒸发量较大,其最高值在5月、6月,与雨热的最高值(7—8月)相比,具有超前性,且由东向西逐渐增强,与降水的趋势相反。年总蒸发量是年总降雨量的12~17倍,强烈的蒸发使得空气较为干燥,年相对湿度为47%~52%,小麦灌溉后水分散失快,容易失水干旱。

1.2 小麦农业生产特点

1.2.1 小麦种植分布

小麦是世界最主要的粮食作物之一,全世界以小麦为主要粮食的人口约占总人口的1/3以上。

在全世界粮食出口量中小麦约占70%,我国小麦生产面积仅次于水稻。小麦分春小麦和冬小麦两种,是长日照作物,河套灌区主要种植春小麦。进入21世纪,种植面积缩小。

河套灌区是内蒙古自治区乃至国家的重要粮食基地,小麦是巴彦淖尔地区的主体粮食作物,而小麦主要分布在河套地区。近年来,随着农村种植结构调整,小麦种植面积大幅减少,2015年全市播种面积为91293.3hm^2,占全市总播面积的16.58%,占粮食作物播种面积的24.2%,但由于其种植历史久远,品质优良,深受人民群众欢迎。因此,小麦产量的高低直接影响着全市农业经济形势。目前巴彦淖尔地区所种植的小麦品种以永良4号为主,种植面积占小麦总播面积的90%以上。由于品种单一,种植风险相应增大,掌握小麦全生育期适宜气候条件,分析不利因素,对加强农业管理,促进小麦稳产丰收提供依据,也为引进专用、特色小麦新品种,促进农业结构调整提供依据具有重要意义。

1.2.2 小麦主要品种特性

小麦为春季或秋季播种的一年或两年生草本作物。高30~120cm。叶片条状披针形,穗状花序,根系为须根系,小麦是自花授粉作物,一般自然异交率不到1%。开花授粉后,受精的子房发育成长为颖果,俗称种子。根据对温度的要求不同,分冬小麦和春小麦两个生理型。春小麦的营养生长周期是100~120d,小麦播种时要求的土壤水分为田间持水量的65%~75%。苗期生长发育快,对高温敏感,主茎叶片多为7~9片。亩产400~500kg。

1.2.2.1 小麦种植的气候生态条件

我国春麦种植区地处北温带,除东部海拔较低、气候较湿润外,大多数地方海拔较高,大陆性气候和高原生态特点明显。主要表现在一是日照充足,光能资源丰富:春麦区大部分地方年日照时数高达2600~3100h,年日照百分率56%~72%,年太阳辐射量高达586.15~628.02J/cm^2。二是光温配合好,温度适宜:前期温度较低,穗分化时间长,利于形成多穗和多粒;生育后期温度适中,高温逼熟发生少,灌浆时间可达40~60d,千粒重可达40~60g。昼夜温差大有利于干物质的积累和品质的提高。三是降水集中或者灌溉及时,有效风速大,CO_2供应充足。四是病虫害较轻,或干热风较轻。

1.2.2.2 小麦发育期和发育阶段

(1)发育期

1)出苗期:从芽鞘中露出第一片绿色的小叶,长约2.0cm,出苗率达到50%以上,竖看显行的第一天即为出苗期

2)三叶期:从第二叶叶鞘中露出第三叶,叶长为第二片叶的一半。50%以上主茎第三片叶伸出1cm的日期即为三叶期。

3)分蘖期:叶鞘中露出第一分蘖的叶尖约0.5~1.0cm。

4)拔节期:基部节间伸长至离地面1.5~2cm,田间50%的植株达到此标准的一天即为拔节期。

5)孕穗期(挑旗期):田间50%以上的植株旗叶展开,全部抽出叶鞘的一天即为孕穗(挑旗)期。

6)抽穗期:田间50%以上的植株麦穗露出旗叶叶鞘的一天。

7)开花期:在穗子中部小穗花朵颖壳张开,露出花药,散出花粉,即为开花。田间50%以上的麦穗表面出现花药的一天为开花期。遇阴雨天气外颖不张开,需要小心剥开颖壳进行

观测。

8)乳熟期:籽粒达到正常大小,呈黄绿色,内含物充满乳状浆液。

9)成熟期:颖壳和茎秆变黄,80%以上籽粒变黄变硬,呈现本品种固有特性的日期。仅上部第一、第二节仍呈微绿色。

(2)生育阶段

小麦全生育期可划分为三个生长阶段:

1)营养生长阶段　从萌发到幼穗开始分化(分蘖期),生育特点是生根、长叶和分蘖,表现为单纯的营养器官生长,是决定单位面积穗数的主要时期。

2)营养生长和生殖生长并进阶段　从分蘖末期到抽穗期,是根、茎、叶继续生长和结实器官分化形成并进期,是决定穗粒数主要时期。

3)生殖生长阶段　从抽穗到籽粒灌浆成熟,是决定粒重的时期。

1.2.2.3　小麦的种类

小麦的品类繁多,各有不同的大小、形状及颜色。

(1)冬麦与春麦:小麦按季节可分为冬小麦和春小麦。冬小麦秋季播种,次年夏季收获,生育期较长,不同地区生长期差异较大。全世界的冬小麦种植面积约占小麦总种植面积的75%,分布广泛。春小麦春季播种,当年夏、秋收获,春小麦生育期短,种植面积约占小麦总种植面积的25%,多分布在纬度较高地区。我国小麦以冬小麦为主。小麦品质的好坏,取决于蛋白质的含量与质量。一般来说,春小麦蛋白质含量高于冬小麦,但春小麦的容重和出粉率低于冬小麦。

(2)硬麦和软麦:小麦籽粒,一般同时含有蛋白质和淀粉。蛋白质硬,半透明有亮泽,呈角质状态;而淀粉松软,呈白色。人们根据两者所占的比例多少,将小麦籽粒分为硬质小麦和软质小麦。所以,质硬的小麦含蛋白质高,主要用于制面包和面食。质软的小麦含蛋白质稍低,它主要用于做蛋糕和糕饼的面粉。

(3)一般分类

1)硬红冬麦:含高蛋白质及筋度,适合制作发酵面包及硬面包的面粉。

2)硬红麦:含极高蛋白质及筋度,适合制作发酵面包及硬面包卷的面粉。

3)软红麦:含低蛋白质及筋度,适合制作蛋糕及饼干粉。

4)硬白麦:适合制作包面及面条粉。

5)软白麦:含低蛋白质及筋度,适合制作蛋糕、饼干及面条粉。

6)硬粒小麦:适合制作通心粉及意大利面条的面粉。

河套灌区小麦为春小麦,属于硬红麦。

1.2.2.4　春小麦生长发育特点

小麦是一年生草本单子叶植物,植株可分为根、茎、叶、花、果实。

(1)播种发芽:小麦是密植作物,一般条播种植,播种深度以3~5cm为宜。

河套灌区播种时在3月中下旬,土壤处于日消夜冻状态,土壤化冻深度不一,一般在0~10cm;一般在4月上中旬出苗。

小麦根系是须根系,由初生根、次生根组成。

初生根:一般3~5根,最多9~11根,最少1根。出苗时为6~10cm;分蘖时可达50~70cm;拔节时1m以上;抽穗时可达2m以上。

次生根：长在春小麦茎基部的节上，在分蘖时长出。

初生根与芽同出于种子，一般先长根，后发芽，但基本同步。影响根生长的因素有两个：土壤水分和温度。如气温高，地温相对较低，则芽生长速度快，根系生长受到抑制。干旱生长缓慢，数量多；水多根浅，数量少。

（2）三叶：小麦长出三片叶。三叶后小麦胚乳营养耗尽，开始分蘖，是小麦水肥关键期。一般在4月下旬。

（3）分蘖：是小麦主茎特殊分枝的方式。分蘖节长在地下，叶多，分蘖多。外部表现为在主茎周围长出分枝株，体型比主茎矮小。后长出的分蘖茎成穗率降低。河套灌区分蘖一般在5月上旬。

影响分蘖主要是温度和水分。温度低分蘖多，水分少分蘖少，成穗也少。

分蘖位愈低，其分蘖发生愈早，生长期长，容易成穗；分蘖位越高，分蘖发生越迟，生长期短，往往不能成穗，而成无效分蘖。无效分蘖消耗植株养分，降低产量。

（4）幼穗分化：不属于发育期，是植株内部茎生长点分化成幼穗的过程，在三叶后开始，抽穗前结束。幼穗分化决定小穗的多少，对穗粒数的多少起着基础作用。前期决定数量，后期决定质量。此过程比分蘖略晚，基本同步。

（5）春化阶段：小麦从种子萌动后到分蘖期，遇到一定程度的低温，并持续一段时间，才可正常生长的阶段。一般春小麦在5~20℃，经过5~15d可通过春化阶段。影响春化阶段通过的条件还有：土壤湿度、营养条件、光照条件（影响幼苗）、植株苗龄（最适宜在2~3片苗龄）。

（6）光照阶段：小麦通过春化阶段后，必须经过一定天数的长日照，才能完成内部的质变过程而抽穗结实，这段以长日照为主导因素的发育阶段称为光照阶段。河套灌区永良4号品种每日8~10h即可通过。春性越强对日照时间越不敏感。

（7）拔节：是小麦生长高度变化最快时期。外部表现为茎基部节间伸长，露出地面约1.5~2.0cm，此时穗分化进入小花分化期。拔节时小麦一生中重大转变时期，此前小麦主要长根、分蘖和一部分叶片，此后，小麦不再分蘖，是生长最旺盛阶段，也是需水肥量最多时期，生产上不仅要保障水分供应，还需补施追肥。

河套灌区拔节一般在5月下旬。

（8）孕穗：穗在叶鞘内形成而尚未抽出来，称"孕穗"。外部特征为小麦最后一片叶展开，倾斜挺生在茎秆顶部，也称为挑旗。拔节孕穗缺水肥易导致结实率下降。河套灌区孕穗一般在5月底。

（9）抽穗：麦穗从叶鞘中完全长出。此时叶面积达到最大，植株达到最大高度。河套灌区抽穗一般在5月底6月初。

（10）开花：抽穗后3~7天后开始开花，花期约3~5天。小麦开花较为隐蔽，是在颖壳内进行，不易观测到。开花喜欢晴朗温暖天气，高温干旱或阴雨低温天气均不利于开花。河套灌区开花一般在6月上中旬。

（11）灌浆：灌浆不是一个发育期，是植株形成果实的阶段。光合作用产生的淀粉和转化的蛋白质通过同化作用贮存在小麦种子内的过程。即光合作用形成的干物质（淀粉等）以乳状浆液的形式向籽粒中输送（灌充）的过程。开花后10天进入灌浆期，需要晴朗微风天气。小麦灌浆在开花授粉后10天开始，生产上将开花后至成熟归为灌浆期。

乳熟：籽粒中可挤出白色浆液，呈乳状或炼乳状。籽粒由绿色变为黄绿色。乳熟期一般在7月上旬。

腊熟期:籽粒内含物由糊状进而变为蜡状,用指甲可以切断,但挤不出水来。此期约7~10d,植株变黄,籽粒变为黄色。如人工收获,即可在此期收割。一般在7月中旬。

(12)成熟:即完熟期,此时小麦叶片枯黄,植株完全死亡。籽粒干硬,指甲掐不动。此时收获易造成损失。一是籽粒脱落,二是呼吸作用消耗,三是容易遇雨发芽,产量降低,品质下降。

第 2 章　环境条件及其影响

2.1　小麦对环境条件的需求

2.1.1　温度

小麦属温凉作物,全生育期所需积温 1800~2000℃·d,小麦的生长发育在不同阶段有不同的适宜温度范围。在最适温度时,生长最快、发育最好。小麦种子发芽出苗的最低温度为 1~2℃,最适温度是 15~20℃;小麦根系生长的最适温度为 16~20℃,最低温度为 2℃,超过 30℃则受到抑制。温度是影响小麦分蘖生长的重要因素。在 2~4℃时,开始分蘖生长,最适温度为 13~18℃,高于 18℃分蘖生长减慢。小麦茎秆一般在 10℃以上开始伸长,在 12~16℃ 形成短矮粗壮的茎,高于 20℃易徒长,茎秆软弱,容易倒伏。小麦灌浆期的适宜温度为 20~22℃。如干热风多,日平均温度高于 25℃以上时,因失水过快,灌浆过程缩短,使籽粒重量降低。

小麦要从营养生长过渡到生殖生长,必须经过两个发育阶段,即春化阶段和光照阶段。

小麦种子萌发后,便可进入春化阶段的发育。其特点是在所需要的综合条件中必须有一定时间和一定程度的低温,否则就不能通过春化阶段,永远停留在分蘖状态。

2.1.2　光照

小麦为喜光作物。对光照条件要求较高,单叶的光补偿点为 1500~3500lx。光饱和点随所处生态气候条件而异。小麦生育期间最大光合强度出现在孕穗末期的旗叶上。穗的呼吸作用较强,乳熟期后呼吸更强,穗本身的生产尚不够呼吸消耗,穗下节和叶鞘等绿色器官在小麦生育后期对籽粒灌浆的作用是相当重要的。小麦群体内的光分布与光照度和群体结构有关。其反射和透射率主要决定于冠层内叶面积指数和太阳高度角等。叶面积指数大时,反射率大,透射率小,反之,叶面积指数小时,反射率小,透射率大。

2.1.3　水分

小麦喜干燥气候,不适应潮湿环境,但却是需水较多的作物之一。蒸腾系数为 400~600,约占总需水量的 60%~70%,其余为棵间土壤蒸发所消耗。小麦耗水量的大小随气象条件、土壤水分状况和栽培条件的不同而变化。在灌溉条件下,当土壤水分适宜或基本适宜时,小麦全生育期的总耗水量 300~350m³/亩。随产量水平的提高,因植株生长繁茂,棵间土壤蒸发量相对减少,叶面蒸腾量增加,总耗水量变化不大。因此,产量愈高,水的利用愈经济。

小麦各生育时期的耗水占全生育期总耗水量的百分比(即阶段耗水系数)有一定比例。拔节期前,因植株矮小,气温低,耗水量少,占总耗水量的 38.2%。拔节后,随气温升高,生长加快,耗水量逐渐增大。拔节—抽穗期为耗水高峰期,占总耗水量35.8%。孕穗期对水分非常敏感,这时缺水对产量影响最大,是小麦需水临界期。抽穗期后,叶片逐渐衰老,耗水量相应下降。

按小麦需水规律和土壤墒情,以田间持水量为准,苗期60%~70%,生长盛期70%~80%,后期60%~80%。

河套灌区主要土壤类型为灌淤土,蓄水能力较强,水分利用效率较高,适合小麦生长。

2.1.4 土壤

土质肥沃,土层深厚和质地良好,偏酸和微碱性土壤上小麦都能较好地生长,但最适宜高产小麦生长的土壤酸碱度(pH值)在6.5~7.5之间。

土质肥沃 土壤中具有丰富的有机质和各种养分。一般高产麦田的土壤有机质含量在1.2%以上,含氮量≥0.10%,缓效钾≥0.02%,有效磷20~30ppm。有机质含量高,土壤结构和理化性状好,能增强土壤保水保肥性能,较好地协调土壤中肥、水、气、热的关系。

土层深厚 有研究表明,在原有耕作层12~15cm的基础上,加深到18~22cm,当年小麦可增产10%左右。就目前条件看,高产麦田耕地深度应确保20cm以上,能达到25~30cm就更好。加深耕作层,能改善土壤理化性能,增加土壤水分涵养,扩大根系营养吸收范围,从而提高产量。但超过40cm,就打乱了土层,不但当年不增产,而且还有可能减产。

质地良好 土壤结构松紧度合适。通常用土壤容重及空隙来反映土壤的松紧状况。高产麦田的土壤容重为1.14~1.26g/cm³,空隙率为50%~55%,这样的土壤,上层疏松多孔,水、肥、气、热协调,养分转化快,下层紧实有利于保肥保水,最适宜高产小麦生长。

河套灌区土质肥沃,土层深厚,仅盐碱度略高,大部分土地适合小麦种植,虽然部分土地盐碱含量较高,但仅占灌区种植面积的37%。

2.1.5 营养

小麦生长发育所必需的营养元素有碳、氢、氧、氮、磷、钾、硫、钙、镁、铁、硼、锰、铜、锌、钼等。氮、磷、钾在小麦体内含量多,被称为"三要素"。中低产麦田一般缺氮少磷,生产中必须注意补充,而钾素除高产田、沙土地外,一般不缺。氮素是构成蛋白质、叶绿素、各种酶和维生素不可缺少的成分。氮素能够促进小麦茎叶和分蘖的生长,增加植株绿色面积,加强光合作用和营养物质的积累。所以合理增施氮肥能显著增产。磷素是细胞核的重要成分之一。磷可以促进根系的发育,促使早分蘖,提高小麦抗旱、抗寒能力,还能加快灌浆过程,使小麦粒多、粒饱,提早成熟。钾素能促进体内碳水化合物的形成和转化,提高小麦抗寒、抗旱和抗病能力,促进茎秆粗壮,提高抗倒伏能力,此外还能提高小麦的品质。因此,在缺钾的土壤上或高产田应重视钾肥的施用。其他元素对小麦生长发育也有重要作用,不足时都会影响小麦的生长。如缺钙会使根系生长停止;缺镁造成生育期推迟;缺铁会使叶片失绿;缺硼会使生殖器官发育受阻;缺锌、铜、钼则植株矮小、白化甚至死亡。但小麦对这些元素的需要量比上述三要素少得多。每生产100kg小麦籽粒,一般约需吸收氮3kg、磷1.5kg、钾2~4kg。小麦在不同生育时期吸收养分的数量是不同的,一般情况是苗期的吸收量都比较少,分蘖以后吸收量逐渐增大,拔节到扬花期吸收最多,速度最快。钾在扬花以前吸收量达最大值,氮和磷在扬花以后还能继续吸收,直到成熟才达最大值。因此,在生产上必须按照小麦的需肥规律合理施肥,才能提高施肥的经济效益。

全市土壤普查化验结果表明，五级以下者占71%，四级以上仅占19%，有机质大于2.0%（主要是洪淤土）仅占10%，速效磷达四级占51%，五级占26%，一级不足1%。速效钾三级占31%，四级占21%，五、六级较少，一级占18%，二级占14%。；总的来说，全市土壤是缺氮、少磷，有机质含量低，钾较丰富。如果要增加产量，必须实施配方施肥。

2.2 主要发育期和主要农事活动农业气象条件及适宜指标

2.2.1 播种农业气象条件及适宜指标

河套灌区在春小麦种植中流传着"种在冰上，收在火上"的农业谚语。中午前后表层土壤化冻5~10cm时是小麦播种的最佳时段，若提前，一是气温低，表土层冻结，难以整地，二是与浇水期不符；若播种期推迟，一是遇到潮塌影响播种质量，二是会缩短小麦生育期，抑制产量的提高。根据试验研究和多年观察，当5cm地温在-4℃左右时，正值表层土壤处于日消夜冻状态。由此，得出小麦播种指标以5cm地温达到-4℃时为宜。但考虑到应用的方便，业务中以平均气温达到-4℃为小麦开始播种的气象指标，一般来说，河套灌区小麦播种需要先整地后播种，这一过程需要3~5d，而平均气温由-4℃达到-2℃一般也需要3~5d，特别是为保证播种质量，生产上也会适当推迟，因此，也可以将小麦适宜播种指标定为平均气温-2℃。在潮塌出现前完成播种。无论潮塌出现与否、出现早晚和持续时间长短，都要尽早播种。

2.2.2 重要发育期农业气象条件及适宜指标

春小麦属耐寒喜凉长日照作物，全生育期110~130天，需要≥0℃的活动积温1500~2100℃·d，目前巴彦淖尔地区主栽品种属中晚熟品种，需要积温1800~2000℃·d，需要日照时数1000~1200h，需水约350m³。

2.2.2.1 播种—出苗

(1)农业气象条件

1)适宜农业气象条件

春小麦播种早晚与后期生长发育及产量高低有着密切关系。巴彦淖尔地区黄灌区小麦一般在3月中下旬播种，山旱区及后山在4月上中旬播种，最早不宜早于3月上旬，最晚不宜超过4月上旬。由于小麦全生育期较短，加之春季气温回升快，小麦适播期相对缩短。河套灌区小麦一般在4月中旬出苗，山旱区在5月上旬出苗。

小麦播种至出苗一般需要20d，山旱区约25d。期间平均温度为7~8℃，需要积温150~170℃·d，9~11℃时，仅需积温80~120℃·d，8~16d；水分主要来自于上年秋天浇水蓄积在土壤上层中的水（俗称"老秋水"），一般年份水分均能保证。

小麦在5cm地温-2℃时播种较为适宜，此时土壤呈日消夜冻状态，一方面，易于整地，另一方面，土壤消冻浅，不易潮塌，也不容易因壅土而影响播种质量。更重要的是，播种早，气温低，地温相对较高（一般高1~2℃），小麦先长根，后发芽，根系发达，吸收水分营养能力强，抗逆性较强，有利于增产；播种晚，气温升高，小麦先发芽后长根或根芽齐发，种子中营养分散，不利于长根，根系欠发达，容易受到后期不利因素的影响，从而难以获得高产。小麦适时早播，可以早出苗，延长其幼穗分化期。幼穗分化期延长一天，穗粒数可增加2.33粒，还可延长小麦灌浆期，为增加粒重赢得时间。适宜灌浆期每增加一天，可避免30℃以上高温一天，亩增产

7.64kg。早播的小麦,增加分蘖0.5～2.5个;结实小穗数增加0.72～2.8个,单株根数增加4.6～15条,千粒重增加2～3g,籽实出粉率提高4%左右。就播种时间来看,"清明"(4月5日)前后播种的小麦,比"春分"前后播种的减产10%;"清明"后10天播种的比3月下旬播种的平均减产24%。

2)不利农业气象条件及可能出现的灾害

①播前潮塌,播后春雨

小麦播种前最怕潮塌,播种后怕春雨。播前气温回升过快,或出现明显降水都会导致潮塌,延迟小麦播种。

农谚说:"别处春雨贵如油,河套春雨庄稼愁。"河套灌区土壤含盐量多,春季蒸发量大,降雨后毛细管疏通,下层水沿毛细管上升到地表,蒸发后,下层盐碱积聚到地面,形成碱盖,使麦芽窒息碱死,或出苗不整齐,生长不一致,成穗率低,最终影响产量提高。

春季风大,蒸发强烈,雨后水分散失,土壤表层会迅速形成板结层,种子发芽后难以穿越板结层,在土壤中生长,不能进行光合作用,在营养全部消耗完后,出现霉变粉种,降低出苗率。部分种子虽能勉强出土,但因消耗过多营养,苗势较弱,不利于后期生长。

②气温回升过早

气温回升过早(2月中下旬)的年份,土壤表层解冻也早,此时播种,小麦出苗相应提前,需要浇水时,黄河水来不了,等黄河水来了,小麦已过了需水关键期,最终导致减产。若按常规时间播种,土壤化冻较深,一方面导致壅土,另一方面籽种深浅不一,植株整齐度差,成穗率降低,仍然会导致减产。

③墒干:河套灌区春季气温变化较大,如小麦播种后出现持续低温,地温相应偏低,一是表土层土壤水分散失严重,二是土壤水分化冻少,水分上潮少,导致干土层较厚,墒情较差,小麦播种后难以出苗,或出苗不整齐。

播后持续低温,不仅降低出苗率,还会造成小麦生长缓慢,植株瘦弱,抗逆性减弱,发育期延迟,灌浆期缩短。

3)应采取的农业措施及主要的农事活动

①调整墒情,降低潮塌危害:秋深翻、压肥,浇好秋水,冬季耱地镇压,做好保墒工作,确保一定厚度干土层,降低潮塌危害。

在少数潮塌严重且发生时间延迟的年份,应及时耖地晾墒,调整墒情,确保适墒播种。

②施足基肥:增施有机肥能改善土壤团粒结构,增强作物吸收养分能力,提高抗逆性。

③及时整地,适时早播:在最高气温达到零上时即可开始整地,促进早播。

(2)农业气象指标

1)适宜农业气象指标:①小麦种子发芽温度最低1～2℃,日平均气温15～18℃,最适20～25℃。②播种时耕层土壤湿度要求达到田间持水量的60%～80%。③5cm地温稳定在−2℃时为最适宜播期。一般7～8℃时播种18～20d出苗;10～15℃时播种8～10d出苗;20℃时播种2～3d就可以出苗。④苗期最适宜温度为18～20℃,根系适宜生长的土壤温度为5cm地温20～24℃。⑤最适宜土壤含水量为土壤田间持水量的60%左右,土壤重量含水量12%～14%。⑥苗期在短时含水量低于60%有利于蹲苗。⑦播种至出苗需水量75m³/亩,占总需水量的30.7%,平均日需水量0.94m³/亩;

2)不利农业气象指标:①适播时段内平均气温持续低于0℃,降低播种质量。②土壤含水量低于60%或高于80%对播种出苗均不利。

2.2.2.2 分蘖—拔节

(1)适宜条件

河套灌区小麦分蘖期在5月上旬,最早在4月底,最晚也在5月中旬;拔节期最早在5月中旬末,最晚在5月下旬末,平均在5月下旬,山旱区小麦分蘖期在5月中旬,拔节期在6月上旬;小麦分蘖的最适温度为12~16℃,随温度升高,分蘖开始减弱,河套灌区小麦三叶至分蘖期,平均温度约为16℃,虽然在最适温度的上限,但对分蘖还是比较适宜。近年来,巴彦淖尔地区小麦实行大播量种植,其单位营养面积减少,限制了分蘖的产生,因此,有一半以上的年份,分蘖达不到普遍期,分蘖成穗率较低。

小麦幼穗分化与分蘖,几乎同时进行,大约30天(5月1日至6月1日),平均气温大约17℃,比分蘖要求的温度(12~16℃)高。一般来说,气温低,作物发育减缓,幼穗分化时间延长,分化的小穗数和小花数也增多,利于形成大穗。因此,5月气温高,对幼穗分化不利。光照对分蘖的影响表现在光照长度和强度上。春小麦属于长日照作物,长日照使光照阶段迅速通过,分蘖至拔节时间缩短,因此,晚播小麦分蘖及小穗少,除高温使其发育加快外,与光照逐渐变长有关。所以河套小麦在栽培上应提倡大播量和适时早播。

此期是生长关键期,需要在三叶期和拔节期为植株补充水分,三叶期一般浇水50~70m³/亩,浇水同时降低了地温,减缓了作物发育速度,有利于小麦分蘖和幼穗分化,获得高产。拔节期浇水70m³/亩,同样降低温度,延长幼穗分化期,稳定分蘖成穗,增加小穗数。

(2)不利条件

1)此期是小麦需水关键期。由于河套灌区是全国最大的一首制灌区,轮水期长,往往有许多小麦得不到适时浇灌,最终限制了产量的提高。

2)永良4号小麦分蘖能力较强,遇有适宜气候条件,分蘖大幅度增加,由于目前小麦播量较大,密度较高,分蘖过多后,容易造成田间郁闭过早,光照条件不足,光合产物减少,消耗营养过多,植株抗逆性减弱,导致减产。因此,播量一定要适宜。

(3)农业气象指标

生长特点是以根系生长为中心,同时增加叶片,分化茎节。

1)适宜农业气象指标:①最适宜的日平均温度为18~20℃,最低温4~5℃,最高温30℃。②出苗至三叶期无降水,三叶至拔节期降水量在10mm以下。③适宜土壤相对湿度为60%~75%。

2)不利农业气象指标:5月旬平均气温距平在-2℃及以上,此时气温偏低幅度较大,虽然有利于幼穗分化,但会增大无效分蘖。

2.2.2.3 抽穗—开花—灌浆—成熟

(1)适宜条件

河套灌区小麦抽穗—开花期一般在6月上、中旬,最早在5月底。后山及山旱区在6月下旬末,开花在7月上旬初。此期平均温度为20~22℃,适宜温度为18~20℃,发育期需要6~9天,光照50~80h,空气相对湿度47%~54%。每天上午03—10时,下午16—18时开花最旺盛。温度超过30℃,开花灌浆减缓,超过35℃停止。

河套灌区小麦灌浆—成熟期在6月下旬至7月中旬,平均温度为22~24℃,常出现干热风天气,虽加快灌浆速度,但会形成高温逼熟,导致小麦提前成熟,粒重下降,造成减产;山旱区在7月中旬到8月中旬,平均气温在18~20℃,期间温度适宜,高温危害较轻。

开花灌浆期需要晴朗天气,光照不足会使灌浆速度显著下降,1979年灌浆期平均日照数由常年11h降到9h,全市小麦千粒重平均下降3g。

一般年份小麦灌浆期平均气温为23℃,最适宜温度为18~22℃。巴彦淖尔地区小麦是在较高温度下生长的。一般年份巴彦淖尔地区小麦灌浆期温度比要求适宜温度约高3℃。

小麦在6月上旬开花前,需要浇开花水,为正常开花受粉补充水分;下旬需要浇灌浆水,7月上旬还可以针对干热风发生情况,浇麦黄水,降低干热风的危害。

(2)不利条件

1)这一时期暴风雨和冰雹发生频繁,容易造成小麦倒伏减产,麦收时又影响收割拉运,甚至发生霉变。

2)灌浆期干热风严重,喷洒药剂等作用不显著,灌浆水难以适时浇灌。

3)阶段性干旱频繁出现,蚜虫发生较为严重。

(3)农业气象指标

抽穗开花期:

1)适宜农业气象指标:①月平均气温20~22℃为宜,最低温18℃,最高温30℃,天晴伴有微风。②土壤相对湿度70%~80%为宜。③田间持水量80%左右为最好。④抽穗前10d至后20d,需水量270mm适合有机质合成,转化和输送的温度是22~24℃。⑤每天日照8~12h有利于提早抽穗开花。

2)不利农业气象指标:①高于35℃,空气相对湿度低于50%、土壤含水量低于15%,影响孕穗抽穗等。②阴雨或气温低于18℃,将会造成授粉不良。

灌浆期籽粒充实,营养器官停止生长并逐渐衰老。

1)适宜农业气象指标:①灌浆阶段最适宜的温度条件是22~24℃,最高温32℃,快速增重期适宜温度20~28℃,要求积温380℃·d以上。②最适宜灌浆的日照时数9~10h。③土壤含水量不低于18%,相对湿度为70%~80%。④大雨以下降水,风力较小,最大2~3级,且分布均匀。

2)不利农业气象指标:①气温高于25~30℃,则呼吸消耗增强,功能叶片老化加快,籽粒灌浆不足。②无降水,容易出现高温干旱天气,不利于灌浆;③遇风雨灾,易倒伏。影响成熟和产量。

2.2.3 重要农事活动适宜指标

2.2.3.1 整地播种

(1)整地:2月下旬至3月上旬,平均气温在-4~-2℃时,根据墒情开始整地。应尽量保证土地平整,干土层均匀。

(2)播种:当平均气温稳定在-2~0℃时,小麦开始播种。播种深度控制在3~5cm,播种过深,出苗比较弱,过浅则种子落入干土中而不易出苗。

2.2.3.2 浇水施肥

小麦全生育期灌水一般需要4次。浇头水在4月下旬至5月初的小麦三叶期,浇2次水在5月下旬的小麦拔节期,浇3次水在6月上旬或7月上旬小麦开花期,浇4次水在6月下旬或7月上旬的小麦乳熟期。

(1)第一次浇水:此期应注意气温变化,如出现低温天气,则浇水时应浅浇快轮,且浇水量减少20%。

(2) 第二、三水:可适当多浇。

(3) 第四水:此时小麦植株高大,浇水应注意风雨灾,或大风情况,应避免在风雨灾或大风天气浇水,也应尽量避免浇水后第二天大风,有降水时,应适当减少水量。应注意小麦成熟情况,如浇水时发育期晚5~10d,应减少水量50%,或不浇水。

2.2.3.3 除草

要避开高温、高湿或大风、降温天气,以防产生药害或降低药效,一般应选择晴朗无风的天气、下午17时以后用药,较为安全。

2.2.3.4 收获

(1) 选择适宜收获期

在适宜收获期内,应注意天气变化,有降水时,应在降水前收获,如不能,则降水后应晾3~5d开始收获。

(2) 小麦晾晒

收获时,小麦水分多,成熟度不一,特别是机收小麦,应注意晾晒。

2.3 小麦农业气象灾害

2.3.1 潮塌

潮塌,是内蒙古河套地区春季播种期间出现的一种渍害。3月中下旬气温稳定通过0℃时,正值春小麦播种期,耕层土壤出现表层解冻,下层尚未化冻的状态,土壤水分呈现向上输送的现象。当表层土壤水分含量出现饱和状态时,造成土壤过湿,不能进行耕作而形成灾害。

2.3.1.1 发生规律与特征

造成潮塌灾害的基础原因是秋季灌溉水量大,时间晚。河套地区每年在10月至11月期间浇灌秋水,灌水量平均每亩为230m^3,有的年份可达到300m^3/亩,部分水分不能及时下渗而滞留田间。封冻期到来时(11月中旬),许多农田中约有2/3以上的水分尚未渗透到深层而冻结于土壤表层,形成"爬冰地"。经过漫长的冬季,部分水分逐渐蒸发,但仍有相当一部分水分冻结在土壤上层。春季温度回暖后,表层土壤随温度升高迅速解冻,在垂直剖面上,由下至上出现冻融交替现象,上层土壤水分呈现过饱和状态,并可持续7~10d,若遇春雨情况更加严重。秋浇水量越大,浇水时间越晚,潮塌会越严重。

造成潮塌灾害的气象原因是3月气温回升过快,或出现明显降水。气温越高,冻土层土壤水分化冻越多,水分上潮越快,表土层水分含量越大,潮塌发生也越快,发生面积也越大,危害也越严重;有些年份虽然气温不高,但如果出现明显降水,也会直接引发潮塌;如果气温较高,又出现降水,不仅加快潮塌发生速度,更会加重潮塌发生程度。

2.3.1.2 指标及影响

(1) 指标

日平均气温稳定通过1.0℃,持续7d以上;或日平均气温在0℃以上维持3d时,降水3mm就开始起潮;或平均气温迅速上升到5℃以上,持续3~6d时,开始起潮。

潮塌发生晚,落潮也晚,时间可推至3月下旬后期,甚至到四月中下旬。

(2)影响

潮塌主要影响小麦播种,但对小麦出苗也有较大影响,主要反映在以下几个方面。

1)潮塌危害时间延迟,导致小麦播种延迟。

2)土壤湿度过大,地温较低,造成小麦粉种。

3)潮塌结束过早,小麦播种时土壤水分不足,影响出苗率。

2.3.1.3 防御措施

(1)预防措施

1)适时适量浇秋水。

2)采用保墒措施。

3)根据秋浇情况和冬季雨雪情况调整墒情。

(2)补救措施

1)耖地晾墒,适时抢种,或选择稍短日期品种,推迟播种。

2)调整地块。

2.3.2 板结雨

河套灌区春季常出现降水,由于河套灌区土壤中盐分含量较大,降水过后土壤毛细管疏通,深层盐碱随水分蒸发,聚集于地表,导致表土层土壤凝结,形成板结层,影响小麦出苗,由于表土层含盐量较大,还会使幼苗出现生理干旱,导致幼苗长势较弱甚至死亡。

板结雨是巴市河套地区春季发生的一种自然灾害。河套平原地下水位较高,土壤盐渍化程度较严重,当春雨过大时,容易造成地面潮塌起水、泛碱烧死幼苗、土壤板结顶苗等危害,对春耕生产影响很大。群众说:"别处春雨贵如油,河套春雨使人愁。"

2.3.2.1 发生规律与特征

板结雨对河套地区造成危害的关键时段是:每年3月下旬至4月中旬。

1971年以来,河套地区春雨危害严重的共有12年:1972年、1975年、1976年、1981年、1985年、1991年、1996年、1998年和2003年、2014年、2015年和2017年。

河套地区春季(3—5月)降水量平均为15.9~29.1mm,占全年降水量的12%~14%。其中,3月为3~5mm,4月为7~9mm,5月为8~11mm。降水量多数集中在4月下旬至5月下旬之间。由于春季降水量年际变化特别大,最多年和最少年降水量相差悬殊,造成农业生产的不稳定性。最多年的2002年前山各站平均春雨多达74.5mm,最少年的1974年春雨仅3.5mm。40年来,河套地区春季降水量等于或大于20mm有16年,等于或大于30mm的春涝年份有8年。

板结雨的地理分布特点是由东向西递减。乌拉特前旗春雨最多,平均降水量25.5mm。五原县次之,平均降水量21.8mm。杭锦后旗最少,平均18.2mm。

2.3.2.2 指标及影响

(1)指标

春小麦板结雨以一个过程降水量R来划分,其危害分为以下几种。

轻微:$R<5$mm

轻:$8\text{mm} \geqslant R \geqslant 5\text{mm}$

中:$15\text{mm} \geqslant R > 8\text{mm}$

重：$R>15mm$

(2)影响

板结雨对河套地区造成危害时段有以下三个时期。

每年3月中旬至3月下旬，这时段降雨影响春播，称"落潮雨"。

4月中旬到4月下旬。此时降雨容易引起地表板结顶苗，落潮起碱等危害，称"板结雨"。它是春雨中危害最严重的阶段。

5月上旬。这时正值春小麦分蘖拔节期，如遇春雨极易引起泛碱烧死幼苗，称"死苗雨"。

2.3.2.3 防御措施

(1)预防措施

1)多施农家肥，改善土壤团粒结构，降低春雨带来的返盐板结危害。

2)注意天气预报，根据降水情况，选择适宜播期。

(2)补救措施

雨后适时松土。

2.3.3 干热风

干热风是河套平原春小麦生长后期的一种主要的灾害性天气。是一种高温、低湿并伴随一定风力的大气干旱现象。俗称"干旱风"、"火风"和"火燎风"。

2.3.3.1 干热风发生规律与特征

河套地区干热风危害的时间为每年6月20日至7月20日，其中危害最为严重的时间是7月5日至20日。

干热风天气持续时间一般为3～5d，其中持续3～4d的约占出现次数的47%，5d以上约占53%左右，7d以上的极少。

干热风的地理分布是西部强于东部、南部强于北部。西部的磴口县是干热风危害最为严重的地区，临河区次之，乌拉特前旗第三，杭锦后旗、五原县最轻。

1971—2010年40年间，严重干热风年为8年，出现频率为20%；中等偏重年为6年，出现频率为15%；中等发生年为5年，出现频率为12.5%；中等偏轻年为8年，出现频率为20%；正常年最多，为13年，出现频率为32.5%。从年代变化规律来看，严重干热风1991—2000年、2001—2010年均出现4次，频率均为40%；中等偏重干热风年1971—1980年、1981—1990年、1991—2000年、2001—2010年分别出现2、1、1、2次，出现频率分别为20%、10%、10%、20%；中等干热风年1971—1980年、1981—1990年、1991—2000年分别出现3、1、1次，出现频率分别为30%、10%、10%。中等偏轻干热风年1971—1980年、1981—1990年、2001—2010年分别出现1、4、3次，出现频率分别为10%、40%、30%；正常年份1971—1980年、1981—1990年、1991—2000年、2001—2010年分别出现4、4、4、1次，出现频率分别为40%、40%、40%、10%从危害程度分析，2001—2010年最重，1991—2000年次之，第三为1971—1980年，1981—1990年最轻。

2.3.3.2 指标及影响

(1)指标

轻干热风日：日最高气温≥32℃，14时相对湿度≤30%，风速≥2m/s。

重干热风日：日最高气温≥34℃，14时相对湿度≤25%，风速≥3m/s。

(2)影响

每年6月下旬至7月中旬正是春小麦成熟期。在乳熟后半期是小麦灌浆和籽粒充实的最快时期,而此时植株已逐渐衰老,根系活力减弱,籽粒含水量降低,抗干、热能力差。如遇干热风天气,可使灌浆速度减慢,灌浆时间缩短,造成大幅度减产。

2.3.3.3 防御措施

(1)预防措施

1)适时早播。

2)底肥施足磷钾肥。

3)在小麦拔节、抽穗、开花、灌浆等关键期喷施磷酸二氢钾溶液,增强其抗逆性。

4)根据预报,做好小麦浇水安排。

(2)补救措施

1)安排河水浇灌,有井水及时浇灌。

2)结合防治蚜虫,喷施磷酸二氢钾或草木灰溶液。

2.3.4 风雨灾

主要是指小麦植株长大后,出现的降水伴有一定风力的灾害。主要危害小麦抽穗至成熟期。

2.3.4.1 风雨灾发生规律与特征

风雨灾发生的关键是降水时伴随一定风力,单纯下雨或刮风都不能产生灾害,或影响很小。

风雨灾一般在6月至7月中旬危害小麦,在此期间,大于5mm降水次数仅为1.03次,出现4级以上风力,且与降水相伴随次数为0.93次,也就是说,几乎每次出现致灾降水时,都会伴随相应风力,从风雨灾出现数量来看,其影响不大,但夏季降水多为阵性降水,因此,风雨灾每年都会有,且在不同时段,不同地域局部发生,发生次数仍然较多,一旦出现造成倒伏,对小麦产量和收获都影响较大。

2.3.4.2 指标及影响

(1)指标

轻:小到中雨,风力4~5级,或中到大雨,风力3~4级;

中:中到大雨,风力5~6级,或大到暴雨,风力3~4级;

重:大到暴雨,风力6级以上,或暴雨以上,风力4级以上。

(2)影响

风雨灾会导致小麦倒伏,造成减产。

2.3.4.3 防御措施

(1)预防措施

1)底肥施足磷钾肥。

2)及时培土,增强作物抗倒伏能力。

3)浇水时,看天看地看庄稼确定浇水时间和浇水量,雨前避免浇水。

4)成熟时,及时收获。

(2)补救措施

1）及时排水。
2）在雨停天晴地面稍干后用长秆轻轻抖落茎叶上水珠，减轻其压力，促其抬头。
3）加强病害监测和防治。
4）成熟时，及时收获。
5）及时晾晒被雨淋的农作物产品。
6）人工扶直小麦。小麦倒伏后要立刻人工扶直。小麦茎基部第一、第二节间比较脆弱，加之已有部分根系受损，扶直时要避免折断和加重根伤，可一人扶直另一人根部培土。应设法随倒随扶，拖延不但难以扶起，也会加重根伤，破坏植株间合理结构。对倒伏不严重的小麦，因为植株自身调节能力强，通常能直立起来，茎叶空间排列也能基本合理。

加强水肥管理。倒伏的小麦因为光合作用差，生理机能受到扰乱，影响灌浆巩固。对只追一次肥的田块，可再追一次肥。如果第一次追肥未施磷钾肥，可用 1.4% 丰收素 5000 倍液喷洒植株，有利于蛋白质和叶绿素的合成，增长小麦籽粒丰满度。并适时喷洒喷施磷酸二氢钾，促进其生长。

2.3.5 高温干旱

是指小麦生育期内出现的温度长期较高，降水较少，导致小麦生长受损的现象。

2.3.5.1 发生规律和特征

1981—2010 年 40 年间，磴口县 3 次重度发生年，2 次中度发生年，7 次轻度发生年。发生概率分别为 10.0%、6.7%、23.3%。临河区 2 次重度发生年，2 次中度发生年，7 次轻度发生年。发生概率分别为 6.7%、6.7%、23.3%。乌前旗 2 次重度发生年，5 次轻度发生年。发生概率分别为 6.6%、16.7%。五原 1 次重度发生年，2 次中度发生年，5 次轻度发生年。发生概率分别为 3.3%、6.7%、16.7%。大佘太 1 次重度发生年，8 次轻度发生年。发生概率分别为 3.3%、26.7%。杭锦后旗 8 次轻度发生年。发生概率为 26.7%。以磴口县发生最重，临河区次之，乌前旗第三，五原县、大佘太、杭锦后旗最轻。从年代来看，21 世纪前十年最多，20 世纪 90 年代次之，80 年代最少；时间分布，7 月 1—20 日，比 6 月 1—30 日发生次数和强度都大。

2.3.5.2 指标及影响

（1）指标

分三个等级。

轻：日最高气温 $T_g \geq 30℃$，10~14 天，累计降水量 $R \leq 5.0$，为轻度发生；

中：日最高气温 $T_g \geq 30℃$，15~18 天，累计降水量 $R \leq 5.0$，为中度发生，或有 2 个轻过程，为中度发生；

重：日最高气温 $T_g \geq 30℃$，19 天以上，累计降水量 $R \leq 5.0$，为重度发生；有 1 个中度过程和 1 个轻过程，为重度发生年。

（2）影响

其影响主要有两方面，一是持续高温导致干旱，作物植株缺水，其正常生长受制，产量下降；二是开花期间，气温在 35℃ 以上时，水分散失加快，花粉会很快丧失生活力，或者花药不能正常开裂散粉，一般来说，小麦花药在颖壳中，不易受太阳直射，主要因缺水而导致花粉受旱，授粉不良。

2.3.5.3 防御措施

（1）预防措施

1)根据预报,做好浇水安排。

2)喷药防治蚜虫。

(2)补救措施

1)安排河水浇灌,有井水及时浇灌。

2)结合防治蚜虫,用磷酸二氢钾或草木灰等溶液,连续进行多次喷雾,增加植株穗部水分,能够降温增湿,同时可给叶片提供必需的水分及养分,提高籽粒饱满度。

2.3.6 连阴雨

连阴雨是指在小麦灌浆期间,出现连续 3 日(含 3 日)以上有降水,日照时数低于 3h 的一种天气现象。

2.3.6.1 发生规律及特征

各等级连阴雨频次以乌前旗、五原最多,磴口、临河最少;≥3 天连阴雨频次最多,一年中连阴雨频次是≥5 天连阴雨频次的近 4 倍,是≥7 天连阴雨频次的 5~9 倍。≥5 天和≥7 天连阴雨频次较为接近,≥5 天连阴雨频次各地为 0.4~0.7 次,而≥7 天连阴雨频次仅为 0.2~0.4 次。

从 1981—2010 年 40 年间,≥3 天连阴雨的频次磴口呈逐步增加趋势;临河及杭后最高频次都出现在 20 世纪 70 年代和 90 年代,进入 21 世纪后都有明显减少;乌前旗和五原基本呈减少趋势。≥5 天连阴雨频次变化不同,磴口、杭后是 20 世纪 70 年代和 90 年代最多,80 年代最少;临河 70 年代最多,80 年代最少,90 年代增加;五原则是呈减少趋势;乌前旗是 80 年代和 90 年代多,70 年代和 21 世纪较少。≥7 天连阴雨频次变化中,西部磴口、临河、杭后均是 20 世纪 70 年代多,80 年代、90 年代减少,21 世纪又有所增加;五原呈逐步减少趋势;前旗则是 70 年代、90 年代多,80 年代及 21 世纪减少。从上述分析来看,各等级连阴雨变化到 21 世纪大部分呈减少趋势,只有≥7 天连阴雨频次西部区在 21 世纪呈增加趋势,使得各地分布与降水分布不一致,乌前旗成为频次最低的地区。

2.3.6.2 指标及影响

(1)指标

轻:连续 3~5d,总雨量大于 5mm;

中:连续 5~7d(包括 5d)内空一天,总雨量大于 10mm;

重:7d 以上,内空 2d,总雨量大于 15mm;

期间平均每日日照≤3h;气温距平≥−1℃。

(2)影响

由于缺乏光照,气温下降,蒸发减弱,小麦灌浆速度减缓,粒重下降,最终减产。

2.3.6.3 防御措施

(1)预防措施

根据预报,少浇水或不浇水。

(2)补救措施

1)接近收获时,要经过 2~3 天晾晒再收获;

2)收获后应在晴天及时晾晒籽粒。

2.4 病虫害

小麦蚜虫又叫小麦蜜虫、腻虫等。是禾本科植物的重要害虫。苗期以成蚜、若蚜群集在心叶中为害,抽穗后为害穗部,吸收汁液,妨碍生长,还能传播多种禾本科谷类病毒。属同翅目,蚜科。

2.4.1 为害特点

寄主范围广,危害重而且传播病害。蚜虫除危害小麦、高粱、大麦、谷子、水稻等作物外,尚能在狗尾草、马唐、雀稗、芦苇等杂草上危害。小麦蚜虫以成、若蚜刺吸植物汁液,苗期均集中在心叶内危害。在危害的同时分泌"蜜露",可在叶面形成一层黑色霉状物,影响作物的光合作用,导致减产;此外,尚能传播小麦矮花叶病毒病,其危害更大。

成、若蚜刺吸植物组织汁液,引致叶片变黄或发红,影响生长发育,严重时植株枯死。小麦蚜多群集在心叶,为害叶片时分泌蜜露,产生黑色霉状物,别于高粱蚜。在紧凑型小麦上主要为害雄花和上层1~5叶,下部叶受害轻,刺吸小麦的汁液,致叶片变黄枯死,常使叶面生霉变黑,影响光合作用,降低粒重,并传播病毒病造成减产。寄主为小麦、高粱、小麦、狗尾草等。

2.4.2 发生规律

一年发生10~20余代,一般以无翅胎生雌蚜在小麦苗及禾本科杂草的心叶里越冬。5月底6月初向小麦迁移,抽雄前,一直群集于心叶里繁殖为害,抽雄后扩散至雄穗、雌穗上繁殖为害,开花期气温高(平均温度23~25℃),营养丰富,蚜量激增,是小麦蚜繁殖为害的最有利时期,故防治适期应在小麦抽雄前。

2.4.3 与气象条件关系及指标

麦蚜喜高温低湿,耐30℃的高温,相对湿度35%~67%为适宜。一般早播麦田,蚜虫迁入早,繁殖快,为害重;前期多雨气温低,后期一旦气温升高,常会造成小麦蚜虫的大爆发。暴风雨对小麦蚜有较大控制作用。杂草较重发生的田块,有利于小麦蚜偏重发生。

2.4.4 防治措施

小麦蚜天敌多,可对其起到抑制作用。如蜘蛛类有草间小黑蛛、隆背微蛛等。1个小麦心叶中只要有1头草间小黑蛛就能抑制小麦蚜的发生,它每日可捕食12~25头小麦蚜。瓢虫类有粉蜡瓢虫、异色瓢虫等。此外,食蚜蝇、草蛉、蚜茧蜂、步行虫、蚜霉菌都是小麦蚜的天敌。

(1)清除田边沟旁的杂草,消灭滋生基地,减少虫量。

(2)药剂防治。可喷洒40%乐果乳油或80%敌敌畏乳油1500~2000倍液,或50%马拉硫磷乳油1000倍液。另外,可结合防治小麦螟用颗粒剂防治,也可用40%氧化乐果乳油或40%久效磷乳油100倍液防治。

2.5 河套灌区小麦栽培技术

2.5.1 选择良种

巴彦淖尔地区适宜种植的小麦品种主要有永良 4 号、农麦 4 号、巴丰 5 号等。

2.5.2 精细整地，轮作倒茬

土壤耕层深厚、松软肥沃、结构良好是争取小麦高产、稳产的重要基础，要求耕深 20~25cm。深耕可增强土壤保肥、保水能力，改善土壤理化性状，促进根的生长，同时还能减轻土壤病、虫、草的危害。小麦连作由于对营养物质要求一致，养分供求受到限制，容易造成杂草及病虫害的发生与蔓延，从而严重影响小麦的正常生长发育，造成减产。因此，小麦不宜连作，必须进行轮作倒茬，豆类作物为养地作物，是小麦的良好茬口；马铃薯、油菜、蔬菜等也可作为小麦的前茬作物。

2.5.3 种子处理

一般种子里都有一些成熟差、破碎、秕粒、虫蛀、霉烂和带菌的种子，因此，播种前一定要剔除，使种子整齐一致，提高纯度和净度，提高发芽率和出苗率，减少杂苗，减轻病虫危害。既可节约用种，又可达到苗全、苗壮、提高产量的目的。播前晒种就是利用阳光中的紫外线，将种子表面的毒素、菌体杀死，改善种皮的通透性，有利于种子内部可渗性营养物质的形成，促进酶的活动，排除 CO_2 及各种废物从而提高种子活力，促进种子后熟，打破休眠，提高发芽率、发芽势，是保证苗齐、苗全、苗壮的重要环节。方法是：春小麦播前选择晴天晒种 2~3d，厚度在 10cm 以下（摊薄一点），经常搅动，夜间盖上篷布。为防止春小麦根腐病、黑穗病、白秆病等病害，用 25% 粉锈宁进行药剂拌种，用种子量 0.3% 的 50% 多菌灵可湿性粉剂或 70% 甲基托布津可湿粉剂进行药剂拌种。方法是：用多菌灵或甲基托布津 150g，对水 1.00~1.25kg 溶化，喷洒在 50kg 种子上，充分搅匀，堆放 2~5d 即可进行播种。

2.5.4 适时播种，合理密植

适时播种是一项关键性措施，让种子在低温下先扎根后出苗，则根系发达，抗倒伏，早分蘖，是形成壮苗的重要措施，为春小麦延长生育期创造条件，且穗分化的持续时间长，有利于形成大穗。因此，巴彦淖尔地区适宜在 3 月中旬开始播种。播种时要求在精选好种子的情况下做到行直，播量准确，下籽均匀，不漏播，不重播，播种深浅一致，播种后待土壤松散时碾平。播种深浅也对麦苗影响很大，如果播种过深，出苗缓慢，种子中大量的养分消耗在出土过程中，则幼苗黄、瘦、细、弱，分蘖晚而少，根系不发达，影响地上部茎叶正常生长。播种也不宜过浅，否则遇到干旱，影响次生根的发育，后期易发生倒伏。一般适宜的播种深度为 3~5cm 为宜。

冬灌地播量为 262.5~300.0kg/hm^2。前山地区由于干旱少雨，出苗率较低，应适当加大播种量，保苗在 420 万根/hm^2 左右，适宜播种量为 300.0~337.5kg/hm^2。

2.5.5 科学施肥

以腐熟的农家粪为主，粪土以 1：3 为宜。施 60m^3/hm^2。除有机肥外，再配合施用氮、磷肥作基肥，增产效果比较显著。基施一部分氮肥能满足春小麦苗期的需要。一般施尿素 75kg/hm² 即可，再配磷素化肥（包括过磷酸钙、磷钾肥、磷酸二铵等）效果佳。若单施过量氮肥，会导致地上部分虫害严重，植株抗倒伏能力减弱，轻则减产，重则颗粒无收。种肥一般都是速效性肥料，以满足苗期养分的需要。常用的种肥有尿素和磷酸二铵等粒状肥料。使用方法是尿素、磷酸二铵各 37.5kg/hm² 与种子混匀进行条播，用量过大会烧坏种子。若采用分层条播时，肥料用量可适当加大，也可把用于基肥的氮、磷化肥全部放在分层施肥条播机内施入土壤中，能起到集中施用和提高肥效的作用。施用追肥不但要掌握好肥料的数量、种类和施用方法，而且要掌握施用追肥的最佳时期。春小麦三叶期至抽穗期是吸收氮素最多的时期，为满足这一阶段对氮素的需求，在二叶一心期追施肥料最为适宜。可提高分蘖成穗率，促使苗壮早发，为穗大粒多奠定基础。追肥采用速效肥，如尿素、磷酸二铵等，水地可结合除草、松土、浇水进行，依苗情追施 37.5～75.0kg/hm²。在抽穗和灌溉浆期叶面喷施磷酸二氢钾 1.5kg/hm²，除可促进营养生长外，还可改善籽粒品质，提高蛋白质含量。

2.5.6 合理灌溉

春小麦是一种需水很多的作物。适时适量灌溉，满足春小麦对水分的需求，是春小麦正常生长发育，提高产量的重要保证。在巴彦淖尔地区春小麦生育期一般需浇水 3～4 次。小麦的需水规律是：苗期少，中期多，后期逐渐减少。在温湿度适宜的情况下，春小麦种子萌芽大约需要种子重量 50% 的水分，出苗后需水少，以后随植株长大需水量增加，到抽穗期达到高峰，灌浆期仍需较多的水分，乳熟期至收割需水量逐渐减少。春小麦灌水要抓住分蘖、拔节、抽穗和灌浆 4 个重要阶段进行。要掌握"前控、中攻、后稳"的原则。分蘖前土壤处于化冻阶段，一般不缺水，这时气温低，小麦生长缓慢，水分主要通过地面蒸发而损失，土壤水分控制在田间持水量的 50% 为宜，此阶段不宜大水漫灌，宜控制水量。低位水在 2 叶 1 心，中、高位水在 3 叶 1 心时进行浇灌。若苗期过早浇水，反而会降低地温，影响小苗生长。因此，苗水可推至分蘖期进行。分蘖至拔节期结合除草、松土、追肥，巧灌拔节水，水量不宜过大过猛。拔节至乳熟期营养器官旺盛生长，叶面积大，水分主要消耗于叶面蒸腾，土壤水分应保持在田间持水量的 70% 为宜。应浇大水，水量宜大、宜足，以浇透为原则，是中攻阶段，以保证孕穗期不缺水，增加结实小穗数，浇好灌浆水，提高粒重。乳熟后需水量逐渐减少，保持在田间持水量的 55% 左右；黄熟后，要降到 50% 以下，这时既要防止缺水造成高温逼熟，又要防止水分过多造成的贪青晚熟和倒伏，降低粒重。此阶段应采用小而碎的灌水方式，灌好麦黄水。

2.5.7 病虫害防治

小麦蚜虫在旱地小麦上发生范围广，危害严重，特别是穗期蚜虫聚集于穗部吸食，影响小麦灌浆，排泄蜜露于叶片上，感染霉菌，黏附尘土，影响光合作用。当在苗期调查百株蚜量达到 150 头，穗期百株蚜量达到 300 头时，及时施药防治。可用 40% 乐果乳油 2000 倍液、50% 抗蚜威可湿性粉剂 3000 倍液、20% 氰戊菊酯乳油 3000 倍液叶面喷雾防治。白粉病可用粉锈宁拌种和喷雾防治。地下害虫易发区可用 50% 辛硫磷或 48% 毒死蜱乳油拌种防治。

2.5.8 适时收获

小麦以蜡熟中期，即小麦旗叶和骨节仍带绿色，而茎秆呈杏黄色、籽粒变硬即可收获。

第3章 农业气象服务

3.1 服务产品制作要求

小麦全程系列化服务包括产前、产中、产后农业气象服务,即从影响播种墒情的天气出现开始,一般以播前一个月左右开始,到收获后一个月。主要包括以下内容。

3.1.1 气象监测分析产品

3.1.1.1 旬月季年监测分析产品

(1)发布时间:每月3日前(季度5日前,年10日前)。

(2)资料收集

1)气象资料:分月气温(月平均)、降水、日照、蒸发、湿度等。

春季(3—5月):地温(0~10cm)、墒情(冻土层及化冻情况),稳定通过10℃日期,春季风速风向,灾害(春雨、低温冷害、高温干旱、暴风雨等)。

夏季(6—7月):长势、墒情,浇水情况,灾害(高温干旱、风雨灾等)。

2)农业生产情况:播种出苗情况、生产问题(播种时间、出苗情况等)、农事活动(浇水施肥、喷药、耕翻、收获等)。

(3)产品要求

1)产品主要发送到党政和涉农部门领导和技术人员。

2)如有影响未来作物生长的情况,应摘要通过短信等向用户发送。

(4)产品主要内容

1)气候分析:分析相应时段主要气象要素气温、降水、日照、蒸发,不同时段对作物生长有影响的气象要素或灾害,如风速风向、冻土层、春雨、暴雨、霜冻等。与常年和上年同期比较。

2)影响评述:

2月、3月:主要考虑气温、降水、蒸发、风速风向等要素。3月气温高,降水多,易导致土壤潮塌;气温低,降水少,偏西风多,水分加快散失,风沙天气多,墒情差,不利于播种出苗。

播后降水,易形成板结层,影响出苗。

4月:主要考虑气温、降水。气温低,出苗慢,易粉种(种子在土壤中因气温低不能及时发芽而导致种子霉变),如有降水(≥3mm),又会形成板结层,抑制出苗,影响长势。

5月:主要考虑气温、降水、光照。6月气温一般回升很快,气温高,小麦生长快,但伴随降水少,会引发蚜虫和红蜘蛛等虫害;5月下旬小麦拔节后,生长很快,气温过高,降水少,浇水不及时,影响小麦正常生长。

6月:6月上中旬,小麦到开花期,植株生长较快,此期最怕缺水,耗水量占一生耗水总量的30%~35%,是小麦需水的临界期,干旱、缺水会造成不同程度的减产,甚至绝收,严重影响产量,此时要及时灌溉,否则,损失不可估量。

7月:小麦处于灌浆期,需要温度正常,适当降水,浇水及时。如高温、干旱,小麦灌浆就会受阻,导致百粒重下降,造成减产;如低温阴雨,也会延缓灌浆,不能正常成熟,导致减产。

8月:小麦晾晒期。雨天影响小麦晾晒,雨量越大,影响越大。晴好天气有利于晾晒。

3)近期预报:下月气候预测;重点下月上旬。

4)生产建议分析

2月、3月:3月气温高,降水多,易发生潮塌,建议及时晾墒,播种。如气温低,偏西风多,风大,建议多整地,适时播种,以不发生潮塌情况下,3月20日左右播种为宜。

4月:主要问题是气温低,出苗慢,浇头水时应少浇,浅浇快轮。

如有降水(≥3mm),会形成板结层,抑制出苗,影响长势。可建议雨后及时消除板结层,松土增温。

5月:持续气温低,多雨,会导致分蘖过多,无效分蘖增多,影响小麦正常生长,建议浇水时要少浇水;气温高,少雨建议多浇水。

6月:6月主要会遇到高温干旱、暴雨。高温干旱会引发蚜虫,也会造成土壤水分散失过快,导致小麦缺水,影响小麦正常生长。

为此可建议及时喷药防治虫害,浇水前注意有否暴雨,避免田间积水。

出现暴雨,形成田间积水,可建议及时排水,雨前避免浇水;出现低温连阴雨时,浇水要少。

7月:7月主要问题仍然是高温干旱、风雨灾等,在建议及时浇水的同时,要注意风力,特别是出现风雨灾时,要不浇或少浇,避免倒伏;中下旬接近成熟,要建议及时安排收获,注意降水天气。

(5)技术方法

主要采用对比分析方法,一是针对气温、降水、日照等要素月平均进行对比分析,评价其优劣,并关注各要素变化特点,对于其重大变化过程的影响应给予重点评述。

针对不同时期需要关注的重点问题的影响,进行重点评述。

(6)背景知识:见第1章、第2章。

(7)产品案例:见附录D。

3.1.1.2 主要发育期农业气象条件监测产品

(1)发布时间:见服务工作历要求。

(2)资料收集

1)气象资料:发育时段内气温(月平均)、降水、日照、蒸发、湿度等,春季地温(0~10cm)、墒情(冻土层及化冻情况),稳定通过0℃日期,春季风速风向,灾害(春雨、霜冻、低温冷害、高温干旱、暴风雨等)。

2)农业生产情况:生产问题(播种时间、出苗情况等)、农事活动(浇水施肥、喷药、耕翻、收获等)。

(3)产品要求:发布时间按服务工作历要求进行。

(4)产品主要内容

1)气候分析:分析相应时段内主要素气温、降水、日照、蒸发,不同发育期影响要素或灾害,如风速风向、冻土层、春雨、暴雨、霜冻等。与常年和上年同期比较。

2)影响评述:

播种—三叶期:主要评述此期内气温,降水情况,判断其优劣,根据出苗率、长势、墒情等,分析主要气象要素对小麦发芽出苗生长的影响。期间主要气象要素变化或灾害发生对小麦正常生长的影响要重点评述。

分蘖—拔节期:主要评述此期内气温、降水、日照、墒情等要素,根据其适宜指标,判断其优劣,分析主要气象要素对小麦生长的影响。要重点评述期间主要气象要素变化或灾害的影响。

拔节—开花期:主要评述此期内气温、降水、日照、墒情等要素,根据其适宜指标,判断其优劣,分析主要气象要素对小麦生长的影响。并对此期发生的气象灾害进行重点评述,特别是发育期变化和开花授粉情况。

全生育期:对小麦全生育期内各主要时段主要气象要素和灾害发生情况进行综合评述,分析其优劣,及对产量的可能影响。

3)近期预报:下月趋势预报;重点下月上旬。

4)生产建议分析

播种—三叶期:如播种期气温低,墒情差,出苗差,建议及时松土增温,注意培土放苗。

如风大,建议辅助放苗时,压好地膜。

分蘖—拔节期:如苗弱,应建议头水多追肥,促进壮苗;如高温干旱,应建议及时浇水追肥。

拔节—开花期:根据后期预报结论,提出浇水等建议。

(5)对比分析方法:分析小麦各重要时期的气象要素与水热需求进行比较判断,并与常年和上一年度结果比较,综合评估水分和热量条件对小麦的利弊影响。

(6)背景知识:见第1章、第2章。

(7)产品案例:见附录D。

3.1.1.3 灾害监测产品

(1)灾害名称

(2)发布时间:灾害发生中或后。

(3)资料信息:灾情、范围、损失情况;小麦长势、前期气候条件、生产管理(浇水施肥)情况。

(4)主要内容

1)灾情:主要根据调查和灾害天气实况得出。

2)生产建议:根据灾害出现时间段,影响情况及未来天气变化等生产建议。

(5)技术方法:根据指标判定发生程度。

3.1.2 农业气象预报预警产品

3.1.2.1 农用天气预报

(1)产品名称:主要为农事活动气象条件和气象灾害农用天气预报。

(2)发布时间:按工作历要求。

(3)资料收集:作物生长状况、预报内容。

(4)产品要求:

1)农事活动类应主要提出当前天气条件对农事活动的影响和能否开展、怎样开展农事活动的措施建议。

2)不利天气条件类应主要提出当前天气条件对农事活动的影响和应对不利条件的措施建议。

(5)产品主要内容

1)近期主要预报结论:针对农事活动或不利条件的主要要素及其变化情况。
2)天气条件对农事活动或作物生长的不利影响或危害影响评估。
3)建议:根据天气变化影响评估结果,提出针对性生产建议。
(6)技术方法

根据作物生长发育指标对天气条件优劣进行评判;根据农事活动需要的天气条件进行优劣评判,并提出适宜的建议。

(7)基础知识:见第1章、第2章。

(8)产品案例:见附录D。

3.1.2.2 农业气象灾害预报预警

(1)灾害名称

(2)发布条件:农业气象灾害预报在常年发生期前20~30d;预警适时。

(3)资料收集:预报根据需要的气象资料,预报信息,小麦生产情况等;预警要了解小麦生长情况。

(4)主要内容

1)预报结论:潮塌、干热风出现时间,发生程度。

2)影响评估:根据潮塌、干热风出现时间、发生程度结果,以及小麦出苗及长势情况,评估潮塌、干热风的可能影响。

3)生产建议:根据评估结果,提出补救潮塌危害需采取的毁种、补种或加强田间管理,松土增加追肥等建议;提出干热风防御的浇水、喷药等生产建议。

(5)技术方法

预报根据历年灾害发生情况与气象条件,建立预报模型;预警根据短期天气预报结果制作。

(6)背景知识:见第1章、第2章。

(7)产品案例:见附录D。

3.1.2.3 发育期预报

(1)播种期预报

1)发布时间:产品应在常年适宜播种时段前20d前发布。河套灌区主要播种期在3月下旬,因此,适宜播种期预报应在2月下旬发布。

2)资料收集

①气象资料:气温、地温(0~10cm)、降水、墒情(冻土层及化冻情况),气温稳定在0℃日期。

②农业生产资料:主要品种(熟性、生长特点)、分布、生产问题(播种时间、出苗情况等)、整地情况。

3)产品要求

①发布时间是多年平均情况,具体发布日期应考虑当年气候变化情况,可适当提前,但不宜推后。

②产品除向党政涉农部门发送外,要编发短信向直通式种植户、合作社、信息员等发送,第一时间指导小麦播种工作开展。

4)产品主要内容

①预报结论

根据本地区地形及气候条件,提出不同小麦种植分区的适宜种植时段。分区划分应与地方有共识。

②预报依据

当前墒情及未来墒情变化趋势;气温稳定达到0℃时间。

河套灌区小麦播种限制因子主要是温度,其次是墒情,如墒情不好,则温度条件基本满足,就需尽快播种,如果墒情好,可适当推迟。

③生产建议分析

如播种期气温低,墒情差,建议可适当推迟播种;气温高,有降水,要预防潮塌,及时晾墒播种。

5) 技术方法

稳定通过界限温度日期、土壤化冻日期等预测可采用经验统计模型、气候预测模型等方法,或借用已有的预报结果,或通过统计相关法、物候学法等直接建立日期预测模型。

一般以气温稳定达到-2℃初日为适宜播种期开始日,以潮塌开始日为终止日。

(2) 收获期预报

1) 发布时间:6月下旬。

2) 资料信息:小麦长势、乳熟期、未来气象条件(主要是热量条件)等。

3) 产品要求:产品发送至党政和涉农部门领导及技术人员。

4) 主要内容

①预报结论:主要成熟时段。预测小麦成熟期的时间,提前或推迟的天数。用表格列出与上一年比较、与常年比较的结果。

②预报依据:农作物完成某一发育期需要一定的热量条件,小麦一般以≥0℃活动积温为依据。根据小麦开花期实况资料和开花到成熟期间的平均积温和发育期日数,预测小麦成熟期的时间,提前或推迟的天数。

③未来天气(至成熟):根据7月短期气候预测提出。

④生产建议:针对目前生产状况,结合小麦成熟期预报结果,提出能够促进作物成熟避免遭受暴风雨危害的措施和建议。

5) 技术方法

小麦开花到成熟期一般需要40~50d,需要≥0℃活动积温900~1200℃·d。

注:早(提前5d以上)、偏早(提前3~5d)、正常(提前2d或推迟2d)、偏晚(推迟3~5d)、晚(推迟5d以上)

统计本地区稳定≥0℃积温、小麦发育期、有效积温、小麦开花至成熟期生物学下限温度,采用物候学方法、积温法直接建立日期预报模型。

①物候学方法

$$D = D_0 + n \tag{3.1}$$

式中:D 为预报的小麦成熟期出现日期,D_0 为小麦开花期的实际出现日期,n 为两发育期多年平均间隔日数。

②积温法

在适宜的温度范围内,作物发育速度与温度高低成比例。作物完成某一发育期所需要的有效积温为一定值。有效积温法公式可写成:

$$D = D_1 + A/(t - B) \tag{3.2}$$

式中：D 为预报的小麦成熟日期，D_1 为小麦开花期实际出现日期，A 为完成本发育阶段所需要的有效积温；B 为期间的生物学下限温度，t 为该阶段平均气温的预报值或多年平均值。

6）基础知识

正确掌握小麦的收获期，是增加粒重，减少损失，提高产量和品质的重要生产环节。

①看小麦生长特征，确定小麦最佳收获期

小麦的成熟期需经历乳熟期、蜡熟期、完熟期三个阶段。因小麦与其他作物不同，籽粒着生在果穗上，成熟后不易脱落，可以在植株上完成后熟作用。因此，完熟期是小麦的最佳收获期。

若乳熟期就过早收获，这时植株中的大量营养物质正向籽粒中输送积累，籽粒中尚有45%～70%的水分，此时收获的小麦晾晒会费工费时，晒干后千粒重大大降低。据试验，乳熟期收获一般可减产20%～30%，而且品质明显下降。完熟期后若不收获，这时小麦茎秆的支撑力降低，植株易倒折，倒伏后麦穗接触地面引起霉变，而且也易遭受鸟虫危害，使产量和质量造成不应有的损失。

小麦是否进入完熟期，在其植株正常成熟情况下，可以从外观特征上看：植株的中、下部叶片变黄，基部叶片干枯，果穗黄叶呈黄白色而松散，籽粒乳线消失，黑层出现，变硬，并呈现出本品种固有的色泽。

②小麦可适当晚收

小麦适时晚收可亩增产50kg以上。目前生产上90%小麦已采用机收，使小麦晚收成为可能。一般情况下，按小麦生育期延长3～5d进行收获为宜。即在正常收获期推后3～5d。

③适时晾晒

晚收小麦有时会遇到降水导致含水量增加，更要注意晾晒。应根据天气预报，在晴朗天气进行晾晒，特别是含水量20%～30%的小麦，更应及时晾晒，晾晒到小麦含水量在14%以下为宜。

(3)产品案例：见附录C。

3.1.2.4 产量预报

(1)发布时间：小麦产量预报一般分三次进行，即趋势预报（6月15日前）、定量预报（7月15日前）和订正预报。

(2)资料收集：从播种到发布产品前的主要气象要素及其变化特征，作物生长状况，生产活动情况等。

(3)产品要求：决策产品，主要发送到当值涉农部门领导。预报项目包括总产和单产。小麦产量预报产品在规定时间以前发出即为准时（以内网传输时间为准），否则为迟报。如果后期天气、气候条件对农作物产量有较大影响时，在定量预报发布后15～20d内根据需要制作订正预报，并及时传输给上一级业务单位及业务主管单位和当地有关农业生产部门。

(4)主要内容

1)主要结论：趋势产量（平、偏、丰（歉））、定量产量数据结果，与近五年均值比较。

通过文字、图表说明小麦产量趋势及定量预报结果，趋势预报等级用语表述清楚，包括预测的单、总产数字或丰歉趋势，与上一年、近5年平均产量相比较的增减产幅度。

2)预报依据：根据农业生产和气象条件的关系，对过去和现在的气象实况以及未来可能出现的气象条件进行分析鉴定，并提出相应的建议以供生产部门使用。

主要从当前作物长势、影响的关键气象因子两方面,分播种期、生长期两个时段评价气象条件对农业产量形成的利弊影响。播种面积资料在统计部门和农业部门获取,有条件的地区亦可在小麦收获前利用高分辨遥感资料提取播种面积资料。

参考短期气候趋势预测结果,分析未来天气气候条件对小麦产量形成的可能影响。

3)未来天气气候预报结果。

4)生产建议:根据前期长势和未来天气气候变化对小麦生长后期的影响评估,提出相应生产建议。

参考未来天气和气候预测,提出弥补前期不足或应对未来不利气象条件应采取的措施或应重视的问题,以及充分利用未来有利气象条件,提出夺取丰收的具体建议和措施。

(5)技术方法

统计方法:将历年小麦单产划分为趋势产量和气象产量,其中趋势产量用正交多项式、滑动平均等方法进行分解和提取,公式为

$$y = y_t + y_w \tag{3.3}$$

式中:y_t 为趋势产量,y_w 为气象产量

通过对气象因子与小麦气象产量的相关分析,筛选出对产量影响显著的气象因子,并利用这些气象因子建立统计预报模型,通过输入前期实况气象因子来预报小麦气象产量。趋势产量和气象产量预报值之和为实际预报单产,单产和当年面积相乘即为小麦总产量预报值。

目前产量预报方法基本以数理统计模型为主,近年来在多种统计方法的应用、气候模式与农业气象模式结合、信息技术的应用、作物生长模拟模型的应用等方面取得了一些成果。当前农业气象预报发展方向是在指标的针对性、统计模型因子的物理概念和生物物理机理、数学模型和资料处理方法以及基于作物生长模拟模型的农业气象预测预报方法;多学科交叉、多种预测方法结合、长中短期预测相结合、动态预测和补充订正相结合、卫星遥感动态监测信息与预警模式相结合是开展农业气象预测的有效途径。

(6)基础知识

预报因素一般应考虑:气象因素,包括温度、降水、太阳辐射、大气湿度、大气环流特征等;生物因素,包括小麦品种特征、物候期、叶面积光合强度、呼吸强度、蒸腾量等;土壤因素,包括土壤温度、湿度、物理结构等;农业技术因素,包括排灌、施肥、除草、病虫的控制等。

(7)产品案例:见附录 D。

3.1.3 农业气象灾害评估产品

3.1.3.1 灾害名称

按灾害种类分,主要有以下几种:

潮塌、板结雨、干热风、风雨灾、高温干旱、连阴雨。

3.1.3.2 发布时间

灾害发生造成危害后。

3.1.3.3 资料信息

灾情、范围、损失情况;小麦长势、前期气候条件、生产管理(浇水施肥)情况。

3.1.3.4 主要内容

(1)灾情:主要根据调查和灾害天气实况得出。

(2)评估:根据灾害发生程度及农业生产实际进行危害程度评估。

(3)生产建议:根据灾害出现时间段,影响情况及未来天气变化等提出生产建议。

3.1.3.5 技术方法

根据指标判定发生程度。

3.1.4 重大专题服务产品

3.1.4.1 产品名称

对作物生长有严重影响的天气气候事件;小麦生长发育农业气象问题专题分析;小麦引种气候分析等。

3.1.4.2 发布时间

根据需要实时发布。

3.1.4.3 资料信息

根据出现问题内容进行收集。

3.1.4.4 产品要求

产品主要发送至有关领导和技术人员;有重大影响的农业气象问题时,要有翔实的数据分析,要有确实可靠的结论,要有针对性强的应对措施。

3.1.4.5 产品主要内容

主要分析对农业生产有重大影响的天气气候问题。

(1)问题简述:简要叙述出现的异常气候问题,或农作物生长发育过程中出现的异常问题,包括出现的时间(或持续时间),气象要素异常变化情况等。

(2)调查结果:根据指标判断,气象要素变化可能造成的影响或问题的原因,进行实地调查,并简述调查结果。

(3)问题分析:对异常气候要素及其可能影响进行分析或评述;或根据调查结果,运用农业气象原理,分析造成影响的原因。

(4)决策建议:根据影响和实际情况,提出针对性、可操作性较强的应对措施。

3.1.4.6 技术方法

可根据问题需要,利用相关指标或评判模型进行问题分析和影响评估,提出问题严重程度和影响程度及危害。

3.2 气象服务规范

3.2.1 业务流程

3.2.1.1 制定完善服务工作历

3.2.1.2 落实工作内容

根据服务大纲和工作历的安排,将每一项具体工作内容,分配到相应服务人员。

3.2.1.3 按照工作历要求的时间和内容制作发布产品。

（1）收集数据及生产信息。

根据产品需要，收集相应气象资料和生产信息（农情、农气观测资料、信息员反馈）。

（2）按照工作历要求内容制作产品：分析数据，计算模型，取得结果，形成产品。

（3）审核：组长或其他服务人员。

（4）签发：分管局长。

（5）发布：按工作历要求发布对象和渠道传送信息。

（6）产品归档。

3.2.2 服务产品制作要求

3.2.2.1 产品格式

（1）版面设置

服务产品左上角标明"为农气象服务信息"，正文抬头为"小麦气象服务信息"，要求为58号红色隶书；正文题目要求对服务产品内容高度概括，为二号黑体，可分一行或多行居中排列；要做到词义完整，排列对称，间距恰当。

单位名称、日期、分析人等均为楷体四号字，发送单位均为宋体4号字。（见后面的模板）产品期数是当年编发的份数排序，命名为"20××年小麦气象服务信息第××期"。排序序号用楷体四号字标注于发布产品标识的下一行居中。

正文内容为仿宋_GB2312四号字；要做到排列对称，间距恰当。在正文最后一页最下行用红色反线与正文间隔，红色反线下左侧空两格分两行用仿宋4号字，分别标注呈报单位和报送单位，呈报单位指所在地上级党政领导部门和本部门上级单位，报送单位指所在地下属党政部门和其他相关联系单位。

（2）用纸及装订

纸质材料用纸采用A4型纸，其成品幅面尺寸为：210mm×297mm，产品版心尺寸为：156mm×225mm（不含页码）。产品左侧两订装订，不能缺页。

3.2.2.2 发送方式

（1）决策服务产品：通过Notes发给气象部门内部科室、领导发送，通过电子邮箱给政府、涉农部门领导、气象信息服务站发送；通过手机短信给气象助理员和信息员发送。

（2）直通式服务信息：直接通过手机短信发送，重要信息电话或全网发布。

3.2.2.3 上传方式

服务产品要及时上传综合信息网和门户网站。综合信息网上传到决策气象服务栏目中的专业专项气象服务，命名为"20××小麦气象服务信息第××期"；门户网站上传到气象服务中相应的栏目里，命名为"20××年小麦气象服务信息第××期"。

3.2.2.4 签发制度

发布的产品需标识分析、审核、签发人姓名，并平行排列于发布单位标识下侧，用楷体4号字居右。分析人员为服务产品撰写责任人，审核人员为气象台长（服务组长）或其他服务人员，签发人员为分管业务局长，重大专题应由局长签发。

3.2.2.5 注意事项

服务产品是气象服务工作最重要的形式，产品质量不仅直接影响服务效果，还影响个人的学术声誉和单位的形象。因此,请服务人员根据业务分工认真履行好自己的职责,严格按照时限和产品标准与规范要求撰写、发布、上传服务产品,同时严格执行撰写、审核和签发流程,如果未履行程序发布服务产品,在社会上造成不良影响,要依照制度追究相关人员的责任。

3.3 岗位职责

农业气象服务岗位主要工作内容是:基础情报、专题情报、农作物生长发育评价等,农业农用天气预报预警、农事活动预报、农业气象灾害预报、病虫害预报、产量预报和物候期预报等包括农业气象问题专题分析评估、农业气象灾害评估分析等。

服务人员按照服务大纲和工作历服务产品内容撰写服务产品,开展服务。

3.3.1 监测岗位

(1)了解本地区地形地貌、气候背景和农业生产状况。

(2)掌握相关业务制作软件、工具等,及时收集和查询有关预报、农情、灾害等信息。

(3)熟悉产品制作流程、标准和基本内容,严格按照产品制作流程和相关规范进行产品制作及发布,负责农业气象监测数据的质量监控工作。

3.3.2 预报预警岗位

(1)熟知不同区域、不同季节主要农业气象灾害类型;密切监视天气实况和未来天气及短期气候预测,尤其要关注未来灾害性天气预报;了解最新农业灾情信息和农业产业结构、农情信息、农作物发育进程、长势等;

(2)掌握相关业务制作软件、工具等;熟悉产品制作流程、标准和内容;严格按照产品制作流程和相关规范进行产品制作及发布;

(3)掌握本地区主要农作物气象指标,研发、总结和改进预报技术方法。

3.3.3 评估岗位

(1)熟悉本地区地形地貌和气候背景;掌握农业产业结构、适时的农情信息、气象灾情信息及灾害防御能力、措施等;熟知农业气象灾种及不同灾害的主要影响区域;

(2)熟悉产品制作流程、标准、内容、相关业务制作软件、工具等;密切关注天气实况、未来天气和气候预测、土壤墒情及农情信息,出现对农业生产有较大影响的转折性、关键性天气过程时,严格按照产品制作流程和相关规范进行产品制作及发布;

(3)负责重大农业气象灾害评估、重大农业气象问题服务工作;研发、总结和改进评估技术方法。

第4章 小麦气象服务产品考核

为加强小麦全程系列化农业气象服务管理工作,促进小麦农业气象服务规范化、标准化和系列化可持续发展,不断增强服务人员服务能力和水平,提高服务产品质量,对服务工作进行业务考核。

小麦全程系列化农业气象服务产品按服务对象分主要有决策类、"直通式"两大类,按内容分主要有预报预测类、情报评价类、专题分析类等三种。下面根据不同产品服务对象、时间、服务内容分别建立考核标准。具体考核标准详见各系列化服务产品制定的考核标准。

4.1 气象监测产品考核

该类产品包括分月(3—7月)农业气象条件评述、重要发育期农业气象条件评述(播种—三叶、三叶—拔节、拔节—开花、开花—成熟)。

4.1.1 考核内容

考核内容包括产品格式、内容、质量、时效性、种类和数量等。

是否符合工作历及大纲要求。

提要重点突出、归纳合理、概括准确,分析内容观点明确、逻辑性强,生产建议合理、适用、具有针对性。

4.1.2 考核标准

时效性考核:在规定时间前发出即为准时(以内网传输时间为准),否则为迟报。准时按100分计算,每迟报1天扣5分,超过3天扣10分计算,超过10天按0分计算。

产品质量考核:主要为产品规范性、内容完整性、数据准确性等。

评分标准:考核分为优、良、合格、不合格四个等级,评分标准见表4.1。

表4.1 评价分析产品考核标准

考核等级	产品时效	评分标准	
优 (90—100)	及时 发布	规范性	1. 数据准确,表述明确,产品内容完整;9—10分 2. 名词术语、计量单位、符号使用规范。9—10分 3. 图表颜色搭配美观,解释作用强;5分 4. 语言简练,重点突出,没有错别字或漏字。5分
		服务质量	1. 分析全面,资料运用合理,与农业生产结合紧密,结论符合实际;35—40分 2. 生产建议针对性与指导性强。28—30分

续表

考核等级	产品时效	评分标准	
良 (80—89)	准时	规范性	1. 数据基本准确,表述较明确,产品内容较完整;7—8 分 2. 存在 1~2 处名词术语、计量单位、符号使用不规范;7—8 分 3. 图表颜色搭配较美观,解释作用较强;4 分 4. 语言较简练,重点较突出,错别字或漏字少于 2 处。4 分
		服务质量	1. 资料运用合理,与农业生产结合较好,结论符合实际;33—35 分 2. 生产建议针对性与指导性较强。25—28 分
合格 (60—79)	准时	规范性	1. 数据有 1 处错误,表述基本明确,产品内容基本完整;6 分 2. 存在 3~4 处名词术语、计量单位、符号使用不规范;6 分 3. 图表颜色搭配基本美观,能起到一定解释作用;3 分 4. 语言较简练,重点较突出,错别字或漏字少于 3 处。3 分
		服务质量	1. 资料运用基本合理,与农业生产联系较少,结论基本符合实际;25—33 分 2. 生产建议针对性与指导性一般。20—25 分
不合格 (0—59)	迟报	规范性	1. 数据有 2 处以上错误,表述不够明确,产品内容基本完整;5 分(含 5 分)以下 2. 存在 4 处以上名词术语、计量单位、符号使用不规范;5 分(含 5 分)以下 3. 图表颜色搭配不够美观,解释作用较差;1—2 分 4. 语言不够简练,重点不够突出,错别字或漏字大于等于 3 处。1—2 分
		服务质量	1. 资料运用不合理,与农业生产基本没有联系,结论与实际有明显误差;25 分(含 25 分)以下 2. 农业生产建议针对性与指导性较差。20 分(含 20 分)以下

4.2 气象预报预警产品考核

4.2.1 农业气象预报产品考核

该类产品包括农用天气预报、农业气象灾害预报、发育期预报、产量预报。

4.2.1.1 考核内容

考核内容包括产品的时效性、产品内容质量、产品种类和数量等。预测依据科学合理,理由充分、观点明确、预测准确、重点突出、逻辑性强;生产建议具有针对性、适用性、可操作性。

4.2.1.2 考核标准

时效性考核:在规定时间以前发出即为准时(以内网传输时间为准),否则为迟报。准时按 100 分计算,每迟报 1 天扣 5 分,超过 10 天按 0 分计算。

产品质量考核:主要为产品规范性、完整性、产品质量。预报结果的准确性暂时不做考核。

评分标准:考核分为优、良、合格、不合格四个等级,评分标准见表 4.2。

表 4.2 预测预报服务产品考核标准

考核等级	产品时效	评分标准	
优 (90—100)	及时 发布	规范性	1. 数据准确,表述明确,产品内容完整;9—10 分 2. 名词术语、计量单位、符号使用规范;9—10 分 3. 图表颜色搭配美观,解释作用强;5 分 4. 语言简练,重点突出,没有错别字或漏字。5 分
		服务质量	1. 资料运用合理,方法正确,结论准确;35—40 分 2. 生产建议针对性与指导性强,与农业生产结合紧密。28—30 分

续表

考核等级	产品时效		评分标准
良 (80—89)	准时	规范性	1. 数据基本准确，表述较明确，产品内容较完整；7～8分 2. 存在1～2处名词术语、计量单位、符号使用不规范；7～8分 3. 图表颜色搭配较美观，解释作用较强；4分 4. 语言较简练，重点较突出，错别字或漏字少于2处。4分
		服务质量	1. 资料运用合理，方法正确，结论较准确；33～35分 2. 生产建议针对性与指导性较强，较符合农业生产实际。25～28分
合格 (60—79)	准时	规范性	1. 数据有1处错误，表述基本明确，产品内容基本完整；6分 2. 存在3～4处名词术语、计量单位、符号使用不规范；6分 3. 图表颜色搭配基本美观，能起到一定解释作用；3分 4. 语言较简练，重点较突出，错别字或漏字少于3处。3分
		服务质量	1. 资料运用基本合理，结论接近实际；25～33分 2. 生产建议针对性指导性不强。20～25分
不合格 (0—59)	迟报	规范性	1. 数据有2处以上错误，表述不够明确，产品内容基本完整；5分(含5分)以下 2. 存在4处以上名词术语、计量单位、符号使用不规范；5分(含5分)以下 3. 图表颜色搭配不够美观，解释作用较差；1～2分 4. 语言不够简练，重点不够突出，错别字或漏字大于等于3处。1～2分
		服务质量	1. 资料运用不合理，结论与实际有明显误差；25分(含25分)以下 2. 农业生产建议针对性与指导性较差。20分(含20分)以下

4.2.2 农业气象灾害预警类服务产品考核

主要包括霜冻预警预报、暴雨预报预警和高温干旱预报预警等。

4.2.2.1 考核内容

考核内容包括产品的时效性、产品质量、产品种类和数量等。根据各级气象台发布的天气预报及其灾害性天气预警种类、程度(预警信号等级、出现时间、出现区域等内容)，或关键性、转折性天气事件，针对性的分析该天气事件对适时农业生产和农事活动的影响强度、范围，及时制作并发布相应的系列化预警服务产品，并提出有针对性的防灾减灾生产建议。

4.2.2.2 考核标准

时效性考核：根据系列化服务产品规定时间。准时按100分计算，每迟报1天扣5分，超过5天按0分计算。

产品质量考核：主要为产品规范性、完整性、产品质量。评估结果及影响范围和数量的准确性暂时不做考核。

评分标准：考核分为优、良、合格、不合格四个等级，评分标准见表4.3。

表4.3　灾害预报预警服务产品考核标准

考核等级	产品时效		评分标准
优 (90—100)	及时 发布	规范性	1. 数据准确，表述明确，产品内容完整；9～10分 2. 名词术语、计量单位、符号使用规范；9～10分 3. 图表颜色搭配美观，解释作用强；5分 4. 语言简练，重点突出，没有错别字或漏字。5分
		服务质量	1. 资料运用合理，方法正确，结论准确；35～40分 2. 生产建议针对性与指导性强，与农业生产结合紧密。28～30分

续表

考核等级	产品时效	评分标准	
良 (80—89)	准时	规范性	1. 数据基本准确,表述较明确,产品内容较完整;7~8分 2. 存在1~2处名词术语、计量单位、符号使用不规范;7~8分 3. 图表颜色搭配较美观,解释作用较强;4分 4. 语言较简练,重点较突出,错别字或漏字少于2处。4分
		服务质量	1. 资料运用合理,方法正确,结论较准确;33~35分 2. 生产建议针对性与指导性较强,较符合农业生产实际。25~28分
合格 (60—79)	准时	规范性	1. 数据有1处错误,表述基本明确,产品内容基本完整;6分 2. 存在3~4处名词术语、计量单位、符号使用不规范;6分 3. 图表颜色搭配基本美观,能起到一定解释作用;3分 4. 语言较简练,重点较突出,错别字或漏字少于3处。3分
		服务质量	1. 资料运用基本合理,结论接近实际;25~33分 2. 生产建议针对性指导性不强。20~25分
不合格 (0—59)	迟报	规范性	1. 数据有2处以上错误,表述不够明确,产品内容基本完整;5分(含5分)以下 2. 存在4处以上名词术语、计量单位、符号使用不规范;5分(含5分)以下 3. 图表颜色搭配不够美观,解释作用较差;1~2分 4. 语言不够简练,重点不够突出,错别字或漏字大于等于3处。1~2分
		服务质量	1. 资料运用不合理,结论与实际有明显误差;25分(含25分)以下 2. 农业生产建议针对性与指导性较差。20分(含20分)以下

4.3 灾害评估产品考核

4.3.1 灾害评估服务产品考核

4.3.1.1 考核内容

考核内容包括产品的时效性、内容、质量、产品种类和数量等。服务产品评估依据要充分,科学合理,观点明确,重点突出,逻辑性强,评估结论准确。

4.3.1.2 考核标准

时效性考核:根据系列化服务产品规定时间。准时按100分计算,每迟报1天扣5分,超过5天按0分计算。

产品质量考核:主要为产品规范性、完整性、产品质量。评估结果及影响范围和数量的准确性暂时不做考核。

评分标准:考核分为优、良、合格、不合格四个等级,评分标准见表4.4。

表4.4 农业气象灾害评估服务产品考核标准

考核等级	产品时效	评分标准	
优 (90—100)	及时 发布	规范性	1. 数据准确,表述明确,产品内容完整;9~10分 2. 名词术语、计量单位、符号使用规范;9~10分 3. 图表颜色搭配美观,解释作用强;5分 4. 语言简练,重点突出,没有错别字或漏字。5分
		服务质量	1. 资料运用合理,方法正确,评估结论准确,损失评估依据充分、灾害表述明确、影响区域表述准确,结论准确;35~40分 2. 生产建议针对性与指导性强,与农业生产结合紧密。28~30分

续表

考核等级	产品时效		评分标准
良 (80—89)	准时	规范性	1. 数据基本准确,表述较明确,产品内容较完整;7—8分 2. 存在1~2处名词术语、计量单位、符号使用不规范;7—8分 3. 图表颜色搭配较美观,解释作用较强;4分 4. 语言较简练,重点较突出,错别字或漏字少于2处。4分
		服务质量	1. 资料运用合理,方法正确,评估结论较准确,损失评估依据较充分、灾害表述较明确、影响区域表述较准确,结论较准确;33—35分 2. 生产建议针对性与指导性较强,较符合农业生产实际。25—28分
合格 (60—79)	准时	规范性	1. 数据有1处错误,表述基本明确,产品内容基本完整,6分 2. 存在3~4处名词术语、计量单位、符号使用不规范;6分 3. 图表颜色搭配基本美观,能起到一定解释作用;3分 4. 语言较简练,重点较突出,错别字或漏字少于3处。3分
		服务质量	1. 资料运用、评估结论基本合理,损失评估主要依据符合、灾害表述较简单、影响区域表述基本准确,结论接近实际;25—33分 2. 生产建议针对性指导性不强。20—25分
不合格 (0—59)	迟报	规范性	1. 数据有2处以上错误,表述不够明确,产品内容基本完整;5分(含5分)以下 2. 存在4处以上名词术语、计量单位、符号使用不规范;5分(含5分)以下 3. 图表颜色搭配不够美观,解释作用较差; 4. 语言不够简练,重点不够突出,错别字或漏字大于等于3处。1—2分
		服务质量	1. 资料方法运用不合理,结论与实际有明显误差;25分(含25分)以下 2. 农业生产建议针对性与指导性较差。20分(含20分)以下

4.3.2 专题分析服务产品考核

主要包括农业气象灾害、影响小麦生长发育的农业气象问题等出现时发布的相关产品。

4.3.2.1 考核内容

考核内容包括产品的时效性、内容、质量、产品种类和数量等。系列化服务产品科学论证依据要充分,科学合理,观点明确,重点突出,逻辑性强。

4.3.2.2 考核标准

时效性考核:根据系列化服务产品规定时间。准时按100分计算,每迟报1天扣5分,超过5天按0分计算。

产品质量考核:主要为产品规范性、完整性、产品质量。评估结果及影响范围和数量的准确性暂时不做考核。

评分标准:考核分为优、良、合格、不合格四个等级,评分标准见表4.5。

表 4.5 专题分析服务产品考核标准

考核等级	产品时效		评分标准
优 (90—100)	及时 发布	规范性	1. 数据准确,表述明确,产品内容完整;9—10分 2. 名词术语、计量单位、符号使用规范;9—10分 3. 图表颜色搭配美观,解释作用强;5分 4. 语言简练,重点突出,没有错别字或漏字。5分
		服务质量	1. 分析人为及自然原因对小麦生长的影响原因全面充分,提出科学合理、切实可行的对策,且表述准确;35—40分 2. 科学提出应对措施和建议,针对性、可操作性、指导性强。28—30分

续表

考核等级	产品时效		评分标准
良 (80—89)	准时	规范性	1. 数据基本准确,表述较明确,产品内容较完整;7—8 分 2. 存在 1~2 处名词术语、计量单位、符号使用不规范;7—8 分 3. 图表颜色搭配较美观,解释作用较强;4 分 4. 语言较简练,重点较突出,错别字或漏字少于 2 处。4 分
		服务质量	1. 分析人为及自然原因对小麦生长的影响原因较全面;33—35 分 2. 提出科学合理、有针对性指导性、切实可行的对策。25—58 分
合格 (60—79)	准时	规范性	1. 数据有 1 处错误,表述基本明确,产品内容基本完整;6 分 2. 存在 3~4 处名词术语、计量单位、符号使用不规范;6 分 3. 图表颜色搭配基本美观,能起到一定解释作用;3 分 4. 语言较简练,重点较突出,错别字或漏字少于 3 处。3 分
		服务质量	1. 分析人为及自然原因对小麦生长的影响原因;25—33 分 2. 提出科学合理、可行的对策,表述较一般。20—25 分
不合格 (0—59)	迟报	规范性	1. 数据有 2 处以上错误,表述不够明确,产品内容基本完整;5 分(含 5 分)以下 2. 存在 4 处以上名词术语、计量单位、符号使用不规范;5 分(含 5 分)以下 3. 图表颜色搭配不够美观,解释作用较差;1—2 分 4. 语言不够简练,重点不够突出,错别字或漏字大于等于 3 处。1—2 分
		服务质量	1. 分析人为及自然原因对小麦生长发育的影响原因错误,与农业生产基本没有联系,结论与实际有明显误差;25 分(含 25 分)以下 2. 农业生产建议针对性与指导性较差。20 分(含 20 分)以下

参考文献

杨松,刘俊林,陶娜,等,2010.河套灌区土壤潮塌灾害研究初探[J].安徽农业科学,**38**(15):8099-8100.

杨松,刘俊林,杨卫,等,2006.河套灌区小麦土壤水分变化及其对作物的影响[J].中国农业气象,**27**(s1):93-96.

杨松,刘俊林,杨卫,等,2009.基于 GIS 的河套灌区春小麦适生种植区划[J].安徽农业科学,**37**(35):17496-17498.

杨松,刘俊林,杨卫,1999.河套灌区春小麦生产中的几种主要灾害及其减灾对策[J].内蒙古气象,(1):32-35.

杨松,秦晓燕,刘俊林,等,2005.河套灌区农业生产中的几种主要灾害及其减灾对策[J].中国农业气象,**26**(1):61-63.

中国农业科学院,1978.小麦栽培理论与技术[M].北京:农业出版社.

附录A　农业气象名词解释

1. 雹灾　降雹给农业生产造成的灾害。冰雹是坚硬的球状、锥状或形状不规则的固态降水,雹核一般不透明,外面包有透明的冰层,或由透明冰层与不透明冰层相间组成。大小差异大,大的指直径可达数十毫米。其主要表现是使农作物、蔬菜和果树遭受机械损伤和冻伤,同时冰雹对畜牧业和农业设施也会带来危害。雹灾的轻重,取决于作物生育期和冰雹的破坏力。在作物抽穗、灌浆和成熟期遇到冰雹,可经常导致绝收或严重减产。

2. 耕作层　土壤耕层0~30cm内。一般来说,作物全部根系的一半左右分布在该层内。

3. 墒干　作物适宜播种深度内,土壤水分不足,不能满足作物发芽出苗对水分的要求。对小麦来说,一是干土层厚,超过8cm,就对小麦出苗有一定影响;二是墒情差,不足以满足小麦播种出苗的要求。一般来说,河套灌区主要是干土层厚,个别年份由于潮塌过早,土壤水分损失严重,也会导致第二种情况出现,特别是沙壤土,这种情况一般不能播种小麦。

4. 倒春寒　初春(一般指3月)气温回升较快,而在春季后期(一般指4月、5月)气温较正常年份偏低的现象。如果后春的旬平均气温比常年偏低2℃以上,则认为是严重倒春寒天气,可给农业生产造成严重危害。

5. 倒伏　群体偏大,基部节间过长,秆细软,根系浅而弱,中部叶片大且披垂,遇风雨或浇水遇大风造成倒伏。抽穗时旗叶鞘易兜水,乳熟末期籽粒鲜重最大,最易发生倒伏。抽穗后倒伏越早减产越甚,茎倒减产又大于根倒。倒后植株虽能弯曲起立,但灌浆延迟,产量下降,且不利于机收。高肥地应控制播量,早春应控制徒长,后期浇水应避开大风天气。

6. 气温　在百叶箱中观测到的距离地面1.5m高度处的空气温度。通常采用摄氏度(℃)为单位。

7. 地温　地表面和地面以下不同深度处土壤温度的总称。

8. 地下水　不透水层以上积聚的、存在与地下岩石及土壤空隙中的水。它是自然水文循环过程的重要组成部分。地下水在农业上既是灌溉的主要水源之一,又是农田排水的一个对象。

9. 低温阴雨　连续多日阴雨并伴有气温下降的天气。每次过程5~7d或10d左右,降水一般不大,但气温较低。

10. 发育　生物体的生命史中,其结构和功能从简单到复杂的转化过程。即在生物体生长的同时,伴随生物内部的分化,产生不同机能、不同形态结构的转化过程。发育属于质的变化,生长属于量的增加。

11. 发育期　生物生长发育过程中具有重要意义的器官或形态的质变过程(例如,小麦出苗、分蘖、拔节、抽穗、开花、成熟等)。

12. 风害　大风给农业生产造成的危害。主要使土壤风蚀、沙化、对作物和树木产生机械损伤,影响农事活动,破坏农业设施,传播植物病虫害和输送污染物质。

13. 风力　风的强度,气象上常用蒲福风级表示。

14. 风沙和沙尘暴 风沙是大风造成的一种恶劣天气,能埋没农作物,产生机械损伤或对新鲜农产品造成污染。风沙还侵蚀土壤,使土壤肥力下降,淤塞水库塘坝水井。风沙分为扬沙和沙尘暴两种,只是程度的不同。前者是由大风将地面尘沙吹起,使空气水平能见度降低到1～10km以内,尘土和细沙在空中分布较为均匀。沙尘暴是强风将大量沙尘吹到空中,使水平能见度不足1km。"风沙滚滚天畔来,白天屋里点灯台,行人出门不见路,一半草场沙里埋。"即为鲜明写照。沙尘暴的范围通常要比风沙大得多,特别强烈的沙尘暴俗称黑风暴。

15. 干旱 长期无雨或少雨,使土壤水分不足,作物水分平衡遭到破坏而减产的农业气象灾害。

16. 灌浆水 小麦、高粱等作物籽粒灌浆期的田间灌溉,可增加叶片光合强度、延长植株上部叶片的功能期,促进产物向籽粒运转,对增加粒重和提高产量起重要作用。小麦灌浆水还可以改善麦田小气候,防御干热风灾害。

17. 活动温度 一般指大于生长下限温度的日平均温度。如某天日平均温度为15℃,而作物下限温度为10℃,则当天对该作物的活动温度就是15℃。

18. 有效温度 所谓有效温度,是指日平均温度与下限温度之差。如某天日平均温度为15℃,而作物下限温度为10℃,则当天对该作物的有效温度应为5℃。

19. 积温 某一时期内大于或小于某一界限温度的日平均温度的总和。积温是表示某地或某时段温度特点的常用指标之一。大于0℃的积温为正积温,小于0℃的积温为负积温,正、负积温的多少可表示某地的冷暖程度。其单位为度·日(℃·d)。

20. 界限温度 标志某些重要物候现象或农事活动的开始、终止或转折点温度,叫作农业气象界限温度,简称界限温度。一般农业上常用的界限温度(日平均温度)有:0℃——土壤冻结与解冻,喜凉作物开始生长,如小麦;5℃——早春作物之播种,多种树木开始生长,喜凉作物积极生长,喜温作物开始播种,如甜菜,向日葵;10℃——喜温作物开始播种与生长,如小麦;15℃——喜温作物开始生长,喜热作物开始播种。

21. 距平值 某一气象要素值与其平均值之间的偏差。

22. 涝灾 长期阴雨或暴雨后,在地势低洼、地形闭塞的地区,雨水不能迅速排泄造成农田积水或土壤水分过度饱和所形成的灾害。

23. 年景预报 根据天气气候条件对主要农作物产量形成的作用而对全年或某一生长季的作物产量丰歉状况的估计。

24. 农业气象产量预报 根据农业气象条件预报农业生产对象可能形成的产量。农业产量的形成与生产水平、品种特性等多因素有关,但经常影响产量波动的主要因素是气象条件。常用的方法有:(1)作物产量统计预报方程方法:历年产量波动与气象因子变化之间建立统计关系。(2)气象条件对比评定产量方法:以水热条件平均状况对比预报年的水热条件从而估产。(3)产量形成数值模拟及遥感估产法。

25. 农业气象订正预报 对已发布的农业气象预报,在预报时效内进行必要的修改。例如在发出预报之后,根据新的观测资料、灾情和相关农业气象条件预报数据的分析,发现已发出的预报结论出入较大,因而需要对原预报内容进行修改,以使预报与实况更为相符。

26. 农业气象灾害 是农业生产过程中不利天气、气候和微气象条件造成灾害的总称。中国农业受灾损失的70%～80%都是由气象灾害造成的,如旱、涝、冷、冻、风灾、冰雹等。许多动植物病虫害的发生也与异常气象条件有关。

27. 农用天气预报 针对农业生产要求而编发的专业性天气预报。这种预报从农业生产需要出发,依据天气学原理,通过对天气图和单站气象要素的分析统计,预报未来天气条件及其对农事活动的影响,以便有针对性地采取措施,趋利避害。

28. 营养生长　植物根、茎、叶等营养器官的发生、增长过程。一般指种子发芽到植物开花器官或幼穗分化完成时为止。

29. 生殖生长　植物从花芽分化或幼穗分化开始到开花、结实、形成种子的全部过程,即植物繁殖器官的生长过程。

30. 贪青　土壤水分持续过大,后期施氮又过多,小蘖迟迟不死亡,叶片大而披垂,叶色深,到灌浆后期仍不落黄,养分不能向籽粒充分转移,遇高温和长日照逼熟,粒长沟深,粒重不高,蛋白质含量低,品质差。

31. 田间最大持水量　也叫饱和持水量、全蓄水量。土壤完全为水所饱和时的含水量。以占干土壤的百分比表示。在自然条件下,只有在降雨量或灌水量较大时,或土壤被水淹没的情况下才能发生。

32. 天气展望　对未来一段时间内(常指5～15d)天气演变趋势的预测。因预测的时效较长,对气象要素的变化不做细致分析,仅对天气变化趋势作概略的估计。

33. 土地盐碱化　土壤盐碱灾害指土壤含盐碱量太高,超过0.3%使农作物低产甚至不能生长的情况。形成盐碱土的条件;地下水通常都含有一定盐分,北方干旱地区地下水的含量更高。如地下水位高且气候又干旱,地下水通过土壤毛细管上升到地面蒸发,留下盐分,使表层及耕层土壤的含盐量不断升高,就形成了盐碱土。通常低洼地地下水位较高,易形成盐碱土。

34. 土壤湿度　土壤的干湿程度。通常用土壤含水量占田间持水量的百分数表示,也可用土壤含水量占烘干土重的百分数表示。

35. 完熟期　禾谷类作物的后熟期。这时植株枯黄,叶和茎节干燥收缩,籽粒含水量下降到15%～20%。

36. 灾害性天气　可以对大自然和人类的生命、生产活动造成严重灾害的天气。一般指暴雨、寒潮、大风、霜冻、旱涝、干热风、冰雹、雷暴和龙卷等。

37. 蒸发　液态或固态物质转变为气态的过程。气象上主要指液态水转变为水汽。

38. 蒸腾　植物体直接向外界蒸发水分的过程。植物根系从土壤中吸收水分,绝大部分通过叶面气孔散失到大气中。蒸腾可降低植物体的温度,可使溶于水中的矿质营养随上升液流分布到植物体各部分,以维持正常的生命活动。气象条件、土壤湿度和植物状况是决定蒸腾作用大小的主要因子,其中温度、空气湿度、太阳辐射、风速和土壤湿度具有决定意义。

39. 蒸散　又称农田总蒸发量。农田土壤蒸发和植物蒸腾的总和。在农田中,播种以前只有蒸发,播种出苗后蒸发、蒸腾同时存在,即开始有蒸散。

40. 作物发育期预报　根据作物发育速度与外界气象条件的关系,对未来某一发育期到来日期的预报。由于发育期也是一种物候现象,因此,有时也称"物候期预报"。这种预报除直接可为适时进行农作物管理服务外,也是其他农用气象预报的基础。如小麦干热风预报的前提之一是小麦腊熟期出现日期的预报。

41. 作物水分临界期　农作物生长发育过程中对水分最敏感的时期,由于水分缺乏或过多对产量影响最大的时期。临界期不一定是植物需水量最多的时期。小麦的水分临界期为孕穗至抽穗期。

附录 B 河套地区小麦农业气象服务工作历

月份	农事活动或发育期	产品名称	产品类别	关注内容	产品内容及要求	发布对象	发布方式	发布时间/条件
2月上旬		播种期预报	预报类	关注要点:当前土壤墒情,未来气温及热量变化、播种期降水量级及分布。有利农业气象条件:气温高,无降水,墒情好。不利农业气象条件:4月下旬至5月上旬持续低温;播后出现降水(3mm以上);风小,水分散失少,土壤过湿;风大,水分散失多,土壤过干。	1. 预报结论:不同区域宜播种时间段 2. 预报依据 3. 生产建议	决策部门	决策:纸质、网络、手机短信	下旬发布
		2月农业气象条件评价	情报评价类	关注要点:温度、降水变化对土壤墒情、土壤解冻的影响。有利农业气象条件:气温正常,墒情良好。不利农业气象条件:气温偏低,偏西风多,风大,水分散失多;潮塌落潮晚,2月中下旬风小,水分散失少,土壤过湿。	1. 预报结论:不同区域适宜播种时间段 2. 生产建议	直通式服务用户	直通式:短信、微信、大喇叭、广播电视	
2月中下旬	整地调墒				1. 气候分析 2. 影响评述 3. 4月气候预测 4. 生产建议	决策部门	纸质、网络	3日前发布
		整地调墒农用天气预报	预报类	关注要点:当前土壤墒情(适宜:相对湿度70%~80%);气温、降水对墒情的影响。有利条件:气温正常,晴朗风小。不利条件:气温偏高或偏低,偏朗风多	1. 预报结论:适宜时段、程度 2. 生产建议	直通式服务用户	短信、微信、大喇叭、广播电视	每周一期,适时加密

续表

月份	农事活动或发育期	产品名称	产品类别	关注内容	产品内容及要求	发布对象	发布方式	发布时间/条件
4月上旬	播种	播种农用天气预报	预报类	关注要点：当前气温、地温、土壤墒情是否适宜。降水、大风对播种的影响。有利农业气象条件：气温高、气温低、风大、墒情差；气温高、土壤湿度大、播后降水（3mm以上）。	1. 预报结论：适宜时段、程度 2. 生产建议	直通式服务用户	短信、微信、大喇叭、广播电视	每周一期，适时（天气发生变化）加密
		灾害（板结雨、倒春寒）农用天气预报预警	预报类	关注要点：降水量、倒春寒灾害出现时间，发生程度、对播种的影响。有利农业气象条件：气温高、墒情良好。不利农业气象条件：气温低、大风、墒情差；低温大风沙尘天气，降水（3mm以上）。	1. 预报结论：灾害名称、灾害程度、影响范围、持续时间 2. 生产建议	直通式服务用户	短信、微信、大喇叭、广播电视	适时。板结雨：≥3mm。倒春寒：4月旬气温距平≥-1℃；
		3月农业气象条件评价	情报评价类	关注要点：气温、降水、大风、墒情是否适宜，降水，大风。有利农业气象条件：气温高、墒情良好。不利农业气象条件：气温低、大风、墒情差（3mm以上）。	1. 气候分析 2. 影响评述 3. 5月气候预测 4. 生产建议	决策部门	纸质、网络	3日前发布
	播种出苗	出苗农业条件预报	预报类	关注要点：气温、土壤墒情是否适宜，降水量及量级，出苗情况、霜冻。有利农业气象条件：气温高、无降水。不利农业气象条件：持续低温，大风、墒情差（3mm以下）。	1. 预报结论：适宜程度 2. 生产建议	直通式服务用户	短信、微信、大喇叭、广播电视	每周一期，适时（天气发生变化）加密
		灾害（板结雨）性农用天气预报预警	预报类	关注要点：降水、降温持续时间，霜冻。灾害出现时间、发生程度、对播种的影响。有利农业气象条件：气温高、墒情良好。不利农业气象条件：低温大风沙尘天气，出苗前降水（3mm以上）。	1. 预报结论：灾害名称、灾害程度、影响范围、持续时间 2. 生产建议	直通式服务用户	短信、微信、大喇叭、广播电视	适时。板结雨：≥3mm。倒春寒：5月旬气温距平≥-2℃

附录 B　河套地区小麦农业气象服务工作历

续表

月份	农事活动或发育期	产品名称	产品类别	关注内容	产品内容及要求	发布对象	发布方式	发布时间/条件
4月中旬		灾害(板结雨)影响评估	评估类	关注要点:降水、降温持续时间、灾害出现时间,霜冻、发生程度、对播种的影响。有利农业气象条件:气温高、墒情良好。不利农业气象条件:低温大风沙尘天气或出苗前降水(3mm以上)。	1.灾情及评估结论:发生程度及范围、损失情况。2.灾害延续或近期天气。3.生产建议	决策部门	纸质、网络	适时。板结雨:≥3mm。倒春寒:5月旬气温距平≥-2℃
4月中旬		灾害(降水)性天气预报预警	预报类	关注要点:气温、降水。有利农业气象条件:气温高、天气晴好。不利农业气象条件:持续低温、出现霜冻或降水(3mm以上)。	1.预报结论:灾害名称、灾害程度、影响范围、持续时间。2.生产建议	直通式服务用户	短信、微信、大喇叭、广播、电视。	适时。霜冻:地面温度-1℃以下;倒春寒:5月旬气温距平≥-2℃
4月下旬		灾害(降水)影响评估	评估类	关注要点:灾害发生程度、对作物影响、未来天气变化。有利农业气象条件:气温缓慢回升。不利农业气象条件:气温回升快、幅度大或继续出现灾害天气。	1.灾情及评估结论:发生程度及范围、损失情况。2.灾害延续或近期天气。3.生产建议	决策部门	纸质、网络	灾后2天内。
4月下旬		灾害(暴雨)性天气预报预警	预报类	关注要点:灾害发生程度、对作物影响、大风,出苗情况。有利农业气象条件:气温高、天气晴好、无降水、大风少。不利农业气象条件:持续低温、霜冻、降水多、大风大。	1.预报结论:灾害名称、灾害程度、影响范围、持续时间。2.生产建议	直通式服务用户	短信、微信、大喇叭、广播、电视。	适时。发布条件同上。
4月下旬	三叶,小麦头水	播种—三叶期农业气象条件分析	情报评估类		1.气候影响评述。2.近期预报。3.生产建议	决策部门	纸质、网络	三叶期后5天
5月上旬	三叶,小麦头水,喷药除草	4月农业气象条件评价	情报评价类	关注要点:气温是否适宜、苗前降水、苗情。有利农业气象条件:气温高、墒情良好。不利农业气象条件:气温低、出苗前有降水(3mm以上)、墒情差。	1.气候分析。2.影响评述。3.近期预报。4.生产建议	决策部门	纸质、网络	3日前发布

续表

月份	农事活动或发育期	产品名称	产品类别	关注内容	产品内容及要求	发布对象	发布方式	发布时间/条件
5月上旬	三叶、小麦头水、喷药除草	农事活动（头水、除草）气象条件预报	预报类	关注要点：降水、墒情是否适宜、小麦苗情。有利农业气象条件：天气晴好、气温中雨以下降水。不利农业气象条件：持续低温、暴雨。	1. 预报结论：适宜程度、适宜时段 2. 生产建议	直通式服务用户	短信、微信、大喇叭、广播、电视	每周一期，适时（天气发生变化）加密
		暴雨（霜）灾害性农用天气预报预警	预报类	关注要点：降水强度、气温偏低幅度。有利农业气象条件：天气晴好、气温高。不利农业气象条件：低温持续长、暴雨强度大。	1. 预报结论：灾害名称、灾害程度、影响范围、持续时间 2. 生产建议	直通式服务用户	短信、微信、大喇叭、广播、电视	适时。暴雨：≥50mm。冷害：旬气温距平≥－2℃
		除草喷药气象条件预报	预报类	关注要点：降水、风力风向情况。有利农业气象条件：天气晴好、气温高。不利农业气象条件：气温低、暴雨、冰雹。	1. 预报结论：适宜程度、适宜时段 2. 生产建议	直通式服务用户	短信、微信、大喇叭、广播、电视	每周一期，适时（天气发生变化）加密
		三叶一拔节农业气象条件分析	情报评价类	关注要点：降水、气温对小麦长势影响。有利农业气象条件：天气晴好、气温高。不利农业气象条件：气温偏低、暴雨、冰雹。	1. 气候影响评述 2. 近期预报 3. 生产建议	决策部门	纸质、网络	拔节后5天内
5月中下旬	分蘖拔节孕穗	灾害（干旱、暴雨等）灾害性农用天气预报预警	预报类	关注要点：降水、长势、虫害。有利农业气象条件：天气晴好、雨量适宜。不利农业气象条件：干旱、暴雨、冰雹。	1. 预报结论：灾害名称、灾害程度、影响范围、持续时间 2. 生产建议	直通式服务用户	短信、微信、大喇叭、广播、电视	适时。发布条件见附表
		灾害（干旱、暴雨）影响评估	评估类	关注要点：发生程度、作物受害程度、未来天气变化。有利农业气象条件：气温正常、雨量适宜。不利农业气象条件：长时间无雨（或少雨）、强降水。	1. 灾情及评估结论：发生程度、范围、损失情况 2. 灾害延续或近期天气 3. 生产建议	决策部门	纸质、网络	灾后2天内

续表

月份	农事活动或发育期	产品名称	产品类别	关注内容	产品内容及要求	发布对象	发布方式	发布时间/条件
6月上旬	抽穗、开花、浇三水	5月农业气象条件评价	情报评价类	关注要点：气温、降水、灾害、长势、虫害。有利农业气象条件：天气晴好、气温适宜。不利农业气象条件：高温干旱、风雨灾、冰雹。	1. 气候分析 2. 影响评述 3. 近期预报 4. 生产建议	决策部门	纸质、网络	3日前发布
		浇水施肥喷药等农业条件预报	预报类	关注要点：降水、大风、长势、墒情。有利农业气象条件：天气晴好、充足降水。不利农业气象条件：高温干旱、风雨灾、冰雹。	1. 预报结论：适宜时段、适宜程度 2. 生产建议	直通式服务用户	短信、微信、大喇叭、广播、电视	每周一期，适时（天气发生变化）加密
		灾害（高温干旱、暴雨等）性天气预报预警	预报类	关注要点：高温持续时间、墒情；风雨强度、长势。有利农业气象条件：天气晴好。不利农业气象条件：长时间高温无雨、春雨少雨、强降雨。	1. 预报结论：适宜时段、灾害名称、影响范围、持续时间 2. 生产建议	直通式服务用户	短信、微信、大喇叭、广播、电视	适时。发布条件见附表。
		灾害（高温干旱、暴雨）影响评估	评估类	关注要点：发生程度、作物受害程度、天气变化。有利农业气象条件：天气晴好。不利农业气象条件：长时间高温无雨或少雨、强降雨。	灾情及评估结论：发生程度、影响范围、损失情况、灾害延续或近期天气情况 2. 生产建议	决策部门	纸质、网络	灾后2天内。
6月中旬	浇三水、开花	产量趋势预报	预报类	关注要点：气温、降水情况、灌溉情况；光、温、水匹配情况。有利农业气象条件：气温正常、雨量适宜。不利农业气象条件：光、温、水匹配无雨、低温冷害。	1. 预报依据：前期农业气象条件匹配程度、长势；未来农业气象条件对生长发育影响 2. 生产建议	决策部门	纸质、网络	7月15日前
		浇水施肥气象条件预报	预报类	关注要点：降水、大风、长势、墒情。有利农业气象条件：天气晴好、充足降水。不利农业气象条件：高温干旱、风雨灾、冰雹。	1. 预报结论：适宜时段、适宜程度 2. 生产建议	直通式服务用户	短信、微信、大喇叭、广播、电视	每周一期，适时（天气发生变化）加密
		灾害（高温干旱、暴雨等）性农用天气预报预警	预报类	关注要点：高温持续时间、墒情；风雨强度、长势。有利农业气象条件：天气晴好。不利农业气象条件：高温干旱、暴雨、冰雹。	1. 预报结论：适宜时段、灾害名称、影响范围、持续时间 2. 生产建议	直通式服务用户	短信、微信、大喇叭、广播、电视	适时。发布条件见附表。

续表

月份	农事活动或发育期	产品名称	产品类别	关注内容	产品内容及要求	发布对象	发布方式	发布时间/条件
6月中旬	浇三水、开花	高温干旱灾害预评估	评估类	关注要点：高温发生程度、发生时间，小麦长势，浇水情况（墒情）。	1. 预评估结论：危害程度 2. 预评估依据 3. 生产建议	决策部门直通式服务用户	决策：纸质、网络、手机；直通式：短信、微信、大喇叭	发生前根据预报发布
		浇水、喷药气象条件预报	预报类	关注要点：降水、大风，作物长势及其影响。有利农业气象条件：天气晴好、雨量适宜。不利农业气象条件：高温干旱、风雨灾、冰雹。	1. 预报结论：适宜时段 2. 生产建议	直通式服务用户	短信、微信、大喇叭	每周一期，适时（天气发生变化）加密
6月下旬	灌浆、浇四水、喷药	灾害（高温干旱、干热风、风雨灾等）性农用天气预报预警	预报类	关注要点：灾害等级（强度、持续时间），作物长势及其影响。有利农业气象条件：天气晴好。不利农业气象条件：高温干旱、暴雨、连阴雨、冰雹。	1. 预报结论：灾害名称、灾害程度、影响范围、持续时间 2. 生产建议	直通式服务用户	短信、微信、大喇叭、广播电视	适时。发布条件见附表。
		拔节一开花期农业气象条件分析	情报评价类	关注要点：气温、降水变化，作物长势。有利农业气象条件：天气晴好、温度适宜、雨量适中。不利农业气象条件：高温干旱、风雨灾、冰雹。	1. 气候影响评述 2. 近期预报 3. 生产建议	决策部门	纸质、网络	开花后5天
		灾害（高温干旱、风、雨灾）影响评估	评估类	关注要点：发生程度、作物受害程度、气温正常，雨量适宜。不利农业气象条件：长时间高温无雨（或少雨）、强降水。	1. 灾情及评估结论：发生程度、影响范围、损失情况 2. 灾害延续或近期天气 3. 生产建议	决策部门	纸质、网络	灾后2天内

附录 B 河套地区小麦农业气象服务工作历

续表

月份	农事活动或发育期	产品名称	产品类别	关注内容	产品内容及要求	发布对象	发布方式	发布时间/条件
7月上旬	灌浆初期 浇三水	7月农业气象条件评价	情报评价类	关注要点：气温、降水是否适宜，对小麦长势影响情况。有利农业气象条件：天气晴好，气温适宜。不利农业气象条件：高温干旱，风雨雨灾，冰雹。	1.气候分析 2.影响阐述 3.近期预报 4.生产建议	决策部门	纸质、网络	3日前发布
		浇水施肥、喷药气象条件预报	预报类	关注要点：降水、风力，作物长势及其影响。有利农业气象条件：天气晴好，雨量适宜。不利农业气象条件：暴雨，冰雹。	1.预报结论：适宜时段、适宜程度。 2.生产建议	直通式服务用户	短信、微信、大喇叭	每周一期，适时（天气发生变化）加密
		灾害（暴风雨、低温阴雨等）性农用天气预报预警	预报类	关注要点：灾害量级（强度、持续时间），对作物长势影响。有利农业气象条件：天气晴好，雨量适宜。不利农业气象条件：暴雨，冰雹。	1.预报结论：灾害名称、影响范围、灾害持续时间 2.生产建议	直通式服务用户	短信、微信、大喇叭、广播电视	适时发布，发布条件见附表。
		灾害（风雨灾、干热风等）影响评估	评估类	关注要点：发生程度，作物受害程度，未来天气变化。有利农业气象条件：气温正常，雨量适宜。不利农业气象条件：连阴雨，强冰雹。	1.灾情及评估结论：发生程度、影响范围、损失情况 2.灾害延续或最近期天气 3.生产建议	决策部门	纸质、网络	灾后2天内
7月中旬	灌浆收获	灾害性（风雨、干热风、冰雹）农用天气预报预警	预报类	关注要点：灾害量级（强度、持续时间），对作物长势影响。有利农业气象条件：气温正常，雨量适宜；灌溉情况良好。不利农业气象条件：风雨灾、连阴雨、冰雹。	1.预报结论：灾害名称、影响范围、灾害持续时间 2.生产建议	直通式服务用户	短信、微信、大喇叭	适时发布条件见附表。
		产量定量预报	预报类	关注要点：气温、降水适宜度、长势。有利农业气象条件：光、温、水匹配较好。不利农业气象条件：连阴雨、暴雨。	1.预报结论 2.预报依据：前期农业气象条件匹配程度、长势、未来农业气象条件对生长发育等影响、霜冻影响	决策部门	纸质、网络	8月15日前
		灾害（风雨、干热风、暴雨）影响评估	评估类	关注要点：发生程度，作物受害程度，气温变化。有利农业气象条件：气温正常，雨量适宜。不利农业气象条件：低温阴雨、强降水。	1.灾情及评估结论：发生程度、影响范围、损失情况 2.灾害延续或最近期天气 3.生产建议	决策部门	纸质、网络	灾后2天内

续表

月份	农事活动或发育期	产品名称	产品类别	关注内容	产品内容及要求	发布对象	发布方式	发布时间/条件
7月下旬	收获晾晒	收获晾晒气象条件预报	预报类	关注要点:降水。有利农业气象条件:天气晴好,气温偏高。不利农业气象条件:阴雨天气,霜冻。	1.预报结论:适宜时段、适宜程度 2.生产建议	直通式服务用户	短信、微信、大喇叭	每周一期,适时(天气发生变化)加密
		灾害(霜冻、低温寡照或大风灾)性农用天气预报预警	预报类	关注要点:气温,降水,大风。有利农业气象条件:天气晴好,雨量适宜。不利农业气象条件:重霜冻、低温阴雨。	1.预报结论:灾害名称,灾害程度、影响范围,持续时间 2.生产建议	直通式服务用户	短信、微信、大喇叭	适时,发布条件见附表。
		灾害(霜冻、风雨、低温寡照)影响评估	评估类	关注要点:发生程度,作物受害程度,天气变化。有利农业气象条件:气温正常,雨量适宜。不利农业气象条件:低温阴雨,霜冻。	1.灾情及评估结论:发生程度、损失情况 2.灾害延续或近期天气 3.生产建议	决策部门	纸质、网络	灾后2天内
		7月农业气象条件评估	情报评价类	关注要点:降水、气温。有利农业气象条件:天气晴好,霜冻情况,灌浆情况。不利农业气象条件:持续低温、霜冻发生。	1.气候分析 2.影响评述 3.近期预报 4.生产建议:根据10月降水情况提出晾晒建议	决策部门	纸质、网络	3日前发布
8月	晾晒	晾晒农用天气预报	预报类	关注要点:降水。有利农业气象条件:天气晴好。不利农业气象条件:阴雨天气。	1.预报结论 2.生产建议	直通式服务用户	短信、微信、大喇叭	适时(天气发生变化)
		全生育期农业气象条件评价	情报评价类	关注要点:气温、降水配置程度;灾害发生及影响,长势与气象条件关系。有利农业气象条件:光、温、水匹配较好。不利农业气象条件:农业气象灾害。	1.气候分析 2.影响评述 3.主要农业气象灾害	决策部门	纸质、网络	收获后1月内
生产季节		关于××问题的分析(报告)	专题报告	关注要点:气候异常发生农业气象对作物生长的影响;小麦引种和内容专题分析。	1.问题(状态) 2.原因分析 3.建议	决策部门	纸质、网络	适时

注:表中页码为产品格式位置,相关知识和内容见第一部分。

附录 C 小麦主要农业气象灾害指标

表 C.1 春季（3—5月）重点关注灾害农用天气预报服务方案

灾害名称	时间	当前关注要素	未来关注气象要素	气象灾害指标	主要影响评价	方法与产品
潮塌	4月	气温、降水	气温、降水	日平均气温稳定通过1.0℃，持续7d以上；或日平均气温在0℃以上维持3d时，降水3mm就开始起潮，潮塌起潮迅速上升到5℃以上，持续3～6d时，潮塌起潮；	4月中下旬，表土层过湿（相对湿度≥90%）延迟播种或粉种	根据温度和降水预报，结合各地墒情，确定潮塌重点发生区域
春雨（板结雨）	4月，5月上旬	降水	气温	轻：5mm≤R≥3mm 中：8mm≥R>5mm 重：R>8mm	不能顺利出苗或生长受到影响	根据未来气温预报，结合作物发育期，分析影响

表 C.2 夏季（6—8月）重点关注灾害农用天气预报服务方案

灾害名称	时间	当前关注要素	未来关注气象因子	气象灾害指标	主要影响评价	方法与产品
干热风	6—7月	温度、湿度、风速	雨量、风力及其持续时间	轻：连续5天日最高气温在32℃以上，相对湿度30%以下，风速在2m/s，以温度为主。 中：连续5天日最高气温在32℃以上，相对湿度30%以下，风速在2m/s；或连续三天最高气温34℃以上，相对湿度25%以下，风速在3m/s，以温度为主。 重：连续5天日最高气温将在34℃以上，相对湿度25%以下，风速在3m/s，以温度为主。		根据未来天气预报，结合发生时段和持续时间，分析作物受损程度
高温干旱	6—7月	降水、气温	降水量、最高气温、持续时间	轻：最高气温≥30℃日数，持续15～20d，降水量0.1～5mm； 中：最高气温≥30℃日数，一个月内20～30d，降水量0.1～5mm； 重：最高气温≥30℃日数，持续15～20d，无降水；或最高气温≥30℃日数，一个月内20～30d，无降水	长时间干旱，作物浇水时期缩短，各种作物受到干旱危害	根据未来天气预报，结合时段和作物发育期，分析受损程度
风雨灾	6—7月上中旬	风速、降雨	风力	轻：小到中雨，风力6～7级以上，或中到大雨，风力4～5级 中：中雨，风力6～7级以上，或大到暴雨，风力4～5级 重：中到大雨，风力6～7级，或大雨以上，风力4～5级。	造成小麦倒伏而减产	根据未来天气预报，结合时段和作物发育期，分析受损程度
连阴雨	6—7上中旬月	收获	光照	轻：连阴雨（日降水3mm以上）3d以上 重：连阴雨（日降水3mm以上）5d以上。	小麦籽粒长时间处于潮湿状态，易霉变	根据未来晾晒实际，提出生产建议

附录 D　服务产品模板

D.1　版面设置

服务产品左上角标明"为农气象服务信息",正文抬头为"小麦气象服务信息",要求为 58 号红色隶书;正文题目要求对服务产品内容高度概括,为二号黑体,可分一行或多行居中排列;要做到词义完整,排列对称,间距恰当。

单位名称、日期、分析人等均为楷体四号字,发送单位均为宋体 4 号字。(见后面的模板)产品期数是当年编发的份数排序,命名为"201×年小麦气象服务信息第几期"。排序序号用楷体四号字标注于发布产品标识的下一行居中。

正文内容为仿宋_GB2312 四号字;要做到排列对称,间距恰当。在正文最后一页最下行用红色反线与正文间隔,红色反线下左侧空两格分两行用仿宋 4 号字,分别标注呈报单位和报送单位,呈报单位指所在地上级党政领导部门和本部门上级单位,报送单位指所在地下属党政部门和其他相关联系单位。

D.2　用纸及装订

纸质材料用纸采用 A4 型纸,其成品幅面尺寸为:210mm×297mm,产品版心尺寸为:156mm×225mm(不含页码)。产品左侧两订装订,不能缺页。

D.3　模板

D.3.1　评价分析

D.3.1.1　定期评价(图 D.1a,b,c)

D.3.1.2　生育期评价

D.3.2　农用天气预报(图 D.2)

D.3.3　农业气象预报

D.3.4　灾害预报(图 D.3a,b)

D.3.5　收获期预报

D.3.6　产量预报

D.3.7　预评估(图 D.4a—e)

巴彦淖尔市生态与农业气象信息

总 366 期

农业气象监测 2015 年第 20 期

内蒙古巴彦淖尔市农业气象试验站　　　　　　分析：包佳婧
2015 年 7 月 3 日　　　　　　　　　　　　　　签发：杨　松

2015 年 6 月生态与农业气象信息

<u>本 期 内 容 提 要</u>

6月气温低对小麦灌浆非常有利，却不利于大秋作物的快速生长，下旬旬末出现一次轻干热风过程，但是对小麦灌浆影响不大；降水特少，作物水分补充不足，加快喜旱害虫的发生与繁殖；日照充足，对植株合成有机物及植株健壮生长有利；七月农业生产主要任务是加强田间管理，做好麦收工作。

一、气候概况

气温偏低，降水特少，日照充足，蒸发较弱。月平均气温为 21.4℃，分别比常年和去年低 1.3℃和 1.0℃，月极端最低气温为 8.0℃，出现在 8 日，月极端最高气温为 35.0℃，出现在 27 日；本月降水为 4.8mm，分别比常年和去年少 14.5mm 和 17.7mm；蒸发量为 205.0mm，比常年少 17.1mm，比去年多 25.8mm；日照时数为 304.4h，与常年持平，比去年少 2.6h。

二、气候影响评述

本月气温整体偏低，各种作物发育速度减缓，虽然对中旬后进入灌浆期的小麦灌浆非常有利，但由于持续低温，大

图 D.1a　定期评价

秋作物发育期进一步延迟。据农业部门调查，今年玉米播种期平均晚5天左右，由于低温，到目前为止，其发育期已经偏晚7～10天。气温偏低，严重影响了各种作物的快速生长。

6月降水仅为4.8毫米，降水特少，促进了喜旱害虫的发生与繁殖，6月上中旬小麦蚜虫和玉米红蜘蛛虫害陆续发生，蚜虫在中下旬迅速加重，下旬出现了两次降水过程，对虫害的发展有一定抑制作用。由于降水少，各种作物不能得到水分补充，一些浇水晚的地区，作物生长会受到影响。

日照充足，有利于各种作物的健壮生长。

6月26～27日，出现了33～35℃的高温天气，属于轻干热风过程，且高温前后出现了降温降水，减轻了小麦干热风危害，对小麦灌浆影响不大。

6月农业气象条件对小麦灌浆较为有利，但延缓了其他作物的生长速度。

表1　2015年6月份临河站气象要素与历史对比表

年　份 ＼ 气象要素	气温（℃）	降水（mm）	日照（h）	蒸发量（mm）
今年	21.4	4.8	304.4	205.0
常年	22.7	19.3	303.9	222.1
去年	22.4	22.5	307.0	179.2

表2　临河站6月下旬干热风统计表

日期	最高气温（℃）	14时相对湿度（%）	14时风速（m/s）	日期	最高气温（℃）	14时相对湿度（%）	14时风速（m/s）
6月26日	33.9	24	2.5	6月27日	35.0	22	2.7

图D.1b　定期评价

三、气候展望

预计，2015 年 7 月份临河地区降水量较常年偏少，为 24.9～25.9mm；月平均气温比常年略高，为 23.8～29.8℃。

四、生产建议

1、7月中下旬是麦收的关键时期，由于前期气温偏低，发育期推迟，预计小麦收获期也会相应推迟，同时会出现不同地块成熟期相差较大层次不齐现象，各地要根据上述情况，积极做好麦收的准备工作。

2、7月气温高，降水少，蚜虫和红蜘蛛等喜旱害虫会进一步发展，影响作物生长，各地要及早防治。

3、7月多强对流短时雷雨、大风、冰雹天气，易造成严重危害，要注意预防。

4、7月降水少，气温高，作物需水量大，要积极采取措施为作物补水，特别是玉米、向日葵等作物处于重要生长时期，要加强田间管理，及时补充水肥，并为弱苗喷施叶面肥和生长调节剂等，增强作物抗逆性，促进其旺盛生长。

5、各种作物在浇水时要注意天气变化，避免造成作物倒伏，或田间积水，影响作物正常生长。

呈送：市委、市人大、市政府、市政协、巴彦淖尔市气象局领导；
报送：市局业务科、巴彦淖尔市农牧业局；
发送：各旗县区气象局、气象台、灾害防御中心。

图 D.1c　定期评价

巴彦淖尔市生态与农业气象信息

总 367 期

农业气象预报 2015 年第 22 期

内蒙古巴彦淖尔市农业气象试验站　　　　分析：孙向伟
2015 年 7 月 8 日　　　　　　　　　　　　签发：杨　松

农用天气预报

预计：未来一周以晴到多云天气为主，3~4 级南风居多，其中 8-9 日有一次小雨天气过程，风力增大，雨后气温下降 6℃ 左右，周内最低气温 14~21℃，最高气温 22~32℃。

建议：

1、本周降水过程雨量，不能满足作物所需，要及时为作物补充水分，小麦、玉米看天浇水，快浇多轮，避免倒伏；据农业部门调查，目前小麦蚜虫危害较为严重，未泛黄小麦应及时喷药防治。

2、玉米、向日葵进入生长最旺盛、需要水分养分最多的阶段，要加强田间管理，在及时补充水分的同时，多给弱苗、小苗追施肥料。

3、做好麦收前的准备工作，根据天气情况合理安排麦收。

呈送：市委、市人大、市政府、市政协、巴彦淖尔市气象局领导；
报送：市局业务科、巴彦淖尔市农牧业局；
发送：各旗县区气象局、气象台、灾害防御中心。

图 D.2　农用天气预报

巴彦淖尔市生态与农业气象信息

总 351 期

农业气象预报 2015 年第 16 期

内蒙古巴彦淖尔市农业气象试验站　　　　　分析：孔德胤
2015 年 6 月 18 日　　　　　　　　　　　　签发：杨　松

小麦干热风预报

本期内容提要

预计，今年临河区干热风为偏重发生年份，主要高温天气过程：6月22-23日、7月3-5日、7月17-19日。

干热风是小麦灌浆成熟期间的高温、低湿、并伴有一定风力的气象灾害，一般减产5%～10%，个别严重的可达15%以上，目前小麦已过开花期，进入干热风危害时期。

一、小麦发育进程偏晚

临河区小麦于3月中旬开始播种，4月中旬出苗，期间大于0℃的积温为174.3℃，虽比常年多1.2℃，但由于4月初降水特多，延缓了小麦出苗。小麦出苗后气温多起伏，4月下旬气温偏高4.1℃，有利于小麦茎叶、根系生长，但由于出苗晚，导致三叶期比去年偏晚8～10天；5月下旬至6月上旬小麦处于拔节至抽穗期，降水偏少，但由于有黄河水及时灌溉，土壤水分能够满足作物生长。总体来看，小麦出苗期气象条件不利，出苗后水热条件匹配较适宜。

目前临河区小麦处于开花至乳熟期，发育进程比去年晚。

二、预计今年干热风为偏重发生年

图 D.3a　灾害预报

结合未来天气形势和干热风预报模型,预测临河区为偏重发生年。

根据短期气候预测,预计小麦生育后期临河区气温偏高,降水略少,湿度较低,有可能形成干热风。主要高温天气过程:6月22-23日、7月3-5日、7月17-19日。前两个过程小麦叶片生长繁茂,危害表现不明显;第三个过程小麦接近成熟,危害表现明显,尤其是今年发育期明显后推的情况下,危害更大。

三、生产建议

1、适时浇水。小麦灌浆期是全生育期需水关键期和高峰期,适时浇足灌浆水可加快灌溉进度,增加空气湿度,改善田间小气候,降低干热风危害程度。同时,酌情浇好麦黄水。对保水能力差的地块,当土壤缺水时,可在麦收前8～10天浇一次麦黄水。

2、叶面喷肥。在小麦开花至灌浆初期,结合小麦蚜虫的防治,用1%～2%尿素溶液、0.2%磷酸二氢钾溶液、2%～4%过磷酸钙浸出液或15～20%草木灰浸出液进行叶面喷肥,每亩每次喷洒20～100千克。叶面喷肥后能提高叶片含水量,增强保水能力,加强光合作用,减弱呼吸强度,能防御干热风。

呈送:市委、市人大、市政府、市政协、巴彦淖尔市气象局领导;
报送:市局业务科、巴彦淖尔市农牧业局;
发送:各旗县区气象局、气象台、灾害防御中心。

图 D.3b 灾害预报

巴彦淖尔市生态与农业气象信息

总 376 期

农业气象监测 2015 年第 30 期

内蒙古巴彦淖尔市农业气象试验站　　　　　　分析：李雪冰
2015 年 8 月 22 日　　　　　　　　　　　　　　　签发：杨　松

春小麦全生育期农业气象条件评述

本 期 内 容 提 要

今年小麦全生育期有利的气象条件体现在以下几方面：小花分化期温度高，利于小麦小花形成和开花授粉；乳熟～成熟期温度低，利于小麦充分灌浆，有利于千粒重的增加；小麦整个发育期日照充足，有利于产量和品质的提高。不利的气象条件体现在以下几方面：播种期至出苗期，降水量超过历史极值，加重了潮塌的发生程度，延长了发生时间，土壤板结严重，小麦出苗缓慢，长势较弱；出苗至成熟期降水量特少，不利于提供小麦生理需水，易引发喜旱害虫的发生；苗期温度低，不利于小麦出全苗；开花到成熟期，日较差小，不利于小麦灌浆期光合积累。总的来说，今年小麦全生育期气象条件对其生长利弊兼有，灌浆期气温适宜小麦灌浆，但出苗前的低温大雨以及长期干旱影响了产量提高。

　　根据我局对今年小麦生长发育的观测，全生育期为 124 天，分别比常年和去年多 14 天和 9 天。全生育期平均气温为 15.8℃，分别比常年和去年低 0.3℃和 1.1℃；总降水量为 44.4mm，分别比常年和去年少 8.0mm 和 15.3mm；播种到成熟期日照时数为 1303.2h，分别比常年和去年多 121.0h 和 50.4h；下面简要分析主要生育时段农业气象条件对小麦生长发育的影响。

图 D.4a　预评估

2015年小麦全生育期气象要素与历史对比表

气象要素 年份	气温（℃）	降水（mm）	日照（h）
今年	15.8	44.4	1303.2
常年	16.1	52.4	1182.2
去年	16.9	59.7	1252.8

一、温度对小麦的影响

播种～三叶期平均气温为7.2℃，比常年偏高0.1℃，比去年同期低3.5℃。但出苗以前温度低，小麦种子发芽较慢、出苗缓慢，加上4月1-2日的大雨天气，农田出水，土壤湿度过大影响小麦出全苗，对增产不利；三叶期至拔节期平均气温为16.0℃，与常年持平，比去年同期高1.3℃。此时小麦正处于幼穗分化期，气温适中，加上浇水较为适时，浇水后地温下降，利于促穗增蘖；拔节期至开花期平均气温为21.0℃，比常年偏高0.3℃，比去年同期偏低1.0℃。此时，温度适中，有利于春小麦小花分化数量的增加；开花期至乳熟期平均气温为22.0℃，分别比常年和去年偏低1.1℃和0.5℃，温度低，有利于籽粒充分灌浆，为丰产奠定基础；乳熟期至成熟期，平均气温为23.6℃，比常年偏低0.9℃，与去年持平，此时温度低，籽粒灌浆充分，灌浆时间相应延长，有利于千粒重的增加，但由于受4月1日大雨影响，小麦出苗延迟、长势较弱，影响了千粒重的提高。据我局观测，今年小麦千粒重为41.73克，虽然较高，但比去年少2.42克。（见图1）

图 D.4b 预评估

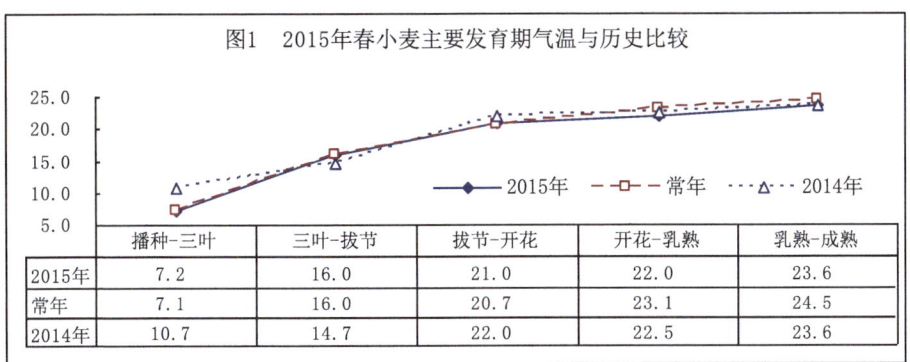

二、降水对小麦的影响

播种期至出苗期,降水量为 36.2 mm,分别比常年和去年同期多 32.8 mm 和 36.2 mm,降水量超过历史极值,对小麦生长产生了严重影响。此次大雨加重了潮塌的发生程度,延长了发生时间,土壤板结严重,小麦出苗缓慢、出苗率下降,长势较弱;出苗期至成熟期降水量仅为 8.2mm,分别比常年和去年少 40.7mm 和 51.5mm;从4月4日至7月19日这段时间,大于 0.0 毫米的降水只有 14 天,而且日最大降水量只有 1.5 毫米,累计降水量仅为 8.5 毫米,为 35 年以来的最小值,长时间的大气干旱,对农业生产影响较大,一是作物需水量增加,加剧黄河水供需矛盾,二是导致蚜虫大面积发生,6月23日市植保站发布了小麦蚜虫防治警报。

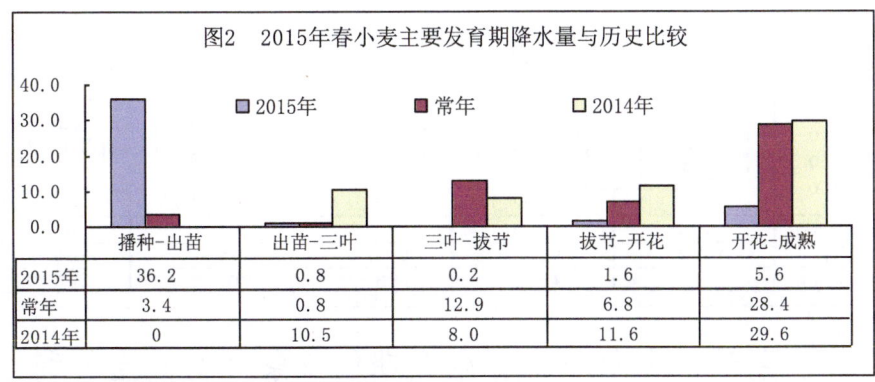

三、日照对小麦的影响

图 D.4c 预评估

小麦出苗至成熟期日照时数为 1011.0 小时，分别比常年和去年同期多 81.7 小时和 50.9 小时，日照充足植株光合作用合成的有机物多，对增产有利。其中，三叶期到拔节期为 342.6 小时，分别比常年和去年同期多 51.5 小时和 23.7 小时，小麦是长日照作物，幼穗分化阶段光照时间长，光周期效应进展顺利，幼穗分化速度加快，时间相应缩短，对小穗数增加不利。

四、日较差对小麦的影响

小麦开花期以前日较差较大，昼温高，夜温低，光合作用增强，呼吸作用减弱，作物积累的干物质相对多，有利于植株健壮生长，增强了抗逆性，为抵御后期不良天气创造有利条件；开花～成熟期，日较差略小，光合作用减弱，呼吸作用增强，积累的有机质少，不利于小麦粒重增加。前期日较差较大降低了后期日较差减小的影响，对小麦的影响减小。

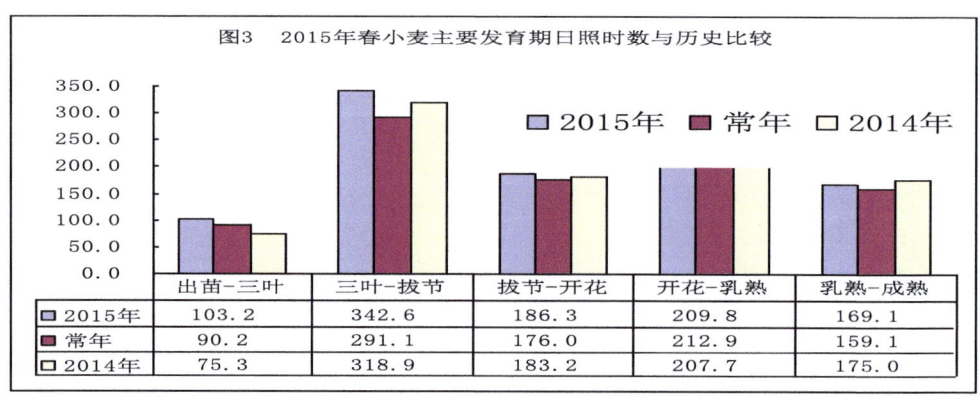

综上所述：今年小麦全生育期气象条件对其生长利弊兼有，灌浆期气温适宜小麦灌浆，但出苗前的低温大雨以及长

图 D.4d　预评估

期干旱影响了产量提高。

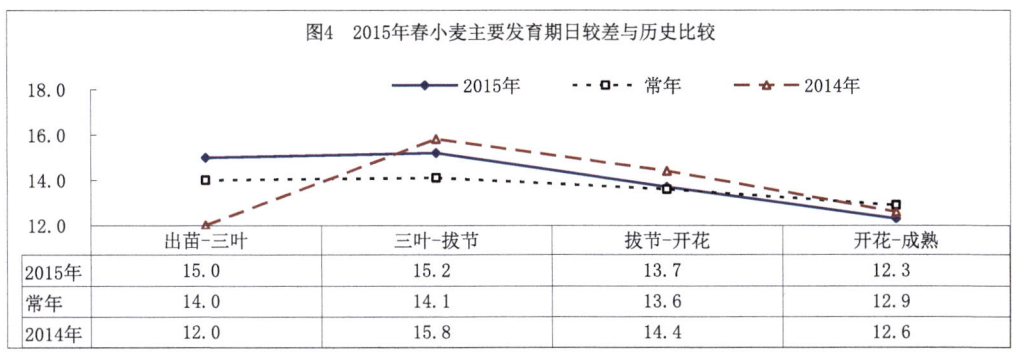

呈送：市委、市人大、市政府、市政协、巴彦淖尔市气象局领导；
报送：市局业务科、巴彦淖尔市农牧业局；
发送：各旗县区气象局、气象台、灾害防御中心。

图 D.4e 预评估

附录 E 主要小麦品种

E.1 永良四号
宁夏永宁县良种场选育。

特征特性:生育期 90d 左右;株高 80～85cm,穗长 8.5cm,千粒重 43～45g;适应性强,稳产性好。

栽培技术要点:3 月中下旬播种,行距 10cm,亩播量 22～25kg;亩深施种肥磷酸二铵 15～20kg,配合钾肥 5kg,结合浇头水亩施尿素 20kg。

适宜地区:巴彦淖尔市≥0℃有效积温 1800℃·d 以上沿黄灌区、井灌区种植。

E.2 农麦四号
内蒙古自治区农牧业科学院作物所选育。

特征特性:生育期为 91d 左右;株高 81cm,穗长 9cm,千粒重 40g 左右;高抗叶锈病、中感白粉病和黄矮病。

栽培技术要点:3 月中下旬播种;行距 10cm,亩保苗 40～45 万株;亩深施种肥磷酸二铵 15～20kg,配合钾肥 5kg,结合浇头水亩施尿素 20kg。

适宜地区:巴彦淖尔市≥0℃有效积温 1900℃·d 以上的沿黄灌区、井灌区种植。

E.3 巴丰 5 号
巴彦淖尔市农业科学院选育。

特征特性:生育期 90d 左右;株高 84cm,穗长 11cm,千粒重 42～45g;抗倒、高抗条锈、中感白粉病。

栽培技术要点:3 月中下旬播种,行距 10cm,亩播量 20～25kg;亩深施种肥磷酸二铵 15～20kg,配合钾肥 6～8kg,结合浇头水亩施尿素 20kg。

适宜地区:巴彦淖尔市≥0℃有效积温 1980℃·d 以上的沿黄灌区、井灌区种植。

大豆
气象服务与管理篇
DADOU QIXIANG FUWU YU GUANLI PIAN

《大豆气象服务与管理篇》编写组

主　　编：王彦平
副 主 编：曲学斌
编撰人员：阴秀霞　张　昉　李红艳
　　　　　张秀珍　刘奕辰

前　言

呼伦贝尔市位于内蒙古自治区东北部，属中温带大陆性半湿润季风气候，大兴安岭山脉纵贯其中，山脊和两麓气候差异显著，其中岭东南地区日照充足，土壤肥沃，水分适中，夏季平均气温适宜，有利于大豆生长发育和油分的提高；岭东地区的扎兰屯市、阿荣旗、莫力达瓦达斡尔族自治旗及鄂伦春自治旗南部属于东北春播大豆主产区，也是内蒙古优质大豆生产基地，种植面积逐年增加，2016年种植面积达到52万公顷左右，占内蒙古大豆种植面积的80%以上，是内蒙古种植面积最大的盟市。

随着气象为农服务理念的不断深入和现代农业不断提出的新需求，开展大宗作物的全程系列化服务成为当前气象为农服务的发展方向，其中大豆作为呼伦贝尔市的第二大作物是开展全程化农业气象服务的重点内容。扎兰屯农业气象监测站是全区具有大豆农业气象观测任务的农业气象监测站，积累了近30年的大豆农业气象观测资料，呼伦贝尔市气象局在大豆农业气象服务及科研方面积累了一定的经验，并在此基础上开展了大豆关键农事季节的农用天气预报、农业气象情报、预报及灾害监测等针对性较强的服务，为全区大豆农业气象服务业务奠定了良好的基础。

目前呼伦贝尔市气象局开展的大豆农业气象服务，主要从大豆生长发育、主要农事活动、气象灾害等方面制定了周年气象服务方案并依据方案来实施，但方案只限于业务流程的规定和指导，缺乏系统性、连贯性和客观性。本手册以大豆生长发育的环境条件和栽培措施等农学知识为基础，重点收集、整理和订正了大豆生长发育指标、灾害指标、预警指标、应对措施和建议知识，系统梳理和制定了大豆全程系列化服务产品类别、制作规范及业务流程，解决了大豆农业气象监测分析、预测预报、农用天气预报预警及农业气象评估服务中的技术指标不统一、服务产品不规范、业务流程不畅通、定量考核不到位等问题。手册的编写将大大提高该项业务的科学化、定量化和集约化进程，提高业务人员的工作效率，强化农业气象服务产品制作规范，提升气象为农服务能力，为全区大豆农业气象服务提供参考依据。

本篇是集体智慧的结晶。编写组成员主要由呼伦贝尔市气象局气象灾害防御中心、呼伦贝尔市气象台、岭东大豆种植区各旗市气象局业务人员组成，内蒙古生态与农业气象中心唐红艳研究员负责本手册的内容设计和文稿审定工作。本手册共分为五部分，具体章节和编写人员分工如下：

第1章　概论，曲学斌编写；

第2章　大豆生产与环境条件，王彦平编写；

第3章　大豆气象服务业务规范，张昉编写；

第4章　大豆农业气象服务考核，李红艳编写；

附录，张秀珍编写。

本篇由王彦平、阴秀霞负责组织编写、内容修订和通稿，曲学斌负责GIS绘图、数据统计、文字校对及手册排版，阴秀霞、刘奕辰参加了指标收集、整理、本地化订正及数据统计工作，本篇附件中农业气象服务产品案例由王彦平提供。

非常感谢内蒙古生态与农业气象中心唐红艳研究员在本篇编写过程中提出的意见、建议及对文稿的审定，内蒙古自治区气象局和呼伦贝尔市气象局对编写工作给予了大力支持，使本篇编写完成较为顺利。

由于我们技术力量薄弱，水平有限，加之时间紧迫，难免有错误和疏漏之处，欢迎批评指正。

编者

2017 年 8 月

第1章 概 论

1.1 自然地理与农业气候概况

1.1.1 自然地理概况

内蒙古自治区呼伦贝尔市位于内蒙古东北部，47°05′—53°20′N，115°31′—126°04′E。全市南北长 630km，东西宽 700km，面积为 253355km²，北部、西部以额尔古纳河为界与俄罗斯为邻，西南部与蒙古人民共和国接壤，东部与黑龙江毗邻，南部与兴安盟交界。全市分为 13 个旗、市、区（扎赉诺尔区由满洲里市代管，未算在内）。据 2010 第六次人口普查数据显示，呼伦贝尔市常住人口为 254 万。由汉、满、蒙、回、达斡尔、鄂温克、鄂伦春等 33 个民族组成[1]。

呼伦贝尔市属于高原型地貌，是亚洲中部蒙古高原的组成部分。大兴安岭纵贯呼伦贝尔市中部，北起黑龙江畔，南至西拉木伦河上游谷地，呼伦贝尔市境内长约 670km，宽 200~300km，呈东北—西南走向，地势从北到南逐渐升高，海拔 1000~1400m，是构成呼伦贝尔市地形的主体，同时也是内蒙古高原与松嫩平原的天然分界线。岭西为呼伦贝尔高原，又称巴尔虎草原，地貌类型复杂，有侵蚀剥蚀的低山丘陵、冲击平原、沙地等，海拔 700~1000m，岭东南是大兴安岭与松嫩平原的过渡地带，地势自东向西倾斜，越向东越低，海拔 200~500m，靠近大兴安岭东部有丘陵分布[1]。

根据呼伦贝尔市各旗县的主要生态系统和农牧业生产特点，习惯上将位于大兴安岭地区和北部森林覆盖度较高的牙克石市、根河市、额尔古纳市、鄂伦春自治旗（简称鄂伦春旗）称作林区，将大兴安岭东南以农业生产为主的阿荣旗、扎兰屯市、莫力达瓦达斡尔族自治旗（简称莫旗）称作农区、将大兴安岭以西位于巴尔虎草原上的海拉尔区、满洲里市、陈巴尔虎旗（简称陈旗）、鄂温克族自治旗（简称鄂温克旗）、新巴尔虎右旗（简称新右旗）、新巴尔虎左旗（简称新左旗）称为牧区。

1.1.2 农业气候概况

呼伦贝尔市大部分地区属中温带大陆性季风气候，部分地区属寒温带大陆性季风气候。呼伦贝尔市年平均气温为 −5~3℃，年平均降水量为 250~550mm，大兴安岭山脊和两麓气候差异明显。冬季寒冷漫长，夏季温凉短促，春季风大干燥，秋季降温迅速是呼伦贝尔市的整体气候特征。受大兴安岭地形影响，呼伦贝尔市的降水量呈现自东向西的递减趋势。林区的降水量为 340~550mm，农区为 450~500mm，牧区为 250~340mm，呼伦贝尔市的日照时数随纬度的增加而减少，林区为 2100~2700h，农区为 2600~2800h，牧区为 2750~3150h。呼伦贝尔市的无霜期随纬度的增加而缩短，林区为 35~85d，农区为 100~125d，牧区为 75~120d[1]。具体农业气候分布特征如下。

1.1.2.1 日平均温度≥10℃积温分布特征

由图1.1可见,呼伦贝尔市≥10℃活动积温自大兴安岭山地向两侧逐渐递增,呼伦贝尔广大的林区、牧区东部及新右旗北部、东南部的农林交错带≥10℃活动积温在2000℃·d以下;鄂伦春旗东南部、扎兰屯市、阿荣旗北部个别地区、莫旗北部、新左旗东部、鄂温克旗西部、陈旗西部、新右旗北部及额尔古纳市南部地区≥10℃活动积温2000~2200℃·d;扎兰屯市、阿荣旗、莫旗南部地区、新右旗及新左旗大部地区≥10℃活动积温2200~2400℃·d;扎兰屯市、阿荣旗及莫旗最东南端边缘≥10℃活动积温在2400℃·d以上。呼伦贝尔市大豆种植地区主要分布在大兴安岭东南端≥10℃活动积温在2000~2400℃·d的区域内,西部地区由于水分匮乏,不能种植大豆。

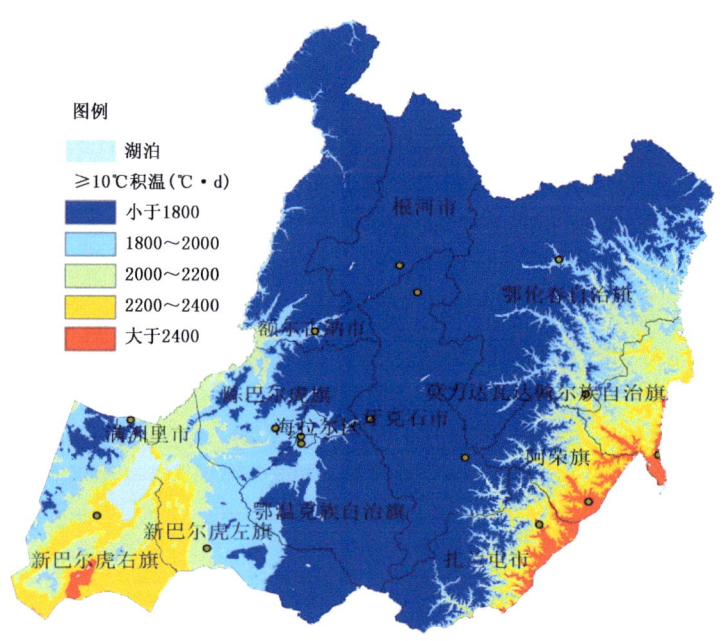

图1.1 呼伦贝尔市≥10℃活动积温区划图

1.1.2.2 5—9月降水量分布特征

由图1.2可见,受大兴安岭山脉的影响,全市5—9月降水量自东向西递减,岭西地区在350mm以下,大兴安岭山地在350~400mm,大兴安岭以东地区在400mm以上。呼伦贝尔市大豆种植地区主要位于大兴安岭以东降水量400mm以上的区域内。

1.1.2.3 日最低温度≥2℃无霜期分布特征

由图1.3可见,呼伦贝尔市日最低温度≥2℃无霜期自大兴安岭山地向两侧逐渐递增,大兴安岭山地在90d以下,林区东南部及牧区东部为90~105d,农区西北部和牧区中部为105~120d,农区东南部和牧区西部在120d以上。大豆种植地区主要位于大兴安岭东麓无霜期105d以上的区域内。

1.1.2.4 5—9月平均气温分布特征

由图1.4可见,5—9月平均气温分布特征与≥10℃活动积温、日最低温度≥2℃无霜期分布特征相似,自大兴安岭山地向两侧逐渐递增。大兴安岭山地在15℃以下,东部农林交错带

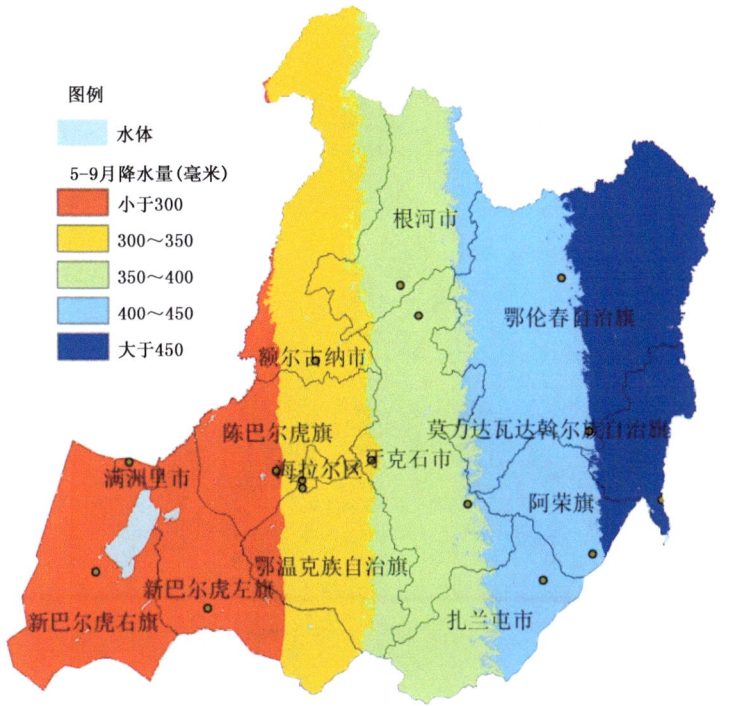

图 1.2 呼伦贝尔市 5—9 月降水量区划图

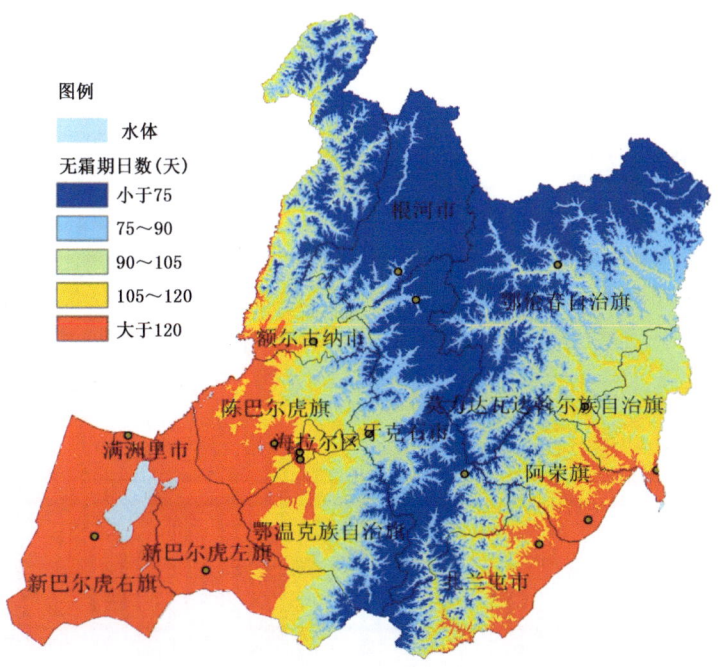

图 1.3 呼伦贝尔市≥2℃无霜期区划图

和西部林牧交错带为 15～16℃,农区北部、牧区东部为 16～17℃,牧区西部和农区东南部在 17℃以上。大豆种植地区位于 5—9 月平均气温 15℃以上的区域。

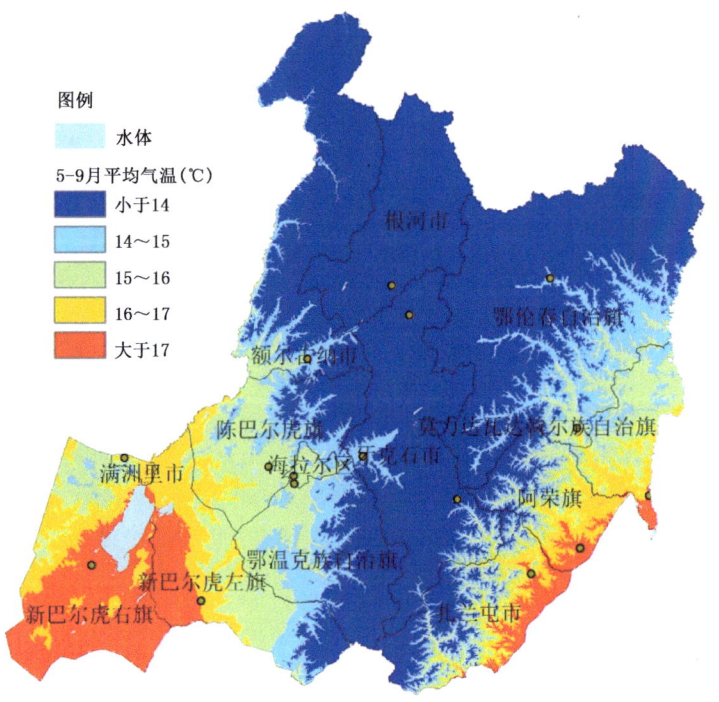

图 1.4 呼伦贝尔市 5—9 月平均气温区划图

1.2 大豆农业生产特点

1.2.1 大豆生产基本情况

呼伦贝尔市大豆主要种植在大兴安岭东南坡的扎兰屯市、阿荣旗、莫旗和鄂伦春旗南部。由于呼伦贝尔市林区的热量条件不足、无霜期过短,牧区的年降水量过少,均不适宜种植大豆。

从呼伦贝尔市历年大豆种植面积(图 1.5)可以看出,全市大豆种植面积为 6.23 万~74.22 万 hm^2(采用公顷单位,下同),其中,1981—2006 年,大豆种植面积逐年增加,2006 年达

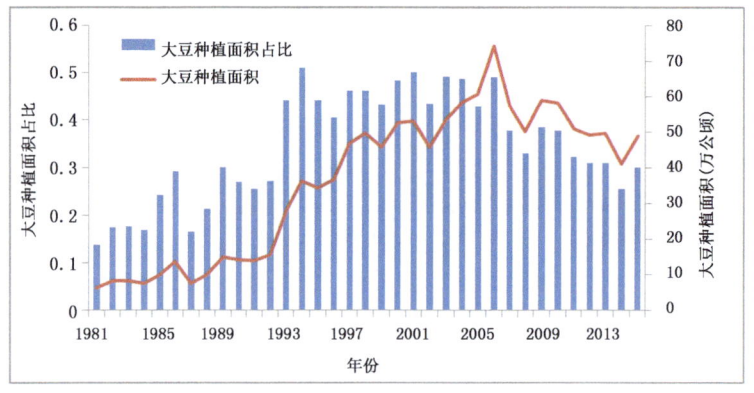

图 1.5 1981—2015 年呼伦贝尔市大豆种植面积及其占比
(播种面积统一改成种植面积)

到最高为 74.22 万 hm^2,之后随着大豆价格的波动和政府对玉米种植扶持力度的加大,大豆种植面积逐年下降。从全市大豆种植面积占农作物种植面积的比例来看,1992 年之前,小麦种植面积最大,大豆种植面积为 15.63 万 hm^2,占 22%;1993 年开始,大豆种植开始推广,种植面积超过小麦成为面积占比最大的农作物,1994 年和 2001 年大豆的种植面积超过 50%;2006 年以后开始下降。2013 年大豆种植面积占全市农作物种植面积的 31.1% 位居第一,其余依次是玉米(占 30.2%)、经济作物(14.3%)、小麦(13.7%)、薯类(5.4%),杂粮杂豆占 5.3%。

呼伦贝尔市历年大豆产量(图 1.6)变化结果说明,全市大豆产量表现出"总产波动式上升,单产高值年和低值年阶段性明显"的特点。1993 年后随着大豆种植面积的逐年增加,大豆总产量也逐年上升。2010 年总产量达到 116.5 万吨,而 2003 年和 2007 年受持续干旱影响,大豆总产量明显低于其他年份,仅为 32 万吨和 52 万吨;大豆单产在 1987 年达到最高值 3289.1 kg/hm^2,1988 年达次高值 2997.8 kg/hm^2,之后单产下降明显。1981—2015 年的 35 年间,单产高于平均单产(1645.5 kg/hm^2)的有 16 年,约占 48.5%,且集中在 1984—1991 年间和 2010 年以后;单产低于平均单产的有 17 年,约占 51.5%,且多集中在 1995—2009 年间,表现出高产年和低产年阶段性较强,且高产阶段和低产阶段年际间变化较小的特点。

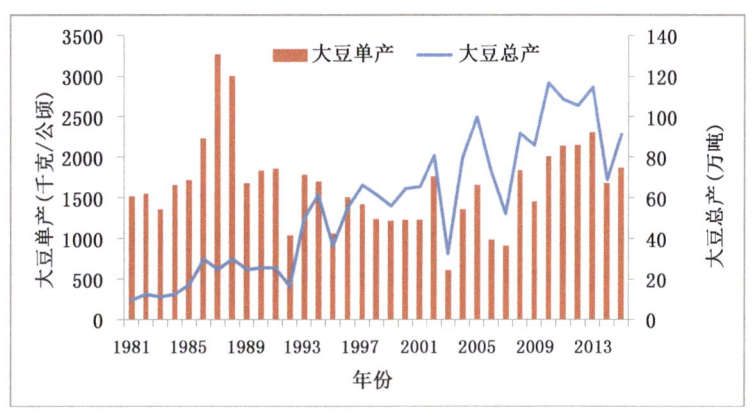

图 1.6　1981—2015 年呼伦贝尔市大豆总产、单产变化趋势

1.2.2　大豆种植分布

1.2.2.1　大豆种植布局

根据呼伦贝尔市农牧业局提供的大豆种植布局图,扎兰屯市、阿荣旗、莫旗及鄂伦春旗南部是呼伦贝尔市主要的大豆种植区,通常大面积连片种植,种植区周边配置玉米、马铃薯、小麦及杂粮杂豆,形成以大豆、玉米为主,多种作物合理配置的种植布局。通过与 2015 年各旗、市、区实际种植区域对比,图 1.7 基本符合目前大豆种植地区的实际分布情况。

扎兰屯市大豆种植区主要分布在南部的浩饶山乡、哈多河镇、洼堤乡及东北部的鄂伦春民族乡和卧牛河镇。阿荣旗大豆种植区主要分布在中东部地区的霍尔奇镇、查巴奇鄂温克民族乡及亚东镇和六合镇。莫旗大豆种植区主要集中在南部乡镇,种植规模较大,连片种植特点明显,分布在尼尔基镇、宝山镇、西瓦尔图镇、阿尔拉镇、杜拉尔鄂温克民族乡、坤密尔堤办事处及塔温敖宝镇。鄂伦春旗大豆种植区主要分布在南部的宜里办事处、大杨树镇和诺敏镇的东南部。

图 1.7　呼伦贝尔市大豆种植布局图

1.2.2.2　大豆种植气候区划

在全国大豆种植区划中,呼伦贝尔岭东南属于东北春大豆区,为北方一年一熟春大豆产区。根据大豆生长发育对气候条件的要求,结合本地区大豆生产现状,选用日平均温度≥10℃活动积温、年降水量、日最低气温≥2℃无霜期作为大豆区划指标,采用分级判别法(表1.1),当积温、降水量和无霜期中有两个条件达到适宜,另一个为较适宜或适宜时,划分为适宜种植区;当这三个条件中有一个为不适宜,则划分为大豆不适宜种植区;其他条件下均为较适宜种植区(见图1.8)。

表 1.1　呼伦贝尔市大豆种植区划指标分级表

级别	≥10℃活动积温(℃·d)	年降水量(mm)	日最低气温≥2℃无霜期(d)
适宜	≥2200	≥490	≥125
较适宜	2200~1900	490~460	125~115
不适宜	<1900	<460	<115

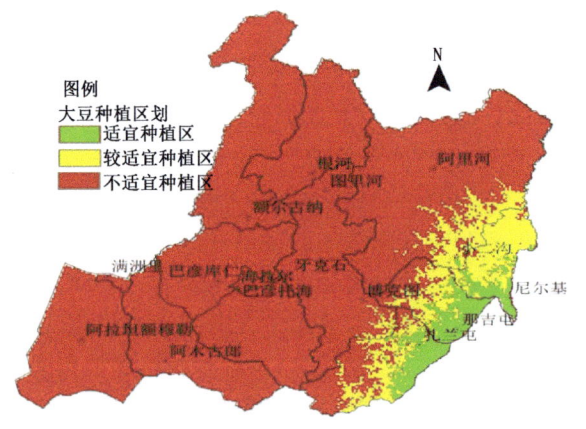

图 1.8　呼伦贝尔市大豆种植区划

(1)适宜种植区:本区位于大兴安岭东麓东南端,主要包括扎兰屯市东部、莫旗东南部、阿荣旗中东部及鄂伦春旗南部地区。该地区土壤以黑钙土、黑土、暗色草甸土、暗棕壤为主,地势以平原为主,土壤肥沃,水资源丰富。该区的主要气候特点是光热资源最丰富,雨热同季,无霜期较长,年降水量在490～520mm,≥10℃活动积温2300～2500℃·d,≥2℃无霜期在120～130d。可满足大多数早、中熟大豆品种的生长发育需要,多数年份可获得较好的收成,且所产大豆产量和品质都比较高。

(2)较适宜种植区:本区位于大兴安岭东麓,适宜种植区的外沿,主要包括扎兰屯市中部和南部,阿荣旗、莫旗除适宜种植区外的大部分地区,鄂伦春东南部,牙克石东南部。该地区土壤以暗棕壤为主,土壤较为肥沃,水资源丰富,主要受热量条件限制。本区气候特点是热量偏少,雨热同季,年降水量490～560mm,≥10℃活动积温1900～2300℃·d,只能满足部分早熟品种大豆的生长发育需求,≥2℃无霜期较短,在110～120d,常会受到低温和霜冻的侵袭,因此,本区域内大豆不宜大面积种植,推广时需要密切关注当年的气候预测,合理选择大豆品种。

(3)不适宜种植区:本区位于呼伦贝尔市北部林区及西部牧区。北部林区主要是由于气温偏低,该地区≥2℃无霜期小于115d,≥10℃活动积温小于1900℃·d,热量条件不能满足大豆生长的基本要求,多数年份无法获得收成。该地区以山地为主,地势崎岖,森林覆盖度高,不利于大豆栽培。呼伦贝尔牧区的南部、新左旗、新右旗的热量条件虽然可以达到较适宜程度,但年降水量较少,不能满足大豆生育期内水分要求,在无灌溉条件下,不适宜大豆生长,且此地区以牧业生产为主,不宜推广大豆种植。牧区北部的水热条件均不能满足大豆生长的基本需要,不宜种植大豆。

1.2.3 主要品种及特性

(1)蒙豆30号:由呼伦贝尔市农业科学研究所培育,2009年通过内蒙古审定。该品种需要热量条件较高,适宜在呼伦贝尔市≥10℃活动积温2350℃·d以上地区种植,平均生育期为114d,属于中熟品种,主要在扎兰屯市、阿荣旗、莫旗中南部种植,亩保苗2万株左右,百粒重20g,大豆花叶病重发区不适合种植。

(2)克山1号:由黑龙江省农业科学院克山分院培育,2009年通过国家审定。该品种适宜在呼伦贝尔市≥10℃活动积温2250℃·d左右地区种植,平均生育期为112d,属于中熟品种,主要在扎兰屯市、阿荣旗、莫旗种植,近几年种植面积较大。适宜65cm垄上双条精量点播,亩保苗2万株左右,百粒重19.8g,中感灰斑病,中感花叶病毒病。

(3)疆莫豆1号:是由黑龙江省北安农校北疆农科所和莫旗种子公司共同培育,2002年通过内蒙古审定。该品种适宜在呼伦贝尔市≥10℃活动积温2180℃·d地区种植,平均生育期为108d,属中熟高油品种,在高油大豆补贴时,扎兰屯市、阿荣旗、莫旗及鄂伦春旗均有种植。亩保苗1.9万株左右,百粒重18～20g,对大豆灰斑病有抗性。

(4)登科5号:由莫旗登科种业有限责任公司培育,2012年通过内蒙古审定。该品种适宜在呼伦贝尔市≥10℃活动积温2170℃·d以上地区种植,平均生育期为107d,属中熟品种,在扎兰屯市、阿荣旗、莫旗及鄂伦春旗均有种植。亩保苗1.8万～2.0万株,单株有效荚为27.6个,籽粒百粒重为19.0g,抗大豆灰斑病,中感大豆花叶病毒病。

(5)天源一号:由大杨树天源种业科技发展有限责任公司培育,2007年通过内蒙古审定,该品种对温度的要求相对较低,可在呼伦贝尔市≥10℃活动积温2050℃·d以上地区种植,平均生育期为104d,属早熟品种,主要在鄂伦春旗中南部地区种植。种植密度为每亩2.7万株,百粒重 21g 左右,对大豆灰斑病表现为中抗。

1.3 大豆气象服务现状

1.3.1 服务内容与现状

扎兰屯农业气象观测站是呼伦贝尔市唯一承担大豆农业气象观测任务的测站,自 1987 年开始开展大豆农业气象观测和作物地段土壤水分观测,积累了丰富的大豆观测资料,但是系统地开展大豆农业气象服务始于近几年。随着农业气象业务的不断丰富与成熟,大豆农业气象服务业务也日趋系统性和规范化,从 2004 年"呼伦贝尔市大豆适宜种植区划"的完成,到 2015 年"呼伦贝尔市主要农作物全程化服务手册(大豆)"的编制,大豆农业气象服务实现了产前、产中和产后全程化服务,形成了系列化服务指标和灾害指标,服务形式日趋多样化,服务产品内容日趋丰富,形成了面向政府决策部门的大豆种植区划、备耕春播农业气象条件分析、产量预报及灾害评估等决策服务产品,面向公众和"直通式"用户的春播服务专报、秋收服务专报、适宜播种期预报、大豆关键发育期及全生育期农业气象条件分析、关键发育期预报、大豆关键农事活动及灾害性天气农用天气预报、大豆农业气象灾害及病虫害监测、预报等各类定期和适时服务产品,以及对大豆有重要影响的天气过程的专题分析。2015 年开展了大豆适宜度研究工作,并将指标进行了业务化应用,实现了大豆农业气象条件分析评价由定性分析转向定量分析,促进大豆农业气象业务更具精准化和科学性。

1.3.2 手册编写目的

(1)扩大服务型业务建设成果,贯彻落实自治区气象局"气象业务服务规范建设年"相关通知,适应气象服务"信息化、集约化、标准化"建设需要;

(2)将大豆农学基础知识融入农业气象服务中,弥补了服务人员在农学基础理论方面的知识不足和匮乏,提升农业气象服务的专业化程度;

(3)凝练以往积累的大豆科研成果和多年服务工作经验并融入手册中,如适宜种植区划、适宜度研究及应用,将科研和业务紧密结合,为大豆气象服务提供科技支撑;

(4)明确岗位职责,系统梳理业务流程,收集整理各类指标,解决服务产品靠人为主观判断的弊端,实现了在气象观测资料、农气观测资料、天气预报产品、其他部门农情信息等基础上,对天气、气候预测预报产品在农事生产活动中的解释与应用,利用农业气象生育期指标、灾害指标、预警指标、应对措施建议等知识制定大豆产前、产中、产后全程系列化服务规范及流程;

(5)为了规范大豆农业气象服务业务流程,产品制作流程及对外发布流程,改变大豆农业气象服务中流程混乱、系统性较差的弊端,使大豆农业气象服务各项业务实现正规化;

(6)针对基层专业农业气象服务人员严重短缺,流动性大,业务分散,服务缺乏连续性等弊端,手册完成后可提高基层农气服务人员的工作效率,提升农业气象服务能力,为全区大豆农业气象服务提供参考依据。

第 2 章　大豆生产与环境条件

2.1　大豆生长发育对环境条件的需求

2.1.1　温度

大豆是喜温而较耐冷凉的作物。呼伦贝尔地区大豆稳定生产的热量条件是≥10℃活动积温 1900℃·d 以上和无霜期 115d 以上,在≥10℃活动积温 1600～1900℃·d 和无霜期 100～115d 的地区也有大豆生长,但不稳定,通过培育和推广也能逐渐走向稳定。各地区热量条件与大豆品种所需的≥10℃活动积温相匹配,是确定各地区大豆品种适宜、不适宜种植的依据。

春季,当耕作层(5～10cm)地温稳定在 8℃以上时,大豆种子开始萌动发芽。夏季,平均气温在 24～26℃左右,最适宜大豆植株生长发育。当温度低于 14℃时,生长停滞。秋季,白天温暖,晚间凉爽但不寒冷,有利于同化产物的积累和鼓粒。大豆不耐高温,温度超过 40℃,坐荚率减少 57%～71%。北方春播大豆在苗期常受低温危害,温度不低于 -2℃,大豆幼苗受害轻微,温度在 -3℃以下,幼苗可被冻死[2]。大豆幼苗的补偿能力较强,霜冻过后,只要子叶未死,子叶节还会出现分枝,继续生长。大豆开花期抗寒能力最弱,温度短时间降至 -0.5℃,花朵开始受害,-1℃时死亡;温度在 -2℃,植株即死亡,未成熟的荚在 -2.5℃时受害。成熟期植株死亡的临界温度是 -3℃。秋季,短时间的初霜虽能将叶片冻死,但随着气温的回升,籽粒重仍继续增加[2]。

2.1.2　光照

大豆是喜光作物。光饱和点一般在 30000～40000lx;大豆属于对日照长度反应极度敏感的作物,开花结实要求较长的黑夜和较短的白天,但大豆对短日照的要求是有限度的,一般品种每日 12h 的光照即可促进开花抑制生长,9h 光照对部分品种的开花仍有影响,当每日光照缩短为 6h 时,则营养生长和生殖生长均受到抑制,短日照只是从营养生长向生殖生长转化的条件。

2.1.3　水分

大豆产量高低与降水量的多少密切相关。呼伦贝尔属于东北春大豆区,大豆生育期间(5—9月)的降水量在 600mm 左右,大豆产量最高,500mm 次之,降水量超过 700mm 或低于 400mm,均造成减产。在温度正常的条件下,5—9 月逐月降水量分别为 65mm、125mm、190mm、105mm、60mm,对大豆来说是"理想降水量",偏离了这一数量,无论是多还是少,均对大豆生长发育不利,导致减产[2]。

大豆需水较多,不同生育时期对土壤水分的要求是不同的。发芽时,要求水分充足,土壤重量含水率在20%～24%较适宜。幼苗期比较耐旱,此时土壤水分略少一些,有利于根系深扎。开花期,植株生长旺盛,需水量大,要求土壤相当湿润。结荚鼓粒期干物质积累加快,此时要求充足的土壤水分,如果墒情不好,会造成幼荚脱落,或导致荚粒干瘪。土壤水分过多对大豆的生长发育也是不利的,大豆植株浸水在2～3昼夜之内,水退后尚能恢复生长,若浸渍了3昼夜以上,就大量死亡,且不同品种的耐旱、耐涝程度是不同的[2]。

2.1.4 土壤

大豆对土壤质地的适应性较强,砂质土、砂壤土、壤土、黏壤土乃至黏土,均可种植大豆,当然以壤土最为适宜;土层深厚,有机质含量丰富的土壤,最适于大豆的生长;大豆比较耐瘠薄,但是在瘠薄地种大豆或者在不施有机肥的条件下种植大豆是不经济的。大豆要求中性土壤,pH在6.5～7.5之间,pH低于6.0的酸性土往往缺钼,也不利于根瘤菌的繁殖和发育,pH高于7.5的土壤往往缺铁、锰。大豆不耐盐碱,总盐量<0.18%,NaCl<0.03%,植株生育正常;总盐量>0.60%,NaCl>0.06%,植株死亡[2]。

2.1.5 营养(养分)

大豆需要矿质营养的种类全,数量多。大豆根系从土壤中吸收N、P、K、Ca、Mg、S、Cl、Fe、Mn、Zn、Cu、B、Mo、Co等十余种营养元素。

氮:大豆富含蛋白质,氮素是蛋白质的主要组成元素。苗期,当子叶所含的氮素已经耗尽而根瘤菌的固氮作用尚未充分发挥的一段时间里,会暂时出现幼苗的"氮素饥饿"。因此,播种时施用一定数量的氮肥可起到补充氮素的作用。大豆鼓粒期间,根瘤菌的固氮能力已经衰弱,也会出现缺氮现象,进行花期追肥或叶面喷施氮肥,可满足植株对氮素的需求。

磷:大豆吸磷高峰期正值开花结荚期,磷肥一般在播种前或播种时施入土壤。只要大豆植株前期吸收了较充足的磷,即使盛花期之后不再供应,也不致影响产量。

钾:大豆植株的适宜含钾范围很大,为1.0%～4.0%,大豆生育前期吸收钾的速度比氮、磷快,结荚期之后,钾的吸收速度开始减慢。

2.2 气象条件对大豆生长发育的影响及适宜指标

2.2.1 气象条件对大豆播种—出苗期的影响

呼伦贝尔地区大豆一般5月上中旬播种,其中,平均播种日期为5月10日,最早播种日期为5月1日,最晚播种日期为5月19日;5月下旬末出苗,其中,平均出苗日期为5月29日,最早出苗日期为5月20日,最晚出苗日期为6月10日,播种至出苗历时20～25d。此期间呼伦贝尔市农区的平均降水量为25.8mm,平均气温为15.1℃,平均日照时数为170.7h。大豆播种过早,易烂种;播种过晚,出苗快,地上部生长快,细弱不壮,生育期延迟,秕粒数增加,降低大豆的产量和品质,一般5～10cm土层地温稳定通过8℃以上时就可以播种。除地温之外,土壤墒情也是限制播种早晚的重要因素,土壤墒情好些,可晚些播,墒情差些,应抢墒播种。大豆苗期雨水不宜太多,否则种子容易在土壤里霉烂,影响出苗和产量。

(1)关注要点:第一场透雨时间、终霜日、逐日地温和土壤墒情。
(2)有利条件:第一场透雨出现在5月上旬、土壤相对湿度维持55%以上、播种后温度持续回暖且波动较小,苗期日平均气温维持15℃以上利于出苗,大风日数较少利于出苗。

(3)不利条件:5～10cm地温低于8℃,大豆播种后不能发芽;5～10cm地温低于14℃,发芽缓慢,易霉烂,出苗率低;幼苗期有"倒春寒"出现时,气温低于-3℃,幼苗将遭受冻害;土壤相对湿度小于50%,影响大豆发芽出土;此外连阴雨超过10天,种子易腐烂[2]。

2.2.2 气象条件对大豆出苗—分枝期的影响

呼伦贝尔地区大豆在5月下旬出苗后,6月中旬进入三真叶期,三真叶历时15～20d,最早三真叶期6月4日,最晚三真叶期6月28日,平均三真叶期为6月13日;7月中旬进入分枝期,最早分枝期6月28日,最晚分枝期7月24日,分枝期历时20～30d,平均分枝期为7月11日。这一阶段呼伦贝尔市农区的平均降水量为145.3mm,平均气温为20.4℃,平均日照时数为364.0h。主要影响条件为温度和土壤水分,在一定温度范围内,温度低,影响叶片生长及分枝形成;幼苗对低温、干旱的抵抗能力较强,温度低于-3℃时,大豆幼苗受害;土壤相对湿度小,影响分枝,湿度偏大使基部节间伸长,幼苗黄弱,影响产量的提高。

(1)关注要点:土壤墒情、降水、温度和病虫草害。

(2)有利条件:苗期较耐旱和短期低温,日平均气温15℃以上即不影响出苗;分枝后对温度要求较高,应维持20℃以上,适宜温度为21～23℃,土壤相对湿度55%～65%即可满足苗期生长[2]。

(3)不利条件:分枝期气温长期低于20℃,大豆停止生长;日降水量大于70mm时,会造成土壤水分过多,根系发育不良,容易徒长,分枝期的总降水量小于30mm,则会影响分枝生长[2]。

2.2.3 气象条件对大豆分枝—开花期的影响

大豆开花期是从花芽开始分化到花开放,呼伦贝尔地区大豆分枝—开花期为7月中旬,最早开花期7月2日,最晚开花期7月31日,开花期历时10～20d,平均开花期为7月18日,是大豆生殖生长时期。这一阶段呼伦贝尔市农区的平均降水量为31.9mm,平均气温为22.8℃,平均日照时数为67.9h。

(1)关注要点:土壤墒情、降水、温度、病虫害、强对流天气。

(2)有利条件:此期要求土壤水分不宜过多,空气相对湿度不宜过大,光照充足,才能确保营养物质对花荚的输送,提高开花成荚率,减少花荚脱落,达到增产目的。当日平均温度在20℃以上时有利于大豆分枝,当日平均温度维持28℃一周左右,土壤相对湿度65%～75%时有利于开花[2]。

(3)不利条件:气温低于15℃或高于30℃,不利于开花,落花严重;开花期连阴少光,日照时数小于6h,会使花大量减少,造成减产;空气相对湿度大于90%或小于20%,将严重影响开花[2];天气剧变,易落花落荚。

2.2.4 气象条件对大豆开花—鼓粒期的影响

呼伦贝尔地区大豆开花—鼓粒期为7月下旬至8月下旬,最早鼓粒期8月10日,最晚鼓粒期9月2日,鼓粒期历时30天左右,平均鼓粒期为8月22日,是大豆生殖生长时期,也是大豆产量形成的关键阶段。这一阶段呼伦贝尔市农区的平均降水量为171.1mm,平均气温为21.2℃,平均日照时数为273h。主要影响条件为温度、降水和空气相对湿度,夏季温度持续偏低通常会延迟鼓粒期时间;大豆花期有"干花湿荚"的说法,此期要求土壤水分不宜过多,空气相对湿度不宜过大,光照充足,才能确保营养物质向花荚的输送,提高开花成荚率,减少花荚脱落,以达到增产目的。

(1)关注要点:土壤墒情、降水、温度、病虫害、强对流天气。

(2)有利条件:鼓粒期长短主要取决于鼓粒后的温度条件,而与日照时数和降雨量关系较小,积温高有利于光合作用及有机物质运输,可减少秕荚、秕粒产生,提高荚粒数、百粒重,进而提高干物质含量及种子质量;大豆鼓粒期气温维持在22℃以上利于粒重增长。

(3)不利条件:平均温度低于16℃时,易产生秕荚粒;土壤相对湿度小于50%或大于80%,即水分亏缺或过多,易造成花荚脱落[2];鼓粒期干旱可使单株秕荚数大大增加,最终导致籽粒产量大大下降。

2.2.5 气象条件对大豆鼓粒—成熟期的影响

呼伦贝尔地区大豆9月下旬进入成熟期,最早成熟期9月8日,最晚成熟期9月30日,鼓粒—成熟历时30d左右,平均成熟期为9月11日。这一阶段呼伦贝尔市农区的平均降水量为46.9mm,平均气温为17.2℃,平均日照时数为170.5h。主要影响条件为温度、降水和光照。鼓粒成熟时,与温度和雨量有较大的关系,无连阴雨,连续降水日数少,阳光充足,天气干燥,利于成熟;同时无大风,风力小于3级,无高温,气温低于25℃,利于大豆成熟后期的收获作业。

(1)关注要点:土壤墒情、降水、温度、病虫害。

(2)有利条件:鼓粒成熟时,与温度和雨量有较大的关系,无连阴雨,连续降水日数少,阳光充足,天气干燥,利于成熟;同时无大风,风力小于3级,无高温,气温低于25℃,利于大豆成熟后期的收获作业。

(3)不利条件:气温高于30℃,易炸荚,低于15℃不利于成熟;连阴雨多于7天,不利于成熟和收打;风力大于5级以上,大豆成熟后期易炸荚[2]。

2.3 大豆农业气象灾害

2.3.1 干旱

2.3.1.1 大豆干旱发生规律与特征

旱灾是呼伦贝尔市大豆种植中常见且危害最大的农业气象灾害之一,且春旱和春夏连旱普遍发生,时空分布特征如下:

(1)季节性特点:春季(3—5月)呼伦贝尔岭东大豆种植地区降水稀少,年际间变率大,气温回升迅速,日照丰富,蒸发旺盛,容易发生春旱;夏季(6—8月)是呼伦贝尔市降水最集中的季节,也是各类农作物生长旺盛、需水量大的时期,太阳辐射强烈、温度高,这时易发生阶段性干旱,对大豆的危害特别大。秋季(9—10月)大豆已处于成熟阶段,需水不多,所以秋旱的影响较小,季节连旱是发生在大豆生长发育季节,因此,对产量影响最大,严重时会造成大豆大范围的减产,有些地方甚至绝收。

(2)区域性特点:呼伦贝尔市大豆种植中干旱高风险区位于扎兰屯市大河湾镇、成吉思汗镇和阿荣旗的亚东镇的部分地区,面积较小;中高风险区主要位于扎兰屯市东部和北部的达斡尔乡、卧牛河镇、中和镇、雅尔根楚镇,阿荣旗东部的音河乡、向阳峪镇、复兴镇、六合镇,莫旗的大部分乡镇;中风险区主要位于扎兰屯市北部和阿荣旗中部;低风险和中低风险区主要位于扎兰屯洼堤乡和哈多河镇,莫旗靠近尼尔基水库和嫩江的尼尔基镇和腾克镇(图2.1)。

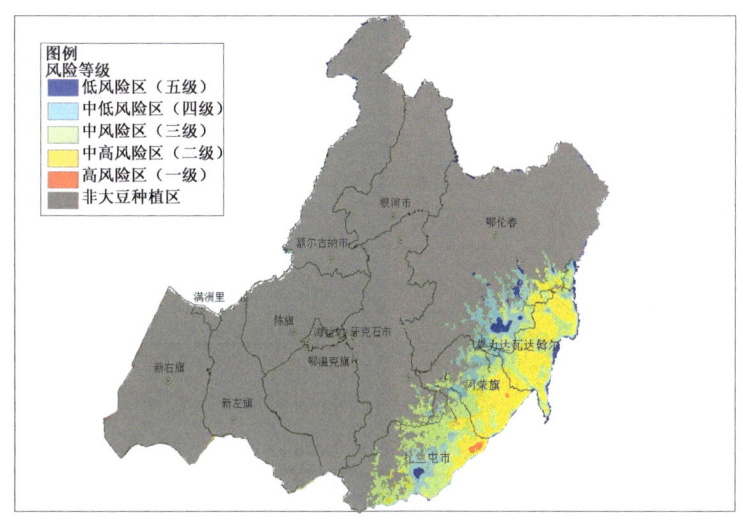

图2.1　呼伦贝尔市大豆种植区干旱风险性等级分布图

2.3.1.2　大豆干旱指标及影响

(1)春季干旱:采用0~20cm平均土壤相对湿度作为判别指标[3](表2.1),若连续两旬的监测结果为轻旱或连续一旬的监测结果为中旱以上即发生了春旱。

表2.1　春季大豆干旱等级及指标

干旱等级	0~20cm 土壤相对湿度(%)
不旱	≥55
轻旱	50~55
中旱	45~50
重旱	40~45
特旱	≤40

春旱主要发生在每年4—5月,连续无雨或少雨的时段使降水量不能满足大豆播种的要求而造成减产。具体表现在:种子吸水困难,种皮干燥皱缩,萌发困难,甚至不发芽。发芽后的胚根失水干燥,停止生长,俗称"掉芽干";干旱不仅会使大豆减产和失收,而且易引发病虫害。

(2)夏季干旱:采用0~50cm平均土壤相对湿度作为判别指标[3](表2.2),若连续两旬的监测结果为轻旱或连续一旬的监测结果为中旱以上即发生了夏旱。

表2.2　夏季大豆干旱等级及指标

干旱等级	0~50cm 相对湿度(%)
不旱	≥65
轻旱	55~65
中旱	45~55
重旱	35~45
特旱	≤35

呼伦贝尔市夏季干旱对大豆影响最大,若发生在大豆分枝期,则会使分枝减少,花芽分化受到抑制,从而造成严重的减产;若发生在鼓粒前期,就会影响籽粒正常发育,造成落荚或瘪荚少粒,使大豆减产。

(3)秋季干旱:采用0~50cm平均土壤相对湿度作为判别指标[3](表2.3),若连续两旬的监测结果为轻旱或连续一旬的监测结果为中旱以上即发生了秋旱。

表2.3 秋季大豆干旱等级及指标

干旱等级	0~50cm 土壤相对湿度(%)
不旱	≥60
轻旱	55~60
中旱	50~55
重旱	45~50
特旱	≤45

呼伦贝尔市秋季大豆基本处于鼓粒中期到成熟期阶段,对水分的需求明显降低,但干旱仍会对鼓粒造成一定的影响,使得粒重明显下降,受旱加快大豆死亡,影响大豆产量。

(4)季节连旱:分别使用各季节的干旱评判标准对大豆干旱进行评定,当春夏连续达到轻旱以上时则为春夏连旱,当夏秋连续达到轻旱以上时则为夏秋连旱,若春夏秋连续达到轻旱以上则为春夏秋连旱。

春夏连旱会造成大豆出苗期缺苗断垄,分枝期分枝减少,开花期花芽分化受到抑制,对产量均有较大影响,夏秋连旱主要影响鼓粒成熟期,鼓粒初期为需水高峰期,缺水会造成粒重下降,中后期大豆较为抗旱,但干旱严重时仍会使产量明显下降。春夏秋连旱即大豆整个生育期均处于干旱之中,对大豆生长极为不利。

2.3.1.3 干旱防御措施

(1)加强农田水利建设,因地制宜发展节水灌溉设施;
(2)建立农田防护林,改善农田生态环境;
(3)选择抗旱品种;春墒秋保,春旱严重的地块,最好采用伏秋翻地,能蓄积夏秋降水,同时要翻、耙、压连续作业,更可减少水分蒸发;
(4)如遇春旱时适期早播,适当增加播深;
(5)施用有机肥和花荚期追肥,以肥保水。

2.3.2 霜冻

2.3.2.1 大豆霜冻发生规律与特征

霜冻是每年在春、秋两季呼伦贝尔市大豆最易遭受的自然灾害之一,它对产量的影响很大,被霜冻打过的大豆植株,重的可以冻死,轻的也会影响其生长发育。

呼伦贝尔市大豆种植地区秋霜危害较春霜重,特别是当年伴有春旱,严重影响春播或出苗,伴有洪涝和低温等其他灾害时,则会造成秋霜来临前大豆不能成熟,受害尤为严重。从地区分布来说,呼伦贝尔市大豆种植中的霜冻高风险区主要位于阿荣旗中东部的六合镇、亚东镇、新发乡、向阳峪镇,莫旗的尼尔基镇、宝山镇、阿尔拉镇、巴彦镇和扎兰屯的大河湾镇、成吉思汗镇;中高风险区位于莫旗的其他乡镇,鄂伦春旗与莫旗边界,阿荣旗中部,扎兰屯中部;中风险区位于扎兰屯市除高风险、中高风险区以外的其余大豆种植区大豆种植区;只有阿荣旗和鄂伦春旗南部为低风险或中低风险区(图 2.2)。

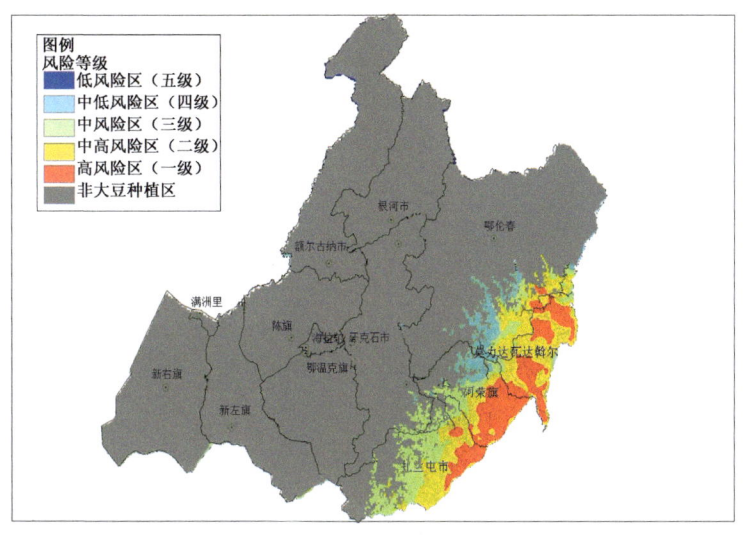

图 2.2 呼伦贝尔市大豆霜冻风险性等级分布图

2.3.2.2 大豆霜冻指标及影响

霜冻指标：分为春霜冻和秋霜冻[4,5]。

春霜冻指标见表 2.4。

表 2.4 大豆苗期霜冻指标

等级	日最低气温(℃)	受害症状
轻霜冻	−1～−2	植株顶部、叶尖或少部分叶片受冻,部分受冻部位可以恢复；受害株率应小于30%；作物减产幅度应在5%以内。
中霜冻	−2～−3	植株上半部叶片大部分受冻,且不能恢复；幼苗部分被冻死；受害株率应在30%～70%；作物减产幅度应在5%～15%。
重霜冻	−3～−4.5	植株冠层大部叶片受冻死亡或作物幼苗大部分被冻死；受害株率应大于70%；作物减产幅度应在15%以上。

秋霜冻指标见表 2.5。

表 2.5 大豆秋季霜冻指标

霜冻等级	分级标准	受害症状
轻霜冻	日最低气温在0～0.5℃,且出现日期比常年初霜冻来临平均日期偏早在6天及以内。	植株顶部、叶尖或少部分叶片受冻,部分受冻部位可以恢复；受害株率应小于30%；作物减产幅度应在5%以内。
中霜冻	日最低气温在−1～0℃,且出现日期比常年初霜冻来临平均日期偏早在6天之上,或地面最低气温低于−1～−2℃,且出现日期比常年初霜冻来临平均日期偏早在6天及以内。	植株上半部叶片大部分受冻,且不能恢复；受害株率应在30%～70%；作物减产幅度应在5%～15%。
重霜冻	日最低气温低于−1℃,且出现日期比常年初霜冻来临平均日期偏早在6天以上。	植株冠层大部叶片受冻死亡；受害株率应大于70%；作物减产幅度应在15%以上。

霜冻的影响：大豆苗期发生春霜冻,幼苗受害或被冻死,造成毁种；秋霜冻发生时,影响大豆成熟度,品质和产量均下降。

2.3.2.3 霜冻防御措施

(1)趟蒙头土防霜。在大豆刚刚出土,子叶尚未张开时在垄上覆土2cm;

(2)熏烟防霜,可用稻草、作物秸秆、谷壳、锯屑、枯枝落叶等;

(3)喷水防霜,以喷雾的形式洒到田间,为使温度不降低,要间断地多次喷水,依霜冻的强弱而定,霜冻重时7~8分钟喷1次,轻时15分钟喷1次。

2.3.3 冰雹

2.3.3.1 大豆冰雹发生规律与特征

冰雹是一种对农作物危害严重的天气现象,也是呼伦贝尔市农业的重大灾害之一。近几年各地每年遭受雹灾的面积达几十万亩甚至几百万亩,轻者打坏田苗、果木,重者折枝断穗,颗粒无收。

呼伦贝尔市冰雹的出现一般均伴随有大风、雷暴等强对流天气现象。从冰雹发生的时间来看,呼伦贝尔市大部地区冰雹发生在4—10月,5—9月是冰雹灾害频发期,约占全年的97%。

从呼伦贝尔市大豆种植中冰雹发生的地域分布来看,冰雹的高风险区主要位于莫旗大部分乡镇,阿荣旗中东部,扎兰屯市东北部和鄂伦春旗东南部;中高风险区位于莫旗与鄂伦春旗交界地带,扎兰屯市东部,阿荣旗中部;中风险区位于扎兰屯市北部的鄂伦春民族乡和阿荣旗西北部的查巴奇乡等地;低风险和中低风险区位于阿荣旗西部的得力其尔乡和查巴奇乡和扎兰屯市中南部(图2.3)。

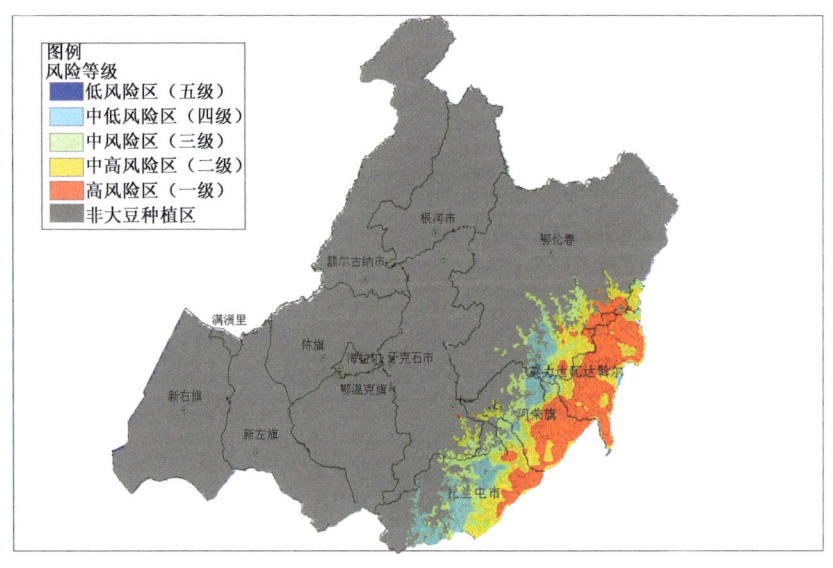

图2.3 呼伦贝尔市大豆冰雹风险性等级分布图

2.3.3.2 大豆冰雹指标及影响

冰雹指标:以冰雹直径和降雹持续时间作为冰雹灾指数,将冰雹灾划分为三个等级:轻雹灾、中雹灾、重雹灾[4](表2.6)。

表 2.6　雹灾等级划分表

等级	冰雹灾程度	冰雹灾指数(DD 直径:mm;SS 重量:g)	受灾情况
1	轻雹灾	$5 \leqslant DD < 10$ 且 $2 \leqslant SS < 5$	大豆叶片轻度伤残,较易复生,基本不影响产量
2	中雹灾	$5 \leqslant DD < 10$ 且 $5 \leqslant SS < 10$ 或 $10 \leqslant DD < 15$ 且 $2 \leqslant SS < 5$	大豆茎叶机械损伤轻重,部分豆荚脱落,较难复生,影响产量形成
3	重雹灾	$5 \leqslant DD < 10$ 且 $SS \geqslant 10$ 或 $10 \leqslant DD < 15$ 且 $SS \geqslant 5$ 或 $DD \geqslant 15$ 且 $SS \geqslant 2$	大豆植株部分机械损伤严重,茎干折断,豆荚脱落,生长不能恢复,产量受到严重影响甚至绝收

冰雹的影响:大豆幼苗怕雹打,被冰雹砸坏生长点及子叶者,就不能恢复生长,应进行毁种或补种。若被打掉一部分叶子,尚留有心叶,或者大豆主茎上还留有一部分叶柄者,其茎节处有腋芽,能形成分枝和花簇,也能进行生长。雹灾后要进行松土,追肥,以利大豆恢复生长。

2.3.3.3　冰雹防御措施

(1)人工消雹,破坏雹云条件,减少雹灾的影响;
(2)选择恢复能力强的大豆品种;
(3)成熟大豆及时抢收。

2.3.4　暴雨洪涝

2.3.4.1　暴雨洪涝发生规律与特征

暴雨是呼伦贝尔市夏季主要农业气象灾害,呼伦贝尔市是内蒙古暴雨的多发地区之一。暴雨主要集中在嫩江流域和额尔古纳河流域,每当暴雨出现形成洪涝,对农田造成巨大的破坏。时空分布特征如下:

暴雨总量沿大兴安岭山脉自西北向东南方向递增,岭东暴雨总量明显大于岭西,具有明显的区域性,说明地形对呼伦贝市暴雨作用显著。暴雨集中出现在 6—8 月,7 月份为峰值,7 月、8 月暴雨日数占总数的 91%,大兴安岭东侧在 5 月和 9 月也有暴雨出现。

呼伦贝尔市大豆种植中的暴雨洪涝高风险区主要位于莫旗全境,阿荣旗中东部,扎兰屯市东北部和鄂伦春旗东南部;中高风险区位于扎兰屯市中东部,阿荣旗中部和鄂伦春旗南部的大豆种植区;中风险区位于中高风险区边缘,面积较小;低风险和中低风险面积较小,只位于扎兰屯市的洼堤乡、哈多河镇和浩饶山乡(图 2.4)。

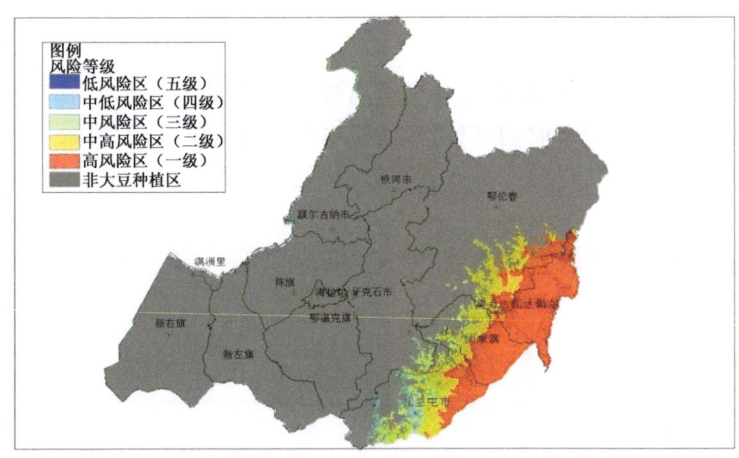

图 2.4　呼伦贝尔市大豆暴雨风险性分布图

2.3.4.2 暴雨洪涝指标及影响

暴雨洪涝指标[4,6]见表2.7和表2.8。

表 2.7 洪灾等级划分表

等级	灾害程度	洪灾指数	受灾情况
1	轻洪灾	一日内出现暴雨级降水	对受灾农田造成冲刷,大豆植株遭水刮倒伏,或部分沙埋
2	中洪灾	一日内出现大暴雨级降水	农田被冲,大豆植株被洪水卷走或遭泥沙覆盖
3	大洪灾	一日内出现特大暴雨级降水或连续两日出现大暴雨级降水或连续两日中一日有暴雨一日有大暴雨级降水	大片农田和大豆植株被毁
4	特大洪灾	连续两日以上出现特大暴雨级降水或连续两日以上一日有大暴雨一日以上有特大暴雨级降水	大豆绝收

表 2.8 涝灾等级划分表

等级	灾害程度	涝灾指数	受灾情况
1	轻涝灾	一个旬降雨量在100~150mm,且农田积水天数在4~6d(或连续二个旬降雨量在150~200mm且农田积水天数在4~6d)。	受灾地块作物死伤1~2成
2	中涝灾	一个旬降雨量在100~150mm且农田积水天数在7d以上(或连续二个旬降雨量在150~200mm且农田积水天数在7d以上);一个旬降雨量在150~200mm且农田积水天数在4~9d(或连续二个旬降雨量在200~250mm且农田积水天数在4~9d);一个旬降雨量≥200mm且农田积水天数在7~9d(或连续二个旬降雨量≥250mm且农田积水天数在7~9d)。	受灾地块作物死伤3~5成
3	重涝灾	一个旬降雨量在150~200mm且农田积水天数在10d以上(或连续二个旬降雨量在200~250mm且农田积水天数在10d以上);一个旬降雨量≥200mm且农田积水天数在10d以上(或连续二个旬降雨量≥250mm且农田积水天数在10d以上)。	受灾地块作物死伤大于5成

暴雨洪涝影响:大豆需水较多,但又不耐涝。土壤水分过多会造成根系缺氧,引起根部伤害,形成涝害环境,植株高度降低,叶片和面积减少,产量降低;大豆的开花期—结荚期、结荚期—鼓粒期,该时段为呼伦贝尔地区的多雨季节,降水量大增,而大豆的需水量仍维持或低于上一阶段的水平。这时水分过多土壤湿度过大,易造成大豆贪青徒长,影响开花结荚的数量以及籽粒的形成,造成涝灾。

2.3.4.3 暴雨洪涝防御措施

(1)呼伦比尔地区夏季雨水较多,对易发生内涝的低洼地区或地块,雨后尽快把田间积水和耕层滞水排出,减少田间积水时间,以防田间积水造成大豆黄叶、死秧;

(2)排水后及时扶正、培直植株,洗去表面淤泥,使植株尽早恢复正常的光合作用。

2.4 大豆主要病虫害

2.4.1 大豆病害

2.4.1.1 大豆灰斑病

(1)危害症状:又称蛙眼病,主要危害叶片,也危害子叶、茎、荚和种子。初现褪绿的小圆斑,后期扩展为中间灰色至灰褐色,四周褐色至红褐色状如薄纸的蛙眼斑,大小 2~5mm。大豆灰斑病是呼伦贝尔大豆生产中常发生的间歇性流行病害,近年来随着气候变暖及气候异常,导致大豆灰斑病频繁发生。病害流行年份,造成大豆产量、品质严重损失,一般可减产 5%~10%,严重时可减产 30%~50%,百粒重下降 2~3g,蛋白质和油份含量均不同程度降低。

(2)发生规律:7月初开始发病,8月下旬达到高峰,这时日平均气温在 21~26℃,空气湿度在 75%左右[7]。

(3)与气象条件的关系及指标:影响病害发生程度的主要气象因子是湿度和雨量,大豆成株期大豆灰斑病叶部发病早晚和发病程度取决于气象因子,即日平均相对湿度大于 80%,日平均气温高于 18℃,日最低温度高于 12℃的日数是灰斑病发生的先决条件;大豆灰斑病与7月中下旬空气湿度高度相关;对大豆灰斑病影响的气象因子的顺序为:8月平均气温、7月降水量、8月降水量、6月平均气温、降水量、日照时数、7月平均气温、日照时数、8月日照时数[7]。

(4)防治措施:加强田间管理,发病时及时清除病苗,可有效地控制发病;药剂防治,叶发病时可喷洒 36%多菌灵悬浮剂 500 倍液,或 40%百菌清悬浮剂 600 倍液等;收获后及时深翻土地。

2.4.1.2 大豆霜霉病

(1)危害症状:大豆各生育期均可受害。带菌种子侵染幼苗系统,但这一时期幼苗叶子较小,很难及时发现。第 1 对真叶从叶基部开始,沿叶脉两端出现大块褪绿斑块。在大豆发育期,其他复叶也相继感染,在叶子背部会出现灰白色霉层。后期全叶变黄而枯死,并在籽粒表面形成菌丝层,并产下大量孢子,内含病菌卵子。大豆霜霉病是国内外大豆生产上重要病害之一,尤其在东北和华北大豆产区发病较重。

(2)发生规律:该病自大豆的幼苗期到成株期都能侵染,它危害大豆的叶、茎、荚和种子,使产量降低和品质下降,低温和雨水多的年份损失更大。大豆霜霉病的显症时间为 6月初,6月末至 7月初开始再侵染,7月中下旬全田普遍发病。播种时间早,发病率高;播种时间晚,发病率低。湿度对病害发生与流行影响最大,低洼地较山地病情重;覆膜地块、密植地块较不覆膜、套作地块重。

(3)与气象条件的关系及指标:主要出现在 7月、8月份,雨水较多的季节,病害发生和流行与 7月份降雨量大小关系重大,7月份正是再侵染时期,降雨量大,空气相对湿度大,利于孢子囊的萌发和侵染,从而有利于病害的发生与流行[8]。

(4)防治措施:选用抗病品种;处理种子,清除病粒,使用专用药剂拌种,晾干后再播种;药剂防治,落花后用可湿性粉剂喷雾。

2.4.2 大豆虫害

2.4.2.1 大豆食心虫

(1)危害症状:大豆食心虫又名红小虫,是北方大豆产区的主要害虫,以幼虫蛀入豆荚食害豆粒,形成虫口破瓣,严重时豆粒被吃掉大半,被害的豆粒失去原形,常年虫食率为 10%~30%,严重年份虫食率高达 30%~60%,不仅造成大豆产量的降低,而且严重影响了大豆的品质和售价。

(2)发生规律:降水量偏多的年份,空气湿度大,大豆食心虫易发生;大豆食心虫的始见期在 7月末,高峰期在 8月初至 8月中旬,结束于 8月末,发生期历时 1个月左右。

(3)与气象条件的关系及指标:日平均气温在21~24℃时为大豆食心虫的发生适温,而持续高温、干旱的天气不利于成虫的发展。9月下旬平均气温和9月下旬降水量对食心虫脱荚直接影响是正效应,综合影响也是正向的,说明其对食心虫脱荚起促进作用,9月中旬日照和9月下旬最低气温的直接影响是负效应,综合影响也是负向的,说明对食心虫脱荚有限制作用,其中9月中旬日照时数的综合影响最大。如果9月中旬日照条件比较好,脱荚就早[9]。

(4)防治措施:花期过后到结荚期是防治大豆食心虫的最佳时期。农业防治,选用豆荚毛少、早熟的大豆品种;秋季及时耕翻土地,减少越冬虫源;生物防治,矿物油和苏云杆菌稀释混配等;化学防治,交替使用专用药剂可以控制成虫和幼虫,效果极佳。

2.4.2.2 大豆蚜虫成虫

(1)危害症状:蚜害使大豆叶片皱缩、节间缩短、植株矮化、发育提前。大豆蚜是呼伦贝尔市大豆产区最主要的害虫之一,苗期发生严重时可使整株植株死亡,导致大豆品质及产量严重下降。大豆蚜是一种小型迁飞性昆虫,因此很容易随气流迅速扩散,有可能在较短的时间内进行长距离的传播。

(2)发生规律:大豆有翅蚜每年有两次迁飞高峰,呈双峰曲线,温度和降水是影响大豆有翅蚜迁飞的重要气象因素。如果冬季出现极端低温天气,可能导致越冬卵孵化率降低,从而影响第二年大豆蚜的种群存活率;每年春季,平均气温达10℃时,发生有翅孤雌蚜,羽化后的成蚜迁飞到大豆幼苗为害,始见期(4—6月),这个时期的均温显著影响迁飞大豆蚜的种群数量;进入6月,降雨量明显增多,雨水的冲刷导致大豆蚜种群数量逐渐消退;6月末至7月中旬是大豆蚜的盛发期,这期间如果出现较极端的低温将不利于大豆蚜在田间的种群扩散和点片发生,导致首次迁飞高峰延缓或缩量。

(3)与气象条件的关系及指标:与前一年冬季极端最低气温、4—6月平均气温、6—7月最低气温和9月平均气温呈显著正相关,而与6—7月降雨量和9月雨日呈显著负相关[10]。

(4)防治措施:利用优势天敌防治蚜虫,大豆蚜虫天敌种类主要有小花蝽、龟纹瓢虫、异色瓢虫、七星瓢虫等,在6月中上旬有针对性地释放部分天敌,释放于田间,对大豆蚜虫的防控将起到积极的作用;农作物合理间作防治蚜虫,大豆与马铃薯等作物间作,蚜虫的发生量要比没间作地块蚜虫减少二成左右;生物防治与化学防治相结合防治蚜虫,在平均气温24℃以上、相对湿度75%以下时,进行化学防治,具体方法是以喷雾灭虫,可同时加入适量叶面肥,均匀喷雾。

2.5 栽培措施

2.5.1 整地与施肥

大豆要求的土壤状况是,活土层较深,既要通气良好,又要蓄水保肥,地面应平整细碎。大豆对土壤的要求不严格,深耕,精细整地,是大豆苗全苗壮的基础,深耕20~22cm。呼伦贝尔地区种植大豆一般在4月中下旬开始进行整地,持续到5月上旬播种前,历时20天左右,春整地时,因春风大易失墒,采取耙、耱、播种、镇压连续作业。

一般施入有机肥1000~3000kg或磷酸二铵15kg或复合肥20kg作为基肥。

2.5.2 播种

根据各地无霜期长短、土壤肥力及地势条件、机械化栽培及根据市场需求选用良种。晒种与精选种子,种子纯度达98%以上,净度不低于98%,发芽率95%以上。使用增产菌、根瘤菌、微肥拌种。

春播大豆区,播种过早,易烂种;播种过晚,出苗快,地上部生长快,细弱不壮,生育期延迟,秕粒数增加,降低大豆的产量和品质。一般5~10cm土层温度稳定达到8℃以上时就可以播种,呼伦贝尔地区在5月10日左右播种,25日左右结束,播种量遵循合理密植的原则,肥地宜稀,薄地宜密;晚熟品种宜稀,早熟品种宜密;早播宜稀,晚播宜密;肥、水、气候条件好宜稀,反之宜密。

2.5.3 萌发与出苗阶段田间管理

(1)栽培目标:提高地温,松土保墒。促进出苗快,出苗齐,防草荒。

(2)田间管理措施:松土整地,查苗、补种、间苗、定苗:大豆间苗宜早,两片真叶平展为宜,一般在齐苗后结合查苗补种进行。到三真叶期,再进行定苗。间、定苗时结合中耕,促进根系发育,培育壮苗,同时及时进行化学除草。

2.5.4 幼苗分枝阶段田间管理

(1)栽培目标:发根壮苗,为多分枝、早开花、多开花奠定基础。

(2)田间管理措施

1)中耕培土:一般需中耕2~3次。第一片复叶展开时三真叶期进行第二次中耕,大豆封垄前第三次中耕。第二、三次结合培土进行,高度以达到子叶节为标准。

2)追施苗肥:大豆幼苗期根部未形成根瘤,或初期固氮能力弱。在分枝出现前,应及时追施苗肥,以促进根系发育、分枝形成的花芽分化。苗期施肥在第一、二次中耕之间,用氮肥加过磷酸钙,起到以磷促氮的作用。

2.5.5 开花结荚阶段田间管理

(1)栽培目标:根深叶茂、花多荚多,防止徒长,防止郁蔽和倒伏,提高产量。

(2)田间管理措施

1)追施花肥:初花期追肥对增花保荚、提高产量效果明显。在肥力水平高和追施苗肥的情况下,可不追花肥,以免徒长;花荚期大豆根系吸收能力降低,可采用根外追肥的方法喷施。

2)生长调节剂的应用:当花期大豆田里呈现徒长迹象时,可施用生长调节剂,能促进同化器官的代谢功能,增强叶片光合作用,干物质积累多,防止花荚脱落,促进增粒增重,一般可增产10%左右。盛花期到结荚期喷施较好,一般喷施两次,间隔7~10天。

3)灌溉和排水:大豆苗期耐旱,分枝期应保持土壤湿润,开花期灌溉1~2次,结荚到成熟阶段灌水不宜太多,以免贪青迟熟。大豆不耐涝,水多应及时排水。

4)防治病虫:主要为蚜虫、大豆食心虫。

5)拔除大草。

2.5.6 鼓粒成熟阶段田间管理

(1)栽培目标:保根、护叶,增荚、增粒,提高粒重。

(2)田间管理措施

1)补施氮肥:大豆进入鼓粒期后,根瘤菌固氮能力逐渐减退,鼓粒期需肥量大,所以需补施氮肥,增加产量。

2)灌水:鼓粒期缺水,应少量灌水,可以改进大豆品质,鼓粒后期减少土壤水分可促进早熟。

2.6 收获与贮藏

(1)收获:大豆人工收获应在黄熟末期进行。植株特征:叶片大部分变黄脱落,茎和荚变成黄色,籽粒含水量下降到15%~20%,茎下部呈黄褐色;

机械收获应在完熟期进行。植株特征:植株叶柄全部脱落,籽粒变硬,茎、荚和粒都呈现出本品种固有的色泽,摇动植株,发出清脆的摇铃声。呼伦贝尔大豆采用机械收获,收获期一般在9月中下旬,10月中旬结束,历时20~25天左右。

(2)贮藏:大豆籽粒蛋白质含量较高,在湿度较大的情况下,籽粒吸湿性强,含水增高,会加速脂肪分离,游离脂肪酸增多,导致籽粒酸败,降低品质和发芽能力,所以大豆贮藏环境必需干燥。大豆贮藏的安全含水量为9%~12%。

第3章 大豆气象服务业务

3.1 产品制作要求

3.1.1 大豆农业气象监测分析产品

3.1.1.1 旬、月、季、年监测分析产品

(1)发布时间

每旬(月)逢1—3日,季在下月15日,年在下年2月末。

(2)信息收集

收集各旬月季年气温、积温、降水、日照、蒸发、湿度等;收集区局旬月季指导产品;获取相应时段大豆长势、灾情、病虫害及产量等信息。

(3)技术方法

对比分析方法:分析本旬(月季年)气象要素与大豆该阶段水热需求进行比较判断,并与历年和上一年同期结果进行比较,对于其重大变化过程的影响应给予重点评述,综合评估水分和热量条件对大豆生长的利弊影响。

(4)产品内容

1)提要:简述当旬(月季年)热量、水分、光照条件以及农业气象灾害,结合大豆所处发育阶段,综合评价当旬(月季年)农业气候条件对大豆生长发育的影响利弊。(200字以内)

2)前期气候概述:分析当旬(月季年)气温、积温、降水、日照、蒸发等对作物生长有影响的主要气象要素,并与历年和上年同期比较;分析旬(月季年)内影响大豆生长发育的主要农业气象灾害,如高温干旱、低温阴雨、霜冻、暴雨洪涝、大风冰雹等。

3)影响评述:概述当旬(月季年)大豆农业气象服务重点;描述大豆所处发育阶段对气象条件的要求,即生长发育适宜指标;结合大豆当旬(月季年)长势,定性或定性与定量相结合综合评述旬(月季年)农业气象条件对大豆生长的利弊影响;简述当旬(月季年)农业气象灾害对大豆生长发育和产量形成的影响。

4)气候展望:简述未来天气概况,重点关注光温水和土壤墒情;对大豆未来生长发育的利弊影响。

5)生产建议:根据分析结论和后期天气变化趋势,提出趋利避害的田间管理措施和建议。

3.1.1.2 主要发育期农业气象条件监测产品

关键发育期包括:播种—出苗期、出苗—分枝期、分枝—开花期、开花结荚—鼓粒期、鼓粒—成熟期。

(1)发布时间

一般在关键发育期结束一周之内发布,具体每个发育期见服务工作历要求。

(2)信息收集

1)气象资料:发育期时段内平均气温、积温、降水、日照、蒸发、湿度等,春季地温(5~10cm)稳定通过8℃日期、墒情(冻土层化冻情况)、灾害(霜冻、低温冷害、高温干旱、暴风雨等)。

2)农业生产情况:大豆轮作倒茬情况、播种质量、出苗、各生育期长势情况、田间管理等,农事活动(施肥、喷药、耕翻、收获等)。

(3)技术方法:两种方法综合使用。

1)对比分析方法:将大豆关键发育期气象要素与水热需求进行比较判断,并与历年和上一年同期比较,综合评价水分和热量条件对大豆该生育阶段生长发育的利弊影响。

2)气候适宜度方法:见附录A:大豆气候适宜度分析方法及分析指标。

(4)产品内容

1)提要:概括大豆关键发育期间热量、水分、光照条件,大豆长势及农业气象灾害,综合评价该发育阶段农业气候条件对大豆生长发育及产量形成的影响利弊。(200字以内)

2)前期气候分析:分析关键发育期内主要气象要素气温、积温、降水、日照等,并与历年和上年同期比较;分析发育期内影响大豆生长发育的主要农业气象灾害,如高温干旱、低温阴雨、暴雨洪涝、大风冰雹、霜冻等;

3)影响评述:概述大豆关键发育阶段农业气象关注重点;描述大豆关键发育阶段对气象条件的要求,即生长发育适宜指标;结合大豆该阶段长势,定性和定量相结合综合评述该发育阶段光、热、水等农业气候要素及其相互匹配对大豆生长发育的利弊影响,期间主要气象要素异常变化或灾害发生对大豆正常生长的影响要重点评述

4)气候展望:未来1~7天天气预报;对大豆下一发育期的可能影响。

5)生产建议:针对该生育阶段农业气象关注重点及后期天气变化趋势,提出趋利避害的田间管理措施和建议。

3.1.1.3 农业气象灾害监测产品

针对呼伦贝尔地区主要发生的农业气象灾害,如干旱、低温冷害、霜冻等进行立体化监测与诊断。

(1)发布时间

一般受灾面积达到30%以上,且预计未来一周灾害性天气或受灾范围将进一步发展,确定为灾害起始日期,开始发布农业气象灾害监测产品,对灾害进行跟踪监测。持续5天以上滚动发布灾害监测产品,灾害缓解、解除时实时发布灾害监测产品。

(2)信息收集

地面观测信息、卫星遥感信息、地面实况调查信息,包括前期气候条件、大豆长势、田间管理情况。

(3)技术方法

通过确定大豆农业气象灾害发生面积占农田面积的比例和灾害发生气象指标,参考未来1~7天的天气预报结果,发布灾害监测产品,并分析未来一周灾害持续、发展、加重区域,或者可能缓解、解除区域,以及对大豆生产的利弊影响,分析结果以图表的形式给出。

(4)产品内容

1)当前灾害实况:通过文字、图表重点描述当前灾害分布范围、各灾害等级发生面积、发生

程度以及对大豆播种、出苗、各时期生长发育的影响。

2）未来天气变化对灾害发展的可能影响：根据未来1~7天天气预报结果，分析时段内天气对灾害的可能影响，包括灾害持续、继续发展，还是灾害缓解、解除以及对大豆生长发育的影响。

3）生产建议

干旱：区分不同干旱区域，提出分类措施建议，对于能够灌溉的干旱地区提出以灌溉为主的抗旱减灾措施，对于不能灌溉的地区采取农业技术措施，达到抗旱减灾的目的。

低温冷害：根据监测结果，结合未来天气预报结论和作物所处的发育期，提出趋利避害的生产建议。

霜冻：根据不同地区监测结果，提出毁种、补种或加强田间管理、松土、增加追肥等建议，秋霜冻可采取烟熏、灌水、喷洒防霜剂、促早熟的等措施避免霜冻危害。

3.1.2 大豆农业气象预报预警产品

3.1.2.1 农用天气预报

包括关键农事活动气象条件和灾害性天气农用天气预报。

(1) 关键农事活动农用天气预报

包括春播、秋收、灌溉、施肥和喷药。

1）发布时间

根据农事活动时间及时发布。

2）资料收集

历史实时气象资料、预测预报产品和大豆生长发育资料。

3）技术方法

依据大豆农事活动适宜气象等级指标或模型，释用天气预报信息，运用农业气象决策知识库，对未来天气条件进行诊断分析，形成农用天气预报产品。

4）主要内容

上周天气回顾：简述上周气温、降水实况及近期大豆主要农事活动。

未来一周逐日天气和土壤相对湿度预报：影响大豆关键农事活动的主要要素及其变化情况。

对照适宜或不适宜等级指标，制作适宜、较适宜和不适宜等级分布图，描述当前各适宜气象等级分布状况。

5）建议：根据天气变化影响结果，提出针对性生产建议。

(2) 灾害性天气农用天气预报

包括霜冻、低温、高温、暴雨洪涝及大风冰雹。

1）发布时间

根据灾害性天气预报、重要天气报告及气象灾害预警信号及时发布。

2）资料收集

灾害性天气预报预警产品和大豆生长发育资料。

3）技术方法

根据大豆生长发育进程，提出当前大豆受害指标，在灾害性天气预报发生时间、发生区域，确定大豆农业气象灾害发生时间、地点和程度，分析灾害将对大豆造成的危害，并提出趋利避害生产建议,最后形成灾害性天气农用天气预报产品。

4)主要内容

灾害性天气预报发生时间、区域;大豆当前发育进程及受害指标;分析不同地点大豆受灾程度;提出针对性生产建议。

3.1.2.2 农业气象灾害预报预警

(1)干旱

1)发布时间

当达到启动灾害应急响应预案条件或连续发布干旱预警信号时发布。

2)资料收集

土壤水分、土壤特性、大豆发育期、日降水量、降水日数及卫星遥感监测产品。

3)技术方法

干旱预警主要通过干旱预警指标判识、地面土壤墒情监测和卫星遥感监测等方法,综合监测干旱的初始场状况,以数值预报气象要素为驱动,结合未来天气预报和气候预测,根据未来干旱发生的时间、范围和强度预报、预测结果,发布预警产品。

4)主要内容

利用农田干旱(墒情)遥感监测,分析、描述当前不同等级干旱面积。

根据土壤水分监测、预报信息,结合农田干旱等级标准,绘制不同等级干旱发生区域图,描述不同等级灾害分布范围和面积以及对大豆生长发育的影响程度。

根据土壤水分实测资料,利用土壤水分预报模型得出未来土壤水分预测结果,分析干旱未来发展趋势。

(2)霜冻

1)发布时间

当达到启动灾害应急响应预案条件或连续发布霜冻预警信号时发布。

2)资料收集

日最低气温、日最低地温和大豆发育期、生长状况资料。

3)技术方法

依据气象台发布的霜冻预警信号,根据大豆生长状况和大豆初、终霜冻等级指标,分析终霜冻天气对不同区域大豆幼苗可能产生的影响,或初霜冻对大豆鼓粒成熟的影响,包括程度、范围,绘制霜冻灾害等级预报图。

4)主要内容

对照霜冻灾害等级预报图,重点描述终霜冻可能发生范围、对不同区域大豆幼苗影响程度,或初霜冻对大豆鼓粒的影响程度,提出避免或减轻霜冻灾害的生产建议,如灌溉、熏烟、喷洒防霜剂等切实可行的抗灾措施。

(3)涝害

1)发布时间

当达到启动灾害应急响应预案条件或连续发布暴雨预警信号时发布。

2)资料收集

降水量、土壤相对湿度、大豆发育期及作物系数、土壤水文常数等资料。

3)技术方法

以降水监测为基础,降水预报为分级依据,降水量区域分析为核心,对易涝区应用降水分级指标实现预报。根据中短期天气预报及暴雨预报,结合洪涝雨量指标,发布洪涝灾害预警。

4)主要内容

当前降水量监测分析和大豆发育期。根据洪涝害判别指标和模型,以及未来天气预报信息划分洪涝害区域及等级,制作不同等级洪涝害分布图,描述不同等级灾害分布范围和面积以及对大豆生长发育的影响程度。

3.1.2.3 发育期预报

主要发布大豆开花期和成熟期预报。

(1)发布时间:正常年份大豆关键发育普期前 20 天发布。

(2)资料收集:当前大豆发育期资料和下一发育阶段气温、降水预报。

(3)技术方法:物候学方法、积温法两种方法综合运用,相互验证。

1)物候学方法

利用大豆相邻两个发育期的实际出现日期和两发育期多年平均间隔日数,预报大豆下一发育期出现日期。

2)积温法

在适宜的温度范围内,作物发育速度与温度高低成比例。作物完成某一发育期所需要的有效积温为一定值。利用大豆上一发育期实际出现日期、完成本发育阶段所需要的有效积温及该阶段平均气温的预报值或多年平均值,预报大豆下一发育期出现日期。

(4)主要内容:包括预报结论、预报依据及生产建议。

1)预报结论:预测不同地区大豆进入下一发育期的时间,与上一年比较、与历年比较提前或推迟天数(表格列出)。

2)预报依据:大豆相邻两个发育期间≥10℃平均积温或间隔日数。

3)生产建议:结合预报结果和目前生产状况,提出利于大豆生长发育的措施和建议。

3.1.2.4 产量预报

(1)发布时间

趋势预报 7 月 15 日前,定量预报 8 月 15 日前,定量预报发布后 15～20 天内根据需要制作订正预报。

(2)资料收集

收集生长季大豆灾情信息、播种面积、长势等数据信息。

(3)技术方法

1)相似年方法:计算预测年大豆播种后的气候适宜度,与历史相似年进行比较分析,得出预测年大豆单产预报结论,根据播种面积预报总产量。

2)多元回归统计模型:利用呼伦贝尔市大豆多年气象产量与气温、降水及日照时数等气象要素做相关普查,筛选相关性高的因子建立大豆气象产量与气象条件的方程。

(4)主要内容:包括提要、预报结论、预报依据、未来天气气候预测及生产建议。

1)提要:简述影响当年大豆产量丰谦的主要气象要素,最终形成综合影响结论和总的预报结果。

2)预报结论:大豆平均单产、种植面积、总产量预报结果。平均单产、种植面积、总产量预报结果与上一年实际值对比分析(增减值与增减百分比)。平均单产、种植面积、总产量预报结果与近五年平均值对比分析(增减值与增减百分比)。

3)预报依据:大豆播种以来气象条件及气象灾害对大豆产量影响分析;社会经济因素分析,包括种植面积、农业政策等信息分析;气象模型计算结果分析。

4)未来天气气候预测与农业生产建议:包括未来天气和气候预测;未来天气和气候对大豆生长发育的可能影响;农业生产建议。

3.1.2.5 病虫害发生适宜气象条件等级预报

(1)发布时间

在病虫害易发时段,根据前期气象条件适时发布。

(2)资料收集

温度、降水、湿度、风和光照等气象要素的实况资料和预报资料,以及大豆发育期及长势资料。

(3)技术方法

利用影响病虫害发生的气象要素实况值、预报值,结合病虫害发生的生理气象指标或预报模型,参照病虫害发生发展气象等级标准,并通过调研分析,进行病虫害发生发展气象等级预报。

(4)主要内容

1)预报依据:简述前期温度、降水、湿度等气象条件,分析对病虫害发生流行的影响。

2)预报结论:结合未来天气预报,对影响病虫害发生流行的气象要素进行预报;根据病虫害发生指标或模型,参照分级标准,绘制不同区域病虫害发生适宜气象等级分布图,并描述发生情况。

3)生产建议:提出有针对性的防治建议。

3.1.3 大豆农业气象灾害调查评估产品

3.1.3.1 干旱

(1)发布时间

当干旱发生程度达到中等以上等级标准时,启动干旱调查评估机制。

(2)数据资料收集及处理

1)气象资料和大豆资料的收集处理:发生干旱区域内的降水量、连续无降水日数、土壤墒情、干旱等级及对应的大豆减产率、过去3年大豆单产平均值、上一年大豆销售价。

2)卫星遥感数据的处理:卫星遥感资料来源于环境减灾卫星、Landsat、GF卫星和风云卫星,利用气象卫星与资源卫星时间、空间上优势互补,对干旱发生发展情况作出动态跟踪监测评估。最初获取来的数据是单波段tif格式数据,需要对数据多波段组合成一个文件;利用遥感处理软件进行大气校正,做除云处理;云层特别厚无法去除的地区,切除处理。将气象灾害发生前的卫星影像作为基准数据,将后续的数据处理配准到亚像元级别精度,为后续变化监测提供基准数据。再对校正后数据分别计算NDVI(归一化植被指数)值以及NDVI差值。

3)航空遥感数据处理:航空遥感作为卫星遥感的辅助性验证,利用人工影响天气飞机进行航高2000.0m、空间分辨率0.3m的航空遥感拍摄,航线选择一般2~3条,尽量将有代表性的灾情轻、中、重的区域都包含在内。利用航空遥感处理软件处理得到航空影像图,与卫星影像比对,为下一步提取指标做准备。

(3)技术方法

人工调查评估、卫星遥感及航空遥感灾损评估相结合方法。

1）灾害初步评估

根据干旱发生时间地点，结合民政部门灾情数据界定气象事件。采用气象卫星遥感影像，快速反演植被长势，与气象事件叠加分析，得出旱灾评估初步结论，并结合路网确定灾害评估地面调查路线。

2）灾害地面调查

气象部门联合地方政府代表、农业保险公司、农业专家及有丰富经验农民组成联合调查组，对主要受灾大豆类型、受灾程度及受灾面积等进行实地抽样调查，重点调查灾害发生重区域，同时兼顾相对较轻的地区，为精细化评估提供验证依据。

3）卫星遥感评估

利用卫星遥感做农作物受灾前后的NDVI（植被指数）变化监测。作物生长期受灾后遥感图上NDVI值有相应降低，NDVI降低的程度与受灾程度呈正相关的关系，对灾害发生发展情况作出动态跟踪监测评估。

4）航空遥感验证

根据灾害调查实际需求开展航拍工作，使用无人机或运12飞机，开展航拍工作，实现航空遥感详查，进而实现卫星遥感与实地调查不同尺度的关联验证。

5）精细化评估

采用资源卫星、高分卫星遥感影像，反演作物长势，根据灾害类型、作物类型、耕作制度及发育阶段，确定灾害评估指标，以地面调查和航拍影像验证灾害等级，在气象、土地利用、地形、雷达、行政区划和产量等多源信息共同支撑下，完成精细化灾害评估工作。

6）经济损失

经济损失计算：

$$经济损失 = 单产 \times 价格 \times 受灾面积 \quad (3.1)$$

式中：单产为过去3年大豆单产平均值，价格为上一年销售价。

(4) 主要内容

1）当前干旱概述：包括干旱发生情况、监测调查过程及评估结果分析。

2）技术路线：简述采取的主要技术手段、人员组成及分工。

3）数据处理方法及结果：包括气象监测数据处理、地面调查、航空与卫星遥感、数据综合处理计算结果及经济损失计算结果。

4）结论说明：计算过程中相关数据来源、折算方法及定量评估结果存在的问题。

5）附图表：包括各旗市灾害损失分级图表和航空影像图等。

3.1.3.2 霜冻

(1) 发布时间

当霜冻发生程度达到中等以上等级标准时，启动霜冻调查评估机制。

(2) 资料收集

1）气象资料和大豆资料的收集处理：发生霜冻区域内的日最低气温、霜冻等级及对应的大豆减产率、过去3年大豆单产平均值，上一年大豆销售价。

2）卫星遥感数据的处理：同干旱。

3）航空遥感数据处理：同干旱。

(3) 技术方法：同干旱。

(4)主要内容:同干旱。

3.1.3.3 冰雹

(1)发布时间

根据提供的有关冰雹灾害损失情况,当达到中等程度时进行大豆生育期间的冰雹损失评估。

(2)资料收集

1)气象资料和大豆资料的收集处理:受灾地区雷达组合反射率资料、大豆种植区冰雹日数、受灾面积及上一年大豆价格。

2)卫星遥感数据的处理:同干旱。

3)航空遥感数据处理:同干旱。

(3)技术方法:同干旱。

(4)主要内容:同干旱。

3.1.3.4 暴雨洪涝

(1)发布时间

当暴雨洪涝灾害发生程度达到中等以上等级标准时,启动灾害评估机制。

(2)资料收集

1)气象资料和大豆资料的收集处理:暴雨洪涝开始日期、结束日期、降水量合计、小时最大雨强、大豆受灾情况、过去3年大豆单产平均值及上一年大豆销售价。

2)卫星遥感数据的处理:同干旱。

3)航空遥感数据处理:同干旱。

(3)技术方法:同干旱。

(4)主要内容:同干旱。

3.2 大豆产品服务规范

3.2.1 业务流程

(1)通过历史资料和数据积累,形成大豆相关气象服务的基础数据库,建立服务指标。通过搜集卫星、航空遥感资料、地面观测资料、农业主管部门等的相关数据,启动服务产品制作与发布流程(图3.1)。

(2)根据产品发布时间要求不同,将服务项目分为常规项目和适时项目两类:常规项目按固定发布日期,发布内容相对固定的气象服务信息,如雨情、墒情产品、月农业气象条件分析、关键发育期气象条件分析及农用天气预报产品等;适时项目在发布前需要对实际情况进行监测,当达到一定发布条件时才启动发布流程,如各类农业气象灾害预报预警、监测评估及专题分析产品等(图3.1)。

(3)启动发布服务项目后,按照不同产品的制作流程制作服务产品,并向特定对象或公众发布。发布后由气象业务主管部门考核服务产品制作流程、指标是否符合规范要求。及时搜集产品用户的反馈信息,调整服务指标。将所有反馈信息作为历史服务资料加以记录(图3.1)。

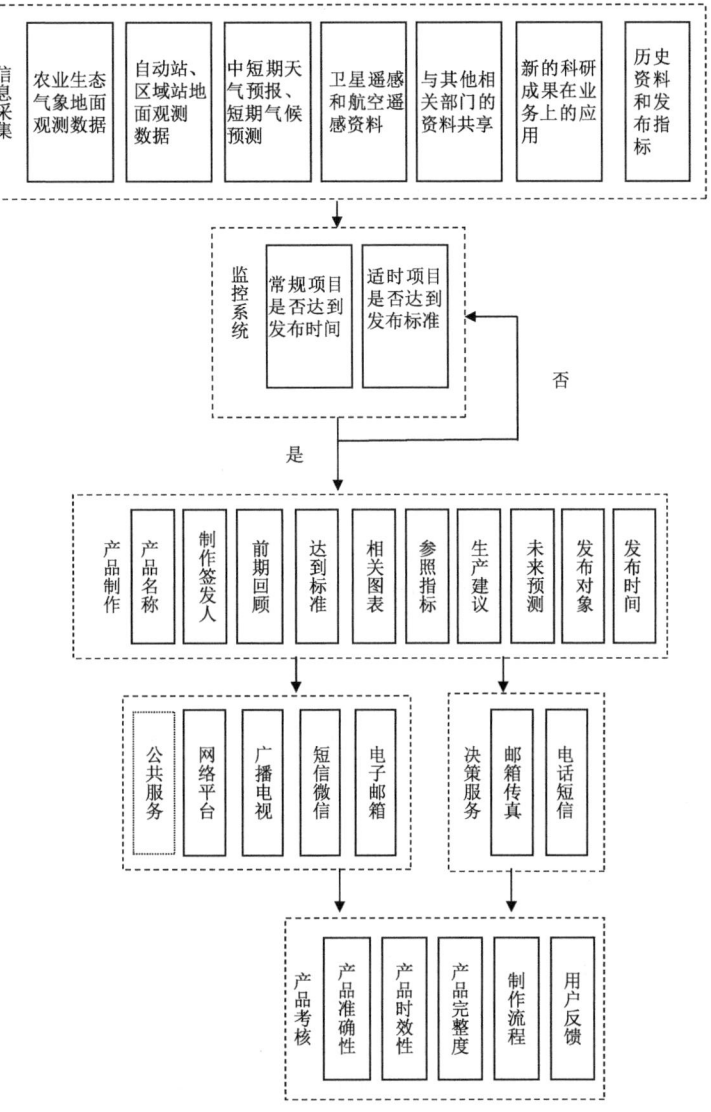

图 3.1 大豆农业气象业务流程

3.2.2 服务产品规范

3.2.2.1 产品格式

(1)文字格式

1)产品文头

采用华文新魏,阴文,小初号,纯红色,居中对齐,间距段前段后 0 行,单倍行距。

2)标题:居中于红色分割线下。一般采用方正小标宋简体,二号,纯黑色,加粗,字间不空格,居中对齐,间距段前段后 0 行,单倍行距。回行时,要做到词意完整,排列对称,长短适宜。

3)摘要或前言:位于标题下 1 行,首行缩进 2 字符。采用仿宋_GB2312,四号,纯黑色,"前言"或"摘要"两字加粗,间距段前段后 0 行,行距固定值 20~25 磅,段前 1 行。

4)正文标题:文中结构层次原则性不超过三级,最多不超过四级,依次使用"一、""(一)"

"1.""(1)"标注,首行缩进2字符,纯黑色三号字体。一级标题黑体,段前1行段后0行;二级、三级和四级标题采用仿宋_GB2312,加粗,段前段后0行,行距固定值25～30磅。

5)正文:仿宋_GB2312三号,纯黑色,不加粗,首行缩进2字符,段前段后0行,行距固定值25～30磅。

6)表格:表号和表名中间空2格,采用正文形式,位于表上方,仿宋_GB2312,小四号,纯黑色,加粗,居中,单倍行距。表格类别采用自动套用格式中的网格型,表格内字体为仿宋_GB2312,小四号,纯黑色,不加粗,居中。表格属性对齐方式为居中,文字环绕为无。单位如标在表格外,则在表名下一行,表上方居右,仿宋_GB2312 小四,纯黑色,不加粗。

7)示意图:示意图应有图框、图例、图号、图名,插入图片时环绕方式采取"嵌入型"。图框内除主图外只标注图例,原则上不加注文字说明、制作者信息等内容,图例在图的下方,图例的色标要尽量符合气象预报服务产品色标标准,卫星遥感监测产品要标出箭头并文字说明。图号和图名中间空2格,采用正文形式,位于图下1行,仿宋_GB2312,小四号,纯黑色,加粗,居中,单倍行距。

8)注释和说明:略居左,仿宋小四,纯黑色,不加粗,段前段后0行,行距固定值25磅。

9)呈报、报送、制作单位、分析人:仿宋_GB2312 小四,纯黑色,加粗,段前段后0行,行距固定值20磅。

10)期数:黑体三号,深蓝色。

11)年月日、签发:黑体小三号,深蓝色。

(2)插入图片的色标标准

气象产品色标是用来填充各类不同量级、不同程度天气或气象要素区域的颜色标准。

1)气温的高低反映冷暖情况,在气温低于0℃时用冷色调颜色表示,气温高于0℃时用暖色调颜色表示。气温升温用暖色调颜色表示。气温负距平表示气温偏低,取冷色调颜色;气温正距平表示气温偏高,取暖色调颜色。

2)降雨区域用冷色调颜色表示,对大暴雨及特大暴雨用醒目的粉色及紫色表示,达到警示的效果。累计降水量采取冷色调颜色表示,其中最强降雨用醒目的紫色表示。降水量距平百分率为负时表示降水量偏少,取暖色调颜色;降水量距平百分率为正时表示降水量偏多,取冷色调颜色,降水量距平百分率为负时表示降水量偏少,采用暖色调。

3)土壤墒情等级,一类墒用蓝色,二类墒用绿色,三类墒用棕黄色表示。

4)干旱等级,无旱用淡绿色,轻旱用淡黄色,中旱用纯黄色,重旱用棕黄色,特旱用深棕色表示。

5)作物生长及农事活动适宜气象等级,适宜用绿色,较适宜用蓝色,不适宜用红色表示。

3.2.2.2 发送方式

(1)农业气象监测分析产品:通过Notes给气象部门内部科室、领导发送,通过电子邮箱给政府、涉农部门领导、气象信息服务站发送。

(2)农业气象预报预警产品:通过电子邮箱给政府、涉农部门领导、气象信息服务站发送;通过手机短信、网络、微信、大喇叭和显示屏等手段公开对外发送。

(3)农业气象灾害评估产品:通过Notes给气象部门内部科室、领导发送,通过电子邮箱给政府决策部门、涉农部门领导。

3.2.2.3 上传方式

(1)农业气象监测分析产品:上传方式主要依靠业务内网和Notes邮箱。

(2)农业气象预报预警产品：上传方式依靠业务内网、Notes 邮箱、手机短信等。

(3)农业气象灾害评估产品：上传方式主要依靠业务内网和 notes 邮箱。

3.2.2.4 签发制度

大豆气象服务产品实行严格的签发制度，由制作人和签发人共同为产品内容负责。农业气象监测分析产品和农业气象预报预警产品由农业气象服务首席、部门领导或部门领导授权的相关人员签发；农业气象灾害评估产品由局领导或其授权的相关人员进行签发。

3.2.2.5 注意事项

大豆气象服务产品内若使用非气象部门数据，需在产品中标注数据来源；制作产品前若与农业部门、民政部门等组织过联合会商，需在发布前将产品抄送会商参与单位；农业气象灾害评估等决策类产品严禁直接对公众发布。

3.3 岗位职责

3.3.1 自治区级农业气象岗位职责

3.3.1.1 农业气象监测分析、预报预警岗位

(1)负责在大豆各生育时期及生长季各月收集整理、跟踪调查全区大豆种植区域内站点的气温、积温、降水及土壤墒情等数据；与农业厅、民政厅、植保站等相关部门沟通，获取大豆各时期苗情、灾情及病虫害等数据，充实监测分析内容；对各类信息进行分析加工、诊断，结合下一阶段气候预测形势，制作发布全区大豆生长季农业气象监测分析产品。

(2)负责与农业部门沟通，收集整理当年和近五年全区大豆播种面积、单产、总产及全区种植调控政策，并联络农业厅、统计局等相关部门组织召开全区粮食产量预报会商会，制作当年全区及各盟市大豆产量预报；整理、审核全区大豆发育期观测资料，制作发布关键发育期预报产品。

(3)在自治区气象台天气预报、预警产品信息基础上，指导盟市开展大豆农用天气预报、农业气象灾害性天气预报预警、病虫害发生适宜气象条件等级预报等农业气象预报预警服务产品。

(4)负责将服务产品及时发送到中国气象局相关单位、自治区政府相关部门、农业部门及内外网站等。

(5)负责组织全区不定期农业气象会商并进行总结发言。

(6)负责盟市气象局相关产品制作的技术指导和考核检验。

(7)负责收集服务效益与反馈意见。

(8)负责对监测、预报预警方法、模型和指标的研究和改进。

3.3.1.2 农业气象灾害评估岗位

(1)负责与自治区气象台沟通协调，进行致灾气象事件界定及受灾区域的监测分析，并指导盟市气象局进行细化和订正相关信息。

(2)负责组织人员及受灾地区所属盟市气象局，在自治区气象局统一部署下组织开展灾害地面调查并进行灾情结果分析，及时收集气象灾害发生时大豆的受灾情况。

(3)负责卫星遥感和航空遥感灾情监测与分析。

(4)根据关注重点和服务重点，党政部门和上级气象主管部门的要求，进行灾害损失计算

评估,撰写灾害评估报告。

(5)负责气象评估服务产品的发布、报送工作。

(6)负责收集气象评估产品发布及反馈情况。

3.3.2 盟市级农业气象岗位职责

盟市级由农业气象业务岗位进行大豆监测分析、预报预警及评估服务,主要职责为:

(1)负责在大豆各生育时期及生长季各月收集整理、跟踪调查本盟市大豆种植区域站点的气温、积温、降水及土壤墒情等数据;与农业、民政、植保等相关部门沟通,获取大豆各时期苗情、灾情及病虫害等数据,充实监测分析内容,并将发育期和灾情数据及时上报区局;对各类信息进行分析、诊断,结合下一阶段气候预测形势,参考区局指导产品制作发布大豆生长季农业气象监测分析产品。

(2)负责与农业部门沟通,收集整理当年和近五年本盟市大豆播种面积、单产、总产及本盟市种植调控政策,制作当年大豆产量预报,并联络农业局、统计局等相关部门组织召开产量预报会商会,制作大豆产量预报会商材料,订正区局产量预报结论。

(3)负责整理、审核各旗县大豆发育期观测资料,制作关键发育期预报产品。

(4)负责收集气象台天气预报预警产品信息,在区局业务部门指导下,制作发布大豆农用天气预报、农业气象灾害性天气预报预警、病虫害发生适宜气象条件等级预报等农业气象预报预警服务产品。

(5)配合自治区气象局组织开展大豆农业气象灾害的监测分析、地面调查,收集大豆受灾情况,参与灾害评估报告的撰写。

(6)负责将服务产品及时发送到自治区气象局相关单位、市政府相关部门、农业部门及内外网站。

(7)负责制作区局组织的不定期农业气象会商材料并进行发言。

(8)负责旗县局相关产品制作的技术指导和考核检验。

(9)负责收集服务效益与反馈意见。

(10)负责对农业气象服务指标、模型的研发、改进和本地化。

3.3.3 旗县级农业气象岗位职责

旗县级由综合业务岗位进行大豆监测分析、预报预警及评估服务,主要职责为:

(1)负责在大豆各生育时期及生长季各月监测本旗县的气温、积温、降水、土壤墒情、大豆发育期、苗情实况,与农业、民政、植保等相关部门沟通,跟踪调查大豆灾情、病虫害发生情况等,按要求及时将各类监测调查数据信息上报市局;对各类信息进行分析、诊断,结合下一阶段气候预测形势,参考区局、市局指导产品制作发布大豆生长季农业气象监测分析产品和关键发育期预报产品。

(2)负责收集市局气象台天气预报预警产品信息及本旗县订正产品,参考市局预报预警产品内容,结合当地实际,制作发布大豆农用天气预报、农业气象灾害性天气预警预报、病虫害发生适宜气象条件等级预报等农业气象预报预警服务产品;

(3)配合自治区气象局、盟市气象局开展大豆农业气象灾害地面调查,收集当地大豆受灾情况。

(4)负责将服务产品及时发送到旗政府、农业部门及内外网站。

(5)负责收集服务效益与反馈意见。

第4章　大豆农业气象服务产品考核

4.1　大豆农业气象监测分析产品考核

该类产品包括分月（5—9月）农业气象条件评述、关键发育期农业气象条件评述（播种、出苗、分枝、开花、结荚、鼓粒及成熟）。

（1）考核内容

考核内容包括产品规范性评估、产品内容质量评估及产品发布时效评估。具体考核内容见表4.1。

（2）考核标准

考评结果分4个等次：满分为100分，90—100分为优，80—89分为良，60—79分为合格，0—59分为不合格。具体考核标准见表4.1。

表4.1　监测类服务产品考核标准

内容		序号	考核内容	扣分	序号	考核内容	扣分
产品规范性评估（30分）		1	无产品期号或编号混乱	3	5	产品发布年月日时间不正确	3
		2	无签发人或签发人不正确（区别不同类型分别由局领导、分管领导、台站长签发）	4	6	无产品标题、标题与内容不相符；格式、字体、字号不正确	4
		3	摘要缺失遗漏、格式、字体字号不正确	5	7	正文格式、字体、字号不正确	3
		4	附表、附图、格式、字体、字号不正确	3	8	正文中时间、地点、数字、单位、标点有误或不规范	5
产品内容质量评估（50分）	月农业气象条件分析	1	没有按服务工作历要求的内容制作	5	5	未与农作物生长发育结合	10
		2	本月关注的气象要素和农业生产实际有不符	5	6	适宜性分析不明确	10
		3	本月气象数据及作物生长情况没有和历年做比较	5	7	产品对气象因素影响机理的阐述不恰当或明显错误，科学性不强或差	5
		4	产品对农业气象分析和评估结果缺乏准确性，农业生产建议针对性较差或不强	5	8	产品主题内容专业方面的描述过多，用语生僻费解，通俗性与可读性不强	5
	关键发育期农业气象条件分析	1	没有按服务工作历要求的内容制作	5	5	没用适宜度模型计算	10
		2	缺乏农情调查和会商，各监测站作物发育期和长势监测数据代表性不强	5	6	适宜性分析不明确	10

内容		序号	考核内容	扣分	序号	考核内容	扣分
产品内容质量评估（50分）	关键发育期农业气象条件分析	3	本发育阶段气象数据及作物生长情况没有和历年做比较	5	7	产品对气象因素影响机理的阐述不恰当或明显错误,科学性不强或差	5
		4	产品对气象分析和评估结果缺乏准确性,农业生产建议针对性较差或不强	5	8	产品主题内容专业方面的描述过多,用语生僻费解,通俗性与可读性不强	5
产品发布时效（20分）			没有在规定的时间内发布上传服务用户				20

4.2 大豆农业气象预报预警产品考核

4.2.1 农业气象预测预报类

该类产品包括农作物关键发育期预报、产量预报(趋势、定量、订正预报)、农业气象灾害预报(霜冻、高温、干旱等)及农用天气预报。

(1)考核内容

考核内容包括产品规范性评估、产品内容质量评估及产品发布时效评估。具体考核内容见表4.2。

(2)考核标准

考评结果分4个等次:满分为100分,90—100分为优,80—89分为良,60—79分为合格,0—59分为不合格。具体考核标准见表4.2。

表4.2 农业气象预测预报服务产品考核标准

内容		序号	考核内容	扣分	序号	考核内容	扣分
产品规范性评估（30分）		1	无产品期号或编号混乱	3	5	产品发布年月日时间不正确	3
		2	无签发人或签发人不正确(区别不同类型分别由局领导、分管领导、台站长签发)	4	6	无产品标题、标题与内容不相符;格式、字体、字号不正确	4
		3	正文中格式、字体、字号不正确	5	7	附表、附图、格式、字体、字号不正确	3
		4	正文中时间、地点有误或不规范	3	8	正文中数字、单位、标点有误或不规范	5
产品内容质量评估（50分）	关键发育期预报	1	发布时机不当,准确率低	20	3	预报结果没有与常年作比较	10
		2	预报模型选择不当,预报术语使用不规范	10	4	内容出现前后矛盾,标准不清晰	10
	产量预报	1	预报依据不能支持预报结论,前后不一致	20	3	没有与农业部门会商,结论代表性差	10
		2	预报模型、方法使用不当	10	4	发布时机不当,准确率低	10
	农业气象灾害预报	1	发布时机不当,准确率低	10	3	没有和农作物灾害指标结合,对灾害的影响程度做出预报	15
		2	灾害天气落区没有精细到旗(市)	10	4	预报文字描述有误,区域用语描述错误	15

续表

内容		序号	考核内容	扣分	序号	考核内容	扣分
产品内容质量评估（50分）	农用天气预报	1	关键发育期和农事活动时段与生产实际不符	10	4	未做适宜等级分析	10
		2	预报图文不符	10	5	农事生产建议缺乏针对性和科学性	5
		3	关注的气象要素与预报模型使用的要素不符	10	6	预报用语出现错误	5
产品发布时效（20分）			没有在规定的时间内发布上传服务用户				20

4.2.2 大豆农业气象灾害预警类

服务产品主要包括霜冻预警、暴雨预警、高温干旱预警等。

(1)考核内容

考核内容包括产品规范性评估、产品内容质量评估及产品发布时效评估。具体考核内容见表4.3。

(2)考核标准

考评结果分4个等次：满分为100分，90—100分为优，80—89分为良，60—79分为合格，0—59分为不合格。具体考核标准见表4.3。

表4.3 农业气象灾害预警服务产品考核标准

内容	序号	考核内容	扣分	序号	考核内容	扣分
产品规范性评估（30分）	1	无产品期号或编号混乱	3	5	产品发布年月日时间不正确	3
	2	无签发人或签发人不正确（区别不同类型分别由局领导、分管领导、台站长签发）	4	6	无产品标题、标题与内容不相符；格式、字体、字号不正确	4
	3	正文中格式、字体、字号不正确	5	7	附表、附图、格式、字体、字号不正确	3
	4	正文中时间、地点有误或不规范	3	8	正文中数字、单位、标点有误或不规范	5
产品内容质量评估（50分）	1	发布时机不当，准确率低	5	5	上传至综合信息网命名出现错误	5
	2	灾害天气落区没有精细到旗(市)	10	6	内容出现前后矛盾，标准不清晰	5
	3	没有及时解除	5	7	预警类产品没有严格按照其格式制作，文头、图标、发布时间、发布单位等不正确或缺失	10
	4	没有及时变更和确认	5	8	预警防御指南没有本地化	5
产品发布时效（20分）		没有在规定的时间内发布上传服务用户				20

4.3 大豆农业气象灾害评估产品考核

农业气象灾害评估服务产品主要包括高温、干旱和霜冻等。

(1)考核内容

考核内容包括产品规范性评估、产品内容质量评估及产品发布时效评估。具体考核内容见表 4.4。

(2)考核标准

考评结果分 4 个等次:满分为 100 分,90—100 分为优,80—89 分为良,60—79 分为合格,0—59 分为不合格。具体考核标准见表 4.4。

表 4.4 农业气象灾害评估服务产品考核标准

内容		序号	考核内容	扣分	序号	考核内容	扣分
产品规范性评估 (30分)		1	无产品期号或编号混乱	3	5	产品发布年月日时间不正确	3
		2	无签发人或签发人不正确(区别不同类型分别由局领导、分管领导、台站长签发)	4	6	无产品标题、标题与内容不相符;格式、字体、字号不正确	4
		3	摘要缺失遗漏、格式、字体字号不正确	5	7	正文格式、字体、字号不正确	3
		4	附表、附图、格式、字体、字号不正确	3	8	正文中时间、地点、数字、单位、标点有误或不规范	5
产品内容质量评估 (50分)	灾害过程评估	1	缺少灾害过程的描述或对灾害落区、过程描述欠准确	8	4	没有对经济损失作出估计	6
		2	评估手段或技术方法使用不当	10	5	缺少灾情实地调查结果和各受灾减产率等级	6
		3	评估结果与实际相差较大,准确性差	10	6	未提出切实可行的灾后恢复生长建议	10
	气象服务效益评估	1	灾害过程描述不详(何种灾害性天气、灾害程度、造成影响、过程起始时间、过程终止时间)	10	3	评估模型选择欠妥,评估结果科学性差	15
		2	没有对气象灾害服务中的各个环节进行评估	15	4	评估报告内容不完整(重大天气过程结束后服务结果统计、总体分值累计、总体服务效果评定、总体评价报(图)表生成等均不能缺少)	10
产品发布时效(20分)			没有在规定的时间内发布上传服务用户				20

参考文献

[1] 王希平,赵慧颖.呼伦贝尔市林牧农业气候资源与区划[M].北京:气象出版社,2006.

[2] 王树安.作物栽培学各论(北方本)[M].北京:中国农业出版社,1995.

[3] 解文娟,杨晓光,杨婕,等.气候变化背景下东北三省大豆干旱时空特征[J].生态学报,2014,34(21):6232-6243.

[4] 中国气象局.QX/T88—2008 作物霜冻害等级[S].北京:气象出版社,2008.

[5] 连萍,王琼琼.第十四届中国科协年会第 14 分会场——极端天气事件与公共气象服务发展论坛[C],2012.

[6] 赵思健,张峭.东北三省农作物洪涝时空风险评估[J].灾害学,2013,28(3):54-60.

[7] 丁俊杰.影响大豆灰斑病主要气象因子的通径分析[J].大豆科学,2010,29(4):727-729.

[8] 俞孕珍,孙军德,刘志恒,等.大豆霜霉病发生规律的研究[J].沈阳农业大学学报,1997,28(3):191-194.

[9] 冯雪菲,张富荣,张淑杰,等.辽宁东北部大豆食心虫的发生与气象条件关系研究[J].现代农业科技,2005(1):239-240.

[10] 徐蕾,钟涛,赵彤华,等.沈阳地区吸虫塔监测大豆蚜迁飞动态及其与气象因子关系的分析[J].应用昆虫学报,2016,53(2):365-372.

附录 A 气候适宜度分析方法及指标

A.1 温度适宜度计算

$$F(t) = \left[\frac{(t-t_1)(t_h-t)}{(t_0-t_1)(t_h-t_0)}\right]^B \tag{A.1}$$

$$B = \frac{t_h - t_0}{t_0 - t_1} \tag{A.2}$$

式中:$F(t)$为大豆某生育阶段的温度适宜度,t为日最高温度与日最低温度的平均值,t_1、t_h和t_0分别为大豆各发育期所需的下限温度、上限温度和适宜温度。

A.2 日照适宜度计算

$$S(s) = \begin{cases} \exp\left(-\left(\frac{S-S_0}{b}\right)^2\right) & S < S_0 \\ 1 & S \geqslant S_0 \end{cases} \tag{A.3}$$

式中:$S(s)$为大豆某生育阶段的日照适宜度,以日照百分率达到70%为临界点。日照时数≥日照百分率70%时的日照时数适宜度为1,小于70%其对大豆的适宜度小于1。S为某阶段的日照时数(h),s_0为大豆生育期内某阶段日照百分率为70%的时数(h),b为常数,各生育阶段取值不同,播种阶段取值5.05,营养生长阶段取值4.87,开花阶段取值4.72,产量形成阶段取值4.48,成熟收获阶段取值4.18,e取值2.7183。

A.3 水分适宜度计算

水分适宜度计算,降水适宜度和土壤水分适宜度可依据实际情况选择一种。

(1)降水适宜度的计算:

$$R(r) = \begin{cases} \dfrac{r}{ET_c} & r < 0.7ET_c \\ 1 & r \geqslant ET_c \end{cases} \tag{A.4}$$

式中:$R(r)$为大豆各生育阶段降水适宜度,r为某阶段的降水量,ET_c为大豆发育期内某阶段的需水量。

(2)大豆需水量用下式计算:

$$ET_c = K_c \cdot ET_0 \tag{A.5}$$

式中:ET_c为大豆生育期的需水量(mm/d),K_c为大豆不同生育期的作物系数,ET_0为潜在蒸散量。

(3)土壤水分适宜度的计算:

$$F(w) = \begin{cases} 1 \\ w/W_0 \end{cases} \tag{A.6}$$

式中:$F(w)$为大豆某生育阶段土壤水分适宜度,w为对应阶段0~20cm土层土壤相对湿度平均值,W_0为大豆各发育阶段适宜土壤相对湿度。参考相关文献值,并结合呼伦贝尔地区大豆各发育期土壤水分适宜值来确定。

A.4 气候适宜度计算

气候适宜度能综合反映光、温、水等多个气象因素对大豆生长发育的影响,气候适宜度用下式计算:

$$F(c) = [F(t) \times F(m) \times F(s)]^{1/3} \quad (A.7)$$

式中:$F(c)$为单站某时段气候适宜度,$F(t)$为对应的温度适宜度,$F(m)$为对应水分适宜度,$F(s)$为对应日照适宜度。全生育期的气候适宜度为由全生育期内的各阶段气候适度平均值。计算所需各种数值见表 A.1—表 A.5。

表 A.1 呼伦贝尔地区大豆各生育阶段的三基点温度(℃)

发育阶段	具体时段	t_0	t_l	t_h
播种—出苗	5月中旬—5月下旬	15	7	25
出苗—分枝	5月下旬—7月上旬	22	12	30
分枝—开花	7月中旬	27	17	32
开花—鼓粒	7月下旬—8月下旬	25	13	30
鼓粒—成熟	8月下旬—9月中旬	15	10	25

表 A.2 大豆生长季各生育阶段的需水量

生育阶段	需水量(mm)	占全生育期总需水量(%)
播种—出苗	27.5	5
出苗—分枝	61.6	11.2
分枝—开花	47.3	8.6
开花—鼓粒	266.75	48.5
鼓粒—成熟	146.85	26.7
全生育期总需水量	550	—

表 A.3 呼伦贝尔地区春大豆各生育阶段作物系数

发育阶段	播种—出苗	出苗—分枝	分枝—开花	开花—鼓粒	鼓粒—成熟
作物系数(K_c)	0.4	0.4	1.15	1.15	0.5

表 A.4 呼伦贝尔地区春大豆各生育阶段适宜土壤相对湿度(%)

发育阶段	播种—出苗	出苗—分枝	分枝—开花	开花—鼓粒	鼓粒—成熟
土壤相对湿度(%)	65~75	60~70	65~75	65~75	60~70
取值	70	65	70	70	65

表 A.5 呼伦贝尔地区大豆各生育期气候适宜度权重系数

项目(j)	$b(j)$	$b(j_t)$	$b(j_r)$	$b(j_s)$
播种—出苗	0.0825	0.0385	0.0385	0.0055
出苗—分枝	0.1427	0.0588	0.0714	0.0124
分枝—开花	0.2182	0.0264	0.1667	0.0251
开花—鼓粒	0.5018	0.1152	0.3093	0.0772
鼓粒—成熟	0.0549	0.0347	0.0143	0.0058

注:$b(j)$为该发育期在整个生育期的权重系数,$b(j_t)$为该发育期温度的权重系数,$b(j_r)$为该发育期降水的权重系数,$b(j_s)$为该发育期日照的权重系数。

附录 B 大豆产量预报方法及预报等级

B.1 预报方法

(1)多元回归统计方法:将历年大豆单产划分为趋势产量和气象产量,其中趋势产量用正交多项式、滑动平均等方法进行分解和提取,公式为

$$y = y_t + y_w \tag{B.1}$$

式中:y_t 为趋势产量,y_w 为气象产量

通过对气象因子与大豆气象产量的相关分析,筛选对产量影响显著的气象因子,并利用这些气象因子建立统计预报模型,通过输入前期实况气象因子来预报大豆气象产量,具体预报方程为

$$Y = 1277.207 - 30.700 T_{(5下)} - 63.671 T_{(5上-5下)} + 3.320 R_{(5上-5下)}$$
$$+ 1.415 R_{(5下)} - 1.148 R_{(5中-5下)}$$
$$(R = 0.526, \alpha = 0.01) \tag{B.2}$$

式中:Y 为气象产量,R 为降水,T 为气温。

趋势产量和气象产量预报值之和为实际预报单产,单产和当年面积相乘即为大豆总产量预报值。

(2)历史相似年方法:计算大豆播种—鼓粒期温度适宜度、降水适宜度、日照适宜度及综合适宜度,与历史相似年进行比较,确定大豆单产,根据播种面积计算总产。

B.2 预报等级

大豆产量趋势预报等级用语:丰年、平偏丰、持平略增、持平略减、平偏歉、歉年(表 B.1)。

$$增减百分比(P) = \frac{当年实产 - 平均值}{平均值} \times 100\% \tag{B.3}$$

当年实产为同级国家统计部门公布的各作物平均单产和总产量,平均值为近 5 年国家统计部门公布的各作物平均单产和总产量平均值。

表 B.1 作物平均单产、总产趋势预报等级增减百分比(%)

	丰年	平偏丰	持平略增	持平略减	平偏歉	歉年
单产	$P \geq 5$	$3 \leq P < 5$	$0 \leq P < 3$	$-3 \leq P < 0$	$-5 \leq P \leq -3$	$P < -5$
总产	$P \geq 4$	$2 \leq P < 4$	$0 \leq P < 2$	$-2 \leq P < 0$	$-4 \leq P \leq -2$	$P < -4$

附录 C 大豆关键发育期预报方法

C.1 物候学方法

$$D = D_0 + n \quad (C.1)$$

式中：D 为预报的大豆下一发育期出现日期，D_0 为大豆相邻两个期的实际出现日期，n 为两发育期多年平均间隔日数。

C.2 积温法

在适宜的温度范围内，作物发育速度与温度高低成比例。作物完成某一发育期所需要的有效积温为一定值。有效积温法公式可写成

$$D = D_1 + A/(t - B) \quad (C.2)$$

式中：D 为预报的大豆下一发育期出现日期，D_1 为大豆上一发育期实际出现日期，A 为完成本发育阶段所需要的有效积温；B 为期间的生物学下限温度，t 为该阶段平均气温的预报值或多年平均值。

附录 D 大豆农业气象服务工作历

大豆农业气象服务工作历

月份	农事活动或发育期	产品名称	产品类别	关注内容	产品内容及要求	技术指标/方法	发布对象及发布方式	发布时间/条件
4月		大豆适宜播种期预报	预报类	当前土壤墒情、第一场透雨期、土壤解冻期、0～10cm地温回升情况	1.预报依据：提前或推迟原因 2.预报结论：大豆适宜播种日期 3.生产建议	指标：10cm地温稳定通过8℃初日，且0～20cm土壤相对湿度70%～85%，大豆播种较适宜；模型：单因子相关 $Y=-0.4827X+182.3$；时间序列自相关模型：$Y=0.3034X-475.59$	公众、直通式服务用户；大喇叭、微信、电子显示屏、广播电视	4月上旬末
5月	播种—出苗—土壤增墒保墒除草	春播气象服务专报	农用天气预报类	土壤相对湿度、地温、日平均气温	1.播种进度 2.前期（一周）天气实况及其影响 3.未来（一周）天气趋势及其影响 4.生产建议	适宜：温度在适宜播种温度范围之内；0～20cm土壤相对含水量为65%～85%，且无降水或大风、寒潮、沙尘等有害天气；相对湿度低于50%时，未来三天有接墒雨天气。不适宜：温度低于播种适宜温度；0～20cm土壤相对含水量高于90%或低于60%；有较大降水过程或大风、寒潮、沙尘暴等有害天气	公众、直通式服务用户；大喇叭、微信、电子显示屏、广播电视	4月下旬至5月下旬每周一期发布
5月	播种—出苗—土壤增墒保墒除草	大豆播种出苗期适宜气象等级预报	农用天气预报类	10cm地温、日平均气温、土壤相对湿度、天气现象	1.未来一周逐日气温和降水预报 2.影响大豆播种出苗的主要气象要素及其变化情况 3.对照适宜或不适宜等级指标，描述未来一周逐日天气对大豆生长的适宜等级 4.建议：根据天气变化影响结果，提出针对性生产建议	较适宜：出苗期日平均气温15～18℃，除适宜不适宜播种以外的天气条件 适宜：10cm地温稳定通过8℃初日偏晚5～7天，且0～20cm土壤相对湿度<50%>25℃，且0～20cm土壤相对湿度<50%或>85%，多低温阴雨天气，不适宜出苗	公众、直通式服务用户；大喇叭、微信、电子显示屏、广播电视	5月中旬—5月下旬每周一期

续表

月份	农事活动或发育期	产品名称	产品类别	关注内容	产品内容及要求	技术指标/方法	发布对象及发布方式	发布时间/条件
5月	播种—出苗土壤增墒保墒除草	灾害（倒春寒、霜冻、天气）灾害性天气预报预警	预报预警类	关注要点：气温、降水。有利农业气象条件：气温高，天气晴好。不利农业气象条件：持续低温、连阴雨、出现霜冻	1. 预报结论：灾害名称、灾害程度、影响范围、持续时间 2. 生产建议	霜冻：地面温度 −1℃以下；倒春寒：5月下旬气温距平≥−2℃	公众、直通式服务用户；短信、微信、大喇叭、微信、电子显示屏、广播、电视	适时
		5月农业气象条件分析	情报类	关注要点：气温、地温、土壤墒情、第一场透雨等。有利农业气象条件：降水偏多，第一场透雨偏晚，蒸发强烈，土壤水分散失加快，不利于保持良好墒情，不利于播种、出苗形成壮苗	1. 内容提要； 2. 本月气象条件分析； 3. 气象条件对大豆生长发育的利弊分析； 4. 未来天气条件展望； 5. 生产建议	1. 对比分析方法：分析本月气象要素与大豆该阶段水热需求比较进行比较判断，并与历年和上一年同期结果比较，对于其重大变化过程的影响应给予重点评述，综合评估水分和热量条件对大豆生长的利弊影响	决策部门、公众服务；纸质、网络、手机短信、微信	6月3日前
6月	苗期 松土除草提高地温抗旱保墒	大豆播种—出苗农业气象条件分析	情报类	关注要点：土壤墒情、大风、降水对出苗的影响。有利农业气象条件：天气晴好、气温高，降水不宜太多，中雨以下降水。不利农业气象条件：持续低温、连阴雨	1. 主要内容：大豆播种—出苗期气候适宜度分析、综合评价农业气候条件对大豆出苗的影响 2. 生产建议	1. 对比分析方法：将大豆播种—出苗期气象要素与大豆该阶段水分和热量条件和上一年同期比较，综合评价水分和热量条件对大豆该生育阶段生长发育的利弊影响 2. 气候适宜度分析方法及分析指标：见附录A大豆气候适宜度分析方法及分析指标	决策部门、公众服务；纸质、网络、手机短信、微信	6月上旬
		春季大豆干旱监测评估	农业气象灾害监测评估	关注要点：降水、土壤墒情、大豆苗情。有利农业气象条件：中雨以下降水、0～20cm土壤相对湿度>55%。不利农业气象条件：降水偏少、0～20cm土壤相对湿度<50%	1. 主要内容：当前干旱分布范围、各市干旱等级发生面积以及发生程度、大豆长势、未来天气对干旱的可能影响 2. 生产建议	指标：干旱发生程度达到中等以上等级标准时 方法：人工调查评估和卫星遥感灾损评估相结合方法	决策部门；纸质、网络	5月下旬—6月下旬 适时

附录 D 大豆农业气象服务工作历

续表

月份	农事活动或发育期	产品名称	产品类别	关注内容	产品内容及要求	技术指标/方法	发布对象及发布方式	发布时间/条件
6月	苗期 松土除草 提高地温 抗旱保墒	大豆春霜冻监测评估	农业气象灾害监测评估	关注要点:日最低气温 有利农业气象条件:气温回升,天气晴朗 不利农业气象条件:持续低温	1. 主要内容:降温幅度,最低气温实况,霜冻出现区域、面积 2. 生产建议	指标:当霜冻发生程度达到中等以上等级标准时 方法:人工调查评估和卫星遥感灾损评估相结合方法	决策部门:纸质、网络	适时
		喷药农用天气预报	农用天气预报	天气现象,平均气温	未来一周逐日天气和土壤相对湿度预报,影响大豆喷药的主要要素及其变化情况 2. 对照适宜、制作适宜等级和不适宜等级分布图,描述当前各适宜等级分布状况	适宜喷药:适宜气温一般为20~30℃,应选择晴朗无风或微风,没有露水的天气条件下施药; 不适宜喷药:气温超过35℃,雾天或刚下过雨,风力较大时	直通式服务用户:短信、微信,电子显示屏,大喇叭,广播电视	农作物发生病、虫、草害时,适时
		6月农业气象条件分析	情报类	关注要点:高温日数、水长势、虫情 有利农业气象条件:温度适宜,降水均匀 不利农业气象条件:高温干旱、暴雨、冰雹	1. 预报结论:灾害名称、灾害程度、影响范围、持续时间 2. 生产建议	达到启动灾害应急响应预案条件时发布;技术方法见手册第3章	公众、直通式服务用户:短信、微信,电子显示屏、大喇叭,广播电视	6月适时
7月	分枝—开花期 抗旱保墒 施肥中耕	灾害(高温干旱、暴雨等)天气预报预警	农业气象灾害预报预警类	关注要点:高温日数、气温、降水、土壤墒情 有利农业气象条件:降水阶段无明显分布均匀 不利农业气象条件:上旬出现阶段低温和晚霜,中、下旬易出现高温干旱,影响油菜产量和品质	同上	同上	同上	7月3日前
		灾害(高温干旱、暴雨等)天气预报预警	农业气象灾害预报预警类	关注要点:高温日数、降水、长势、虫情 有利农业气象条件:温度适宜,降水均匀 不利农业气象条件:高温干旱、暴雨、冰雹	1. 预报结论:灾害名称、灾害程度、影响范围、持续时间 2. 生产建议	达到启动灾害应急响应预案条件时发布;技术方法见手册	同上	7月适时

续表

月份	农事活动或发育期	产品名称	产品类别	关注内容	产品内容及要求	技术指标/方法	发布对象及发布方式	发布时间/条件
7月		夏季大豆干旱监测评估	农业气象灾害监测评估类	关注要点:同春季干旱 有利农业气象条件:0~50cm 土壤相对湿度>65% 不利农业气象条件:0~50cm 土壤相对湿度<55%	1.主要内容:当前干旱分布范围、各等级干旱发生面积以及发生程度,大豆长势,未来天气对干旱的可能影响 2.生产建议	指标:干旱发生程度达到中等以上等级标准时 方法:人工调查评估和卫星遥感灾损评估相结合方法	决策部门:纸质、网络	7月适时
		大豆开花期预报	预报类	关注要点:大豆分枝以来的热量、水分状况,当前大豆长势 有利农业气象条件:气温25℃左右,降水适中,无大气剧变 不利农业气象条件:气温低于15℃或高于30℃;日照时数小于6h,不利于开花,落花严重	1.预报依据:分枝始期—开花普期的所需的积温条件,及未来天气开花区域 2.预测结论:不同区域开花期预测结果 3.生产建议	物候学方法、积温法两种方法综合运用	公众、直通式服务用户:短信、微信、喇叭、电子显示屏、广播电视	7月上旬初
	分枝—开花期 抗旱保墒施肥中耕	大豆出苗—分枝期适宜气象等级预报	农用天气预报	日平均气温 土壤相对湿度 天气现象	1.未来一周逐日气温和降水预报 2.影响要素及其变化情况 3.对照指标,描述未来一周逐日天气对大豆生长适宜等级 4.建议:根据天气影响结果,提出针对性生产建议	适宜:日平均气温21~23℃且0~20cm土壤相对湿度在55%~65%,以晴天或多云天气为主 较适宜:日平均气温16~19℃,除适宜和不适宜以外的天气条件 不适宜:日平均气温<12℃或>30℃,且0~20cm土壤相对湿度<50%或>90%,以低温阴雨天气为主	公众、直通式服务用户:短信、微信、喇叭、电子显示屏、广播电视	5月下旬—7月上旬,每周一期
		大豆开花期适宜气象等级预报	农用天气预报	日平均气温 土壤相对湿度 天气现象	1.未来一周逐日气温和降水预报 2.影响要素及其变化情况 3.对照指标,描述未来一周逐日天气对大豆生长适宜等级 4.建议:根据天气影响结果,提出针对性生产建议	适宜:日平均气温23~27℃且土壤相对湿度65%~75%,以晴天或多云天气为主 较适宜:日平均气温19~20℃,除适宜以外的天气条件 不适宜:日平均气温17℃或>32℃,且0~40cm土壤相对湿度<60%或>90%,以低温阴雨天气为主	公众、直通式服务用户:短信、微信、喇叭、电子显示屏、广播电视	7月中旬每周一期

附录D 大豆农业气象服务工作历

续表

月份	农事活动或发育期	产品名称	产品类别	关注内容	产品内容及要求	技术指标/方法	发布对象及发布方式	发布时间/条件
7月	分枝—开花期 抗旱保墒 施肥中耕	出苗—分枝期农业气象条件分析	情报类	关注要点:大豆出苗—分枝期;降水、土壤墒情;气象条件:气温均匀,气温偏高,不利农业气象条件:气温长期低于20℃,停止生长;降水量大于70mm或小于30mm,影响分枝生长	1.主要内容:大豆出苗—分枝期农业气象条件,水热等农业气象要素及其相互匹配对大豆分枝的利弊影响 2.生产建议	1.对比分析方法:将大豆出苗—分枝期进行比较判断,并与历年和上一年同期比较,综合评价水热同期对大豆该生育阶段生长发育的利弊影响; 2.气候适宜度方法:见附录A大豆气候适宜分析方法及分析指标	决策部门:公众服务:纸质、网络、手机短信、微信	7月中旬,大豆分枝普期后5天
		大豆分枝—开花期农业气象条件分析	情报类	关注要点:大豆分枝—开花温度、降水、土壤墒情;有利农业气象条件:气温27℃左右,降水适中,无天气剧变。不利农业气象条件:气温低于17℃或高于32℃,日照时数小于6h,不利于开花,落花严重	1.主要内容:描述大豆当前长势及与历年和上一年同期比较;大豆分枝—开花阶段气候适宜度分析 2.生产建议	1.对比分析方法:将大豆分枝—开花期进行比较判断,并与历年和上一年同期比较,综合评价水热同期对大豆该生育阶段生长发育的利弊影响; 2.气候适宜度方法:见附录A大豆气候适宜分析方法及分析指标	决策部门:公众服务:纸质、网络、手机短信、微信	7月下旬,大豆开花普期后5天
		产量趋势预报	预报类	关注要点:气温,降水变化与大豆生长要求;灌溉情况、苗情;有利农业气象条件:光、温、水匹配较好;不利农业气象条件:干旱,局地洪涝	1.预报结论 2.预报依据:前期农业气象条件匹配程度;长势、未来农业气象条件对生长发育等影响。 3.生产建议	多元回归统计方法:见附件	决策部门:纸质、网络	7月25日前
		施肥农用天气预报	农用天气预报	降水,天气现象	1.未来一周逐日天气和土壤相对湿度预报,影响大豆施肥的主要气象要素及其变化情况; 2.对照适宜或不适宜等级指标,侧作适宜、较适宜和不适宜等级分布图,描述当前各等级分布状况	适宜施肥:农作物进入需肥关键期,需要灌溉,且未来7天无不利于户外活动的天气条件; 不适宜施肥:农作物进入需肥关键期,未来7天也无降水过程,需要灌溉,未来7天有大风、沙尘等不利于户外活动的天气	公众、直通式服务用户:短信、微信,大喇叭、电子显示屏、广播电视	大豆开花期,每周一期

续表

月份	农事活动或发育期	产品名称	产品类别	关注内容	产品内容及要求	技术指标/方法	发布对象及发布方式	发布时间/条件
8月	开花—鼓粒期中耕施肥	7月农业气象条件分析	情报类	关注要点：降水、土壤墒情和强对流天气 有利农业气象条件：土壤墒情适中，气温适中，农业气象灾害极少发生 不利农业气象条件：干旱、缺水会造成不同程度的减产，甚至绝收；暴雨频发时期、土壤过湿也会使幼苗发黄，出现落花现象	同上	同上	同上	8月3日前
		大豆开花—鼓粒期气象条件分析	情报类	关注要点：大豆开花—鼓粒期温度、降水、土壤墒情 有利农业气象条件：气温22～25℃，降水分布均匀 不利农业气象条件：平均温度低于16℃，鼓粒期干旱可使单株粒荚数大增加	同上	同上	同上	8月下旬末，大豆鼓粒普期5天后发布
		大豆开花—鼓粒期适宜气象等级预报	农用天气预报	日平均气温 土壤相对湿度 天气现象	1.未来一周日气温和降水预报 2.影响大豆开花鼓粒的主要要素及其变化情况 3.对照适宜或不适宜等级指标，描述未来一周逐日天气对大豆生长适宜等级 4.建议：根据天气变化影响结果，提出针对性生产建议	适宜：日平均气温22～25℃，且0～50cm土壤相对湿度在65%～70%，以晴天或多云天气为主； 较适宜：日平均气温18～19℃，除晴天或多云天气以外的天气条件； 不适宜：日平均气温<13℃或>30℃，且0～40cm土壤相对湿度<60%或>85%，以低温阴雨天气为主	公众、直通式服务用户；短信、微信、电子显示屏、广播、喇叭、电视	7月下旬—8月下旬，每周一期
		灾害（高温、连阴雨、干旱、暴风雨、冰雹等）性天气预报预警	农业气象灾害预警类	关注要点：灾害量级（强度、持续时间），作物长势及其影响。 有利农业气象条件：天气晴好。 不利农业气象条件：高温干旱，暴雨，连阴雨，冰雹	同上	达到启动灾害应急响应预案条件时发布；技术方法见手册	同上	8月适时

附录 D 大豆农业气象服务工作历

续表

月份	农事活动或发育期	产品名称	产品类别	关注内容	产品内容及要求	技术指标/方法	发布对象及发布方式	发布时间/条件
8月	开花—鼓粒期中耕施肥	大豆产量定量预报	预报类	关注要点：气温、降水变化与大豆生长要求；灾害情况；灌溉情况、苗情。有利农业气象条件：光、温、水匹配较好。不利农业气象条件：干旱、局地洪涝	1. 预报结论；2. 预报依据：前期农业气象条件匹配程度，长势，未来农业气象条件对生长发育影响；霜冻影响；3. 生产建议	同上	同上	8月20日前
8月	开花—鼓粒期中耕施肥	大豆秋霜冻预报	预报类	关注要点：日最低气温0.5℃以上。有利农业气象条件：剧烈降温。不利农业气象条件：剧烈降温、降雨、寒潮天气过程，日最低气温0℃以下	1. 主要内容：根据短期气候预测分析不同区域霜冻出现时期，对大豆生长期生长影响；2. 生产建议	轻霜冻：日最低气温在0~0.5℃，且出现日期比常年初霜冻来临平均日期偏早在6天以内。中霜冻：日最低气温在-1~0℃，且出现日期比常年初霜冻来临平均日期偏早在6天及以上，或地面日最低气温低于-1~-2℃，且出现日期比常年初霜冻来临平均日期偏早6天及以内。重霜冻：日最低气温低于-1℃，且出现日期比常年初霜冻来临平均日期偏早6天以上	公众、直通式服务用户；短信、微信、喇叭、电子显示屏、广播电视	8月下旬末
8月	鼓粒—成熟期	大豆成熟期预报	预报类	关注要点：鼓粒以来的热量、水分状况、当前大豆长势。有利农业气象条件：天气晴好、气温适宜。不利农业气象条件：高温干旱、暴雨、冰雹	1. 预报依据：根据大豆鼓粒期间的所需的积温条件，及未来天气预测出大豆适宜收获日期；2. 预报结论：重点给出不同区域大豆适宜收获期预测结果；4. 生产建议	物候学方法、积温法两种方法综合运用	公众、直通式服务用户；短信、微信、喇叭、电子显示屏、广播电视	8月下旬，正常年份大豆成熟期前20天发布
9月	鼓粒—成熟期	8月农业气象条件分析	情报类	关注要点：气温和土壤水分。有利农业气象条件：温度高可减少秕荚、秕粒产生，提高荚数、百粒重；土壤墒情适中，易产生秕荚实粒。不利农业气象条件：温度偏低或产生秕荚实粒；土壤水分亏缺或过多也是花荚脱落的主要原因之一	同上	同上	同上	9月3日前

续表

月份	农事活动或发育期	产品名称	产品类别	关注内容	产品内容及要求	技术指标/方法	发布对象及发布方式	发布时间/条件
9月	鼓粒—成熟期	大豆鼓粒—成熟期气象条件分析	情报表类	关注要点：大豆鼓粒—成熟期温度、降水、土壤墒情有利农业气象条件：天气晴好，温度适宜，雨量适中不利农业气象条件：气温高于25℃，易炸荚；低于15℃不利于成熟；连阴雨多于7天，不利于成熟和收打	1. 主要内容：计算气候适宜度，综合分析对大豆生长的有利和不利的气象条件； 2. 生产建议	同上	同上	9月下旬末，大豆成熟期后5天
		大豆鼓粒—成熟期适宜气象等级预报	农用天气预报	日平均气温土壤相对湿度天气现象	1. 未来一周逐日气温和降水预报 2. 影响大豆鼓粒成熟的主要要素及其变化情况 3. 对照适宜或不适宜等级指标，描述未来一周逐日气象对大豆生长适宜等级 4. 建议：根据天气变化影响结果，提出针对性生产建议	适宜：日平均气温19～20℃，且0～40cm土壤相对湿度65%～70%，光照充足，降水日数少； 较适宜：日平均气温14～16℃，除适宜和不适宜以外的天气条件； 不适宜：日平均气温<10℃或>25℃，且0～40cm土壤相对湿度<55%或>90%以低温阴雨天气为主	公众、直通式服务用户；短信、微信，大喇叭，电子显示屏，广播电视	8月下旬—9月中旬，每周一期
		大豆秋霜冻预警	农业气象灾害预警预报类	关注要点：日最低气温0.5℃以上有利农业气象条件：天气晴好，温度适宜不利农业气象条件：出现剧烈降温降雨、寒潮天气，气温0℃以下	1. 主要内容：根据霜冻预警信号出现时间和等级，对大豆后期生长的影响 2. 生产建议	依据气象台发布的霜冻预警信号，根据大豆生长状况和卫星遥感评估相应等级标准	公众、直通式服务用户；短信、微信，大喇叭，电子显示屏，广播电视	适时
		大豆秋霜冻监测评估	农业气象灾害监测评估	关注要点：日最低气温0.5℃以下	1. 主要内容：降温幅度，最低气温实况，霜冻出现区域、面积 2. 生产建议	指标：当霜冻发生程度达到中等以上等级标准时 方法：人工调查评估和卫星遥感评估相结合方法	决策部门；纸质、网络	适时
		秋收气象服务专报	农用天气预报	降水量，天气现象	1. 秋收进度 2. 前期天气实况及其影响 3. 未来（一周）天气趋势及其建议	适宜：农作物已进入成熟期，近期无较大降水，田间无积水，可进地作业，大风等灾害性天气无过程 不适宜：有明显降温降雨过程，土壤粘重，风力较大	公众、直通式服务用户；短信、微信，大喇叭，电子显示屏，广播电视	9月下旬—10月下旬，每周一、四发布

附录D 大豆农业气象服务工作历

续表

月份	农事活动或发育期	产品名称	产品类别	关注内容	产品内容及要求	技术指标/方法	发布对象及发布方式	发布时间/条件
10月	收获晾晒期	秋收气象服务专报	同上	同上	同上	同上	同上	同上
		晾晒农用天气预报	农用天气预报	降水、天气现象	1.收获晾晒情况 2.前期(一周)天气实况及其影响 3.未来(一周)天气趋势及其影响 4.生产建议	适宜晾晒:未来天气晴朗,无降水、大风等灾害性天气; 不适宜晾晒:有降水、阴天寡照、大风等不利于晾晒的天气条件。	公众、直通式服务用户;短信、微信、大喇叭、电	9月中旬—10月中旬,每周一期
		9月农业气象条件分析	情报类	关注要点:降水、气温、霜冻、灌浆情况 有利农业气象条件:天气晴好,气温偏高 不利农业气象条件:持续低温、霜冻发生	同上	同上	同上	10月3日前
		全生育期农业气象条件分析	情报类	关注要点:气温、降水匹配程度;灾害发生及影响,长势与气象条件关系 有利农业气象条件:光、温、水匹配较好 不利农业气象条件:农业气象灾害	同上	同上	同上	11月上旬,收获后1月内

附录 E 服务产品范例

E.1 大豆农业气象灾害监测产品(以"干旱"为例)

产品制作规范:

(1)发布时间:7月中旬,呼伦贝尔市发生发生严重干旱,大豆受灾面积达40%以上,且干旱将持续。

(2)信息收集:6月下旬—7月上旬降水量和土壤墒情数据;大豆发育期和干旱等级;未来一周降水预报。

1)利用气象信息服务系统查询岭东大豆种植地区降水和高温数据(表E.1)。

表 E.1 岭东大豆种植地区降水和高温数据

站点	扎兰屯	阿荣旗	莫旗
6月下旬—7月上旬降水量(mm)	72.2	32.2	39.1
6月下旬—7月上旬降水量距平(%)	−22.5	−57.6	−40.6
7月上旬极端最高气温(℃)	35.3	36.3	33.0

2)利用土壤水分自动观测系统查询7月13日0~50cm土壤相对湿度数据分析当前干旱等级,重点描述岭东大豆种植地区干旱情况(表E.2)。

表 E.2 0~50cm土壤相对湿度及当前干旱等级

土壤相对湿度(%)	扎兰屯	阿荣旗	莫旗
0~10cm	33	38	39
10~20cm	40	37	36
20~30cm	44	46	33
30~40cm	49	50	35
40~50cm	51	52	44
0~50cm平均值	43	45	37
土壤墒情等级	三类墒	三类墒	三类墒
土壤干旱等级	中旱	中旱	中旱
大豆干旱等级	重旱	中旱	重旱

3)农业部门统计数据:全市大豆受灾面积约23.3万hm^2,成灾面积约18万hm^2,绝收面积约5.3万hm^2。

4)业务内网(内蒙古综合信息网)调用未来一周天气预报。

(3)技术方法

通过确定大豆农业气象灾害发生面积占农田面积的比例和灾害发生气象指标,参考未来1~7天的天气预报结果,发布灾害监测产品,并分析未来一周灾害持续、发展并加重以及对大豆生产产量的不利影响。

(4)具体产品如下(图E.1a,b)。

呼伦贝尔市生态与农业气象信息

总第 87 期

农业气象监测第 32 期

呼伦贝尔市气象局	分析：XXX
2016 年 07 月 14 日	签发：XXX

我市农区出现旱情并将持续

大豆生长受影响

摘要：6月下旬~7月上旬全市各地出现明显旱情，其中重旱面积约40%，中旱约30%，轻旱约10%，无旱约20%；目前，我市岭东地区大豆处于营养生长和生殖生长并进时期，需水量较大，持续干旱将对大豆生长发育产生不利影响，各地农作物遭受不同程度旱情；预计未来一周全市降水仍然偏少，旱情将持续并加重，大豆受旱面积将持续增加。

一、当前干旱实况
（一）7月上旬持续高温少雨，农区出现不同程度旱情

6月下旬以来，全市降水偏少，其中农区偏少54.5（扎兰屯市）~95.3%（阿荣旗）；7月5~14日全市出现持续高温天气，大部地区日最高气温达32℃以上，蒸发加剧，土壤墒情急剧下滑，全市出现不同程度旱情，农区及鄂伦春旗南部为中旱，面积约 30%，鄂伦春南部个别乡镇为轻旱，面积约10%，（图1）。

图 E.1a

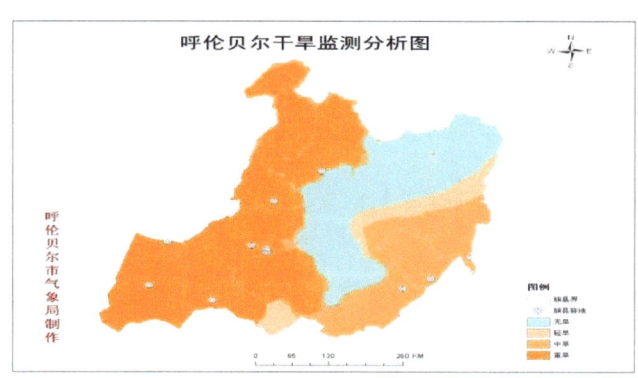

图1 7月13日全市旱情分析

（二）当前旱情对大豆的影响分析

1. 受旱等级

目前，我市大豆处于分枝开花期，为需水临界期，持续干旱对作物生长发育影响较大；农区部分乡镇大豆植株出现萎蔫，叶片发黄，植株矮小，生长严重受阻，产量将受到影响。采用0～50厘米平均土壤相对湿度作为判别指标，对各类作物目前干旱等级判断如下表：

表1 夏季大豆农业气象干旱等级及指标

干旱等级	不旱	轻旱	中旱	重旱	特旱
土壤相对湿度（%）	≥65	55～65	45～55	35～45	≤35

表2 7月13日测墒结果及目前大豆干旱等级

地区	扎兰屯	阿荣旗	莫旗
相对湿度（%）	43	45	37
干旱等级	重旱	中旱	重旱

2. 受旱面积

据农业部门初步统计，目前全市大豆受灾面积约23.3万公顷，成灾面积约18万公顷，绝收面积约5.3万公顷。

二、未来一周气温略降，降水仍将偏少，旱情将持续发展并加重

预计未来一周，农区降水特少，气温正常略高；温高少雨的天气将导致土壤墒情继续下滑，旱情进一步加重，大豆受旱面积和程度将继续增大，可能出现严重减产。各地积极采取有效措施，做好抗旱各项准备工作。

报送：市委、市政府、市农牧业局
抄送：内蒙古气象局领导、内蒙古气象局应急与减灾处、内蒙古生态与农业气象中心、各旗（市）气象局

图E.1b

E.2 大豆农业气象灾害预警产品(以"干旱"为例)

产品制作规范:

(1)发布时间

当达到启动灾害应急响应预案条件或连续发布灾害预警信号时发布。

7月以来(7月1日至8月18日,下同),全市呈现降水特少、气温特高、日照偏多的特点,平均降水量和气温均现有气象记录以来同期最少和最高值。出现了两次35℃以上高温天气过程,岭东农区出现大面积干旱,作物生长受到严重影响。7月6日呼伦贝尔市气象台发布干旱橙色预警信号,7月13日和20日两次确认干旱橙色预警信号,7月23日解除;8月16日再次发布干旱橙色预警信号,农区旱情加重,大豆生长受到严重影响,为此发布大豆干旱预警产品。

(2)资料收集

1)8月中旬土壤墒情监测数据:岭东农区中旱达70%,轻旱30%;大豆受旱面积占播种总面积的40%以上(图E.2a中的图1);

2)2016年7月27日—8月12日卫星遥感植被指数监测图(图E.2b中的图2);

3)8月13日土壤测墒结果(图E.2b中的表2);

4)大豆发育期及减产情况:处于鼓粒期,减产约30%;

5)8月下旬土壤墒情预测结果(图E.2b中的表3)。

(3)技术方法:通过当前大豆种植地区干旱状况,大豆干旱等级及减产率,结合未来土壤墒情预测结果,发布干旱预警产品,指出未来大豆干旱持续加重趋势。

(4)主要内容

具体产品如下(图E.2a,b)。

呼伦贝尔市生态与农业气象信息

总第 105 期

农业气象预报预警第 01 期

呼伦贝尔市气象局　　　　　　　　　　　　分析：XXX

2016 年 08 月 20 日　　　　　　　　　　　　签发：XXX

大豆农业气象干旱预警

一、当前不同等级干旱面积

7 月以来，我市降水特少，气温特高。平均降水量和气温均现有气象记录以来同期最少和最高值。出现了两次 35℃以上高温天气，持续高温少雨使岭东农区现大面积干旱，大豆生长受到严重影响。呼伦贝市气象台于 7 月 6 日和 8 月 16 日两次发布干旱橙色预警信号，指出岭东大豆种植区扎兰屯市、阿荣旗及莫旗农作物受旱面积已达 40%以上。

二、不同等级干旱分布及对大豆的影响

从 8 月中旬干旱监测图分析，岭东农区中旱面积占农区总面积的 70 以上，轻旱面积约占 30%（图1）。

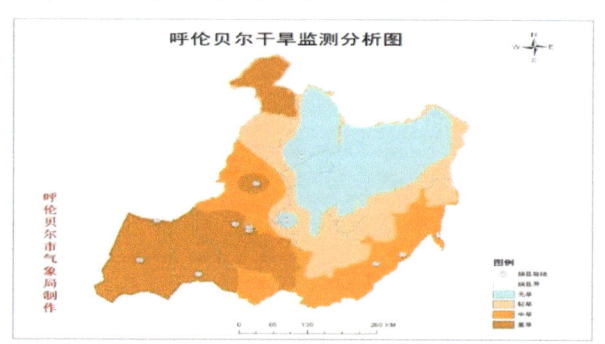

图1 呼伦贝尔市 8 月中旬干旱监测图

根据 2016 年 7 月 27 日至 8 月 12 日的卫星遥感植被监

图 E.2a

测数据与去年同期比较来看,受干旱影响,农区有60%以上的植被长势比去年差,40%的植被长势与去年持平(图2)。

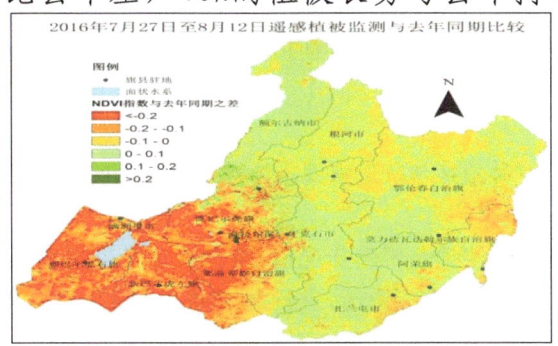

图2 8月12日卫星遥感监测植被指数对比图

表1 夏季大豆农业气象干旱等级及指标

干旱等级	不旱	轻旱	中旱	重旱	特旱
土壤相对湿度(%)	≥65	55~65	45~55	35~45	≤35

表2 8月13日测墒结果及目前大豆干旱等级

地区	扎兰屯	阿荣旗	莫旗
相对湿度(%)	43	45	37
干旱等级	中旱	重旱	重旱

根据夏季大豆干旱指标,我市扎兰屯地区大豆已达到中旱标准,阿荣旗和莫旗达到重旱标准。目前大豆处于鼓粒期,营养生长已经基本停止,生殖生长正处于旺盛期,植株体内有机营养大量向籽粒运转,籽粒逐渐膨大,是大豆干物质积累最多的时期,持续干旱影响干物质向籽粒的运输,造成籽粒干瘪皱缩,从目前受旱形势分析,大豆减产约30%左右。

二、气候趋势、土壤墒情及干旱预测

根据最新气象资料分析,未来一周我市农区仍然无有效降水,土壤墒情将继续下滑,根据土壤墒情预测模型,得出如下结论:

表3 8月下旬土壤墒情预测结果及大豆干旱等级

地区	扎兰屯	阿荣旗	莫旗
相对湿度(%)	37	30	30
干旱等级	重旱	特旱	特旱

报送:市委、市政府、市农牧业局
抄送:内蒙古气象局领导、内蒙古气象局应急与减灾处、内蒙古生态与农业气象中心、各旗(市)气象局

图E.2b

E.3 大豆病虫害发生适宜气象等级预报(以"大豆灰斑病"为例)

产品制作规范:

(1)发布时间

在病虫害易发时段,根据前期气象条件适时发布。大豆灰斑病一般7月上旬发病,8月下旬达到高峰,一般在6月下旬进行预报。

(2)资料收集

6月11—25日岭东大豆种植区与灰斑病发生流行密切相关的气象要素(图E.3a中的表1)。

(3)技术方法

利用影响大豆灰斑病发生的气象要素实况值,结合病害发生生理气象指标,参照病害发生发展气象等级标准,并通过与植保部门沟通,进行病虫害发生发展气象等级预报。

(4)主要内容

具体产品如下(图E.3a,b)。

呼伦贝尔市生态与农业气象信息

总第 55 期

农业气象预报预警第 12 期

呼伦贝尔市气象局　　　　　　　　　　　　　　分析：XXX

2016 年 06 月 26 日　　　　　　　　　　　　　　签发：XXX

大豆灰斑病发生适宜气象等级预报

摘要：6 月 11~25 日，岭东大豆种植区降水偏多，气温偏低，空气相对湿度较大，气象条件较利于大豆灰斑病的发生。根据大豆灰斑病发生气象条件，岭东莫旗为适宜发生区域，阿荣旗和扎兰屯市为较适宜发生区域，鄂伦春旗南部为不适宜发生区域。

一、预报依据

大豆灰斑病一般 7 月初开始发病，8 月下旬达到高峰，影响病害发生程度的主要气象因子是湿度和雨量，大豆成株期大豆灰斑病叶部发病早晚和发病程度取决于气象因子，即日平均相对湿度大于 80%或降雨量多于 0.1mm，日平均气温高于 18℃，日最低温度高于 12℃的日数是灰斑病发生的先决条件。6 月 11~25 日，岭东大豆种植地区气象条件如下表：

表1　2016年6月11~25日气象条件

地区 要素	扎兰屯市	阿荣旗	莫旗	鄂伦春旗南部
日平均降水量（mm）	11.2	4.7	5.9	4.0
日平均相对湿度（%）	67	69	80	71

图 E.3a

| 日平均气温（℃） | 18.6 | 18.9 | 18.7 | 16.2 |
| 日平均最低气温（℃） | 13.9 | 14.4 | 14.7 | 9.7 |

由表1可见，我市大豆种植地区6月中下旬气象条件利于灰斑病的发生和流行，发生时间较早。

二、预报结论

根据大豆灰斑病发生的气象条件和我市大豆种植地区的实况资料，预计大豆灰斑病大致出现在6月末~7月初，具体发生适宜气象等级预报如下：

表2　2016年大豆灰斑病发生适宜气象等级预报

地区	扎兰屯市	阿荣旗	莫旗	鄂伦春旗南部
适宜等级	较适宜	较适宜	适宜	不适宜

三、生产建议

关注近期天气预报，抓住晴好天气时段进行喷药防治，也可以在叶片发病之后进行及时地打药处理。

报送：市委、市政府、市农牧业局

抄送：内蒙古气象局领导、内蒙古气象局应急与减灾处、内蒙古生态与农业气象中心、各旗（市）气象局

图 E.3b

E.4 大豆农业气象灾害调查评估产品(以"暴雨洪涝灾害"为例)

产品制作规范：

(1)发布时间

2015年7月30日。2015年7月22—27日呼伦贝尔市莫旗出现了暴雨洪涝冰雹灾害,此次暴雨冰雹灾害造成农田(大豆)受灾 11313 hm^2,农业经济直接损失达 2545 万元,达到启动灾害评估标准。

当暴雨洪涝灾害发生程度达到中等以上等级标准时,启动灾害评估机制。

(2)资料收集

(1)业务内网(综合信息网)收集雨情监测信息(表 E.10)。

表 E.10 收集雨情监测信息

开始日期	结束日期	降水量合计(mm)	小时最大雨强(mm)
7月22日	7月28日	83.5	59.9

(2)实地调查结合卫星遥感和航空遥感估算大豆受灾面积(图 E.4e 中表 4);

(3)近三年大豆单产平均值及上一年大豆价格(图 E.4e 中表 4);

(4)实地调查中不同等级大豆受灾照片。

(3)技术方法

1)人工调查方法:盟市级主要配合自治区气象局做好灾害地面调查工作。地面调查组由呼伦贝尔市气象局气象灾害防御中心、气象台、呼伦贝尔市农业局、莫旗气象局、大兴安岭农垦集团和莫旗农业部门相关专家组成,旨在通过实地调查获知灾情的发生情况,并对灾情做出初步的估计。根据雨量分布情况,重点查看了降雨量大的地区,同时兼顾相对较轻的地区,为遥感定量评估做地面实证。调查组先后到五个受灾点进行了实地调查(图 E.4 中表 1)。

2)卫星遥感及航空遥感方法:见 3.1.3.1。

(4)主要内容

具体产品如下(图 E.4a—e)。

呼伦贝尔市生态与农业气象信息

总第 112 期

农业气象评估第 01 期

呼伦贝尔市气象局　　　　　　　　　　　　　分析：XXX

2015 年 07 月 30 日　　　　　　　　　　　　签发：XXX

2015 年莫旗大豆暴雨冰雹灾害监测评估

一、概述

受高空冷涡的影响，2015 年 7 月 22 日尼尔基镇出现强降水，12 时 39 分至 13 时 36 分尼尔基镇内小时雨量达 59.9 毫米；7 月 27 日 15 时至 28 日 9 时，莫力达瓦达斡尔族自治旗尼尔基镇、阿尔拉镇、腾克镇、塔温敖宝镇以及额尔和乡遭受连日出现暴雨冰雹天气。此次降水过程范围广、时间长、强度大，暴雨引发了严重的暴雨冰雹灾害，造成农田大面积积水或淹没，农作物受灾严重。灾害发生后，莫旗气象局联合农业局、水利局及大兴安岭农垦集团及时深入灾区调查灾情，呼伦贝尔市气象局与自治区气象局应急减灾处、生态与农业气象中心、呼伦贝尔市农牧业局六个部门利用卫星遥感、航空遥感、地面调查、农业专家和种地经验丰富的农民等综合手段对此次的暴雨冰雹灾害做出定量评估。结果表明：此次暴雨冰雹灾害造成农田（大豆）受灾 11313 公顷，农业经济直接损失达 2758 万元，其中尼尔基镇和阿尔拉镇受灾最严重。绝收面积占粮食作物总种植面积 0.12%；减产 50-79%面积占总种植面积 0.52%；减产 20-49%面积占总种植面积 0.76%；减产 20%以下面积占总种植面积 1.17%；无灾面积占总种植面积 97.43%。详细受灾情况见表 4。

图 E.4a

二、技术路线
（一）调查地点选择

此次灾害评估利用多种技术手段，将人员分为地面调查组、航空遥感组、农业专家组、数据处理组和综合评估组。综合气象监测评估、卫星遥感、航空遥感、地面调查、农业专家、农民专家等定量评估手段和方法。呼伦贝尔市气象局和莫旗气象局承担了此次灾害评估的地面调查环节，并组织了农业部门专家、农垦集团技术人员、及当地经验丰富的农民共同开展了调查任务。

地面调查组由呼伦贝尔市气象局气象灾害防御中心、气象台、呼伦贝尔市农业局、莫旗气象局、大兴安岭农垦集团和莫旗农业部门相关专家组成，旨在通过实地调查获知灾情的发生情况，并对灾情做出初步的估计。根据雨量分布情况，重点查看了降雨量大的地区，同时兼顾相对较轻的地区，为遥感定量评估做地面实证。调查组先后到以下各点进行了实地调查，如表1。

表1 调查走访地点表

	时间	地点	累计降水量
调查点1	2015年8月4日下午	莫旗尼尔基镇	83.5mm（暴雨冰雹）
调查点2	2015年8月5日下午	阿尔拉镇	6.2mm（冰雹）
调查点3	2015年8月7日上午	腾克镇	37.0mm（暴雨冰雹）
调查点4	2015年8月9日上午	塔温敖宝镇	18.2mm（冰雹）
调查点5	2012年7月7日上午	额尔和乡	9.5mm（冰雹）

调查组共调查了全旗的5个乡镇，主要针对大豆、玉米和瓜菜类等作物。通过调查发现相同降雨条件下，瓜菜类受损最为严重，大豆次之，玉米较轻。

（二）灾害等级划分

在实地调查基础上，对所调查区域进行农业气象灾害等级划分。对农作物灾害等级的评判主要使用无灾、轻度灾害、中度灾害、重度灾害及绝收5项指标，并以其对产量的影响多少为判定依据，一般以表2中的五级标准做为判定依据。

表2 灾害等级划分表

灾害等级	绝收	重度灾害	中度灾害	轻度灾害	无灾
减产率	≥80%	50~79%	20~49%	≤20%	0%

图 E.4b

（三）莫旗7月22～28日暴雨冰雹灾害实地调查分析

1.致灾气象事件界定

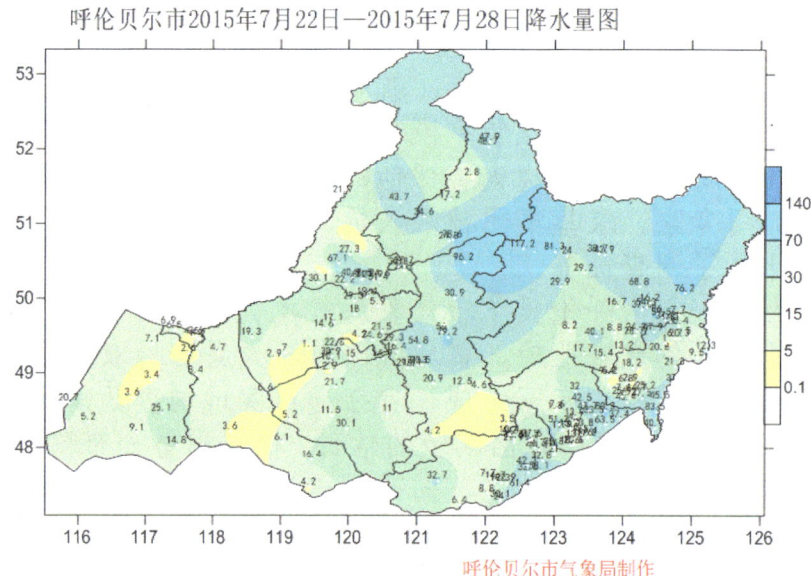

呼伦贝尔市2015年7月22日—2015年7月28日降水量图

由图1可见，7月22～28日我市莫旗南部地区累计降雨量在30毫米以上，莫旗本站降雨量83.5毫米，与历年相比偏多96.9%，并伴有冰雹灾害出现，导致莫旗尼尔基镇、阿二拉镇和腾克镇遭受不同程度的暴雨冰雹灾害。

根据卫星遥感、航空遥感监测信息及以上降雨过程和雨量分析，界定此次农业气象灾害地面调查区域为暴雨冰雹受灾区域。

2.受灾作物实地情况调查

在莫旗农业部门及当地农民积极配合下，前往受灾严重的尼尔基镇、阿尔拉镇等五个调查点进行实地调查和GPS定位。

尼尔基镇实地调查：大豆受灾严重，重灾区域多为河谷地和低洼地带，主要受7月22～28日强降水影响，部分农田被淹，受灾大豆地上部分已经枯黄，减产率95%以上，划定为绝收区，绝产面积约为527.8公顷；地势较高区域情况稍好，虽然基本进入鼓粒～成熟阶段，但生长高度欠整齐，植株矮小，田间出现大量缺苗断垄和倒伏现象，结荚率低，豆荚饱满度不够，减产率小于20%左右，划定为轻度灾害区；岗地坡地受灾较轻区，植株长势较好，已进入成熟阶段，对

图E.4c

产量影响较小,可划定为无灾区。

图 2~4 为大豆不同程度受灾区域:

图 2 大豆洪涝绝收区域

图 3 大豆洪涝成灾减产率小于 20%区域

图 4 大豆基本成熟无灾区域

阿尔拉镇实地调查:小面积河谷地大豆受灾严重,主要受冰雹影响,大豆植株倒伏,根系裸露,空秆率 90%以上,造成绝产绝收,可划定为绝收区;大面积岗地坡地受灾较轻区,边缘地带生长高度欠整齐,植株矮小,田间出现缺苗断垄和倒伏现象,虽然已进入成熟阶段,但由于花期雨水过多,造成落花落荚现象,籽粒相对饱满,对产量影响较小,预计减产率在 20~30%左右,可划定为中度灾害区。

图 E.4d

图5 大豆冰雹绝产区域　　　图6 大豆冰雹减产20~30%中度灾害区域

其它调查地点详细信息略。

三、评估分析结果

各灾害等级占莫旗2015年粮食作物总播面积如下：绝收面积占总种植面积0.12%；减产50-79%面积占总种植面积0.52%；减产20-49%面积占总种植面积0.76%；减产20%以下面积占总种植面积1.17%；无灾面积占总种植面积97.43%。

表4 莫旗7.22~7.28暴雨冰雹农业灾害面积评估表（单位：公顷）

乡镇\等级	尼尔基镇	阿尔拉镇	腾克镇	塔温敖宝镇	额尔和乡	总计	占莫旗总面积百分比
绝收	200	115	102	80	30	527	0.12%
减产50%-79%	825	543	478	320	123	2289	0.52%
减产20%-49%	1235	988	485	369	285	3362	0.76%
减产20%以下	1995	1205	916	655	364	5135	1.17%
无灾	259613	123115	25980	11880	9981	430569	97.43%
合计	263868	125966	27961	13304	10783	441882	2.57%
过去三年大豆单产（千克/公顷）	2042.9						
2014年大豆价格（元/千克）	3.92						
大豆经济损失（万元）	886.9	748.2	539.8	386.5	197.1	2758.5	—

经济损失计算方法：经济损失=单产*受灾面积*价格

报送：市委、市政府、市农牧业局
抄送：内蒙古气象局领导、内蒙古气象局应急与减灾处、内蒙古生态与农业气象中心、各旗（市）气象局

图E.4e

马铃薯

气象服务与管理篇

MALINGSHU
QIXIANG FUWU YU GUANLI PIAN

《马铃薯气象服务与管理篇》编写组

主　　编：付志强

编撰人员：郑丽娟　李海燕　程玉琴　李培珍

前　　言

马铃薯是我国重要的粮食作物,也是调整优化种植结构的重要替代作物。乌兰察布市是全国地级市中最大的马铃薯生产基地,是马铃薯规模加工优势区,被中国食品工业协会授予"中国马铃薯之都"。近年来,乌兰察布市马铃薯生产发展迅速,已形成区域化布局、专业化生产、集约化经营的格局。全市马铃薯种植面积一直稳定在 400 万亩以上,鲜薯总产 400 万吨左右,在全国地市级位居第一,马铃薯种植面积和产量占内蒙古自治区的近 1/2,约占全国马铃薯年均种植面积和产量的 6%。全市除集宁区以外,其他 10 个旗县市马铃薯播种面积均在 20 万亩以上,其中四子王旗近 100 万亩。

随着气象为农服务理念的不断深入和现代农业不断提出的新需求,开展马铃薯全程系列化服务成为当前气象为农服务的发展方向和重点内容。察右中旗国家一级农业气象监测站也是全区唯一具有马铃薯农业气象观测任务的监测站,积累了近 30 多年的马铃薯农业气象观测资料,在马铃薯农业气象服务及科研方面积累了一定的经验,这些为全市马铃薯农业气象服务业务的开展奠定了良好的基础。

本篇以马铃薯生长发育的环境条件和栽培措施等农学知识为基础,重点收集、整理和订正了马铃薯生长发育期指标、灾害指标、预警指标、应对措施建议等知识,系统梳理并制定了马铃薯全程系列化服务产品类别、制作规范及业务流程,解决了在马铃薯农业气象监测分析、预测预报、农用天气预报预警及农业气象评估服务中的技术指标不统一、服务产品不规范、业务流程不畅通、定量考核不到位等问题,手册的编写将大大提高该项业务的科学化、定量化和集约化进程,提高业务人员的工作效率,强化农业气象服务产品制作规范,提升气象为农服务能力,为全区马铃薯农业气象服务提供参考依据。

本篇是集体智慧的结晶。编写工作主要由乌兰察布市气象局付志强副总工程师负责组织编写、内容修订;业务人员郑丽娟负责 GIS 绘图、指标收集、整理、本地化订正及统稿;业务人员李海燕负责数据统计、文字校对及手册排版;业务人员程玉琴负责部分内容编写和修订。乌兰察布市察右中旗气象局业务人员李培珍、乌兰察布市农牧业气象科技服务专家为本篇编写提供了部分基础数据。

本篇共分为五部分内容,具体章节和编写人员分工如下:

第 1 章　概论,付志强、程玉琴编写;

第 2 章　马铃薯生产与环境条件,郑丽娟、李海燕、李培珍编写;

第 3 章　马铃薯气象服务业务规范,付志强、郑丽娟、程玉琴编写;

第 4 章　马铃薯气象服务产品考核,郑丽娟、李海燕编写;

附录,郑丽娟和李海燕编写。

在此非常感谢内蒙古自治区生态与农业气象中心侯琼研究员在本篇编写过程中提出的宝贵意见、建议及对文稿的审定,内蒙古自治区气象局和乌兰察布市气象局对编写工作给予了大力支持,使手册编写完成较为顺利。

由于编写组技术力量薄弱,水平有限,加之时间紧迫,难免有错误和疏漏之处,欢迎批评指正。

编者
2017 年 8 月

第1章 概 论

1.1 自然地理与农业气候概况

乌兰察布市地处内蒙古自治区中部,位于 $40°10'—43°28'N,110°21'—114°49'E$,土地总面积 $54491.9km^2$,地形错综复杂,阴山山脉横亘中部,使全市形成南北低,中间隆起的屋脊型地势,海拔由南北部的 1000m 左右逐渐上升至中部的 2000mm 以上,由此将乌兰察布市分成前山、后山两个截然不同的气候区域。前山以山地、丘陵为主,多沟壑;后山以丘陵、草原带为主,地势较平坦。

乌兰察布市地处中纬度内陆,属中温带大陆性季风气候。气候冷凉,日照充足,昼夜温差大。春季气候干燥,少雨多风;夏季短促,降水集中,雨热同步;秋季凉爽水少,初霜早;冬季漫长寒冷,多寒潮天气。年平均气温 4.5℃,最低值位于察右中旗 2.1℃,最高值位于凉城县 5.9℃;年平均降水量 150~450mm; $\geqslant 10℃$ 的活动积温在 1700~2700℃·d,无霜日 90~140d。自然气候特点适宜种植马铃薯、玉米、蔬菜和杂粮杂豆等经济作物,特别是与马铃薯生长发育规律相吻合,具有得天独厚的生产优势,马铃薯产业蕴藏着巨大的发展潜力。

乌兰察布市气象灾害频繁发生,干旱、大风、低温冷害、洪涝、冰雹、霜冻等气象灾害交替出现,一些气象灾害还具有明显的区域性和季节性,并且多灾并发。其中干旱、冰雹、霜冻等农业气象灾害在马铃薯生长发育期发生较为频繁。春旱严重时大部耕地不能播种,播种后马铃薯不出苗或严重缺苗;马铃薯开花期,也是需水量关键期,干旱会导致花絮无法形成或者大面积落花,严重影响产量,故农业上有"伏旱丢一半"的说法。春季正值马铃薯播种和出苗期,此时冷空气不断入侵,导致出苗缓慢或者幼苗受冻,严重时发生霜冻,导致幼苗冻死、冻伤,甚至重新播种。秋季低温常造成马铃薯发育延迟,在秋霜降临前不能正常成熟,导致产量下降。冰雹天气出现后,常造成马铃薯叶片破损或者植株折断,影响马铃薯正常生长,从而造成减产。

1.2 马铃薯农业生产特点

1.2.1 马铃薯种植分布

全市农作物总播种面积 1000 万亩,粮食作物播种面积 800 万亩,其中马铃薯种植面积 400 万亩,占全国马铃薯种植面积的 8%,总产量达 40 亿 kg,占全国马铃薯产量的 10%,是全国马铃薯最大的生产基地之一。

从区域布局上看(图 1.1),乌兰察布地处内蒙古高原屋脊,阴山山脉横亘中央,阴山以南地区俗称前山,以北地区俗称后山。马铃薯主产区主要分布在后山的四子王旗、察右中旗、察右后旗、商都县、化德县等五个旗县,约占全市马铃薯总播种面积的 60%。马铃薯种植已经形成规模化、集约化格局,如四子王旗乌兰花、东八号、大黑河,察右中旗铁沙盖、义发泉、土城子,察右后旗红格尔图、乌兰哈达、白音察干,商都县西井子、大拉子等马铃薯产业带和产业区。2009 年,四子王旗、商都县、察右后旗、化德县、察右中旗和兴和县被农业部确定为国家马铃薯高产创建示范区,卓资县、察右前旗被列为自治区高产创建示范区。

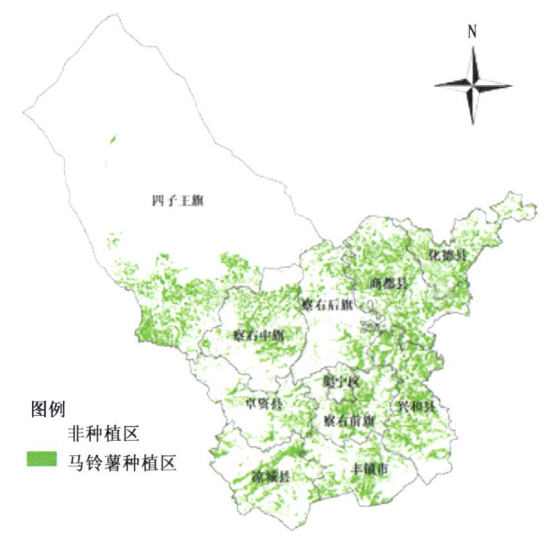

图 1.1　乌兰察布市马铃薯种植区域分布图

1.2.2　主要品种及特性

乌兰察布市马铃薯种植品种主要包括克新一号、夏波蒂、费乌瑞它、底西芮、后旗红、冀张薯 8 号、荷 14、冀张薯 12 号、早大白等,其中克新一号种植面积近 300 万亩,占全市的 75%,其次为夏波蒂、费乌瑞它和冀张薯 8 号,分别占 20 万~30 万亩左右。各品种的主要特性为:

克新一号:中熟品种,生育天数 100 天左右。该品种在乌兰察布市各旗县均有种植,抗旱性强,特别适于干旱地区栽培。栽培的适宜密度为 3500 株/亩。生产上应采用脱毒种薯。

夏波蒂:中熟品种,加拿大薯,生育天数 100 天左右。在乌兰察布市大部分旗县均有种植。适于栽培条件较好的地区种植。该品种易感病退化,对晚疫病敏感,因此,种植密度不可过大,并注意防治晚疫病。种薯要采用脱毒种薯。密度 3500 株/亩为宜。生育期间加强肥水管理,在薯块形成期和膨大期分次中耕培土。

费乌瑞它:早熟高产品种,荷兰薯,生育天数 60~65 天。植株易感晚疫病,耐水肥,适于水浇地高水肥栽培。该种株形直立分枝少,适于密植,种植密度可根据土壤水肥条件增加到 3500~4500 株,并采用优质脱毒种薯;块茎休眠期短,适于二季作地区栽培;播前晒种催芽;块茎对光敏感且易露于地表,应及早多次中耕高培土,以免形成绿薯影像品质。

底西芮:中晚熟品种,荷兰薯,生育天数 110 天左右。因其产量较高、适应性和抗旱性较强,在生产上种植面积逐年增加。该品种水、旱地均可种植,特别适合旱地栽培。常采用脱毒种薯,种植密度 3500 株/亩。因出苗较快,因此,应及早中耕和施肥浇水。

后旗红:晚熟品种,乌兰察布市察右后旗种子公司选育而成。植株生长繁茂;抗病毒病、抗晚疫病。采用脱毒种薯,密度 3000 株/亩为宜。适于沙壤土,粘土种植易出现畸形薯,出苗早,应及早中耕和施肥浇水,开花后视情况浇水,防止次生薯出现。

冀张薯 8 号:中熟品种,出苗后生育期 93 天左右。

冀张薯 12 号:中晚熟品种,属抗病型品种,生育期 96 天左右。

早大白:极早熟品种,生育天数 60~65 天。该品种适应性较广,乌兰察布市均可种植。适于高水肥栽培。采用脱毒种薯,播种前晒种催芽。种植密度 4500 株/亩左右为宜,由于该品种结薯集中、薯块大、产量高,因此,种植技术上要掌握"深耕、浅埋、多次覆土"的原则、生育期间要注意马铃薯晚疫病的防治。

1.3 编写意义

1.3.1 服务现状

2012 年起,乌兰察布市气象台针对全市马铃薯种植特点和布局,统计分析农业气象观测站资料,制定完善了《乌兰察布市马铃薯周年气象服务方案及指标手册》,开展产前、产中和产后全程系列化服务工作,形成了服务指标和灾害指标体系,服务形式日趋多样化,服务产品内容日趋丰富,制作发布面向政府和相关部门的备耕春播农业气象条件分析、产量预报及灾害评估等决策服务产品,面向公众和"直通式"用户的春播服务专报、秋收服务专报、适宜播种期预报、马铃薯关键发育期及全生育期农业气象条件分析、关键发育期预报、马铃薯关键农事活动及灾害性天气农用天气预报、马铃薯农业气象灾害及病虫害监测、预报等各类定期和适时服务产品,以及对马铃薯有重要影响的天气过程的专题分析。为全市马铃薯种植企业、种植大户、专业合作社、家庭农场等合理安排生产提供了科学依据。

1.3.2 编写目的

随着全区"服务型业务"理念的确立和实践活动的深入,乌兰察布市气象为农服务业务建设取得显著成效,气象服务业务规范化建设的条件已逐渐趋于成熟。但各地在服务中仍存在服务内容单一,产品制作规范性不强等问题,为了进一步做好乌兰察布市马铃薯专项气象服务工作,建立健全科学、规范的服务体系,满足马铃薯服务业务需求,按照"信息化、集约化、标准化"要求推动全市气象服务业务升级和气象业务现代化建设,现结合乌兰察布市马铃薯气象服务特点,在原有服务手册的基础上,联合涉农部门专家,对马铃薯气象服务指标进行订正,并完善服务流程,特制订《马铃薯气象服务与管理篇》。

第2章 马铃薯生产与环境条件

2.1 马铃薯对环境条件的需求

2.1.1 温度

马铃薯性喜冷凉,不耐高温,生育期间以平均气温17~21℃为适宜。全生育期需有效积温1000~2500℃·d(以10cm土层5℃以上温度计算)。多数品种为1500~2000℃·d。

块茎萌发的最低温度为4~5℃,芽条生长的最适温度为13~18℃,新收获的块茎,芽条生长则要求25~27℃的高温,但芽条细弱,根数少。茎叶生长的最低温度为7℃,最适温度为15~21℃,土温在29℃以上时,茎叶即停止生长。对花器官的影响主要是夜温,12℃形成花芽,但不开花,18℃时大量开花。

块茎形成的最适温度是20℃,低温块茎形成较早,如在15℃出苗后7d形成,25℃出苗后21d形成。27~32℃高温则引起块茎发生次生生长,形成畸形小薯。

块茎增长的最适温度15~18℃,20℃时块茎增长速度减缓,25℃时块茎生长趋于停止,30℃左右时,块茎完全停止生长。昼夜温差大,有利于块茎膨大,特别是较低的夜温,有利于茎叶同化产物向块茎运转。

同时,马铃薯抵抗低温能力较差,当气温降到-1~-2℃时,地上部茎将受冻害,-4℃时植株死亡,块茎亦受冻害。

2.1.2 光照

马铃薯光饱和点为30000~40000lx。光照强度大,叶片光合强度高,块茎产量和淀粉含量均高。

光周期对马铃薯植株生育和块茎形成及增长都有很大影响。每天日照时数超过15h,茎叶生长繁茂,匍匐茎大量发生,但块茎延迟形成,产量下降;每天日照10h以下,块茎形成早,但茎叶生长不良,产量降低。一般日照时数为11~13h时,植株发育正常,块茎形成早,同化产物向块茎运转快,块茎产量高。早熟品种对日照反应不敏感,晚熟品种则必须在短日照条件下才能形成块茎。

日照长短、光强和温度三者有互作效应。高温促进茎伸长,不利于叶片和块茎的发育,在弱光下更显著,但高温的不利影响,短日照可以抵消,能使茎矮壮,叶片肥大,块茎形成早。因此高温、短日照下块茎的产量往往比高温、长日照下高。高温、弱光和长日照,则使茎叶徒长,块茎几乎不能形成,匍匐茎形成枝条。开花则需要强光、长日照和适当高温。

2.1.3 水分

马铃薯的蒸腾系数为 400~600。若年总降雨量 400~500mm,且均匀分布在生长季节,即可满足马铃薯对水分的需求。

整个生育期间,土壤湿度保持田间持水量的 60%~80% 为最适宜。萌芽和出苗,靠种薯自身水分,故有一定的抗旱能力。幼苗期需水量不大,占一生总需水量的 10%~15%,土壤保持田间持水量的 65% 左右为宜。块茎形成期需水量显著增加,约占全生育期总需水量的 30% 左右,保持田间持水量的 70%~75% 为宜。块茎增长期,茎叶和块茎的生长都达到一生的高峰,需水量最大,亦是马铃薯需水临界期,保持田间持水量的 75%~80% 为宜。并要保证水分均匀供给。淀粉积累期需水量减少,占全生育期总需水量的 10% 左右,保持田间最大持水量的 60%~65% 即可。后期水分过多,易造成烂薯和降低耐贮性,影响产量和品质。

2.1.4 土壤

马铃薯自身生长对土壤要求并不严,除过酸、过黏、低洼及盐碱土壤外均可种植。冷凉地方砂土和砂质壤土,表土深厚、结构疏松、排水通气良好和富含有机质的土壤为最适宜,特别是在孔隙度大,通气良好的砂壤土上栽培马铃薯,出苗快,块茎形成早,薯块整齐,薯皮光滑,产量和淀粉含量均高。

马铃薯对土壤酸碱度的要求以 pH5.5~6 为最适宜,实际在乌兰察布市的中性甚至偏碱性土壤上亦能生长良好,但土壤含盐量达到 0.01% 时,植株表现敏感。

黏重的土壤种植马铃薯,最好做高垄栽培。这类土壤通气性差,平栽或小垄栽培,常因排水不畅造成后期烂薯。土壤黏重易板结,常使块茎生长变形或块茎不规则。一旦土壤板结变硬,田间管理很不方便,尤其培土困难,如块茎外露会影响品质。这类土壤生产的马铃薯块茎淀粉含量一般偏低。但这类土壤只要排水通畅,其土壤保水、保肥力强,种植马铃薯往往产量很高。对这类土壤的管理,掌握中耕、除草和培土相结合。

沙土中生长的马铃薯,块茎特别整洁,表皮光滑,薯形正常,淀粉含量高,易于收获。沙性大的土壤种植马铃薯应特别注意增施肥料。因这类土壤保水、保肥力最差。种植时应适当深播,因一旦雨水稍大把沙土冲走,很易露出匍匐茎和块茎,不利于马铃薯生长,反而增加管理上的困难。

乌兰察布市以栗钙土和棕钙土为主(图 2.1),土壤质地偏砂性,适宜薯块膨大生长。

2.1.5 养分

马铃薯是高产喜肥作物,对肥料反应非常敏感。生产 500kg 块茎需吸收纯氮 3.33kg、纯磷 3.23kg、纯钾 4.15kg。对肥料三要素的需要以钾最多,氮次之,磷最少。各时期对氮、磷、钾的吸收数量和吸收速度不同。一般幼苗期植株小,需肥较少。块茎形成至块茎增长期吸收养分速度快,数量多,是马铃薯一生需要养分的关键时期。淀粉积累期吸收养分速度减慢,吸收数量也减少。

2.2 马铃薯主要发育期气象条件和适宜指标

2.2.1 播种—出苗期

从马铃薯开始播种到其幼苗露出土壤表面为播种—出苗期。乌兰察布市此发育期的历年

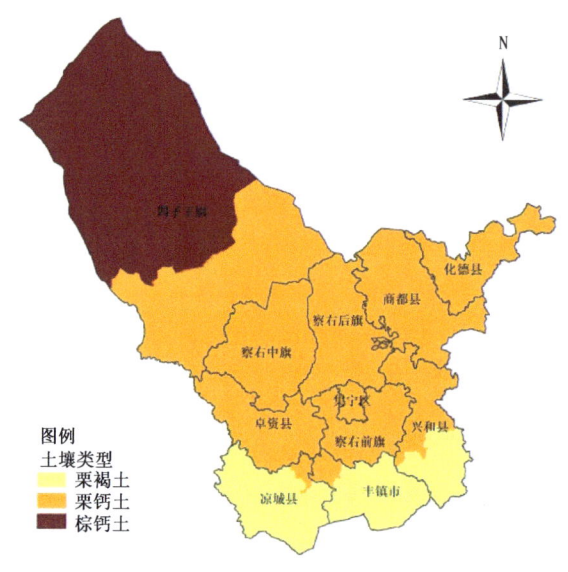

图 2.1　乌兰察布市土壤类型分布图

出现时段在5月8日至6月18日,平均持续时间为41d。10cm土层温度稳定通过8℃,且0～20cm土壤相对湿度达到40%～50%时开始播种。最早播种日期是4月28日,最晚播种日期是5月23日。此发育期阶段年平均积温为542.0℃·d,降水量为50.0mm,日照时数为411.0h。

(1)适宜气象条件:①出苗所需的适宜平均气温为13～15℃,最低温4℃,最高温20℃,从播种到出苗的时间与土壤温度有密切的关系,在适宜的温度范围内土壤温度愈高,出苗所需时间愈短;②马铃薯发芽期间种薯自身的含水量足够该期需用,但土壤过分干燥时不易顶出苗。播种—出苗期要求0～20cm的适宜土壤相对湿度为40～50%;③出苗到开花期所需≥0℃积温为550～630℃·d(中晚熟品种)。

(2)不利气象条件:①日最低气温低于马铃薯芽条及苗期生物学下限温度(5℃)并持续5日以上,造成低温冷害,发芽出苗慢;②土壤含水量高于80%对出苗不利;③苗期日最低气温-1.0～-2.0℃为轻霜冻,-2.0～-3.0℃为中霜冻,-3.0～-4.0℃为重霜冻;④土壤相对湿度40%～50%为轻旱,35%～40%为中旱,30%～35%为重旱,小于30%为特旱。

2.2.2　出苗—分枝期

马铃薯基部叶腋间生出侧芽,长约1.0cm为马铃薯分枝期。一般短期-1.0℃的低温就会受到冻害,-4.0℃低温下小苗会冻死,因此在开始播种时就要考虑此期晚霜的危害。叶面积小,蒸腾量不大,因此,此时的耗水量相对较少。一般耗水量是全生育期耗水量的10%,土壤保持最大持水量的50%最佳。此时不宜水分过剩,否则影响根系发育,并降低后期抗旱能力,但水分不足则影响地上部分发育,造成发育缓慢,棵小叶小,花蕾脱落。

全市马铃薯出苗—分枝期的出现时段在6月18日至7月6日,平均持续时间为18d。历年最早出苗日期是6月6日,最晚出苗日期是7月4日。此发育期阶段年平均积温为322.0℃·d,降水量为43.0mm,日照时数为180.0h。

(1)适宜气象条件:①最适宜的日平均温度为15～21℃;②要求0～20cm的适宜土壤相对

湿度为50~60%。

(2)不利气象条件：①温度低于6.0℃易造成低温冷害；②春霜冻发生指标：日最低气温-1.0~-2.0℃为轻霜冻，-2.0~-3.0℃为中霜冻，-3.0~-4.0℃为重霜冻；③土壤相对湿度40%~50%为轻旱，35%~40%为中旱，30%~35%为重旱，小于30%为特旱。

2.2.3 分枝—开花期

马铃薯主茎顶部的花开放即为马铃薯的开花期。该时期地上部茎叶生长和地下块茎形成同时进行，是马铃薯一生的重要转折期，是对水肥、温度等环境条件最为敏感的时期，也是决定单株结薯多少的关键时期。马铃薯分枝—开花期的出现时段在7月6—27日，平均持续时间21d。最早分枝日期出现在6月22日，最晚分枝日期是7月24日。此发育期阶段年平均积温为397.0℃，降水量为60.0mm，日照时数为205.0h。

(1)适宜气象条件：①最适宜的日平均温度为18~21℃；②分枝—花絮形成期适宜土壤相对湿度为70%~75%，花序形成—开花期为75%~85%；③适宜日照时数早熟品种为11~13h，中晚熟品种为8~10h；④出苗到开花期所需≥0℃积温为620~730℃·d(中晚熟品种)。

(2)不利气象条件：①水分不足会造成植株生长缓慢，块茎减少，影响增产；②土壤相对湿度55%~75%为轻旱，45%~55%为中旱，30%~45%为重旱，小于30%为特旱。

2.2.4 开花—可收期

此期分为两个发育阶段，第一阶段从盛花至茎叶开始衰老，是马铃薯需水肥最多时期，茎叶生长达最高值，一般出现在7月下旬至8月中旬。田间持水量应保持在75%~80%，这个阶段的需水量占全生育期需水总量的50%以上。此时如缺水会导致块茎停止生长。以后即使再降雨或有水分供应，植株和块茎恢复生长后，块茎容易出现二次生长，形成串薯等畸形薯块，降低产品质量。但水分也不能过大，如果水分过大，茎叶就易出现疯长的现象。这不仅大量消耗了营养，而且会使茎叶细嫩倒伏，为病害的侵染造成了有利的条件。

第二阶段从终花期至茎叶2/3以上开始枯黄，一般出现在8月下旬至9月上旬，此期防止温度过高造成薯块皮孔开裂不耐贮藏或黑心烂薯。水分供应需适量，保证植株叶面积的寿命和养分向块茎转移，耗水量约占全生育期需水量的10%左右，保持田间最大持水量的60%~65%即可。不可水分过大，土壤过于潮湿，块茎的气孔开裂外翻，就会造成薯皮粗糙。这种薯皮易被病菌侵入，对贮藏不利。如造成田间烂薯，将严重减产。

全市马铃薯开花—可收期的出现时段在7月27日至9月8日，平均持续时间43d。最早开花日期出现在7月12日，最晚开花日期出现在8月16日。此发育期阶段年平均积温为689.0℃·d，降水量为105.0mm，日照时数为377.0h。

(1)适宜气象条件：①日平均气温16~18℃为宜，对花器官的影响主要是夜温，12℃形成花芽，但不开花，18℃时大量开花；②土壤相对湿度60%~65%为宜；③出苗到开花期所需≥0℃积温为830~940℃·d(中晚熟品种)。

(2)不利气象条件：①土壤相对湿度55%~75%为轻旱，45%~55%为中旱，30%~45%为重旱，小于30%为特旱；②马铃薯在收获期以及采收后，堆放在场院或入窖入库易遭受冻害，通常最低气温低于-2℃，马铃薯便受冻害；③秋霜冻发生指标：日最低气温-0.5~-1.0℃为轻霜冻，-1.0~-2.0℃为中霜冻，-2.0~-3.0℃为重霜冻。

2.3 马铃薯主要农业气象灾害

2.3.1 干旱

2.3.1.1 干旱发生规律与特征

干旱是乌兰察布市最重的气象灾害之一,发生频率高,危害范围广,而且持续时间长、灾害强度大。几乎每年都有干旱发生,只是干旱程度及范围有所不同,有大范围连片广域性干旱,也有插花式局地干旱;从时段上可分为:春旱、夏旱、秋旱三种,有时发生持续性干旱,如春夏连旱、夏秋连旱,甚至春夏秋连旱(图2.2)。尤以春旱发生频率最高,危害也最重,其次是夏旱和秋旱。春旱一般指4月至6月上旬期间发生的干旱,主要是由于上年秋季雨少,无封地雨,冬季降雪量少,次年4—5月无10mm以上降水,春风大、气温高、蒸发量大而形成,春旱严重时大部耕地不能播种,播种后不出苗或严重缺苗。夏旱分为初夏旱和盛夏旱;初夏旱是指6月上旬至7月上旬期间发生的旱象,盛夏旱又称伏旱,是指7月中旬至8月中旬期间发生的旱象,干旱严重影响产量,故农业上有"伏旱丢一半"的说法。秋旱是指8月下旬至9月中旬期间出现的旱象,对当年农业影响不大,但由于土壤底墒偏差,次年发生春旱的概率增大。

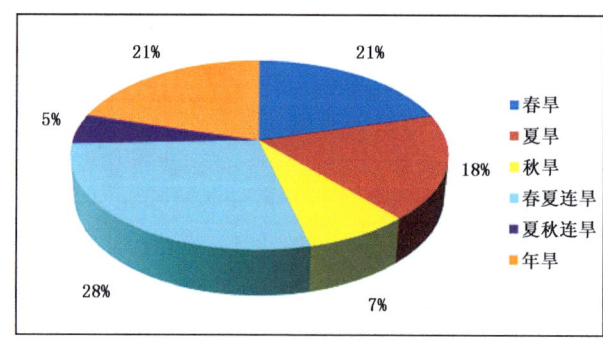

图2.2 乌兰察布市各类干旱发生频率分布图

利用近30年乌兰察布市各旗县气象资料、人口和经济资料、地理信息及灾情普查资料,对全市干旱气候特征和发生灾害情况进行统计分析,采用频率统计、层次分析、专家打分、加权综合评价方法和GIS技术,计算出各地干旱灾害的风险系数,进而对该灾害进行风险区划(图2.3)。乌兰察布市干旱灾害高风险区主要分布在四子王旗北部、化德县东部、商都县东南部和北部的少部分地区、兴和县东部部分地区;低风险区主要分布在四子王旗西南部、察右中旗除东北部以外的大部分地区、察右后旗西南部、卓资县除中部以外的大部分地区、凉城县东南部和西北部部分地区、丰镇市东部、兴和县西南部的少部分地区、察右前旗东北角零星分布;其余地区为中风险区。

2.3.1.2 干旱指标及影响

(1)春季干旱

技术指标:4—6月上旬发生的干旱主要影响播种、出苗和幼苗生长,根系分布较浅,采用0~20cm平均土壤相对湿度作为判别指标(表2.1)。

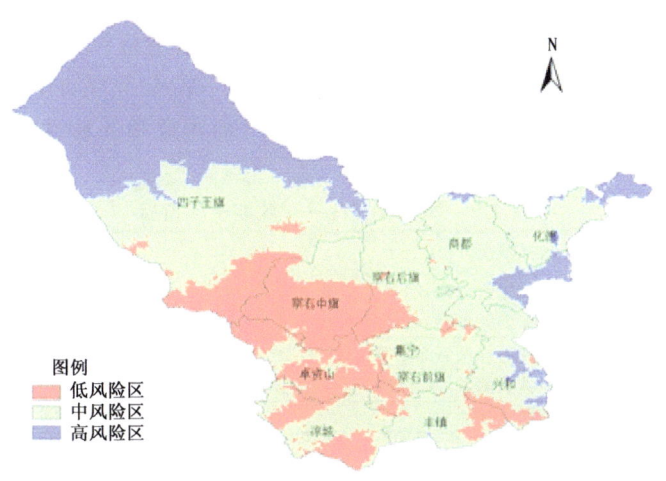

图 2.3 乌兰察布市干旱灾害风险分布图

表 2.1 马铃薯播种—分枝期干旱指标

干旱等级	土壤相对湿度(%)	出苗率(%)
不旱	>50	>80
轻旱	40~50	70~80
中旱	35~40	60~70
重旱	30~35	50~60
特旱	<30	<50

注：以土壤相对湿度指标为主，出苗率作为参考。

灾害影响：春季干旱导致马铃薯播种期推迟，播种后块茎失水，促使块茎腐烂，难以出苗；出苗后空气湿度低，土壤墒情差，长势衰弱，生长不正常；阻碍根系、茎叶、匍匐茎的生长，限制肥料的利用效率，导致叶片灼烧。

(2)夏季干旱

技术指标：发生在6月中旬到8月中旬的干旱对马铃薯影响最大，此时正值马铃薯旺盛生长期，对水分的需求量很大，也最为敏感，因根系分布较深，采用0~50cm平均土壤相对湿度作为判别指标(表2.2)。

表 2.2 马铃薯分枝—开花期干旱指标

干旱等级	土壤相对湿度(%)	植株状况
不旱	>75	植株生长健壮
轻旱	55~75	中午萎蔫
中旱	45~55	白天一直处于萎蔫状态，第二天早上吸水后有所恢复
重旱	30~45	白天处于萎蔫状态，叶片枯黄卷曲下垂，第二天在早上吸水后不能恢复正常
特旱	<30	植株枯萎死亡

注：以土壤相对湿度指标为主，植株状况作为参考。

灾害影响：夏季干旱增加疮痂病的发病率，导致早疫病加重及植株早衰；马铃薯花絮难以形成或大面积落花，影响产量；高温导致虫害及晚疫病呈偏重发生，并有利于病毒的增殖和传播，从而促进马铃薯退化；干旱影响马铃薯结薯和薯块膨大，结薯数量少，形成各种畸形薯块和次生生长的薯块，导致减产减收。

(3)秋季干旱

技术指标:发生在8月下旬至9月中旬的干旱主要影响马铃薯块茎增长期和淀粉积累,块茎增长期需水量占全生育期需水总量的50%以上,田间持水量应保持在75%～80%,此时如缺水会导致块茎停止生长;淀粉积累后期需水量逐渐减少,占全生育期总需水量的10%左右,水分过多容易造成烂薯,相对湿度在60%～65%最佳,则产量和淀粉含量高。采用0～50cm平均土壤相对湿度作为判别指标(表2.3)。

表2.3 马铃薯开花—可收期干旱指标

干旱等级	土壤相对湿度(%)	植株状况
不旱	75～85	植株生长旺盛,块茎膨大迅速,薯块均匀质量好
轻旱	55～75	植株白天萎蔫,块茎生长慢
中旱	45～55	植株叶片呈萎蔫状态,花蕾易脱落,易形成串薯等畸形
重旱	30～45	植株萎蔫,叶片干枯,块茎停止生长,薯块表皮老化
特旱	<30	植株干枯死亡

注:以土壤相对湿度指标为主,植株状况作为参考。

灾害影响:秋旱影响马铃薯块茎生长,特别是在淀粉积累后期造成薯块皮孔开裂不耐贮藏或黑心烂薯,这种薯皮易被病菌侵入,对贮藏不利,造成田间烂薯,将严重减产;虽然秋旱对当年农业影响不大,但由于土壤底墒偏差,次年发生春旱的概率增大。

(4)季节连旱

有些年份,干旱持续时间很长,出现连续两个季节以上的干旱,称为季节连旱,马铃薯季节连旱主要有春夏连旱、夏秋连旱,甚至春夏秋连旱[1]。马铃薯季节连旱分级指标见表2.4。

表2.4 马铃薯季节连旱分级指标

分级指标	春夏连旱		夏秋连旱		春夏秋连旱		
轻旱	轻春旱	轻夏旱	轻夏旱	轻秋旱	轻春旱	轻夏旱	轻秋旱
	中春旱	轻夏旱	中夏旱	轻秋旱	轻春旱	轻夏旱	中秋旱
	轻春旱	中夏旱	轻夏旱	中秋旱	轻春旱	中夏旱	轻秋旱
					中春旱	轻夏旱	轻秋旱
中旱	轻春旱	重夏旱	轻夏旱	重秋旱	轻春旱	中夏旱	中秋旱
					轻春旱	重夏旱	轻秋旱
	中春旱	中夏旱	中夏旱	中秋旱	中春旱	中夏旱	中秋旱
					中春旱	中夏旱	轻秋旱
	重春旱	轻夏旱	重夏旱	轻秋旱	中春旱	中夏旱	中秋旱
					重春旱	轻夏旱	轻秋旱
重旱	重春旱	重夏旱	重夏旱	重秋旱	其他		
	重春旱	中夏旱	重夏旱	中秋旱			
	中春旱	重夏旱	中夏旱	重秋旱			

灾害影响:季节连旱导致马铃薯干枯减产,有的甚至绝收。

2.3.1.3 干旱防御措施

预防措施

(1)加快农田水利工程建设,发展地下管灌和喷灌等节水灌溉工程,采用喷灌、滴灌、膜下灌溉等方式补充土壤水分。

(2)发展节水旱作农业,加强水窖、旱井、塘坝等小流域治理工程和雨水集蓄利用工程建设,推进节水灌溉示范,根据发育期对水分的要求,适时适量灌溉。

(3)推广抗旱保墒耕作技术.选择适宜的抗旱播种方法。

(4)选育抗旱品种和栽培技术。耐旱品种具有较强的耐旱抗逆性,在干旱缺水情况下产量损失少,一般早熟品种较晚熟品种不抗旱;采用叶面喷施技术喷施抗旱剂或肥料,可缓解旱情、提高产量。

补救措施

(1)保墒抗旱。浅锄细碎表土,及时培土,减少水分蒸发散失。

(2)覆盖抗旱。粉碎作物秸秆覆盖行间遮阴,可减少表土水分蒸发。

(3)在日最高气温(14时前)出现前,对农作物冠层进行喷灌,以提高冠层空气相对湿度,降低温度,达到改善作物田间小气候的目的。

(4)叶面喷肥抗旱。叶面喷施相应药液,可缓解旱情、提高产量。

(5)抓住一切有利天气,积极开展人工增雨作业。

2.3.2 霜冻

2.3.2.1 霜冻发生规律与特征

霜冻是乌兰察布市主要的农业气象灾害之一(图2.4),其危害程度仅次于旱灾。

霜冻按其发生时段可分为终霜冻和初霜冻两种:春季出现为终霜冻,主要危害幼苗,导致幼苗冻死、冻伤,甚至重新播种。秋季出现为初霜冻,冻死尚未成熟的作物。一般来说,初霜冻的危害程度远比终霜冻危害严重,因为终霜冻主要发生在作物苗期,尚有再恢复的可能,因而对农业产量的影响相对较轻,而初霜冻主要发生在秋季作物成熟期之前,一旦发生,将无再恢复的可能,常常造成粮食作物严重减产,大范围的严重秋霜冻,会使丰收年变成歉收年。

图2.4 乌兰察布市霜冻灾害风险分布图

乌兰察布市初、终霜冻年际变化大,保证率低,正常年份春季终霜冻凉城县、丰镇市、兴和县及察右前旗等地在5月中旬结束,察右中旗、卓资县于6月初结束,其余地区在5月下旬结束;同一地区终霜冻最早与最晚年份相差40~50d。正常年份秋季初霜冻察右中旗、卓资县于9月上旬最早出现,其余地区在9月中旬出现。镇市、凉城县在9月上旬出现,其余地区8月下旬出现,同一地区初霜冻出现最早与最晚年份相差40~60d。

2.3.2.2 霜冻指标及影响

(1)初霜冻

技术指标：初霜冻主要发生在秋季马铃薯淀粉积累期—成熟期之前，采用日最低气温作为判别指标(表2.5)。

表2.5 马铃薯初霜冻指标

霜冻等级	轻霜冻	中霜冻	重霜冻
秋霜冻：日最低气温(℃)	-0.5~-1.0	-1.0~-2.0	-2.0~-3.0

灾害影响：初霜冻一旦发生，将再无恢复的可能，常常造成马铃薯植株冻死，大范围的严重秋霜冻会使丰年变成歉年。

(2)终霜冻

技术指标：终霜冻主要发生在5—6月，马铃薯苗期—分枝期，采用日最低气温作为判别指标(表2.6)。

表2.6 马铃薯终霜冻指标

霜冻等级	轻霜冻	中霜冻	重霜冻
春霜冻：日最低气温(℃)	-1.0~-2.0	-2.0~-3.0	-3.0~-4.0

灾害影响：终霜冻出现主要危害马铃薯幼苗，导致幼苗冻死、冻伤，甚至重新播种。

2.3.2.3 霜冻防御措施

预防措施

(1)熏烟驱寒。在霜冻来临当夜11:00时左右，用炉或废旧铁桶装稻谷壳或锯木屑，泼少量废柴油或废机油，上面覆盖少许土，每亩放5~6堆，进行熏烟，改变小气候，达到驱霜防霜目的。

(2)增施热性肥料。适当增施热性肥料及含钾肥料如草木灰、火烧土等。因热性肥可增加地温，钾能影响细胞的透性，提高细胞的浓度，因而增强抗寒性。

(3)灌水保温。对已经开叶和旺长的马铃薯，霜冻来临前实施漫灌、沟灌，浇透畦面，灌满畦沟保温，漫灌时间以不超过10h为好。对未出苗的马铃薯田块，灌水不能泡至种薯，以防烂种、烂芽，可灌至半沟，霜冻结束后及时排干。

(4)推广早熟品种加早播避霜技术。力争播种早熟品种，避开霜冻高发时段，最大限度地减少灾害损失。

(5)喷施防冻剂或营养液。在霜冻天气到来前，应停止施用氮肥，防止植株过于柔软抗寒能力下降，可喷施营养液和植物防冻剂，增强马铃薯抗寒性。

补救措施

(1)分类指导抓好灾后管护。对受冻较轻的马铃薯在解冻气温稳定回升后，要及时追施复合肥，迅速恢复生产，稳定产量。苗期地上部冻死但地下仍能恢复出芽的，要及时清除冻死的地上植株死苗，并喷洒药液，防止感染，促进地下茎块重新长出新芽。

(2)及时洗霜，减轻冻害。霜冻发生后应及早巡查，发现植株有霜，抓紧在早晨化霜前及时喷水洗霜，既清洗霜水又缩小温差，防止生理脱水以减轻冻害。

(3)防治病虫害。马铃薯受冻后，对病虫害的抗性降低，应在晴天普遍施药一次，预防病虫害的发生。

(4)重灾田要及时改种。对已冻死绝收或受灾严重的马铃薯田块,要及时改种生育期短的时令叶菜作物,既可利用已施于马铃薯地中的肥料,减少成本,又可增加一季收入,弥补损失。

(5)注意再防低温霜冻,要密切注意天气预报,如有霜冻天气出现,有条件的在霜前用地膜等覆盖物覆盖,霜后撤膜,一般每亩用地膜10kg;条件不允许的要增加熏烟密度,每亩4~5个熏烟点。

2.3.3 冰雹

2.3.3.1 冰雹发生规律与特征

冰雹是乌兰察布市的农业气象灾害之一(图2.5)。一阵短促猛烈的冰雹,往往毁坏庄稼,砸伤人畜,损失严重。

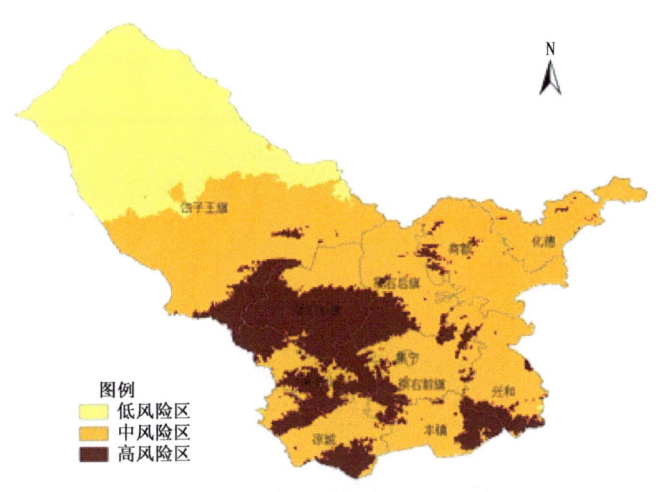

图2.5 乌兰察布市冰雹灾害风险分布图

冰雹云多发生在温暖季节,在地形热力条件易形成强烈对流的山区上空形成,并在高空气流控制下移进过程中降雹,影响区常呈带状分布,俗有"雹打一条线"之说。因此,一次冰雹过程的受害面积有限,一般来说,由于冰雹造成全市范围的大幅度减产而影响全年收成的年份并不多,但就局地而言,其造成的灾害足以给当地人们生产生活带来难以弥补的严重损失和生活困难。

乌兰察布市的冰雹多发生在大青山区中南部和尾端分裂带上,形成横"T"型,即"⊢"型多雹带,以卓资、集宁为一横轴线,并由此轴向南北递减,以化德、兴和为一纵轴线,并以此轴向两侧递减。冰雹在3月中旬至11月上旬均有出现,其中5—9月最多,7—8月成灾最重。降雹主要集中在12—18时,占总数的79%,降雹时间一般不超过10分钟,一次成灾范围一般只有几个村或几个乡。冰雹直径一般10mm以上便能成灾,成灾冰雹年际间变化较大,1949年以来较大范围的成灾冰雹平均约2年一遇。

2.3.3.2 冰雹灾害指标及影响

马铃薯冰雹指标见表2.7。

表 2.7 马铃薯冰雹指标

等级	植株受灾比例	受害症状
轻	<10%	苗期—分枝期部分幼苗淹没泥水中窒息死亡； 分枝期—开花期部分花蕾脱落，植株被冰雹击倒，推迟发育期； 开花期—可收期部分花脱落，影响干物质积累，直接影响马铃薯品质及产量。
中	10%～50%	苗期—分枝期直接砸断大部分幼苗，不可恢复； 分枝期—开花期部分花蕾脱落，砸伤茎叶，病害发生，影响块茎形成和膨大，导致减产； 开花期—可收期引起部分落花，部分主茎和叶片被砸断，导致减产，品质受损。
重	>50%	苗期—分枝期直接砸断幼苗，不可恢复； 分枝期—开花期大部分花蕾、主茎和叶片被砸断，造成绝产、绝收； 开花期—可收期引起大面积落花，大部分主茎和叶片被砸断，导致减产严重或绝收。

灾害影响：马铃薯种植田块，因地势较为平坦，受雹灾影响，常出现内涝或积水，使马铃薯根系因缺氧而坏死，地上部分功能叶片早衰，对产量影响较大。在苗期遇冰雹危害，轻雹灾发生时，部分幼苗被淹没在泥水中，容易造成窒息死亡，中—重雹灾将直接砸断幼苗，不可恢复；在分枝期遭受轻雹灾，部分植株被冰雹击倒，心叶被淤泥覆盖，导致功能叶片展开受阻，影响光合作用，推迟发育期，中—重雹灾会砸伤茎叶，细菌和真菌易随创面进入植株体内，导致病害发生，部分主茎和叶片被砸断，造成绝产、绝收，若遇开花期将引起大面积落花，最终对产量有一定影响；生长后期遭遇冰雹袭击，使地上部分受损，影响干物质积累，直接影响马铃薯品质及产量。

2.3.3.3 冰雹防御措施

预防措施

(1)利用雷达等先进的探测手段做好冰雹预报，及时开展人工防雹作业，减轻灾害。

(2)掌握地区内发生冰雹的气候规律，合理安排种植，使作物主要生育期避开多雹时期。

(3)加强雹后田间管理，增强马铃薯恢复生产能力。

补救措施

(1)雹灾过后，地面板结，应及时进行划锄、松土，以利于疏松土壤，促叶早发，增强植株恢复。

(2)雹灾后不要人为对植株绑扶，让植株自行恢复，人为绑扶易造成更大伤害，可以及时剪去枯叶和受损严重烂叶，以促进新叶生长；对叶片没有全部打坏，损失程度较轻的可加强中耕管理，促进植株恢复生长和再生侧枝继续生长。

(3)灾后及时追肥，因雹灾造成植株伤口易染病菌，要及时对叶面喷施磷酸二氢钾，并配合喷施阿维菌素等农药，做好病虫害防治。

(4)对雹灾过后出现缺苗断垄的地块，可选择健壮大苗带土移栽，移栽后及时浇水和叶面喷施磷酸二氢钾，以促进缓苗。

(5)对受灾严重，造成绝产、绝收的地块要及时改种适应节令的作物。

2.4 马铃薯主要病虫害

2.4.1 病害

2.4.1.1 晚疫病

(1)危害症状

马铃薯晚疫病是一种流行性、爆发性很强的卵菌类病害，是导致马铃薯茎叶死亡和块茎腐烂的毁灭性病害。主要侵害叶、茎和薯块。最早发生在下部叶片。叶片染病,先在叶尖或叶缘生水浸状绿褐色斑点,病斑周围具浅绿色晕圈。湿度大时:病斑迅速扩大,呈褐色,产生一圈白霉(孢囊梗和孢子囊),叶背最为明显。干燥时:病斑变褐干枯,质脆易裂,不见白霉,扩展慢。茎部或叶柄染病,显褐色。

(2)发生规律

此病是一种典型的流行病害,气候条件对病害的发生和流行有极为密切的关系。以温度,湿度影响最大。当条件适于发病时,病害可迅速爆发。雨水少,温度高,病害发生轻。

病菌主要以菌丝体在薯块中越冬。播种带苗薯块,导致不发芽或发芽后出土即死去,有的出土后成为中心病株,病部产生孢子囊借气流传播进行再侵染,形成发病中心,致该病由点到面,迅速蔓延扩大。病叶上的孢子囊还可随雨水或灌溉水渗入土中侵染薯块,形成病薯,成为翌年主要侵染源。

地势低洼、排水不良的地块发病重,平地较垄地重。密度大或株形大可使小气候湿度增加,也利于发病。施肥与发病有关,偏施氮肥引起植株徒长,土壤瘠薄、缺氮或黏土使植株生长衰弱,有利于病害发生。增施钾肥可减轻危害。

(3)与气象条件的关系及指标

病菌喜日暖夜凉高湿条件,相对湿度95%以上、18~22℃条件下,有利于孢子囊的形成。多雨年份,空气潮湿或温暖多雾条件下发病重。种植感病品种,植株又处于开花阶段,只要出现白天22℃左右,相对湿度高于95%持续8h以上,夜间13℃,叶上有水滴持续11~14h的高湿条件,本病即可发生,发病后10~14天病害蔓延全田或引起大流行。发生流行预报指标和方法见表3.5。

(4)防治措施

1)选用抗病品种。各地可因地制宜选用不同抗病品种。

2)选用无病种薯,减少初侵染源。做到秋收入害、冬藏查害、出害、切块、春化等过程中,每次都要严格剔除病薯,有条件的要建立无病留种地,进行无病留种。

3)施行高垄栽培,合理密植,避免偏施氮肥,增施磷、钾肥,严防大水漫灌。

4)加强栽培管理。适期早播,选土质疏松、排水良好田块,促使植株健壮生长,增强抗病力;控制杂草和寄住,进行田间调查,对高发区多加注意;杀死晚疫病的中心病株,并剔除周围大约6m范围内的植株。

5)药剂防治,播种前用多元微肥—薯类茎块根类专用肥拌种,并在苗期、蕾期、花后块根膨大期叶面喷施,每次每亩200g兑30kg水。可有效的提高抗病力,有效减轻病害的发生,减少农药的用量。等到发病才喷施则无法发挥最佳作用;如果使用杀菌剂的间隔大于7天,就应该施用较高浓度的杀菌剂;温度是限制因素,只要有2~4天最低温度不低于7℃便有发病的危险。在春旱地区起决定性作用的是湿度,两天中有7次记录相对湿度达75%就会导致中心病株的出现。"严重值"是人为设定的数值,测算很麻烦。建议在没有专业人员做预测的情况下,根据上述温度和湿度观察田间中心病株的出现及时剔除并喷施农药;封垄前至少施用1~2种杀菌剂,因为封垄前很难使杀菌剂到达基地;采用不同的喷施方式避免漏喷;在马铃薯快速生长阶段和利于晚疫病浸染的天气,要严格按照严密的防病日程进行防病。

2.4.1.2 早疫病

(1)危害症状

早疫病是马铃薯最普通、最常见的病害之一。该病很少危害年轻、生长旺盛的植株,而是经常在植株成熟时流行。主要危害叶片,重时也危害薯块,多从植株下部老叶开始染病,病斑黑褐色,圆形或近圆形,具同心纹纶,湿度大时生黑色霉层。块茎染病产生暗褐色稍凹陷圆形或近圆形病斑,边缘分明,皮下成浅褐色干腐。

(2)发生规律

早疫病对气候条件的要求不如晚疫病严格,较高的温度和湿度有利于发病。因此 7—8 月雨季温湿度合适时易发病,若此期间雨水过多、雾多或露水重、暴风雨次数多,发病重。

以分生孢子和菌丝体在土壤或种薯上越冬,借风雨传播,从气孔、皮孔、伤口或表皮侵入,引起发病。病菌可在田间进行多次再侵染。老叶一般先发病,幼嫩叶片衰老后才发病。高温多雨特别是高湿是诱发本病的重要因素。

(3)与气象条件的关系及指标

遇有小到中雨或连续阴雨或相对湿度高于 70%,该病易发生和流行。分生孢子萌发适温 26~28℃,当叶上有结露或水滴,温度适宜,分生孢子经 35~45 分钟即萌发,从叶面气孔或穿透表皮侵入,潜育期 2~3 天。肥力不足、重茬地、低洼地、瘠薄地、浇水过多或通风不良地块发病较重。

(4)防治措施

1)选用早熟耐病品种,适当提早收获。

2)选择土壤肥沃的高燥田块种植,增施有机肥,推行配方施肥,提高寄主抗病力。

3)实行轮作倒茬,重病地与非茄科作物施行年以上轮作。

4)清理田园,把残枝败叶运出地外掩埋,以减少侵染菌源,减轻病害的发生。施足肥料,加强管理,使植株生长健壮旺盛,增加自身抗病能力。

5)药剂防治,用多元微肥拌种和从苗期开始进行叶面喷施可提高抗病力,每次一亩用 200g 兑 30kg 水,在苗期、蕾期、花后根茎膨大期及早喷施,才能有效减轻发病和病情;不要等发病才喷(微肥不是农药)。发病初期喷施 75% 百菌清可湿性粉剂 600 倍液或 64% 杀毒矾可湿性粉剂 500 倍液等进行防治。

2.4.1.3 病毒病

(1)危害症状

马铃薯病毒病可导致种薯严重退化,产量锐减,是马铃薯的主要病害。病毒病常造成花叶、叶片皱缩、植株矮小、叶片枯死等。

常见的马铃薯病毒病有 3 种类型。花叶型:叶面叶绿素分布不均,呈浓淡绿相间或黄绿相间斑驳花叶,严重时叶片皱缩,全株矮化,有时伴有叶脉透明;坏死型:叶、叶脉、叶柄及枝条、茎部都可出现褐色坏死斑,病斑发展连接成坏死条斑,严重时全叶枯死或萎蔫脱落;卷叶型:叶片沿主脉或自边缘向内翻转,变硬、革质化,严重时每张小叶呈筒状。此外还有复合侵染,引致马铃薯发生条斑坏死。

(2)发生规律

感染病毒的马铃薯通过块茎无性繁殖进行世代积累和传递,致使块茎种性变劣,产量不断下降,甚至失去利用价值,不能留种再生产。

带毒种薯为最主要的初侵染源,病害发生的轻重与种薯带毒率关系密切。病毒通过蚜虫或汁液摩擦等传播。使用级别低的种薯,病害发生严重,损失较大。

(3)与气象条件的关系及指标

高温、干旱使病毒病症状显现。当土壤温度高于 25℃,进一步削弱对病毒的抵抗力,引起种薯退化,易感染病毒。

(4)防治措施

1)选用抗病或耐病丰产良种:针对当地病毒种类,选用适合当地种植的抗、耐病品种。

2)采用无毒种薯:各地应因地制宜地建立繁殖无毒种薯基地,超级原种田应设置在高海拔的冷凉地带,一般生产田可通过夏播获得无病种薯,种薯基地要远离一般马铃薯生产田,并加强治虫防病等措施。有条件的地区可推广马铃薯植株的茎尖培养脱毒方法,即根据大部分病毒不能到达马铃薯植株生长点细胞中的原理,采用茎尖培养脱毒方法可获得无毒的马铃薯植株,能有效地控制病毒病,还可采用实生种薯脱毒。研究证明,三种病毒病都不能通过种子传染,故利用实生种子直播法可获得无毒的块茎。

3)药剂防治:主要是喷药治蚜,特别是留种田更要加强防治媒介昆虫,一般在齐苗后或在田间出现个别蚜虫时,即应施药。施药方法同小麦中治蚜方法一致。

4)加强栽培管理:实行精耕细作,高垄栽培,加强培土,合理施肥,增施磷钾肥,用多元微肥拌种加叶面喷施 2～3 次,能显著提高植株抵抗力显著减轻病害。留种田要及时拔除病株,以清除田间毒源。

2.4.2 虫害

2.4.2.1 地下害虫

(1)危害症状

马铃薯虫害主要包括地老虎、蛴螬和金针虫。地老虎是夜蛾,种类较多,以幼虫危害,将幼苗茎从地面处咬断,造成缺苗断垄影响产量;蛴螬在地下活动期长,对块茎危害严重,主要咬食幼嫩的根、茎和块茎,可将块茎咬食一半或将块茎食成穴状钻进块茎内;金针虫常咬食马铃薯的根和幼苗,并在块茎形成时钻进块茎中取食,使块茎丧失商品价值。咬食块茎过程中还可传病,或造成块茎腐烂。

(2)发生规律

地老虎无滞育现象,只要条件适宜可连续繁殖,年发生代数和发生期因地区、气候条件而异,乌兰察布地区一年发生 3 代,以少量幼虫和蛹越冬。地老虎在 25℃ 条件下,卵期 5 天,幼虫期 20 天,蛹期 13 天,成虫期 12 天,全世代历期 50 天。

蛴螬 2 年发生 1 代,越冬成虫 5 月中旬出土,5 月下旬产卵,卵于 6 月中旬孵化后为害至 10 月中旬入土越冬。越冬虫态既有成虫,又有幼虫,以幼虫越冬为主的年份,翌年春季作物受害重。

金针虫的生活史很长,一般 3 年发生 1 代,世代重叠,以各类幼虫和成虫在土中越冬。越冬深度因地区和虫态而异,一般 15～40cm,最深可达 100cm 左右。越冬成虫 5 月上旬开始出土活动,6 月产卵,幼虫越冬 2 次,至第三年 7—8 月老熟化蛹,羽化,成虫当年不出土,第 4 年春才出土活动。

(3)与气象条件的关系及指标

凡地势低湿,雨量充沛的地方,地老虎发生较多;上年秋雨多、土壤湿度大、杂草丛生,有利于成虫产卵和幼虫取食活动,第二年偏重发生;但降水过多,湿度过大,不利于幼虫发育,沙壤土,易透水,排水迅速,适于地老虎繁殖,而重黏土和沙土则发生较轻。

蛴螬幼虫活动与土壤温度有关,春秋在土表层危害,夏季在夜间和清晨上升到表土危害,中午钻入深处,土壤温度高或小雨连绵的天气危害重。

金针虫幼虫喜潮湿及微偏酸性的土壤,有机质缺乏、土质疏松的沙壤土发生较重。

(4)防治措施

1)针对不同龄期的地老虎幼虫,应采用不同的施药方法。幼虫3龄前用喷雾、喷粉或撒毒土进行防治;3龄后,田间出现断苗,可用毒饵或毒草诱杀。

2)有机肥料在施用前,要经过高温发酵,杀死蛴螬幼虫和虫卵,减少危害;施用毒土防治;深耕使害虫处于不利的环境,如日晒和霜冻,可减少虫源。

3)金针虫防治可以通过合理轮作、做好翻耕晾晒,减少越冬虫源。也可以通过土壤处理和灌根防治。

2.4.2.2 地上害虫

(1)危害症状

马铃薯地上虫害主要是蚜虫。蚜虫也称腻虫。危害马铃薯的蚜虫主要是桃蚜,严重时使叶片卷曲、皱缩变形,影响顶部幼芽的生长。同时,可传播病毒,引起退化,造成间接危害。

(2)与气象条件的关系

蚜虫是病毒病传播的主要途径之一,气象条件影响蚜虫的繁殖和迁飞,进而影响病毒病的传播、扩散。桃蚜在不同年份发生量不同,主要受雨量、气温等气候因子所影响。高温干旱有利于蚜虫的发生。

(3)防治措施

1)药剂防治:可根据当地情况选择杀虫剂。

2)生产种薯时,为了防止蚜虫传播病毒,可选择在高海拔冷凉的地区或风大蚜虫不易降落的地区种植

3)铲除田间、地边杂草,有助于切断蚜虫中间寄主和栖息场所,消灭部分蚜虫。

2.5 马铃薯栽培技术

2.5.1 整地与施肥

马铃薯喜砂壤或壤土,播前常遇春旱,需浇水造墒,再浅耕耙平。乌兰察布市马铃薯施底肥有两种方式:一种是播种前人工用铁锹将农家肥摊撒均匀铺开,另一种是播种的同时将化肥撒入犁沟即可。整地的具体方法是在播种时,犁后挂磨磨平土壤。整地与施底肥一般旱作农田都在播种前1天或与播种同时进行,时间为1~2天,一般只进行一次整地和施底肥。

2.5.2 播种

春播时,10cm土层温度稳定通过8℃,且0~20cm土壤相对湿度达到40%~50%时开始播种,一般在4月下旬至5月上旬。播种前将薯切成30~40g重的薯块进行播种。前山地区可根据土壤墒情于3月下旬覆膜,后山旱区墒情较差时可适当晚覆膜,一般在4月中上旬。总的原则是抢墒覆膜,以便有效地保存土壤水分。土壤墒情较好的应在土壤解冻后及时覆膜。播种后要经常检查,发现膜破及露风处要及时用湿土封严实,防止大风揭膜。出苗前膜间杂草生长,要及时进行膜间中耕除草,以破除板结,消除杂草。在墒情好的情况下,地膜马铃薯一般15~25天即可出苗。

2.5.3 田间管理

马铃薯从播种到幼苗出土约 30 天。这期间气温逐渐上升,春风大,上壤水分蒸发快,并容易板结,田间杂草大量滋生,应针对具体情况,采取相应的管理措施。田间缺苗对马铃薯产量影响甚大,保证全苗是增产的基础,因此,幼苗出土期要做好查苗放苗工作。在马铃薯出苗阶段要关注出苗情况,如播种时覆土不好,幼苗不能破膜而出,就会造成烧苗。因此要隔日进行观察放苗。在此期间要锄尽垄背杂草,拔除垄眼杂草,以后一但有杂草就要及时拔除;在整个生育期进行 2~3 次中耕。由于马铃薯播种后出苗所需时间较长,易形成地面板结和杂草丛生,所以齐苗后就应及时中耕除草。第二次中耕可在苗高 10cm 左右进行,第三次在现蕾期结合培土进行中耕,滩水地中耕要在封垄前进行。同时,结合中耕锄草,拔除田间感病植株;一般在旱区,只要施足底肥,生长期间可以不追肥。如需追肥时,在块茎形成期结合培土追施一次结薯肥,水地马铃薯一般在开花期前后追肥一次;马铃薯苗期耗水不多,但若干旱时仍需灌水。块茎形成至块茎增长期,需水量最多,如土层干燥,应及时灌溉。生育后期,需水量逐渐减少,但若过度干旱,也需适当轻灌。在收获前 10~15 天应停止灌水,促使薯皮老化,有利于收获和贮藏。各生育阶段,如雨水过多,都要清沟排水,防止涝害。一般在开花期前后根据干旱情况决定灌溉与否,只进行 1~2 次即可。

2.5.4 收获与贮藏

2.5.4.1 收获

当植株大部分茎叶枯黄,块茎易与匍匐茎分离,周皮变厚,块茎干物质含量达到最大值,为食用和加工用块茎的最适收获期。种用块茎应提前 5~7 天收获,以避免低温霜冻危害,提高种性。收获应选晴朗干燥天气进行。收前 1~2 天割掉茎叶和清除田间残留的枝叶,以免病菌侵染块茎。收获过程中,要尽量减少机械损伤,并要避免块茎在烈日下长时间暴晒而降低种用和食用品质。旱作农田一般都是人工锹挖或犁翻收获,目前个别种植大户、专业合作社也有用马铃薯收获机进行收获的。

2.5.4.2 贮藏

收获的块茎,应根据用途不同,采用相应方法进行贮藏管理,以防止块茎腐烂、发芽、受冻和病害蔓延,尽量降低贮藏期间的自然损耗,保证马铃薯的食用、加工用和种用品质。贮藏地点和贮藏窖要具有通风、防水湿、防冻和防病虫传播的条件。贮藏前将块茎分级摊晾 7~15 天,进行"预贮",使伤口愈合。伤口愈合的适宜温度为 15~20℃,相对湿度为 90% 左右。预贮后,剔除愈合不良的伤薯、病薯、畸形薯等,再行贮藏。

贮藏的适宜温度因用途而不同。种薯贮藏以 2~4℃ 为宜;食用薯以 1~4℃ 为宜;加工用商品薯短期贮藏以 10℃ 左右为宜,长期贮藏时,先贮藏在 7~8℃ 下,加工前 2~3 周转入 16~20℃ 温度下进行回暖处理,并配合施行化学药剂抑芽。贮藏的相对湿度以 85%~95% 为宜。不能见光,以免积累龙葵素,一般是弱光下贮藏。

第3章 马铃薯气象服务业务规范

3.1 马铃薯产品制作规范[2]

3.1.1 马铃薯气象监测分析产品

3.1.1.1 旬、月、季监测分析产品

(1)发布时间

每旬3日前。

(2)资料收集

1)气象资料:旬或月或季气温(平均、最高、最低)、降水(降水量、降水日数或无降水日数、降水强度等)、日照、土壤湿度、大风等。

春季(4—5月):地温稳定通过8℃日期、墒情(冻土层及化冻情况)、灾害(霜冻、低温冷害、干旱等)。

夏季(6—8月):长势、墒情、浇水情况,灾害(干旱、冰雹等)。

秋季(9—10月):发育期(成熟程度),灾害(低温冷害、霜冻等)。

2)农业生产信息:播种出苗情况、长势、生产问题(出苗情况、病虫害情况等)、农事活动(浇水、施肥、喷药、耕翻、收获等)。

(3)产品主要内容

1)气候分析:分析各旬或月或季主要素气温、降水、日照、蒸发,不同月份对马铃薯生长有影响的气象要素或灾害,如接墒雨、干旱、冰雹、低温、霜冻等。与历年和上年同期比较。

2)影响评述

4月、5月:主要考虑气温、地温、降水、土壤墒情等要素。马铃薯处于适播期,温度偏低,墒情差将影响正常播种,使播种期推后。此时接墒雨发生时间、分布范围和覆盖区域面积对马铃薯播种或出苗有积极影响。

6月:主要考虑气温、降水、土壤湿度等气象要素。6月气温一般回升很快,气温高,马铃薯出苗快,若出现干旱,影响出苗或幼苗枯死,同时引发病毒病、蚜虫等病虫害。

7月:主要考虑气温、降水、土壤湿度等气象要素。7月上中旬,马铃薯到达分枝期~花絮形成期,植株生长较快,中下旬进入花絮形成—开花期,是马铃薯需水的临界期,干旱、缺水会引起大面积落花,造成不同程度的减产,甚至绝收,严重影响产量,此时完全靠自然降水难以满足马铃薯生长发育的需求,要及时灌溉,否则,损失不可估量。

8月、9月:马铃薯处于开花—可收期,主要考虑气温、降水、土壤湿度等气象要素。此期需要充足的水肥,也是需水量最多的时期,如高温干旱,马铃薯块茎增长就会受阻,造成减产;如霜冻出现早也会导致不能正常成熟,造成减产。

10月:马铃薯进入可收期—贮藏期,主要考虑气温、降水。该期耗水量约占全生育期需水量的10%左右;水分过多往往造成薯块表面皮孔细胞增生,使皮孔张开,易造成薯块腐烂或降低耐贮性,造成丰产不丰收。

(4)技术方法

主要采用对比分析方法,针对气温、降水、日照等要素月平均进行对比分析,同时考虑适宜度指标,评价其优劣,并关注各要素变化特点,对于其重大变化过程的影响应给予重点评述。

针对不同时期需要关注的重点问题的影响,进行重点评述。

(5)生产建议分析

春播期气温低,建议适当推迟播种;当未来气温明显回升,持续低温将结束时,提醒种植户抓住有利时机及时播种或加强苗期田间管理等。若墒情差,建议及时采取保墒措施。

出苗和幼苗生长期低温及霜冻常伴随发生,建议密切关注天气变化,有霜冻发生时,提前用覆盖物覆盖保暖保温,或熏烟驱寒,改变小气候,达到驱霜防霜目的。马铃薯收获期根据马铃薯成熟情况和霜冻出现情况,及时采取防霜准备工作,已收获的马铃薯及时入库贮藏,要建议避免霜冻天气的不利影响。

干旱、缺水会造成马铃薯不同程度的减产,甚至绝收,严重影响产量。发生干旱时,建议各地密切关注降水天气;有条件的地区应及时灌溉,保证并进生长阶段水分需求。出现旱情的地方,应密切监测土壤墒情、旱情和苗情变化,积极采取抗旱保墒措施,适时组织人工影响天气作业,减轻干旱影响。

马铃薯发育期发生强对流天气时,应提前做好暴雨、冰雹等灾害天气的防御工作;注意防范局地性强对流天气的不利影响,过湿地块应注意及时清沟排渍,防止渍害影响块茎形成和增长。同时,应密切关注各类病虫害发生动态,及时防治。

3.1.1.2 主要发育期农业气象条件评述产品

(1)马铃薯播种期接墒雨影响评述

1)发布条件

在马铃薯播种前后,出现了24h有10mm以上降水或者48h内有15mm以上降水时发布。

2)发布内容

摘要:简述降水过程发生时间、分布范围和覆盖区域面积,降水对马铃薯播种或出苗的影响,未来天气气候条件演变趋势及其对马铃薯下阶段生长的可能影响。

主要内容:重点描述前期气象条件、土壤墒情;本次降水时间(与历史比较早晚)、分布区域、面积(图表表示);分析此次降水对马铃薯播种或出苗的影响;预测未来天气气候条件演变趋势对马铃薯下阶段生长的可能影响。

生产建议:根据分析结论和未来天气气候条件演变趋势,提出合理的后期田间管理的措施建议。

3)技术指标

适宜土壤相对湿度为50%~60%。

4)制作方法

利用历年气象资料、马铃薯播种期资料,采用相关法或指标法划定气候年型,再用气候相似原理,对比分析本次降水对马铃薯播种或出苗的影响;结合未来天气气候条件对马铃薯下阶段生长的可能影响进行评述。

(2)马铃薯播种—出苗期气象条件影响评述

1)发布时间

马铃薯进入出苗普期后 5 日内,不同区域出苗期参考表 3.1。

表 3.1　马铃薯各发育普期参考时间表

发育期	前山地区	后山地区
播种期	4 月下旬	5 月上旬
播种—出苗	6 月上旬	6 月中旬
出苗—分枝	6 月下旬	7 月上旬
分枝—花序形成	7 月上旬	7 月中旬
花序形成—开花	7 月中旬	7 月下旬
开花—可收	8 月下旬	9 月上旬

2)发布内容

摘要:简述播种—出苗期间对马铃薯有重要影响的农业气象条件(降水、气温和土壤水分分布状况等),及其对马铃薯出苗的影响。

主要内容:根据马铃薯播种—出苗期间所需农业气象指标,通过文字、图表综合分析气温、降水、墒情及实时灾情监测资料对马铃薯播种—出苗的利弊影响,并结合实地苗情调查情况,给出苗情分布图表。

生产建议:针对目前生产状况,根据不利于幼苗生长的天气条件,提出应对措施和建议。

3)技术指标

马铃薯 10cm 土层温度稳定通过 8℃时开始播种较适宜;出苗所需的适宜平均气温为 13~15℃,从播种到出苗的时间与土壤温度有密切的关系,在适宜的温度范围内土壤温度愈高,出苗所需时间愈短。

马铃薯发芽期间种薯自身的含水量足够该期需用,但土壤过分干燥时不易顶出苗。播种—出苗期要求 0~20cm 的适宜土壤相对湿度为 40%~50%。

4)制作方法

采用对比分析方法。分析马铃薯播种—出苗期间的气象要素,与水热需求进行比较判断,并与历年和上一年度结果比较,重点分析水分和热量条件的多寡。

(3)马铃薯出苗—分枝期气象条件影响评述

1)发布时间

马铃薯进入分枝普期后 5 日内,不同区域分枝期参考表 3.1。

2)发布内容

摘要:简述出苗—分枝期间对马铃薯有重要影响的农业气象条件(降水、气温和土壤水分分布状况等),及其对马铃薯苗期生长的影响。

主要内容:根据马铃薯出苗—分枝期间所需农业气象指标,通过文字、图表综合分析气温、降水、墒情及实时灾情监测资料对马铃薯出苗—分枝期的利弊影响,并结合实地调查情况,给出当前马铃薯生长状况分布图表。

生产建议:针对目前生产状况,根据不利于马铃薯生长的天气条件,提出应对措施和建议。

3)技术指标

出苗—分枝期适宜气象条件见表 3.2。

表3.2 马铃薯不同发育阶段适宜气象条件

发育阶段	适宜日平均气温(℃)	需水量(mm)	适宜土壤相对湿度(%)	适宜日照时数(h) 早熟	适宜日照时数(h) 中晚熟
播种期	10cm土层温度稳定通过8℃	—	40～50	11～13	8～10
播种—出苗	13～15	45～65	40～50		
出苗—分枝	15～21	30～50	50～60		
分枝—花序形成	18～21	20～40	70～75		
花序形成—开花	18～21	40～65	75～85		
开花—可收	16～18	170～230	60～65		

4)制作方法

采用对比分析方法。分析马铃薯出苗—分枝期间的气象要素,与水热需求进行比较判断,并与历年和上一年度结果比较,重点分析水分和热量条件的多寡。

(4)马铃薯分枝—开花期气象条件影响评述

1)发布时间

马铃薯进入开花普期后5日内。

2)发布内容

摘要:简述马铃薯分枝—花序形成期、花序形成—开花期间对马铃薯有重要影响的农业气象条件(降水、气温和土壤水分分布状况等),及其对马铃薯生长的影响。

主要内容:根据马铃薯分枝—花序形成期、花序形成—开花期间所需农业气象指标,通过文字、图表综合分析气温、降水、墒情及实时灾情监测资料对马铃薯分枝—花序形成期、花序形成—开花期间的利弊影响,并结合实地调查情况,给出作物生长状况分布图表。

生产建议:针对目前生产状况,根据不利于马铃薯生长的天气条件,提出应对措施和建议。

3)技术指标

分枝—花序形成期、花序形成—开花期适宜气象条件见表3.2。

4)制作方法

采用对比分析方法。分析马铃薯分枝—花序形成期、花序形成—开花期间的气象要素,与水热需求进行比较判断,并与历年和上一年度结果比较,重点分析水分和热量条件的多寡。

(5)马铃薯全生育气象条件影响评述

1)发布时间

马铃薯可收期后20日内,不同区域可收期见表3.1。

2)发布内容

摘要:简述马铃薯全生育期内热量、水分、光照与历年、去年同期比较结果,马铃薯生长发育状况及与历年的比较,综合鉴定本年度气象条件对马铃薯生长发育及产量的利弊影响,评述生育期内主要农业气象灾害及对马铃薯产量的影响。

主要内容:重点描述马铃薯各发育期长势及与历年和上一年长势比较;分析各时期的平均气温、积温、降水、日照、土壤墒情等要素及与马铃薯生长发育的适宜指标、历年和上一年气候平均值对比,综合分析对马铃薯生长有利和不利的气象条件;尤其是对出现异常的气象要素或灾害不仅要分析其在历年上所处的位置,还要详细分析对马铃薯生长的利弊影响。

3)技术指标

干旱指标见表2.1—表2.4。

春霜冻、秋季冻害指标见表2.5和表2.6。

冰雹灾害指标见表2.7。

4)制作方法

利用马铃薯发育期历史气象资料、马铃薯产量资料,采用相关法或指标法定量分析,采用对比分析方法定性评价气象条件对马铃薯生长发育及其累积产量形成的影响;也可以利用统计模型或已有的科研成果,定量评价气象条件对马铃薯的增产效应;结合未来天气气候条件,综合评价马铃薯发育期期间气象条件对其最终产量形成的影响。

3.1.1.3 灾害监测服务产品

(1)干旱

1)发布条件

干旱起始日期:受旱面积达到马铃薯种植面积的30%,且预计未来一周干旱天气或干旱范围进一步发展,确定为干旱起始日期,开始对干旱进行跟踪监测,每5日发布一期监测产品。

干旱持续或加重:受旱面积超过马铃薯种植面积的30%,中旱面积达到马铃薯种植面积的10%以上,且预计未来一周干旱天气或干旱范围进一步发展,确定为干旱持续发展,中旱面积达到马铃薯种植面积的20%以上,且预计未来一周仍未有有效降水,确定为干旱进一步加重,发布监测分析产品。

干旱缓解或解除:出现干旱后,如果出现有效降水,干旱程度降级确定为干旱缓解,当受旱面积达到马铃薯种植面积的20%以下时,且中旱以上面积不足5%,确定为干旱解除,干旱解除后发布监测产品。

2)发布内容

摘要:简述干旱发生时间、地点、等级,不同等级干旱分布范围和面积,对马铃薯生长发育及产量的影响程度,未来天气气候演变趋势对旱情发展的可能影响,应采取的主要减灾措施。

当前干旱实况:通过文字、图表重点描述当前干旱分布范围、各干旱等级发生面积、发生程度以及对马铃薯生长发育及产量的影响。

未来天气变化对干旱发展的可能影响:根据未来1~7天天气预报结果,预估未来天气对干旱的可能影响,包括干旱发生、持续、持续发展、加重还是干旱缓解、解除。

生产建议:区分不同干旱区域提出主要减灾措施建议。

3)制作方法

在农作物生长季节内,利用气象资料、农田土壤水分监测资料、农作物发育期监测资料和遥感监测等资料,通过确定农田干旱发生面积占农田面积的比例和未来1~7天的天气预报结果,分析未来一周旱情发生、持续发展、加重区域,或者可能缓解、解除区域,以及对农牧业生产的利弊影响。分析结果要以图的形式给出。

(2)霜冻

1)春霜冻

①发布条件

马铃薯苗期,出现日最低气温低于-1℃时,发布霜冻监测产品。

②发布内容

摘要:简述霜冻发生时间、程度、分布范围和面积,对马铃薯生长的危害程度及未来天气气候条件演变趋势对霜冻灾情发展的可能影响。

主要内容:重点描述前期温度条件,马铃薯生长发育状况,本次天气过程降温幅度,日最低气温实况,用图表的形式给出不同等级霜冻分布区域、范围和面积以及成灾程度,并依据天气预报结论,分析霜冻持续时间及对马铃薯生长发育和产量形成的可能影响。

生产建议:根据监测分析结论,结合霜冻出现时马铃薯所处的发育期、受害程度、近期天气状况,提出中耕培土、查缺补窝、施肥以及防病等措施建议。

③制作方法

利用地面观测资料,采用对比分析方法,分析出现霜冻的区域、面积、受害程度,对马铃薯后期生长发育和产量的影响。运用统计模型,估算成灾程度,并对不同等级灾害分布范围和面积,以及对马铃薯产量的影响程度、损失进行分析,得出定量和定性相结合的监测分析结论。

2)秋霜冻

①发布条件

马铃薯可收—储运期(8月至10月上旬),出现日最低气温低于$-0.5℃$,在监测后适时发布监测产品。

②发布内容

提要:简述冻害发生时间、地点、等级,不同等级冻害分布范围和面积,对马铃薯产量的影响程度,未来天气变化对冻害变化的可能影响,应采取的主要减灾措施。

主要内容:利用地面观测资料,重点描述本次天气过程降温幅度,地面最低温度实况,分析冻害出现区域、面积,不同等级冻害分布范围和面积(用图表示)以及马铃薯受害程度,并依据天气预报结论,分析冻害的持续时间及对马铃薯产量的可能影响。

生产建议:根据监测评估结论,结合马铃薯发育期、受灾程度和近期天气状况,提出灌水、烟熏、不将受冻的马铃薯入窖(库)贮藏等对策建议。

③制作方法

利用地面观测资料,采用对比分析方法,分析出现冻害的区域、面积、受害程度以及对马铃薯产量的影响。运用统计模型,估算成灾程度,并对不同等级灾害分布范围和面积,以及对马铃薯产量的影响程度、损失进行分析,得出定量和定性相结合的监测评估结论。

(3)冰雹

1)发布条件

马铃薯发育期内,出现冰雹天气,直径达5mm,持续时间2min以上即发布监测分析产品。

2)发布内容

摘要:概述冰雹直径,持续时间、程度、地域范围和影响面积及对马铃薯发育期的影响。

主要内容:利用雷达等观测资料,分析冰雹持续时间、程度、范围。调查或估算成灾程度,并对不同等级灾害分布范围和面积,以及对马铃薯影响程度、损失进行分析评估,得出定量和定性相结合的监测评估结论。

生产建议:根据监测分析结论,建议及时进行划锄、松土,以利于疏松土壤,促叶早发,增强植株恢复;不要人为对植株绑扶,让植株自行恢复,人为绑扶易造成更大伤害,可以及时剪去枯叶和受损严重烂叶,以促进新叶生长;对于叶片受损较轻的或者新叶片出现后要及时叶面喷肥,对植株恢复生长具有明显的促进作用和提高抗病虫害能力。

3)制作方法

利用雷达观测资料,结合马铃薯发育期监测资料,通过确定马铃薯冰雹发生强度和持续时间,分析对马铃薯生长发育和产量的利弊影响。

3.1.2 马铃薯预报预警产品

3.1.2.1 农用天气预报

(1)发布时间:按工作历要求。

(2)资料收集:作物生长状况、预报内容。

(3)产品要求

1)农事活动类应主要提出当前天气条件对农事活动的影响和适宜状况的措施建议。

2)不利天气条件类应主要提出当前天气条件对农事活动的影响和应对不利条件的措施建议。

(4)产品主要内容

1)近期主要预报结论:针对农事活动或不利条件的主要要素及其变化情况得出预报结论。

2)天气条件对农事活动或作物生长的不利影响或危害影响评估。

3)建议:根据天气变化影响评估结果,提出针对性生产建议。

(5)技术方法

根据作物生长发育指标对天气条件优劣进行评判;根据农事活动需要的天气条件进行优劣评判,并提出适宜的建议。

3.1.2.2 农业气象灾害预报预警

(1)干旱

1)发布条件

按照《乌兰察布市气象灾害应急预案》中气象灾害预警标准,当达到启动干旱应急响应预案条件时,由乌兰察布市气象台发布。

2)发布内容

预报结论:干旱出现时间,发生程度。

影响预评估:根据干旱出现时间、发生程度结果,以及马铃薯长势情况,评估干旱的可能影响。

生产建议:根据评估结果,提出生产建议。

3)制作方法

根据历年干旱发生情况与气象条件,建立预报模型或预报指标。

(2)霜冻

1)发布时间

按照《乌兰察布市气象灾害应预案》中气象灾害预警标准,当达到启动霜冻应急响应预案条件时,由乌兰察布市气象台发布。

2)发布内容

预报结论:霜冻出现时间,发生程度。

影响评估:根据霜冻出现时间、发生程度结果,以及马铃薯出苗及长势情况,评估霜冻的可能影响。

生产建议:根据评估结果,提出生产建议。

3)制作方法

根据历年霜冻发生情况与气象条件,建立预报模型。

(3)冰雹

1)发布条件

按照《乌兰察布市气象灾害应预案》中气象灾害预警标准,当达到启动冰雹应急响应预案条件时,由乌兰察布市气象台发布。

2)发布内容

预报结论:冰雹出现时间,发生程度。

影响评估:根据冰雹出现时间、发生程度结果,以及马铃薯长势情况,评估冰雹的可能影响。

生产建议:根据评估结果,提出生产建议。

3)制作方法

根据历年冰雹发生情况与气象条件,建立预报模型。

3.1.2.3　发育期预报

(1)马铃薯适宜播种期预报

1)发布时间

在马铃薯历年平均播种始期前20天发布,不同区域播种时间参见表3.1。

2)发布内容

摘要:简述农业气象条件(气温、降水、土壤水分等)对马铃薯播种的影响,概括预测结论。

预报依据:利用地温监测、预测结果,参考气温、降水量、土壤墒情趋势预测,分析温、湿度现状和未来变化趋势以及终霜冻时间,并与上一年和常年结果比较;根据马铃薯适宜播种指标,给出不同区域马铃薯适宜播种日期。重点分析适宜播种日期提前或推迟原因。

预报结论:给出不同区域马铃薯适宜播种期预测结果,与上一年和历年进行比较(图表表示)。

生产建议:针对目前生产状况及未来天气气候变化趋势,提出能够在适宜播种日期内进行播种的措施和建议。

3)技术指标

10cm土层温度稳定通过8℃,且0~20cm土壤相对湿度达到40%~50%时开始播种。

4)制作方法

采用数理统计方法(单因子相关或多因子相关、时间序列自相关)、指标法。

单因子相关或多因子相关:根据不同区域30年10cm土层温度稳定通过8℃日期资料、土壤水分资料,采用数理统计方法建立预测模型,结合短期气候预测和生产经验,最后给出预测结果。

时间序列自相关:直接对当地马铃薯播种日期长序列资料作自相关分析,预测下一年马铃薯适宜播种期,结合未来天气气候变化趋势和生产经验,最后给出预测结果。

指标—经验法:通过对马铃薯播种相关显著的某一气象要素或多个气象要素及未来天气气候事件对马铃薯播种的可能影响综合预判,直接给出预测结果。

5)预报模型

①时间序列自相关模型:

$$y = 0.194x + 120.28 \tag{3.1}$$

式中:y为10cm土层温度稳定通过8℃,且0~20cm土壤相对湿度达到40%~50%的日序,x为时间序列。

②气象要素数理统计模型:

$$Y = 131.646 + 0.052X_1 + 0.006X_2 - 0.298X_3 \tag{3.2}$$

式中:Y 为 10cm 土层温度稳定通过 8℃,且 0~20cm 土壤相对湿度达到 40%~50% 的日序;X_1 为 3—4 月上旬≥0℃ 积温;X_2 为上一年 9 月—3 月降水量;X_3 为 3—4 月上旬相对湿度。

(2)马铃薯开花期预报

1)发布时间

马铃薯开花普期前 20 日内发布,不同区域开花期参考表 3.1。

2)发布内容

摘要:简述马铃薯进入开花普期时间,与历年、上一年比较结果。进入开花期后,气象条件对马铃薯块茎膨大的影响及有针对性的生产建议。

预报依据:当前马铃薯生长发育状况,前期气温、积温、降水、日照、土壤水分等对马铃薯生长发育利弊条件分析(用图表示)。

预报结论:预测马铃薯开花普期的时间,提前或推迟的天数。用表格列出各个地区的预测结果,包括与上一年比较、与历年比较的结果。

生产建议:结合天气预报,预测马铃薯进入开花期后,气象条件对马铃薯块茎膨大的影响,并针对目前生产状况,提出有针对性的生产建议。

3)技术指标

马铃薯出苗到开花期所需≥0℃ 积温为 620~730℃·d(中晚熟品种)。

马铃薯出苗到开花期一般需要 30~45 天(中晚熟品种)。

4)制作方法

发育期预报是针对作物某一发育期到来日期而编发的作物物候期预报。在鉴定气象条件对作物发育速度影响的基础上,根据未来的气象条件和有关自然物候指标制作预报。准确及时的作物发育期预报,为追肥、灌水、病虫防治以及作物收获等栽培措施提供依据。

①物候学方法

$$D = D_0 + n \tag{3.3}$$

式中:D 为预报的发育期出现日期;D_0 为前一个发育期实际出现日期;n 为两发育期多年平均间隔日数。

②积温法

对于感光性较弱的作物或品种,在适宜的温度范围内,作物发育速度与温度高低成比例。作物完成某一发育期所需要的有效积温为一定值。有效积温法预报公式可写成:

$$D = D_1 + A/(t - B) \tag{3.4}$$

式中:D 为预报的发育期出现日期;D_1 为前一个发育期实际出现日期;A 为完成本发育阶段所需要的有效积温;B 为该法预期的生物学下限温度;t 为该阶段的平均气温的预报值或多年平均值。

③温湿法

在旱作农业区,土壤水分是作物发育速度的重要影响因子。根据田间试验资料,拟合作物发育速度与温度及土壤湿度的经验方程,然后编制作物发育期预报。

此外,还可通过试验,找出作物发育速度与气象因子以及其他影响因子的定量关系,建立作物发育期预报的经验方程。

5)预报模型

①时间序列自相关模型

$$y = 0.1859x + 205.81 \tag{3.5}$$

式中:y 为开花日序,x 为时间序列。

②物候法
$$D = D_0 + n \tag{3.6}$$
式中:D 为预报的开花期出现日期;D_0 为花序期实际出现日期;n 为两发育期多年平均间隔日数(18 天)。

③积温法
$$D = D_1 + A/(t - B) \tag{3.7}$$
式中:D 为预报开花期出现日期;D_1 为花序期实际出现日期;A 为完成本发育阶段所需要的有效积温(339℃·d);B 为该发预期的生物学下限温度(12℃);t 为该阶段的平均气温的预报值或多年平均值(17.9℃)。

④气象要素数理统计模型
$$Y = 188.841 + 0.027X_1 - 0.224X_2 + 0.171X_3 \tag{3.8}$$
式中:Y 为开花期日序,X_1 为 7 月 7—25 日降水量;X_2 为 7 月 7—25 日日照时数;X_3 为 7 月 7—25 日 0℃积温。

(3)马铃薯可收期预报

1)发布时间

马铃薯可收期前 20 日发布,不同区域可收期参考表 3.1。

2)发布内容

摘要:简述马铃薯当前生长发育状况、开花期以来对马铃薯块茎膨大、淀粉积累有重要影响的热量条件和水分条件,概括马铃薯可收期预测结果,与历年比提前或推迟天数。

预报依据:根据开花期以来气温、积温、降水、土壤水分条件,预测马铃薯可收期的时间,提前或推迟的天数。

预报结论:用表格列出各个地区的预测结果,包括与上一年比较、与历年比较的结果。

生产建议:针对目前生产状况,结合马铃薯可收期预报结果,提出能够促进马铃薯成熟避免遭受秋霜冻危害的措施和建议。

3)技术指标

中晚熟马铃薯主要发育阶段所需≥0℃积温见表 3.3。

表 3.3　中晚熟马铃薯主要发育阶段所需≥0℃积温　　(单位:℃·d)

发育阶段	播种—出苗	出苗—开花	开花—成熟	全生育期
≥0℃积温	550~630	620~730	830~940	2000~2300

注:预报用语:早(提前 5 天以上)、偏早(提前 3~5 天)、正常(提前 2 天或推迟 2 天)、偏晚(推迟 3~5 天)、晚(推迟 5 天以上)。

4)制作方法

通过对光照、降水、气温、≥0℃积温等气象因子的综合分析,采用统计相关法、对比分析法、物候学法等直接建立日期预测模型。采用数理统计和生长动力模拟方法建立预测模型更加客观。

5)预报模型

①时间序列自相关模型
$$y = 0.3016x + 245.75 \tag{3.9}$$
式中:y 为可收日序,x 为时间序列

②物候法

$$D = D_0 + n \tag{3.10}$$

式中：D 为预报的可收期出现日期；D_0 为开花期实际出现日期；n 为两发育期多年平均间隔日数(46 天)

③积温法

$$D = D_1 + A/(t - B) \tag{3.11}$$

式中：D 为预报可收期出现日期；D_1 为前开花期实际出现日期；A 为完成本发育阶段所需要的有效积温(721℃·d)；B 为该发预期的生物学下限温度(15℃)；t 为该阶段的平均气温的预报值或多年平均值(15.7℃)。

④气象要素数理统计模型

$$Y = 199.242 + 0.048X_1 + 0.098X_2 - 0.037X_3 \tag{3.12}$$

式中：Y 为可收期日序，X_1 为 7 月 24 日—9 月 8 日降水量；X_2 为 7 月 24 日—9 月 8 日 0℃积温；X_3 为 7 月 24 日—9 月 8 日 10℃积温。

3.1.2.4 产量预报

(1)马铃薯趋势产量预报

1)发布时间

7 月 15 日前。

2)发布内容

摘要：简述马铃薯单产及总产丰歉趋势的预报结果。

预报依据：分析马铃薯播种出苗及生长情况，包括施肥、浇水、墒情及生产管理措施等对苗情的影响；分析气温、降水等气象要素变化对马铃薯生长发育的影响，结合未来天气气候变化趋势确定其对马铃薯产量的影响。

预报结论：预测马铃薯单产和总产量的趋势结果。用表格列出各地区的预测结论，包括预测结论以及与上一年产量进行比较。

生产建议：依据预报结论，结合马铃薯未来生长期间的天气气候变化趋势及生产实际，提出马铃薯后期生产管理采取的措施或建议。

3)判别指标

中国气象局丰歉年标准见表 3.4。

表 3.4　作物平均单产总产趋势预报等级标准

预报等级 $P(\%)$	丰年	平偏丰	持平略增	持平略减	平偏歉	歉年
单产增减(%)	$P \geqslant 5$	$3 \leqslant P < 5$	$0 \leqslant P < 3$	$-3 \leqslant P < 0$	$-5 \leqslant P < -3$	$P < -5$
总产增减(%)	$P \geqslant 4$	$2 \leqslant P < 4$	$0 \leqslant P < 2$	$-2 \leqslant P < 0$	$-4 \leqslant P < -2$	$P < -4$

4)制作方法

以历年马铃薯产量或气象产量为预报对象，以气温、降水等气象要素为预报因子进行相关分析，建立预测模型，计算预报结果，并根据冻土层、墒情、病虫害、管理情况等进行校正，最终给出预报结论。或按照中国气象局丰歉年标准为依据进行统计，建立判别方程，进行趋势判别预报。

5)预报模型

马铃薯产量与主要气象因子的关系可用多元回归方程式来表达。

$$Y_w = 151.7635 + 17.7561R + 80.0175T_{\min} - 56.2669T_d + 176.0383F \tag{3.13}$$

式中:Y_w 为气象产量(kg/hm²);R 为7月上旬至8月上旬的降水量(mm);T_{min} 为7月上旬至8月上旬的最低气温(℃);T_d 为8月下旬的气温日较差(℃);F 为7月中旬风速(m/s)。

方程(3.13)的复相关系数 $R=0.6252>R_{a=0.01}=0.4394(n=65)$,拟合率达到82%($n=63$),利用方程(3.13)可对马铃薯气象产量进行监、预测。

(2)马铃薯定量产量预报

1)发布时间

8月25日前。

2)发布内容

摘要:简述影响马铃薯产量的主要因素,预报马铃薯单产及总产的结果。

预报依据:分析马铃薯播种出苗及生长情况,包括施肥、浇水、墒情及生产管理措施等对苗情的影响;分析气温、降水等气象要素变化对马铃薯生长发育的影响,结合未来天气气候变化趋势确定其对马铃薯产量的影响。

预报结果:预测马铃薯单产和总产量的定量结果。用表格列出各地区的预测结果,包括预测结果以及与上一年和常年比较的结果。

生产建议:依据预报结果,结合马铃薯收获期间的天气气候变化趋势及生产实际,提出马铃薯后期生产管理或收获期应采取的措施或建议。

3)评分指标

中国气象局评分标准为:

$$精确度 = (1-|(预报值-实产)/实产|) \times 100\% \quad (3.14)$$

作物平均单产与总产量定量预报评分为其预报精确度计算结果,但当精确度<75%时,定量预报评分按0分计算。

4)制作方法

根据预测时间,以历年马铃薯产量或气象产量为预报对象,以气温、降水等气象要素为预报因子进行相关分析,建立预测模型,计算预报结果,并根据冻土层、墒情、病虫害、管理情况等进行校正,最终给出预报结论。或为依据进行统计,建立判别方程,进行产量区间判别预报。

在定量预报制作后,若后期天气、气候条件对作物产量影响较大,应在定量预报发布后15~20天内制作订正预报,订正预报精确度评分按定量预报的标准进行。

3.1.2.5 晚疫病气象等级预报

(1)发布时间

6月下旬。

(2)发布内容

摘要:简述农业气象条件(气温、降水、土壤水分等)对马铃薯晚疫病发生发展的影响,预报预测晚疫病对马铃薯影响发展趋势。

预报依据:根据分析对马铃薯晚疫病流行有重要影响的气象要素、植保部门调查的病害资料等,分析各气象因子对马铃薯晚疫病发生、发展、流行等的影响,综合分析对马铃薯晚疫病发生的有利或不利的气象条件,说明形成预报结果的理由。结合未来天气气候趋势预测结果,分析未来天气气候事件对马铃薯晚疫病发生、发展和流行的影响,依据马铃薯晚疫病预报结论综合进行展望。

预报结果:简述马铃薯晚疫病流行的趋势(或发生面积、程度、时间等),与上一年和常年比较的结果(可用图表表示)。

生产建议:依据预报结果,结合马铃薯发育期的天气气候变化趋势及生产实际,提出采取的措施或建议。

(3)制作方法

建立晚疫病发生概率预测模型为[3]：

本手册采取逐级要素订正迭加，逐步逼近的方法模拟出接近实际发生情况的预报模式。

$$Y = Y_0 + T_d + R_1 + R_2 + R_3 + R_4 + R_5 + R_6 \quad (3.15)$$

式中：Y 为马铃薯晚疫病蔓延与流行概率预报，具体为：

当 $Y \geqslant 15$ 时，预计马铃薯晚疫病发生和流行的概率为 100%；

当 $10 \leqslant Y < 15$ 时，预计马铃薯晚疫病发生和流行的概率为 90%～99%；

当 $5 \leqslant Y < 10$ 时，预计马铃薯晚疫病发生和流行的概率为 80%～89%；

当 $0 \leqslant Y < 5$ 时，预计马铃薯晚疫病发生和流行的概率为 65%～79%；

当 $-5 \leqslant Y < 0$ 时，预计马铃薯晚疫病发生和流行的概率为 40%～64%；

当 $Y < -5$ 时，预计马铃薯晚疫病发生和流行的概率不足 40%，即晚疫病基本不发生。

式(3.15)中：Y_0 为上年度马铃薯晚疫病发生程度。按内蒙古自治区技术监督局发布的《农作物病虫发生程度分级方法》将马铃薯晚疫病发生级别分为 5 级，见表 3.5。

表 3.5 铃薯晚疫病发生程度分级分级标准

项目	Ⅰ级	Ⅱ级	Ⅲ级	Ⅳ级	Ⅴ级
发病率	<1%	1%～5%	5.1%～10%	10.1%～20%	>20%
发病程度	轻发生	中度偏轻发生	中度发生	中度偏重发生	重发生
Y_0 值	1	3	5	7	9

式(3.15)中：T_d 为 6 月上旬至 7 月上旬平均日温差(T_c)对晚疫病的影响级别(T_d)，具体划分为：

当 $T_c \leqslant 13℃$ 时，$T_d = 4$；

当 $13 < T_c \leqslant 14℃$ 时，$T_d = 2$；

当 $14 < T_c \leqslant 15℃$ 时，$T_d = 0$；

当 $15 < T_c \leqslant 16℃$ 时，$T_d = -1$；

当 $T_c > 16℃$ 时，$T_d = -3$。

式(3.15)中：R_1、R_2、R_3、R_4、R_5、R_6 分别为 4 月份、5 月份、6 月上旬至 6 月中旬、6 月下旬、7 月上旬和 7 月中旬不同降水量距平百分率对晚疫病的影响级别，具体划分见表 3.6。

表 3.6 不同时段降水距平百分率对晚疫病的影响级别

降水距平百分率(R_d)	划分级别					
	R_1	R_2	R_3	R_4	R_5	R_6
$R_d \leqslant -50\%$	−2.0	−3	−4	−4	−5	−7
$-50\% < R_d \leqslant -30\%$	−1.5	−2	−3	−3	−4	−5
$-30\% < R_d \leqslant -10\%$	−1.0	−1	−2	−2	−3	−3
$-10\% < R_d \leqslant 0\%$	−0.5	0	−1	−1	−2	−1
$0\% < R_d \leqslant 10\%$	0.5	0	1	1	1	0
$10\% < R_d \leqslant 30\%$	1.0	1	2	2	3	3
$30\% < R_d \leqslant 50\%$	1.5	2	3	4	5	6
$R_d > 50\%$	2.0	3	4	6	7	9

按模型(3.15)可提前 10～15 天发布晚疫病流行趋势预报，使有关部门有充足的时间采取有效的防御措施。

晚疫病发生程度判别标准见表3.7。

表 3.7 马铃薯晚疫病发生程度的判别标准

Ⅰ级指标	Ⅱ级指标	预计发生程度
7月上旬至7月下旬出现过连续3日以上降水天气,且累计降水量距平百分率为正	1. 最长连续无降水日数小于10天	严重发生
	2. 最长连续无降水日数大于10天,小于15天	中度或中度偏重发生
	3. 最长连续无降水日数大于15天	轻或中度偏轻发生
7月上旬至7月中旬出现过连续3日以上降水天气,且累计降水量距平百分率为负	1. 最长连续无降水日数小于10天	中度发生
	2. 最长连续无降水日数大于10天,小于15天	中度偏轻发生
	3. 最长连续无降水日数大于15天	轻或中度偏轻发生
7月上旬至7月中旬连续降水数不足3日	1. 降水量距平百分率为正	中度或中度偏轻发生
	2. 降水量距平百分率为负	轻发生

在利用模式(3.15)计算马铃薯晚疫病流行概率为40%或不足40%的情况下,无论后期条件如何,马铃薯晚疫病很难出现中度偏轻和更加严重的程度。

3.1.3 马铃薯气象灾害评估产品

3.1.3.1 干旱

(1)评估条件

当干旱发生程度达到中等以上等级标准时,启动干旱调查评估机制。

技术指标见表2.1—表2.4。

(2)灾情调查

干旱灾害发生后,按制定的干旱调查方案,由各级气象部门组织,邀请农业部门专家、技术人员、及当地经验丰富的农民共同开展调查任务,掌握干旱灾害发生区域、灾害程度及马铃薯受灾面积、成灾面积、绝收面积、经济损失情况等。并实地走访当地农民、合作社、农业技术员和农业管理人员了解灾后管理措施、产量预估和对气象服务内容、发布手段和渠道的服务需求。

(3)评估内容

1)当前干旱概述:包括干旱发生情况、监测调查过程及评估结果分析。

2)技术路线:简述采取的主要技术手段、人员组成及分工。

3)数据处理方法及结果:包括气象监测数据处理、地面调查、卫星遥感、数据综合处理计算结果及经济损失计算结果。

4)结论说明:计算过程中相关数据来源、折算方法及定量评估结果存在的问题。

5)附图表:包括各旗县灾害损失分级图表和卫星遥感图等。

(4)制作方法

人工调查评估和卫星遥感灾损评估相结合方法。

1)人工调查方法:同灾情调查。

2)卫星遥感方法:利用土壤相对湿度或MCI指数划分干旱等级基础上,结合卫星遥感和地面调查进行干旱评估。卫星遥感监测在春季(6月1日以前)采用热惯量法,夏季(6—8月)利用植被指数法,秋季由于农作物收割,农田的地面裸露,适合用热惯量法。

3.1.3.2 霜冻

(1)评估条件

当霜冻发生程度达到中等以上等级标准时,启动霜冻调查评估机制。

技术指标见表 2.5、表 2.6。

(2)灾情调查

霜冻灾害发生后,按制定的霜冻调查方案,由各级气象部门组织,邀请农业部门专家、技术人员、及当地经验丰富的农民共同开展调查任务,掌握霜冻灾害发生区域、灾害程度及马铃薯受灾面积、成灾面积、绝收面积、经济损失情况等。并实地走访当地农民、合作社、农业技术员和农业管理人员了解灾后管理措施、产量预估和对气象服务内容、发布手段和渠道的服务需求。

(3)评估内容

1)当前霜冻概述:包括霜冻发生情况、监测调查过程及评估结果分析。

2)技术路线:简述采取的主要技术手段、人员组成及分工。

3)数据处理方法及结果:包括气象监测数据处理、地面调查、卫星遥感、数据综合处理计算结果及经济损失计算结果。

4)结论说明:计算过程中相关数据来源、折算方法及定量评估结果存在的问题。

5)附图表:包括各旗县灾害损失分级图表和卫星遥感图等。

(4)制作方法

人工调查评估和卫星遥感灾损评估相结合方法。

1)人工调查方法:同灾情调查。

2)卫星遥感评估方法:遥感霜冻评估法利用卫星收集的霜冻受灾作物、受灾面积和等级,结合作物减产量和灾害空间分布用于评估大面积种植作物的灾损程度。

3.1.3.3 冰雹

(1)评估条件

当冰雹发生程度达到中等以上等级标准时,启动冰雹调查评估机制。

技术指标见表 2.7。

(2)灾情调查

冰雹灾害发生后,按制定的冰雹灾害调查方案,由各级气象部门组织,邀请农业部门专家、技术人员、及当地经验丰富的农民共同开展调查任务,掌握雹灾发生区域、灾害程度及马铃薯受灾面积、成灾面积、绝收面积、经济损失情况等。并实地走访当地农民、合作社、农业技术员和农业管理人员了解灾后管理措施、产量预估和对气象服务内容、发布手段和渠道的服务需求。

(3)评估内容

1)马铃薯生长季冰雹概述:包括冰雹发生情况、监测调查过程、评估结果分析。

2)技术路线:简述采取的主要技术手段、人员组成及分工。

3)数据处理方法及结果:包括气象监测数据处理、地面调查、模型应用、数据综合处理计算结果及经济损失计算结果。

4)结论说明:计算过程中相关数据来源、折算方法及定量评估结果存在的问题。

5)附图表:包括各旗县灾害损失分级图表等。

(4)制作方法

利用地面观测和雷达监测资料、马铃薯发育期监测资料,结合人工调查方法进行综合评估。

3.2 马铃薯产品服务规范

3.2.1 业务流程

(1)制定完善服务工作历。

(2)落实工作内容:根据服务大纲和工作历的安排,将每一项具体工作内容,分配到相应服务人员。

(3)收集数据及生产信息。根据产品需要,收集相应气象资料和生产信息(农情、农气观测资料、信息员反馈)。

(4)按照工作历要求内容制作产品:分析数据,计算模型,取得结果,形成产品。

(5)签发:分管局长。

(6)发布:按工作历要求发布对象和渠道传送信息。

(7)产品归档。

3.2.2 服务产品规范

3.2.2.1 产品模板

(1)文字格式

1)产品文头

正文抬头统一为"乌兰察布市马铃薯气象服务信息",采用华文新魏,阴文,小初号,纯红色,居中对齐,段前段后0,单倍行距。

2)标题

居中于红色分割线下。一般采用方正小标宋简体,二号,纯黑色,加粗,字间不空格,居中对齐,间距段前段后0行,单倍行距。回行时,要做到词意完整,排列对称,长短适宜。

3)摘要或前言

位于标题下1行,首行缩进2字符。采用仿宋_GB2312,四号,纯黑色,"前言"或"摘要"两字加粗,间距段前段后0行,行距固定值20～25磅,段前1行。

4)正文标题

文中结构层次原则性不超过三级,最多不超过四级,依次使用"一、""(一)""1.""(1)"标注,首行缩进2字符,纯黑色三号字体。一级标题黑体,段前1行段后0行;二级、三级和四级标题采用仿宋_GB2312,加粗,段前段后0行,行距固定值25～30磅。

5)正文

仿宋_GB2312 三号,纯黑色,不加粗,首行缩进2字符,段前段后0行,行距固定值25～30磅。

6)表格

表号和表名中间空2格,采用正文形式,位于表上方,仿宋_GB2312,小四号,纯黑色,加粗,居中,单倍行距。表格:表格类别采用自动套用格式中的网格型,表格内字体为仿宋_GB2312,小四号,纯黑色,不加粗,居中。表格属性对齐方式为居中,文字环绕为无。单位如标在表格外,则在表名下一行,表上方居右,仿宋_GB2312 小四,纯黑色,不加粗。

7)示意图

示意图应有图框、图例、图号、图名,插入图片时环绕方式采取"嵌入型"。图框内除主图外只标注图例,原则上不加注文字说明、制作者信息等内容,图例在图的下方,图例的色标要尽量符合气象预报服务产品色标标准,卫星遥感监测产品要标出箭头并文字说明。图号和图名中间空 2 格,采用正文形式,位于图下 1 行,仿宋_GB2312,小四号,纯黑色,加粗,居中,单倍行距。

8)注释和说明

略居左,仿宋小四,纯黑色,不加粗,段前段后 0 行,行距固定值 25 磅。

9)呈报、报送、制作单位、分析人:

仿宋_GB2312 小四,纯黑色,加粗,段前段后 0 行,行距固定值 20 磅,呈报单位指所在地上级党政领导部门和本部门上级单位,报送单位指所在地下属党政部门和其他相关联系单位。

10)期数:黑体三号,深蓝色。

11)年月日、签发:黑体小三号,深蓝色。

(2)插入图片的色标标准

气象产品色标是用来填充各类不同量级、不同程度天气或气象要素区域的颜色标准。

1)气温的高低反映冷暖情况,在气温低于 0℃时用冷色调颜色表示,气温高于 0℃时用暖色调颜色表示。气温升温用暖色调颜色表示。气温负距平表示气温偏低,取冷色调颜色;气温正距平表示气温偏高,取暖色调颜色。

2)降雨区域用冷色调颜色表示,对大暴雨及特大暴雨用醒目的粉色及紫色表示,达到警示的效果。累计降水量采取冷色调颜色表示,其中最强降雨用醒目的紫色表示。降水量距平百分率为负时表示降水量偏少,取暖色调颜色;降水量距平百分率为正时表示降水量偏多,取冷色调颜色,降水量距平百分率为负时表示降水量偏少,采用暖色调。

3)土壤墒情等级,一类墒用蓝色,二类墒用绿色,三类墒用棕黄色表示。

4)干旱等级,无旱用淡绿色,轻旱用淡黄色,中旱用纯黄色,重旱用棕黄色,特旱用深棕色表示。

5)作物生长及农事活动适宜气象等级,适宜用绿色,较适宜用蓝色,不适宜用红色表示。

(3)用纸及装订

纸质材料用纸采用 A4 型纸,其成品幅面尺寸为:210mm×297mm,产品版心尺寸为:156mm×225mm(不含页码)。产品左侧两订装订,不能缺页。

3.2.2.2 发送方式

(1)决策服务产品:通过 Notes 给气象部门内部科室、领导发送,通过电子邮箱给政府、涉农部门领导、气象信息服务站发送;通过手机短信、微信给气象助理员和信息员发送。

(2)直通式服务信息:直接通过手机短信发送,重要信息电话或全网发布。

3.2.2.3 上传方式

服务产品要及时上传综合信息网、门户网站、乌兰察布科技移动信息服务平台。综合信息网上传到决策气象服务栏目中的专业专项气象服务;门户网站上传到气象服务中相应的栏目里;乌兰察布科技移动信息服务平台上传到农牧业气象与科技栏目中。

3.2.2.4 签发制度

分析人员为服务产品撰写责任人,签发人员为分管业务局长。

3.2.2.5 注意事项

服务产品是气象服务工作最重要的形式,产品质量不仅直接影响服务效果,还影响个人的学术声誉和单位的形象。因此,请服务人员根据业务分工认真履行好自己的职责,严格按照时限和产品标准与规范要求撰写、发布、上传服务产品,同时严格执行撰写和签发流程,如果未履行程序发布服务产品,在社会上造成不良影响,要依照制度追究相关人员的责任。

3.3 马铃薯服务岗位职责分工

3.3.1 自治区级任务

(1)农业气象监测分析、预报预警岗位职责

1)负责在马铃薯各生育时期及生长季各月收集整理、跟踪调查全区马铃薯种植区域内站点的气温、积温、降水及土壤墒情等数据;与农业厅、民政厅、植保站等相关部门沟通,获取马铃薯各时期苗情、灾情及病虫害等数据,充实监测分析内容;对各类信息进行分析、诊断,结合下一阶段气候预测形势,制作发布全区马铃薯生长季农业气象监测分析产品;

2)负责与农业部门沟通,收集整理当年和近五年马铃薯播种面积、单产、总产及全区种植调控政策,并联络农业厅、统计局等相关部门组织召开全区粮食产量预报会商会,制作当年全区及各盟市马铃薯产量预报;整理、审核全区马铃薯发育期观测资料,制作关键发育期预报;

3)在自治区气象台天气预报、预警产品信息基础上,指导盟市开展马铃薯农用天气预报、农业气象灾害性天气预报预警、病虫害适宜气象等级预报等农业气象预报预警服务产品;

4)负责将服务产品及时发送到中国气象局相关单位、自治区政府相关部门、农业部门及内外网站等;

5)负责组织全区不定期农业气象会商并进行总结发言;

6)负责盟市气象局相关产品制作的技术指导和考核检验;

7)负责收集服务效益与反馈意见;

8)负责对监测、预报预警方法、模型和指标的研究和改进。

(2)农业气象灾害评估岗位职责

1)负责与自治区气象台沟通协调,进行致灾气象事件界定及受灾区域的监测分析,并指导盟市气象局进行细化和订正相关信息;

2)负责组织人员及受灾地区所属盟市气象局,在自治气象局统一部署下组织开展灾害地面调查并进行灾情结果分析,及时收集气象灾害发生时马铃薯的受灾情况;

3)负责卫星遥感和航空遥感灾情监测与分析;

4)根据关注重点和服务重点,党政部门和上级气象主管部门的要求,进行灾害损失计算评估,撰写灾害评估报告;

5)负责自治区马铃薯气象评估服务产品的发布、报送工作;

6)负责收集服务效益和意见反馈。

3.3.2 盟市级任务

盟市级进行马铃薯监测分析、预报预警及评估服务,岗位职责为:

(1)负责在马铃薯各生育时期及生长季各月收集整理、跟踪调查本盟市马铃薯种植区域站点的气温、积温、降水及土壤墒情等数据;与农业、民政、植保等相关部门沟通,获取马铃薯各生育期生长状况、灾情及病虫害等数据,充实监测分析内容,并将发育期和灾情数据及时上报区局;对各类信息进行分析、诊断,结合下一阶段气候预测形势,参考区局指导产品制作发布马铃薯生长季农业气象监测分析产品;

(2)负责与当地农业部门沟通,收集整理当年和近五年本盟市马铃薯播种面积、单产、总产及本盟市种植调控政策,制作当年马铃薯产量预报,并联络农业局、统计局等相关部门组织召开产量预报会商会,制作马铃薯产量预报会商材料,订正区局产量预报结论;

(3)负责整理、审核各旗县马铃薯发育期观测资料,制作关键发育期预报;

(4)负责收集气象台天气预报预警产品信息,在区局业务部门指导下,制作发布马铃薯农用天气预报、农业气象灾害性天气预警预报、病虫害适宜气象等级预报等农业气象预报预警服务产品;

(5)配合自治气象局组织和本盟市开展马铃薯农业气象灾害的监测分析、地面调查,收集马铃薯受灾情况,参与灾害评估报告的撰写;

(6)负责将服务产品及时发送到自治区气象局相关单位、盟、市政府相关部门、农业部门及内外网站;

(7)负责制作区局组织的不定期农业气象会商材料并进行发言;

(8)负责旗县局相关产品制作的技术指导和考核检验;

(9)负责收集服务效益与反馈意见。

3.3.3 旗县级任务

旗县级进行马铃薯监测分析、预报预警及评估服务,岗位职责为:

(1)负责在马铃薯各生育时期及生长季各月本旗县的气温、积温、降水、土壤墒情、马铃薯各生育期生长状况的监测,与农业、民政、植保等相关部门沟通,跟踪调查马铃薯灾情、病虫害发生情况等,按要求及时将各类监测调查数据信息上报市局;对各类信息进行分析、诊断,结合下一阶段气候预测形势,参考区局、市局指导产品制作发布马铃薯生长季农业气象监测分析产品和关键发育期预报产品;

(2)负责收集市局气象台天气预报预警产品信息及本旗县订正产品,参考市局发布的预报预警产品,结合当地实际,制作发布马铃薯农用天气预报、农业气象灾害性天气预警预报、病虫害适宜气象等级预报等农业气象预报预警服务产品;

(3)配合自治气象局、盟市气象局开展马铃薯农业气象灾害地面调查,收集当地马铃薯受灾情况;

(4)负责将服务产品及时发送到旗政府、农业部门及内外网站;

(5)负责收集服务效益与反馈意见。

第4章 马铃薯气象服务考核

为加强马铃薯气象服务工作,促进气象服务的规范化,不断提高服务的规范性、准确性和及时性,提升马铃薯气象服务能力,建立马铃薯气象服务考核机制。

考核内容分三项,分别是服务过程考核、服务产品考核和服务效益考核。服务过程考核、服务产品考核均按100分评分,两项目评分取平均值;服务效益考核作为附加分加在平均分上,最后得分为考核结果。

考评结果分为3个等次:85分以上为优秀,70—85分为合格,70分以下为不合格。

4.1 马铃薯服务过程考核

服务过程考核是对马铃薯全程系列化服务包括产前、产中、产后气象服务工作完成情况的考核,即从影响播种墒情的天气出现开始,一般以播前一个月左右开始,到收获后一个月。考核内容和考核标准见表4.1。

表4.1 马铃薯气象服务过程考核内容和考核标准

考核内容	考核标准		考核细则	评分
服务过程考核	监测	旬、月、季监测	及时制作发布马铃薯旬、月、季农业气象条件监测得分,否则不得分	8
		主要发育期监测	及时制作发布马铃薯主要发育期农业气象条件监测得分,否则不得分	8
		灾情监测	灾害发生后2日内进行灾情实地调查并报送,调查有灾情实况图片,灾情数据统计(受灾面积、灾害程度、灾害损失)得分,每少一项扣2分,直至不得分	8
	预报预警	农用天气预报	及时制作并发布马铃薯农用天气预报得分,否则不得分	8
		农业气象灾害预报预警	根据各级气象台发布的天气预报及其灾害性天气预警种类、程度(预警信号等级、出现时间、出现区域等内容),或关键性、转折性天气事件,针对性的分析该天气事件对马铃薯适时农业生产和农事活动的影响强度、范围,及时制作并发布相应的系列化预警服务产品得分,发布不及时或没有发布不得分	8
		发育期预报	及时制作发布发育期预报得分,否则不得分	8
		病虫害气象条件预报	及时制作发布病虫害气象条件预报得分,否则不得分	8
		产量预报	及时制作发布产量预报得分,否则不得分	8
	应急响应	干旱、霜冻、冰雹	准确及时启动、变更、解除应急响应得分,有误一项扣2分,直至不得分	5
			启动应急响应期间及时报送信息得分,否则不得分	5
	部门会商	气象内部门	根据应急响应级别,及时开展自治区、盟市、旗县气象内部会商得分,否则不得分	5

续表

考核内容	考核标准	考核细则	评分
服务过程考核	部门会商	根据应急响应级别,及时组织外部门开展联合会商得分,否则不得分	5
	灾害评估（农牧等外部门）	及时制作发布马铃薯气象灾害分析评估服务产品得分,否则不得分	8
	服务情况	马铃薯全程化服务及时主动,得到当地农业部门及用户肯定和表彰得分。否则不得分	8

4.2 马铃薯服务产品考核

把马铃薯气象服务产品分为监测分析类、预报预警类、分析评估类,分别对其进行考核。

4.2.1 马铃薯监测分析类服务产品考核

该类产品包括分月（4—9月）农业气象条件评述、主要发育期农业气象条件评述（播种期、播种—出苗期、出苗—分枝期、分枝—开花期、全生育期）。考核满分100分,考评结果分3个等次:90分以上为优秀,80—89分为合格,80分以下为不合格,考核标准见表4.2。

表4.2 马铃薯监测分析类服务产品考核标准

内容		序号	考核内容	扣分	序号	考核内容	扣分
产品规范性评估（30分）		1	无产品期号或编号混乱。	3	5	产品发布年月日时间不正确。	3
		2	无签发人或签发人不正确（区别不同类型分别由局领导、分管领导、台站长签发）	4	6	无产品标题,标题与内容不相符。格式、字体、字号不正确。	4
		3	摘要缺失遗漏、格式、字体字号不正确。	5	7	正文格式、字体、字号不正确	3
		4	附表、附图、格式、字体、字号不正确。	3	8	正文中时间、地点、数字、单位、标点有误或不规范。	5
产品内容质量评估（50分）	旬、月、季马铃薯气象监测分析	1	产品没按规定时间发布	15	3	资料搜集不完整	15
		2	产品内容不完整,未按规定技术方法制作	10	4	产品表述有误,农业生产建议针对性与指导性差	10
	主要发育期农业气象条件评述	1	主要发育期评述产品未按时发布	15	3	技术指标不明确	15
		2	产品内容不完整,未按规定技术方法制作	10	4	产品表述有误,农业生产建议针对性与指导性差	10
产品发布时效（20分）			没有在规定的时间内发布上传,迟报1天扣5分,超过3天扣10分,超过10天不得分。				20

4.2.2 马铃薯预报预警类服务产品考核

该类产品包括农事活动预报、主要发育期预报（播种期预报、开花期预报、可收期预报）、产量预报（趋势、定量预报）、晚疫病气象等级预报、农业气象预报预警（干旱预报预警、霜冻预警预报、冰雹预报预警等）。考核满分100分,考评结果分3个等次:90分以上为优秀,80—89分为合格,80分以下为不合格,考核标准见表4.3。

表 4.3 马铃薯预报预警类服务产品考核标准

内容		序号	考核内容	扣分	序号	考核内容	扣分
产品规范性评估（30分）		1	无产品期号或编号混乱	3	5	产品发布年月日时间不正确	3
		2	无签发人或签发人不正确（区别不同类型分别由局领导、分管领导、台站长签发）	4	6	无产品标题、标题与内容不相符。格式、字体、字号不正确	4
		3	正文中格式、字体、字号不正确	5	7	附表、附图、格式、字体、字号不正确	3
		4	正文中时间、地点有误或不规范	3	8	正文中数字、单位、标点有误或不规范	5
产品内容质量评估（50分）	马铃薯农用天气预报	1	产品没按规定时间发布	15	3	产品未按规定技术方法制作	15
		2	产品内容不完整	10	4	预报表述不清楚,生产建议针对性与指导性差	10
	农业气象灾害预报预警	1	农业气象灾害预报预警未按条件发布	15	3	产品未按规定技术方法制作	15
		2	产品内容不完整	10	4	预报预警表述不清楚,生产建议针对性与指导性差	10
	发育期预报	1	产品没按规定时间发布	15	3	产品未按规定技术指标和方法制作	15
		2	产品内容不完整	10	4	产品表述有误,农业生产建议针对性与指导性差	10
	产量预报	1	产品没按规定时间发布	15	3	产品未按规定技术指标和方法制作	15
		2	产品内容不完整	10	4	预报表述不清楚,生产建议针对性与指导性差	10
	马铃薯晚疫病气象等级预报	1	产品没按规定时间发布	15	3	产品未按规定技术指标和方法制作	15
		2	产品内容不完整	10	4	预报表述不清楚,生产建议针对性与指导性差	10
产品发布时效（20分）			没有在规定的时间内发布上传,每迟报一天扣5分,超过5天不得分				20

4.2.3 马铃薯气象灾害分析评估类服务产品考核

农业气象灾害分析评估服务产品主要包括干旱、霜冻、冰雹等。考核满分100分,考评结果分3个等次:90分以上为优秀,80—89分为合格,80分以下为不合格,考核标准见表4.4。

表 4.4 马铃薯气象灾害评估类服务产品考核标准

内容	序号	考核内容	扣分	序号	考核内容	扣分
产品规范性评估（30分）	1	无产品期号或编号混乱	3	5	产品发布年月日时间不正确	3
	2	无签发人或签发人不正确（区别不同类型分别由局领导、分管领导、台站长签发）	4	6	无产品标题、标题与内容不相符。格式、字体、字号不正确	4
	3	正文中格式、字体、字号不正确	5	7	附表、附图、格式、字体、字号不正确	3

续表

内容		序号	考核内容	扣分	序号	考核内容	扣分
产品规范性评估（30分）		4	正文中时间、地点有误或不规范	3	8	正文中数字、单位、标点有误或不规范	5
产品内容质量评估（50分）	马铃薯气象灾害评估	1	未按照评估条件及时开展评估	15	3	评估内容不全面,制作方法不规范	15
		2	灾害调查未按方案执行	10	4	灾害评估表述不清楚,生产建议针对性与指导性差	10
产品发布时效（20分）			没有在规定的时间内发布上传,每迟报一天扣5分,超过5天不得分				20

4.3 服务效益考核

服务效益考核包括决策服务效益考核、公众服务效益考核、专业服务效益考核。决策服务效益考核是重要气象预报预警或决策服务材料受到党政决策部门的认可且产生社会效益的考核;公众服务效益考核是气象部门发布的重要的气象信息为人民群众生命财产安全提供保障并得到社会认可的服务效益考核;专业服务效益考核是为专业用户提供防御建议,趋利避害、减少人员伤亡和财产损失等形式的社会服务效益考核,考核内容和考核标准见表4.5。

表4.5 服务效益考核表

序号	考核内容		考核标准	得分
1	决策服务效益考核	地方政府依据决策服务材料开展的防御措施（附加分:3分）	印发明传电报通知得分	10
			召开各部门联合会商得分	10
			召开新闻发布会得分	10
		地方党政领导批示（附加分:1分）	气象服务产品有领导批示得分	10
2	公众服务效益考核	依据气象信息采取的社会活动（附加分:3分）	灾害天气发生前采取防御措施得分	10
			召开新闻发布会得分	10
			灾害未造成财产损失得分	10
3	专业服务效益考核	依据气象服务产品,种植大户采取的相应社会活动（附加分:3分）	种植大户依据气象预报采取防御措施得分	10
			种植大户要求与气象部门联合会商得分	10
			灾害未造成财产损失得分	10
合计(满分100分)				

参考文献

[1] 青海省气象局. DB63/T372—2001 青海省气象灾害标准[S]. 西宁:青海省质量技术监督局,2001.
[2] 乌兰,乌兰巴特尔,李云鹏. 内蒙古自治区生态与农牧业气象服务体系研究[M]. 北京:气象出版社,2009:47-60.
[3] 陈素华,侯琼. 乌盟地区马铃薯晚疫病滋生和蔓延的气象条件分析及预报模式的建立[J]. 中国马铃薯,2002,16(5):281-284.
[4] 白美兰,侯琼. 马铃薯产量的风险评估及区划研究[J]. 气象科技,2003,31(4):237-242.

附录 A 农业气象术语

1. 播种期 即播种的日期。

2. 出苗期 作物播种或种植后,幼芽、芽鞘、子叶或幼叶等露出地面并达到一定标准的日期。一般以全田植株有10%达到出苗标准为始期,50%为盛期。

3. 分枝期 基部叶腋间生出侧芽,长约1.0cm。

4. 花序形成期 在主茎顶部叶腋间开始出现第一轮花絮,花蕾长约2.0mm。

5. 开花期 主茎顶部的花开放。

6. 可收期 茎叶开始凋萎,植株基部叶子干枯,变为褐色。

7. 雹灾 降雹给农业生产造成的灾害。其主要表现是使农作物、蔬菜和果树遭受机械损伤和冻伤,同时冰雹对畜牧业和农业设施也会带来危害。雹灾的轻重,取决于作物生育期和冰雹的破坏力。在马铃薯开花和成熟期遇到冰雹,可经常导致绝收或严重减产。

8. 冰雹 坚硬的球状、锥状或形状不规则的固态降水,大小差异大,大的指直径可达数十毫米。常伴随雷暴出现。

9. 春旱 发生于春季的旱象。春旱的基本特点是气温虽不太高但回升较快,大气湿度小、蒸发旺盛并伴有使土壤偏干的冷风,降水稀少。春旱影响马铃薯的适时播种,幼苗出土困难,造成缺苗断垄或减少分蘖。

10. 春霜冻害 又称晚霜冻害,春季发生的霜冻害,晚春的最后一次霜冻害称为终霜冻害。

11. 倒春寒 初春(一般指3月)气温回升较快,而在春季后期(一般指4月、5月)气温较正常年份偏低的现象。如果后春的旬平均气温比常年偏低2℃以上,则认为是严重到春寒天气,可给农业生产造成严重危害。

12. 气温 在百叶箱中观测到的距离地面1.5m高度处的空气温度。通常采用摄氏度(℃)为单位。

13. 地温 地表面和地面以下不同深度处土壤温度的总称。

14. 低温冷害 是指在作物生长期间出现一个或多个低温天气过程,使作物生长发育和产量形成遭受不良影响,导致严重减产或品质降低。

15. 冻害 0℃或0℃以下的低温,对植物造成伤害,从而导致减产、品质下降或绝收。

16. 发育 生物体的生命史中,其结构和功能从简单到复杂的转化过程。即在生物体生长的同时,伴随生物内部的分化,产生不同机能、不同形态结构的转化过程。发育属于质的变化,生长属于量的增加。

17. 发育期 生物生长发育过程中具有重要意义的器官或形态的质变过程(例如,小麦出苗、分蘖、拔节、抽穗、开花、成熟等)。

18. 干旱 长期无雨或少雨,使土壤水分不足,作物十分平衡遭到破坏而减产的农业气象灾害。

19. 积温 某一时期内大于或小于某一界限温度的日平均温度的总和。积温是表示某地或某时段温度特点的常用指标之一。大于0℃的积温为正积温,小于0℃的积温为负积温,正、负积温的多少可表示某地的冷暖程度。其单位为度·日(℃·d)。

20. 界限温度 标志某些重要物候现象或农事活动的开始、终止或转折点温度,叫做农业气象界限温度,简称界限温度。一般农业上常用的界限温度(日平均温度)有:0℃——土壤冻结与解冻,喜凉作物开始生长,如小麦;5℃——早春作物之播种,多种树木开始生长,喜凉作物积极生长,喜温作物开始播种,如甜菜,向日葵;10℃喜温作物开始播种与生长,如玉米;15℃——喜温作物开始生长,喜热作物开始播种。

21. 农业气象产量预报 根据农业气象条件预报农业生产对象可能形成的产量。农业产量的形成与生产水平、品种特性等多因素有关,但经常影响产量波动的主要因素是气象条件。常用的方法有:(1)作物产量统计预报方程方法:历年产量波动与气象因子变化之间建立统计关系。(2)气象条件对比评定产量方法:以水热条件平均状况对比预报年的水热条件从而估产。(3)产量形成数值模拟及遥感估产法。

22. 农业气象灾害 是农业生产过程中不利天气、气候和微气象条件造成灾害的总称。中国农业受灾损失的70%~80%都是由气象灾害造成的,如旱、涝、冷、冻、风灾、冰雹等。许多动植物病虫害的发生也与异常气象条件有关。中国是世界上农业气象灾害严重的国家之一,其中又以旱涝灾害为最严重。

23. 农用天气预报 针对农业生产要求而编发的专业性天气预报。这种预报从农业生产需要出发,依据天气学原理,通过对天气图和单站气象要素的分析统计,预报未来天气条件及其对农事活动的影响,以便有针对性地采取措施,趋利避害。

24. 霜冻 是指由于日最低气温下降使植株茎、叶温下降到0℃以下,使正在生长发育的植物受到冻伤。中国大部地区的霜冻发生在春季农作物生长初期和秋季农作物生长末期,分别称为春霜冻和秋霜冻。其中春季的最后一次霜冻和秋季的第一次霜冻的危害特别大,分别称为终霜冻和初霜冻或晚霜冻和早霜冻。

25. 田间最大持水量 也叫饱和持水量、全蓄水量。土壤完全为水所饱和时的含水量。以占干土壤的百分比表示。在自然条件下,只有在降雨量或灌水量较大时,或土壤被水淹没得情况下才能发生。

26. 土壤湿度 土壤的干湿程度。通常用土壤含水量占田间持水量的百分数表示,也可用土壤含水量占烘干土重的百分数表示。

27. 蒸发 液态或固态物质转变为气态的过程。气象上主要指液态水转变为水汽。

28. 作物发育期预报 根据作物发育速度与外界气象条件的关系,对未来某一发育期到来日期的预报。由于发育期也是一种物候现象,因此有时也称"物候期预报"。这种预报除直接可为适时进行农作物管理服务外,也是其他农用气象预报的基础。

附录 B 农业气象服务工作历

月份	产品名称	关注要点	发布对象	发布途径
4月3日	农业气象监测分析产品	温度、降水变化对土壤墒情、土壤解冻的影响。	重点乡镇及农户、生产企业、专业大户、决策部门	纸质产品、短信、电子显示屏、广播、电视
4月上、中旬	马铃薯适宜播种期预报	根据马铃薯适宜播种指标,给出马铃薯适宜播种日期。重点分析适宜播种日期提前或推迟原因。	重点乡镇及农户、生产企业、专业大户、决策部门	纸质产品、短信、电子显示屏、广播、电视
5月3日	农业气象监测分析产品	主要考虑气温、地温、降水、土壤墒情等要素对马铃薯播种期的影响。	重点乡镇及农户、生产企业、专业大户、决策部门	纸质产品、短信、电子显示屏、广播、电视
5月适时	马铃薯接墒雨影响评述	重点描述前期气象条件、土壤墒情,未次降水时间(与历史比较早晚),分析此次降水对马铃薯播种或出苗的影响;预测未来天气变化趋势对马铃薯下阶段生长的可能影响。	重点乡镇及农户、生产企业、专业大户、决策部门	纸质产品、短信、电子显示屏、广播、电视
6月3日	农业气象监测分析产品	气温是否适宜,降水(特别是出苗前降水)对苗情的影响。	重点乡镇及农户、生产企业、专业大户、决策部门	纸质产品、短信、电子显示屏、广播、电视
6月上、中旬(出苗普期后5日内)	马铃薯播种—出苗期气候条件及实时灾情评述	根据马铃薯播种—出苗期间所需农业气象指标,综合分析气温、降水、墒情及实时灾情监测资料对马铃薯播种—出苗的利弊影响。	重点乡镇及农户、生产企业、专业大户、决策部门	纸质产品、短信、电子显示屏、广播、电视
6月中、下旬(分枝普期后5日内)	马铃薯出苗—分枝期气候条件及实时灾情评述	根据马铃薯出苗—分枝期间所需农业气象指标,综合分析气温、降水、墒情及实时灾情监测资料对马铃薯出苗—分枝的利弊影响。	重点乡镇及农户、生产企业、专业大户、决策部门	纸质产品、短信、电子显示屏、广播、电视
4、5、6月适时发布	马铃薯春季干旱监测评估	重点描述当前干旱生长发育及产量的影响。未来天气变化对干旱发展、发生面积、发生程度以及对马铃薯生长发育及产量的可能影响;根据未来1~7天天气预报结果,预估未来天气对干旱的可能影响,包括干旱发生、持续、继续发展、加剧还是干旱缓解、解除。区分不同干旱区域提出主要减灾措施建议。	重点乡镇及农户、生产企业、专业大户、决策部门	纸质产品、短信、电子显示屏、广播、电视

续表

月份	产品名称	关注要点	发布对象	发布途径
4、5、6月适时发布	马铃薯春季持续低温监测评估	分析低温持续时间、程度，调查或估算成灾程度，以及对马铃薯影响程度、损失进行分析评估，得出定量和定性相结合的监测评估结论。根据监测分析结论，提出具有指导性的生产建议。	重点乡镇及农户、生产企业、专业大户、决策部门	纸质产品、短信、电子显示屏、广播、电视
4、5、6月适时发布	马铃薯春霜冻监测评估	重点描述马铃薯生长发育状况，并依据天气预报结论，分析本次天气过程降温幅度、日最低气温实况，分析霜冻持续时间及对马铃薯生长发育和产量形成的可能影响。根据监测分析结论，给出生产建议。	重点乡镇及农户、生产企业、专业大户、决策部门	纸质产品、短信、电子显示屏、广播、电视
7月3日	农业气象监测分析产品	主要考虑气温、降水、土壤湿度等气象要素对马铃薯长势影响分析。	重点乡镇及农户、生产企业、专业大户、决策部门	纸质产品、短信、电子显示屏、广播、电视
7月上旬（开花普期前后20天）	马铃薯开花期预报	当前马铃薯生长发育状况、前期气温、积温、降水、日照、土壤水分等对马铃薯生长发育利弊条件分析。结合天气预报，预测马铃薯开花普期的时间，提前或推迟开花的天数。预测马铃薯进入开花期后、气象条件对马铃薯块茎膨大的影响。	重点乡镇及农户、生产企业、专业大户、决策部门	纸质产品、短信、电子显示屏、广播、电视
7月15日	马铃薯趋势产量预报	分析马铃薯播种出苗及生长情况、分析未来天气气候变化趋势对马铃薯生长发育的影响，包括施肥、浇水、墒情等气象要素变化并确定其对产量的趋势结果。预测马铃薯单产和总产量的趋势。	重点乡镇及农户、生产企业、专业大户、决策部门	纸质产品、短信、电子显示屏、广播、电视
7月中、下旬（开花普期后5天内）	马铃薯分枝—开花期气候条件影响评述	根据马铃薯分枝—花序形成期、花序形成期所需农业气象指标，综合分析气温、降水、墒情及时雨对马铃薯分枝—花序形成期、花序形成期的利弊分析。	重点乡镇及农户、生产企业、专业大户、决策部门	纸质产品、短信、电子显示屏、广播、电视
8月3日	农业气象监测分析产品	主要考虑气温、降水、土壤湿度等气象要素对马铃薯生长发育的影响。	重点乡镇及农户、生产企业、专业大户、决策部门	纸质产品、短信、电子显示屏、广播、电视
8月25日	马铃薯定量定产预报	分析马铃薯种苗及生长情况，包括施肥、浇水、墒情等气象要素变化并确定其对马铃薯生长发育趋势的影响。结合未来天气气候变化趋势对马铃薯生长发育影响。预测马铃薯单产和总产量结果。	重点乡镇及农户、生产企业、专业大户、决策部门	纸质产品、短信、电子显示屏、广播、电视

附录 B 农业气象服务工作历

续表

月份	产品名称	关注要点	发布对象	发布途径
8月下旬(可收期前20天)	马铃薯可收期预报	根据开花期以来气温、积温、降水、土壤水分条件、降水天数,针对目前生产状况,预测马铃薯可收期的时间,提前或推迟收期预报结果,提出能够促进马铃薯成熟避免遭受秋霜冻危害的措施和建议。	重点乡镇及农户、生产企业、专业大户、决策部门	纸质产品、短信、电子显示屏、广播、电视
9月3日	农业气象监测分析产品	主要考虑气温、降水、土壤湿度、日照等气象要素对马铃薯生长的影响。	重点乡镇及农户、生产企业、专业大户、决策部门	纸质产品、短信、电子显示屏、广播、电视
9月中、下旬(可收期后20天内)	马铃薯全生育期气候条件影响评述	重点描述马铃薯各发育期长势;分析各时期的平均气温、积温、降水、日照、土壤墒情等气象要素及与马铃薯生长发育的适宜指标,分析对马铃薯生长有利和不利的气象条件;详细分析对马铃薯生长的利弊影响。	重点乡镇及农户、生产企业、专业大户、决策部门	纸质产品、短信、电子显示屏、广播、电视
7月、8月、9月适时发布	马铃薯夏季干旱监测评估	重点描述当前干旱分布区域、发生程度以及对马铃薯生长发育及产量的影响,未来天气预报结果,各干旱等级发生面积、发生程度以及变化对干旱发展的可能影响;根据未来1~7天天气预报结论,分析时段内发生、持续、加剧还是干旱缓解,包括干旱发展,解除以及对马铃薯生长发育及产量的影响。	重点乡镇及农户、生产企业、专业大户、决策部门	纸质产品、短信、电子显示屏、广播、电视
7月、8月、9月适时发布	马铃薯冰雹灾害监测评估	分析冰雹灾害持续时间、程度、范围、强度。调查或估算成灾程度、并对不同等级灾害对马铃薯分布范围和面积,以及对马铃薯的影响程度,损失程度进行分析评估,得出定量和定性相结合的监测评估结论,并提出生产建议。	重点乡镇及农户、生产企业、专业大户、决策部门	纸质产品、短信、电子显示屏、广播、电视
10月3日	农业气象监测分析产品	主要考虑气温、降水对马铃薯收获后期及贮藏的影响。	重点乡镇及农户、生产企业、专业大户、决策部门	纸质产品、短信、电子显示屏、广播、电视
8月、9月、10月适时发布	马铃薯冻害评估	重点描述本次天气过程降温幅度、出现区域、面积、不同等级冻害分布范围和面积、地面最低温度实况,分析冻害受害程度,并依据天气预报结论,分析冻害的持续时间及对马铃薯的可能影响,根据监测评估结论,给出对策建议。	重点乡镇及农户、生产企业、专业大户、决策部门	纸质产品、短信、电子显示屏、广播、电视
适时发布	马铃薯病虫害预报	简述农业气象条件(气温、降水、土壤水分等)对马铃薯病虫害发生发展的影响,预测病虫发育趋势变化对马铃薯气候发育趋势及生产影响,依据预报结果,结合马铃薯发育趋势及生产实际,提出采取的措施或建议。	重点乡镇及农户、生产企业、专业大户、决策部门	纸质产品、短信、电子显示屏、广播、电视

附录 C 主要农业气象灾害指标及影响特征

灾害名称	时间	关注要素	气象灾害指标	主要影响评价	发布产品
春季干旱	4月下旬、5月、6月	气温、降水	土壤相对湿度：40%～50%为轻旱，35%～40%为中旱，30%～35%为重旱，<30%为特旱	马铃薯播种期推迟，播种后难以出苗；出苗后，生长势衰弱，生长不正常	《马铃薯春季干旱监测评估》
夏季干旱	7月、8月	气温、降水	土壤相对湿度55%～75%为轻旱，45%～55%为中旱，30%～45%为重旱，小于30%为特旱	马铃薯花芽晚疫病难以形成大面积落花，影响产量；导致虫害及晚疫病发生，马铃薯结薯数量少，形成各种畸形薯块生长的薯块次生，导致减产减收	《马铃薯夏季干旱监测评估》
秋季干旱	9月、10月	气温、降水	土壤相对湿度55%～75%为轻旱，45%～55%为中旱，30%～45%为重旱，小于30%为特旱	马铃薯大面积落花，块茎生长慢，形成串薯等畸形影响产量；块茎停止淀粉积累，薯块表皮开裂老化，易发病菌侵入，严重减产	《马铃薯秋季干旱监测评估》
季节连旱	春夏秋季	气温、降水	分为轻、中、重三级，包括春夏连旱、夏秋连旱、春夏秋连旱	马铃薯干枯死亡减产，有的甚至绝收	《马铃薯季节连旱监测评估》
春霜冻	4月下旬—5月、8月中旬—9月	气温、作物发育期	春霜冻：轻霜冻：日最低温度−1～−2℃；中霜冻：日最低温度−2～−3℃；日最低温度−3～−4℃	主要危害幼苗，导致幼苗冻死、冻伤，甚至重新播种	《马铃薯春季霜冻监测评估》
秋霜冻	8—10月	气温、作物发育期	秋霜冻：轻霜冻：日最低温度−0.5～−1℃；中霜冻：日最低温度−1～−2℃；日最低温度−2～−3℃	秋霜冻常常造成马铃薯掉花、植株冻死，严重减产	《马铃薯秋季霜冻监测评估》
冰雹	6—9月	雷电、气温、大风	轻雹灾：冰雹直径5～10mm；中雹灾：冰雹直径5～10mm，持续时间5～10min；重雹灾：冰雹直径大于10mm，持续时间大于10min	马铃薯部分植株被冰雹击倒，心叶被淤泥覆盖，导致功能叶片展开受阻；次后，马铃薯茎叶折断较多，细菌和真菌易随创面进入植株体内，导致病害发生	《马铃薯冰雹灾害监测评估》

附录 D 乌兰察布市马铃薯生产系列化气象服务系统功能简介

乌兰察布市马铃薯生产系列化气象服务系统包括五大部分（图 D.1，图 D.2）：

图 D.1 乌兰察布市马铃薯生产系列化气象服务系统界面

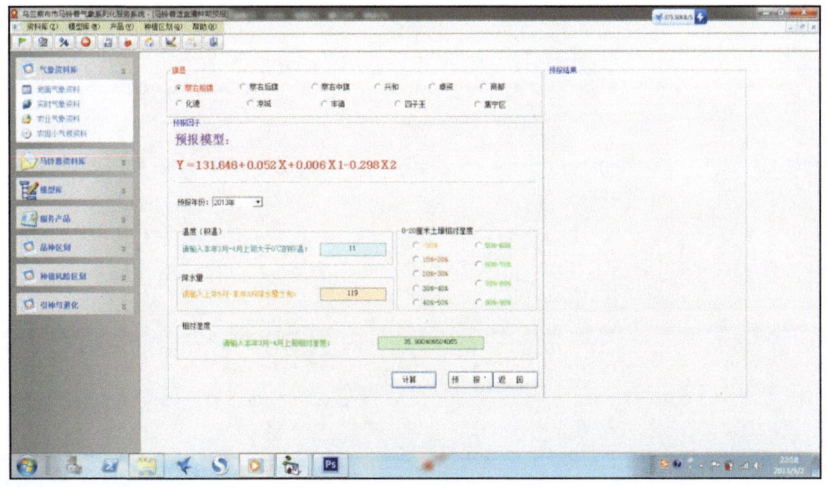

图 D.2 乌兰察布市马铃薯生产系列化气象服务系统功能

第一部分为马铃薯品种区划和种植风险区划[4]，马铃薯分品种种植区划包括高产型、高淀型、油炸型、菜用型、种薯型区划。包括各品种种植区划分布图、区划指标和推算模型。马铃薯种植风险区划包括综合风险区划、历年减产风险区划、变异系数区划、减产率概率区划图和风险区划指标。根据风险辨识和评估结论，提出全市马铃薯的总体发展方向和种植结构调整的具体措施和建议，并提出相应区域内的适宜与不适宜发展马铃薯生产的依据，以及改造途径和措施等。在此基础上，提出了以"避、防、抗、救"为主的减灾原则。为发挥区域资源优势，降低灾害损失等提供气象参考依据。

第二部分是马铃薯各发育阶段的生育期预报模块，该部分利用马铃薯各发育阶段历年播种期、出苗期、开花期、收获期观测资料和气象温、热、水资料，运用采用时间序列自相关、物候法、积温法、最优二元子集回归法等数理统计建立预报模型，推算预报年份各发育期，为种植大户和广大农民提前做好生产准备提供了科学依据。

第三部分为马铃薯产量预报，分为趋势预报和定量预报，本模块利用近50年时间序列长、涵盖范围广的超大容量气象资料样本，集成多种统计方法确定了影响乌兰察布市马铃薯产量与品质的气象因子，形成了综合因素的产量预测模型。通过回报、试报，证实该模型准确可靠。

第四部分是马铃薯病虫害预测模块，主要研究了晚疫病的发生流行与气象条件的相互关系，除运用了常规的数理统计方法外，还与当地农业植保部门密切合作，在掌握历史马铃薯晚疫病发生情况的基础上，提前预测预报年份马铃薯晚疫病发生流行等级及病虫害重发生地区分布。为当地政府提前部署全市病虫害防治工作、农业植保部门采取适当有效的防治措施提供了科学参考依据。

第五部分为资料收集和查询功能（包括历史各站气象要素和马铃薯相关资料）。

附录 E 典型服务案例

案例一：

(1) 2015 年 8 月上旬全市出现大面积干旱，8 月 6 日乌兰察布市气象局启动《重大气象灾害(干旱)Ⅳ级应急响应命令》。

(2) 由于达到启动干旱应急响应预案条件，8 月 9 日由乌兰察布市气象台发布《马铃薯干旱天气预报预警》(图 E.1a,b)，主要内容包括预报结论、影响预评估，并提出生产建议。

(3) 全市受旱面积达到马铃薯种植面积的 30%，且预计未来一周干旱天气和范围进一步发展，开始对干旱进行跟踪监测，并于 8 月 11 日发布监测分析产品《马铃薯干旱灾害监测评估》(图 E.2a,b,c)。

案例二：

(1) 2012 年 8 月上旬全市各旗县发生不同程度的马铃薯晚疫病，8 月 8 日乌兰察布市生态与农业气象中心与市植保站技术人员进行了全市马铃薯晚疫病流行气象等级预报联合会商。

(2) 8 月 9 日乌兰察布市生态与农业气象中心根据马铃薯晚疫病发生发展所需要的环境气象条件发布《马铃薯晚疫病气象等级预报》(图 E.3a,b,c)，预测 8 月中、下旬全市晚疫病呈中等～中等偏重、局部重发生趋势，并提出生产建议。8 月 10 日市政府副秘书长孔庆英做出重要批示。

(3) 同时在乌兰察布市天气预报栏目中播报了马铃薯晚疫病预报和防治信息。

(4) 依据服务产品的建议，8 月 17 日赵锦副市长在兴和县大库联乡、察右中旗黄羊城镇召开现场办公会，邀请气象局科技人员参加并做了分析，指示各地对晚疫病开展地毯式排查和防治，经采取科学预防和控制措施，发生面积得到了一定控制，防治面积马铃薯挽回产量约 8.1 亿斤，服务效益明显。

案例三：《霜冻》

(1) 2012 年 8 月 18 日乌兰察布市气象台发布《霜冻蓝色预警信号》。提请有关单位及广大农牧民密切关注气温变化，采取相应措施，做好霜冻的预防工作。

(2) 2012 年 8 月 19 日市气象局生态中心发布《马铃薯霜冻天气预报预警》(图 E.4)，指导马铃薯种植大户采取点火烟熏和浇水等措施进行防霜冻。

(3) 2012 年 8 月 21 日夜间到 22 日凌晨，全市 11 个旗县，62 个乡镇，发生大范围霜冻。出现时间为近 30 年最早，较常年提早 10～20 天。8 月 25 日市气象局生态中心发布监测分析产品《马铃薯霜冻灾害监测评估》(图 E.5a,b,c)。

(4) 依据服务产品的建议，各旗县农牧业局指导广大农户抓紧时间收获贮藏，减少了因霜冻造成的损失，服务效益明显。

乌兰察布市生态与农业气象信息

总第 09 期
农业气象预报预警第 05 期

乌兰察布市气象局　　　　　　　　　　分析：郭晓丽
2015 年 8 月 9 日　　　　　　　　　　签发：刘见文

马铃薯干旱预报预警

一、预报结论

进入 8 月以来，我市无区域性连续降雨过程，全市累计降水量在 2.8—57.5mm，除兴和县较历年同期偏多 4 成外，其余地区较历年同期偏少 2-9 成；加之近期气温持续偏高，土壤蒸发量加大，旱情出现并持续发展。

预计未来十天全市降水量仍然偏少，无区域性连续降水过程，16 日午后到夜间、20 日白天有分布不均匀的阵雨，累计降水量在 0-10mm，局部地区可达 10mm 以上，全市大部地区旱情仍将持续并加重。

二、影响预评估

由于近来全市大部分地区仍无有效降水，我市马铃薯种植区域受重旱影响面积将进一步增加。马铃薯正值需水关键期，无法满足对水分条件的需求，预计全市大部分地区马铃薯将出现开花受阻，生长缓慢或严重花蕾掉落现象，开花期较历年推迟 2～3 天。干旱将影响马铃薯结薯和薯块膨大，结薯数量少，会形成各种畸形薯块和次生生长的薯块，导致

图 E.1a

减产减收，预计减产达 2~3 成。

三、生产建议

建议马铃薯种植基地加强田间管理，当地气象部门利用有利天气条件及时开展人工增雨，提高土壤水分，做好抗旱保墒工作，保证马铃薯正常生长。

呈报：市委、市政府、市农牧业局

抄送：内蒙古气象局应急与减灾处、内蒙古气象局决策办、内蒙古生态与农业气象中心、各旗县气象局

图 E.1b

乌兰察布市生态与农业气象信息

总第 10 期
农业气象评估第 2 期

乌兰察布市气象局　　　　　　　　　　分析：郑丽娟
2015 年 8 月 11 日　　　　　　　　　　签发：刘见文

马铃薯干旱评估

内容摘要：

近期，全市大部分地区无有效降水，无法满足马铃薯开花期对水分条件的需求。根据马铃薯分枝期～开花期干旱监测评估指标，马铃薯种植区域受重旱影响面积占播种面积的 60%，不旱面积仅占 10%，直接导致后山大部分马铃薯开花受阻，生长缓慢，且出现花蕾掉落现象。

一、当前灾害实况

8 月上旬，全市平均气温各地在 17.3～21.8℃之间，同比偏高 0.4～1.6℃。降雨分布不均，旬内以阵性降水天气为主，降水量级较小，全市平均降水量为 8.4 毫米，同比偏少 70.2%。全市无降水日达 7 天，平均累计降水量 9.1mm，大部分地区旱象显现、旱情发展。

目前，我市土壤墒情以三类墒分布为主，除前山地区的丰镇市、凉城县和兴和县、卓资县、察右前旗南部一带墒情稍好外，其它地区都为三类墒，其中三类墒情面积占总面积的 70%，一类、二类墒情面积分别占 10%和 20%。

图 E.2a

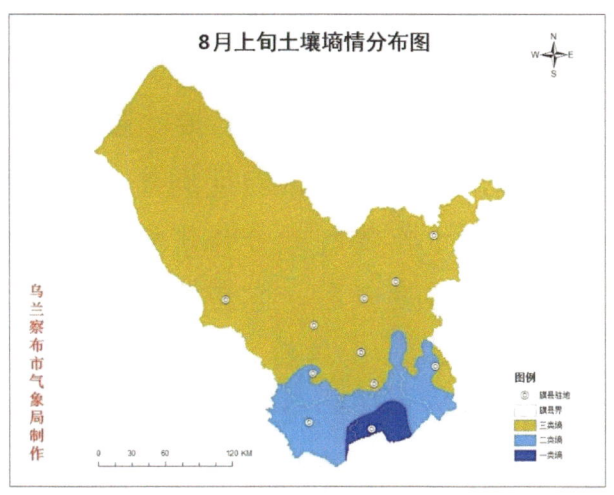

根据马铃薯生育期（分枝期～开花期）干旱监测评估指标：土壤相对湿度>75%为不旱，55%～75%为轻旱，45%～55%为中旱，30%～45%为重旱，<30%为特旱，8月上旬全市后山大部地区及前山的卓资县、兴和县部分地区马铃薯种植区域均受到重旱以上影响，受旱面积占播种总面积的60%；其余地区受中旱影响面积占30%；全市不旱面积仅为10%。

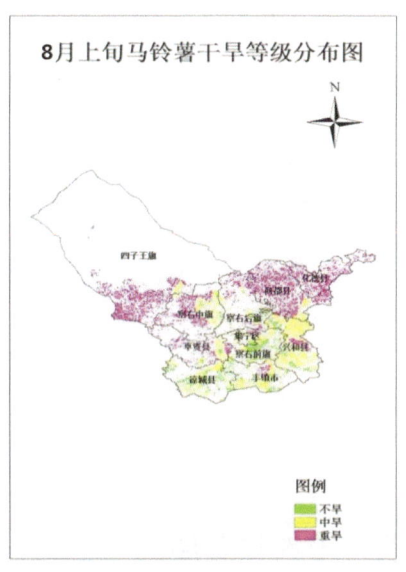

二、未来天气变化对马铃薯生长的影响

图 E.2b

当前，我市前山地区马铃薯生长正值开花期，后山地区处于分枝～花絮形成期。该发育阶段适宜日平均气温为18～21℃，需水量为40～65mm，适宜土壤相对湿度为75%～85%。从温度适宜度来看，大部分地区温度满足马铃薯生长发育的要求，光照充足有利于作物的光合作用和茎叶的生长。从作物需水量和土壤相对湿度来看，本旬降水量远远不能满足该时期马铃薯需水量要求，且马铃薯种植区受旱灾影响严重，一定程度上抑制了马铃薯的积极生长。

四子王旗、商都县、化德县和察右中旗的部分地区，干旱使得马铃薯开花受阻，生长缓慢，开花期较历年推迟2～3天，且出现严重花蕾掉落现象，直接影响马铃薯产量，预计减产达2～3成。

目前我市马铃薯已进入生长关键期，预计16～20日我市将有一次分布不均匀的阵雨天气过程，对于缓解旱情有望起到一定的作用。

三、生产建议

建议各地近期密切关注降水天气；有条件的地区应及时灌溉，保证并进生长阶段水分需求。旱情严重的地方，应密切监测土壤墒情、旱情和苗情变化，积极采取抗旱保墒措施，适时组织人工影响天气作业，减轻干旱影响。

呈报：市委、市政府、市农牧业局
抄送：内蒙古气象局应急与减灾处、内蒙古气象局决策办、内蒙古生态与农业气象中心、各旗县气象局

图E.2c

乌兰察布市生态与农业气象信息

总第 08 期
农业气象预报预警第 04 期

乌兰察布市气象局　　　　　　　　　　分析：董静
2012 年 8 月 9 日　　　　　　　　　　　签发：刘见文

马铃薯晚疫病气象等级预报

内容摘要：

马铃薯晚疫病是马铃薯生产的大敌，一旦防治不利造成大面积流行，会形成毁灭性灾害。根据前期气象条件和马铃薯长势分析，结合未来天气趋势，运用晚疫病流行程度气象等级预报模式，预计全市马铃薯晚疫病发生气象等级为 4 级适宜，呈中等偏重发生，局部重发生趋势，发生时间为 8 月中、下旬。

一、预报依据

目前正值马铃薯开花期，为最易感病期，商都县、凉城县、卓资县、丰镇市已发现马铃薯晚疫病中心病株。8 月上旬，全市平均降水量 121.2mm，同比偏多 187.2%。各地降水量在 77～184mm，同比偏多 107%～356%，降雨偏多、持续时间较长。全市平均气温 19.3℃，同比偏低 0.6℃，夜间气温较低易结露，加之滴灌、喷灌等设施生产，马铃薯集中连片种植，形成一定的田间小气候环境，气象条件和马铃薯生长状况均有利于马铃薯晚疫病的发生流行。

图 E.3a

预报：8月中旬，全市降水量同比偏少，气温正常。13～15日，全市有分布不均的阵雨或雷阵雨，局部地区偏大；16～18日，全市有小到中阵雨或雷阵雨，局部地区偏大。

二、预报结论

马铃薯晚疫病的气象等级分为五：极不适宜、较不适宜、较适宜、适宜、很适宜。根据前期气象条件和马铃薯长势分析，结合未来天气趋势，运用晚疫病流行程度气象等级预报模式，预计全市马铃薯晚疫病发生气象等级为4级适宜，呈中等偏重发生，局部重发生趋势，发生时间为8月中、下旬。

三、生产建议

一是各地要做好马铃薯晚疫病的监测、预测工作，坚持"预防为主、综合防治"策略，根据田间情况适时喷药防治。

二是建议各马铃薯种植基地加强田间管理，特别是要马铃薯大面积集中连片种植区、夏波蒂、底西芮、费乌瑞它等感病品种种植区要注意马铃薯晚疫病的发生发展，做好预防和防治工作。

呈报：市委、市政府、市农牧业局
抄送：内蒙古气象局应急与减灾处、内蒙古气象局决策办、内蒙古生态与农业气象中心、各旗县气象局

图 E.3b

乌兰察布市植保植检站

马铃薯晚疫病防治效益证明

由于8月上旬乌兰察布市连续降雨，夜间气温较低易结露，并正值马铃薯最易感病期，气象条件适宜于马铃薯晚疫病的发生流行。8月8日，乌兰察布市生态与农业气象中心与市植保站技术人员进行了全市马铃薯晚疫病流行气象等级预报联合会商，预计我市8月中、下旬马铃薯晚疫病为中等—中等偏重发生，局部重发生。如果防治不利造成大面积流行，将对马铃薯生产形成毁灭性灾害。

为积极开展防治工作，乌兰察布市气象局及时在天气预报栏目中播报了马铃薯晚疫病预报和防治信息，特别提醒马铃薯种植大户、农民朋友要加强对马铃薯种植区开展预防与防治工作，确保马铃薯生产安全。

各地出动植保技术人员300多人次调查指导防治，发放资料1万多份，经采取科学预防和控制措施，发生面积得到了一定控制，减少了危害损失，马铃薯挽回产量8.1亿斤。

通过本次防治工作，生态与农业气象中心与植保站联合会商，发布服务信息，对防治马铃薯晚疫病，提高防治效果，取得了明显的经济效益。

二〇一二年十月十二日
乌兰察布市植保站

图 E.3c

乌兰察布市生态与农业气象信息

总第 11 期
农业气象预报预警第 05 期

乌兰察布市气象局　　　　　　　　　　分析：杜蒙生
2012 年 8 月 19 日　　　　　　　　　　签发：李纯彦

马铃薯霜冻预报预警

一、预报结论

据气象台预报，预计未来三天，全市大部地区自西向东持续降温 8～10℃，北部地区有霜冻或轻霜冻。

大部分地区最低气温将降到 0℃以下，根据马铃薯初霜冻指标，可能受冻害影响。

二、影响预评估

今年春季，部分地区马铃薯因旱推迟了播种期，致使生育期延迟，另外雨水充沛也造成作物贪青晚熟，一旦霜冻出现时，马铃薯正处于块茎增长后期，冻害将导致植株枯死发黑，影响块茎增长膨大，同时影响马铃薯淀粉的积累，从而影响其产量及品质，也将降低马铃薯的耐储性。

三、生产建议

建议各地密切关注天气变化，合理安排农业进度，加强马铃薯、玉米等田间管理，提早采取烟熏法、覆盖法等防霜措施，避免后期霜冻天气的不利影响。

呈报：市委、市政府、市农牧业局
抄送：内蒙古气象局应急与减灾处、内蒙古气象局决策办、内蒙古生态与农业气象中心、各旗县气象局

图 E.4

乌兰察布市生态与农业气象信息

总第 12 期
农业气象监测第 07 期

乌兰察布市气象局　　　　　　　　　　　分析：董静
2012 年 8 月 23 日　　　　　　　　　　　签发：李纯彦

马铃薯霜冻监测

内容摘要：

近期受霜冻天气影响，各地农作物基本停止正常生长，干物质减少，作物品质、产量也出现下降。冻害发生时马铃薯处于块茎增长后期，将导致植株枯死发黑，影响块茎增长膨大和淀粉的积累，导致其产量降低和储藏性能受损。

一、当前灾害实况

8 月 21 日夜间到 22 日凌晨，全市 11 个旗县，62 个乡镇，发生大范围霜冻，北部偏重。此次初霜冻发生时间之早、范围之广、危害程度之深为历史同期罕见，对正值成熟期即将收获的马铃薯生长和产量造成严重影响。

据调查，此次霜冻马铃薯受灾面积 307.88 万亩，占马铃薯播种面积的 72.8%；察右中旗、四子王旗、化德县、察右后旗、商都县受灾较重，马铃薯正值块茎膨大期，功能叶片受冻干枯，严重影响块茎膨大和产量，损失严重。

二、未来天气变化对灾害发展的可能影响

前几日，全市气温偏低，抑制了马铃薯快速生长，尤其是 21～22 日后山出现的罕见霜冻天气，使北部大部分地区

图 E.5a

马铃薯茎叶受冻，影响生长和产量提高。

马铃薯受冻植株

今年初霜出现早为历史罕见，是近三十年来最早出现的一次，除察右中旗接近历史最早外（1989年8月20日），中北部其他地区相比于历史平均最早日提早了16天。南部地区没有出现霜冻天气，马铃薯生长正常处于薯块增大和淀粉、糖分积累期。预计霜冻将造成马铃薯减产4亿斤（折粮）。

气象台预报8月30日夜间到9月3日，全市大部地区自西向东持续降温8度左右，部分地区降温超过10度，有可能出现轻霜冻或霜冻。

三、生产建议

建议各地加强马铃薯后期管理，积极采取点火烟熏和浇水等防灾防冻措施，开展抗灾救灾，力争使灾害损失降到最低程度。

呈报：市委、市政府、市农牧业局
抄送：内蒙古气象局应急与减灾处、内蒙古气象局决策办、内蒙古生态与农业气象中心、各旗县气象局

图 E.5b

乌兰察布市农业技术推广站

秋收气象服务效益评价

今年秋收生产中,市气象局以多种形式发布的气象服务信息和积极主动的服务,为我市各级农业部门安排全市的农业生产提供了可靠及时的决策依据。

8月21-22日我市后山地区出现霜冻,是近三十年来初霜出现较早的年份,我们于8月19日收到了市气象局生态中心发布的全市秋霜服务提示后,及时通知了各旗县农业局,指导广大农户抓紧时间收获贮藏,减少了因霜冻造成的损失。

从9月10日到10月20日,我们每周都能收到两期秋收服务气象信息,产品内容包括秋收进度及作物发育进程、全市收获面积、过去三天秋收区天气实况及影响、未来三天天气对秋收影响,每期秋收气象服务产品都准确反映了秋收区的实际情况,为我们指导全市秋收生产提供了准确及时的信息。

为此,对整个秋收生产中乌兰察布市气象局提供的优质服务,我们表示衷心的感谢。

乌兰察布市农业推广站
二〇一二年十月二十八日

图 E.5c

日光温室
气象服务与管理篇

RIGUANGWENSHI
QIXIANG FUWU YU GUANLI PIAN

《日光温室气象服务与管理篇》编写组

主　编：吕晶洁　李宏伟
成　员：李秀华　麻旭东　赵怡卿　吕福虎
　　　　关　震　夏雪莲

前　言

设施农业的迅速发展和气象科技的不断进步，催生了设施农业气象服务这一新领域。随着现代科技的发展，特别是远程无线监控、GIS 和 Internet 等技术的进步，为气象部门开展精细化设施农业气象服务提供了可能性。

广义的设施农业，是指采用具有特定结构和性能的设施、工程技术和管理技术，改善或创造局部环境，为种植业、养殖业及其产品的储藏保鲜等提供相对可控制的适宜乃至最佳的温度、湿度、光照度等环境条件，以期充分利用土壤、气候和生物潜能，在一定程度上摆脱对自然环境的依赖而进行有效生产的农业。

狭义的设施农业，是指在不适宜作物生长发育的寒冷或炎热季节，利用保温、防寒或降温、防雨设施设备，人为创造适宜的小气候环境，不受或少受自然季节的影响而进行的作物生产。本手册所涉设施农业气象服务，是指狭义设施农业气象服务，即日光温室气象服务，是农业气象服务的深化和延伸。

编制包头市日光温室气象服务与管理，制定日光温室气象服务业务规则，规范农业气象服务业务，有助于加快设施农业气象服务业务的科学化进程，有利于提高日光温室气象服务的能力水平，更好地开发利用气候资源，避免或减少不利的气象条件影响，为开展日光温室气象服务提供参考依据。

本篇共分四章。第 1 章由李宏伟和吕晶洁共同编写；第 2 章、第 3 章由吕晶洁编写；第 4 章由李宏伟编写。本篇由白国平、白月波策划、把关、审阅，李秀华、麻旭东、赵怡卿、吕福虎、关震、夏雪莲参加了指标收集、整理、本地化订正及数据统计工作。内蒙古生态与农业气象中心吴瑞芬和减灾处牛宝亮、王鹏飞等专家给予了具体指导和帮助，在此表示感谢。

编者

2017 年 8 月

第1章 概 论

1.1 自然地理与农业气候概况

1.1.1 自然环境

1.1.1.1 地理位置

包头市地处祖国北疆,内蒙古自治区西部,呼包鄂经济圈和呼包银经济带的中心位置,坐落在黄河河套顶端,北与蒙古国接壤,国境线88km,东南西分别与内蒙古自治区的乌兰察布市、呼和浩特市、鄂尔多斯市和巴彦淖尔市比邻。地理坐标为109°15′—111°25′E,40°15′—42°45′N,东西宽约182km,南北长约270km,总面积27768km²。

1.1.1.2 地形地貌

包头市位于蒙古高原南端,阴山山脉的大青山、乌拉山横亘中部,形成北部丘陵高原、中部山岳和南部平原三个地貌单元,整个地区呈现出中间高、南北低、北高南低、西高东低的倾斜地形地貌特征。中部山岳地带东西长约145km,南北宽约50km,海拔1200~2300m,其中大青山诸峰海拔一般在2000m左右,最高点九峰山2338m,乌拉山海拔1200~2000m,该地区是包头市水源涵养地;山北高原海拔1100~2200m,最北端达茂旗为波状高平原,由西南向东倾斜,起伏平缓,丘陵和丘间盆地交错分布;山南平原分为山前倾斜平原、冲洪积平原、黄河冲积平原三种类型地貌景观。

1.1.1.3 河流水系

包头市境内河流多为山谷季节性河流,分属黄河水系和内陆河水系。黄河水系流域面积8579.44km²,内陆河水系流域面积19180.56km²。

黄河水系的河流中,除黄河为过境河流外,其余均为境内河流,由西向东依次分布有哈德门沟、昆都仑河、五当沟、水涧沟、美岱沟等大小76条河沟,由北向南汇入黄河。除哈德门沟、昆都仑河、五当沟、水涧沟、美岱沟等常年有水外,其余河沟均为季节性时令河,只有在雨季7—8月才有地表径流产生。黄河是唯一的一条过境河流,是包头市稳定的供水水源。黄河在包头市境内长约220km,水面平均宽130~458m,水深1.6~9.2m,水面比降1/10000左右,平均流速1.4m/s。最大洪峰流量5450m³/s,最小流量43m³/s,多年平均流量824m³/s,多年平均径流量259.56亿m³。

内陆河流域的河流分布在固阳县和达茂旗境内,主要河流有:艾不盖河、查干布拉河、塔布河、开令河、乌兰苏木河、讨来图河、阿其因高勒河、扎达盖河、乌兰伊力更河等。其中,艾不盖河是境内最大的内陆河流,发源于固阳春坤山,主河道长度204km,流域面积7294km²,常年有水,多年平均径流量2168万m³;塔布河为间歇性河流,其余均为季节性洪水河。

1.1.2 农业气候概况

1.1.2.1 气候概况

包头市远离海洋,深居内陆,大陆度71,干燥度1.93,≥10℃积温2249～3218.2℃·d,形成中温带大陆性半干旱季风气候,其特点是:气候多样,四季分明。春旱少雨多风沙,夏短炎热雨集中,秋温骤降霜冻早,冬长严寒降雪少。春季气温骤升,光照充足,冷暖空气活动频繁,多大风沙尘天气,蒸发量大,降水量少,素有"十年九旱,年年春旱"之称;夏季短促炎热,降雨集中,全年53%的降水集中在7月、8月,且阵性降水多,易发生局地风雹、雷暴、洪涝等灾害;秋季气温骤降,霜冻来临早,昼夜温差大,"早穿皮袄午穿纱"是其生动写照;冬季严寒漫长,盛行寒冷干燥的西北风,降雪稀少,极地冷空气频繁南下,时有寒潮暴发,带来大风降温天气。

包头市多年平均气温2.6～7.5℃,极端最高气温山南40.4℃,2005年6月22日出现在市区;山北39.8℃,1999年7月27日出现在达茂旗的满都拉镇。极端最低气温山南－37.4℃,1971年1月21日出现在土右旗的萨拉齐镇;山北－41.1℃,1971年1月21日出现在达茂旗的希拉穆仁镇。无霜期多年平均天数山南134～137d,山北89～123d。多年平均降水量168～353mm,历年最大降水量山南613.8mm,2003年出现在萨拉齐镇;山北461.0mm,1981年出现在白云区。历年最小降水量山南131.5mm,1965年出现在市区;山北73.0mm,2005年出现在达茂旗的满都拉镇。年降水量的76%～80%集中在汛期6—9月,且多呈阵性,降水和阶段性干旱交替,利用率不高,少雨年更低;降水量年际变率大,除土右旗为18%外,其余地区均在25%以上,保证率不高。多年平均日照时数山南3041h,山北3143h。年内月日照时数5月最多,1月最少,日照百分率68%～74%。多年平均蒸发量2000～2699mm,是降水量的6～15倍。多年平均风速2.6～5.6m/s,其中山南2.4m/s,山北4.2m/s,最大值出现在白云(5.1m/s),最小值出现在萨拉齐(2.3m/s),前者是后者的2.2倍,表明包头市中部山区的风能资源较为丰富。

1.1.2.2 主要灾害性天气

(1)寒潮

寒潮是强度大、范围广、来自极地或寒带向中纬度或低纬度侵袭的强烈冷空气活动。它来势迅猛,所经之地短期内气温急降,并伴有大风,常有雨或雪。寒潮强度按冷空气爆发强度划分为寒潮、强寒潮和特强寒潮三个等级(表1.1),寒潮类型按伴随的天气现象划分为大风类、降雪类、降温类和风雪类寒潮四种。

表1.1 寒潮等级划分

等级划分	同时满足条件
寒潮	1. 日最低气温24h下降8℃及以上;或48h下降10℃及以上;或72h下降12℃及以上
	2. 日最低气温降至4℃或以下,或观测有霜出现
强寒潮	1. 日最低气温24h下降10℃及以上;或48h下降12℃及以上;或过程下降14℃及以上;
	2. 日最低气温降至3℃或以下,或地表温度降至0℃及以下;
	3. 伴有6级以上大风或7级以上阵风,或伴有小中雪或雨夹雪天气。
特强寒潮	1. 24h内日最低气温下降12℃及以上,或48h内日最低气温下降14℃及以上,或过程下降16℃及以上。
	2. 日最低气温降至2℃或以下,或地表温度降至0℃或以下;
	3. 至少伴有8级以上强风、沙尘暴、大暴雪、雨凇、冻雨等高影响天气中的一种。

注:上述条款中48h或72h内的日最低气温必须是连续下降的。

——大风类寒潮：在降温达标的同时，有50％以上观测站出现6级或6级以上大风天气。
——降雪类寒潮：在降温达标的同时，有50％以上观测站出现1.0mm或以上降雪天气。
——降温类寒潮：仅降温达标，降水和大风均未达标。
——风雪类寒潮：同时具备大风和降雪类寒潮标准。

寒潮是包头市当年10月至翌年4月主要的灾害性和转折性天气之一。一次强冷空气活动过程，全市7个国家级气象观测站中，山南有1个或1个以上气象站、山北有3个或3个以上气象站达到寒潮标准的，定义为1次全市性寒潮天气过程。

包头市年平均寒潮日数11.8d，秋季2.0d，冬季7.3d，春季2.4d。寒潮日数3月和4月最多。从寒潮日数十年累计值看，年寒潮日数20世纪70年代最多，60年代次之，90年代最少。

包头市寒潮天气地理分布北多南少，海拔高度越高，受冷空气活动的影响越显著。山北的希拉穆仁历年平均寒潮日数最多，山南的萨拉齐历年平均寒潮日数最少。由于包头市地势南低北高，因此，山北地区寒潮日数明显多于山南地区。

(2)大风

包头市的气候特点之一就是多大风，特别是春季，不仅大风日数多，风力大，而且降水少，地表植被稀疏，土地沙化严重，沙源充足，为风沙天气的形成创造了条件。一年中，包头市大风主要集中在春季的4月份、5月份，其中4月份大风日数最多(萨拉齐为5月份)；3—6月大风日数占全年48％～68％，其他月份相对较少。包头市年内大风日数春季最多，冬季次之，秋季最少。各季大风日数占年大风日数的百分率，冬季(11月—翌年3月)17％～40％，春季(4—5月)28％～45％，夏季(6—8月)19％～31％，秋季(9—10月)5％～11％。

包头市年大风日数的10年累计值，山南地区从20世纪60年代到21世纪呈逐年减少趋势，60年代年平均大风日数最多，为39.9～53.4d，90年代最少，为6.8～10.1d，60年代年平均大风日数是90年代的5～6倍；山北地区从70年代到90年代年平均大风日数逐年减少，70年代大风日数最多，80年代次之(除金山镇外)，90年代最少，70年代年平均大风日数是90年代的1～3倍，山北大风日数减少的幅度小于山南，2000—2002年大风日数有所增加，之后逐年减少。从历年平均年大风日数的空间分布情况来看，满都拉、白云、希拉穆仁出现大风日数较多，平均年大风日数在50d以上，市区、萨拉齐大风日数相对较少，金山大风日数最少，年平均在4d左右，山南比山北平均少25～66d。

(3)大(暴)雨

包头市洪水泛滥区主要在九源区的东园乡、土右旗部分地势低洼区、哈业脑包、全巴图和哈林格尔镇一带。在排蓄水能力较差的地区，常常是一场或几场暴雨后，降水量超过城市道路、排灌河道和农田的排泄能力时，就会形成灾害。

大雨、暴雨是诱发山洪灾害的主要气候因子，它可以带来大量降水，当其水量超过当地蓄水能力和河流排水能力时，就会形成灾害。包头市大雨、暴雨主要集中在夏季，历时短、强度大、范围小，山洪的发源地在固阳和石拐山区，与大(暴)雨的发源地区相一致，形成山洪的主要沟河有美岱沟、水涧沟、五当沟、昆都仑河、哈德门沟。这些沟地势高、长度长、流域面积大，历史上出现的洪峰流量大，泛滥次数多，造成的灾害重。

包头市出现几次比较严重的山洪灾害，导致黄河泛滥、山洪暴发，冲毁农田，淹没作物，对道路、桥梁、水利工程、交通、电力、建筑设施损坏及造成不同程度的人员伤亡和财产损失。

(4)高温

包头市深居内陆、干旱少雨，盛夏季节常在新疆暖高压脊或华北大陆高压控制下，再加上全球气候变暖背景下的大气环流异常,造成包头市近年来夏季极端高温事件时有发生。

日最高气温≥35℃的历年最多日数,市区(2010年)17天,萨拉齐11天,金山4天,百灵庙8天,满都拉14天,白云和希拉穆仁2天,其中市区、萨拉齐、百灵庙、满都拉都出现在2010年,突破历史极值;历年最长连续日数,满都拉(2010年)11天,市区(1999年)7天,萨拉齐(1999年和2010年)4天,百灵庙(1999年)6天,金山(1999年和2010年)3天,白云(1999年和2010年)和希拉穆仁(1999年)2天。

极端最高气温,市区40.4℃,萨拉齐39.8℃,金山38.6℃,都出现在2005年6月22日;百灵庙38.1℃,希拉穆仁35.9℃,都出现在2010年7月29日;白云鄂博36.3℃,满都拉39.8℃,都出现在1999年7月27日。

根据包头市各旗县代表站≥35℃高温日数的统计显示,日最高气温≥35℃的历年平均日数,市区、满都拉最多,为3天左右,萨拉齐为2天左右,其余地区小于1天。

1.2 包头市日光温室生产基本情况

1.2.1 包头市日光温室基本情况

2009年,包头市正式提出实施"南菜北薯"战略。大青山以南地区由于水源充足、气候温和、位置优越、市场广阔、劳动力资源丰富,并具有种植蔬菜的传统优势,大力发展了技术和劳动复合密集型的高效蔬菜产业和花卉、食用菌、果树等特色产业。

包头市涉及日光温室生产的有9个旗县区。其中80%以上的面积集中在九原区、东河区和土右旗。2017年各类型日光温室面积18万亩,其中蔬菜温室面积9万亩,所占比重50%左右。目前,东河区、九原区和土右旗已成为包头市蔬菜生产优势产区。据统计,包头市从事蔬菜生产的合作社268个,企业18个。全市现有6个集约化育苗中心,年育苗能力达到1亿株以上,年提供秧苗3600万株,占全市蔬菜生产面积的10%左右。同时,哈林格尔镇芹菜、哈业胡同镇南瓜等"一村一品"或"多村一品"的特色种植初具规模。

日光温室种植类型由单一的蔬菜向花卉、食用菌、瓜果、草莓、果树等并存发展,种植方式由平面栽培向立体栽培发展,种植品种逐步向优质、高产、抗病、耐贮运方向发展,基地功能由单一的蔬菜生产向采摘观光、休闲娱乐一体化方向发展。

1.2.2 包头市日光温室主要类型

包头地区日光温室根据结构不同主要有以下七种类型。其中厚墙体日光温室是包头市近年来新建日光温室的主要类型。随着日光温室生产快速发展,新型智能日光温室数量不断增加。

(1)厚墙体单膜双保温

温室长100m,跨度10m,后墙厚1.5m,后墙高度4.2m,外拱高5.7m,内拱高4.2m,室内无立柱。采用单膜双保温被覆盖,内层专用轻质防水保温被、外层专用复合材料保温被,各保温被均可独立卷放,外层固定PO棚膜。后墙砖夹土厚墙体结构,内置0.1m厚聚苯板及0.9m厚土保温材料。

(2)厚墙体双模内保温

温室长100m,跨度10m,后墙厚1.5m,后墙高度4.2m,外拱高5.7m,内拱高4.2m,室内无立柱。采用双膜内保温被覆盖,内层专用轻质防水保温被,外层固定 PO 棚膜,内层普通棚膜辅助保温,可独立卷放。后墙砖夹土厚墙体结构,内置 0.1m 厚聚苯板及 0.9m 厚土保温材料。

(3)厚墙体单膜内保温

温室长 100m,跨度 10m,后墙厚 1.5m,后墙高度 4.2m,外拱高 5.7m,内拱高 4.2m,室内无立柱。采用单膜内保温被覆盖,内层专用轻质防水保温被,外层固定 PO 棚膜。后墙砖夹土厚墙体结构,内置 0.1m 厚聚苯板及 0.9m 厚土保温材料。

(4)37 墙体

温室长度 100m,跨度 10m,后墙高度 4.2m,后墙厚度 0.37m,外拱高 5.6m,内拱高 4.67m,室内无立柱。采用单膜双保温被覆盖,内层专用轻质防水保温被、外层专用复合材料保温被,各保温被均可独立卷放,外层固定 PO 棚膜。37 墙体外贴 0.1m 厚聚苯板辅助保温。

(5)机建墙体

温室长度 100m,跨度 9m,后墙机建墙体,截面近梯形,以黏土堆积分层夯实成型,高度 3.2m,后墙底厚度 5.05m,后墙顶厚度 1.85m,外部用砖、塑料膜等防水材料覆盖,外拱高 5.0m,内拱高 4.1m,室内后墙内嵌混凝土立柱支撑。采用单膜内保温被覆盖,内层专用轻质防水保温被,外层固定 PO 棚膜。

(6)太阳能四季温室

温室长度 100m,跨度 9m,后墙厚 0.4m,高度 3.2m,拱高 4.3m,室内无立柱。采用单膜外保温被覆盖,棉被采用轻质防水保温被,外层固定 PO 棚膜。整体结构轻盈,占地少,保温效果好,便于拆装,可反复利用。

(7)高性能育苗温室

温室长 100m,跨度 10m,后墙厚 1.5m,后墙高度 4.2m,外拱高 5.7m,内拱高 4.2m,室内无立柱。采用双膜内保温被覆盖,内层专用轻质防水保温被,内膜可卷放,外层固定 PO 棚膜,外置可卷放式遮阳网,内置水暖辅助加温系统。后墙砖夹土厚墙体结构,内置 0.1m 厚聚苯板及 0.9m 厚土保温材料。

第 2 章　环境条件及其影响

2.1　日光温室主要蔬果生长发育气象指标

2.1.1　番茄

2.1.1.1　适宜气象条件

(1)育苗期:白天 25~30℃,夜间≥10℃;齐苗—分苗期适宜温度白天 20~25℃,夜间≥10℃;分苗前一周适宜温度白天 15~20℃,夜间 3~5℃;分苗—缓苗适温白天 20~25℃,夜间 10℃左右;缓苗后适温白天 15~20℃,夜间 3~5℃;定植前 10 天适温白天 15℃,夜间 2~5℃。

(2)营养生长期:气温在 25℃左右。

(3)果实发育期:最适温度是 24~30℃,适宜温度 18~25℃,夜间 10~20℃。绿熟番茄在 20~25℃条件下,只需 5~7d 可完成后熟。

(4)全生育期:90~150d,需水量 400~600mm。

2.1.1.2　不利气象条件及灾害

(1)气温低于 10℃或短期低于 8℃,容易引发低温冷害。

(2)气温在 35℃以上叶片停止生长,花器发育受阻,造成落花落果。

(3)强光一般不会造成危害,如果伴随高温干旱,则会引起卷叶、坐果率低或果面灼伤。

(4)在高温高湿、低温高湿或高水肥、通风透光差的条件下,易造成病虫害的猖獗和蔓延,主要是弱寄生性和腐生性的根霉菌、灰霉菌、霜霉菌及白粉虱、斑潜蝇等。

(5)高温日晒会发生果实日灼病,干旱缺钙常产生脐腐病。

2.1.2　黄瓜

2.1.2.1　适宜气象条件

(1)浸种催芽:浸种 4~6h,适宜温度 25~30℃,催芽 1.5~2.0d。

(2)种植期:适宜种植月平均温度,最适 18~26℃,最高 27~32℃,最低 16~18℃。

(3)育苗期:白天温度为 20~28℃,夜间 13~20℃。出苗 10 天后,日照控制在 8~10h,夜温保持 13~17℃,白天保持在 20~25℃,以利黄瓜雌花形成,在移苗前一周,日温在 20℃,夜温 13~17℃,以利秧苗锻炼。

(4)生长期:要求平均气温为 20~25℃,营养生长旺盛要求环境温度在 20~30℃。白天气温在 20~25℃,夜间 15~17℃。

2.1.2.2　不利气象条件及灾害

(1)在 10~12℃低温下,生长缓慢或停止;5℃时有受冷害危险,0℃受冻害。

(2)在35℃以上高温下生长不良,超过40℃引起落花、化瓜,光合作用急剧减弱,代谢受阻;45℃高温3h,雄花落蕾或不能开花,导致畸形果产生;50℃高温1h,呼吸作用停止。

(3)地温在低于10℃可能发生寒根,8℃以下根系不能生长,38℃以上时,根系停止生长,引起腐烂或枯死。

(4)土壤湿度过大,温度又低时,易发生沤根。

(5)相对湿度100%在12h以上,容易引起黄瓜绿粉病。

2.1.3 茄子

2.1.3.1 适宜气象条件

(1)浸种催芽:种子浸种24~36h,适宜温度30℃左右,催芽时间6~7天。

(2)种植期:适宜种植月平均温度最适18~26℃,最高27~32℃,最低16~18℃。

(3)花期:花期适温25℃左右。

(4)全生育期:生长期适温20~25℃,最高30~40℃,最低10~15℃。

2.1.3.2 不利气象条件及灾害

(1)气温低于15℃,发芽和生长受到抑制,引起落花落果,10℃以下停止生长。

(2)气温超过35℃,花器官发育受阻,果实畸形或落花落果。

(3)土壤过湿,易沤根。

(4)土温长期处于15℃以下和大水灌溉,易引发黄萎病等病害。

(5)遇霜茄子植株冻死。

(6)光照弱,易造成茄子落花率高,畸形果多,皮色暗等。

2.1.4 青椒

2.1.4.1 适宜气象条件

(1)浸种催芽期:浸种12~24h,适宜温度25~30℃,催芽5~6天。

(2)种植期:适宜种植的月平均温度为18~26℃,最高27~32℃,最低为18~26℃。

(3)开花坐果期:开花坐果期要求温度20~25℃,相对湿度70%。

(4)全生育期:最适温度20~30℃,最高30~40℃,最低10~15℃。

(5)贮藏期:适温7~10℃,高于16℃易成熟变红,低于6℃易受冻害。

2.1.4.2 不利气象条件及灾害

(1)气温在15℃以下,不易发芽和引起早春落花,高于35℃时不能结实,引起落花。

(2)开花期干旱、低温多雨寡照或暴雨渍涝引起落花落果与落叶。

(3)光强超过30000lx,引起叶片干旱,甚至灼伤。

(4)冬季常有的连续大风降温、降雪甚至多次寒潮等天气,造成低温冻害。

(5)高温、干旱、强光下,易诱发病毒病及果实日烧病。

2.1.5 西瓜

2.1.5.1 适宜气象条件

(1)栽植期:日平均气温21℃以上,最低气温高于18℃,最高气温低于35℃,适于根系生长。

(2)全生育期:需水量 400～600mm,日平均温度 22～30℃。

2.1.5.2 不利气象条件及灾害

(1)气温 15℃以下发育不良,低于 5℃发生冷害,高于 45℃出现高温生理伤害。
(2)高温、高湿、寡照、氮肥过多等,造成徒长苗,果实发育不良。

2.1.6 日光温室其他农作物生育期气象指标

2.1.6.1 温室作物空气温度、湿度指标

(1)空气温度指标:各类作物各个生育期冻害、冷害、适宜、热害温度指标(见附录 C.1)。
(2)空气湿度指标:各类作物各个生育期空气干旱、适宜、过湿湿度指标(见附录 C.1)。

2.1.6.2 温室作物生长发育土壤温、湿度指标

(1)土壤温度指标:各类作物各个生育期土壤冻害、适宜、热害温度指标(见附录 C.2)。
(2)土壤湿度指标:各类作物各个生育期土壤凋萎、适宜、渍涝湿度指标(见附录 C.2)。

2.1.6.3 温室作物生长发育太阳辐射指标

各类温室作物生长发育太阳辐射补偿点、适宜、饱和点光强指标(见附录 C.3)。
以上指标作为对农作物各个生长发育期气象条件评估的科学依据。

2.2 日光温室主要气象灾害及防御对策

2.2.1 风害

(1)灾害指标,见表 2.1

表 2.1 灾害等级及预警指标

等级	预警指标	警示
轻度	平均风力超过 5 级,或阵风 6 级并持续	可吹起草帘,造成轻度损伤
中度	平均风力超过 6 级,或阵风 7 级并持续	可吹破塑料棚膜,造成中度破坏
重度	平均风力超过 7 级,或阵风 8 级并持续	可垮塌温室,造成重度损毁

(2)危害

冬春季遇大风天气,白天揭开草帘后,易卷走草帘,棚膜遇风会出现上下摔打现象,时间长了刮飞、刮破棚膜;夜间遇到大风,容易把草帘吹得七零八落,屋面暴露,降低或破坏大棚的保温性能,散热量加快,室内温度下降,棚中作物受强风、低温危害严重,对作物安全生长影响极大。

(3)管理措施

①白天遇大风,一旦棚膜鼓起,立即紧压膜线或临时放半帘压膜。若日光温室前屋面弧度小,压膜线压不牢,最好用竹竿或木杆压膜。

②夜间可多户联合,注意观察,发现草帘被风吹开,应及时将帘子拉回到原来的位置,最好在温室前底脚横盖草帘,再用木杆或石块压牢。

③大风来临前,要检查塑料薄膜的固定情况,压膜线或压杆必须固定牢靠,并把草苫盖好压严。同时将通风口密闭,防止大风吹入大棚。平常发现薄膜破损,立即用棚膜黏合剂或透明胶带修补,防止刮风时来不及修复导致不应有的损失。对于经常刮大风的地方可以在大棚前设置简易的防风墙,防止大风对大棚造成的影响。

④每年上棚膜时,选无风晴朗的天气进行,一定要把膜拉紧后再上,这样上膜后棚膜的活动幅度小,不易被风吹动和吹烂。上膜时通风口设置要合适,膜重叠25～30cm,以保证日光温室的密闭性,做到冬季不怕大风鼓膜,夏季不影响通风。

2.2.2 雪害

(1)灾害指标,见表2.2。

表2.2 雪害指标

轻度	24h降雪量≥7.5mm,或积雪深度≥7.5cm
中度	24h降雪量≥10mm,或积雪深度≥10cm,瞬时风力≥4级
重度	24h降雪量≥15mm,或积雪深度≥15cm,瞬时风力≥4级

(2)危害

遇到大(暴)雪天气时,一旦雪量大、风力强时,大量雪花被风吹到温室前屋面上,越积越厚,严重时会把温室压垮,造成毁棚。

(3)管理措施

①在降雪来临之前,应检查塑料薄膜的固定情况,检查温室内立柱、骨架情况,及时加固;压膜线或压杆必须固定牢靠,及早覆盖草苫,草苫上加盖一层防雨雪的薄膜,既可保温,又可防止雨雪浸湿草帘。

②降雪天气但温度不很低,可将草帘卷起,以免雪融化时湿了草帘,影响保温,且拉放不方便。降雪加之降温时,不宜卷起草帘。

③降雪时光照较弱,气温低,但仍需短时间揭开草帘,让蔬菜接受部分散射光,进行光合作用,维持缓慢生长发育,否则容易造成生长衰弱。

④雪停后,立即清除积雪,特别要及时清除草苫上的积雪,降低草苫的重量,减轻对温室的压力,防止大雪压塌温室。当天气晴好时,慢慢揭去覆盖物,回帘,晾晒,以利透进阳光。

若连续降雪后天气骤晴时,不可猛然全部揭去覆盖物,应陆续揭除以防"闪苗"。揭后要注意观察作物变化,出现萎蔫时要立即盖上草苫,幼苗恢复后再把草苫揭去。

⑤大雪后,对受冻植株,缓苗后可喷2%的尿素或0.2%的磷酸二氢钾等叶面肥,促进植株尽快恢复生长。

2.2.3 低温冻害

(1)灾害指标,见表2.3。

表2.3 低温冻害指标

轻度	室内温度低于0℃,持续1天以上
中度	室内温度低于-3℃,持续1天以上
重度	室内温度低于-5℃,持续1天以上

(2)危害

强寒潮常使外界气温下降到-10℃以下。晴天遇到强寒潮,1～2天不揭开覆盖物,蔬菜一般不会受冻。如连续阴天后遇到强寒潮,日光温室内温度会降到适应温度以下,造成冻害,轻者减产,重者绝收。

(3)管理措施

①加强保温。可根据温室的保温性和栽培作物的不同临时扣中小棚,棚面再增加纸被、无

纺布、整块旧塑料布、草苫等。

②临时辅助加温,如用炉火升温,应在室外生火,待木炭完全烧红不冒烟没有明火时再搬入室内,每 10m 放一盆;还可把开水灌入铁桶,在后墙走道放置几个,让蒸汽驱寒加热;夜间可在室内前沿按 1m 距离点燃 1 支蜡烛,以保持前底角不受冻害。注意只要作物不受冻害即可,切不可把室内气温提得太高,影响正常发育。

③安装电暖风、电灯等提高棚温。

④加强温室前部保温。冻害多发生在温室的前部,可在温室前底脚横盖草苫。

2.2.4 寡照/阴害

(1)灾害指标,见表 2.4。

表 2.4 寡照/阴害指标

轻度	连续 3 天无日照,或连续 4 天中有 3 天无日照,且 1 天日照时数小于 3h
中度	连续 4~7 天无日照,或连续 7 天以上逐日日照时数小于 3h
重度	连续 7 天以上无日照,或连续 10 天以上逐日日照时数小于 3h

(2)危害

冬春季常出现 7 天以上寡照天气,为了保持室内温度,菜农常不揭或少揭草帘。导致温室内光照不足,湿度加大,灰霉病、霜霉病、蜗牛、甜菜夜蛾等病虫害极易发生蔓延。长时间的弱光环境,光合作用降低,蓄热量下降,气温地温逐渐下降,根系吸收能力减弱,植株叶片黄化,易出现落花、落蕾和坐果困难等现象,造成蔬菜生育障碍,影响蔬菜产量和质量。

(3)管理措施

①遇到连续阴天,只要不是寒流强降温,应揭开草帘,进行短时间通风排湿,让蔬菜接受散射光,阴天日照也有 4000~5000lx,此时室内温度也会少量提高,作物也可进行光合作用,增加有机物。及时清扫膜面,使棚膜保持较高的透光率。冬季日光温室张挂反光幕,增加光照、提高温度。

②停止浇水追肥。连阴天温室内应停止浇水追肥,以免造成作物沤根,加重病害发生。蔬菜表现缺水时,可选天气晴朗的好天,采用膜下滴灌、微喷灌或膜下浇小水,避免过多水分降低地温。冬季蔬菜生长缓慢,需肥少,追肥应以腐熟的有机肥和生物菌肥为主,最好配合滴灌、微喷灌施入,实行水肥一体化管理,也可选晴朗天气,配合喷施防病药剂进行叶面追肥。

③冬季低温,要坚持"晚揭早盖"。上午拉开草苫后,要确保室内温度不降低,下午在棚室内温度下降到 20℃时,要及时盖草苫,以保持室温。

④在连阴雪雾天到来之前,应提早采摘瓜果,减少植株营养消耗,使养分向根系回流,促进根系生长,增强植株抵御不良环境的能力。阴雪雾天温室内湿度大极易发生病害,喷施水剂易增加温室内湿度,因此防病应选用烟雾剂或粉尘剂。每天揭苫时间不能少于 4~5h。

2.2.5 高温热害

(1)灾害指标,见表 2.5。

表 2.5 高温热害指标

轻度	室内最高气温高于 35℃
中度	室内最高气温高于 38℃
重度	室内最高气温高于 40℃

(2)危害

晴天日光温室内通风不及时,会造成室内温度过高,达到或超过35℃,造成蔬菜生育障碍。高温会使室内的蒸发量大增,导致植株萎蔫干枯,部分果实出现局部日灼病。

(3)管理措施

①遇到温室内升温过快或高温天气,应当及时通风或喷水,进行降温。

②春末夏初及时撤膜,并拉遮阳网防止强烈日光直晒。

③适当调整茬口,避免花期、坐果期等生产关键期遭遇高温季节。

2.2.6 雹害

(1)灾害指标,见表2.6。

表 2.6 雹害指标

轻度	多数冰雹直径不超过0.5cm,累计降雹时间不超过10分钟,地面积雹厚度不超过2cm
中度	多数冰雹直径0.5~2.0cm,累计降雹时间10~30分钟,地面积雹厚度2~5cm
重度	多数冰雹直径2.0cm以上,累计降雹时间30分钟以上,地面积雹厚度5cm以上

(2)危害

冰雹主要破坏日光温室的覆盖物,撕毁塑料薄膜,打碎玻璃,冰雹击穿覆盖物进入温室内还将对种植的作物及设备造成毁灭性的打击。

(3)管理措施

①冰雹多发季节密切关注天气预报,冰雹来临前做好盖帘压棚等措施保护温室覆盖物。

②适当调整作物茬口,使作物生长敏感期避开当地冰雹多发期。

③冰雹灾后及时喷洒杀菌剂防止作物伤口腐烂;及时清理落叶落果防止病菌传播;加强田间管理使作物尽快恢复生长。

2.3 日光温室主要病虫害及防治措施

2.3.1 番茄叶霉病

(1)发病气象指标

番茄叶霉病菌发育最适温度20~25℃,相对湿度80%以上,在番茄生长温度下,湿度愈高病害愈易发生。温度25~30℃,相对湿度95%以上,从开始发病到普遍蔓延只需半个月。棚室通风不良、湿度太大、过于密植、寡照等,病情会显著上升。

(2)症状

发病初期,叶面形成椭圆形或不规则形淡黄色病斑,叶背病斑上长出灰褐色至黑褐色的绒状霉层。严重时全叶卷曲,退绿发黄,植株干枯。果实染病,果蒂附近形成圆形黑色病斑,硬化稍凹陷,不能食用。

(3)防治措施

控水、降湿。发病前用75%达科宁600倍液预防。发病初期用25%的金力士4000倍液、10%的世高1500倍液、43%的好力克3000~4000倍液、30%的爱苗3000~4000倍液、70%的纳米欣等交替喷雾防治,每7~10天喷一次,连喷2~3次。阴雨天可用45%的百菌清烟剂每亩每次250~300g夜晚熏蒸防治。

2.3.2 番茄晚疫病

(1)发病气象指标

番茄晚疫病发生与棚内小气候密切相关,温度在19~20℃,连续3天相对湿度超过75%,经过5~7天田间出现中心病株,再经10~15天病害大发生。

(2)症状

幼苗染病,病斑由叶片向主茎蔓延,使茎变细并呈黑褐色,致全株萎蔫或折倒,湿度大时病部表面生白霉;成株期受害,叶柄和主干呈黑褐色腐烂,叶片多从下部叶尖或叶缘开始发病,高湿时,叶背病健部交界处长白霉,严重时叶片干枯;果实染病主要发生在青果上,病斑初呈油浸状暗绿色,后暗褐至棕褐色,稍凹陷,边缘明显,云纹不规则,果实一般不变软,湿度大时其上长少量白霉,迅速腐烂。

(3)防治措施

控制湿度。田间发现中心病株时,可用72.2%的普力克800~1000倍液,或68%的金雷米多尔500~600倍液,或68.75%的银法利800~1000倍液,或40%的施佳乐1000~1500倍液均匀喷雾同时灌根。

2.3.3 茄果类白粉病

(1)发病气象指标

发病指标:分三个等级,即不易发生,容易发生,极易发生。

①晴天,不易发生;

②连续1~2天阴雨雪:①日平均气温$T<20℃$,不易发生;②$T\geqslant 20℃$,容易发生;

③连续3天以上阴雨雪:①日平均气温$T<20℃$,容易发生;②$T\geqslant 20℃$,极易发生。

(2)症状

同时可侵染辣椒、番茄、西葫芦、西甜瓜等作物。发病初期,叶面或叶背产生白色近圆形小粉斑,严重时,白粉布满整个叶片,上面布满白色粉末状的霉。叶片枯黄、卷缩、脱落。

(3)防治措施

发病初期用10%的世高1500倍液、43%的好力克3000~4000倍液、30%的爱苗3000~4000倍液、40%的多硫胶悬剂1000倍液等,连续喷施2~3次,然后再用25%的阿米西达1500倍液,或75%的达科宁600倍液交替喷施。

2.3.4 茄果类灰霉病

(1)发病气象指标

病发病指标:分三个等级,即不易发生,容易发生,极易发生。

①晴天,不易发生;

②连续1~2天阴雨雪:①空气相对湿度$U<80\%$,不易发生;②$U\geqslant 80\%$,容易发生。

③连续3天以上阴雨雪:①$U<80\%$,容易发生;②$U\geqslant 80\%$,极易发生。

(2)症状

同时可侵染辣椒、黄瓜、西葫芦、人参果等作物。苗期受害可造成茎叶腐烂,呈污绿色至灰褐色,表面密生灰霉。成株期发病,花、果实、茎、叶均可发病,病部出现水渍状浅褐色斑,潮湿时密生灰白色霉层。

(3)防治措施

控水、放风、降低湿度。结合蘸花内加0.1%的速克灵或0.3%的施佳乐预防。发病初期用50%的速克灵2000～2200倍液、50%的扑海因1500倍液、25%的金力士3000～5000倍液喷雾、40%的施佳乐1000～1500倍液交替喷雾。

2.3.5 白粉虱

(1)易发生气象指标

白粉虱成虫活动适宜温度为22～30℃,繁殖适宜温度为18～21℃。白粉虱的发生,全年有两个关键时期:一是在春季,发生于温室茬口,时间在4月中旬至5月下旬;二是在秋季,时间在7月底开始,温室会一直发生到11月底。

(2)症状

白粉虱是大棚内种植作物的重要害虫。寄主范围广,蔬菜中的黄瓜、菜豆、茄子、番茄、辣椒、冬瓜、豆类、莴苣以及白菜、芹菜、大葱、牡丹花等都能受其为害,还能为害花卉、果树、药材、牧草、烟草等112个科653种植物。成虫、若虫均喜欢群集在植物叶片背面,以刺吸式口器吮吸植物汁液,使被害叶片褪绿、黄化、萎蔫,甚至全株枯死。并分泌大量蜜液,污染叶面和果面,造成煤污病。此外,白粉虱也经常成为病毒病的传播媒介。

(3)防治措施

在白粉虱发生猖獗的地区,棚室秋冬茬应选芹菜、茼蒿、菠菜等白粉虱不喜食而又耐低温的蔬菜。育苗或定植时,清除基地内的残株杂草,熏杀或喷杀残余成虫。并防止外来虫源迁入。发生初期,可用机油诱杀成虫。在白粉虱发生初期及时用10%的吡虫威400～600倍液,或10%的扑虱灵乳油1000倍液,或25%的扑虱灵乳油1500倍喷雾。

2.3.6 蚜虫

(1)易发生气象指标

蚜虫的繁殖力很强,1年能繁殖10～30个世代,世代重叠现象突出。当5天的平均气温稳定上升到12℃以上时,便开始繁殖。在气温较低的早春和晚秋,完成1个世代需10天,在夏季温暖条件下,只需4～5天。它以卵在花椒树、石榴树等枝条上越冬,也可保护地内以成虫越冬。气温为16～22℃时最适宜蚜虫繁育,干旱或植株密度过大有利于蚜虫为害。

(2)症状

受蚜虫侵害的植物具有多种不同的症状,如生长率降低、叶斑、泛黄、发育不良、卷叶、产量降低、枯萎以及死亡。蚜虫对于汁液的摄取导致植物缺乏活力,而蚜虫的唾液对于植物也有毒害作用。蚜虫能够在植物之间传播病毒,例如桃蚜(*Myzus persicae*)是超过110种植物病毒的载体,棉蚜(*Aphis gossypii*)常常传播病毒于甘蔗、番木瓜和落花生。

(3)防治措施

分为苗蚜和穗蚜两个危害阶段,应采取"挑治苗蚜、主治穗蚜"的策略。当田间百株蚜量达500头,益害比大于1:500时,每亩用25%的蚜螨清乳油50毫升,或吡虫啉系列产品1500～2000倍液喷雾,10%的蚜虱净60～70g;20%的吡虫啉2500倍液;25%的抗蚜威3000倍液喷雾防治。麦蚜对吡虫啉和啶虫脒产生抗药性的麦区不宜单一使用药剂,可与低毒有机磷农药合理混配喷施。

2.4 茬口安排及栽培技术

日光温室基本可分为有加温设施的日光温室和无加温设施的日光温室。无加温设施的日光温室一般为一年一茬；有加温设施的日光温室一般为一年两茬，茬口分为秋冬茬和冬春茬。

秋冬茬一般是在夏季（6月下旬至7月下旬）开始育苗，秋末到初冬开始供应，直到深冬的1月份结束。如秋冬茬的黄瓜、西葫芦、番茄、芹菜、茄子、豆类蔬菜、速生蔬菜等。但也有春夏育苗，秋末转入日光温室生产的，如韭菜等。除此外，还有春季提早育苗的茄果类蔬菜，经过植株更新后转到日光温室进行秋冬茬生产的。

冬春茬是12月到翌年1月播种育苗，深冬或早春定植，春季开始上市，到夏季先后结束。这是日光温室生产中采用最为普遍的一茬，如冬春茬的黄瓜、西葫芦、冬瓜、茄子、辣椒、番茄、西瓜、桃子、葡萄、速生蔬菜等。

2.4.1 育苗

播种时间应根据定植时间确定，在确定定植时间的基础上，向前推算育苗天数即为播种期。蔬菜育苗过程包括育苗准备、播种和苗期管理三个部分。冬春茬栽培一般在12月至翌年1月播种育苗，秋冬茬栽培一般在6—7月育苗。在育苗过程中应注意以下环节：

（1）育苗营养土的准备。蔬菜育苗要有良好的土壤条件，适宜的育苗用土是经过人工调制的混合土壤，称之为营养土或者培养土。取土时要注意选择13～17cm以内的表层土，为防止土壤带菌带虫卵传播病害和虫害，可对床土进行消毒处理；

（2）种子处理：种子消毒、浸种催芽；

（3）苗床和营养钵的准备；

（4）适时播种。蔬菜的播种期是依据定植期和适宜苗龄推算而来的，不同的蔬菜品种适宜苗龄不同：黄瓜的适宜苗龄是55～60天，番茄的适宜苗龄是70～85天，茄子、辣椒的适宜苗龄是90～100天，比如在四月中旬定植，那么黄瓜的播种期就是2月中旬，番茄的播种期是2月上旬。

（5）温度调节。如果外界温度低，其管理主要是围绕增温、保温进行的，控制温度的基本原则是"三高三低"，即"白天高、夜间低；晴天高、阴天低；出苗前移苗后高，出苗后移苗前定植前低"。在整个育苗期间，土温应该高一些，防止土温低湿度大造成苗期病害的发生。

（6）苗期水分和光照的管理。水分管理是在播前浇透底水，在分苗时浇透分苗水的情况下，掌握见干见湿的原则，适时适量浇水，控制苗床湿度。对于光照的管理尽量增加光照，在保证苗床温度的情况下，适当早揭苫，晚盖苫，即使在阴雪天气也要适当揭开苫，阴雨天注意透光。适时分苗，防止分苗过晚造成徒长伤根死苗。

（7）病害防治。苗期病主要为立枯病、猝倒病。发病初期，先拔除病苗，然后及时喷药保护，防止蔓延。常用的药剂有：多菌灵、百菌清、敌可松、甲霜灵锰锌、杀毒矾等等。施药后为防止苗床湿度过大，可撒草木灰或细干土吸湿。

育苗茬口安排及栽培技术见表2.7。

表 2.7 育苗茬口安排及栽培技术

育苗	适宜时间	主要农事管理措施	易受灾害
冬春茬	12月下旬至翌年1月下旬	①下种;②增温;③补光;④浇水、施肥	①低温灾害;②大风;③雪害;④连阴寡照
秋冬茬	6月下旬至7月下旬	①下种;②补光;③浇水、施肥;④拔草	①高温;②冰雹

2.4.2 定植

定植时间主要有三方面因素决定,一是当地的气候条件,二是保护地设施性能,三是种植蔬菜的品种特性。包头市冬春茬定植时间一般不晚于2月,秋冬茬栽培一般在8月底。定植过程中应注意以下环节:

(1)适时定植。根据定植时间和作物种类确定育苗时间,切忌苗龄过大过小。苗龄过小定植后不易成活,苗龄过大不利于缓苗和丰产。定植时如外界温度过高,应采用花帘覆盖的办法进行遮阴,以防植株萎蔫。

(2)科学定植。最好采用宽窄行覆膜的方法进行定植,大多宽行70cm,窄行50cm,以利于生产操作。定植时边起苗边定植,定植后要及时浇水,以利缓苗。

(3)合理密植。根据蔬菜种类、品种特性、栽培季节和栽培条件确定合适的定植密度,切忌密度过大过小。密度过大不利于作物通风透气,病虫害容易发生和蔓延;密度过小会造成蔬菜减产现象的发生。

(4)起苗与定植。起苗时尽量不要伤根,定植后容易缓苗。穴盘、营养钵、纸筒育苗起苗时不存在问题;土坨育苗时应在定植前1~2天左右,将苗床浇透水,起苗时不易散坨;撒播育苗时,在定植前也应浇透水,尽量多带土坨定植,以缩短缓苗时间。

(5)缓苗期的管理。定植后应尽量保持较高的棚温和湿度,特别是较高的土壤温度,促进新根生长,有利于缓苗。缓苗期一般不通风,待缓苗后新叶开始生长时进行通风,以利于排湿降温和内外气体交换。

定植茬口安排及栽培技术见表2.8。

表 2.8 定值茬口安排及栽培技术

定植	适宜时间	主要农事管理措施	易受灾害
冬春茬	2月中旬至2月下旬	①整地晒垄 ②起垄盖膜 ③分苗缓苗 ④定植	①低温灾害 ②大风 ③雪害 ④连阴寡照
秋冬茬	7月下旬至8月下旬	①整地晒垄 ②起垄盖膜 ③定植 ④防虫打药	①连阴寡照 ②高温 ③冰雹

2.4.3 苗期

一般蔬菜苗期为40~90天,为确保蔬菜秧苗正常生长,奠定丰产基础,应注意以下环节:

(1)查苗补苗:弱苗、病苗、干枯苗要及时查补,保证苗全苗齐。

(2)浇水:根据天气变化,抓住冷尾暖头,上午浇水,要求浇水后连续3天晴好天气。

(3)放风：晴好天气每天坚持拉放草帘，敞开放风口。放风口由小到大，出太阳拉棚，1~2h后敞开放风口，20~22℃关闭放风口，补充二氧化碳，降低湿度。最佳温度：白天25~32℃，夜间10~15℃。

(4)划锄：为促进根系下扎，覆盖地膜来不及时，浇水后要及时划锄，提高地温和保墒。

(5)地膜覆盖：为保墒和提高地温，降低室内湿度，15~20天争取盖上地膜，要求全面覆盖。

(6)病害防治。主要防治根腐病、猝倒病、疫病、霜霉病和白粉病、灰霉病、炭疽病。灌根用阿米西达1500倍加适乐时1500倍；前期喷雾用达科宁600倍，4片真叶后用阿米西达和金雷或杀毒矾或普力克或安克混合喷雾，主要防治前四种病害。以后根据情况对症下药进行防治。

(7)生根壮苗：每桶水加甲壳素20g、萘乙酸5毫升、爱多收3毫升灌根，根据情况灌根1~3次，能缓解肥害、盐害，促进根系生长。

(8)清扫薄膜、张挂反光膜增光：为增加透光率，每隔一个月左右清扫薄膜一次，扫除薄膜上的尘土。遇积雪及时清除，遇大风要压实草帘和薄膜。在覆盖地膜后，及时张挂反光幕和室内二膜，棚前加草帘或无纺布，必要时设置植物钠灯和碘钨灯，补光并提高室内温度。

(9)施肥和整枝：及时喷施叶面肥，及时抹杈，去卷须，吊蔓，去除根瓜。

苗期茬口安排及栽培技术见表2.9。

表2.9 苗期茬口安排及栽培技术

苗期	适宜时间	主要农事管理措施	易受灾害
冬春茬	3月中旬至4月下旬	①浇水、施肥 ②植株调整 ③保花、保果 ④防虫打药	①低温冷害 ②连阴寡照 ③大风
秋冬茬	9月中旬至10月下旬	①浇水、施肥 ②植株调整 ③保花、保果 ④防虫打药	①高温热害 ②连阴寡照 ③大风

2.4.4 收获、拉秧

不同蔬菜种类收获期可达3~4个月，主要管理措施为：

(1)水肥管理。果菜类蔬菜根系生长的适宜温度为25℃左右。日光温室越冬果菜在前期浇透水的基础上一般掌握不旱不浇，浇水时要看天、看秧、测地温，并注意收听天气预报，做到浇水后有3~5天晴朗天气，并及时放风排湿。追肥要根据作物长相和生长期长短，按照平衡施肥要求适时追肥，同时应有针对性喷施微量元素肥料。

(2)适时揭盖草苫。光照和温度是日光温室蔬菜生产的关键，可以通过揭盖草苫来控制。上午太阳照满草苫时揭苫，当温室内气温过高时，要及时放风，当温度达25℃左右时关闭风口，日落前棚温达18~20℃时及时盖草苫。

(3)冬春棚室内增施二氧化碳。施用二氧化碳后可使蔬菜品质好、产量增加。方法：①在土壤中增施有机肥，有机肥通过分解能释放出二氧化碳。②用工业硫酸与农用碳酸氢铵反应产生二氧化碳。

(4)及时防治病害。日光温室内因密闭，空气湿度大，容易发生病害。在防治上最好选用烟雾剂和粉尘剂防病。在防治时要注意交替用药，切忌连续使用一种农药，以免产生抗药性，要注意施药质量,喷施均匀才能达到良好的防效。连续晴好天气,室内温度偏高时要注意防治日灼病、白粉病。

收获、拉秧茬口安排及栽培技术见表 2.10。

表 2.10 收获、拉秧茬口安排及栽培技术

收获	适宜时间	主要农事管理措施	易受灾害
冬春茬	5月上旬至7月下旬	①防虫打药 ②通风换气 ③高温天气及时喷水、通风降温	①高温热害 ②大风 ③冰雹
秋冬茬	10月中旬至翌年1月中旬	①浇水、施肥 ②增温、补光 ③病害防治 ④拉秧腾茬	①低温灾害 ②连阴寡照 ③风害

第3章 日光温室气象服务

3.1 日光温室气象服务产品制作要求

3.1.1 日光温室气象监测分析产品

3.1.1.1 旬(月)监测分析产品

(1)发布时间:每旬(月)逢1—2日。

(2)产品要求:

①统计、分析评价上一旬(月)温室小气候,评估主要天气过程对温室作物生长发育影响,预报本旬(月)天气过程时空分布及生产建议。

②主要内容以表格和文字的形式通过网站、大屏幕、手机APP等多种手段发布。

(3)产品主要内容:

①温室小气候监测数据统计:统计上一旬(月)各结构类型温室小气候监测数据,以表格方式发布统计结果(表3.1)。

表3.1 ××年××月×旬发布××结构温室小气候报表

自动统计要素	自动统计项目	
150cm 高度	空气温度	平均温度
		极端最高气温
		极端最低气温
	空气湿度	平均温度
		极端最高相对湿度
		极端最低相对湿度
100cm 高度	空气温度	平均温度
		极端最高气温
		极端最低气温
	空气湿度	平均温度
		极端最高相对湿度
		极端最低相对湿度
0cm 高度	土壤温度	平均温度
		极端最高温度
		极端最低温度
−10cm 深度	土壤温度	平均温度
		极端最高温度
		极端最低温度

续表

自动统计要素	自动统计项目	
−10cm 深度	土壤相对湿度	平均湿度
		极端最高相对湿度
		极端最低相对湿度
−20cm 深度	土壤温度	平均温度
		极端最高温度
		极端最低温度
	土壤相对湿度	平均湿度
		极端最高相对湿度
		极端最低相对湿度
−30cm 深度	土壤相对湿度	平均湿度
		极端最高相对湿度
		极端最低相对湿度

②前期气候概述：分析上一旬(月)气温、风向、风速、日照等对日光温室生产有影响的主要气象要素，并与历年和上年同期比较；分析上一旬(月)冷空气活动、降水天气、重大或灾害性天气。

③影响评述：概述上一旬(月)日光温室气象服务重点；描述气象条件对温室作物生长发育影响；评述上一旬(月)灾害性天气对温室作物生长发育影响。

④气候预测及生产建议：预报本旬(月)天气过程时空分布，提出当前天气条件对日光温室农事活动的影响和应对不利条件的措施建议；分析、评述温室作物生长状况和病虫害发生趋势，结合本旬(月)天气过程预报，提出本旬(月)农业生产管理措施和生产建议。

3.1.1.2 日光温室气象灾害监测产品

针对日光温室发生的主要农业气象灾害，如风害、雪害、低温冻害、寡照、高温热害、雹害等进行立体化监测与诊断。

(1)发布时间

一般受灾面积达到30%以上、灾害程度在中等或以上量级且预计未来一周灾害性天气或受灾范围将进一步发展，确定为灾害起始日期，开始发布日光温室气象灾害监测产品，对灾害进行跟踪监测。灾害缓解、解除时停止发布灾害监测产品。

(2)产品要求

①资料收集通过地面观测信息、卫星遥感高分信息、地面实况调查信息，包括前期气候条件、灾害发生气象指标、气象灾害发生范围、各灾害等级、发生面积、发生程度。

②参考未来1~7天的天气预报结果，发布灾害监测产品，并分析未来一周灾害持续、发展、加重区域，或者可能缓解、解除区域，以及对日光温室生产的利弊影响。

(3)灾害指标

①风害灾害指标见表3.2。

表3.2 风害灾害指标

轻度	平均风力超过5级，或阵风6级并持续
中度	平均风力超过6级，或阵风7级并持续
重度	平均风力超过7级，或阵风8级并持续

②雪害灾害指标见表3.3。

表 3.3　雪害灾害指标

轻度	24h 降雪量≥7.5mm,或积雪深度≥7.5cm
中度	24h 降雪量≥10mm,或积雪深度≥10cm,瞬时风力≥4 级
重度	24h 降雪量≥15mm,或积雪深度≥15cm,瞬时风力≥4 级

③低温冻害灾害指标见表 3.4。

表 3.4　低温冻害灾害指标

轻度	室内温度低于 0℃,持续 1 天以上
中度	室内温度低于－3℃,持续 1 天以上
重度	室内温度低于－5℃,持续 1 天以上

④寡照/阴害灾害指标见表 3.5。

表 3.5　寡照/阴害灾害指标

轻度	连续 3 天无日照,或连续 4 天中有 3 天无日照,且 1 天日照时数小于 3h
中度	连续 4～7 天无日照,或连续 7 天以上逐日日照时数小于 3h
重度	连续无日照时数大于 7 天,或逐日日照时数小于 3h 连续 10 天以上

⑤高温热害灾害指标见表 3.6。

表 3.6　高温热害灾害指标

轻度	室内最高气温高于 35℃
中度	室内最高气温高于 38℃
重度	室内最高气温高于 40℃

⑥雹害灾害指标见表 3.7。

表 3.7　雹害灾害指标

轻度	多数冰雹直径不超过 0.5cm,累计降雹时间不超过 10 分钟,地面积雹厚度不超过 2cm
中度	多数冰雹直径 0.5～2.0cm,累计降雹时间 10～30 分钟,地面积雹厚度 2～5cm
重度	多数冰雹直径 2.0cm 以上,累计降雹时间 30min 以上,地面积雹厚度 5cm 以上

(4)产品主要内容

①当前灾害实况:通过文字、图表重点描述当前灾害分布范围、灾害等级、发生面积、发生程度以及对日光温室棚室和作物生长发育的影响。

②未来天气变化对灾害发展的可能影响:根据未来 1～7 天天气预报结果,分析时段内天气对灾害的可能影响,包括灾害持续、继续发展,还是灾害缓解、解除以及对日光温室生产的影响。

③生产建议:根据监测结果,结合未来天气预报结论提出趋利避害的生产建议。

3.1.1.3　日光温室重要发育期监测(育苗期、定植期)产品

(1)发布时间:重要农业活动结束后一周内。

(2)产品要求

①分析研究重要农事活动气候评价,评估主要天气过程对农事活动影响,预报本旬(月)天气过程时空分布及生产建议。

②主要内容以表格和文字的形式通过网站、大屏幕、手机 APP 等多种手段发布。

(3)产品主要内容

①气候分析:分析相应时段内主要要素气温、降水、日照、主要天气过程,与历年和上年同期比较,不同农事活动期的影响要素或气象灾害。

②影响评述:气候条件及灾害性天气对日光温室农事活动影响分析。

③近期预报:未来 10 天天气趋势及过程预报,针对日光温室农事活动不利条件的主要要素及其变化情况。

④建议:农业生产管理措施和生产建议。

3.1.1.4 温室小气候实时监测产品

包括温室外气象监测和温室内气象监测。室外采用六要素自动站进行气象监测,要素包括:气压、气温、空气湿度、风向、风速、降水量、光照、二氧化碳等;室内采用小气候自动站进行气象监测,要素包括:气温、空气湿度、地温、土壤湿度、光照、二氧化碳等。

温室小气候监测数据每小时推送一次,以表格或多种图形形式显示。同时分别从各结构类型温室小气候数据库提取数据,统计前 24 小时各个高度极端最高和最低空气温度、湿度,土壤温度、湿度;最大太阳总辐射、有效辐射和二氧化碳浓度值。

气温:同时显示 100cm 和 150cm 两个高度层次的气温变化曲线。

空气湿度:显示 150cm 高度的空气湿度变化曲线。

地温:同时显示 0cm、−10cm 和 −20cm 三个深度的地温变化曲线。

土壤湿度:同时显示 −10cm、−20cm 和 −30cm 三个深度的土壤相对湿度变化曲线。

太阳辐射:同时显示 150cm 高度的太阳总辐射和有效辐射变化曲线。

二氧化碳浓度:显示 150cm 高度的二氧化碳浓度变化曲线。

——表格形式显示(表 3.8)

全要素实时监测数据:空气温度、空气湿度、土壤温度、土壤湿度、总辐射、光合有效辐射、二氧化碳浓度等;日极值数据:最高气温、最低气温、最高地温、最低地温、最大太阳总辐射、太阳有效辐射和二氧化碳浓度。

表 3.8 ××年××月××日××时发布××结构温室小气候实况监测信息

	空气温度			空气湿度			土壤温度			土壤湿度			太阳总辐射		太阳有效辐射		二氧化碳浓度	
	当前温度值	24小时最高值	24小时最低值	当前湿度值	24小时最高值	24小时最低值	当前温度值	24小时最高值	24小时最低值	当前湿度值	24小时最高值	24小时最低值	当前辐射值	24小时最高值	当前辐射值	24小时最高值	夜间最高值	白天最低值
150cm	××	××	××	××	××	××							××	××	××	××	××	
100cm	××	××	××															
0cm							××	××	××									
−10cm							××	××	××	××	××	××						
−20cm							××	××	××	××	××	××						
−30cm										××	××	××						

——图形形式显示

全要素过去 24 小时监测数据演变图形以曲线图、柱状形式显示。

3.1.2 日光温室气象预报预警服务产品

3.1.2.1 日光温室天气预报产品

(1)旬天气预报产品

1)发布时间:每旬逢 1—2 日。

2）产品要求

①农事活动类应主要提出当前天气条件对日光温室农事活动的影响和能否开展日光温室农事活动的措施建议。

②不利天气条件类应主要提出当前天气条件对日光温室农事活动的影响和应对不利条件的措施建议。

3）产品主要内容

①近期主要预报结论：针对日光温室农事活动或不利条件的主要要素及其变化情况。

②天气条件对日光温室农事活动或作物生长的不利影响或危害影响分析。

③建议：根据天气变化影响评估结果，提出针对性生产建议。

（2）灾害性天气预报产品

包括大风、大（暴）雪、强寒潮、连阴、高温、暴雨洪涝、冰雹等灾害性天气。

1）发布时间：提前24～72小时发布灾害性天气预报。

2）产品要求：提出灾害性天气对日光温室农事活动的影响和应对不利条件的措施建议。

3）产品主要内容

①天气过程主要预报结论：针对日光温室不利条件的主要要素及其变化情况。

②天气条件对日光温室农事活动或作物生长的不利影响或危害影响分析。

③建议：根据天气变化影响评估结果，提出针对性生产建议。

（3）日光温室气象预报产品

1）发布时间：每天2次制作、发布日光温室气象预报，08时和20时各发布1次。

2）预报方法：不同类型日光温室预报模型（见附录C）

3）预报内容：

——08时气象预报（表3.9）

温室内：未来24小时各结构类型温室150cm高度白天最高气温、夜间最低气温。

温室外：未来24小时降雪量、逐3小时最大风速（11时、14时、17时、20时、23时、02时、05时和08时8个时次）；未来72小时白天总云量、低云量、日照时数。

表3.9 ××年××月××日08时发布××结构温室气象预报

室内气温预报							
未来24小时	气温	白天最高			夜间最低		
室外天气预报							
未来24小时	降雪量	08—08时					
	逐3小时最大风速	11时	14时	17时	20时	23时	02时	05时	08时
室外天气预报							
未来72小时	总云量	24小时		24～48小时		48～72小时	
	低云量						
	日照时数						

——20时气象预报（表3.10）

温室内：未来24小时各结构类型温室150cm高度夜间最低气温、白天最高气温；

温室外：未来24小时降雪量、逐3小时最大风速（23时、02时、05时、08时、11时、14时、

17时和20时8个时次);未来72小时白天总云量、低云量、日照时数。

表3.10　××年××月××日20时发布××结构温室气象预报

室内气温预报							
未来24小时	气温	夜间最低			白天最高		
室外天气预报							
未来24小时	降雪量	20—20时					
	逐3h最大风速	23时	02时	05时	08时	11时	14时	17时	20时
未来72小时	总云量	24小时		24~48小时		48~72小时	
	低云量						
	日照时数						

3.1.2.2　日光温室气象灾害预报预警

(1)风害

1)发布时间:预计未来24小时或48小时内有6级以上大风天气,并对日光温室农业造成伤害;或发布大风预警信号时发布。

2)产品要求:依据气象台发布天气预报或大风预警信号,根据日光温室风害指标,分析风害的可能影响区域和对日光温室棚室和作物可能产生的影响,以及应对不利条件的措施建议。

3)产品主要内容

①天气过程主要预报结论:根据日光温室风害指标,描述风害的可能影响区域、等级、主要要素及其变化情况。

②风害对日光温室农事活动、棚室或作物生长的不利影响或危害影响分析。

③建议:提出避免或减轻风害的生产建议。如紧压膜线,固定压膜线或压杆,盖好压严草苫。

(2)雪害

1)发布时间:预计未来24小时或48小时内降雪量等于或超过10mm时,并对日光温室农业造成伤害;或发布暴雪预警信号时发布。

2)产品要求:依据气象台发布天气预报或暴雪预警信号,根据日光温室雪害指标,分析雪害的可能影响区域和对日光温室棚室和作物可能产生的影响,以及应对不利条件的措施建议。

3)产品主要内容

①天气过程主要预报结论:根据日光温室雪害指标,描述雪害的可能影响区域、等级、主要要素及其变化情况。

②雪害对日光温室农事活动、棚室或作物生长的不利影响或危害影响分析。

③建议:提出避免或减轻雪害的生产建议。如应检查塑料薄膜的固定情况,检查温室内立柱、骨架情况,及时加固;压膜线或压杆必须固定牢靠,及早覆盖草苫;雪停后,立即清除积雪。

(3)低温冻害

1)发布时间:预计未来24小时或48小时内有寒流强降温,使外界气温下降到-10℃以下,室内温度低于0℃,并持续1天以上;或发布寒潮预警信号时发布。

2)产品要求:依据气象台发布天气预报或寒潮预警信号,根据日光温室低温冻害指标,分析低温冻害的可能影响区域和对日光温室作物可能产生的影响,以及应对不利条件的措施建议。

3)产品主要内容

①天气过程主要预报结论:根据日光温室低温冻害指标,描述低温冻害的可能影响区域、等级、主要要素及其变化情况。

②低温冻害对日光温室农事活动或作物生长的不利影响或危害影响分析。

③建议:提出避免或减轻低温冻害的生产建议。如加强保温,棚面再增加纸被、草苫等;设置临时辅助加温措施,如火炉、电灯等提高棚温。

(4)寡照

1)发布时间:预计未来24小时或48小时内有3天以上阴雨雪天气时发布。

2)产品要求:依据气象台发布天气预报,根据日光温室寡照指标,分析寡照的可能影响区域和对日光温室棚室和作物可能产生的影响,以及应对不利条件的措施建议。

3)产品主要内容

①天气过程主要预报结论:根据日光温室寡照指标,描述寡照的可能影响区域、等级、主要要素及其变化情况。

②寡照对日光温室农事活动或作物生长的不利影响或危害影响分析。

③建议:提出避免或减轻寡照的生产建议。如应揭开草帘,进行短时间通风排湿;及时清扫膜面,使棚膜保持较高的透光率;冬季日光温室张挂反光幕,增加光照、提高温度。

(5)高温热害

1)发布时间:预计未来24小时或48小时内最高气温达32℃并且室内最高温度高于35℃,并对日光温室农业造成伤害;或发布高温预警信号时发布。

2)产品要求:依据气象台发布天气预报或高温预警信号,根据日光温室高温热害指标,分析高温热害的可能影响区域和对日光温室作物可能产生的影响,以及应对不利条件的措施建议。

3)产品主要内容

①天气过程主要预报结论:根据日光温室高温热害指标,描述高温热害的可能影响区域、等级、主要要素及其变化情况。

②高温热害对日光温室农事活动或作物生长的不利影响或危害影响分析。

③建议:提出避免或减轻高温热害的生产建议。如及时通风或喷水进行降温;拉遮阳网防止强烈日光直晒。

(6)雹害

1)发布时间:预计未来24小时或48小时内有冰雹;或发布冰雹预警信号时发布。

2)产品要求:依据气象台发布天气预报或冰雹预警信号,根据日光温室雹害指标,分析雹害的可能影响区域和对日光温室棚室和作物可能产生的影响,以及应对不利条件的措施建议。

3)产品主要内容

①天气过程主要预报结论:根据日光温室雹害指标,描述雹害的可能影响区域、等级、主要要素及其变化情况。

②雹害对日光温室农事活动、棚室或作物生长的不利影响或危害影响分析。

③建议:提出避免或减轻雹害的生产建议。如做好盖帘压棚等措施保护温室覆盖物。

3.1.2.3 日光温室气象灾害实况报警

(1)作物冻害实况监测报警

1)发布时间:实时发布。

2)服务对象:日光温室农业种植户。

3)技术方法:对比温室小气候自动站气温监测数据和各类温室作物冻害指标,判断是否发布作物冻害监测报警信息。

4)产品要求:提出冻害报警服务提示和受影响作物及生长期;以表格形式通过网站、大屏幕、手机 APP 等多种手段实时发布。

5)作物冻害报警指标:见附录 E 表 E.1。

6)产品主要内容:温室内 150cm 高度气温达到冻害指标时,立即发布作物冻害监测报警信息(表 3.11)。

表 3.11 ××年××月××日××时××结构温室作物冻害监测报警信息

服务提示	受冻害影响的作物及生长发育期
当前室内气温过低,部分农作物将受冻害,请视具体情况适当采取加热保温措施	××;××;……

(2)作物热害实况监测报警

1)发布时间:实时发布

2)服务对象:日光温室农业种植户。

3)技术方法:对比温室小气候自动站气温监测数据和各类温室作物热害指标,判断是否发布作物热害监测报警信息。

4)产品要求:提出热害报警服务提示和受影响作物及生长发育期;以表格形式通过网站、大屏幕、手机 APP 等多种手段实时发布。

5)热害报警指标:见附录 E 表 E.2。

6)产品主要内容:温室内 150cm 高度气温达到热害指标时,立即发布作物热害监测报警信息(表 3.12)。

表 3.12 ××年××月××日××时××结构温室作物热害监测报警信息

服务提示	受热害影响的作物及生长发育期
当前室内气温过高,部分农作物将受到热害,请视具体情况适当采取通风、喷水、浇灌等降温措施	××;××;……

(3)作物空气湿害监测报警

1)发布时间:当天 20 时发布。

2)服务对象:日光温室农业种植户。

3)技术方法:对比温室小气候自动站实时监测的日平均空气相对湿度和各类温室作物空气湿害指标,判断是否发布作物空气湿害监测报警信息。

4)产品要求:提出空气湿害报警服务提示和受影响作物及生长发育期;以表格形式通过网站、大屏幕、手机 APP 等多种手段实时发布。

5)空气湿害报警指标:见附录 E 表 E.5。

6)产品主要内容:温室内 150cm 高度日平均空气相对湿度达到作物空气湿害指标时,当天 20 时发布作物空气湿害监测报警信息(表 3.13)。

表 3.13　××年××月××日××时××结构温室作物空气湿害监测报警信息

服务提示	受空气湿害影响的作物及生长发育期
当前室内空气湿度过高,部分农作物将受到湿害,请视具体情况适当采取通风、增温等降湿措施	××;××;……

(4)作物土壤湿害监测报警

1)发布时间:当天 20 时发布

2)服务对象:日光温室农业种植户。

3)技术方法:对比温室小气候自动站实时监测的日平均土壤相对湿度和各类温室作物土壤湿害指标,判断是否发布土壤湿害监测报警信息。

4)产品要求:提出土壤湿害报警服务提示和受影响作物及生长发育期。以表格形式通过网站、大屏幕、手机 APP 等多种手段实时发布。

5)土壤湿害报警指标:见附录 E 表 E.6。

6)产品主要内容:温室内-10cm 深度日平均土壤相对湿度达到作物土壤湿害指标时,当天 20 时发布土壤湿害监测报警信息(表 3.14)。

表 3.14　××年××月××日××时××结构温室作物土壤湿害监测报警信息

服务提示	受土壤湿害影响的作物及生长发育期
当前室内土壤湿度过高,部分农作物将受到过湿影响,请视具体情况适当采取通风、增温等降湿措施	××;××;……

(5)日光温室作物寡照监测报警

1)发布时间:当天 20 时发布。

2)服务对象:日光温室农业种植户。

3)技术方法:对比温室小气候自动站实时监测的太阳总辐射日最大值和各类温室作物寡照指标,判断是否发布作物寡照监测报警信息。

4)产品要求:提出寡照报警服务提示和受影响作物及生长发育期;以表格形式通过网站、大屏幕、手机 APP 等多种手段实时发布。

5)寡照报警指标:见附录 E 表 E.7。

6)产品主要内容:太阳总辐射日最大值低于补偿点光照强度时,当天 20 时发布作物寡照监测报警信息(表 3.15)。

表 3.15　××年××月××日××时××结构温室作物寡照监测报警信息

服务提示	受寡照影响的作物及生长发育期
室内寡照,光合作用微弱,部分农作物生长发育将受到影响,请予以关注	××;××;……

3.1.2.4　日光温室灾害性天气预警产品

(1)作物冻害预报预警

1)发布时间:当天 08 时或 20 时发布

2)服务对象:日光温室农业种植户。

3)技术方法:对比温室内最低气温预报值和各类温室作物冻害指标,判断是否发布作物冻害预报预警信息。

4)产品要求:提出冻害预报预警服务提示和受影响作物及生长发育期;以表格形式通过网站、大屏幕、手机 APP 等多种手段实时发布。

5)冻害预警指标:见附录 E 表 E.1。

6)产品主要内容:08 时或 20 时预报未来 24 小时温室内 150cm 高度最低气温达到冻害指标时,立即发布温室作物冻害预报预警信息(表 3.16)。

表 3.16 ××年××月××日××时发布未来 24 小时××结构温室冻害预报预警信息

服务提示	冻害影响的温室作物
预计未来 24 小时室内气温过低,部分农作物将受冻害,请视具体情况适当采取加热保温措施	××;××;……

(2)作物热害预报预警

1)发布时间:当天 08 时或 20 时发布

2)服务对象:日光温室农业种植户。

3)技术方法:对比温室内最高气温预报值和各类温室作物热害指标,判断是否发布作物热害预报预警信息。

4)产品要求:提出热害预警服务提示和受影响作物及生长发育期;以表格形式通过网站、大屏幕、手机 APP 等多种手段实时发布。

5)热害预警指标:见附录 E 表 E.2。

6)产品主要内容:08 时或 20 时预报未来 24 小时温室内 150cm 高度最高气温达到热害指标时,立即发布温室作物热害预报预警信息(表 3.17)。

表 3.17 ××年××月××日××时发布未来 24 小时××结构温室热害预报预警信息

服务提示	热害影响的温室作物
预计未来 24 小时室内气温过高,部分农作物将受到热害,请视具体情况适当采取通风、喷水、浇灌等降温措施	××;××;……

(3)日光温室作物寡照预报预警

1)发布时间:当天 08 时或 20 时发布

2)服务对象:日光温室农业种植户。

3)技术方法:对比温室外白天云量预报和各类温室作物寡照指标,判断是否发布作物寡照预报预警信息。

4)产品要求:提出寡照预警服务提示和受影响作物及生长发育期,以表格形式通过网站、大屏幕、手机 APP 等多种手段实时发布。

5)寡照预警指标:见附录 E 表 E.7。

6)产品主要内容:08 时或 20 时预报白天总云量连续 3 天(24 小时、48 小时、72 小时)大于 7 成时,或日照时数连续 3 天少于 2,立即发布作物寡照预报预警信息(表 3.18)。

表 3.18 ××年××月××日××时发布未来 24 小时××结构温室寡照预警信息

服务提示	寡照影响的温室作物
预计未来 72 小时天空以阴为主,将影响室内光照,部分作物光合作用微弱,请视具体情况采取适当措施抑制作物呼吸作用	××;××;……

3.1.3 日光温室评估产品

3.1.3.1 日光温室气象灾害调查评估产品

(1)风害调查评估

1)发布时间:实际发生有中等及以上程度的风害,并对日光温室农业造成伤害。

2)灾情调查:受灾日光温室外棚膜墙壁等基础设施、作物种类、受灾状况、受灾面积、损失等。

①人工调查

气象部门联合民政部门、农业保险公司、农业专家及有丰富经验农民组成联合调查组,对主要受灾日光温室类型、受灾程度及受灾面积等进行实地抽样调查,重点调查灾害发生重区域,同时兼顾相对较轻的地区,为精细化评估提供验证依据。

气象灾害调查样表见表 3.19。

表 3.19 气象灾害调查样表

灾害名称	地点（旗县区）	灾害气象要素		灾情调查				
		要素值	等级	受灾面积	受损棚室数量	受灾作物	经济损失	受灾人口

②卫星遥感调查

利用资源卫星、高分卫星资料进行灾前、灾中、灾后对比评估,对灾害发生发展情况做出动态跟踪监测评估,主要对棚室设备受损程度、面积做调查。将气象灾害发生前的卫星影像作为基准数据,将后续的数据处理配准到亚像元级别精度,为后续变化监测提供基准数据。

③航空遥感调查

根据灾害调查实际需求开展航拍工作,使用无人机开展航拍工作,实现航空遥感详查,进而实现卫星遥感与实地调查不同尺度的关联验证。航线选择一般 2～3 条,尽量将有代表性的灾情轻、中、重的区域都包含在内。利用航空遥感处理软件处理得到航空影像图,与卫星影像比对,为下一步提取指标做准备。

3)灾害评估

灾后评估主要是气象灾害对日光温室生产造成的损失评估,以经济损失为最直接、最容易表达的指标。

①实测风力及大风持续时间、影响区域,结合灾情调查大风对温室外棚膜墙壁等基础设施的损害程度及日光温室内作物种类、受害面积、损伤情况。

②采取防御措施的效果和成本等,综合评估损失。

4)产品主要内容

①当前灾情概述:包括灾情发生情况、调查情况。

②灾害评估:灾情评估结果分析,计算过程中相关数据来源、折算方法及定量评估结果存在的问题。

③建议:灾后恢复措施建议,未来 1～7 天天气条件对灾后恢复的利弊影响。

④附图表:包括各旗县区灾害损失分级图表和航空影像图等。

(2)雪害调查评估

1)发布时间:实际发生有中等及以上程度的雪害,并对日光温室农业造成伤害。
2)灾情调查:同风害。
3)灾害评估

①雪灾量级、出现区域,实地调查雪灾对日光温室外棚膜墙壁等基础设施的损害程度及温室内作物种类、受害面积。
②采取防御措施的效果和成本等,综合评估损失。
4)产品主要内容:同风害。

(3)低温冻害调查评估
1)发布时间:实际发生有中等及以上程度的低温冻害,并对日光温室农业造成伤害。
2)灾情调查:以人工调查为主,调查方法同风害。
3)灾害评估:

①强降温持续日数、具体室内气温与温度下降程度、出现区域,实地调查日光温室内作物种类、受害面积。
②采取防御措施的效果和成本等,综合评估损失。
4)产品主要内容:同风害。

(4)寡照/阴害调查评估
1)发布时间:实际发生有中等及以上程度的寡照/阴害,并对日光温室农业造成伤害。
2)灾情调查:以人工调查为主,调查方法同风害。
3)灾害评估

①连续寡照持续日数、出现区域,实地调查日光温室内作物种类、受害面积。
②采取防御措施的效果和成本等,综合评估损失。
4)产品主要内容:同风害。

(5)高温热害调查评估
1)发布时间:实际发生有中等及以上程度的高温热害,并对日光温室农业造成伤害。
2)灾情调查:以人工调查为主,调查方法同风害。
3)灾害评估

①露地及温室内温度实况、热害影响区域、受热害影响程度,实地调查温室内作物种类、受害面积、损伤情况。
②采取防御措施的效果和成本等,综合评估损失。
4)产品主要内容:同风害。

(6)雹害调查评估
1)发布时间:实际发生有中等及以上程度的雹害,并对日光温室农业造成伤害。
2)灾情调查:同风害。
3)灾害评估

①冰雹直径、持续时间、出现区域,实地调查冰雹对日光温室外棚膜墙壁等基础设施的损害程度及温室内作物种类、受害面积。
②采取防御措施的效果和成本等,综合评估损失。
4)产品主要内容:同风害。

3.1.3.2 日光温室作物生长发育影响评估

(1)温室小气候实况对作物生长发育的影响评估

1)发布时间:实时发布

2)服务对象:日光温室农业种植户。

3)技术方法:针对温室内各类作物各个发育期,根据农作物气象指标与温室小气候实况数据对比判断,做出对作物生长发育的影响评估。

4)产品要求:温室内各项气象指标对不同作物各个发育期的影响评估;结果以表格形式发布。

5)影响评估指标:见附录C表C.1—表C.3。

6)产品主要内容:见表3.20。

表3.20 ××年×月×日×时发布××结构温室小气候实况对作物生长发育的影响评估

序号	农作物	发育期	空气温度(150cm)	空气湿度(150cm)	土壤温度(-10cm)	土壤湿度(-10cm)	太阳辐射	二氧化碳
1	作物1	苗期	××	××	××	××	××	××
		花期	××	××	××	××	××	××
		成熟期	××	××	××	××	××	××
2	作物2	苗期	××	××	××	××	××	××
		花期	××	××	××	××	××	××
		食用期	××	××	××	××	××	××
⋮	⋮	⋮	⋮	⋮	⋮	⋮	⋮	⋮

注:(1)表内"××"为实况对作物生长发育影响的评估结论。

(2)气温栏填"冻害""冷害""偏低""适宜""偏高""热害"等。

(3)空气湿度、地温、土壤湿度、太阳辐射、二氧化碳浓度栏等填"偏低""适宜""偏高"等。

(2)气象预报对温室作物生长发育的影响评估产品

1)发布时间:每天2次制作、发布日光温室农业气象预报对作物生长发育的影响评估,上午08时和下午20时各发布1次。

2)服务对象:日光温室农业种植户。

3)技术方法:根据农作物气象指标,做出室内最高最低气温预报和室外总云量预报对各类作物各个生长发育期的影响评估。

4)产品要求:温室内、外预报结果对各类温室作物各个发育期的影响评估结果;结果以表格形式发布。

5)影响评估指标:见附录C表C.1—表C.3。

6)产品主要内容:见表3.21。

表3.21 ××年××月××日预报对作物生长发育的影响评估

序号	农作物	发育期	20—08时(夜间)最低气温	08—20时(白天)最高气温	08—20时(白天)总云量	24~48小时(白天)总云量	48~72小时(白天)总云量
1	作物1	苗期	××	××	××	××	××
		花期	××	××	××	××	××
		成熟期	××	××	××	××	××
2	作物2	苗期	××	××	××	××	××
		花期	××	××	××	××	××
		食用期	××	××	××	××	××
⋮	⋮	⋮	⋮	⋮	⋮	⋮	⋮

注:(1)表内"××"为预报对作物生长发育影响的评估结论。

(2)气温栏填"冻害""冷害""偏低""适宜""偏高""热害"等。

(3)总云量预报用于判断光照强弱,云量3成及以下为适宜,4~7成为较弱,8成以上为弱。

3.2 日光温室气象服务规程

3.2.1 业务流程

3.2.1.1 工作流程

(1)任务来源

工作任务来源主要包括三个方面：

1)日光温室气象周年服务方案中规定的各项业务产品。

2)依决策服务要求安排的各项任务。

3)为建立健全现代综合观测体系、完善日光温室气象服务指标体系和建立健全定量化日光温室气象监测、预报和评估技术系统，由上级领导安排的各项科研任务。

(2)任务分工

由首席或台长根据领导指示、值班制度和值班人员实际情况，组织任务分工，指导值班员完成产品制作和发布任务，并对业务产品进行质量把关和签发，如出现重大质量问题，对其负主要责任。

(3)工作进度安排

按照各类产品的时效性和工作量，严格把握工作进度，对于重大决策服务产品应根据情况定期进行会商，及时解决技术难点，按时提交业务服务材料。

(4)值班制度

日常业务实施台长带班制度，安排1名台长或副台长和1~2名值班员，由台长负责任务分工、技术指导和把关、产品签发，值班员负责产品的制作和发布；如有应急任务或任务量较大时，台长根据情况增派值班员；如已发布重大农业气象灾害预警信号或启动灾害应急响应，应急人员应全部到位，实行24小时主要负责人领班值班制度，全程跟踪灾害性天气发展、变化情况。

(5)交接班制度

1)接班人员必须提前十分钟到岗并签到。

2)上岗前应认真检查科室各系统(平台)，保证正常运行。

3)当班人员必须在值班记录本上填写数据接收、产品制作等情况，并要求字迹清楚，记录齐全。

4)当班人员应做好系统(平台)的日常调试和维护，为下一班工作创造条件。

5)交接班内容包括：上一班的工作程序及任务完成情况；对下一班的工作质量要求与具体技术措施；系统(平台)运行和使用情况；本班人员的出勤情况和未出勤原因；上级领导对工作任务的具体要求等。

6)科室领导对各岗位的交接班情况进行不定期检查，发现问题及时纠正。

(6)工作步骤

1)值班人员按时到岗，并与上一班做好交接。

2)首席或台长按照领导指示或周年服务方案要求进行任务分工，并明确各项任务完成时间节点。

3)值班人员认真调试各系统平台并保证正常运行，对于系统运行或数据接收异常，应及时通知相关技术人员排除故障；登录综合信息网，了解最新天气预报和短期气候预测。

4）值班人员在首席或台长的技术指导下，认真完成产品制作并按时发布；根据任务要求，积极与合作单位沟通，获取相关资料和信息。

5）首席或台长把握工作进度，督促任务按时完成，及时安排会商解决技术难点，并对产品进行审核和签发。

6）值班人员对当日数据接收、产品制作等情况进行详细记录，并对未完成任务做交代。

（7）工作质量考核

制定科室工作质量考核办法，主要从考勤情况、产品数量和质量等方面进行考核。

3.2.1.2 技术流程

以服务现代农业为导向，以现代化、立体化、规范化观测为业务基础，以"3S"技术、模拟模型、数值天气预报产品释用、风险分析评估、计算机技术及现代通信技术等为主要技术手段，与天气、气候预测预报业务紧密结合，与当地涉农部门紧密结合，与日光温室生产实际紧密结合，制作全程化、系列化、精准化的多元日光温室气象业务服务产品。

广泛应用包括农业气象、天气气候、卫星遥感监测和日光温室的综合信息，以农业气象统计模型为基础，逐步发展模拟模型，多时段、多种技术方法综合集成，逐步实现动态化日光温室气象预报；根据各类日光温室气象指标，应用数学方法和模型技术，建立定量化的信息分析诊断与评价模型，多时效、无缝隙地制作发布日光温室气象情报产品；依托不同时效的数值预报产品、天气预报和短期气候预测，充分运用卫星遥感监测分析、日光温室气象灾害指标、模型的诊断与判识，必要的社会调查和实地踏查，实现主要日光温室气象灾害灾前预估预警、灾中监测诊断和灾后评估分析。其技术流程如图3.1所示。

3.2.1.3 服务流程

（1）服务任务来源

服务任务来源主要包括：日光温室气象周年服务方案中规定的各项任务；为政府部门提供的各项决策服务材料；向农村农民及农业专业用户提供的直通式针对性服务材料；向农业保险部门提供的相应服务材料；向涉农合作部门提供的服务材料。

（2）服务对象分类

1）盟市和旗县气象局、自治区气象局；

2）党政决策部门；

3）涉农合作单位；

4）农业保险部门；

5）农村农民、农村种养大户、农村合作组织、农业龙头企业等专业用户。

（3）服务产品类型

1）日光温室气象周年服务方案中要求的服务产品，主要包括日光温室气象监测分析、预报预警和调查评估三大类；

2）根据决策部门、合作单位、农村农民及专业用户等具体要求，分析制作的针对性服务产品。

（4）服务手段和方式

通过直接报送，广播、电视、网络、短信、微信等媒体渠道，种植户显示屏等方式，进行多时效、针对性、全方位的日光温室气象服务。

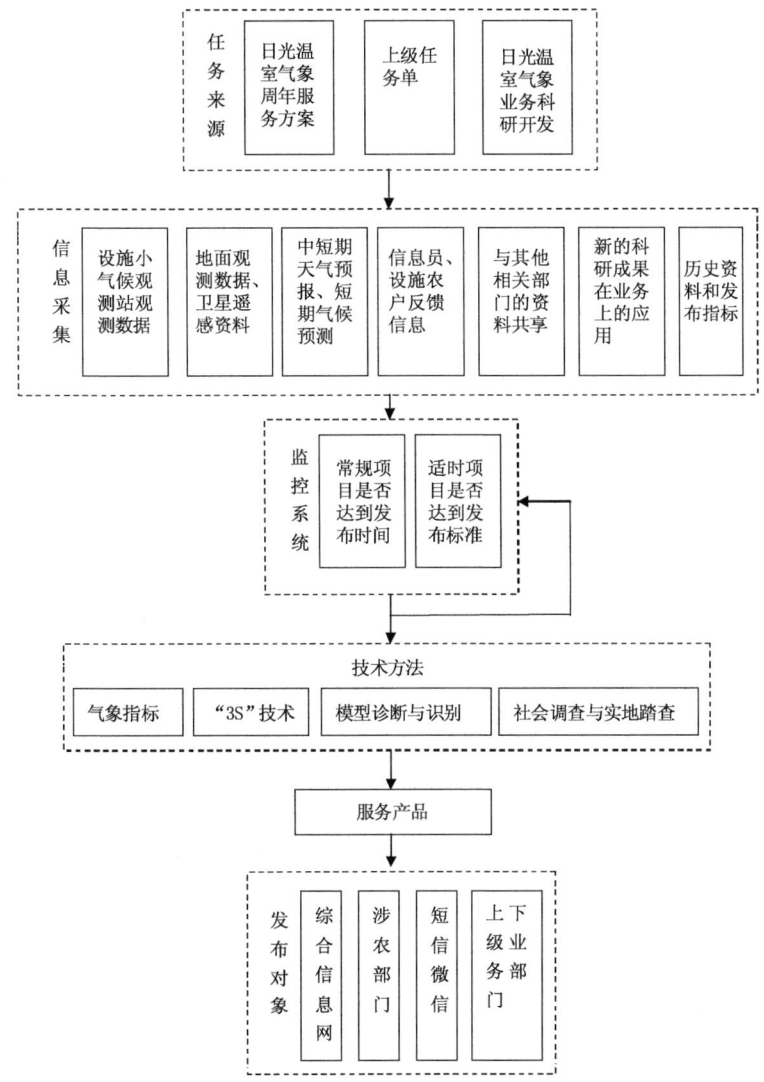

图 3.1　日光温室气象服务产品制作技术流程图

(5)产品分发和发布

市农业气象服务人员按照本部门日光温室气象服务方案规定,按时完成各类服务产品(图文并茂)制作,并于规定发布时间之前上传至综合信息网、农业气象服务微信群、涉农相关部门邮箱等。

(6)服务质量考核

制定日光温室气象服务质量考核办法,通过专家评分、调查问卷等方式从服务的针对性、敏感性、时效性、综合性、服务质量效益等方面进行全面考核和评定。

3.2.2　服务产品标准与规范

3.2.2.1　格式

(1)版面设置

服务产品标明"日光温室农业",正文抬头为"包头市生态与农业气象信息";正文题目要求对服务产品内容高度概括,为二号方正小标宋简体,可分一行或多行居中排列;要做到词义完整,排列对称,间距恰当。

单位名称、日期、分析人、签发人等均为黑体小三号字(见后面的模板)。产品期数是当年编发的份数排序,命名为"总第××期"、"设施农业××××第××期"。排序序号用黑体小三号字标注于正文抬头的下一行居中。

正文内容为仿宋_GB2312 二号字;要做到排列对称,间距恰当。在正文最后一页最下行用红色反线与正文间隔,红色反线下左侧空两格用黑体三号字,标注产品制作单位。

(2)用纸及装订

纸质材料用纸采用 A4 型纸,其成品幅面尺寸为:210mm×297mm,产品版心尺寸为:156mm×225mm(不含页码)。产品左侧两订装订,不能缺页。

3.2.2.2 发送方式

(1)决策服务产品:通过 Notes 给气象部门内部科室、领导发送,通过电子邮箱给政府、涉农部门、气象信息服务站发送,通过手机短信给气象助理员和信息员发送。

(2)直通式服务信息:直接通过手机短信发送,重要信息电话或全网发布。

3.2.2.3 上传方式

服务产品要及时上传综合信息网和包头市现代农业气象服务系统。综合信息网上传到生态与农业气象服务,命名为"201×年日光温室气象服务信息第××期";包头市现代农业气象服务系统上传到气象服务中相应的栏目里,命名为"201×年日光温室气象服务信息第××期"。

3.2.2.4 服务产品签发制度

发布的产品需标识分析、审核、签发人姓名,分析人平行排列于发布单位标识右侧,用楷体4 号字居右。分析人员为服务产品撰写责任人,审核人员为气象台长(服务组长)或其他服务人员,签发人员为分管业务局长。

3.3 岗位职责

3.3.1 区局农业气象岗

生态与农业气象中心按照盟市、旗县业务需求,指导和协助标准化专业数据库建设,日光温室专业化业务系统建设与推广应用,日光温室气象灾害风险区划,日光温室精细化气候区划工作;提供满足下级需求的日光温室气象服务指导产品;指导和培养盟市、旗县级业务服务人员和旗县级生态观测人员。

3.3.2 市局装备保障岗

(1)负责对市区日光温室小气候观测仪的布设、维护、维修;
(2)负责对观测数据接收设备进行维护和维修;
(3)负责全市日光温室数据、数据库共享系统的管理与维护工作;

3.3.3 市局预报岗

(1)气象台预报人员提供全市日光温室分布区不同时效的所在落区、站点、乡镇天气要素精细化预报产品；

(2)天气要素包括定量降水、最高最低温度、定量风速、最高最低相对湿度、短时强降水、雷暴、大风、冰雹等；

(3)提供全市短期气候预测落区、站点定量预测产品；

(4)气候要素包括定量降水和距平百分率、平均温度和距平、相对湿度和大风趋势预测、重要天气过程预测等。

3.3.4 市局农业气象岗

(1)关注天气实况和未来天气及短期气候预测，尤其要关注未来灾害性天气预报；

(2)了解最新日光温室内信息；

(3)定期浏览自治区发布的产品；

(4)根据农业生产管理部门和具体服务对象的需求，确定日光温室气象评估服务、预报服务的内容、时效、方式、手段等；

(5)掌握主要日光温室内农作物农业气象指标，熟悉产品制作流程、标准和内容，掌握相关业务制作软件、工具等，并严格按照产品制作流程和相关规范进行产品制作及发布；

(6)通过气象信息传输网络系统，采集和传输日光温室气象观测资料、基本气象观测资料以及其他资料；

(7)综合运用多种日光温室气象观测资料，结合短期天气预报与短期气候预测等资料，利用开发出的日光温室预报模式对温室内部气象要素进行预报，制作直观、形象、灵活多样、针对性强的监测、预测预报和评估分析产品；

(8)依托信息网络系统，包括网站、短信、显示屏和手机APP等多种传播媒体，向服务用户发布日光温室服务产品；

(9)收集用户的反馈信息，不断改善、提高服务质量和水平，同时提供在线回答问题，及时解决日光温室气象服务用户的困难；

(10)严格按照产品制作流程和相关规范进行产品制作及发布向下指导旗县日光温室气象服务工作。

3.3.5 旗县级农业气象岗

(1)熟悉本地地形、地貌特征、气候背景和农业生产状况，了解本地区日光温室布局和生产情况。负责在生产期与农业、民政等相关部门沟通，跟踪调查日光温室灾情、病虫害发生等情况，按要求及时将各类监测调查数据上报市局；

(2)配合盟市气象局开展日光温室气象灾害地面调查，收集当地受灾情况；

(3)负责收集服务效益与反馈意见；

(4)熟悉产品制作流程、标准和基本内容，掌握相关业务制作软件、工具等，应用自治区级、盟市级指导产品，按照上级业务单位要求，提供本地区各类服务产品及技术材料，制作部分业务服务产品；

(5)对业务软件及设备进行日常维护。

第 4 章　日光温室气象服务考核

为加强日光温室气象服务工作,促进气象服务的规范化,不断提高服务的规范性、准确性和及时性,提升灾害性天气气象服务能力,建立日光温室气象服务考核机制。

考核内容分三项,分别是服务过程考核、服务产品考核和服务效益考核。服务过程考核、服务产品考核均按 100 分评分,两项目评分取平均值;服务效益考核作为附加分加在平均分上,最后得分为考核结果。

考评结果分为 3 个等次:85 分以上为优秀,70—85 分为合格,70 分以下为不合格。

4.1　服务过程考核

4.1.1　考核内容

服务过程考核是对大的灾害性天气从延伸期预报开始至天气全过程结束的气象服务工作完成情况的考核。

4.1.2　考核标准

日光温室服务过程考核内容和考核标准见表 4.1。

表 4.1　日光温室服务过程考核内容和考核标准

序号	内容	考核标准	得分
1	日光温室气象预报(5 分)	制作未来几天天气过程预报(5 分)	
2	会商(15 分)	①与生态中心开展联合会商(5 分)	
		②本台内部预报员与服务人员会商(5 分)	
		③与旗(区)开展会商(5 分)	
3	气象预报信息和决策短信(10 分)	①根据会商结论,制作气象预报信息(5 分)	
		②依据气象预报信息,发布决策短信(5 分)	
4	向领导汇报(10 分)	①向政府和相关部门领导汇报(5 分)	
		②提供决策依据(5 分)	
5	天气预报制作和发布(15 分)	①制作日光温室短期天气影响预报(6 分)、灾害性天气影响预警(6 分)	
		②对相关部门和新闻媒体等单位及时报送天气预报(3 分)	
6	实况监测信息(5 分)	发布本责任区内的日光温室内实况监测信息(5 分)	
7	应急响应(15 分)	①市局分管业务领导签发日光温室相应灾害性天气应急响应命令后,气象台组织全市天气会商,指导旗县(区)气象局做好预报和服务工作.(5 分)	
		②相关服务人员按照职责做好实时监测及跟踪服务。(5 分)	
		③调查了解受灾情况(5 分)	

续表

序号	内容	考核标准	得分
8	灾害性天气过程评价(5分)	制作发布评价产品(5分)	
9	决策服务信息(5分)	依据最新评价产品,发布决策服务信息(5分)	
10	灾情调查(5分)	调查并上报灾害发生情况(5分)	
11	灾情监测(5分)	制作灾情监测(5分)	
12	灾害评估(5分)	制作灾害评估报告(5分)	
	合计(满分100分)		

4.2 服务产品考核

4.2.1 考核内容

服务产品考核是对服务产品内容中文字描述的完整性和准确性,预报预警的准确性,产品发布的时效性三方面考核。

4.2.2 考核标准

服务产品考核标准分为优、良、合格、不合格四个等级,见表4.2。

表4.2 考核等级

考核等级	总分(A)
优	90—100
良	80—89
合格	60—79
不合格	0—59

日光温室服务过程考核内容和考核标准见表4.3。

表4.3 日光温室服务过程考核内容和考核标准

序号	考核内容		考核标准	得分
1	日光温室气象监测分析产品考核(32分)	旬(月)监测分析产品(9.5分)	有明确的发布时间(0.5分)、发布单位(0.5分)、制作人(0.5分)和签发人(0.5分)	
2			有统计、分析评价上一旬温室内外小气候(1.5分)、评估主要天气过程对温室作物生长发育影响(1.5分)、预报本旬(月)天气过程时空分布(1分)和生产建议(1分)且描述准确	
3			发布对象准确(0.5分)	
4			时效:及时(2分),迟报(0分),漏报(0分)	
5		日光温室主要气象灾害监测(13分)	实况信息描述完整(1分)且准确(1分)	
6			灾情信息描述准确(2分)	
7			有明确的发布时间(0.5分)、发布单位(0.5分)、制作人(0.5分)和签发人(0.5分)	
8			图表与文字内容对应(1分)	

续表

序号	考核内容		考核标准	得分
9	日光温室气象监测分析产品考核(32分)	日光温室主要气象灾害监测(13分)	有未来三天天气预报(1分)	
10			发布对象准确(1分)	
11			发布时效:及时(4分),迟报(2分),漏报(0分)	
12		日光温室重要发育期监测产品(9.5分)	有明确的发布时间(0.5分)、发布单位(0.5分)、制作人(0.5分)和签发人(0.5分)	
13			有重要农事活动气候评价(1.5分)、主要天气过程对农事活动影响(1.5分)、预报本旬(月)天气过程时空分布(1分)和生产建议(1分)	
14			发布对象准确(0.5分)	
15			发布时效:及时(2分),迟报(0分),漏报(0分)	
16	日光温室气象预报预警产品考核(46分)	日光温室旬天气预报(10分)	有旬天气过程的开始时间(0.5分)、持续时间(0.5分)和结束时间(0.5分)描述	
17			有主要天气过程对农事活动影响(1分)、和生产建议(1分)	
18			有明确的发布时间(0.5分)、发布单位(0.5分)、制作人(0.5分)和签发人(0.5分)	
19			发布对象准确(0.5分)	
20			发布时效:及时(2分),迟报(0分),漏报(0分)	
21			准确率:85%以上(2分),70%~85%(1分),70%以下(0分)	
22		日光温室灾害性天气预报(18分)	有明确的发布时间(0.5分)、发布单位(0.5分)、制作人(0.5分)和签发人(0.5分)	
23			有天气过程的影响范围(0.5分)和强度(0.5分)、气象要素(1分)描述	
24			有天气过程的开始时间(0.5分)、持续时间(0.5分)和结束时间(0.5分)描述	
25			有关注区域(1分)、建议(0.5分)和防御措施(0.5分)描述	
26			有天气过程的发展趋势描述(1分)	
27			发布对象准确(0.5分)	
28			时效性考核。提前时间:48小时~72小时(5分),24小时~48小时(3分),12小时~24小时(1分),6小时以下(0分)	
29			准确率:85%以上(4分),75%~85%(2分),65%~75%(1分),65%以下(0分)	
30		日光温室气象灾害预报预警(18分)	有准确的名称(0.5分)、标准(0.5分)、防御措施(1分)	
31			有明确的发布时间(0.5分)、发布单位(0.5分)、制作人(0.5分)和签发人(0.5分)	
32			有明确的发生时间(0.5分)、影响范围(0.5分)、持续时间(0.5分)及强度(1分)	
33			影响作物受害程度(1分)与温室损害的程度(1分)	
34			发布对象准确(0.5分)	
35			时效性考核。提前时间:24小时~48小时(5分),12小时~24小时(3分),6小时~12小时(1分),6小时以下(0分)	
36			准确率:70%以上(4分),65%~70%(2分),60%~65%(1分),60%以下(0分)	

续表

序号	考核内容		考核标准	得分
37	日光温室农业气象监测评估产品考核（22分）	日光温室气象灾害调查评估（22分）	有明确的发布时间(0.5分)、发布单位(0.5分)、制作人(0.5分)和签发人(0.5分)	
38			有天气实况(1分)、灾情等级(1.5分)、致灾原因(1分)描述	
39			灾情调查(2分)，灾情评估(3分)	
40			恢复生产建议(1分)	
41			有未来一至七天天气预报及未来灾害的预测(1分)、未来天气条件对灾后恢复的利弊影响等(1分)	
42			发布对象准确(0.5分)	
43			发布时效：及时(4分)，迟报(2分)，漏报(0分)	
44			准确率：70%以上(4分)，65%～70%(2分)，60%～65%(1分)，60%以下(0分)	
			合计(满分100分)	

4.3 服务效益考核

4.3.1 考核内容

服务效益考核包括决策服务效益考核、公众服务效益考核、专业服务效益考核。决策服务效益考核是重要气象预报预警或决策服务材料受到党政决策部门的认可且产生社会效益的考核；公众服务效益考核是气象部门发布的重要气象信息为人民群众生命财产安全提供保障并得到社会认可的服务效益考核；专业服务效益考核是为专业用户提供防御建议，趋利避害、减少人员伤亡和财产损失等形式的社会服务效益考核。

4.3.2 考核标准

服务效益考核内容和考核标准见表4.4。

表4.4 服务效益考核内容和考核标准

序号	考核内容		考核标准	得分
1	决策服务效益考核	地方政府或相关服务部门依据决策服务材料开展的防御措施（附加分：3分）	印发明传电报通知(1分)	
2			召开各部门联合会商(1分)	
3			召开新闻发布会(1分)	
4		地方党政或相关服务部门领导批示（附加分：2分）	预报服务产品有领导批示(2分)	
5	专业服务效益考核	依据服务产品，专业用户采取的相应社会活动(附加分:5分)	专业用户依据气象预报采取防御措施(1分)	
6				
7			专业用户要求与气象部门联合会商(1分)	
8			灾害天气发生前人员安全转移(1分)	
9			灾害未造成人员伤亡(1分)	
10			灾害未造成财产损失(1分)	
			合计(满分10分)	

参考文献

崔建云,董晨娥,左迎之,高晓梅,徐文正,2006.外部环境气象条件对日光温室气象条件的影响[J].气象,**32**(3):101-106.

郭爱莲,1997.日光温室蔬菜病害与气象条件关系及防治措施[J].河南气象,(2):29-30.

郭树海,2008.春季不良天气日光温室管理要点[J].西北园艺,(3):46.

李凤琴,官景得,谭华,赵兔祥,陈荣,2013.宁夏温室大棚气象要素变化特征[J].北京农业,(10):196-198.

马鲜花,2013.影响温室大棚的不利气象条件及应对措施[J].现代农业科技,(15):267-268.

毛留喜,魏丽,2015.特色农业气象服务手册[M].北京:气象出版社.

宋玉民,单铁良,陈培英,李伟,2001.黄金萍日光温室生产的气象风险及气象决策效益评估[J].河南气象,(2):30.

孙智辉,刘志超,曹雪梅,雷延鹏,牛占峰,2011.日光温室气象服务体系设计与应用[J].中国农学通报,27(11):219-223.

王步兴,李英梅,陈志杰,陈振锋,2011.冬春日光温室蔬菜常见自然灾害及其应对策略[J].西北园艺,(3):6-7.

王艳霞,李月华,左秀丽,夏春婷,2015.秋冬春季光热变化对石家庄市日光温室蔬菜生产的影响[J].现代农业科技,(4):197-200.

辛纪宝,2013.日光温室的灾害性天气管理措施[J].种子世界,(3):33-34.

辛梅,王百祥,2011.灾害性天气日光温室的管理措施[J].北京农业,(4):164-165.

信志红,徐长芹,2012.日光温室内低温危害气象指标研究[J].现代农业科技,(13):252-253.

徐朝霞,金竑,2015.气象条件对大棚蔬菜生产的影响及解决对策[J].现代农业科技,(11):263.

杨再强,张婷华,黄海静,朱凯,张波,2013.北方地区日光温室气象灾害风险评价[J].中国农业气象,**34**(3)342:125-349.

张苗珍,屈会玲,2012.冬季日光温室蔬菜生产管理措施[J].现代农业科技,(24):125-127.

中国气象局,2008.QX/T88—2008.作物霜冻害等级[S].北京:气象出版社.

附录A 名词术语解释

1. 设施农业 是指采用具有特定结构和性能的设施、工程技术和管理技术,改善或创造局部环境,为种植业、养殖业及其产品的储藏保鲜等提供相对可控的适宜乃至最佳的温度、湿度、光照等环境条件,以期充分利用土壤、气候和生物潜能,在一定程度上摆脱对自然环境的依赖而进行有效生产的农业。

2. 温室设施农业 是指在不适宜作物生长发育的寒冷季节,利用保温、防寒等设施设备,人为创造适宜的小气候环境,不受或少受自然季节的影响而进行的作物生产。

3. 干旱 长期无雨或少雨,使土壤水分不足,作物水分平衡遭到破坏而减产的农业气象灾害。

4. 霜冻 在植物生长季节里,土壤表面或植物株冠附近的温度急剧下降到足以引起作物受害或死亡的降温现象,也即植物体温降低到0℃以下而受害的一种农业气象灾害。伴随冻害在作物表面有霜出现时,称为"白霜",无霜出现时,则称为"黑霜"。霜冻按出现季节分,有春(晚)霜冻和秋(早)霜冻;按形成原因分,有辐射霜冻、平流霜冻和平流辐射霜冻三种。包头地区"黑霜"多于"白霜",平流霜冻多于辐射霜冻。当地面最低温度降到0℃或以下时,大多数作物就会遭受冻害,所以用地面最低温度≤0℃作为霜冻的气候指标。霜冻是一种跨年度的天气现象,每年入秋后出现的第一次霜冻为初霜冻,其出现日期为初霜日,翌年春季最后一次出现的霜冻为终霜冻,其出现日期为终霜日。前一年的终霜日到当年的初霜日之间的天数称为无霜期,可以用作农业气候资源的衡量尺度之一,是农作物的生长季节。

霜冻发生的强度和时机与地形、土壤、植被、作物本身的生长状况等条件密切相关。一般来说,初霜冻(即秋霜冻)开始出现时间,海拔高度越高越早,纬度越高越早,低洼(谷地)地早,反之则晚;终霜冻(即春霜冻)终止时间,海拔高度越低越早,纬度越低越早,坡地比低洼地早,反之则晚。

5. 雹灾 降雹给农业生产造成的灾害。其主要表现是使农作物、蔬菜和果树遭受机械损伤和冻伤,同时冰雹对畜牧业和农业设施也会带来危害。雹灾的轻重,取决于作物生育期和冰雹的破坏力。在作物抽穗、灌浆和成熟期遇到冰雹,可经常导致绝收或严重减产。

6. 大风 近地面层风力达8级(平均风速17.2～20.7m/s)或以上的风。中国气象局观测业务规定,瞬时风速达到或超过17m/s(或目测估计风力达到或超过8级)的风为大风。大风会毁坏地面设施和建筑物;海上的大风则影响航海、海上施工和捕捞等作业,为害甚大,是一种灾害性天气。

7. 设施农业气象服务信息 即围绕设施农业生产,对影响设施生物生长发育的气象要素进行连续的监测、预报和灾害预警,评估气象实况和预报结果对生物生长发育的影响,提出有针对性的管理措施和生产建议,发布设施农业气象服务信息。

8. 茬口 一块地上栽种的前后季作物及其替换次序的总称。前季作物称为前茬,后季作物称为后连。狭义的茬口指前茬。在作物轮作或连作中,影响后作物生长的前茬作物及其迹地的泛称。

9. 秋冬茬和冬春茬 秋冬茬一般是在夏末秋初(7月下旬至8月中旬)开始育苗,秋末到初冬开始供应,直到深冬的1月份结束。冬春茬是从上年的11月到翌年1月播种育苗,深冬或早春定植,早春开始上市,到夏季先后结束。

10. 播种期 即播种的日期。

11. 控制温度的基本原则 是"三高三低",即"白天高、夜间低;晴天高、阴天低;出苗前移苗后高,出苗后移苗前定植前低"。

12. 放风 非阴天降水天,拉放温室草帘,敞开放风口。要求:放风口由小到大,出太阳拉棚,1~2h后敞开放风口,20~22℃关闭放风口,补充二氧化碳,降低湿度。最佳温度:白天25~32℃,晚上10~15℃。

13. 划锄 在覆盖地膜来不及时,为了促进根系下扎,浇水后要及时翻锄土壤,提高地温和保墒。

14. 气温 在百叶箱中观测到的距离地面1.5m高度处的空气温度。通常采用摄氏度(℃)为单位。

15. 地温 地表面和地面以下不同深度处土壤温度的总称。

16. 低温冷害 是指在作物生长期间出现一个或多个低温天气过程,使作物生长发育和产量形成遭受不良影响,导致严重减产或品质降低。低温冷害在内蒙古地区主要危害玉米、大豆。严重冷害年减产可达20%以上。

17. 冻害 0℃或0℃以下的低温,对植物造成伤害,从而导致减产、品质下降或绝收。

18. 发育 生物体的生命史中,其结构和功能从简单到复杂的转化过程。即在生物体生长的同时,伴随生物内部的分化,产生不同机能、不同形态结构的转化过程。发育属于质的变化,生长属于量的增加。

19. 发育期 生物生长发育过程中具有重要意义的器官或形态的质变过程。

20. 界限温度 标志某些重要物候现象或农事活动的开始、终止或转折点温度,叫作农业气象界限温度,简称界限温度。一般农业上常用的界限温度(日平均温度)有:0℃——土壤冻结与解冻,喜凉作物开始生长,如小麦;5℃——早春作物之播种,多种树木开始生长,喜凉作物积极生长,喜温作物开始播种,如甜菜、向日葵;10℃——喜温作物开始播种与生长,如玉米;15℃——喜温作物开始生长,喜热作物开始播种。

21. 农田小气候观测仪 为了观测温室内各气象要素,设立的气象观测设备,主要观测温室内气温、湿度、低温、二氧化碳浓度、总辐射和光合有效辐射等要素。

22. 空气温度指标 各类作物各个生育期冻害、冷害、适宜、热害温度指标。

23. 空气湿度指标 各类作物各个生育期空气干旱、适宜、过湿湿度指标。

24. 土壤温度指标 各类作物各个生育期土壤冻害、适宜、热害温度指标。

25. 土壤湿度指标 各类作物各个生育期土壤凋萎、适宜、渍涝湿度指标。

26. 太阳辐射指标 各类温室作物生长发育太阳辐射补偿点、适宜、饱和点光强指标。

附录 B 日光温室农业气象服务工作历

月份	农事活动或发育期	产品名称	产品类别	关注内容	产品内容及要求	发布对象与方式	发布时间/条件
1月	冬春苗育苗期	12月气象监测分析	监测分析类	关注要点：温度、日照、降雪。有利农业气象条件：天气晴好。不利农业气象条件：寒潮、大风、降雪、连阴寡照。	1. 温室小气候监测数据统计 2. 前期气候概述 3. 影响评述 4. 气候预测及生产建议	决策部门	纸质、网络	3日前发布
		日光温室农用天气预报	预报类	关注要点：当前气温、日照、降雪对日光温室育苗生产的影响。有利农业气象条件：天气晴好。不利农业气象条件：寒潮、大风、降雪、连阴寡照。	1. 预报结论 2. 生产建议	直通式服务用户	短信、微信	每句一期，适时加密
		灾害（风害、雪害、低温冻害、寡照）性农用天气预报预警	预报类	关注要点：灾害出现时间、发生等级、对生产的影响。	1. 预报结论：灾害名称、影响范围、持续时间 2. 生产建议	直通式服务用户	短信、微信	适时
		灾害（风害、雪害、低温冻害、寡照）监测分析	监测分析类	关注要点：灾害出现时间、发生等级、发生面积、程度，对日光温室生产的影响。	1. 当前灾害实况 2. 未来天气变化对灾害发展的可能影响 3. 生产建议	决策部门、直通式服务用户	纸质、网络 短信、微信	适时。达到发布条件时
		灾害（风害、雪害、低温冻害、寡照）影响评估	评估类	关注要点：灾害出现时间、发生等级、发生面积、程度，造成的损失、对日光温室生产的影响。	1. 灾情及评估结论：发生程度及范围、损失情况 2. 灾害延续或近期天气 3. 生产建议	决策部门	纸质、网络	适时

续表

月份	农事活动或发育期	产品名称	产品类别	关注内容	产品内容及要求	发布对象与方式	发布时间/条件
2月	冬春茬定植期	1 月日光温室气象监测分析	监测分析类	关注要点：温度、日照、降雪。有利农业气象条件：天气晴好、气温高。不利农业气象条件：寒潮、大风、降雪、连阴寡照。	1. 温室小气候监测数据统计 2. 前期气候概述 3. 影响评述 4. 气候预测及生产建议	决策部门 纸质、网络	3 日前发布
		日光温室农用天气预报	预报类	关注要点：当前气温、日照、降雪。有利农业气象条件：天气晴好、气温高。不利农业气象条件：寒潮、大风、降雪、连阴寡照。对定植生产的影响。	1. 预报结论 2. 生产建议	直通式服务用户 短信、微信	每旬一期，适时加密
		灾害（风害、雪害、低温冻害、寡照）性农用天气预报预警	预报类	关注要点：灾害出现时间，发生等级，对生产的影响。	1. 预报结论、灾害名称、灾害范围、持续时间 2. 生产建议	直通式服务用户 短信、微信	适时
		灾害（风害、雪害、低温冻害、寡照）监测	监测分析类	关注要点：灾害出现时间、发生等级、发生面积、程度，对日光温室生产的影响。	1. 当前灾害实况 2. 未来天气变化对灾害发展的可能影响 3. 生产建议	决策部门、直通式服务用户 纸质、网络、短信、微信	适时，达到发布条件时
		灾害（风害、雪害、低温冻害、寡照）影响评估	评估类	关注要点：灾害面积、程度、造成的损失、对日光温室生产的影响。	1. 灾情及评估结论：发生程度范围、损失情况 2. 灾害延续或近期天气 3. 生产建议	决策部门 纸质、网络	适时
		育苗期气候条件影响监测	监测分析类	关注要点：温度、日照、降雪等天气性天气活动的影响。有利农业气象条件：天气晴好、气温高。不利农业气象条件：寒潮、大风、降雪、连阴寡照。	1. 气候分析 2. 影响评述 3. 近期天气预报 4. 建议	决策部门 纸质、网络	生产活动结束后一周内

附录 B 日光温室农业气象服务工作历

续表

月份	农事活动或发育期	产品名称	产品类别	关注内容	产品内容及要求	发布对象与方式	发布时间/条件
3月	冬春茬育苗期	2月日光温室气象监测分析	监测分析类	关注要点:温度、日照、降雪、灾害、定植后苗情。有利农业气象条件:天气晴好、气温高。不利农业气象条件:寒潮、大风、降雪、连阴寡照。	1. 温室小气候监测数据统计 2. 前期气候概述 3. 影响评述 4. 气候预测及生产建议	决策部门 纸质、网络	3日前发布
		日光温室农用天气预报	预报类	关注要点:当前气温、日照、降雪对日光温室生产的影响。有利农业气象条件:气温高、天气晴好。不利农业气象条件:寒潮、大风、降雪、连阴寡照。	1. 预报结论 2. 生产建议	直通式服务用户 短信、微信	每旬一期,适时加密
		灾害(风害、低温冻害、寡照)性天气预警	预报类	关注要点:灾害出现时间、发生程度、对生产的影响。	预报结论:灾害名称、灾害程度、影响范围、持续时间 2. 生产建议	直通式服务用户 短信、微信	适时
		灾害(风害、低温冻害、寡照)监测	监测分析类	关注要点:灾害出现时间、发生等级、发生面积、程度、对日光温室生产的影响。	1. 当前灾害实况 2. 未来天气变化对灾害发展的可能影响 3. 生产建议	决策部门、直通式服务用户 纸质、网络、短信、微信	适时
		灾害(风害、低温冻害、寡照)影响评估	评估类	关注要点:灾害发生面积、程度、造成的损失、对日光温室生产的影响。	1. 灾情及评估结论:发生范围、损失情况 2. 灾害延续或近期天气 3. 生产建议	决策部门 纸质、网络	适时
		定植期气候条件监测	监测分析类	关注要点:气象条件对农事活动影响。有利农业气象条件:天气晴好、气温高。不利农业气象条件:寒潮、大风、降雪、连阴寡照。	1. 气候分析 2. 影响评述 3. 近期天气预报 4. 建议	决策部门 纸质、网络	生产活动结束后一周内

续表

月份	农事活动或发育期	产品名称	产品类别	关注内容	产品内容及要求	发布对象与方式	发布时间/条件
4月		3月日光温室气象监测分析	监测分析类	关注要点：温度、日照、灾情、苗情、病虫害。有利农业气象条件：天气晴好、气温高。不利农业气象条件：寒潮、大风、降雨、连阴寡照。	1. 温室小气候监测数据统计 2. 前期气候概述 3. 影响评述 4. 气候预测及生产建议	决策部门	纸质、网络	3日前发布
		日光温室农用天气预报	预报类	关注要点：当前气温、苗日照、灾情、天气条件：天气晴好、气温高。不利农业气象条件：寒潮、大风、连阴寡照。	1. 预报结论 2. 生产建议	直通式服务用户	短信、微信	每旬一期，适时加密
		灾害（风害、寡照）农用天气性预报预警	预报类	关注要点：灾害出现时间、发生程度、对生产的影响。	1. 灾害名称、灾害出现时间、发生等级、持续时间 2. 未来天气变化对灾害发展的可能影响 3. 生产建议	直通式服务用户	短信、微信	适时
		灾害（风害、寡照）监测分析	监测分析类	关注要点：灾害出现时间、发生等级、发生面积、程度、对日光温室生产的影响。	1. 预报结论、影响范围、持续时间 2. 未来天气变化对灾害发展的可能影响 3. 生产建议	决策部门、直通式服务用户	纸质、网络、短信、微信	适时，达到发布条件时
		灾害（风害、寡照）影响评估	评估类	关注要点：灾害出现时间、发生等级、发生面积、程度、对日光温室生产的影响。	1. 灾情实况、发生程度、影响范围、损失情况 2. 灾害延续或近期发展趋势 3. 生产建议	决策部门	纸质、网络	适时
5月	冬春茬收获期	4月日光温室气象监测分析	监测分析类	关注要点：温度、日照、降水、灾害、长势、病虫害。有利农业气象条件：天气晴好、气温高。不利农业气象条件：寒潮、大风、连阴寡照、烧苗因闪苗。	1. 温室小气候监测数据统计 2. 前期气候概述 3. 影响评述 4. 气候预测及生产建议	决策部门	纸质、网络	3日前发布
		日光温室农用天气预报	预报类	关注要点：当前作物收获期生产的影响。天气条件：天气晴好、气温高。不利农业气象条件：大风、连阴寡照、高温。	1. 预报结论 2. 生产建议	直通式服务用户	短信、微信	每旬一期，适时加密

附录 B 日光温室农业气象服务工作历

续表

月份	农事活动或发育期	产品名称	产品类别	关注内容	产品内容及要求	发布对象与方式	发布时间/条件
5月	冬春茬收获期	灾害（风害、高温热害、寡照）农用天气预报预警	预报类	关注要点：灾害出现时间、发生程度，对生产的影响。	1. 预报结论：灾害名称、灾害程度、影响范围、持续时间 2. 生产建议	直通式服务用户	短信、微信	适时
		灾害（风害、高温热害、寡照）监测	监测分析类	关注要点：灾害出现时间、发生等级、发生面积、程度，造成的损失，对日光温室生产的影响。	1. 当前灾害实况 2. 未来天气变化对灾害发展的可能影响 3. 生产建议	决策部门、直通式服务用户	纸质、网络、短信、微信	适时。达到发布条件时
		灾害（风害、高温热害、寡照）影响评估	评估类	关注要点：灾害出现时间、发生等级、发生面积、程度，造成的损失，对日光温室生产的影响。	1. 灾情及评估结论；发生范围、程度、损失情况 2. 灾害延续或近期天气 3. 生产建议	决策部门	纸质、网络	适时
		5月日光温室气象监测分析	监测分析类	关注要点：当前气温、日照、室温气候表墒情，对生产的影响。有利农业气象条件：天气晴好、气温适宜不利农业气象条件：大风、连阴寡照、高温、暴雨	1. 温室小气候监测数据统计 2. 前期气候概述 3. 影响评述 4. 气候预测及近期天气预测及生产建议	决策部门	纸质、网络	3日前发布
6月		日光温室农用天气预报	预报类	关注要点：当前气温、日照、降水对日光室生产的影响。有利农业气象条件：天气晴好、气温适宜不利农业气象条件：大风、连阴寡照、高温、暴雨、冰雹	1. 预报结论 2. 生产建议	直通式服务用户	短信、微信	每旬一期、适时加密
		灾害（风害、雹害）农用天气预报预警	预报类	关注要点：灾害出现时间、发生程度，对生产的影响。	1. 预报结论：灾害名称、灾害程度、影响范围、持续时间 2. 生产建议	直通式服务用户	短信、微信	适时

续表

月份	农事活动或发育期	产品名称	产品类别	关注内容	产品内容及要求	发布对象与方式	发布时间/条件
6月		灾害（风害、高温热害、寡照、雹害）监测	监测分析类	关注要点：灾害出现时间、发生等级、发生面积、程度，对日光温室生产的影响。	1. 当前灾害实况 2. 未来天气变化对灾害发展的可能影响 3. 生产建议	决策部门、直通式服务用户	纸质、网络、短信、微信	适时。达到发布条件时
		灾害（风害、高温热害、寡照、雹害）影响评估	评估类	关注要点：灾害出现时间、发生等级、发生面积、程度，造成的损失，对日光温室生产的影响。	1. 灾情及评估结论：灾害发生程度、范围、损失情况 2. 灾害延续或近期天气预报 3. 生产建议	决策部门	纸质、网络	适时
		收获期气候条件监测分析	监测分析类	关注要点：温度、日照、活动影响。有利农业气象条件：天气晴好、气温适宜。不利农业气象条件：大风、暴雨、冰雹、连阴寡照。	1. 气候分析 2. 影响评述 3. 近期天气预报 4. 建议	决策部门	纸质、网络	生产活动结束后一周内
		6月日光温室气象监测分析	监测分析类	关注要点：温度、日照、水、灾害性天气对农事活动影响。有利农业气象条件：天气晴好、气温适宜。不利农业气象条件：连阴寡照、暴雨、高温、冰雹、病虫害。	1. 温室小气候监测数据统计 2. 前期气候概述 3. 影响评述 4. 气候预测预报及生产建议	决策部门	纸质、网络	3日前发布
7月	秋冬茬育苗期	日光温室农用天气预报	预报类	关注要点：当前苗期生产气象条件、气象条件对生产的影响。有利农业气象条件：天气晴好、气温适宜。不利农业气象条件：大风、连阴寡照、高温、暴雨、冰雹。	1. 预报结论 2. 生产建议	直通式服务用户	短信、微信	每旬一期，适时加密
		灾害（风害、高温热害、寡照、雹害）性农事天气预报预警	预报类	关注要点：灾害名称、影响范围、对生产的影响。	1. 预报结论：灾害名称、影响范围、发生时间、持续时间 2. 生产建议	直通式服务用户	短信、微信	适时

附录 B 日光温室农业气象服务工作历

续表

月份	农事活动或发育期	产品名称	产品类别	关注内容	产品内容及要求	发布对象与方式	发布时间/条件
7月	秋冬茬育苗期	灾害（风害、高温热害、寡照、雹害）监测	监测分析类	关注要点：灾害出现时间、发生等级、发生面积、程度，对日光温室生产的影响。	1. 当前灾害实况 2. 未来天气变化对灾害发展的可能影响 3. 生产建议	决策部门、直通式服务用户	纸质、网络、短信、微信	适时。达到发布条件时
		灾害（风害、高温热害、寡照、雹害）影响评估	评估类	关注要点：灾害出现时间、发生等级、发生面积、程度，造成的损失，对日光温室生产的影响。	1. 灾情及评估结论：发生程度范围、损失情况 2. 灾害延续或近期天气 3. 生产建议	决策部门	纸质、网络	适时
		育苗期气候条件监测	监测分析类	关注要点：温度、日照活动影响。 有利农业气象条件：天气晴好、气温适宜。 不利农业气象条件：大风、暴雨、冰雹、高温、连阴寡照。	1. 气候分析 2. 影响评述 3. 近期天气预报 4. 建议	决策部门	纸质、网络	生产活动结束后一周内
8月	秋冬茬定植期	7月日光温室监测分析	监测分析类	关注要点：当前定植物候期、日照、降水对生产的影响。 有利农业气象条件：天气晴好、气温适宜。 不利农业气象条件：连阴寡照、高温、暴雨、连阴雨。 苗情、病虫害。	1. 温室小气候监测数据统计 2. 前期气候概述 3. 影响评述 4. 气候预测及生产建议	决策部门	纸质、网络	3日前发布
		日光温室农用天气预报	预报类	关注要点：当前定植物候期、日照、降水对日光温室生产的影响。 有利农业气象条件：天气晴好、气温适宜。 不利农业气象条件：大风、连阴寡照、高温、暴雨、冰雹。	1. 预报结论 2. 生产建议	直通式服务用户	短信、微信	每旬一期，适时加密
		灾害（风害、高温热害、寡照、雹害）灾害性农业预报预警	预报类	关注要点：灾害名称、发生程度，对生产的影响。	1. 预报结论：灾害名称、影响范围、持续时间 2. 生产建议	直通式服务用户	短信、微信	适时

续表

月份	农事活动或发育期	产品名称	产品类别	关注内容	产品内容及要求	发布对象与方式	发布时间/条件
8月		灾害（风害、高温热害、寡照、雹害）监测	监测分析类	关注要点：灾害出现时间、发生等级、发生面积、程度，对日光温室生产的影响。	1.当前灾害实况 2.未来天气变化对灾害发展的可能影响 3.生产建议	决策部门、直通式服务用户	纸质、网络、短信、微信	适时。达到发布条件时
		灾害（风害、高温热害、寡照、雹害）影响评估	评估类	关注要点：灾害出现时间、发生等级、发生面积、程度，造成的损失，对日光温室生产的影响。	1.灾情及评估结论：发生程度范围、损失情况 2.灾害延续或近期天气 3.生产建议	决策部门	纸质、网络	适时
		8月日光温室气象监测分析	监测分析类	关注要点：温度、日照、降水、灾害、苗情、病虫害。有利农业气象条件：天气晴好、气温适宜。不利农业气象条件：连阴寡照、高温、寡雨、冰雹。	1.温室小气候监测数据统计 2.前期概述 3.影响评述 4.气候预测及生产建议	决策部门	纸质、网络	3日前发布
		日光温室农用天气预报	预报类	关注要点：当前期气温、日照、降水对日光温室农业气象条件：天气晴好、气温适宜。不利农业气象条件：大风、连阴寡照、高温、暴雨、冰雹。	1.预报结论 2.生产建议	直通式服务用户	短信、微信	每旬一期，适时加密
9月	秋冬茬苗期	灾害（风害、寡照、雹害）性农用天气预报预警	预报类	关注要点：灾害名称、影响程度、持续时间	1.预报结论：灾害名称、影响范围、持续时间 2.生产建议	直通式服务用户	短信、微信	适时
		灾害（风害、高温热害、寡照、雹害）监测	监测分析类	关注要点：灾害出现时间、发生等级、发生面积、程度，对日光温室生产的影响。	1.当前灾害实况 2.未来天气变化对灾害发展的可能影响 3.生产建议	决策部门、直通式服务用户	纸质、网络、短信、微信	适时。达到发布条件时
		灾害（风害、高温热害、寡照、雹害）影响评估	评估类	关注要点：灾害出现时间、发生等级、发生面积、程度，造成的损失，对日光温室生产的影响。	1.灾情及评估结论：发生程度范围、损失情况 2.灾害延续或近期天气 3.生产建议	决策部门	纸质、网络	适时

附录 B 日光温室农业气象服务工作历

续表

月份	农事活动或发育期	产品名称	产品类别	关注内容	产品内容及要求	发布对象与方式	发布时间/条件
9月	秋冬茬苗期	定植期气候条件监测	监测分析类	关注要点：温度、日照，灾害性天气对农事活动的影响。有利农业气象条件：天气晴好、气温适宜。不利农业气象条件：大风、暴雨、冰雹、高温、连阴雾霾。	1. 气候分析 2. 影响评述 3. 近期天气预报 4. 建议	决策部门 纸质、网络	生产活动结束后一周内
		9月日光温室气象条件监测分析	监测分析类	关注要点：温度、日照、降水，灾情、苗情、病虫害。有利农业气象条件：天气晴好、气温适宜。不利农业气象条件：连阴雾霾、高温、暴雨、连阴雾霾。	1. 温室小气候监测数据统计 2. 前期评述 3. 影响评述 4. 气候预测及生产建议	决策部门 纸质、网络	3日前发布
		日光温室农用天气预报	预报类	关注要点：当前气温、日照、降水对日光温室作物收获期生产的影响。有利农业气象条件：天气晴好、气温适宜。不利农业气象条件：大风、大风、连阴雾霾。	1. 预报结论 2. 生产建议	直通式服务用户 短信、微信	每旬一期，适时加密
10月	秋冬茬收获期	灾害（风害、雾霾）性农用天气预报预警	预报类	关注要点：灾害出现时间、发生程度，对生产的影响。	1. 预报结论 影响范围，持续时间 2. 生产建议	直通式服务用户 短信、微信	适时
		灾害（风害、雾霾）监测	监测分析类	关注要点：灾害出现时间，发生等级、发生面积、程度，对日光温室生产的影响。	1. 当前天气实况 2. 未来天气变化对灾害发展的可能影响 3. 生产建议	决策部门、直通式服务用户 纸质、网络 短信、微信	适时。达到发布条件时
		灾害（风害、雾霾）影响评估	评估类	关注要点：灾害出现时间，发生等级、发生面积、程度，造成的损失，对日光温室生产的影响。	1. 灾情及评估结论：发生程度范围、损失情况 2. 灾害延续或近期天气 3. 生产建议	决策部门 纸质、网络	适时

续表

月份	农事活动或发育期	产品名称	产品类别	关注内容	产品内容及要求	发布对象与方式	发布时间/条件
11月		10月日光温室气象监测分析	监测分析类	关注要点：温度、日照、降水、灾害、长势。有利农业气象条件：天气晴好，气温适宜。不利农业气象条件：连阴寡照，冰雹、寒潮，大风。	1. 温室小气候监测数据统计 2. 前期气候概述 3. 影响评述 4. 气候预测及生产建议	决策部门	纸质、网络	3日前发布
		日光温室农用天气预报	预报类	关注要点：当前气温、日照、降雪对日光温室作物收获期的影响；天气晴好，气温高。不利农业气象条件：大风、连阴寡照、寒潮。	1. 预报结论 2. 生产建议	直通式服务用户	短信、微信	每旬一期，适时加密
		灾害（风害、寡照、雪害、低温冻害）性农用天气预报预警	预报类	关注要点：灾害出现时间、发生等级、对生产的影响。	1. 预报结论：灾害名称、灾害程度、影响范围、持续时间 2. 生产建议	直通式服务用户	短信、微信	适时
		灾害（风害、寡照、雪害、低温冻害）监测	监测分析类	关注要点：灾害出现时间、发生等级、发生面积、程度，对日光温室生产的影响。	1. 当前灾害实况 2. 未来天气变化对灾害发展的可能影响 3. 生产建议	决策部门、直通式服务用户	纸质、网络、短信、微信	适时。达到发布条件时
		灾害（风害、寡照、雪害、低温冻害）影响评估	评估类	关注要点：灾害出现时间、发生等级、发生面积、程度，造成的损失，对日光温室生产的影响。	1. 灾情及评估结论：发生程度范围、损失情况 2. 灾害延续或预测近期天气 3. 生产建议	决策部门	纸质、网络	适时
12月		11月日光温室气象监测分析	监测分析类	关注要点：温度、日照、降水、灾害、长势。有利农业气象条件：天气晴好，气温适宜。不利农业气象条件：连阴寡照，冰雹、寒潮，大风。	1. 温室小气候监测数据统计 2. 前期气候概述 3. 影响评述 4. 气候预测及生产建议	决策部门	纸质、网络	3日前发布

附录 B 日光温室农业气象服务工作历

续表

月份	农事活动或发育期	产品名称	产品类别	关注内容	产品内容及要求	发布对象与方式	发布时间/条件
12月		日光温室农用天气预报	预报类	关注要点：当前气温、日照、降雪对日光温室有利农业气象条件：天气晴好，气温高。不利农业气象条件：大风、连阴雾照、寒潮。	1. 预报结论 2. 生产建议	直通式服务用户	短信、微信	每旬一期，适时加密
		灾害（风害、寡照、雪害、低温冻害）性农用天气预报预警	预报类	关注要点：灾害出现时间、发生程度，对日光温室生产的影响。	1. 预报结论：灾害名称、灾害程度、影响范围、持续时间 2. 生产建议	直通式服务用户	短信、微信	适时
		灾害（风害、寡照、雪害、低温冻害）监测	监测分析类	关注要点：灾害发生面积、程度，对日光温室生产的影响。	1. 当前灾害实况 2. 未来天气变化对灾害发展的可能影响 3. 生产建议	决策部门、直通式服务用户	纸质、网络、短信、微信	适时。达到发布条件时
		灾害（风害、寡照、雪害、低温冻害）评估	评估类	关注要点：灾害发生面积、程度，造成的损失，对日光温室生产的影响。	1. 灾情发生范围、损失情况 2. 灾害延续或近期天气 3. 生产建议	决策部门	纸质、网络	适时
		收获期气候条件监测	监测分析类	关注要点：温度、日照、灾害性天气对农事活动的影响。有利农业气象条件：天气晴好，气温高。不利农业气象条件：寒潮、大风、降雪、连阴雾照。	1. 气候分析 2. 影响评述 3. 近期天气预报 4. 建议	决策部门	纸质、网络	生产活动结束后一周内

附录C 日光温室作物生育期气象指标

日光温室作物生育期气象指标见表C.1,表C.2,表C.3。

表C.1 农作物各个生长发育期空气温度、湿度指标

序号	品种	生长期	重霜冻上限	中霜冻上限	轻霜冻上限	重冷害上限	中冷害上限	轻冷害上限	适宜下限	适宜上限	热害下限	过干上限	适宜下限	适宜上限	过湿下限
									空气温度指标(℃)			空气湿度指标(%)			
1	番茄	苗期	−2	0	1	4	7	10	24	28	35	35	46	60	86
		花期	−2	0	1	4	7	10	19	30	35	35	46	60	76
		成熟期	−2	0	1	4	7	12	14	26	35	35	46	60	76
2	青椒	苗期	−1	1	2	4	7	12	17	28	35	35	56	80	91
		花期	−1	1	2	4	7	10	19	25	35	35	56	80	91
		食用期	−2	0	1	2	4	10	14	30	35	35	56	80	91
3	茄子	苗期	−1	0.5	1.5	4	7	12	22	25	33	55	66	80	91
		花期	−1	0.5	1.5	4	7	12	25	30	35	55	66	80	91
		食用期	−2	0	1	4	7	12	25	30	35	55	66	80	91
4	黄瓜	苗期	0	1	2.5	4	7	12	15	25	35	45	56	70	86
		花期	−1	1	2.5	4	7	12	20	25	35	45	56	70	86
		成熟期	−1	1	2.5	4	7	15	25	30	35	45	56	70	86
5	西葫芦	苗期	0	1	2.5	4	7	11	17	25	39	30	41	55	76
		花期	0	1	2.5	4	7	11	21	25	32	30	41	55	76
		成熟期	0	1	2.5	4	7	11	17	25	39	30	41	55	76
6	萝卜	苗期	−4	−3	−2	0	3	5	14	20	30	45	66	80	86
		茎叶生长期	−4	−3	−2	0	3	5	14	20	30	45	66	80	86
		肉质生长期	−5			0	3	5	14	20	30	45	66	80	86
7	胡萝卜	苗期	−7	−5	−3	0	3	5	14	20	30	35	46	60	76
		茎叶生长期	−7	−5	−3	0	3	5	14	20	30	35	46	60	76
		肉根膨大期	−6	−4	−3	0	3	5	14	20	30	35	46	60	76
8	水萝卜	苗期	0	1	2	6	9	12	14	25	35	55	76	90	96
		花期	0	1	2	6	9	12	19	25	35	55	76	90	96
		成熟期	0	1	2	6	9	12	19	25	35	55	76	90	96
9	花椰菜	苗期	−4	−2	0	2	4	7	19	25	30	55	76	90	96
		莲座期	−4	−2	0	2	4	7	14	25	30	55	76	90	96
		花球形成期	−4	−2	0	2	4	7	16	21	30	55	76	90	96
		结荚期	−4	−2	0	2	4	7	14	23	30	55	76	90	96
10	大白菜	苗期	−3	−2	−1	0	2	5	22	25	30	45	66	80	91
		坐莲期	−3	−2	−1	0	2	5	17	22	30	45	66	80	91
		结球期	−7	−4	−3	0	2	5	12	22	30	45	66	80	91
11	甘蓝	苗期	−7	−5	−4	0	2	6	15	20	30	45	76	90	96
		花期	−3	−2	−1	0	2	6	15	20	30	45	76	90	96
		成熟期	−8	−6	−5	0	2	6	15	20	30	45	76	90	96

续表

序号	品种	生长期	空气温度指标(℃)									空气湿度指标(%)			
			重霜冻	中霜冻	轻霜冻	重冷害	中冷害	轻冷害	适宜		热害	过干	适宜		过湿
			上限	上限	上限	上限	上限	上限	下限	上限	下限	上限	下限	上限	下限
12	马铃薯	苗期	−3	−2	−1	0	3	5	14	20	28	35	56	80	91
		茎叶生长期	−2	−1	−0.5	0	3	5	14	20	28	35	56	80	91
		肉质生长期	−2	−1	−0.5	0	3	5	14	20	28	35	56	80	91
13	小油菜	苗期	−5	−3	0	3	6	9	15	22	25	35	56	70	86
		花期	−5	−3	0	3	6	9	11	20	25	35	56	70	86
		成熟期	−5	−3	0	3	6	9	11	20	25	35	56	70	86
14	豌豆	苗期	−6	−5	−4	0	4	5	13	16	30	35	56	90	96
		花期	−3	−2	−1	0	8	11	16	19	30	35	56	90	96
		成熟期	−4	−3	−2	0	10	12	17	20	30	35	56	90	96
15	蚕豆	苗期	−6	−4	−3	0	4	5	15	25	30	35	66	90	96
		花期	−3	−2	−1	0	8	11	13	16	30	35	66	90	96
		成熟期	−4	−3	−1	0	9	12	14	20	30	35	66	90	96
16	菜豆	苗期	−1.5	−0.5	0.5	6	9	12	14	25	35	35	46	60	86
		花期	−1.5	−0.5	0.5	6	9	12	19	25	35	35	46	60	86
		成熟期	−2.5	−1	0.5	6	9	12	14	25	35	35	46	60	86
17	豇豆	苗期	−1.5	−0.5	0.5	5	6	10	19	30	35	35	46	60	86
		花期	−1.5	−0.5	0.5	5	6	10	19	30	35	35	46	60	86
		成熟期	−2.5	−1	0.5	5	6	10	19	30	35	35	46	60	86
18	芫荽	苗期	−9	−8	−7	−4	0	3	11	26	30	35	56	70	86
		花期	−3	−2	−1	0	1.5	3	11	26	30	35	56	70	86
		成熟期	−4	−3	−2	−1	1	3	11	26	30	35	56	70	86
19	芹菜	苗期	−6	−4	−2.5	0	5	9	14	23	30	35	56	70	86
		茎叶生长期	−8	−5	−4	0	5	9	14	20	30	35	56	70	86
20	草莓	花芽膨大	−7.5	−6	−2.5	0	2	5	19	26	39	35	51	65	81
		花蕾期	−6	−4	−2	0	2	5	14	24	39	35	51	65	81
		初花期	−5	−3	−1.5	0	2	5	14	24	39	35	51	65	81
		盛花期	−4	−3	−1	0	2	5	14	24	39	35	51	65	81
		初果期	−5	−3	−1	0	2	5	17	22	39	35	51	65	81
21	甜菜	苗期	−8	−7	−5	−1	0	4	14	20	39	35	51	65	76
		成熟期	−3	−2	−1	0	1	4	14	20	39	35	51	65	76
22	甜瓜	苗期	−1	0	1	4	9	14	18	26	35	35	46	60	76
		花期	−1	0	1	4	9	14	21	29	35	35	46	60	76
		成熟期	−1	0	1	4	9	14	22	30	35	35	46	60	76
23	西瓜	苗期	−1	0.5	1.5	4	5	12	21	25	40	35	46	60	76
		伸蔓期	−1	0.5	1.5	4	5	10	24	28	40	35	46	60	76
		结果期	−2	0	1	4	5	15	29	35	40	35	46	60	76

表 C.2 农作物生长发育土壤温度、湿度指标

序号	品种	生长期	土壤温度指标(℃)			土壤湿度指标(%)			
			冷害	适宜	热害	过干	适宜		过湿
			上限	下限	上限	下限	上限	下限	上限	下限
1	番茄	苗期	13	19	22	38	35	56	70	86
		花期	13	19	22	38	35	56	70	86
		成熟期	13	19	22	38	35	56	70	86

续表

序号	品种	生长期	土壤温度指标(℃)				土壤湿度指标(%)			
			冷害	适宜		热害	过干	适宜		过湿
			上限	下限	上限	下限	上限	下限	上限	下限
2	青椒	苗期	12	16	22	35	40	66	80	91
		花期	12	16	22	35	40	66	80	91
		食用期	12	16	22	35	40	66	80	91
3	茄子	苗期	12	16	20	36	40	66	80	91
		花期	12	16	20	36	40	66	80	91
		食用期	12	16	20	36	40	66	80	91
4	黄瓜	苗期	11	19	25	37	55	81	90	96
		花期	11	19	25	37	55	81	90	96
		成熟期	11	19	25	37	55	81	90	96
5	西葫芦	苗期	11	14	25	28	55	66	80	91
		花期	11	14	25	28	55	66	80	91
		成熟期	11	14	25	28	55	66	80	91
6	萝卜	苗期	4	19	26	35	55	66	80	91
		茎叶生长期	4	19	26	35	55	66	80	91
		肉质生长期	4	19	26	35	55	66	80	91
7	胡萝卜	苗期	5	19	26	34	40	56	80	91
		茎叶生长期	5	19	26	34	40	56	80	91
		肉根膨大期	5	19	26	34	40	56	80	91
8	水萝卜	苗期	9	14	18	25	40	61	80	91
		花期	9	14	18	25	40	61	80	91
		成熟期	9	14	18	25	40	61	80	91
9	花椰菜	苗期	7	14	20	25	40	66	80	91
		莲座期	7	14	20	25	40	66	80	91
		花球形成期	7	14	20	25	40	66	80	91
		结荚期	7	14	20	25	40	66	80	91
10	大白菜	苗期	12	19	26	37	40	76	90	96
		坐莲期	12	19	26	37	40	71	85	96
		结球期	12	19	26	37	40	81	95	96
11	甘蓝	苗期	4	19	24	37	40	66	80	91
		花期	4	19	24	37	40	66	80	91
		成熟期	4	19	24	37	40	66	80	91
12	马铃薯	苗期	4	14	18	24	40	66	80	91
		茎叶生长期	4	14	18	24	40	56	75	91
		肉质生长期	4	14	18	24	40	76	85	91
13	小油菜	苗期	3	14	20	20	40	66	80	91
		花期	3	14	20	20	40	66	80	91
		成熟期	3	14	20	20	40	66	80	91
14	豌豆	苗期	2	19	25	33	40	56	80	91
		花期	2	19	25	33	40	56	80	91
		成熟期	2	19	25	33	40	56	80	91
15	蚕豆	苗期	3	15	20	34	40	66	90	96
		花期	3	15	20	34	40	66	90	96
		成熟期	3	15	20	34	40	66	90	96
16	菜豆	苗期	9	21	26	38	40	56	80	91
		花期	9	21	26	38	40	56	80	91
		成熟期	9	21	26	38	40	56	80	91

续表

序号	品种	生长期	土壤温度指标(℃)				土壤湿度指标(%)			
			冷害	适宜		热害	过干	适宜		过湿
			上限	下限	上限	下限	上限	下限	上限	下限
17	豇豆	苗期	9	24	29	38	40	56	80	91
		花期	9	24	29	38	40	56	80	91
		成熟期	9	24	29	38	40	56	80	91
18	芫荽	苗期	3	14	19	29	40	66	80	91
		花期	3	14	19	29	40	66	80	91
		成熟期	3	14	19	29	40	66	80	91
19	芹菜	苗期	5	17	23	32	40	66	80	91
		茎叶生长期	5	17	23	32	40	66	80	91
20	草莓	花芽膨大	5	17	23	32	40	51	65	81
		花蕾期	8	14	23	25	40	51	65	91
		初花期	8	14	23	25	40	61	75	91
		盛花期	8	14	23	25	40	61	75	91
		初果期	8	14	23	25	40	71	85	96
21	甜菜	苗期	8	14	23	25	45	66	80	86
		成熟期	8	14	23	25	45	66	80	86
22	甜瓜	苗期	13	21	25	33	40	56	70	86
		花期	13	21	25	33	40	56	80	91
		成熟期	13	21	25	33	40	51	65	86
23	西瓜	苗期	14	24	30	38	40	56	70	86
		伸蔓期	14	24	30	38	40	56	80	91
		结果期	14	24	30	38	40	51	65	86

表 C.3 农作物生长发育太阳辐射指标

品种	补偿点光强(lx)	饱和点光强(lx)	品种	补偿点光强(lx)	饱和点光强(lx)
番茄	2000	35000	小油菜	3000	30000
青椒	1500	30000	豌豆	2000	40000
茄子	2000	40000	菜豆	1500	25000
黄瓜	1500	55000	豇豆	3200	20000
西葫芦	15000	45000	芹菜	2000	45000
萝卜	600	25000	甜瓜	4000	55000
胡萝卜	2700	30000	西瓜	6400	80000
水萝卜	4800	25000	芸豆	1500	2500
花椰菜	4300	10000	大葱	1200	25000
大白菜	1500	40000	生姜	800	30000
甘蓝	4700	50000	韭菜	12000	40000
马铃薯	3700	40000	莴苣	1500	25000

附录 D　不同类型日光温室预报模型

D.1　厚墙体单膜双保温(厚墙体 1)

室内当天最高温度：

$$Y = 14.537 - 0.571X_1 + 0.684X_2 - 0.702X_3 \quad \text{(D.1)}$$
$$(R = 0.697, F = 127.938, P < 0.01)$$

式中：Y 为棚内当天最高温度；X_1 为当天白天总云量；X_2 为当天室外最高温度；X_3 为室外最高温度与棚内最高温度之差的旬平均值。

室内当天最低温度：

$$Y = 1.185 + 0.586X_1 - 1.038X_2 + 0.205X_3 + 0.235X_4 \quad \text{(D.2)}$$
$$(R = 0.904, F = 456.260, P < 0.01)$$

式中：Y 为棚内当天最低温度；X_1 为室外最低温度；X_2 为室外最低温度与棚内最低温度之差的旬平均值；X_3 为室外最高温度与棚内最高温度之差的旬平均值；X_4 为当天室外最高温度。

D.2　厚墙体双模内保温(厚墙体 2)

室内当天最高温度：

$$Y = 16.752 + 0.603X_1 - 0.558X_2 - 0.0472X_3 \quad \text{(D.3)}$$
$$(R = 0.676, F = 122.377, P < 0.01)$$

式中：Y 为棚内当天最高温度；X_1 为当天室外最高温度；X_2 为室外最高温度与棚内最高温度之差的旬平均值；X_3 为当天白天总云量。

室内当天最低温度：

$$Y = 7.262 + 0.606X_1 - 0.83X_2 + 0.303X_3 \quad \text{(D.4)}$$
$$(R = 0.902, F = 727.257, P < 0.01)$$

式中：Y 为棚内当天最低温度；X_1 为室外最低温度；X_2 为室外最低温度与棚内最低温度之差的旬平均值；X_3 为室外最高温度与棚内最高温度之差的旬平均值。

D.3　厚墙体单膜内保温(厚墙体 3)

室内当天最高温度：

$$Y = 16.433 + 0.584X_1 - 0.554X_2 - 0.424X_3 \quad \text{(D.5)}$$
$$(R = 0.647, F = 99.875, P < 0.01)$$

式中：Y 为棚内当天最高温度；X_1 为当天室外最高温度；X_2 为室外最高温度与棚内最高温度之差的旬平均值；X_3 为当天白天总云量。

室内当天最低温度：

$$Y = 3.118 + 0.538X_1 - 0.964X_2 + 0.167X_3 + 0.296X_4 \quad \text{(D.6)}$$
$$(R = 0.911, F = 510.177, P < 0.01)$$

式中：Y 为棚内当天最低温度；X_1 为室外最低温度；X_2 为室外最低温度与棚内最低温度之差的旬平均值；X_3 为室外最高温度与棚内最高温度之差的旬平均值；X_4 为当天室外最高温度。

D.4 37墙体

室内当天最高温度：
$$Y = 19.308 - 0.47X_1 + 0.574X_2 - 0.679X_3 \tag{D.7}$$
$$(R = 0.469, F = 29.751, P < 0.01)$$

式中：Y 为棚内当天最高温度；X_1 为当天白天总云量；X_2 为当天室外最高温度；X_3 为室外最高温度与棚内最高温度之差的旬平均值。

室内当天最低温度：
$$Y = 4.563 + 0.523X_1 - 1.016X_2 + 0.373X_3 + 0.146X_4 \tag{D.8}$$
$$(R = 0.905, F = 354.919, P < 0.01)$$

式中：Y 为棚内当天最低温度；X_1 为室外最低温度；X_2 为室外最低温度与棚内最低温度之差的旬平均值；X_3 为室外最高温度与棚内最高温度之差的旬平均值；X_4 为当天室外最高温度。

D.5 机建墙体

室内当天最高温度：
$$Y = 12.948 + 0.672X_1 - 0.708X_2 - 0.229X_3 \tag{D.9}$$
$$(R = 0.709, F = 94.197, P < 0.01)$$

式中：Y 为棚内当天最高温度；X_1 为当天室外最高温度；X_2 为室外最高温度与棚内最高温度之差的旬平均值；X_3 为当天白天总云量。

室内当天最低温度：
$$Y = 2.642 + 0.642X_1 - 0.95X_2 + 0.114X_3 + 0.162X_4 \tag{D.10}$$
$$(R = 0.904, F = 310.248, P < 0.01)$$

式中：Y 为棚内当天最低温度；X_1 为室外最低温度；X_2 为室外最低温度与棚内最低温度之差的旬平均值；X_3 为室外最高温度与棚内最高温度之差的旬平均值；X_4 为当天室外最高温度。

D.6 太阳能四季温室

室内当天最高温度：
$$Y = 18.677 - 0.426X_1 - 0.609X_2 + 0.499X_3 \tag{D.11}$$
$$(R = 0.596, F = 44.362, P < 0.01)$$

式中：Y 为棚内当天最高温度；X_1 为当天白天总云量；X_2 为室外最高温度与棚内最高温度之差的旬平均值；X_3 为当天室外最高温度。

室内当天最低温度：
$$Y = 2.725 + 0.586X_1 - 1.094X_2 + 0.27X_3 + 0.144X_4 \tag{D.12}$$
$$(R = 0.935, F = 420.419, P < 0.01)$$

式中：Y 为棚内当天最低温度；X_1 为室外最低温度；X_2 为室外最低温度与棚内最低温度之差的旬平均值；X_3 为室外最高温度与棚内最高温度之差的旬平均值；X_4 为当天室外最高温度。

D.7 高性能育苗温室

室内当天最高温度：
$$Y = 9.256 + 0.788X_1 - 0.851X_2 - 0.343X_3 \tag{D.13}$$
$$(R = 0.777, F = 96.857, P < 0.01)$$

式中：Y 为棚内当天最高温度；X_1 为当天室外最高温度；X_2 为室外最高温度与棚内最高温度之差的旬平均值；X_3 为当天白天总云量。

室内当天最低温度：

$$Y = 2.418 + 0.629X_1 - 1.135X_2 + 0.176X_3 + 0.305X_4 \quad \text{(D.14)}$$
$$(R = 0.983, F = 1379.409, P < 0.01)$$

式中:Y 为棚内当天最低温度;X_1 为室外最低温度;X_2 为室外最低温度与棚内最低温度之差的旬平均值;X_3 为室外最高温度与棚内最高温度之差的旬平均值;X_4 为当天室外最高温度。

附录 E 日光温室作物气象预警指标

作物冻害气温预警指标见表 E.1；作物热害气温预警指标见表 E.2；作物空气干旱预警指标见表 E.3；农作物土壤干旱预警指标见表 E.4；农作物空空气湿度害预警指标见表 E.5；农作物土壤湿害预警指标见表 E.6；作物光照不足预警指标见表 E.7。

表 E.1 作物冻害气温预警指标（温室内 150 厘米气温）

气温指标	冻害程度	受冻害影响的温室作物
2.5℃<t≤7.4℃	轻霜冻	甜瓜苗期
2℃<t≤2.5℃	轻霜冻	黄瓜苗期—花期；西葫芦；甜瓜苗期
1.5℃<t≤2℃	轻霜冻	西葫芦；甜瓜苗期；水萝卜；青椒苗期—花期；黄瓜苗期—花期
1℃<t≤1.5℃	轻霜冻	茄子苗期—花期；西瓜苗期—伸蔓期；青椒苗期—花期；水萝卜；黄瓜苗期—花期；西葫芦；甜瓜苗期
0.5℃<t≤1℃	中霜冻	西葫芦；水萝卜花期；青椒苗期—花期；黄瓜
	轻霜冻	西瓜；甜瓜；青椒食用期；茄子；番茄花期—熟期；蚕豆花期
0℃<t≤0.5℃	中霜冻	西葫芦；西瓜苗期—伸蔓期；水萝卜；青椒苗期—花期；茄子苗期—花期；黄瓜
	轻霜冻	西瓜结果期；甜瓜；青椒食用期；茄子食用期；豇豆苗期—熟期；番茄花期—熟期；蚕豆花期；菜豆花期—熟期
−0.5℃<t≤0℃	重霜冻	西葫芦；水萝卜；黄瓜苗期
	中霜冻	西瓜；甜瓜；青椒；茄子；黄瓜花期—熟期；番茄花期—熟期；蚕豆花期
	轻霜冻	小油菜苗期—花期；豇豆；花椰菜莲座期—结荚期；番茄苗期；菜豆花期—熟期
−1℃<t≤−0.5℃	重霜冻	西葫芦；水萝卜；黄瓜苗期
	中霜冻	西瓜；甜瓜；青椒；茄子；豇豆苗期—花期；黄瓜花期—熟期；番茄花期—熟期；蚕豆花期；菜豆花期
	轻霜冻	小油菜苗期—花期；马铃薯茎叶生长—肉质生长期；豇豆熟期；花椰菜莲座期—结荚期；番茄苗期；菜豆熟期
−1.5℃<t≤−1℃	重霜冻	西葫芦；西瓜苗期—伸蔓期；甜瓜；水萝卜；青椒苗期—花期；茄子苗期—花期；黄瓜苗期—花期；蚕豆花期
	中霜冻	西瓜结果期；青椒食用期；茄子食用期；马铃薯茎叶生长—肉质生长期；豇豆；黄瓜熟期；番茄；菜豆花期—熟期
	轻霜冻	小油菜苗期—花期；芫荽花期；豌豆花期；甜菜熟期；马铃薯花期；花椰菜；甘蓝苗期；大白菜苗期—坐莲期；草莓盛花期—初果期；蚕豆苗期、结荚期；菜豆苗期
−2℃<t≤−1.5℃	重霜冻	西葫芦；西瓜苗期—伸蔓期；甜瓜；水萝卜；青椒苗期—花期；茄子苗期—花期；豇豆苗期—花期；黄瓜苗期—花期；蚕豆花期；菜豆花期
	中霜冻	西瓜结果期；青椒食用期；茄子食用期；马铃薯茎叶生长—肉质生长期；豇豆结荚期；黄瓜食用期；番茄；菜豆苗期—熟期
	轻霜冻	小油菜苗期—花期；芫荽花期；豌豆花期；甜菜熟期；花椰菜；甘蓝苗期；大白菜苗期—坐莲期；草莓初花期—初果期；蚕豆结荚期

续表

气温指标	冻害程度	受冻害影响的温室作物
−2.5℃<t≤−2℃	重霜冻	西葫芦;西瓜;甜瓜;水萝卜;青椒;茄子;马铃薯茎叶生长—肉质生长期;豇豆苗期—花期;黄瓜;番茄花期—熟期;蚕豆花期;菜豆苗期—花期
	中霜冻	芫荽花期;豌豆花期;甜菜熟期;马铃薯苗期;豇豆熟期;花椰菜;甘蓝苗期;番茄苗期;大白菜苗期—坐莲期;菜豆熟期
	轻霜冻	小油菜苗期—花期;芫荽熟期;豌豆苗期、熟期;萝卜;大白菜结球期;草莓花蕾期—初果期;蚕豆结荚期
−3℃<t≤−2.5℃	重霜冻	西葫芦;西瓜;甜瓜;水萝卜;青椒;茄子;马铃薯茎叶生长期—肉质生长期;豇豆;黄瓜;番茄;蚕豆花期;菜豆
	中霜冻	芫荽花期;豌豆花期;甜菜熟期;马铃薯苗期;花椰菜;甘蓝苗期;大白菜苗期—坐莲期
	轻霜冻	小油菜苗期—花期;芫荽花期—熟期;豌豆苗期、熟期;芹菜苗期;萝卜;大白菜结球期;草莓;蚕豆结荚期
−4℃<t≤−3℃	重霜冻	西葫芦;西瓜;芫荽花期;豌豆花期;甜瓜;甜菜熟期;水萝卜;青椒;茄子;马铃薯;豇豆;黄瓜;甘蓝苗期;番茄;大白菜苗期—坐莲期;蚕豆花期;菜豆
	中霜冻	小油菜苗期—花期;芫荽熟期;豌豆熟期;萝卜;花椰菜;草莓初花期—初果期;蚕豆结荚期
	轻霜冻	豌豆苗期;芹菜苗期;胡萝卜;甘蓝莲座期;大白菜结球期;草莓花芽膨大—花蕾期
−5℃<t≤−4℃	重霜冻	西葫芦;西瓜;芫荽花期—熟期;豌豆花期—熟期;甜瓜;甜菜熟期;水萝卜;青椒;茄子;马铃薯;萝卜苗期—茎叶生长期;豇豆;黄瓜;花椰菜;甘蓝苗期;番茄;大白菜苗期—坐莲期;草莓盛花期;蚕豆花期—熟期;菜豆
	中霜冻	小油菜苗期—花期;芹菜苗期;萝卜肉根膨大期;甘蓝莲座期;大白菜结球期;草莓花蕾期—初花期、初果期
	轻霜冻	豌豆苗期;芹菜茎叶生长期;胡萝卜;蚕豆苗期
−6℃<t≤−5℃	重霜冻	小油菜苗期—花期;西葫芦;西瓜;芫荽花期—熟期;豌豆花期—熟期;甜瓜;水萝卜;青椒;茄子;马铃薯;萝卜;豇豆;黄瓜;花椰菜;胡萝卜苗期;甘蓝苗期;番茄;大白菜;草莓初花期—初果期;蚕豆;菜豆花期—熟期
	中霜冻	豌豆苗期;甜菜熟期;芹菜;胡萝卜茎叶生长期—肉根膨大期;甘蓝莲座期;草莓花蕾期;菜豆苗期
	轻霜冻	甜菜苗期;草莓花芽膨大
−7℃<t≤−6℃	重霜冻	小油菜苗期—花期;西葫芦;西瓜;芫荽花期—熟期;豌豆;甜瓜;甜菜熟期;水萝卜;青椒;芹菜苗期;茄子;马铃薯;萝卜;豇豆;黄瓜;花椰菜;胡萝卜苗期、肉根膨大期;甘蓝苗期—莲座期;番茄苗期—熟期;大白菜;草莓花蕾期—初果期;蚕豆;菜豆花期—熟期
	中霜冻	芹菜茎叶生长期;胡萝卜茎叶生长期;番茄花期;草莓花芽膨大;菜豆
	轻霜冻	小油菜熟期;甜菜苗期
−7.5℃<t≤−7℃	重霜冻	小油菜苗期—花期;西葫芦;西瓜;芫荽花期—熟期;豌豆;甜瓜;甜菜熟期;水萝卜;青椒;芹菜苗期;茄子;马铃薯;萝卜;豇豆;黄瓜;花椰菜;胡萝卜;甘蓝苗期—莲座期;番茄;大白菜;草莓花蕾期—初果期;蚕豆;菜豆
	中霜冻	甜菜苗期;芹菜茎叶生长期;草莓花芽膨大期
	轻霜冻	小油菜熟期;芫荽苗期
−8℃<t≤−7.5℃	重霜冻	菜豆苗期;蚕豆;草莓;大白菜;番茄;甘蓝苗期—莲座期;胡萝卜;花椰菜;黄瓜;豇豆;萝卜;马铃薯;茄子;芹菜苗期;青椒;水萝卜;甜菜熟期;甜瓜;豌豆;芫荽花期—熟期;西瓜;西葫芦;小油菜苗期—花期

续表

气温指标	冻害程度	受冻害影响的温室作物
−8℃<t≤−7.5℃	中霜冻	菜豆;甜菜苗期
	轻霜冻	芹菜茎叶生长期;芫荽苗期;小油菜熟期
−9℃<t≤−8℃	重霜冻	菜豆;蚕豆;草莓;大白菜;番茄;甘蓝苗期—莲座期;胡萝卜;花椰菜;黄瓜;豇豆;萝卜;马铃薯;茄子;芹菜;青椒;水萝卜;甜菜;甜瓜;豌豆;芫荽花期—熟期;西瓜;西葫芦;小油菜苗期—花期
	中霜冻	甘蓝苗期;芫荽苗期;小油菜熟期
	轻霜冻	甘蓝结球期
t≤−9℃	重霜冻	菜豆;蚕豆;草莓;大白菜;番茄;甘蓝;胡萝卜;花椰菜;黄瓜;豇豆;萝卜;马铃薯;茄子;芹菜;青椒;水萝卜;甜菜;甜瓜;豌豆;芫荽;西瓜;西葫芦;小油菜

注:冻害程度指重霜冻、中霜冻和轻霜冻。

表 E.2 作物热害气温预警指标(温室内 150 厘米气温)

气温指标	受空气热害影响的农作物
t≥21℃	芹菜茎叶生长期
t≥23℃	甘蓝结球期;芹菜茎叶生长期
t≥25℃	甘蓝结球期;花椰菜花球形成期;萝卜肉质生长期;芹菜茎叶生长期;豌豆苗期—花期;小油菜
t≥26℃	甘蓝结球期;花椰菜苗期、花球形成期—结荚期;萝卜肉质生长期;芹菜茎叶生长期;豌豆苗期—花期;小油菜
t≥28℃	甘蓝结球期;花椰菜苗期、花球形成期—结荚期;萝卜肉质生长期;马铃薯苗期—茎叶生长期;芹菜茎叶生长期;豌豆苗期—花期;小油菜
t≥29℃	甘蓝莲座期—结球期;花椰菜苗期、花球形成期—结荚期;萝卜肉质生长期;马铃薯苗期—茎叶生长期;芹菜茎叶生长期;豌豆苗期—花期;小油菜
t≥30℃	蚕豆;大白菜坐莲期—结球期;甘蓝莲座期—结球期;胡萝卜茎叶生长期—肉根膨大期;花椰菜;萝卜;马铃薯苗期—茎叶生长期;芹菜;豌豆;小油菜
t≥31℃	菜豆苗期—花期;蚕豆;大白菜坐莲期—结球期;甘蓝莲座期—结球期;胡萝卜;花椰菜;萝卜;马铃薯苗期—茎叶生长期;芹菜;豌豆;芫荽;小油菜
t≥33℃	菜豆苗期—花期;蚕豆;大白菜坐莲期—结球期;甘蓝莲座期—结球期;胡萝卜;花椰菜;萝卜;马铃薯苗期—茎叶生长期;茄子苗期;芹菜;豌豆;芫荽;小油菜
t≥35℃	菜豆苗期—花期;蚕豆;大白菜;番茄苗期;甘蓝;胡萝卜;花椰菜;黄瓜苗期—花期;萝卜;马铃薯苗期—茎叶生长期;茄子苗期;芹菜;青椒苗期;水萝卜;甜菜;甜瓜苗期;豌豆;芫荽;小油菜
t≥36℃	菜豆;蚕豆;大白菜;番茄;甘蓝;胡萝卜;花椰菜;黄瓜苗期—花期;萝卜;马铃薯苗期—茎叶生长期;茄子;芹菜;青椒;水萝卜;甜瓜苗期;豌豆;芫荽;西葫芦花期;小油菜
t≥38℃	菜豆;蚕豆;大白菜;番茄;甘蓝;胡萝卜;花椰菜;黄瓜苗期—花期;萝卜;马铃薯;茄子;芹菜;青椒;水萝卜;甜瓜苗期;豌豆;芫荽;西葫芦花期;小油菜
t≥39℃	菜豆;蚕豆;草莓;大白菜;番茄;甘蓝;胡萝卜;花椰菜;黄瓜苗期—花期;萝卜;马铃薯;茄子;芹菜;青椒;水萝卜;甜菜;甜瓜苗期;豌豆;芫荽;西葫芦苗期—花期;小油菜
t≥40℃	菜豆;蚕豆;草莓;大白菜;番茄;甘蓝;胡萝卜;花椰菜;黄瓜苗期—花期;萝卜;马铃薯;茄子;芹菜;青椒;水萝卜;甜菜;甜瓜;豌豆;芫荽;西瓜;西葫芦苗期—花期;小油菜

表 E.3 作物空气干旱预警指标(温室内 150 厘米空气湿度)

空气干旱指标	受空气干旱影响的温室作物
U_d≤30%	西葫芦;番茄;青椒;胡萝卜;马铃薯;小油菜;豌豆;豇豆;菜豆;芫荽;芹菜;草莓;甜菜;甜瓜;西瓜;黄瓜;萝卜;大白菜;甘蓝;茄子;水萝卜;花椰菜
U_d≤35%	番茄;青椒;胡萝卜;马铃薯;小油菜;豌豆;蚕豆;菜豆;豇豆;芫荽;芹菜;草莓;甜菜;甜瓜;西瓜;黄瓜;萝卜;大白菜;甘蓝;茄子;水萝卜;花椰菜
U_d≤45%	黄瓜;萝卜;大白菜;甘蓝;茄子;水萝卜;花椰菜
U_d≤55%	茄子;水萝卜;花椰菜

表 E.4　农作物土壤干旱预警指标(温室内-10 厘米土壤)

土壤干旱指标	受土壤干旱影响的农作物
$U_d \leqslant 35\%$	番茄;青椒;茄子;胡萝卜;水萝卜;花椰菜;大白菜;甘蓝;马铃薯;小油菜;豌豆;蚕豆;菜豆;豇豆;芫荽;芹菜;草莓;甜瓜;西瓜;甜菜;黄瓜;西葫芦;萝卜
$U_d \leqslant 40\%$	青椒;茄子;胡萝卜;水萝卜;花椰菜;大白菜;甘蓝;马铃薯;小油菜;豌豆;蚕豆;菜豆;豇豆;芫荽;芹菜;草莓;甜瓜;西瓜;甜菜;黄瓜;西葫芦;萝卜
$U_d \leqslant 45\%$	甜菜;黄瓜;西葫芦;萝卜
$U_d \leqslant 55\%$	黄瓜;西葫芦;萝卜

表 E.5　农作物空气湿害预警指标(温室内 150 厘米空气湿度)

空气过湿指标	空气湿害影响的温室作物
$U_d \geqslant 76\%$	西瓜;甜瓜;甜菜;胡萝卜;西葫芦;番茄花期—成熟期
$U_d \geqslant 81\%$	草莓;西瓜;甜瓜;甜菜;胡萝卜;西葫芦;番茄花期—成熟期
$U_d \geqslant 86\%$	芹菜;芫荽;豇豆;菜豆;小油菜;萝卜;黄瓜;草莓;西瓜;甜瓜;甜菜;胡萝卜;西葫芦;番茄
$U_d \geqslant 91\%$	马铃薯;大白菜;茄子;青椒;芹菜;芫荽;豇豆;菜豆;小油菜;萝卜;黄瓜;草莓;西瓜;甜瓜;甜菜;胡萝卜;西葫芦;番茄
$U_d \geqslant 96\%$	蚕豆;豌豆;甘蓝;花椰菜;水萝卜;马铃薯;大白菜;茄子;青椒;芹菜;芫荽;豇豆;菜豆;小油菜;萝卜;黄瓜;草莓;西瓜;甜瓜;甜菜;胡萝卜;西葫芦;番茄

表 E.6　农作物土壤湿害预警指标(温室内-10 厘米土壤)

土壤湿害指标	土壤湿害影响的农作物
$U_d \geqslant 81\%$	草莓花芽膨大
$U_d \geqslant 86\%$	草莓花芽膨大;番茄;甜菜苗期;甜菜成熟期;甜瓜苗期;甜瓜成熟期;西瓜苗期;西瓜结果期
$U_d \geqslant 91\%$	草莓花芽膨大;番茄;甜菜苗期;甜菜成熟期;甜瓜苗期;甜瓜成熟期;西瓜苗期;西瓜结果期;青椒;茄子;西葫芦;萝卜;胡萝卜;水萝卜;花椰菜;甘蓝;马铃薯;小油菜;豌豆;菜豆;豇豆;芫荽;芹菜;草莓花蕾期—盛花期;甜瓜花期;西瓜伸蔓期
$U_d \geqslant 96\%$	草莓花芽膨大;番茄;甜菜苗期;甜菜成熟期;甜瓜苗期;甜瓜成熟期;西瓜苗期;西瓜结果期;青椒;茄子;西葫芦;萝卜;胡萝卜;水萝卜;花椰菜;甘蓝;马铃薯;小油菜;豌豆;菜豆;豇豆;芫荽;芹菜;草莓花蕾期—盛花期;甜瓜花期;西瓜伸蔓期;黄瓜;大白菜;蚕豆;草莓初果期

表 E.7　作物光照不足预警指标

受光照不足影响的作物	光照不足指标(lx)	受光照不足影响的作物	光照不足指标(lx)
番茄	≤2000	小油菜	≤3000
青椒	≤1500	豌豆	≤2000
茄子	≤2000	菜豆	≤1500
黄瓜	≤1500	豇豆	≤3200
西葫芦	≤15000	芹菜	≤2000
萝卜	≤600	甜瓜	≤4000
胡萝卜	≤2700	西瓜	≤6400
水萝卜	≤4800	芸豆	≤1500
花椰菜	≤4300	大葱	≤1200
大白菜	≤1500	生姜	≤800
甘蓝	≤4700	韭菜	≤12000
马铃薯	≤3700	莴苣	≤1500

附录 F 产品模板

F.1 旬天气预报,见图 F.1a,b,c。
F.2 灾害监测,见图 F.2。
F.3 重要发育期监测,见图 F.3a,b。
F.4 灾害性天气预报预警,见图 F.4a,b。

包头市生态与农业气象信息

总第 148 期

设施农业气象监测 第 38 期

包头市气象局   分析：XXX

2017 年 11 月 22 日   签发：XXX

11 月中旬天气有利于设施农业生产

一、11 月中旬温室小气候监测

150 厘米	空气温度	极端最高气温 34.5
		极端最低气温 4.2
		平均温度 13.4
	空气湿度	极端最高相对湿度 96
		极端最低相对湿度 24
		平均湿度 71
0 厘米	土壤温度	极端最高温度 16.9
		极端最低温度 10.8
		平均温度 13.8
	土壤湿度	极端最高相对湿度 100
		极端最低相对湿度 63
		平均湿度 79
-10 厘米	土壤温度	极端最高温度 16.3
		极端最低温度 12.4
		平均温度 14.5
	土壤湿度	极端最高相对湿度 100
		极端最低相对湿度 75
		平均湿度 81
-20 厘米	土壤温度	极端最高温度 16.1
		极端最低温度 14.2
		平均温度 15.2
	土壤湿度	极端最高相对湿度 89

图 F.1a 旬天气预报

		极端最低相对湿度 84
		平均湿度 86

二、旬天气概况

中旬我市平均气温-10.1（希拉穆仁）～0.4℃（土右旗），与历年同期相比，达茂旗和希拉穆仁偏低3.2（达茂旗）～3.5℃（希拉穆仁），其余地区偏高0.4（市区）～2.1℃（白云区）。全市无降水。日照时数74（达茂旗）～83小时（希拉穆仁）。与常年相比，全市偏多4（土右旗和达茂旗）～18小时（市区）。

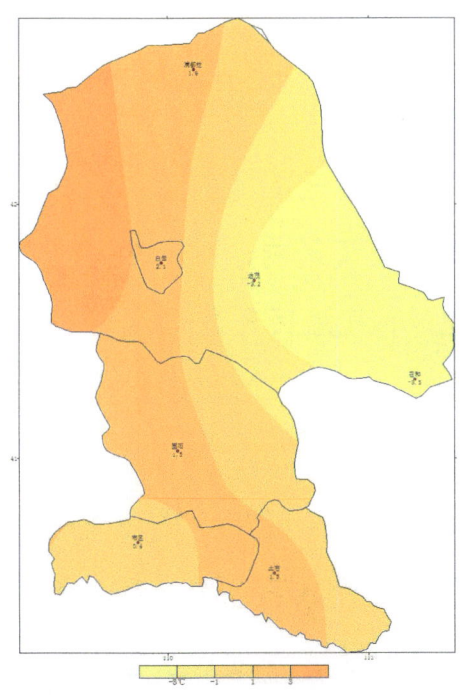
11月中旬平均气温分布图（℃）

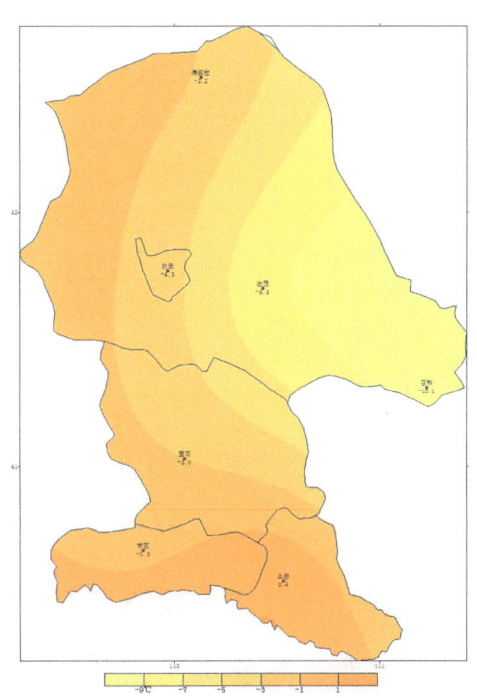
11月中旬平均气温距平分布图（℃）

图 F.1b　旬天气预报

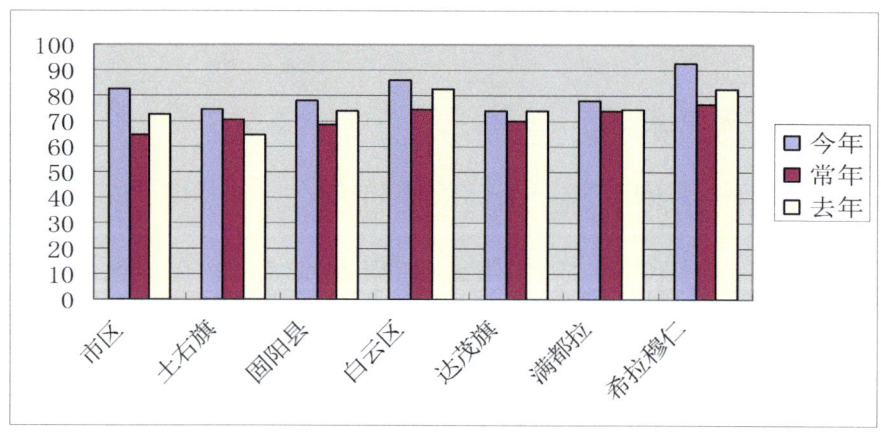

11月中旬日照时数示意图（小时）

三、影响评述

11月中旬，我市降水偏少，绝大部分地区气温偏高，日照正常，有利于温室大棚作物生长。

四、气候预测及生产建议

预计11月下旬，气温较常年同期偏低1度左右，有一次冷暖空气活动。23日到24日受暖空气影响，全市多云转阴，有小雪，3~4级西南风转西北风，气温回升2~4度；15日到16日，有一次弱的冷空气活动，4~5级西北风，北部5~6级西北风，气温下降4~6度。

旬内多云日数较多，降温不强，设施农业用户应加强光照管理，防止因棚膜透光不足，作物遭受寡照危害，影响作物生长；积极防范因棚内温度低、湿度大，诱发病虫害的发生；最后积极防御大风，做好防冻保温工作，如提前加固棚室防大风，增加棚外覆盖物以保温。

包头市生态与农业气象监测评估中心

图 F.1c 旬天气预报

包头市生态与农业气象信息

总第 24 期

设施农业气象预报预警 第 8 期

包头市气象局	分析：XXX
2016 年 3 月 2 日	签发：XXX

设施农业将受低温冷害影响

一、天气预报

3月3日至4日，受较强冷空气影响，我市将有一次大风降温天气过程。其中，全市4~5级西北风，并伴有不同程度的沙尘天气。风后山南气温下降6~8℃，山北气温下降8~10℃。

二、对设施农业的影响分析

未来两天，我市设施农业将受低温冷害影响，果类蔬菜将受冷害影响，部分地区保温条件差的温室将遭受重度冷害。

三、生产建议

建议农户提前做好设施农业防风、防冻及保温工作。要及时覆盖草苫、塑料膜，棚内温度偏低时要增加暖风炉等设施。避免因大风降温天气对设施农业生产带来的不利影响。

包头市生态与农业气象监测评估中心

图 F.2 灾害监测

包头市生态与农业气象信息

总第 22 期

设施农业气象监测 第 6 期

包头市气象局　　　　　　　　　　　　　　　　分析：XXX

2015 年 3 月 1 日　　　　　　　　　　　　　　　签发：XXX

设施农业定植期农业气象条件监测

一、天气气候概况

定植期我市平均气温-10.4（召和）～-3.7（土右）℃。与历年同期相比，偏低 1.1～2.0℃。极端最低气温-26.1（召和）～-15.4（土右）℃。日照时数 171.9（固阳）～224.0（白云）小时。与历年同期相比，偏少 0.4～36.6 小时。

二、重要天气事件

1、寒潮

受较强冷空气影响，2 月 21 日至 22 日我市出现寒潮天气。全市 48 小时最低气温降温幅度：山南地区-15.0～-17.1℃，山北地区-15.8～-19.0℃。期间极大风力山南地区达 6～7 级，山北地区达 7～8 级。22 日凌晨最低气温山南地区为-15.0～-17.9℃，山北地区为-19.1～-22.7℃。

图 F.3a　重要发育期监测

2、降水

2月27日至28日，全市出现小到中雪，其中山北小雪，山南中雪。各地降雪量（毫米）分布情况：市区3.7，土右2.9，固阳2.6，希拉穆仁1.1，达茂1.0，白云0.6。

三、对设施农业生产影响

据调查今年温室冬春茬作物定植期比常年偏早5天，前期我市气温偏高，日照充足，作物育苗期生长迅速，大部分棚室定植期略有提前。定植期内我市市区气温略低，大部地区日照不足，并且降雪极易使温室大棚棚膜、骨架压坏，并影响棚室内作物采光。气温低、湿度大，易发生病虫害。定植期气象条件不利于设施农业生产。

四、气候预测及生产建议

预计3月我市大部地区降水量较历年同期偏多。月平均气温大部地区较常年偏高。

3月上旬我市将有两次中度强度冷空气活动过程。2～4日全市多云，4～5级偏北风，有扬沙天气，气温下降4～6℃。8～9日，气温下降8℃左右。

生产建议：

目前我市仍是冷空气活动频繁时期，各设施农区要根据天气变化，注意做好大棚蔬菜的通风、保温等管理工作。

包头市生态与农业气象监测评估中心

图F.3b 重要发育期监测

包头市生态与农业气象信息

总第 139 期

设施农业气象监测 第 31 期

包头市气象局　　　　　　　　　　　　　　　　　分析：XXX

2016 年 11 月 18 日　　　　　　　　　　　　　　　签发：XXX

寡照天气对设施农业不利

一、寡照天气分析

11月4日以来，受持续阴雨雾霾天气影响，我市山南地区日照时数偏少6小时/天，山北地区偏少2～6小时/天。

全市大部地区连续6～14天日照时数不足5小时，出现寡照天气，其中山南地区连续11～14天不足3小时，并有10～12天日照时数为0，达到重度寡照灾害。

日期	4	5	6	7	8	9	10	11	12	13	14	15	16	17
满都拉	4.2	0.6	0	0	6.8	7.9	8.3	5.7	7.3	7.7	3.6	7.8	8.1	5
白云鄂博	1.7	3.8	0	0	1.6	5.9	6	0	1.7	1.7	1.2	4.5	0.9	4.6
达茂	4	0.6	0	0	3.1	4.3	4.5	0	2.5	0	0	0	0	3.5
固阳县	4.1	0	0	0	1.1	6.4	4.5	0	0.6	0.8	0	5.6	1.3	3.3
希拉穆仁	0	0	0	0	0.5	8.8	7.4	2.4	6.5	5.6	2	4.6	1	5
市区	2.6	0	0	0	0	1.8	0	0	0	0	0	0	0	0
土右旗	0	0	0	0	7.6	6.5	0	0	0	0	0	2.6	6.3	0

11月4日～17日各站逐日日照时数（小时）

图 F.4a　灾害性天气预报预警

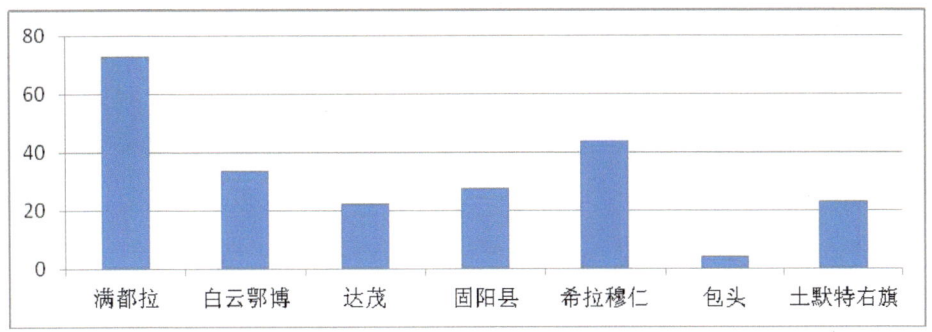

11月4日~17日各站日照时数（小时）

二、对设施农业生产影响分析

11月4日至17日，我市出现连续多日阴雨大雾寡照天气，不利于设施农业生产。寡照天气使温棚内蔬菜光合作用降低，生长缓慢，苗情变差，植株抗病能力下降；同时大棚内湿度大，染病机率增大，对果菜产量和品质有一定影响。

三、未来天气影响及生产建议

19日~21日全市以多云天气为主，日照条件依旧较差，部分地区还会有间歇的雾、霾天气，寡照灾害将持续或加重。22日~25日，受中等强度冷空气影响，气温下降8℃左右，并伴有小雨或雨夹雪天气。

建议：

1、每天揭放草苫或棉被保证蔬菜见到散射光，并要勤擦拭棚膜灰尘，保持透光率良好；如遇低温寡照天气超过3天以上时，应尽可能揭草苫（棉被）。

2、及时吊蔓，改善行间、株间透光条件。必要时采用灯光补光，以确保蔬菜正常生长。

3、选择烟雾剂进行熏蒸以预防果菜病菌。

包头市生态与农业气象监测评估中心

图 F.4b　灾害性天气预报预警

天然草地牧草
气象服务与管理篇

TIANRAN CAODI MUCAO
QIXIANG FUWU YU GUANLI PIAN

《天然草地牧草气象服务与管理篇》编写组

主　编：乌兰巴特尔　王英舜

成　员：于长文　力　源　刘国义　贺俊杰

　　　　郭立志　李慧融　董春艳　章钊颖

　　　　乌日恒

前　言

一、编制目的

锡林郭勒盟是我国北方重要的生态屏障和畜牧业发展基地。随着人口和家畜的增长，畜牧业作为基础产业、优势产品和经济发展支柱产业迅速增长，正以前所未有的规模和强度影响着环境，使草原生态系统承受着巨大的压力。因此，保护和恢复草原生态，合理利用草原生态资源，为畜牧业可持续发展提供科学的气象服务尤为重要。

基于草原生态与畜牧业对气象因素影响的敏感性，在合理开发草原资源、依靠气象科技振兴畜牧业和帮助广大牧民脱贫致富方面，气象服务发挥了重要作用。随着现代畜牧业的发展和牧区建设进程的推进，科学、有效管理利用草原生态系统的理念日益深入人心，常规的气象业务服务已经不能满足人们的需求，迫切需要从气象角度观测、分析和评估生态环境，既合理利用草原生态资源，又满足当地畜牧业生产服务需求，从辅助性的被动气象信息服务转变成为主动性的直接产生经济效益的社会生产力。这就需要气象部门充分发挥卫星遥感和地面监测网络优势，加强对生态敏感区、脆弱区和重点项目建设区的监测与评估；需要提高对短期气候预测的准确率和专项预报的精细化程度，提升防灾减灾应急处置和服务能力；需要拓宽畜牧业气象服务领域、创新服务体制机制，将天然牧草气象服务产品从普适性向个性化转变，增强气象服务产品对畜牧业生产服务的专业性和针对性。天然牧草气象服务必须与时俱进，才能为促进锡林郭勒盟经济发展提供有效的气象保障，从而获得较高的生态、经济和社会效益，为国民经济建设、社会发展和人民生活保驾护航。

天然牧草气象服务是气象服务工作的重要组成部分。为适应社会需求，健全公共气象服务体系，建立气象灾害预警应急体系，强化锡林郭勒盟牧业气象服务工作，指导牧业气象服务人员掌握业务技术，促进草原生态气象监测、服务技术、分析评估水平提升，为畜牧气象服务奠定基础，做到准确预报、及时预警、合理利用、科学应对、因灾施策，提高畜牧业气候资源开发和利用水平，为进一步做好畜牧业气象防灾减灾和应对气候变化工作提供参考，为政府部门、生产经营户等对天然牧草生长状况、牧业气象预报的需求提供保障。基于此，编制《天然草地牧草气象服务工作与管理篇》。

二、编制依据

为遵循气候规律，保证畜牧业生产各个环节高效有序进行，以多年的业务实践和科研成果为基础，以周年服务时间顺序为主线，充分考虑物候季节、牧事活动、牧用天气和灾害性天气。依据《气象灾害防御条例》《农业气象观测规范》《内蒙古自治区气候生态环境监测技术规范》《内蒙古自治区生态与农牧业气象服务体系研究》和锡林郭勒盟气象局《草原生态与畜牧业气象系列化流程化服务》《牧区公共气象服务规范》等有关内容，制定本篇。

三、编制原则

编制工作坚持不断增强气象服务责任感，建立健全草原生态与畜牧业气象信息服务；坚持发展生态畜牧业的新观念，实行经济效益、生态效益和社会效益的协调统一的原则。力求本篇内容科学、实用、先进、语言流畅、逻辑清晰；整体布局规范，标准、简洁、合理、美观；强化针对性、量化指标、细化技术方法；附图、附表严格按照有关规定，做到统一标准，规范编制。

四、适用范围

本篇以锡林郭勒盟为研究区域，内容涵盖锡林郭勒盟气象条件对天然牧草生长发育的影响、天然草地牧草气象服务以及草原畜牧业气象服务考核等。阐述了从服务产品分类、业务流程、产品制作技术规范的制定，服务指标的选择到名词解释和周年服务方案内容、形式确定各环节等多方面内容，并提供大量的天然草地牧草气象服务的应用实例。可作为内蒙古自治区草原地区气象技术人员开展畜牧业气象服务工作参考应用用书，指导各级业务单位服务工作，以便快速领悟、创新、实践，推动气象服务科学、现代化、快速发展。并且首次提出畜产品气候品质认证这一新兴业务的开展思路，可提高气象信息的价值，为公众提供更好的服务。也可供乡镇（苏木）政府气象助理和有关的牧业管理人员开展畜牧业气象服务工作的参考用书，以及从事相关领域工作的广大科研人员参考。

由于编者水平有限，手册中错误与疏漏之处在所难免，恳请广大读者批评并提出进一步完善的意见。

编者

2017 年 8 月

第1章 概 论

锡林郭勒盟位于中国的正北方,内蒙古自治区的中部,辖9旗2市1县和1个管理区。地处115°13′—117°06′E,43°02′—44°52′N,是我国四大草原之一的内蒙古草原的主要天然草场。东西长逾600km,南北宽460km,土地总面积约20.3万km²,草地面积占全盟总面积的97.2%。北与蒙古国接壤,边境线长1098km。南邻河北省张家口、承德地区,西连乌兰察布市,东接赤峰市、兴安盟和通辽市,是东北、华北、西北交汇地带,具有对外贯通欧亚、区内连接东西、北开南联的重要作用。这里既是国家重要的畜产品基地,又是西部大开发的前沿,是距京津唐地区最近的草原牧区。

1.1 地形地貌与气候特点概况

锡林郭勒草原属内蒙古高原的一部分,地形比较平坦开阔,资源丰富,可利用优质天然草场面积18万km²。具有以高平原为主体,兼低山丘陵、台地、盆地和沙地的地貌结构。其地势南高北低,自西南向东北倾斜。东南部多低山丘陵,盆地错落,西、北部地形平坦,一些低山丘陵和熔岩台地零星分布其间。东北部为乌珠穆沁盆地,河网密布,水源丰富。西南部为浑善达克沙地,由一系列垄岗沙带组成,多为固定和半固定沙丘。海拔800~1200m。地形条件影响大气环流和水热条件在地表的再分配,进而影响到植被的发育和分布,导致自然条件和资源独具特点。

锡林郭勒盟地处中纬度内陆,为西风环流控制,属中温带半干旱、干旱大陆性季风气候。四季分明,春季风多雨少易干旱,夏短温热雨不均,秋季凉爽霜雪早,冬长寒冷冰雪茫。锡林郭勒盟气候资源丰富,拥有光能资源、风能资源和水分资源。

年平均气温分布受地理地形、下垫面性质和大气环流特征等因素影响,由西南向东北依次变冷。最暖的地区在苏尼特右旗和二连浩特市,年平均气温在4℃以上,最冷的地区在阿巴嘎旗北部、东乌珠穆沁旗东部和西乌珠穆沁旗东南部的边缘地区,年平均气温均在0℃以下,其余大部地区年平均气温为1~4℃。

锡林郭勒盟地区≥0℃积温在2536.9℃·d以上,稳定通过0℃的初终间日数为198~211d;≥5℃积温在2373.2℃·d以上,稳定通过5℃的初终间日数为162~180d;≥10℃积温1989.2℃·d以上,稳定通过10℃的初终间日数为122~148d。

日照资源十分丰富,年日照时数大部地区为2817~3177h。年日照百分率分布西部高,东部低,为64%~72%。春季日照时数平均为837.9h,夏季日照时数平均为848.4h;秋季日照时数平均为716.8h,冬季日照时数平均为622.2h。丰富的日照资源为锡林郭勒草原植物生长发育和农牧业生产创造了有利条件。

年平均降水量为271.1mm,西部地区不足185mm,南部大部分地区在350mm以上,全盟大部地区年降水量小于300mm。年降水量分布受地形和季风影响,具有明显的地带性和季节性分布规律,等值线呈东北—西南走向,由西北向东南依次递增,纬度低,海拔高的地区降水多,大部地区为200~384mm,天然牧草生长季(4—9月)降水量占年降水量的89%左右。春季平均降水量占全年的14.2%;夏季是降水最集中的季节,季平均降水量占全年的66.0%;秋季平均降水量占全年的15.3%,但降水对牧业生产意义不大;冬季平均降水量占全年的4.5%,冬季降水以雪为主,具有保墒作用,但极易造成雪灾。

1.2 草原植被类型与天然牧草分布

气候因素是直接影响植被发生发展的能量和物质条件。其中,热量的差别与干湿程度的不同所形成的水、热组合条件是影响植被分布的主导因素。锡林郭勒盟草原幅员辽阔,气象条件差异较大,水热条件由东北向西南呈带状变化,草原植被类型和天然牧草种类的分布受水热条件的限制有明显的差异。

锡林郭勒盟草原植被类型从东向西由草甸草原—典型草原—荒漠草原过渡,因而形成了三个地带性的植被亚型和一个半隐域性沙地植被类型。即天然草场可分为5大类:草甸草原、典型草原、荒漠草原、沙地植被和其他类草场。其中,草甸草原面积202.57万 hm^2,占可利用草原总面积的12.28%,集中分布于东部和东南部,占据低山丘陵、波状高平原与宽谷平原,地带性土壤为暗栗钙土和黑钙土;典型草原是构成本盟草原的主体部分,面积为861.42万 hm^2,占可利用草原总面积的52.21%,分布于荒漠草原以东的锡林郭勒高平原中西部,集中分布于中温型草原带的中部,具有典型的半旱生气候特征,是构成锡林郭勒草原的主体部分;荒漠草原面积256.61万 hm^2,占可利用草原总面积的15.55%。荒漠草原主要分布在苏尼特左旗以西的乌兰察布高平原,处于本盟草原的最西部,是草原植被中最旱生的类型,其东界大致在112°30′E附近与典型草原相接壤;沙地植被面积为239.38万 hm^2,占可利用草场面积的14.51%。草原地带的沙地,是一个发育在独特生境的土地类型,也是植物的一个特殊生活环境,因而构成一种独特的、半隐域性的自然景观,主要分布在小腾格里固定和半固定沙地之上;其他类草场占可利用草场面积的5.45%。

锡林郭勒盟草原以多年生、旱生低温草本植物占优势,建群植物主要是禾本科草类,其中以针茅和羊草最有代表性。前者为多年生密丛旱生禾草,是典型草原的建群种;后者为旱生—中旱生根茎禾草,常组成辽阔的羊草草质群系,也是常见的建群种或优势种,其根茎发达,对防风固沙起着重要作用。糙隐子草和黄蒿也是锡林郭勒草原上常见的伴生优势植物。其中糙隐子草是多年生小型丛生草本植物,典型草原旱生种,常组成群落下层的小禾草层片;黄蒿为一年生草木,中生杂草多散生或形成小群聚。

1.3 锡林郭勒盟草原生态系统

草原生态系统具有的生态、生产和生活功能,为人类提供了巨大的生态服务和经济回馈,从某种意义上讲,它的价值是不可估量的。草原是锡林郭勒盟主要的自然生态系统类型之一。

草原生态系统在维持物种多样性、调节气候、水土保持和防风固沙等方面发挥着重要的作用。锡林郭勒盟草原生态系统的发展状况对于我国北方的生态安全至关重要,是我国北方地区的天然生态屏障。典型草原是锡林郭勒盟草原的主体,它所处的地理位置使其在生态安全上具有更为突出的重要性。由于典型草原位于荒漠草原与草甸草原之间,所以它对环境条件变化和人为干扰最为敏感,当该地区的气候条件趋于干旱或是受到强烈的人为干扰时,它就会向荒漠草原演化。与干旱少雨的气候条件相适应,锡林郭勒盟草原植被的根系发达,对土壤有较强的固着作用;茂密的茎叶能够阻挡风雨对土壤的侵蚀;土壤中动物和微生物的活动使土壤多孔而疏松,能够吸纳雨水,减少地表径流,进而保持水土。由此可见,人类的可持续发展依赖于生态系统服务功能的长期维持与保护,生态价值才得以体现。

同时,草原生态系统有着丰富的生物资源,给人类的生活与生产提供物质、生命支持。锡林郭勒草原处于欧亚大陆草原带的中部,是我国重要的畜牧业基地。天然牧草作为锡林郭勒盟畜牧业生产最基本的生产资料,对畜牧业生产起着举足轻重的作用。草原上有许多野生植物资源,诸如野生蘑菇、发菜、蕨菜、黄花菜等多种食用植物,还有许多名贵药材,如蒙古黄芪分布在锡林郭勒盟中部、东部地带,柴胡在全盟各地均有分部,蕴藏量很大。草原生态系统通过第一性生产和第二性生产为人类提供生活和生产所必需的各种物品。草原植物在气候、土地和人类生产劳动的综合作用与影响下,可通过光合作用生产出植物有机物,这就是草原的初始物质生产。在草原的初级生产中,经过加工调制的干草捆和精选的牧草种子等是重要商品,产值很大。草原动物所产的肉、奶、毛、皮等也同样可以进行加工、交换与流通。不仅如此,锡林郭勒草原还能为人类提供重要的工业原料——芦苇,在典型草原上有大面积分布。其次草原生态系统不仅有支撑和维持人类生存环境和生命支持系统的功能,还为人类提供娱乐、休闲和美学享受。因此,只有草原生态系统健康稳定发展,经济价值才能更加突出。

然而由于人们对草原生态系统功能缺乏全面的认识,致使草原生态环境不断恶化,并已威胁到草原生态系统的安全,降低甚至丧失了草原生态系统的部分功能,严重影响了人们的生活和经济的发展。因此,应深刻认识草原生态系统的健康状况及其服务功能,并采取相应的恢复措施,充分发挥其功能,从而实现环境-经济-社会效益的同步增长。

1.4 天然牧草气象服务需求

锡林郭勒盟是我国主要牧业基地之一,降水量少,且分配不均,年际之间变化大是其主要特征。由于不同牧草对气候条件的要求不同,热量条件支配着天然草场牧草生长发育进程,降水量多少制约着牧草产量的高低。因此,研究气象条件对天然草场牧草生长发育及产量形成的影响,牧草引种驯化、选择优良草种、建设人工草场等具有重要意义;对于揭示天然牧草自身生物学规律,确定天然牧草产量,合理利用草场资源至关重要。

近年来,国家和自治区政府高度重视农业结构调整和畜牧业生产方式的转型升级,大力发展现代农牧业,相继出台了推动草原生态恢复和畜牧业生产"双赢",促进牧民持续增收的政策,包括改革某些落后的经营方针,实行适度放牧、以草定畜、推行季节牧业以减轻草场压力,给牧草提供休养生息的时机以及其他可使草原植被得以恢复和发展的各种措施,实行科学化管理方式,旨在禁止过度放牧,减少畜载量,确保草畜平衡,以利于草原生态的休生养息。顺应形势的改变,锡林郭勒盟草原生态环境保护与畜牧业生产方式也逐步转变。

随着社会、经济的快速发展和科技水平的不断提高,在"走生态畜牧业发展之路"的发展战略引领下,气象服务也将面临新的要求和标准,服务类型趋于向精细化、系列化和流程化发展。面对发展需求,草原生态气象服务也在"与时俱进"。服务产品紧跟时代的步伐,以牧业生产和草原生态保护需求为目标,按照锡林郭勒盟气象局《草原生态与畜牧业气象系列化流程化服务方案》要求,产品内容逐渐丰富,几乎涵盖了草原生态和畜牧业的监测、预警和评估。做到产前监测、产中跟踪、产后评估的全程系列化服务。服务对象涉及本部门、地方领导、地方生产指挥部门、内部业务单位和养殖大户和广大牧民。发布渠道不断更新,从信函、报纸、广播、电视到电子信箱、手机短信和微信平台(马都天气)等网络平台,有力地保证了服务信息的及时和快速传递。

第 2 章　气象条件对天然牧草生长发育的影响

　　锡林郭勒盟草原属温带草原类型,主要由旱生多年生草本植物组成的植物群落。气候因素是决定牧草生长的基本因素。气象因素影响不同草原类型的形成,而不同草原类型中牧草物种的比例可以作为气候的指示植物。如草甸草原的羊草、典型草原的克氏针茅等。天然牧草生长发育除了土壤、地形因素外,适宜的光照、温度、水分等气象要素决定其产量和品质,其生长发育状况是光热水综合作用的结果,光热水匹配好,植物才能很好地生长。牧草生长在所有的气象条件中主要受到降水和温度的影响较大,温度主要控制牧草生育期的长短,降水直接影响牧草的生长发育状况,是决定草原生态系统生产力的主要因素。

　　天然牧草在整个生育期内随时间动态生长,呈"缓慢生长—积极生长—渐止生长"趋势。其生长发育过程是牧草本身的生物学规律所决定的,气象条件却是决定植物生长发育的环境因子。对牧草生长、发育节律、所需气象条件进行分析诊断,有助于了解牧草的发育节律,对牧草的品种区划和牧草种植选育有很大的帮助。天然牧草生长的草原区气候条件变幅大,不同年份气象条件的差异,造成了牧草物候期出现早晚的不稳定性。但是牧草生长发育严格受气象条件的制约,因而掌握其变化规律,对牧草生长过程的气象条件进行诊断,以判断牧草生长状况,判别和评估牧草各生长发育阶段气象条件的适应性,对指导牧业气象服务和牧事活动有一定的参考价值,在生产实践中具有重要的现实意义。

　　光是牧草生长的自然能源,在太阳光照射下,牧草通过光合作用制造有机物质,维持其生命活动。在太阳光谱中,波长 $0.38\sim0.71\mu m$ 的可见光约占总辐射的一半左右。它们通过牧草的绿色器官,在温度、水分和二氧化碳等因子的配合下,进行大量的有机物质合成。波长 $0.71\mu m$ 以上的红外光,虽不能直接为牧草所利用,但能产生热效应维持近地面层的温度,具有不可低估的作用。波长 $0.38\mu m$ 以下的紫外光,波长较长的部分能使牧草矮化和叶片变厚,其余多具有杀死病菌和微生物的能力,还可以提高种子的发芽率。

　　热量是牧草生长发育的基本气象要素,每个生育期对热量都有一定的要求,不同的牧草和不同生育期所需的积温值不同,而不同草原区的同一种牧草,例如羊草,因生长在不同的气温条件下各生育期所需的积温也会发生变化。牧草生长的适宜温度随牧草种类而异,在禾本科牧草的生长时段,对温度的要求也有差异。如草甸草原羊草抽穗前 $\geqslant 10℃$ 的积温为 $200℃\cdot d$,而贝加尔针茅为 $430℃\cdot d$,是羊草的二倍多。抽穗到开花羊草为 $750℃\cdot d$,贝加尔针茅为 $370℃\cdot d$,是羊草的一半左右。

　　水分是牧草的组成物质之一。以内蒙古的禾木本科草类为例,从幼苗期到抽穗开花期,水分占其组成物质的 75% 以上,即使在种子形成至成熟期,水分含量也达 65% 左右。因此,水分条件的好坏,不仅决定牧草的种类特性和草场类型,而且和产量、品质及其适口性有密切关系。特别是牧草返青后土贮水不断消耗,降水的多少对牧草生长发育产生一定的影响。适当的缺水可使牧草出现早熟现象,如 1984 年与 1985 年两年同期热量、水分条件相差较小,羊草的展叶、抽穗、开花期均相差两天,但 1985 年成熟期前的水分状况较差,导致了早熟现象。但是,水分严重的不足也将导致牧草停止生长,延缓发育期甚至死亡的现象。

风具有有利和不利的两面作用。一方面,风帮助一部分牧草传播花粉和种子,使之在草场上世代繁衍;同时,光合作用所需的二氧化碳,也靠风力运输。另一方面,风加速牧草蒸腾,造成生理干旱,大风甚至移动沙丘,覆盖草场,使草原生态系统失去平衡。

　　光、温、水、风等因子时空分布的不平衡,引起牧草种类成分、生长发育、产品品质等的差异。天然牧草的生态幅度较广,各种牧草生育生存所需的气象条件较为不尽相同。而锡林郭勒盟草原牧草的组合类型复杂,种类繁多。不同的草原类型和牧草都有其自己所需的气象条件范围,不同草原的牧草组合不同,同一地区不同牧草或不同地区同一种类牧草,其生育期有较大差异。一般规律是:北部到西部草原,牧草生育期较短,从返青到种子成熟约100～120天,青草期较长,从返青到枯黄约140～240天。

　　总之,天然牧草各生育期出现的早晚和延续期取决于综合的气象条件。从生育期对应的光、热、水条件来看,同一种牧草,多数以光、热、水充足的地区生育期最长。一般天然牧草的返青和黄枯期主要取决于热量条件,与水分关系较小;而其他生育期则与综合气象条件有关,水分对牧草的影响主要在积极生长期,在典型草原和荒漠区更为明显。

2.1　气象条件对天然牧草缓慢生长期的影响

2.1.1　天然牧草缓慢生长期特点

　　牧草缓慢生长期在4月中、下旬到5月上、中旬,是牧草从返青到分蘖期,生长速度相对缓慢,这期间的产量积累约占全年最高产量的14%。

　　有50%的植株返青时为牧草返青期。返青期主要受温度和水分条件的制约。当日平均气温稳定通过0℃左右时,牧草地下根系开始活动,顶芽逐步露出地面,长到1cm高时,便称返青期。返青期在不同地区是不同的,草甸草原一般为4月上中旬至五月上旬,对于荒漠、半荒漠草原,由于干旱严重由降水决定返青期的迟早。

　　幼苗在茎的基部茎节上生长侧芽并形成新枝为分蘖,有50%的幼苗在幼苗基部茎节上生长侧芽并形成新枝时为分蘖期。春季升温较快,禾本科、莎草科等牧草分蘖(旁枝形成)期都较难观测。西部和北部地区一般在4月下旬至5月中旬,日平均气温在10℃以上,降水量20～30mm。

2.1.2　气象条件对天然牧草缓慢生长期的影响

　　4月下旬至5月中旬,牧草生长初期正值锡林郭勒盟春季冷空气活动频繁,冷暖变化幅度大。平均气温1.2～6.2℃,降水量14.8～54.1mm。春季气温偏低、降水量偏少,日照时数偏少,满足不了牧草生长的需要。且伴有大风及沙尘天气、雪灾、冷雨湿雪、寒潮、吹雪、雪暴等气象灾害。但一般情况下冬春积雪融化、底墒较好,缺水对牧草返青影响不大,因此,温度较低且不稳定成为该时期的牧草生育的限制因素。

　　当平均气温稳定通过0℃以后,随着气温的上升锡林郭勒草原自西向东陆续返青。天然牧草的返青、萌动主要受当地温度、光照和水分条件的影响。牧草返青所需的热量主要取决于大气及土壤温度。牧草生长初期,日平均气温一般为0～5℃,天然牧草生长缓慢,对水分需求量很少。克氏针茅返青所需≥0℃积温为20～80℃·d,且40cm地温需稳定通过3℃;羊草返青需≥0℃积温为25～160℃·d,且40cm地温需稳定通过5℃;且当土壤解冻前0～30cm土壤水分总储存量高于20mm。在水分满足的条件下,温度决定牧草的生长和发育。即使喜凉牧草,如各类羊草、苔草等,一般日平均气温未稳定通过0℃不能萌动返青;不稳定通过5℃,难以出现青草期。土壤解冻前0~30cm土壤水分总储存量低于20mm时,水分才产生制约作用,天然牧草返青将受到影响,返青期将推迟10天左右。日平均气温5~10℃时为牧草分蘖期,但丛生的禾本科牧草分蘖期难以辨认。牧草返青后进入分蘖、拔节、抽穗、开花、成熟、枯黄等物候期速度的快慢,亦主要取决于温度和水分。牧草返青期气温处于上升阶段,降水呈现增加趋势,是播种人工牧草的好时机。

2.2 气象条件对天然牧草积极生长期的影响

2.2.1 天然牧草积极生长期特点

牧草积极生长期在5月下旬到7月中下旬,此时处于牧草拔节到开花期,产量积累速度快,这期间牧草产量积累约占全年最高产量的78%。

植株的第一个节露出地面1~2cm时为拔节期。牧草拔节(抽茎)期一般出现在温度接近全年最高值时间,此期是牧草需水关键期,如果缺水生长受到严重抑制。

幼穗从顶部叶鞘中伸出叫抽穗,当有50%的植株幼穗从顶部叶鞘中伸出而显露于叶外时为抽穗期。在北部—西部草原,牧草抽穗(现蕾)期多在5月中下旬至7月上中旬,平均气温约在12~20℃以上,降水量一般大于30mm。

当有50%的植株花颖张开、花丝伸出颖外,具有授粉能力时为开花期。开花期出现在高温到来之前的6月下旬至7月下旬,降水量接近全年的峰值;此期牧草营养价值较高,是打草季节。

2.2.2 气象条件对天然牧草积极生长期的影响

牧草返青后初期生长缓慢,随后进入积极生长期(6—7月),此时锡林郭勒盟气温回升,天气转暖,平均气温16.9~21.3℃。日平均气温较高,水分条件对天然牧草生长发育及产量的形成影响较大。即在所有气候因子中,降水量和降水频度变化是重要的驱动因子。降水量达100~200mm,东部和南部可达250mm左右,占全年降水量的70%。虽是草原多雨季节,但雨量的月际和年际变率较大,阶段性和区域性干旱发生频率较大,由于多阵性降水,局部暴雨、冰雹也时有发生[6]。积极生长期由于该时期牧草生长速度较快,对温度和水分的反应敏感,热量和水分条件共同构成了牧草生长的限制因子,尤以水分为重,在此期间≥10mm过程降水对牧草的生长起关键作用,即充足的水分条件是满足牧草丰产的基础。

5月下旬至6月中旬各种牧草先后进入拔节期,拔节期气温较高,却是牧草需水关键期,如果缺水,生长受到严重抑制。在水分基本满足的情况下温度越高生长速度越快,但土壤有效水分贮存量为0~3mm,大部分地区接近于零,牧草生长主要依靠大气中的降水。此时雨季尚未来临,是牧草生长最干旱的时段,温度、日照基本满足牧草的生长发育需求,水分条件是主要矛盾,牧草生长的快慢决定于降水的多少。但6月中旬常有低温冷害发生,因此,低温、干旱是制约牧草拔节期生长发育的主要因子。

6月下旬至7月下旬大多数牧草陆续孕穗、现蕾、开花,营养生长和生殖生长同时进行,是牧草产量形成关键时期。日平均气温在8~15℃之间时,大部分天然牧草开始抽穗;开花期处于全年的相对高温阶段,也是全年雨水最多的时期,水热同期、叶面积系数大,光合作用强,热量、光照、水分基本满足牧草生长的需要。此时牧草具有较高的营养价值,是打伏草的最佳时期,但降水多不利于伏草(刈割时含水量高)的晾晒、调制和贮存。克氏针茅开花所需要的气象条件是:≥10℃有效积温为500~700℃·d;≥3mm的降水总量达150mm~200mm;日照时数为1000~1400h。正常情况下,克氏针茅返青后120天左右即可开花。沙生针茅开花所需的气象条件是:≥10℃的有效积温为600~800℃·d;≥3mm的降水总量达100~150mm;日照时数为1100~1500h。正常情况下,沙生针茅返青130天左右既可开花。因生长季短,积温不够,则牧草不能开花。大气降水对天然牧草开花影响极大。如果降水量少,天然牧草营养储存不足,开花期将推迟,甚至不开花;而降水量太多,天然牧草"疯长",开花期也将推迟,甚至不开花。

牧草进入积极生长期期间,锡林郭勒盟常发生的气象灾害天气有低温冷害、高温、暴雨、干旱。在夏季干旱可加剧草场退化和草原沙漠化进程,同时可诱发蝗虫、鼠害,影响天然草场载畜量、牧草生长发育、产量及牧草品质。

2.3 气象条件对天然牧草渐止生长期的影响

2.3.1 天然牧草渐止生长期特点

牧草渐止生长期在7月下旬至8月中旬,此时牧草进入灌浆到成熟期,产量积累速度又趋减缓,该期累积产量仅占8%。

禾草授粉后,胚和胚乳开始发育,进行营养物质转化、积累,该过程叫成熟。北部—西部牧区牧草成熟期最早为7月中下旬,最晚为8月中下旬。平均气温仍达18~22℃,种子成熟快,很明显受高温影响。

植株叶片由绿变黄变枯为枯黄,当植株的叶片达2/3枯黄时为枯黄期。8至9月大多数牧草在完成开花结实后生长速度缓慢下降,直至10月经霜打后牧草已开始枯黄。

2.3.2 气象条件对天然牧草渐止生长期的影响

8月中下旬,锡林郭勒盟步入秋季,气温急剧下降,降水量日趋减少,平均气温16.9~21.3℃,降水量100~200mm,常发生冷雨湿雪、大风降温等气象灾害性天气。但天然牧草处于渐止生长期,生长情况基本已成定局,气象灾害天气对牧草产量和品质的影响相对较小。

各种牧草进入籽粒灌浆成熟期,生长缓慢,喜温牧草对温度要求严格,开花后温度低,种子不能成熟;能成熟者,结果量也很少。牧草枯黄期一般出现在日平均气温≥5℃终日前10~30天,虽然此时气温已降至5℃上下,但未出现霜冻,地上部分停止生长,根系尚未停止活动,故部分草原绿色能维持到日平均气温≥0℃终日前。气温再降低牧草才迅速进入枯草期。日照时间的增加可延长牧草生育期。牧草刈割后,再生牧草黄枯期将推迟20天左右。温度、水分和光照等气候因子影响着牧草生育期的始终,也影响着牧草产量和牧草品质的高低。此时,热量与水分对牧草产量的影响都较小,当气温下降到2℃以下时,大多牧草已开始枯黄,产量也随之降低。若牧草生长季的降水出现在这个时期,对牧草的生长作用不大。

第3章 天然草地牧草气象服务

天然草地牧草气象服务包括天然牧草返青期气象服务、天然牧草生长动态监测气象服务、天然草场暖季家畜承载能力气象服务、天然牧草营养成分监测气象服务、天然牧草开花期气象服务、天然牧草产量预报服务、天然草地打草期气象服务、天然牧草黄枯期气象服务。

3.1 天然草地牧草气象服务流程

3.1.1 工作流程

工作流程见图3.1。

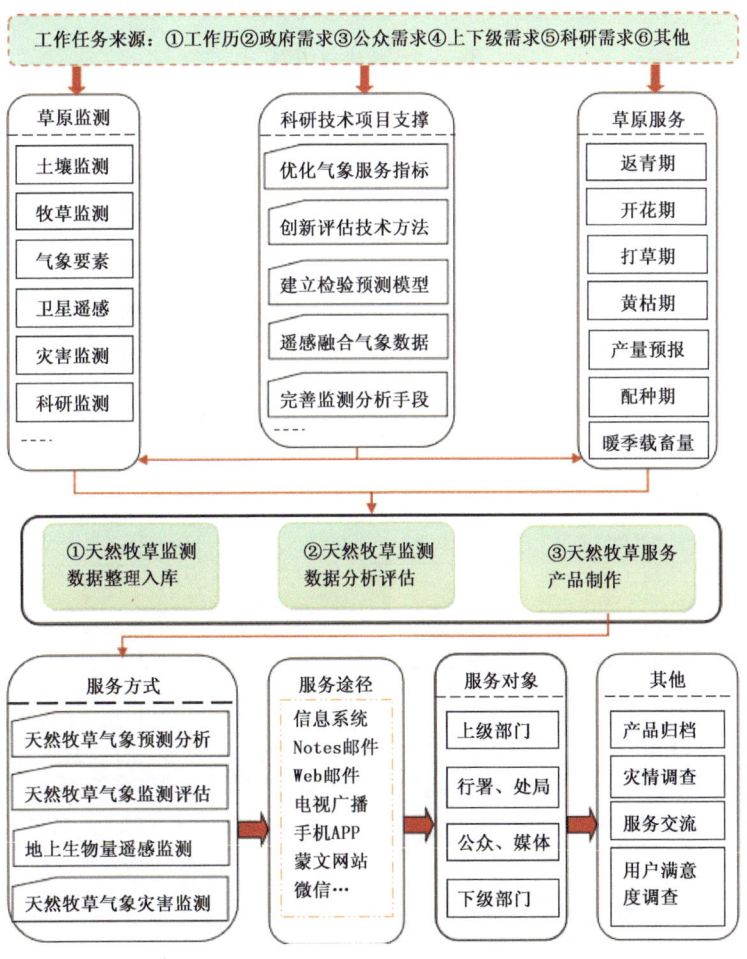

图3.1 工作流程图

3.1.2 技术流程

技术流程见图3.2。

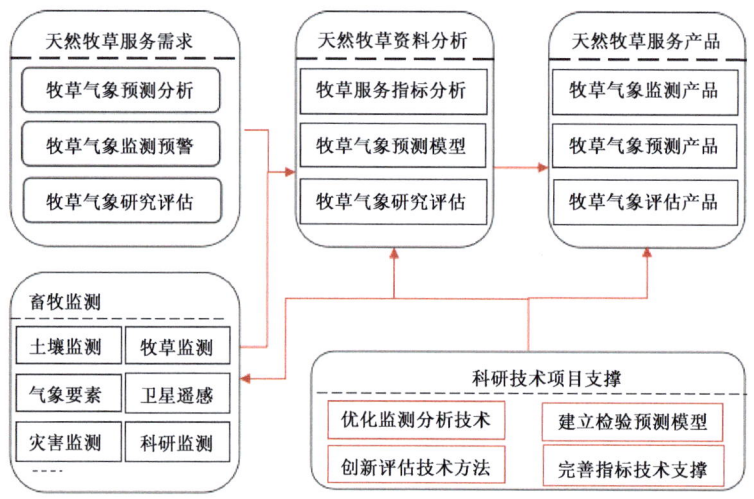

图 3.2 技术流程图

3.1.3 服务流程

服务流程见图3.3。

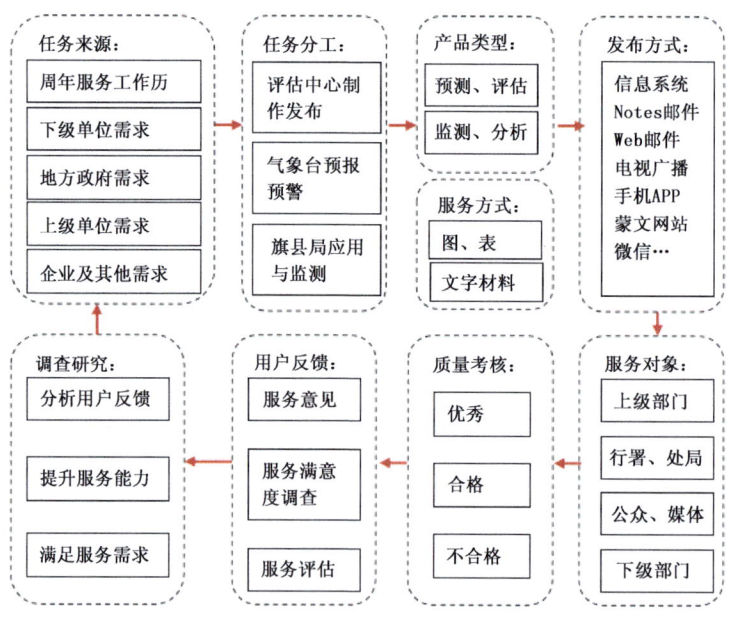

图 3.3 服务流程图

3.2 天然牧草返青期预报气象服务

天然牧草返青主要受温度、光照和水分条件的影响。牧草返青所需的热量主要取决于大气及土壤温度。当日平均气温稳定通过 0℃ 左右时，牧草地下根系开始活动，顶芽逐步露出地面，长到 1cm 高度时，便称返青期。返青期在不同地区是不同的，对于荒漠、半荒漠草原，由于干旱严重降水决定返青期的迟早。准确预报天然牧草返青期对家畜饱青、季节性休牧起止期的确定具有重要意义。

3.2.1 工作流程

(1) 每年自 4 月中上旬至 5 月上旬是锡林郭勒草原牧草返青的季节。依照工作历日，2 月 10 日定期制作天然牧草返青预测产品。
(2) 重点关注气象台发布的《短期气候预测》3 月下旬气温变化、密切监测土壤解冻情况。
(3) 根据监测土壤解冻情况、土壤温湿度，发布天然牧草返青期订正预报。
(4) 产品通过内部和外部途径发布。
(5) 监测牧草返青期。
(6) 根据本地天然牧草返青期时段，建议春季休牧起止时间。
(7) 返青期结束后，做出牧草返青期气候生态环境监测评估报告。
(8) 将返青期监测产品、服务产品归档。

3.2.2 技术流程

(1) 数据资料

天然草地牧草返青期气象服务所需的资料包括：

1) 自动气象观测站观测的平均气温、降水量、日照时数、≥0℃ 积温、40cm 地温稳定通过 0℃、3℃、5℃ 日期、土壤解冻前 0～30cm 土壤水分总储存量、上年度秋季（9—10 月）降水量等气象资料；

2) 气象台发布的中短期天气预报；

3) 生态与牧业气象观测站观测的天然牧草返青资料；

4) 所有的数据资料都要进行质量控制和数据订正。

(2) 服务指标

1) 贝加尔针茅为建群种的草甸草原的贝加尔针茅返青所需 ≥0℃ 积温为 30～100℃·d，且 40cm 地温需稳定通过 3℃；羊草返青需 ≥0℃ 积温为 30～180℃·d，且 40cm 地温需稳定通过 5℃；当土壤解冻后 0～30cm 土壤水分总储存量低于 30mm 时，天然牧草返青将受到影响，返青期将推迟 10 天左右。

2) 以克氏针茅为建群种的典型草原的克氏针茅返青所需 ≥0℃ 积温为 20～80℃·d，且 40cm 地温需稳定通过 3℃；羊草返青需 ≥0℃ 积温为 25～160℃·d，且 40cm 地温需稳定通过 5℃；当土壤解冻后 0～30cm 土壤水分总储存量低于 20mm 时，天然牧草返青将受到影响，返青期将推迟 10 天左右。

3) 沙生针茅和葱类植物为建群种的荒漠草原的沙生针茅返青所需 ≥0℃ 的积温为 30～180℃·d，且 40cm 地温需稳定通过 5℃；葱类植物返青所需 ≥0℃ 的积温为 10～80℃·d，且

40cm 地温需稳定通过 0℃；当土壤解冻前 0～30cm 土壤水分总储存量低于 15mm 时，天然牧草返青将受到影响，返青期将推迟 10 天左右。锡林郭勒盟天然草地牧草历年返青期见表 3.1。

表 3.1　锡林郭勒盟历年天然牧草返青期（单位：日/月）

旗县	乌拉盖	东乌珠穆沁旗	西乌珠穆沁旗	锡林浩特市	阿巴嘎旗	苏尼特左旗	二连浩特市	苏尼特右旗	镶黄旗	正镶白旗	正蓝旗	太仆寺旗	多伦县
返青期	13/5	08/5	09/5	19/4	22/4	29/4	06/5	26/4	26/4	15/4	22/4	21/4	19/4

(3) 技术方法

天然草地牧草的返青主要受当地温度、光照和水分条件的制约。通过对天然牧草返青前期气象条件综合分析，利用草原生态与畜牧业气象观测资料及平行观测的气象数据，完善和建立天然牧草返青气象指标和预测模型，提出科学合理的生态保护及生产建议和措施。为科学合理地制订生态环境保护建设提供参考。

1) 选取稳定通过 0℃、3℃ 日期以及稳定通过 0℃ 至克氏针茅返青日期间的累计温度与牧草返青日数进行线性多元逐步回归分析，建立返青期与其影响因子的关系模式为：

$$Y = 6.36 + 0.086(D \geqslant 3) + 0.36(\sum T \geqslant 0) \tag{3.1}$$

式中：Y 为牧草返青日期（从 4 月 1 日为 1，依次类推计算天数），$D \geqslant 3$ 为稳定通过 3℃ 日期，$\sum T \geqslant 0$ 为日平均气温稳定通过 0℃ 至返青日的累计温度。

2) 在牧草返青期预报中采用一种生物气象指标，建立预测模型，其形式为：

①羊草返青期预测模型：

$$\begin{aligned}Y = &-51.00 - 0.24X_1 + 0.02X_2 - 0.02X_3 + 4.70X_4 + 0.14X_5 - 3.82X_6 \\ &- 0.851X_7 - 0.12X_8 + 0.14X_9\end{aligned} \tag{3.2}$$

②针茅返青期预测模型：

$$\begin{aligned}Y = &-29.01 - 1.65X_1 + 0.07X_2 - 0.02X_3 + 3.00X_4 + 0.07X_5 - 2.40X_6 \\ &- 0.27X_7 - 0.08X_8 + 0.14X_9\end{aligned} \tag{3.3}$$

式中：Y 为牧草返青期，X_1 为年内 >5mm 降水日数，X_2 为年降水量，X_3 为年蒸发量，X_4 为年平均气温，X_5 为 10 月降水量，X_6 为 10 月平均气温，X_7 为当年 1 月平均气温，X_8 为 10 月日照时数，X_9 为当年 1 月日照时数。

3.2.3　服务流程

搜集、整理气象要素和历年天然牧草返青期资料，依据工作历日期，利用牧草返青期预报模型（或根据天然牧草返青期气候指标），预测天然牧草（以建群种牧草和优势种牧草为代表）返青期，制作牧草返青期预测产品；监测牧草返青及天气影响情况，制作天然牧草返青期监测产品，根据监测结论以及与历年牧草返青情况比较，做出本年度牧草返青期评估产品。

(1) 产品制作

制作条件：依据工作历日期制作天然牧草返青预报产品；发布天然牧草返青预报产品后，实时监测天然牧草返青期，并在天然牧草返青后，适时制作天然牧草返青期监测服务产品。

制作方法：利用牧草返青期预报模型（或根据天然牧草返青期气候指标），结合气象台发布的《短期气候预测》以及《中期预报》，预测天然牧草（以建群种牧草和优势种牧草为代表）返青期；天然牧草返青后，根据地面观测数据以及天然牧草返青资料，利用卫星遥感监测草场干旱情况,以及天气气候预测预报产品,结合实际情况,分析牧草返青情况及受天气条件影响程度。

产品内容:天然牧草返青预报产品内容是利用天然牧草返青期预报模型计算牧草返青期预报值,根据天然牧草返青期预报结果,结合草原生态保护及牧业生产实际,提出科学合理的生态保护与建议措施;天然牧草返青期监测服务产品内容是综合分析气温、降水等气象要素对天然草场牧草返青期影响,利用天然牧草返青期气象服务指标,分析评估天气条件对天然草场牧草返青期影响,并与历年比较,提出科学合理的生态保护及生产建议。

(2)产品发布

发布时间:每年2月10日定时发布天然牧草返青期预报服务产品;天然牧草返青后,适时发布天然牧草返青期监测服务产品。

发布对象:盟党政领导、地方相关单位、乡镇(苏木)政府以及乡镇(苏木)气象助理。

发布形式:通过电子邮箱、政府网站、蒙文气象网站等方式发布。

3.2.4 服务案例

2016年锡林郭勒盟克氏针茅返青期预测服务案例:2016年2月上旬,搜集整理前期的气象要素,利用下面的预报模型计算天然牧草返青期。

$$Y = 6.36 + 0.086(D \geqslant 3) + 0.36(\sum T \geqslant 0) \tag{3.4}$$

式中:Y 为牧草返青日期(从4月1日为1,依次类推计算天数);$D \geqslant 3$ 为稳定通过3℃日期;$\sum T \geqslant 0$ 为日平均气温稳定通过0℃至返青日的累计温度。

根据天然草场牧草返青期预报模型,结合前期气象条件综合分析,预计:2016年锡林郭勒盟地区天然草场牧草返青期与历年相比,中部和南部大部分地区偏晚4~11天,东部和西部大部分地区偏早1~10天(表3.2)。

表 3.2 锡林郭勒盟2016年天然草场牧草返青期预报值(单位:日/月)

旗县	建群种牧草返青期	旗县	建群种牧草返青期
乌拉盖	8/5~16/5	苏尼特右旗	23/4~27/4
东乌珠穆沁旗	30/4~8/5	镶黄旗	19/4~25/4
西乌珠穆沁旗	23/4~8/5	正镶白旗	23/4~27/4
锡林浩特市	22/4~2/5	正蓝旗	23/4~30/4
阿巴嘎旗	21/4~6/5	太仆寺旗	17/4~29/4
苏尼特左旗	1/5~6/5	多伦县	24/4~28/4
二连浩特市	23/4~29/4		

按照工作历,2月10日,通过网络传输等,定时向盟党政领导、生产指挥部门、各乡镇(苏木)政府气象助理等发布了天然牧草返青期气象服务产品,为政府决策及相关部门和广大牧户做好春季休牧准备工作,保护草原及草畜平衡提供了有利的气象保障。

3.3 天然牧草返青期监测服务

3.3.1 返青期观测方法

按照《农业气象观测规范(上卷)》有关规定,每年4月中旬,在牧草返青前开始在观测场内每2天观测1次,进行巡视估测。当观测植株一半以上越冬地下芽出土时作为返青期。

3.3.2 春季休牧起止日期

每年自 4 月中旬至 5 月上旬是锡林郭勒草原牧草返青的季节,也是草原生态系统极其脆弱的时期,极易遭受外界因素的侵扰而严重破坏。据有关研究表明,冷季超载过牧是导致草原退化、沙化的主要原因,特别是在早春牧草萌发返青时,处于贮藏营养危机期的幼苗,受到啃食后其光合面积大大减少,严重影响其正常的生长发育。同时解冻后的土壤松软,牲畜跑青践踏频繁导致草原植被严重破坏。该时期往往也是传统草原畜牧业生产最艰难的时期,由于放牧绵羊啃青后即不再喜食干草而跑青,家畜所消耗的能量远高于采食牧草所提供的能量。

利用天然牧草返青期和家畜饱青期预报(详见《草原畜牧业气象服务工作手册》第 3 章第 3.3 节家畜饱青期气象服务)为春季休牧期起始与结束时间提供科学依据。针对在草原生态脆弱期放牧家畜,导致植被严重破坏和家畜跑青掉膘的"双损"现象,锡林郭勒盟实施了春季休牧制度,这是一项生态建设与保护的重要措施。根据锡林郭勒草原实际情况,每年天然牧草返青期前后(4 月至 5 月上旬)是牧草处于消耗根部储存营养进行萌发返青期和天然牧草生长前期,此期间天然牧草生长缓慢,草场最不耐牧,放牧家畜跑青对牧草正常生长影响较大。在这一时期禁止放牧的制度称为季节性休牧。因此,每年 4 月至 5 月上旬(因地适宜)应对天然草场实行季节性休牧,直到牧草长到 10cm 左右时放牧羊吃饱青,才解除春季休牧。

3.4 天然牧草生长动态监测服务

天然牧草生长动态监测是以地面实测和遥感监测两种形式对天然牧草生长高度、盖度、地上生物量等进行监测。地面实测是按照《农业气象观测规范(上卷)》进行,选择长势良好且连续 3 年具有完整生活史的 10 个植株,在观测场规定小区内进行 4 次重复观测。时间从牧草返青期开始至牧草黄枯结束,每旬末测 1 次牧草生长高度(绝对高度),每月末测草层高度、绝对高度、产量、盖度和优势牧草比例。遥感监测是在晴空的天气状况下,适时估测草地上生物量等。

3.4.1 生长动态地面实测气象服务

3.4.1.1 工作流程

(1)4 月底 5 月初,依据牧草返青程度,密切监测牧草生长。

(2)根据盟市气象台发布的《中期预报》,监测降水、温度、光照等天气条件对牧草生长的影响,实时制作牧草生长监测产品。

(3)根据工作历日期逐旬、月、季、年发布生长期天然牧草生长监测产品。

(4)依据牧草生长期,家畜跑青影响牧草脆弱性,实施禁止放牧制度。

(5)牧草生长旺盛期,实时监测草原生态环境,分析夏季干旱对牧草生长的影响;制作干旱影响牧草生长监测产品。

(6)牧草黄枯后,做本年牧草生长季评估。

(7)对牧草生长季所做预测、监测、评估产品、牧草生长数据信息归档。

3.4.1.2 技术流程

(1)数据资料

1)气象资料来源于当地气象局(站)的地面观测数据,通过"内蒙古旗县级综合业务平台"、

"锡林郭勒盟气象信息服务系统"获取。

2)草原生态资料来源于草原生态与牧业气象监测站,包括每旬末牧草绝对高度,每月末牧草绝对高度、草层高度、产量、盖度和优势牧草比例。

3)天气气候预报预测产品来源于气象台。

4)土壤水分资料通过"内蒙古自动土壤水分软件"获取。

5)所有资料要进行质量控制和订正。

(2)服务指标

各种服务指标见表3.3和表3.4。

表3.3 不同草地类型天然牧草草层高度、地上生物量、盖度和优势牧草比例历年平均值

草地类型	监测时间	5月	6月	7月
草甸草原	草层高度(cm)	15	27	38
	盖度(%)	34	58	71
	地上生物量鲜重(kg/hm^2)	1040	3680	5806
	优良牧草比例(%)	78	82	81
典型草原	草层高度(cm)	10	16	22
	盖度(%)	29	37	44
	地上生物量鲜重(kg/hm^2)	609	1323	2271
	优良牧草比例(%)	62	62	66
荒漠草原	草层高度(cm)	8	11	13
	盖度(%)	15	22	27
	地上生物量鲜重(kg/hm^2)	391	601	1043
	优良牧草比例(%)	51	58	54

表3.4 家畜采食程度评价等级表

等级	家畜采食程度
轻微	很少采食或家畜根本未接触
轻	牧场轻微踏毁,草层中度采食,尽管许多被啃食过,但牧草主要部分被保留下来
中	牧场踏毁适中,可以正常放牧
重	牧场踏毁较重,草层采食的很低,但地面仍有剩余
很重	牧场踏毁严重,过度啃食,土壤裸露

(3)技术方法

利用各生态监测站月(生长季和年)监测数据、地面气象要素,以及地面实测的牧草生长高度、覆盖度、地上生物量等数据,与历年相比较,分析气象条件对天然牧草生长影响的程度。

3.4.1.3 服务流程

(1)产品制作

制作条件:依据工作历日期制作监测产品;连续出现高温天气、一旬无降水或连阴雨、日照少等天气条件;生长期出现中度及以上草原旱情。

制作方法:根据地面观测数据,监测的天然牧草生长高度、盖度信息,以及牧草生长期预报模型(或根据天然牧草生长期气候指标),结合锡林郭勒盟草原实际情况,分析天然牧草生长情况及受灾害性天气影响程度。

产品内容:监测场、监测区监测的天然牧草生长高度、地上生物量、盖度、土壤水分和卫星遥感资料,与上年及历年同期值进行比较分析;以及受干旱、旬降水极少、高温等天气条件影响程度;并绘制主要气象要素值图表;对该时段某要素出现历史极值或发生灾害性天气进行简要

评述;提出科学合理的生态保护及生产建议。

(2)产品发布

发布时间:返青期适时发布。

发布对象:盟党政领导、地方相关单位、乡镇(苏木)政府以及乡镇(苏木)气象助理。

发布形式:通过电子邮箱、政府网站、蒙文气象网站等方式发布。

3.4.2 卫星遥感监测气象服务

3.4.2.1 工作流程

(1)依工作历于牧草生长季适时发布天然草场卫星遥感监测信息。

(2)分期制作天然牧草生长状况遥感监测服务产品。

(3)干旱、高温少雨等影响牧草生长天气发生时,利用卫星遥感监测,分析气象条件对天然牧草生长发育的影响。

(4)利用卫星遥感资料,结合地面调查和全盟各生态监测站监测的天然牧草产量、生长高度、盖度以及种群结构等数据,计算全盟各旗县市苏木(乡、镇)草场地上生物量。

(5)天然牧草生长卫星遥感监测气象服务结束后,将服务产品、监测资料归档。

3.4.2.2 技术流程

(1)数据资料

卫星遥感资料(NDVI)来源于 NOAA、EOS/MODIS、NPP 和 FY-3 系列卫星等,通过"内蒙古遥感数据系统"和锡林郭勒盟气象局卫星接收系统获取影像资料。

草原生态资料来源于全盟各生态与牧业气象监测站,涉及每旬末牧草绝对高度,每月末牧草绝对高度、草层高度、产量、盖度和优势牧草比例。

气象资料来源于当地气象局(站)的观测数据,涉及平均气温、降水量、日照时数等资料,通过"内蒙古旗县级综合业务平台"、"锡林郭勒盟气象信息服务系统"获取。

土壤水分资料通过"内蒙古自动土壤水分软件"获取。以上业务平台(系统或软件)资料获取均以气象局内部网络为支撑。

所有资料均进行质量控制和订正。

(2)服务指标

NDVI 的取值范围为 $-1.0 \sim 1.0$,NDVI 值大于 0.1 为有植被覆盖,其值越大表示植被覆盖度越高。依据 2000—2015 年 EOS/MODIS 遥感卫星资料,结合实地监测资料(包括生态站资料),综合分析得出:NDVI<0.22 为禁牧区;0.22≤NDVI<0.28 为季节性休区;0.28≤NDVI<0.37 为较适宜打草区;NDVI≥0.37 为适宜打草区。NDVI≥0.22 均可作为放牧区。

(3)技术方法

充分运用 ArcGIS 和 SMART 系统进行卫星遥感影像处理和进行草场植被信息提取。基于获取的周期性遥感监测资料,结合地面野外实际调查数据,分析草场植被指数的时空变化特征。建立不同草原类型草地地上生物量估产模型,对草地生长状况进行动态监测。利用 MODIS/NDVI 数据建立锡林郭勒盟草甸草原、典型草原和荒漠化草原 3 种具有代表性的草地类型牧草产量与归一化植被指数关系模型。

1)MODIS/NDVI 的计算

按照归一化植被指数 NDVI 计算原理,选取 MODIS 的 1、2 通道,即红波段(RED)、近红

外波段(NIR),计算并提取出相应时间、相应样地3种草地类型的NDVI值,计算公式如下:

$$NDVI=(NIR-RED)/(NIR+RED) \tag{3.5}$$

2)牧草产量与MODIS/NDVI关系模型

根据建立的每类草地的草产量与归一化植被指数MODIS/NDVI关系模型,通过软件ENVI与ArcGIS完成草地估产。

①草甸草原:

$$y=12721x-542.04 \tag{3.6}$$

②典型草原:

$$y=0.7819e^{8.874x} \tag{3.7}$$

③荒漠草原:

$$y=0.0236e^{19.10x} \tag{3.8}$$

式中:自变量(x)为MODIS/NDVI;因变量(y)为草产量鲜质量(g/m^2)。

3.4.2.3 服务流程

(1)产品制作

制作条件:工作历制定的时间;牧草生长期出现草原干旱、高温少雨等对牧草生长不利天气时。

制作方法:利用"3S"技术(遥感、全球定位系统、地理信息系统),提取监测区域上遥感影像的归一化植被指数(NDVI),结合地面天然牧草产量和统计模型,得到天然牧草生长状况空间分布图和草地地上生物量。

产品发布内容:综合分析主要气象要素对天然草场产量影响,绘制图表;利用EOS/MODIS(或FY-3)卫星遥感资料,结合地面调查和全盟各生态监测站监测的天然牧草产量、生长高度、盖度以及种群结构等数据,计算全盟各旗县市苏木(乡、镇)草场地上生物量;根据生态环境现状,提出科学合理的生态保护及生产建议和措施,为党政领导和畜牧业生产指挥部门的决策提供科学依据。

(2)产品发布

发布时间:生长期适时发布。

发布对象:盟党政领导、地方相关单位、乡镇(苏木)政府以及乡镇(苏木)气象助理。

发布形式:通过电子邮箱、政府网站、蒙文气象网站等方式发布。

3.4.3 服务案例

2016年锡林郭勒盟草地地上生物量遥感监测信息气象服务案例:利用2016年8月上旬EOS/MODIS卫星遥感资料(图3.4),结合全盟地面实测20个天然牧草样方和各生态监测站监测的天然草场牧草产量、生长高度、盖度以及种群结构等数据,作为卫星遥感植被监测地面订正,依据卫星遥感植被指数估产模型计算了全盟草场地上生物量。

①草甸草原:

$$y=12721x-542.04 \tag{3.9}$$

②典型草原:

$$y=0.7819e^{8.874x} \tag{3.10}$$

③荒漠草原:

$$y = 0.0236e^{19.10x} \tag{3.11}$$

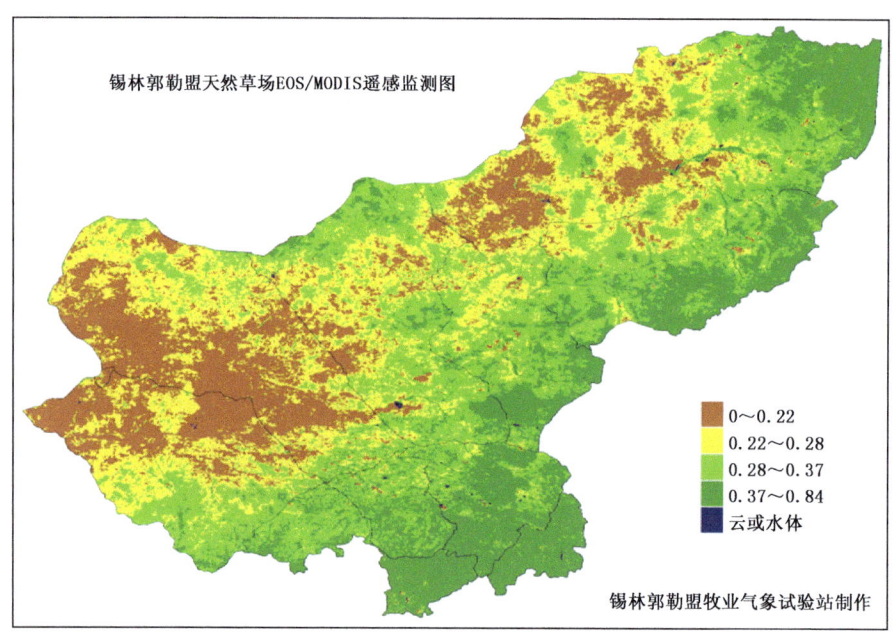

图 3.4　锡林郭勒草地 2016 年 8 月上旬 MODIS 卫星遥感监测图

2016 年全盟草场地上净生物量(干重)总计为 789.4 万吨,差于历年同期(表 3.5)。其中乌拉盖管理区、西乌珠穆沁旗、阿巴嘎旗、锡林浩特市天然牧草产量下降尤为明显。

表 3.5　2016 年锡林郭勒盟天然草场牧草地上生物量

	区域													
	东乌珠穆沁旗	乌拉盖	西乌珠穆沁旗	锡林浩特市	阿巴嘎旗	苏尼特左旗	苏尼特右旗	二连浩特市	镶黄旗	正镶白旗	正蓝旗	太仆寺旗	多伦县	全盟
草地面积(万 hm²)	359.5	13.7	133.5	110.4	246.7	348.0	219.2	41.2	27.8	27.9	30.2	2.1	1.4	1561.6
地上生物量(万 t)	306.0	19.8	166.4	56.3	112.8	40.9	28.1	4.3	17.6	17.0	17.9	1.2	1.2	789.4

按照工作历,9 月 10 日,通过网络传输等,定时向盟党政领导、生产指挥部门、各乡镇(苏木)政府气象助理等发布了锡林郭勒盟草地地上生物量遥感监测信息气象服务产品,为政府决策及相关部门和广大牧户做好打贮草和家畜出栏准备工作,保护草原及草畜平衡提供了有利的气象保障。

3.5　天然草场暖季家畜承载能力气象服务

家畜承载能力是草地对畜牧的承载能力,通常指草地在保证持续利用条件下,全年放牧区内可能承载的最大畜牧数,它是一个理论数值。载畜量小于承载能力,表明草地生产还有潜力;反之,则造成超载过牧,会造成草地退化。合理利用草地,保持草地内草与畜的动态平衡,严格意义上讲就是科学合理地规定草地载畜量。草地载畜量是衡量草地载畜能力的重要指标,它在一定程度上反映了草地的生产力水平和经营管理效果。具体讲,就是一定时期内单位面积草地上可承载放牧家畜的头数。由于家畜繁殖、死亡、淘汰、出栏等过程随着草场放牧数量、质量在季节和年份上的不断波动,加之每年气候、灾情、饲养管理、草地培育手段等条件的不同,载畜量总是不断变化的。就一年而言,冬春季载畜量为最低,暖季最高。

3.5.1 工作流程

(1)监测牧草生长期与历年比值,预估草地单位面积可承载放牧家畜的头数。

(2)调查上一年度12月末与本年度6月末家畜存栏头数;利用EOS/MODIS(或FY-3)250m卫星遥感资料,结合地面调查和全盟各生态监测站监测的天然牧草产量,计算全盟各旗县市苏木(乡、镇)草场地上生物量,预测天然草场暖季家畜承载能力。

(3)依据预测结果分析、牧草生长状况,分析载畜量超(欠)载情况,做出暖季适宜载畜量评估产品。

(4)依工作历规定的日期发布天然草场暖季载畜量预测预报。

(5)天然草场暖季载畜量预测预报结束后,将服务产品、监测资料归档。

3.5.2 技术流程

(1)数据资料

利用各类草地面积来源于国家土地资源局二调数据、其他来源的饲草料并折算为标准干草量来源于畜牧局、上一年度末(12月末)和牧业年度(6月末)家畜存栏头数来源于统计局调查大队;草原生态资料(牧草绝对高度、草层高度、产量(单产)、盖度和优势牧草比例)来源于全盟各生态与牧业气象监测站;土壤水分资料来源于"内蒙古自动土壤水分软件";卫星遥感监测估产牧草产量(草地可提供的可食干草量)来源于"内蒙古遥感数据系统"和锡林郭勒盟气象局卫星接收系统。以上业务平台(系统或软件)资料获取均以气象局内部网络为支撑。

(2)服务指标

草原适宜载畜量为亩/羊单位。1只绵羊(山羊)以1个羊单位计;1头牛以5个羊单位计;1匹马以6个羊单位计;1峰骆驼以7个羊单位计。

草甸草原适宜载畜量为0.667 hm^2/羊单位,典型草原适宜载畜量为1.667 hm^2/羊单位,荒漠草原适宜载畜量为3.33 hm^2/羊单位。

(3)技术方法

1)暖季载畜量计算方法:草地暖季载畜量计算主要以草地面积和草地初级生产力为基础,依据家畜营养需求(每家畜单位的日需草量),确定单位面积上可放养的家畜数目。目前实行的草畜平衡监测程序(《NY/T 635—2002 天然草地合理载畜量的计算》)大致可概括如下:核定可利用的各类草地面积;测定草地的初级生产力;基于草地面积和生产力计算草地可提供的可食干草量;考虑其他来源的饲草料并折算为标准干草量;基于可食干草量计算适宜载畜量;将实际载畜量与计算得到的适宜载畜量相比较,确定草畜平衡状况(超载或欠载),并提出相关报告。

2)暖季一个绵羊单位需要草地面积计算公式:

暖季一个绵羊单位需要的草地面积=暖季放牧天数×日食量/暖季可利用草地单产
(3.12)

3)草地暖季载畜量的计算公式:

暖季载畜量=暖季草地可利用面积/暖季一个绵羊单位需要的草地面积 (3.13)

3.5.3 服务流程

(1)产品制作

制作条件:工作历规定的日期,制作天然草场暖季载畜量预报。

制作方法:利用不同草原类型的牧草监测产量和相关的气象卫星遥感资料,估算草甸草原、典型草原和荒漠草原牧草产量,结合暖季草地利用率和家畜采食量,以及上一年度12月末与本年度6月末家畜存栏头数,利用草地暖季载畜量的计算公式,预测草地暖季载畜量。

产品内容:天然草场地上生物量是利用EOS/MODIS(或FY-3)250m卫星遥感资料,结合地面调查和全盟各生态监测站监测的天然牧草产量、生长高度、盖度以及种群结构等数据,计算全盟各旗县市苏木(乡、镇)草场地上生物量;暖季载畜量预报是根据草原暖季载畜量计算模型,充分考虑了暖季天然草场的利用率和天然牧草生长状况和家畜存栏数量,遵循以草定畜的原则,预测暖季适宜载畜量;将实际载畜量与计算得到的适宜载畜量相比较,分析载畜量超(欠)载情况;根据天然牧草生长状况和预报结果,结合牧业年度牲畜头数提出合理牲畜出栏建议。

(2)产品发布

发布时间:天然牧草生长季适时发布。

发布对象:盟党政领导、地方相关单位、乡镇(苏木)政府以及乡镇(苏木)气象助理。

发布形式:通过电子邮箱、政府网站、蒙文气象网站等方式发布。

3.5.4 服务案例

2014年镶黄旗暖季载畜量预报气象服务案例:根据卫星遥感植被监测图,在东乌珠穆沁旗天然草场对应卫星遥感植被指数分级(四个等级)区域面积,并进行各等级实测牧草20个样方作为卫星遥感植被监测地面订正,根据各等级卫星遥感植被指数估产模型和样方平均产量计算区域面积产量,由区域面积产量经过暖季(5—9月)载畜量预报模型计算出暖季载畜量(羊单位)。

(1)暖季一个绵羊单位需要草地面积计算公式:

暖季一个绵羊单位需要的草地面积=暖季放牧天数×日食量/暖季可利用草地单产

(2)草地暖季载畜量的计算公式:

暖季载畜量=暖季草地可利用面积/暖季一个绵羊单位需要的草地面积

暖季可利用牧草单产为183.6kg/hm²,1个羊单位的日采食量为2kg,暖季(5—9月)的天数为153天,由此可知一个绵羊单位需要草地面积1.67hm²;镶黄旗暖季草地可利用面积277542.8hm²,暖季载畜量为166193绵羊单位。

按照工作历,9月15日,通过网络传输等,定时向为当地党政决策部门、各乡镇(苏木)政府气象助理等发布了家畜暖季载畜量预报气象服务产品,为广大牧户根据实际情况做好家畜出栏准备工作,为政府决策及相关部门保护草原及草畜平衡提供了有利的气象保障。

3.6 天然牧草开花期预报气象服务

天然牧草开花期出现在高温到来之前的6月下旬至7月下旬,此期降水量接近全年的峰值,牧草营养价值高。天然牧草开花期观测按照《农业气象观测规范(上卷)》进行,在观测场牧草发育期 4 个小区内分别选择长势良好,且连续 3 年具有完整生活史的 10 个植株。从牧草开花期前(6月末)在观测场规定小区内进行 4 个重复观测,当观测植株一半以上开花时称为开花期。此时牧草具有较高的营养价值,是打伏草的最佳时期。

3.6.1 工作流程

(1)7 月上旬开始,监测牧草生长情况。

(2)利用预报模型预报天然牧草开花期,制作预测产品。

(3)依工作历规定日期发布天然牧草开花期监测产品。

(4)牧草开花期,实时监测天气条件对天然牧草开花期的影响,制作监测产品。

(5)依据天然牧草开花期时间,密切关注气象台发布的天气气候预测预报产品,预测打伏草最适宜时间,制作预测产品。

(6)天然牧草开花期服务结束,将服务产品、监测资料归档。

3.6.2 技术流程

(1)数据资料

1)天然牧草开花期气象服务所需的气象资料来源于当地气象局(站)的观测数据,涉及$\geqslant$10℃有效积温、$\geqslant$3mm 的降水总量、日照时数、牧草返青期、牧草抽穗—开花期间累计温度的资料,通过"内蒙古旗县级综合业务平台"、"锡林郭勒盟气象信息服务系统"获取。

2)天然牧草生长发育资料来源于草原生态与牧业气象观测站的实测数据,资料获取均以气象局内部网络为支撑。

3)气象台发布的天气气候预报预测产品。

4)所有数据都需质量控制和数据订正。

(2)服务指标

1)以贝加尔针茅为建群种的草甸草原,克氏针茅从返青到开花所需气象条件是$\geqslant$10℃有效积温为 500~700℃·d;日照时数为 1000~1400h;$\geqslant$3mm 的降水量达 200~250mm;正常情况下,克氏针茅返青后 120 天左右即可开花。如果$\geqslant$3mm 的降水总量少于 100mm,天然牧草营养储存不足,开花期将推迟,甚至不开花;而$\geqslant$3mm 的降水总量大于 400mm,天然牧草"疯长",开花期也将推迟,甚至不开花。

2)以克氏针茅为建群种的典型草原,克氏针茅从返青到开花所需气象条件是$\geqslant$10℃有效积温为 500℃~700℃·d;日照时数为 1000~1400h;$\geqslant$3mm 的降水量达 150~200mm;正常情况下,克氏针茅返青后 120 天左右即可开花。如果$\geqslant$3mm 的降水总量少于 50mm,天然牧草营养储存不足,开花期将推迟,甚至不开花;而$\geqslant$3mm 的降水总量大于 300mm,天然牧草"疯长",开花期也将推迟,甚至不开花。

3)以沙生针茅为建群种的荒漠草原,沙生针茅从返青到开花所需气象条件是$\geqslant$10℃的有效积温为 600~800℃·d;日照时数为 1100~1500h;$\geqslant$3mm 的降水量达 100~150mm;正常情况下,沙生针茅返青 100 天左右既可开花。如果$\geqslant$3mm 的降水总量少于 30mm,天然牧草营养储存不足,开花期将推迟,甚至不开花;而$\geqslant$3mm 的降水总量大于 200mm,天然牧草"疯长",开花期也将推迟,甚至不开花。

(3)技术方法

选取 4—6 月平均气温、降水量以及牧草抽穗—开花期间累计温度、降水量和牧草开花日

数进行多元逐步回归分析,得到牧草开花期预报模式。方程如下:
$$Y = 142.771 + 0.258\sum R - 0.360 R_6 + 0.468 R_4 - 0.083 \sum T \tag{3.14}$$
式中:Y 为牧草开花日期;R_4、R_6、$\sum R$ 为 4 月、6 月降水量以及 4—6 月份累积降水量;$\sum T$ 为 4—6 月份累计气温。

3.6.3 服务流程

搜集、整理气象要素和历年天然牧草返青期资料,依据工作历日期,利用牧草开花期预报模型预测天然牧草(以建群种牧草为代表)开花期,制作牧草开花期预测产品;监测牧草开花及天气影响情况,制作天然牧草开花期监测产品;根据监测结论以及与历年牧草开花情况比较,做出本年度牧草开花期评估产品。

(1)产品制作

制作条件:依据工作历日期制作天然牧草开花预报产品;发布天然牧草开花预报产品后,实时监测天然牧草开花期,并在天然牧草开花后,适时制作天然牧草开花期监测服务产品。

制作方法:利用天然牧草开花期预报模型,结合天然牧草返青期气候指标和气象台发布的《短期气候预测》以及《中期预报》,预测天然牧草(以建群种牧草为代表)开花期;天然牧草开花后,根据地面观测数据以及天然牧草开花资料,利用卫星遥感监测牧草地上生物量,分析牧草开花情况及受天气条件影响程度。并根据草原实际情况,适时对适宜打伏草的区域提出打伏草的生产建议。

产品内容:天然牧草开花预报产品内容是利用天然牧草返青期预报模型计算牧草返青期预报值,根据天然牧草返青期预报结果,结合气象观测站观测的地面观测气象资料,分析天气气候对天然牧草(以建群种牧草为代表)开花期影响;天然牧草返青期监测服务产品内容是综合分析气温、降水、气象要素对天然牧草开花期影响,利用天然牧草返青期气象服务指标,分析评估天气条件对天然牧草开花影响。根据气象台发布的气象预报产品,重点关注连阴雨、温度偏低、日照时数少等不利开展打伏草的天气,提出科学合理打伏草时间建议。

(2)产品发布

发布时间:每年 7 月 5 日定时发布天然牧草开花期预报服务产品;天然牧草开花后,适时发布天然牧草开花期监测服务产品。

发布对象:盟党政领导、地方相关单位、乡镇(苏木)政府以及乡镇(苏木)气象助理。

发布形式:通过电子邮箱、政府网站、蒙文气象网站等方式发布。

3.6.4 服务案例

2016 年克氏针茅开花期预测服务案例:2016 年 7 月上旬选取 4—6 月平均气温、降水量,以及牧草抽穗—开花期间累计温度、降水量等气象要素,利用克氏针茅开花期(Y)和各气候因子之间建立的多元逐步回归方程
$$Y = 142.771 + 0.258\sum R - 0.360 R_6 + 0.468 R_4 - 0.083 \sum T \tag{3.15}$$
式中:Y 为牧草开花日期;R_4、R_6、$\sum R$ 为 4 月、6 月降水量以及 4—6 月份累积降水量;$\sum T$ 为 4—6 月份累计气温。

2016 年牧草始花期与 2015 年相比,全盟大部地区提前,乌拉盖推迟。其中偏西部地区的牧草始花期提前 10 天以上;与近 5 年相比全盟大部牧区始花期推迟。

按照工作历,7 月 5 日,通过网络传输等方式,定时向为当地党政决策部门、各乡镇(苏木)

政府气象助理等发布了克氏针茅开花期预测气象服务产品,为政府决策和相关部门提供天然牧草开花期,对适宜打伏草的区域提出了生产建议。

3.7 天然牧草营养成分监测服务

天然草地牧草是草食畜赖以生存的条件,草地牧草营养成分直接影响着草食畜的营养状况、生命活动及生产性能。牧草的营养成分受分布地域、品种、生长发育阶段、土壤、海拔高度、季节、气候条件、畜种和采食量等各种因素的影响,特别是天然牧草的刈割期对牧草的产量和营养价值影响很大。不同类型天然草地及植被构成是牧草营养成分高低的决定因素。处于营养生长期的牧草含有丰富的蛋白质,极易被消化,并可以满足牲畜的营养需要。抽穗时的牧草仍有相当数量的叶片和较高的消化率;开花结实后,牧草蛋白质含量降低,粗纤维含量升高,消化率降低。

3.7.1 工作流程

(1)天然牧草生长期间,每年7月中旬取样监测牧草营养成分。
(2)锡林浩特国家气候观象台化验室对天然牧草进行营养成分化验。
(3)应用主成分分析方法,对天然牧草主要营养成分含量进行综合量化评价。
(4)分析其营养成分及其分布特征,制作天然牧草营养成分评估服务产品。
(5)依据工作历规定的日期,业务人员发布天然牧草营养成分监测服务产品。
(6)天然牧草营养成分监测服务结束后,将服务产品、监测资料归档。

3.7.2 技术流程

(1)数据资料

天然草地主要牧草营养成分资料来源于锡林郭勒盟牧业气象试验站化验室。涉及粗蛋白、粗脂肪、粗纤维、无氮浸出物、钙、磷、吸附水含量;

资料获取以气象局内部网络为支撑;气象资料来源于当地气象局(站)的观测数据,涉及气温、降水量和日照时数等资料,通过"内蒙古旗县级综合业务平台"、"锡林郭勒盟气象信息服务系统"获取。

(2)服务指标

草地牧草各种营养成分的高低是评价其营养价值的重要因素,粗蛋白质含量愈高,粗纤维含量愈低,则草地牧草的营养价值就愈高,反之,营养价值就愈低。锡林郭勒草原牧草营养成分按草原类型分,从高到低为:荒漠化草原营养成分最高,其次为典型草原,草甸草原较低(表3.6)。

表3.6 锡林郭勒草原不同草地类型天然牧草营养成分指标(单位:%)

草地类型	粗脂肪含量	粗蛋白质含量	灰分含量	Ca含量	P含量	吸附水含量	纤维素含量	无氮浸出物含量
草甸草原区	3.5	13.7	5.8	0.6	0.6	6.1	26.6	42.4
典型草原区	3.8	14.5	6.9	0.6	0.6	5.8	26.4	42.6
荒漠草原区	4.2	16.7	7.6	0.8	0.7	6.2	21.6	42.4

(3)技术方法

天然牧草各种营养成分的高低是评价其营养价值的重要因素,但某个单项指标不能完全反映一个地域养分的综合状况,所以对天然牧草营养成分综合评价十分必要。主成分分析法原理是利用降维的方法把原来多个具有一定相关性多个指标,重新组合成一组新的互相独立的综合指标来代替原来的指标。采用主成分分析方法综合量化各指标权重,避免人为的主观任意性,以提高分析结果的客观性与精确度。应用主成分分析方法对天然草地牧草营养成分进行综合评价,就是利用主成分综合得分的大小来评价天然草地牧草营养成分的高低,主成分综合得分越大营养成分越高,反之则越低。

主成分分析法原理是利用降维的思想把原来众多具有一定相关性多个指标(比如 P 个指标),重新组合成一组新的互相无关的综合指标来代替原来的指标。通常数学上处理就是将原来 P 个指标作线性组合,作为新的综合指标。最经典的做法就是用 F_1(选取的第一个线性组合,即第一个综合指标)的方差来表达,即 $var(F_1)$ 越大,表示 F_1 包含的信息越多。因此在所有的线性组合中选取的 F_1 应该是方差最大的,故称 F_1 为第一主成分。如果第一主成分不足以代表原来 P 个指标的信息,再考虑选取如即选 F_2(第二个线性组合),为了有效地反映原来信息,F_1 已有的信息就不需要再出现在 F_2 中,用数学语言表达就是要求 $cov(F_1,F_2)=0$,则称 F_2 为第二主成分,依此类推可以构造出第三、第四、……、第 P 个主成分。

主成分分析法主要步骤是:第一步,根据研究问题选取指标与数据;第二步,指标数据标准化;第三步,指标之间的相关性判定;第四步,确定主成分个数 m;第五步,主成分 F_i 表达式;第六步,主成分 F_i 命名;第七步,主成分与综合主成分(评价)值。主成分分析法作为数据降维的方法,其每一个主成分均是有特定经济含义的,可以用于揭示原始样本中的基本性质。第一主成分说明了原始数据变动的总规模,而其余各主成分则说明样本内部的各方面的特征。

3.7.3 服务流程

(1)产品制作

制作条件:按照工作历制定的日期,根据锡林郭勒盟牧业气象试验站化验室测定的天然牧草营养成分资料。

制作方法:采用主成分分析方法,对草原天然牧草主要营养成分含量进行综合量化评价,揭示天然牧草营养成分分布特征。

发布内容:对天然牧草生长季气象要素值与历年同期值进行比较,并绘制主要气象要素值图表;分析气象条件对天然牧草生长发育的影响:光、热、水条件是否匹配对天然牧草生长发育至关重要;根据生态环境现状和化验获得的天然草地主要牧草营养成分,分析气象条件对天然牧草营养成分的影响;对影响天然牧草营养成分的主要气象要素与历年同期值进行比较和评述;应用主成分分析方法分析天然牧草营养成分及其分布特征。综合指标排名越靠前,综合养分也就越高。粗蛋白质含量愈高、粗纤维含量愈低,则草地牧草的营养价值就愈高,反之,营养价值就愈低;根据天然牧草营养成分分布情况,为生产加工和配制家畜饲草料,确定适宜的草地载畜量和牧业生产布局,维护草地生态系统的稳定与草地资源的合理利用提供决策依据。

(2)产品发布

发布时间:12月20日前发布牧草生长营养成分预报。

发布对象:盟党政领导、地方相关单位、乡镇(苏木)政府以及乡镇(苏木)。

发布形式:通过电子邮箱、政府网站、蒙文气象网站等方式发布。

3.7.4 服务案例

2011年天然草地主要牧草营养成分服务案例:12月20日前根据锡林郭勒盟牧业气象试验站化验室测定的天然牧草营养成分资料,采用主成分分析方法,对草原天然牧草主要营养成分含量进行综合量化评价(表3.7),揭示天然牧草营养成分分布特征。

由主成分分析可知,2011年天然草场牧草营养品质最好为锡林浩特,较历年提高了4个档次,其次为阿巴嘎旗,较历年提高了2个档次;营养品质最差为二连浩特市,较历年下降了3个档次(表3.8)。总之,2011年牧草中部营养品质较好,西部地区由于干旱天然牧草生长发育受到抑制,牧草营养品质有所降低。

表3.7 2011年全盟天然草场牧草主要营养成分含量(单位:%)

旗县	粗蛋白质	粗脂肪	无氮浸出物	粗灰分	粗纤维
东乌珠穆沁旗	11.56	4.23	43.54	5.18	32.30
西乌珠穆沁旗	40.43	3.10	44.07	5.26	30.17
乌拉盖管理区	12.34	2.39	47.64	5.64	25.05
阿巴嘎旗	13.77	5.74	43.51	5.28	26.09
锡林浩特市	16.71	3.44	29.33	5.29	38.25
镶黄旗	14.73	2.23	48.78	5.14	20.54
正镶白旗	15.61	2.29	51.09	5.38	19.21
正蓝旗	13.03	3.16	36.86	6.06	32.12
多伦县	10.79	3.44	53.50	5.33	19.29
太卜寺旗	12.77	3.06	46.84	5.44	23.98
苏尼特左旗	8.80	4.08	48.05	6.31	27.31
苏尼特右旗	11.88	5.74	47.38	5.31	22.90
二连浩特市	10.23	2.69	59.46	5.52	16.42

表3.8 2011年度各主成分得分、综合得分及牧草品质排序

旗县	主成分1得分	主成分2得分	主成分3得分	主成分4得分	综合得分	牧草品质排序
东乌珠穆沁旗	0.99888125	0.073928	0.913908	−0.66728	0.560697	5
西乌珠穆沁旗	1.54721678	−2.67619	−0.59811	1.541686	−0.01745	7
乌拉盖管理区	−0.5115923	0.177165	−0.99574	−0.33016	−0.40597	9
阿巴嘎旗	0.68498637	0.431285	1.898816	0.388491	0.829066	2
锡林浩特市	3.00407281	−0.15092	−0.20846	−1.11381	1.072353	1
镶黄旗	−1.0540753	−1.13643	−0.21106	−0.81056	−0.86589	11
正镶白旗	−1.3734574	−0.77626	−0.54248	−0.22263	−0.91528	12
正蓝旗	1.43489876	1.397649	−1.42691	0.064017	0.684914	3
多伦县	−1.541096	−0.12825	0.485128	−0.14605	−0.5982	10
太卜寺旗	−0.4093855	−0.05415	−0.1768	−0.34275	−0.25709	8
苏尼特左旗	−0.1104468	2.331325	−0.89387	1.029572	0.483833	6
苏尼特右旗	−0.0943504	0.560467	1.993571	0.500919	0.565147	4
二连浩特市	−2.5756522	−0.04961	−0.23798	0.108571	−1.13612	13

按照工作历,12月20日,通过网络传输等方式,定时向当地党政决策部门、各乡镇(苏木)政府气象助理等发布了天然草地主要牧草营养成分气象服务产品,为政府决策和相关部门提供选择打贮草区域和牧草营养平衡提出了生产建议。

3.8 天然牧草产量预报气象服务

3.8.1 工作流程

(1)根据工作历规定的日期,做好发布天然牧草产量预报服务产品的准备工作。
(2)监测生长期牧草生长状况,分析生长期气象条件对天然牧草产量的影响。
(3)利用预报模型计算天然牧草产量,制作天然牧草产量预测产品。
(4)发布天然牧草产量预报服务产品。
(5)监测生长期牧草生长状况,适时发布天然牧草产量订正预报。
(6)及时将相关资料归档。

3.8.2 技术流程

(1)数据资料

1)天然牧草产量预测所需的气象资料来源于当地气象局(站)的观测数据,涉及气温、降水量、积温、土壤墒情和日照时数等资料,通过"内蒙古旗县级综合业务平台"、"锡林郭勒盟气象信息服务系统"和"内蒙古自动土壤水分软件"获取。

2)草原生态与牧业气象资料来源于草原生态与牧业气象观测站,涉及牧草绝对高度、草层高度、产量、盖度和优势牧草比例等,资料获取均以气象局内部网络为支撑。

3)气象台发布的天气气候预报预测产品。

4)所有资料均进行质量控制和数据订正。

(2)服务指标

天然牧草产量是天然牧草地上生物量达到峰值时的干重量,天然牧草产量年景等级分为歉年、偏歉年、正常年、偏丰年、丰年五个等级。等级指标见表3.9。

表3.9 天然牧草产量干重等级划分(单位:kg/hm²)

类型	荒漠化草原	典型草原	草甸草原
歉年	<150	<600	<1050
偏歉年	150~300	601~1050	1051~1650
正常	301~450	1051~1500	1651~2250
偏丰年	451~600	1501~1950	2251~2700
丰年	>600	>1950	>2700

(3)技术方法

天然牧草产量预报是根据天然牧草产量形成的水热指标与牧草产量动态的关系,运用农业气象统计学原理,建立草原初级生产力模式来预测天然牧草产量趋势(丰、偏丰、正常、偏歉、歉)的专门性预报。根据天然牧草产量预报模型,预测不同草地类型天然牧草产量趋势和天然牧草产量。依据天然牧草的生育规律及其在不同生育阶段对气象条件的要求,分析牧草产量形成规律,为生态保护和畜牧生产提出建议。

1)逐步回归模型:天然牧草产量(干重)可分为趋势产量和气象产量两部分,即

$$Y_c = Y_t + Y_w \tag{3.16}$$

式中:Y_c为天然牧草产量(kg/hm²),Y_t为趋势产量(kg/hm²),Y_w为气象产量(kg/hm²)。

根据锡林郭勒盟地区天然牧草产量和平行观测的地面气象要素,分别建立了锡林郭勒盟地区天然牧草趋势产量和气象产量模型为

$$Y_t = 3612.8 - 106.6(t-1985) \tag{3.17}$$

式中:t 为年份,且 $t \geq 1986$。

$$Y_w = 88.9754 - 1.156 X_1 + 0.828 X_2 \tag{3.18}$$

式中:X_1 为 4—6 月积温(℃·d),X_2 为 5—7 月上旬降水量(mm),样本数 $n=15$,相关系数 $r=0.7764$。

2)积分回归模型:天然牧草生长期不同时段的水分条件对牧草形成的影响不同,降水量的时间分布与天然牧草产量关系可写成

$$Y = c + \int_0^\tau a(t) R(t) dt \tag{3.19}$$

式中:Y 为牧草产量,单位 kg/hm²;$R(t)$ 为大气降水量,单位 mm;$a(t)$ 为降水量时间分布对牧草产量的效应,其物理意义是各旬降水量每增减 1mm 使天然牧草产量的变化。若取 4 次项,则 $a(t)$ 的展开式为

$$a(t) = a_0 \varphi_0(t) + a_1 \varphi_1(t) + a_2 \varphi_2(t) + a_3 \varphi_3(t) + a_4 \varphi_4(t) \tag{3.20}$$

式中:$\varphi_k(t)$ 为时间的正交多项式。

利用锡林郭勒盟牧业气象试验站天然牧草产量观测资料及平行观测的地面气象资料求得 $a(t)$ 的展开式为

$$a(t) = 4.283 \varphi_0(t) + 2.241 \varphi_1(t) - 0.424 \varphi_2(t) - 0.070 \varphi_3(t) + 0.021 \varphi_4(t) \tag{3.21}$$

式中:$\varphi_k(t)$ 为时间的正交多项式,即天然牧草生长季降水量每增减 1mm 使天然牧草产量的变化量(图 3.5)。

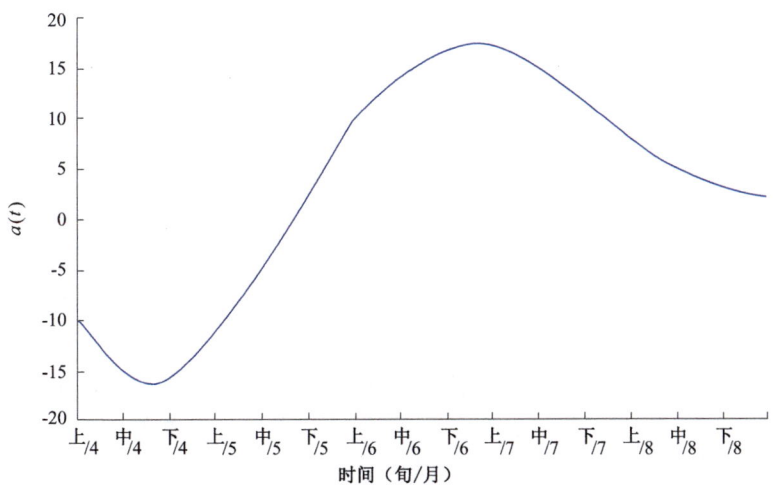

图 3.5 降水量时间分布对牧草产量的效应

3.8.3 服务流程

(1)产品制作

制作条件:按照工作历规定时间制作。

制作方法:搜集、整理气象要素和天然牧草产量资料,根据预测结果及牧草生长状况,利用

牧草产量预报模型预测天然牧草(以建群种牧草和优势种牧草为代表)产量;分析制作天然草场产量和牧业年景服务产品,并提出科学合理的生产建议和改进措施。

产品内容:综合分析主要气象要素对天然草场产量影响,绘制图表;利用天然牧草产量预报模型计算牧草产量,按照预报值预测天然草场产量趋势(年景),绘制图表;根据天然牧草产量预报结果,结合草原生态保护及牧业生产实际,提出科学合理的生态保护及生产建议和措施。

(2)产品发布

发布时间:6月10前。

发布对象:盟党政领导、地方相关单位、乡镇(苏木)政府以及乡镇(苏木)气象助理。

发布形式:通过电子邮箱、政府网站、蒙文手机气象网站等方式发布。

3.8.4 服务案例

2016年天然牧草产量预测服务案例:6月上旬搜集、整理气象要素和天然牧草产量资料,根据预测结果及牧草生长状况,利用牧草产量预报模型预测天然牧草(以建群种牧草和优势种牧草为代表)产量;分析制作天然草场产量和牧业年景服务产品。

2016年全盟天然草场牧草产量年景趋势:大部分地区为平偏歉年,东乌珠穆沁旗、西乌珠穆沁旗和西部地区为歉年,太仆寺旗和正镶白旗为偏丰年。天然草场牧草产量(干重):东部地区为1060~1800kg/hm^2,中部地区为610~1670kg/hm^2,西部地区为60~150kg/hm^2,南部地区为700~1950kg/hm^2。

按照工作历,6月10日,通过网络传输等方式,定时向当地党政决策部门、各乡镇(苏木)政府气象助理等发布了天然草场牧草产量气象服务产品,为政府决策和相关部门提供牧草产量情况,使之及早做好抗旱保畜工作,以防牧草减产对家畜造成不利影响。

3.9 天然草地打草期气象服务

为了合理利用草原资源,将天然牧草高度、盖度和牧草产量高的草场禁牧用于打草,以加大草场的利用率。通过综合分析天然草场气象条件和生长状况,提出打草场牧草的刈割方式,完善打草场制度。

3.9.1 打伏草气象服务

储备品质优良的青干草以保证家畜全年饲草料的均衡供给,是草原畜牧业经济优质、稳定、高速发展的重要保证。牧草的适宜刈割时期应当以开花期为最好,7月上中旬大部分天然牧草处于开花期,此时牧草可消化营养物质含量高,具有较好的营养价值。研究表明:在草甸草原和典型草原较湿润的草场上,留茬高度6cm的伏干草可收获粗蛋白质15800kg/km^2,较秋干草多收获1353kg/km^2。同时,刈割伏干草后草场再生草可延长放青期20余天,牧草黄枯前生长高度可达30cm左右。这对畜牧业生产会显示出更大的经济效益和生态效益,但伏草刈割时含水量高,又值雨季,不易调制和贮存。缺点是无法预留草籽,不利于草场涵养水分。

3.9.1.1 工作流程

(1)7月中旬至8月中旬,关注盟市气象台发布的《中期天气预报》。

(2)依据《中期预报》结论,针对打伏草期发布《牧业气象预报》。

(3)出现强降雨或连阴雨天气,领导组织业务人员参加区局会商,依据会商结论,适时发布针对性《牧用气象预报》。

(4)以卫星遥感资料 NDVI 确定的可打草范围,再根据牧草的高度、产量和开花期预报确定打伏草区域,制作针对性《牧业气象服务》产品。

(5)根据天气条件对打伏草期间造成的影响,做出打伏草期评估产品。

(6)依工作历规定适时发布天然草场打伏草期气象服务产品。

(7)服务结束后,及时将所有资料存档。

3.9.1.2 技术流程

(1)数据资料

打伏草气象服务所需的气象资料来源于当地气象局(站)的观测数据,涉及平均气温、降水量、风、相对湿度、日照时数和土壤水分等资料,通过"内蒙古旗县级综合业务平台"和"锡林郭勒盟气象信息服务系统"获取。

牧草的长势(牧草绝对高度、草层高度、产量(单产)、盖度和优势牧草比例)资料来源于全盟各生态与牧业气象观测站。

卫星遥感数据来源于卫星接收系统。

所有资料均进行质量控制和数据订正。

(2)服务指标

1)NDVI 指标:依据多年 EOS/MODIS 遥感卫星资料,结合实地监测资料(包括全盟生态站资料),综合分析得出 $0.39 \leqslant NDVI \leqslant 0.65$ 为打草区。

2)牧草生长状况指标:牧草高度大于 40cm;天然牧草产量(干重)大于 $3000kg/hm^2$。

3)天气指标:未来 7 天内出现连续晴朗天气 4 天以上,或者 7 天内有阶段性小阵雨(24h 内<5mm,4 天内累积降水量<12mm,7 天内累积降水量<25mm)。

4)晾晒天气指标:在连续晴天,日平均气温为 20~25℃,相对湿度为 40%~70%,风力 2~3 级;牧草刈割后 24~36h 出现 10~20mm 阵性降水,气温 15~20℃,相对湿度在 50%~80%,风力 2~4 级。

(3)技术方法

依据卫星遥感资料初步拟定 NDVI 的取值区域:$0.39 \leqslant NDVI \leqslant 0.65$ 为可打伏草的范围,再根据牧草的高度、产量和开花期预报最终确定打伏草区域。

根据气象台发布的天气气候预报产品,确定打伏草的时期。

3.9.1.3 服务流程

(1)产品制作

制作条件:7 月上旬至 8 月中旬。

制作方法:利用全盟各生态监测站草场监测数据、地面气象和卫星遥感数据,系统分析和评价过去和当前气象条件和土壤水分条件对牧草生长发育的影响,对比分析草地牧草高度、产量、盖度与上年及历年同期优劣程度,根据牧草的长势确定可打秋草的区域。预测打草期间天气条件(温度、降水、大风)对牧业生产的影响,为采取具体措施提供科学依据。

产品内容:对打伏草期间气象要素值与历年同期值进行比较,并绘制主要气象要素值图表;根据天然牧草生长发育现状,分析和评价过去和当前气象条件和土壤水分条件对牧草生长发育的影响,对比分析草地牧草高度、产量、盖度与上年及历年同期优劣程度;卫星遥感资料和牧草的长势,确定草甸草原和典型草原可适宜打伏草的区域;依据短期气候预测,提供打伏草期间打草、晾晒天气条件(温度、降水、相对湿度、大风)对牧业生产的影响,为采取具体措施提供科学依据;根据适宜打伏草区域分布情况,对草原生态环境保护及牧业生产提出合理建议。为生产加工和配制家畜饲草料,维护草地生态系统的稳定与草地资源的合理利用提供决策依据。

(2)产品发布

发布时间:7月上旬至8月适时发布。

发布对象:盟党政领导、地方相关单位、乡镇(苏木)政府以及乡镇(苏木)气象助理、牧业生产大户。

发布形式:通过电子邮箱、政府网站、微信公众号、蒙文手机网站等方式发布。

3.9.2 服务案例

2015年打伏草期预测服务案例:7月上旬搜集整理全盟各生态监测站草场监测数据、地面气象和卫星遥感数据。依据卫星遥感资料 NDVI 的取值区域(NDVI≥0.28),初步拟定打草范围;再根据牧草的高度、产量最终确定打秋草区域(表3.10)。系统分析和评价过去和当前气象条件和土壤水分条件对牧草生长发育的影响,确定适宜的打打秋草时间。依据短期气候预测,提供打秋草期间打草、晾晒天气条件(温度、降水、相对湿度、大风)对牧业生产的影响,为采取具体措施提供科学依据。

表3.10 2015年6月末监测场天然牧草监测现状及与去年比较(单位:cm、kg/hm²)

项目	旗县												
	乌拉盖	东乌旗	西乌旗	锡林浩特市	阿巴嘎旗	苏尼特左旗	二连浩特市	苏尼特右旗	镶黄旗	正镶白旗	太卜寺旗	正蓝旗	多伦
今年高度	53	32	60	25	24	13	10	7	8	27	13	14	35
与去年高度差	-3	-6	0	-5	-4	-4	-3	-7	-13	-13	0	-14	-5
今年牧草产量	14953	1596	7638	2239	1820	778	148	331	462	3730	1700	12143	5345
与去年牧草产量差	-1521	-743	-672	-1128	-719	-622	102	-538	-3007	-1659	103	8319	-1372

根据锡林郭勒盟气象监测网气温、降水资料显示,5—6月,大部分地区气温偏低,降水偏多。由于降水量分布不均,个别地区出现了不同程度的旱情,6月末大范围的降水使旱情得到一定缓解,全盟除乌拉盖开发区和多伦县外,大部分地区天然草场牧草生长状况好于去年同期。根据全盟生态监测、卫星遥感资料与实地调查结果综合分析(图3.6),适宜打草区域为乌拉盖管理区的东部、东乌珠穆沁旗东部、西乌珠穆沁旗的东部、锡林浩特市东南部、西南部的部分地区。

按照工作历,7月上旬至8月适时发布,通过网络传输等方式,定时向为当地党政决策部门、各乡镇(苏木)政府气象助理等发布了天然草场打伏草期预测气象服务产品,为政府决策和相关部门提供打伏草的区域和时间,使之开展打草作业时,抓住有利于生产的天气条件及时进行打草、晾晒、打捆、起垛、储草作业,以免日晒雨淋后营养价值下降或霉烂变质。

3.9.3 打秋草气象服务

冬春饲草料不足和饲草料营养低是草原畜牧业发展的主要限制因子之一。受天气、气候

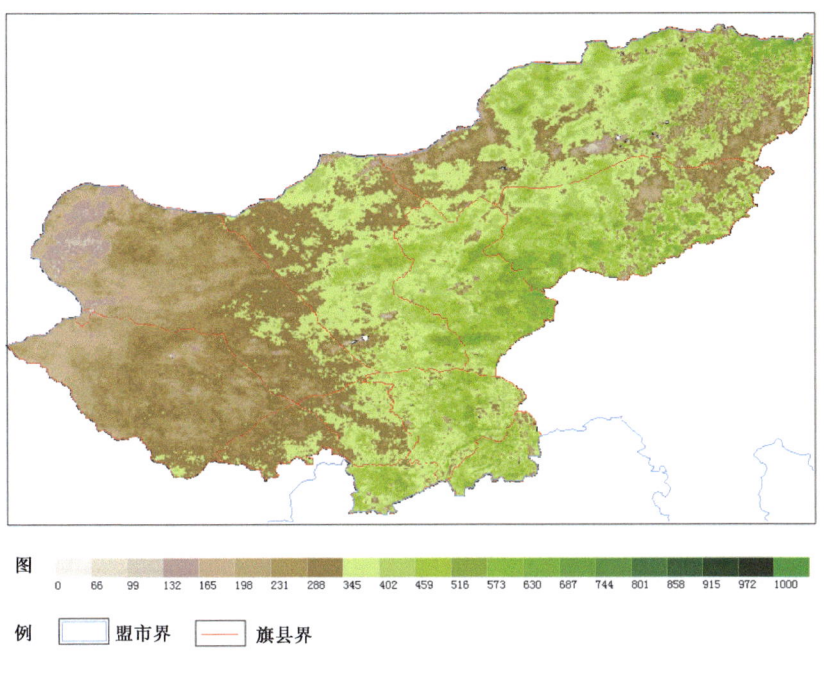

图3.6　6月末锡林郭勒盟地区植被监测图(2015年6月27日08:00(北京时))

条件和传统饲养方式的影响,草原区一直采用打秋草和枯黄草的方法来解决冬春季家畜的补饲问题,因为此时产草量高,含水量低,雨水少,干草易于调制和贮存,但缺点是营养物质不足。

3.9.3.1　工作流程

(1)7月中旬至8月中旬,关注盟市气象台发布的《中期天气预报》。

(2)依据《中期预报》结论,针对打秋草期发布《牧业气象预报》。

(3)出现大风、强降水、连阴雨天气,领导组织业务人员参加区局会商,依据会商结论,适时发布针对性《牧用气象预报》。

(4)以卫星遥感资料NDVI确定的可打草范围,根据牧草的高度、覆盖范围确定打秋草区域,制作针对性《牧业气象服务》产品。

(5)根据天气条件对打秋草期间造成的影响,做出评估产品。

(6)依工作历规定的日期发布天然草场打秋草期气象服务产品。

(7)服务结束后及时将有关资料归档。

3.9.3.2　技术流程

(1)数据资料

1)打秋草气象服务所需的气象资料来源于当地气象局(站)的观测数据,涉及平均气温、降水量、风、相对湿度、日照时数和土壤水分等资料,通过"内蒙古旗县级综合业务平台"和"锡林郭勒盟气象信息服务系统"获取。

2)牧草的长势(牧草绝对高度、草层高度、产量(单产)、盖度和优势牧草比例)资料来源于全盟各生态与牧业气象监测站。

3)卫星遥感数据来源于卫星接收系统。

4)所有资料均进行质量控制和数据订正。

(2)服务指标

打草期服务指标见表 3.11。

表 3.11 打草期服务指标

打草期服务指标	适宜	较适宜	不适宜
NDVI 指标	NDVI≥0.37	0.28≤NDVI<0.37	NDVI<0.28
牧草生长状况指标	牧草高>30cm,牧草产量(干重)>2000kg/hm²	牧草高>25cm,牧草产量(干重)>1800kg/hm²	牧草高<20cm,牧草产量(干重)<1200 kg/hm²
天气指标	未来 7 天内出现连续晴朗天气 4 天以上	7 天内有阶段性小阵雨(24h 内<5mm,4 天内累积降水量<12mm,7 天内累积降水量<25mm)	7 天内有 4 天以上阴雨天气
晾晒天气指标	在连续晴天,日平均气温 20～25℃,相对湿度 40%～70%,风力 2～3 级	牧草刈割后 24～36h 出现 10～20mm 阵性降水,相对湿度 50%～80%,风力 2～4 级	气温<15℃,相对湿度>80%,风力<2 级

(3)技术方法

依据卫星遥感资料(NDVI 的取值区域:NDVI≥0.37),初步拟定打草范围;再根据牧草的高度、产量最终确定打秋草区域。

根据气象台发布的天气气候预报产品,确定打秋草的时期。

3.9.3.3 服务流程

(1)产品制作

制作条件:8 月上旬至 9 月中旬;出现大风沙尘、降水天气时制作。

制作方法:利用全盟各生态监测站草场监测数据、地面气象和卫星遥感数据,系统分析和评价过去和当前气象条件和土壤水分条件对牧草生长发育的影响,对比分析草地牧草高度、产量、盖度与上年及历年同期优劣程度,根据牧草的长势确定可打秋草的区域。预测打秋草期间天气条件(温度、降水、大风)对其影响。

产品内容:对打秋草期间气象要素值与历年同期值进行比较,并绘制主要气象要素值图表;根据生态环境现状,系统分析和评价过去和当前气象条件和土壤水分条件对牧草生长发育的影响,对比分析草地牧草高度、产量、盖度与上年及历年同期优劣程度;根据卫星遥感资料和牧草的长势,确定草甸草原和典型草原可适宜打秋草的区域;依据短期气候预测,提供打秋草期间打草、晾晒天气条件(温度、降水、相对湿度、大风)对牧业生产的影响,为采取具体措施提供科学依据;根据适宜打秋草区域分布情况,对草原生态环境保护及牧业生产提出合理建议。为保护草地生态系统的稳定和草地资源合理利用提供决策依据。

(2)产品发布

发布时间:8 月中旬至 9 月中旬适时发布。

发布对象:盟党政领导、地方相关单位、乡镇(苏木)政府以及乡镇(苏木)气象助理、牧业生产大户。

发布形式:通过电子邮箱、政府网站、微信公众号、蒙文手机网站等方式发布。

3.10 天然牧草黄枯期气象服务

天然牧草籽粒成熟后,茎叶逐渐由青绿色变为枯黄色,随着秋季气温的持续下降,牧草逐渐黄枯。研究发现,同一地区同年各种牧草的黄枯期都比较接近,天然牧草黄枯期的迟早与热量条件密切相关。锡林郭勒盟天然牧草的黄枯期集中出现在9月中旬至10月中旬。天然牧草开始黄枯前5天的平均气温为3～5℃,与日平均气温5℃的终日相接近。如黄枯前的8—9月降水偏少,出现干旱,可使天然牧草提前枯黄。反之亦反,即若8—9月降水偏多,或者天然牧草刈割后,再生牧草黄枯期将推迟。

3.10.1 工作流程

(1)9月中旬至10月中旬,天然牧草开始进入黄枯期,期间根据气象台发布的天气气候预报产品,实时监测天然牧草生长发育状况。

(2)9月上旬,利用预报模型计算天然牧草黄枯期以及实时监测结论,预测牧草黄枯开始时间,与历年比较,进行分析,制作并天然牧草黄枯期预报服务产品。

(3)天然牧草黄枯后,依工作历规定适时发布天然牧草黄枯期监测评估服务产品。

(4)天然牧草黄枯期气象服务结束后,及时将服务产品、监测质料归档。

3.10.2 技术流程

(1)数据资料

1)天然牧草黄枯期气象服务所需的气象资料来源于当地气象局(站)的观测数据,涉及的月平均气温、降水量、日照时数,牧草成熟—黄枯期间累计温度、降水量、日照时数以及日平均温度≥0℃、≥5℃终日日数等数据,通过"内蒙古旗县级综合业务平台"、"锡林郭勒盟气象信息服务系统"获取。

2)天然牧草生长发育资料来源于草原生态与牧业气象观测站的实测数据,资料获取均以气象局内部网络为支撑。

3)气象台发布的天气气候预报预测产品。

4)所有数据都需质量控制和数据订正。

(2)服务指标

日平均气温≥5℃终日前10～30天;地面温度稳定通过0℃;天然牧草植株下部基生叶三分之二黄枯;牧草刈割后,再生牧草黄枯期将推迟20天左右。

(3)技术方法

天然牧草黄枯期与降水量、日照时数、牧草成熟—黄枯期间降水量、日照时数等气象要素进行多元逐步回归分析,建立天然牧草黄枯期预报模型,方程如下:

$$Y = 205.59 - 0.258 S_8 + 0.296 R_9 + 0.162 S_5 \quad (3.22)$$

式中:Y为牧草黄枯日期;S_5、S_8为5月、8月的日照时数;R_9为9月上旬的降水量。

3.10.3 服务流程

(1)产品制作

制作条件:每年9月份之前,即天然牧草枯黄之前,根据草原生态与牧业气象观测站观测的天然牧草生长发育状况,密切关注气象台发布的天气气候预测产品,及时发布天然牧草黄枯期预报服务产品;天然牧草枯黄后,适时发布天然牧草枯黄期监测评估服务产品。

制作方法:搜集、整理气象要素和天然牧草黄枯期资料,利用天然牧草黄枯期预报模型(或根据天然牧草黄枯期气候指标),预测天然牧草(以建群种牧草和优势种牧草为代表)黄枯期,制作天然牧草黄枯期预报服务产品;天然牧草黄枯后,根据天然牧草黄枯期气象服务指标,分析气象条件对天然牧草黄枯的影响,提出合理的生产建议和措施。

发布内容:综合分析主要气象要素对天然草场黄枯期影响,利用天然牧草黄枯期预报模型,预报天然牧草黄枯期预报值,绘制相应图表。绘制图表;根据天然牧草黄枯期预报结果,分析气象条件对天然牧草黄枯的影响;天然牧草黄枯后,根据天然牧草黄枯期气象服务指标,结合草原生态保护及牧业生产实际,提出科学合理的生态保护及生产建议和措施。

(2)产品发布

发布时间:天然牧草枯黄期预报服务产品每年9月5日定时发布;天然牧草枯黄期监测评估服务产品在天然牧草枯黄后适时发布。

发布对象:盟党政领导、地方相关单位、乡镇(苏木)政府。

发布形式:通过电子邮箱、政府网站、蒙文气象网站等方式发布。

3.10.4 服务案例

2016年锡林浩特天然牧草黄枯期服务案例:9月上旬搜集9月上旬降水量和5月、8月的日照时数,利用天然牧草黄枯期预报模型式(3.22)进行克氏针茅枯黄期预测。

9月上旬气温正常,降水偏多,对延长牧草生育期和牧草后期生长起到一定作用。根据当前的牧草生长状况,结合预报模型预报了2016年克氏针茅枯黄期为10月5—10日,较历年偏晚5天左右。

按照工作历,9月5日,通过网络传输等方式,定时向为当地党政决策部门、各乡镇(苏木)政府气象助理等发布了天然牧草黄枯期气象服务产品,为政府决策和相关部门提供天然牧草黄枯时间,使之及早做好储备饲草料工作。

第4章 天然草地牧草气象服务考核

为了加强天然草地牧草气象服务业务管理,促进天然草地牧草气象服务规范化,服务效益可持续发展,不断提高服务产品的准确性、规范性、及时性、可用性,提升天然草地牧草气象服务能力,特制定服务产品制作规范考核评估标准,对天然牧草气象服务产品规范质量考核。

服务产品规范质量考核必须坚持实事求是的工作态度,严格按照服务规范质量标准考核,严禁弄虚作假。

天然牧草气象服务产品按服务对象分主要有决策类、公众类两大类,按内容分主要有预报预测类、监测类、评估分析类等三种。下面根据不同产品服务对象、服务时间、服务内容分别建立考核标准。具体考核标准详见服务产品制定的考核标准。

4.1 天然草地牧草气象预报服务产品考核

4.1.1 考核内容

主要针对服务产品规范性评估、产品内容质量、产品发布时效性。要求预测依据科学合理,理由充分、观点明确、预测准确,重点突出、逻辑性强;制作发布服务产品简明扼要、通俗易懂,简述预测结论,提出生产建议具有针对性、可操作性、易懂适用。

考核产品有天然草地牧草返青期预报、开花期预报、天然草地牧草产量预报、暖季载畜量预报、黄枯期预报等。

4.1.2 考核标准

产品质量考核:主要考核产品规范性、完整性、产品内容质量。

时效性考核:服务产品在规定时间以前发出即为准时(以内网传输时间为准),否则为迟报。准时按20分计算,每迟报一天扣2分,超过10天按0分计算。

评分标准:90分以上为优秀,80—89分为合格,80分以下为不合格(表4.1)。

表4.1 天然草地牧草气象预报服务产品考核标准

内容	序号	考核内容	扣分	序号	考核内容	扣分
产品规范性评估(30分)	1	无产品期号或编号混乱	3	7	无产品标题、标题与内容不相符;格式、字体、字号不正确	2
	2	无签发人或签发人不正确(区别不同类型分别由局领导、分管领导、台站长签发)	4	8	附表、附图、格式、字体、字号不正确	3
	3	正文中格式、字体、字号不正确	2	9	正文中数字、单位、标点有误或不规范	2
	4	正文中时间、地点有误或不规范	3	10	存在4处以上名词术语、计量单位、符号使用不规范	3
	5	图表颜色搭配不规范,解释作用较差	3	11	错别字或漏字大于等于3处	2
	6	产品发布年月日时间不正确	3			

续表

内容	序号	考核内容	扣分	序号	考核内容	扣分
产品内容质量考核(50分)	1	预报产品内容不完整	8	6	预报依据不够充分	5
	2	预测模型科学性较差	5	7	预报结论表述不够明确	8
	3	生产建议针对性与指导性较差	2	8	语言不够简练,重点不够突出	2
	4	预报用语出现错误	5	9	预报文字描述错误	5
	5	预报图文不符	5	10	预报要素预报不完整	5
产品发布时效(20分)		没有在规定的时间内发布传输到服务用户				20

4.2 天然草地牧草气象监测服务产品考核

4.2.1 考核内容

主要针对服务产品规范性评估、产品内容质量、产品发布时效性。监测分析重点突出、归纳合理、概括准确,分析内容观点明确、逻辑性强,具有针对性。生产建议合理、适用、具有针对性,通俗易懂。

考核服务产品有天然牧草返青期监测、天然牧草生长动态监测、草地地上生物量遥感监测信息、天然牧草营养成分监测、天然牧草开花期监测、天然牧草黄枯期监测、天然草地土壤水分监测、天然草地土壤风蚀度监测、天然草地酸雨监测信息,以及适时发布的影响天然牧草干旱监测信息、雪灾监测信息、沙尘天气监测信息、森林(草原)火灾遥感监测信息、暴风雪监测信息、冷雨湿雪监测信息等。

4.2.2 考核标准

产品质量考核:主要为产品规范性评估、完整性、产品内容质量。

时效性考核:服务产品在规定时间以前发出即为准时(以内网传输时间为准),否则为迟报。准时按20分计算,每迟报一天扣2分,超过10天按0分计算。

评分标准:90分以上为优秀,80—89分为合格,80分以下为不合格(表4.2)。

表4.2 天然草地牧草气象监测服务产品考核标准

内容	序号	考核内容	扣分	序号	考核内容	扣分
产品规范性评估(30分)	1	无产品期号或编号混乱	3	7	无产品标题、标题与内容不相符;格式、字体、字号不正确	2
	2	无签发人或签发人不正确(区别不同类型分别由局领导、分管领导、台站长签发)	4	8	附表、附图、格式、字体、字号不正确	3
	3	正文中格式、字体、字号不正确	2	9	正文中数字、单位、标点有误或不规范	2
	4	正文中时间、地点有误或不规范	3	10	存在4处以上名词术语、计量单位、符号使用不规范	3
	5	图表颜色搭配不规范,解释作用较差	3	11	错别字或漏字大于等于3处	2
	6	产品发布年月日时间不正确	3			
产品内容质量考核(50分)	1	产品内容完整性差	6	5	资料收集不及时	5
	2	分析数据出现错误	8	6	图表表示信息不清晰、直观	6
	3	监测分析表述不明确	6	7	色标使用不标准	5
	4	生产建议针对性与指导性较差	6	8	分析主要结论不明确	8

续表

内容	序号	考核内容	扣分	序号	考核内容	扣分
产品发布时效（20分）		没有在规定的时间内发布传输到服务用户				20

4.3 天然草地牧草气象评估服务产品考核

4.3.1 考核内容

主要针对服务产品规范性评估、产品内容质量、产品发布时效性。考核产品有生态与牧业气象信息、生长季生态与牧业气象分析评估报告、年土壤水分监测评估报告、天然牧草营养成分监测分析评估、地下水位监测信息、年度生态与牧业气象分析评估报告、春季生态与牧业气象信息、夏季生态与牧业气象信息、专题分析等。要求预测依据科学合理，评估理由充分、观点明确、重点突出、逻辑性强；制作发布服务产品简明扼要、通俗易懂，简述预测结论，提出生产建议。生产建议具有针对性，可操作性，易懂适用。

4.3.2 考核标准

产品质量考核：主要为产品规范性、完整性、产品质量。

时效性考核：服务产品在规定时间以前发出即为准时（以内网传输时间为准），否则为迟报。准时按20分计算，每迟报一天扣2分，超过10天按0分计算。

评分标准：90分以上为优秀，80—89分为合格，80分以下为不合格（表4.3）。

表 4.3 天然草地牧草气象评估产品服务考核标准

内容	序号	考核内容	扣分	序号	考核内容	扣分
产品规范性评估（30分）	1	无产品期号或编号混乱	3	7	无产品标题、标题与内容不相符；格式、字体、字号不正确	2
	2	无签发人或签发人不正确（区别不同类型分别由局领导、分管领导、台站长签发）	4	8	附表、附图、格式、字体、字号不正确	3
	3	正文中格式、字体、字号不正确	2	9	正文中数字、单位、标点有误或不规范	2
	4	正文中时间、地点有误或不规范	3	10	存在4处以上名词术语、计量单位、符号使用不规范	3
	5	图表颜色搭配不规范，解释作用较差	3	11	错别字或漏字大于等于3处	2
	6	产品发布年月日时间不正确	3			
产品内容质量考核（50分）	1	产品内容完整性差	5	8	资料收集不及时	3
	2	分析数据出现错误	5	9	图表表示信息不清晰、直观	3
	3	生产建议针对性与指导性较差	2	10	色标使用不标准	3
	4	对气象因素影响机理的阐述不恰当或明显错误，科学性不强或差	3	11	未考虑气象服务周年方案，服务关注重点不突出	3
	5	内容空泛、概括，表达不清晰、准确、合理，建议措施指导性、可操作性不强	4	12	对气象及其影响事件的分析和评估结果缺乏准确性，建议针对性较差或不强	3
	6	没有综合考虑各种气象条件或相关信息，不符合地方经济社会发展对决策气象服务的综合需求，综合性不强	4	13	主题内容专业方面的描述过多，用语生僻费解，通俗性与可读性不强	3
	7	党政决策部门相关刊物、材料引用较少或未被引用	4	14	未得到党政领导的批示或受到党政领导的批评	5

续表

内容	序号	考核内容	扣分	序号	考核内容	扣分
产品发布时效(20分)		没有在规定的时间内发布传输到服务用户				20

参考文献

邓凯东,古丽格娜,彭海红,1998.冬季舍饲和穿衣对绵羊生产性能的影响[J].中国养羊,**4**:14-15.
国家气象局,1993.农业气象观测规范[M].北京:气象出版社.
刘志刚,王英舜,贺俊杰,2006.内蒙古锡林郭勒盟牧业气候区划[M].北京:气象出版社.
内蒙古气象局,2004.内蒙古自治区气候生态环境监测技术规范[z].呼和浩特:内蒙古气象局.
师桂花,2014.气候变化对锡林郭勒盟典型草原天然牧草物候期的影响[J].中国农学通报,**30**(29):197-204.
孙志强,孙志刚,杨俊远,2011.不同草原类型天然牧草生长发育气象条件分析[J].内蒙古气象,(4):40-43.
屠樱,李永昌,1992.牧业气象学[M].北京:气象出版社.
王英舜,杨文义,贺俊杰,等,2001.草原干旱对天然牧草生长发育及产量形成的影响[J].气象,**27**(2):12-15.
吴勤,宋杰,牛芳英,1997.紫花苜蓿草地地上生物量动态规律的研究[J].中国草地,**19**(6):21-24.
谢高地,张亿钾,鲁春霞,等,2001.中国草地生态系统服务价值[J].自然资源学报,**16**(1):47-53.
杨文义,王英舜,贺俊杰,2001.利用遥感信息建立草原冷季载畜量计算模型的研究[J].中国农业气象,**22**(1):39-42.
姚玉璧,张秀云,段永良,2009.亚高山草甸类草地牧草生长发育与气象条件的关系研究[J].草业科学,**26**(3):43-47.
中国牧区畜牧气候区划科研协作组,1988.中国牧区畜牧气候[M].北京:气象出版社.
VASILIADES L, LOUKAS A, LIBERIS N, 2011. A water balance derived drought index for Pinios River Basin,Greece[J]. Water Resource Manage,**25**:1087-1101.

附录A　天然草地牧草气象服务工作名词解释

1. 草原　陆地上大面积生长的天然植物,能供家畜采食和刈割饲草的场所。

2. 天然牧草返青期　当日平均气温稳定通过0℃时,牧草地下根系便开始活动,顶芽逐步露出地面,长到1cm告止,便称为返青期。

3. 界限温度的初、终日期与积温　衡量植物生长季长短和热量盈亏的重要指标,也是草原生态分区的主要依据。一般日平均气温稳定通过0℃,植物种子开始萌动、发芽,直至秋季达到0℃以下,植物因受冻而停止生长或死亡,这一界限温度是反映植物生命活动期和作物可利用总热量状况的热量指标。当日平均气温稳定通过5℃时,牧草开始返青生长,所以≥5℃积温是牧草生长期的热量指标。日平均气温稳定通过10℃积温是反映一个地区热量资源的重要指标,也是牧草、农作物积极生长期所需要的热量指标。

4. 积温　某一时期内大于或小于某一界限温度的日平均温度的总和。积温是表示某地或某时段温度特点的常用指标之一。大于0℃的积温为正积温,小于0℃的积温为负积温,正、负积温的多少可表示某地的冷暖程度。其单位为度·日(℃·d)。

5. 有效温度　所谓有效温度,是指日平均温度与下限温度之差。如某天日平均温度为15℃,而作物下限温度为10℃,则当天对该作物的有效温度应为5℃。

6. 生态脆弱区　生态脆弱区也称生态交错区,是指两种不同类型的生态系统的交界过渡区域。

7. 光合有效辐射　植物在光合作用过程中,只能吸收波长在$0.38\sim0.71\mu m$范围内的可见光部分,这部分太阳辐射称生理辐射,又叫光合有效辐射。

8. 生态敏感区　生态敏感区是指那些对人类生产、生活活动具有特殊敏感性或具有潜在自然灾害影响,极易受到人为的不当开发活动影响而产生生态负面效应的地区。

9. 划区轮牧　根据草地生产力和放牧畜群需要的情况,将放牧场首先分成若干季节牧场,再在每一季节牧场内分成若干轮牧分区,按照一定秩序逐区采食,轮回利用的一种放牧制度,称为划区轮牧。

10. 季节性休牧　季节性休牧制度是锡林郭勒盟生态建设保护的一项重要措施。在第一种天然牧草返青期至大部分天然牧草从缓慢生长转为迅速生长期间,正值天然牧草积蓄营养和放牧家畜跑青时期,此期间天然牧草生长缓慢,放牧家畜跑青体能消耗大,家畜不宜放牧。在这一时期禁止放牧的制度称为季节性休牧。

11. 永久禁牧　由于气候变迁和不合理利用草场,生态极为脆弱的荒漠草原和部分典型草原区不能再承受放牧畜牧业带给它的压力,必须实施完全禁牧,使这部分草原得以休养生息,草原环境得以保护的措施称为永久禁牧。

12. 退耕还林还草　为了恢复草原态环境,根据本地区气候特点,因地制宜地在农作物种植区开展人工牧草种植或植树造林工程以恢复日益恶化的草原生态环境称为退耕还林还草。

13. 水分资源　水分资源包括自然降水、河流、湖泊、地下水、冰雪融水等。

14. 沙尘天气　指大风将干燥裸露的地表沙土卷向空中,造成能见度下降的天气现象。沙尘天气按能见度和风力分为沙尘暴、扬沙和浮尘三种,而沙尘暴又依据能见度分为特强沙尘暴、强沙尘暴和沙尘暴三级。

15. NDVI(归一化植被指数)、DVI(差值植被指数)、RVI(比值植被指数)、EVI(增强植被指数)和 PVI(垂直植被指数) 比值植被指数适于高覆盖度情况下的植被长势监测;差值植被指数对土壤背景的变化比较敏感,适于低覆盖度情况下的植被监测;归一化植被指数对土壤背景的变化较为敏感,随绿色植被覆盖度的增大而迅速增大,当覆盖度增加到一定程度时,绿度值增加缓慢,适于植被生长早、中期的监测;垂直植被指数受土壤背景影响小,对植被具有适中的灵敏度,但是由于土壤线的求算复杂,且往往误差较大,使用受到限制。

16. 配种 使雌雄两性动物的生殖细胞结合以繁殖后代,以达到扩大种群的目的。

17. 驱虫 又称杀虫,指用杀虫药治疗畜体内寄生虫的方法。

18. 灾害性天气 可以对大自然和人类的生命、生产活动造成严重灾害的天气。一般指暴雨、寒潮、大风、霜冻、旱涝、干热风、冰雹、雷暴和龙卷等。

19. 干旱 长期无雨或少雨,使土壤水分不足,作物水分平衡遭到破坏而减产的农业气象灾害。

20. 春旱 发生于春季的旱象。春旱的基本特点是气温虽不太高但回升较快,大气湿度小、蒸发旺盛并伴有使土壤偏干的冷风,降水稀少。春旱影响牧草的返青和生长发育。

21. 倒春寒 初春(一般指3月)气温回升较快,而在春季后期(一般指4月、5月)气温较正常年份偏低的现象。如果后春的旬平均气温比常年偏低2℃以上,则认为是严重到春寒天气,可给牧业生产造成严重危害。

22. 低温阴雨 连续多日阴雨并伴有气温下降的天气。每次过程5~7d或10d左右,降水一般不大,但气温较低。

23. 风害 大风给牧业生产造成的危害。主要使土壤风蚀、沙化、对作物和树木产生机械损伤,影响农牧事活动,破坏农牧业设施,传播植物病虫害和输送污染物质。

24. 距平值 某一气象要素值与其平均值之间的偏差。

25. 年景预报 根据天气条件对天然牧草产量形成的作用而对全年或某一生长季的牧草产量丰歉状况的估计。

26. 牧草产量预报 根据前期气象条件预报天然草场可能形成的产量。常用的方法有:(1)牧草产量统计预报方程方法 历年产量波动与气象因子变化之间建立统计关系。(2)气象条件对比评定产量方法:以水热条件平均状况对比预报年的水热条件从而估产。(3)产量形成数值模拟及遥感估产法。

27. 牧草产量订正预报 对已发布的牧草产量预报,在预报时效内进行必要的修改。例如在发出预报之后,根据新的观测资料、灾情和相关牧业气象条件预报数据的分析,发现已发出的预报结论出入较大,因而需要对原预报内容进行修改,以使预报与实况更为相符。

28. 牧用天气预报 针对牧业生产要求而编发的专业性天气预报。这种预报从牧业生产需要出发,依据天气学原理,通过对天气图和单站气象要素的分析统计,预报未来天气条件及其对牧事活动的影响,以便有针对性地采取措施,趋利避害。

29. 发育期 生物生长发育过程中具有重要意义的器官或形态的质变过程(例如,禾本科牧草的返青、分蘖、抽穗、开花、果实(种子)成熟、黄枯)。

30. 营养生长 植物根、茎、叶等营养器官的发生、增长过程。一般种子发芽到植物开花器官或幼穗分化完成时为止。

31. 生殖生长　植物从花芽分化或幼穗分化开始到开花、结实、形成种子的全部过程,即植物繁殖器官的生长过程。

32. 田间最大持水量　也叫饱和持水量、全蓄水量。土壤完全为水所饱和时的含水量。以占干土壤的百分比表示。在自然条件下,只有在降雨量或灌水量较大时,或土壤被水淹没的情况下才能发生。

33. 土壤湿度　土壤的干湿程度。通常用土壤含水量占田间持水量的百分数表示,也可用土壤含水量占烘干土重的百分数表示。

34. 地下水　不透水层以上积聚的、存在于地下岩石及土壤空隙中的水。它是自然水文循环过程的重要组成部分。

35. 物候　自然环境中的植物、动物生命活动的季节现象和在一年中特定时间出现的某些气象、水文现象。

36. 物候变化　即物候变迁。物候期在长时期中的显著变化及其趋势。

37. 物候期　动植物物候现象出现的日期,以年、月、日来表示。

38. 蒸发　液态或固态物质转变为气态的过程。气象上主要指液态水转变为水汽。

39. 蒸腾　植物体直接向外界蒸发水分的过程。植物根系从土壤中吸收水分,绝大部分通过叶面气孔散失到大气中。蒸腾可降低植物体的温度,可使溶于水中的矿质营养随上升液流分布到植物体各部分,以维持正常的生命活动。气象条件、土壤湿度和植物状况是决定蒸腾作用大小的主要因子,其中温度、空气湿度、太阳辐射、风速和土壤湿度具有决定意义。

40. 蒸散　又称农田总蒸发量。农田土壤蒸发和植物蒸腾的总和。在农田中,播种以前只有蒸发,播种出苗后蒸发、蒸腾同时存在,即开始有蒸散。

41. 天气展望　对未来一段时间内(常指5～15天)天气演变趋势的预测。因预测的时效较长,对气象要素的变化不做细致分析,仅对天气变化趋势作概略的估计。

42. 跑青　草原上青草刚萌发,长得矮小,家畜啃不着,总想往远跑,找好草吃,总四处张望,不见青草不低头,难以控制。这样一来总也吃不上,吃不饱,消耗体力大,跑青严重不仅会把牛羊跑瘦、跑垮,还对草场造成破坏。

43. 草原的初始物质生产　草原植物在气候、土地和人类生产劳动的综合作用与影响下,可通过光合作用生产出植物有机物。

44. 草原的动物生产或次级生产　在草原植物生产的基础上,家畜、野生动物等能够利用牧草生产出人类可直接利用的肉、奶、毛、皮、药等高级的动物有机物。

附录B 天然草地牧草气象服务工作制度与职责

一、岗位工作制度

1. 爱岗敬业,忠于职守。时刻要有天然草地牧草气象服务工作与地区经济建设和农牧民的生产、利益紧密相关的思想,切实履行职责,尽心尽责办好职责范围内的气象服务工作、事项,不得马虎懈怠、相互推诿、失职渎职。

2. 要讲求服务效率,注重服务质量。熟悉当地气候情况及天气变化特点,及时处理各项服务事宜。了解地方经济发展规划及草原畜牧产业结构和布局,紧紧围绕经济建设高质量开展气象服务。

3. 树立公共服务理念。为领导决策、为经济建设服务、为农牧民服务永远是天然草地牧草服务工作的出发点和归宿点。

4. 增强服务能力,提高服务水平。加强自身业务和新技术、新方法的学习,提高自身业务技能和综合素质,全面提高天然草地牧草服务水平。

5. 转变服务作风,改进服务方式。由政府型服务向农村牧区生产一线服务转变;由传统服务向需求服务转变;由阶段性服务向周期性服务转变;由单一服务向多元化服务转变。

6. 坚持勤于思考,敢于创新,不断探索提高服务工作水平的新途径。

7. 发扬气象人勇于吃苦、勇于奉献的光荣传统和精神,在新形势下做出更大贡献。

二、岗位职责

(一)监测工作职责

1. 了解本地区地形地貌、天然草地牧草生长气候背景和天然草地牧草生育状况。

2. 负责天然草地牧草各类监测数据的质量监控工作,积累天然草地牧草监测资料,保证资料代表性、准确性、安全性。

3. 掌握各种天然草地牧草服务制作软件、工具等,及时收集和查询有关预报预警、天然草地牧草生长状态等信息。

4. 熟悉天然草地牧草服务产品制作流程、标准和基本内容,严格按照产品制作流程和相关规范进行产品制作及发布传输。

(二)预警评估工作职责

1. 熟知天然草地牧草不同区域、不同季节主要气象灾害类型;密切监视天气实况和未来天气及短期气候预测,尤其要关注未来灾害性天气预报、预警;及时制作传输牧用天气预报。

2. 了解最新天然草地牧草发生灾情信息和畜牧业产业结构、草原畜牧信息、畜牧业生产状态、气象灾情信息传播及灾害防御能力等。

3. 熟知天气气候条件对天然草地牧草综合影响;不同季节气象气候条件对天然草地牧草生育的影响;做好天然牧草返青期、天然牧草生长动态、天然草场暖季家畜承载能力、天然牧草营养成分综合评价、天然牧草开花期、天然牧草产量预报、天然草地打草期、天然牧草黄枯期等服务工作。

4.掌握各种天然草地牧草气象服务制作软件、工具等;熟悉天然草地牧草服务产品制作流程、标准和内容;严格按照服务流程和相关规范进行服务产品制作并及时发布。

5.掌握本地区主要天然草地牧草气象指标,研发、总结和改进预报技术方法;制定天然草地牧草气象评估指标,建立天然草地牧生育气象服务模型;负责重大天然草地牧草气象灾害评估、重大天然草地牧草气象问题服务工作;研发、总结和改进评估技术方法。

6.定期组织相关部门专家会商,探讨天然草地牧草气象创新服务,探索服务工作的新思路、新方法。

7.利用不同水热条件下的牧草生长规律,研究家畜采食的最佳程度和利用方式并提供服务;根据目前草场退化沙化的现状,利用气候相似原理,开展优良牧草、优良家畜的引种实验及推广工作。

附录 C 天然草地牧草气象服务工作历

发布日期		定期服务产品
月	日	项目
11	2	10月生态与牧业气象信息（与月土壤水分合并）
	10	生长季生态与牧业气象分析评估报告
	30	年土壤水分监测评估报告（封冻20天内）
12	2	11月生态与牧业气象信息
	6	秋季生态与牧业气象信息
	20	天然牧草营养成分监测信息
1	2	12月生态与牧业气象信息
	10	酸雨监测信息
	10	地下水位监测信息
	10	年度生态与牧业气象分析评估报告
2	2	1月生态与牧业气象信息
	10	天然草场牧草返青期预报
3	2	2月生态与牧业气象信息
	6	冬季生态与牧业气象信息
	12	3月上旬土壤水分监测信息
	22	3月中旬土壤水分监测信息（视解冻情况待定）
4	2	3月生态与牧业气象信息（与月土壤水分合并）
	12	4月上旬土壤水分监测信息
	22	4月中旬土壤水分监测信息
5	2	4月生态与牧业气象信息（与月土壤水分合并）
	12	5月上旬土壤水分监测信息
	22	5月中旬土壤水分监测信息
6	2	5月生态与牧业气象信息（与月土壤水分合并）
	6	春季生态与牧业气象信息
	10	天然草场牧草产量预报
	12	6月上旬土壤水分监测信息
	20	土壤风蚀度监测信息
	22	6月中旬土壤水分监测信息
7	2	6月生态与牧业气象信息（与月土壤水分合并）
	12	7月上旬土壤水分监测信息
	22	7月中旬土壤水分监测信息
8	2	7月生态与牧业气象信息（与月土壤水分合并）
	12	8月上旬土壤水分监测信息
	22	8月中旬土壤水分监测信息
9	2	8月生态与牧业气象信息（与月土壤水分合并）
	6	夏季生态与牧业气象信息
	10	草地地上生物量遥感监测信息
	12	9月上旬土壤水分监测信息
	20	草地冷季载畜量预报
	22	9月中旬土壤水分监测信息
10	2	9月生态与牧业气象信息（与月土壤水分合并）
	12	10月上旬土壤水分监测信息
	22	10月中旬土壤水分监测信息
备注：适时发布：干旱监测信息、雪灾监测信息、沙尘天气监测信息、森林（草原）火灾遥感监测信息、暴风雪监测信息、冷雨湿雪监测信息。		

附录 D　天然草地牧草气象服务产品制作规范

D.1　气象服务产品格式

(1)产品用纸采用 GB/T148 中规定的 A4 型纸,其成品幅面尺寸为:210mm×297mm,页边距上下各 2.54cm,左右各 3.17cm。

(2)气象服务产品文头包括领导批示、产品名称、期号、发布单位、发布日期、签发,文头与主体之间用红色横线分隔。

(3)领导批示。标于文头左上角,预留适当空白区域以便领导批示。宋体,小四号,红色,外加红色圆角矩形框。

(4)产品名称。黑体,41 号,红色,居中,每字间空一格,1.5 倍行距。

(5)期号。统一为"××××年第××期",加括号,位于"产品名称"下 1 行。黑体、三号、黑蓝色,居中,1.5 倍行距。

(6)发布单位。统一为"××××气象局",位于"期号"下 1 行。黑体,小三号,黑蓝色,居左,20 磅行距。

(7)发布日期。统一为"××××年××月××日",位于"发布单位"下 1 行。黑体,小三号,黑蓝色,居左,20 磅行距。

(8)签发。插入文本框方式介于"发布单位"和"发布日期"中间,文本框不加边框。黑体,小三号,黑蓝色,居右。

(9)主体包括标题、摘要、正文,如无特殊说明,文字的颜色均为黑色。

(10)标题。居中于红色分割线下。一般用方正小标宋简体,二号,加粗,居中,1.5 倍行距;回行时,要做到词意完整,排列对称,长短适宜。服务产品标题下两行分别标有"××××气象局"和成稿日期,楷体_GB2312,四号,加粗,居中。

(11)摘要。位于标题下 1 行,空两字,回行顶格。楷体_GB2312,四号,20~25 倍行距,"摘要"2 字加粗,段前 1 行。

(12)正文。位于标题下 1 行,仿宋_GB2312,三号,行距 25~30 磅之间。每个自然段左空两字,回行顶格。

(13)文中结构层次不超过四级,依次使用"一、""(一)""1.""(1)"标注。第一层用黑体,段前 1 行;第二层、第三层和第四层采用仿宋_GB2312,加粗。

(14)示意图应有图框、图例、图号、图名,插入图片时环绕方式采取"嵌入型"。

(15)图框内除主图外只标注图例,原则上不加注文字说明、制作者信息等内容,图例一般在图的下方;卫星遥感监测产品要标出箭头并文字说明。

(16)图号和图名中间空 2 格,采用正文形式,位于图下 1 行。仿宋_GB2312,小四号,加粗,居中,单倍行距。

(17)降水量从少到多,图中颜色从暖色调渐进到冷色调;降水距平百分率从偏少到偏多,图中颜色从暖色调渐进到冷色调;温度距平从偏高到偏低,图中颜色从暖色调渐进到冷色调。其他图的配色也都遵守这一原则进行,填图颜色要有一定间隔,保证打印和传真质量。

(18)表格应有表号、表名、表头、内容。

(19)表号和表名中间空2格,采用正文形式,位于表的上1行。仿宋_GB2312,小四号,加粗,居中,单倍行距。

(20)表头。宋体,居中,加粗,根据内容适当调整字体大小。

(21)内容。宋体,居中,根据内容适当调整字体大小。

(22)文尾包括呈报、报送。上下各有一条黑色直线划分,各单位间用"、"号分隔。仿宋_GB2312,小四号,加粗,两端对齐,28磅行距。

D.2 服务产品内容编辑规范

(1)产品内容提要中心明确、重点突出、针对性强、标题醒目;

(2)内容叙述文字精练流畅通俗易懂,结构严谨层次清楚,气象专业用语尽量通俗化;

(3)格式编排合理,图文并茂美观大方;

(4)名词、单位、符号使用正确、规范,符合国家关于行政行文标准和规定,图标所表示的信息清晰、直观;

1)表示天气现象、云状的符号,尽量引用气象专用符号或气象方面习惯引用的符号,并加以适当说明;计量单位使用《中华人民共和国法定计量单位》和气象标准计量单位;

2)文字的使用,不能使用"多次"、"许多地区"等不确定量词。旗县简称,不得随意简化;

(5)图表所表示的信息直观清晰,图表名称简单明了。

所有的图表均应有图表号、名称、资料提供单位、资料日期(时限)和说明;

图号、图名在图的下方;表号、表名在表的下方;资料日期和单位在图名下侧;说明在图的上方;

图中可使用颜色,使用原则是:从高到低或从多到少,图种颜色从暖色调渐进到冷色调,从低到高或从少到多,图种颜色从冷色调渐进到暖色调。

图中的等直线间隔可根据服务对象需求,按照有利于表达、突出产品内容确定,并将明确标注等直线数值。

(6)各服务单位根据用户的需求,按照上述要求应将服务产品翻译为蒙古文字,直接服务于广大农牧民用户。少数民族文字使用的字体按照国家有关规定执行。

D.3 服务产品示例

服务产品示例见图D.1。

锡林郭勒盟生态与农业气象信息

总第 XX 期
牧业气象预报预警第 XX 期

XXX 气象局　　　　　　　　　　　分析：XXX
XXXX 年 XX 月 XX 日　　　　　　　签发：XXX

XX 地区 XXXX 年天然草场牧草返青期预报

内容提要：

一、牧草返青期预报

二、前期气象条件综合分析

三、生态保护和生产建议

呈报：XX 委、XX 行署、内蒙古气象局领导。
报送：各旗(县)政府、XX 农牧局、XX 草原森林防火指挥部、内蒙古气象局应急与减灾处、内蒙古生态与农业气象中心、内蒙古决策服务中心。

锡林郭勒盟生态与农业气象信息

总第 XX 期
牧业气象预报预警第 XX 期

XXX 气象局　　　　　　　　　　　分析：XXX
XXXX 年 XX 月 XX 日　　　　　　　签发：XXX

打草期区域预测及生产建议

内容提要：

一、天然草场牧草生长环境

二、牧草生长监测状况

三、适宜打草区域预测

四、生态环境保护及生产建议

呈报：XX 委、XX 行署、内蒙古气象局领导。
报送：各旗(县)政府、XX 农牧局、XX 草原森林防火指挥部、内蒙古气象局应急与减灾处、内蒙古生态与农业气象中心、内蒙古决策服务中心。

锡林郭勒盟生态与农业气象信息

总第 XX 期
牧业气象监测第 XX 期

XXX 气象局　　　　　　　　　　　分析：XXX
XXXX 年 XX 月 XX 日　　　　　　　签发：XXX

生长季气候生态环境监测评估报告

内容提要：

一、天然草场牧草生长季气候概况

二、天然草场牧草生长季监测现状及评述

三、牧业生产及草原生态建设建议

呈报：XX 委、XX 行署、内蒙古气象局领导。
报送：各旗(县)政府、XX 农牧局、XX 草原森林防火指挥部、内蒙古气象局应急与减灾处、内蒙古生态与农业气象中心、内蒙古决策服务中心。

锡林郭勒盟生态与农业气象信息

总第 XX 期
牧业气象评估第 XX 期

XXX 气象局　　　　　　　　　　　分析：XXX
XXXX 年 XX 月 XX 日　　　　　　　签发：XXX

天然草场牧草营养成分分析报告

内容提要：

一、气候概况与生态环境

二、生长季气象条件对天然牧草生长发育的影响

三、天然草场牧草营养成分分析

四、生产及生态建设建议

呈报：XX 委、XX 行署、内蒙古气象局领导。
报送：各旗(县)政府、XX 农牧局、XX 草原森林防火指挥部、内蒙古气象局应急与减灾处、内蒙古生态与农业气象中心、内蒙古决策服务中心。

图 D.1　服务产品示例

附录 E　天然草地牧草气象服务工作相关指标

E.1　草原利用方式区划指标(表 E.1)

表 E.1　草原利用方式区划指标

草场利用方式		牧草高度(cm)	牧草地上生物量(kg/hm²)
打草场	打秋草区	30～40	2000～3000
放牧场	划区轮牧区	>30	>2000
	自然放牧区	20～30	1000～2000
	季节休牧区	10～20	500～1000
禁牧区		<10	<500

E.2　家畜采食程度评价等级(表 E.2)

表 E.2　家畜采食程度评价等级

等级	家畜采食程度
轻微	很少采食或家畜根本未接触
轻	牧场轻微踏毁,草层中度采食,尽管许多被啃食过,但牧草主要部分被保留下来
中	牧场踏毁适中,可以正常放牧
重	牧场踏毁较重,草层采食的很低,但地面仍有剩余
很重	牧场踏毁严重,过度啃食,土壤裸露

E.3　锡林郭勒盟天然草场牧草产量、高度预报模型(表 E.3)

表 E.3　锡林郭勒盟天然草场牧草产量、高度预报模型

指标名称	模型内容
天然草场牧草产量预报模型	积分回归模型:天然牧草生长期不同时段的水分条件对牧草形成的影响不同,降水量的时间分布与天然牧草产量的关系可写成: $$Y = c + \int_0^\tau a(t) R(t) dt$$ 式中:Y 为牧草产量,单位 kg/hm²;$R(t)$ 为大气降水量,单位 mm;$a(t)$ 为降水量时间分布对牧草产量的效应,其物理意义是各旬降水量每增减 1mm 使天然牧草产量的变化。若取 4 次项,则 $a(t)$ 的展开式为 $$a(t) = a_0 \varphi_0(t) + a_1 \varphi_1(t) + a_2 \varphi_2(t) + a_3 \varphi_3(t) + a_4 \varphi_4(t)$$ 式中:$\varphi_k(t)$ 为时间的正交多项式。
天然草场牧草生长高度水分订正模型	$$(H_{r,i} - H_{r,i-1}) - (H_i - H_{i-1}) = \sum_{i=1}^{m} [1 - e^{pq - q(R_i - R_{i-1})}]$$ 式中:$i=1,2,3$ 表示牧草生长时段划分;$H_{r,i} - H_{r,i-1}$ 为 i 时段天然牧草理论生长高度;$H_i - H_{i-1}$ 为 i 时段天然牧草实际生长高度;K_i 为充足水分条件下 i 时段 $H_i - H_{i-1}$ 的理论上限;$R_i - R_{i-1}$ 为 i 时段的降水总量;p,q 为待定系数,见下表。

不同时段 K_i, p, q 值表

i	1	2	3
$t(℃)$	166.5	1812.7	2434.8
$K_i(cm)$	13.2	16.9	9.7
p	74.16	516.19	133.162
q	−0.008	−0.002	−0.009
n	21.0	21.0	21.0
r	0.585	0.777	0.792

E.4 主要牧业气象灾害指标（草地干旱气候指标）（表 E.4）

表 E.4 主要牧业气象灾害指标（草地干旱气候指标）

月降水距平百分率确定干旱指标	春旱	$K_1 = a_1 R_0 + a_2 R_1 + a_3 R_2 + a_4 R_3$ 式中：R_0 为冬季（11—2月）降水距平百分率，R_1 为3月份降水距平百分率，R_2 为4月份降水距平百分率，R_3 为5月份降水距平百分率，a_i 为权重系数。 $K_1 = 0.1 R_0 + 0.1 R_1 + 0.2 R_2 + 0.6 R_3$			
		将春旱分为不旱、旱、重旱三级： 不旱：$K_1 \geqslant 0$；旱：$-30 < K_1 < 0$；重旱：$K_1 \leqslant -30$			
	夏旱	$K_2 = a_1 K_1 + a_2 R_1 + a_3 R_2 + a_4 R_3$ 式中：K_1 为春季干旱指标，R_1 为6月份降水距平百分率，R_2 为7月份降水距平百分率，R_3 为8月份降水距平百分率，a_i 为权重系数。 $K_2 = 0.1 K_1 + 0.3 R_1 + 0.4 R_2 + 0.2 R_3$			
		将夏旱分为不旱、旱、重旱三级： 不旱：$K_2 \geqslant 0$；旱：$-25 < K_2 < 0$；重旱：$K_2 \leqslant -25$			
	春夏连旱	其指标为：K_1、K_2 均小于0。			
土壤水分（土壤相对湿度）干旱指标	干旱等级	重旱	中旱	轻旱	不旱
	草甸草原	<40%	40%~50%	51%~60%	>60%
	典型草原	<30%	30%~40%	41%~50%	>50%
	荒漠草原	<20%	20%~30%	31%~40%	>40%

E.5 主要牧业气象灾害指标（草原火险气象等级指标）（表 E.5）

表 E.5 主要牧业气象灾害指标（草原火险气象等级指标）

气象等级	危险程度	14时气温（℃）	14时相对湿度（%）	风力（级）
1	没有火险	−16~8	<42	<5
2	低度火险	−10~14	<32	≥5
3	中度火险	0~14	<32	≥5
4	高度火险	4~22	<24	≥6
5	极度火险	11~26	<15	≥6

E.6 主要牧业气象灾害指标（雪灾指标）（表 E.6）

表 E.6 主要牧业气象灾害指标（雪灾指标）

雪灾分级	草场类型	积雪深度（cm）	积雪掩埋牧草与秋季牧草平均高度的百分率（%）	冬春降雪量相当于历年同期降雪量的百分数（%）	家畜受害情况
无雪灾	草甸草原	<15	<30	<120	没有稳定积雪，对各类放牧家畜均无影响
	典型草原	<10	<30		
	荒漠化草原	<5	<30		
轻雪灾	草甸草原	15~20	30~50	>120	影响牛的放牧采食，对羊的影响尚小，对马的放牧无影响
	典型草原	10~15	30~50		
	荒漠草原	5~10	30~40		
中雪灾	草甸草原	20~25	50~65	>140	主要影响牛、羊的放牧采食，对马的影响尚小
	典型草原	15~20	50~65		
	荒漠草原	10~15	40~65		
重雪灾	草甸草原	≥25	≥65	>160	各类家畜的放牧均受影响，如果防御不当将造成大批家畜死亡
	典型草原	≥20	≥65		
	荒漠草原	≥15	≥65		

草地畜牧业
气象服务与管理篇

CAODI XUMUYE
QIXIANG FUWU YU GUANLI PIAN

《草地畜牧业气象服务与管理篇》编写组

主　编：乌兰巴特尔　王英舜

成　员：于长文　力　源　刘国义　史激光
　　　　董春艳　李慧融　郭立志　何旭升
　　　　白音仓

前　言

一、编制目的

锡林郭勒盟位于中国的正北方,内蒙古自治区的中部,驻地锡林浩特市。这里既是国家重要的畜产品发展基地,又是西部大开发的前沿,是距京、津、唐最近的草原牧区。承担着全国大部分绿色畜产品生产加工输出的重任,肩负着保护中国北方生态屏障的使命。但是随着人口和家畜的增长,畜牧业作为基础产业、优势产品和经济发展支柱产业迅速增长,正以前所未有的规模和强度影响着环境,使锡林郭勒盟草原生态系统的脆弱性、非平衡性、灾害频发性逐渐凸显,成为制约草地畜牧业发展的重要因素。

现代畜牧业的生产和发展与气象条件关系非常密切。随着现代畜牧业的发展和牧区建设进程的推进,传统的畜牧业气象业务服务已经不能满足现代畜牧业发展对畜牧业气象工作提出的新需求,迫切需要从气象角度观测、分析和评估生态环境,既合理利用草原生态资源,又满足当地畜牧业生产服务需求。这就需要气象部门充分发挥卫星遥感和地面监测网络优势,加强对生态敏感区、脆弱区和重点项目建设区的监测与评估;需要提高对灾害性天气预报、短期气候预测的准确率和专项预报的精细化程度,提升防灾减灾应急处置和服务能力;需要拓宽畜牧业气象服务领域、创新服务体制机制,将畜牧业气象服务产品从普适性向个性化转变,增强气象服务产品对畜牧业生产服务的专业性和针对性。草地畜牧业气象服务作为"防灾减灾、趋利避害"重要手段必须与时俱进,才能为促进锡林郭勒盟经济发展提供有效的气象保障,使畜牧业生产获得较高的生态、经济和社会效益,为国民经济建设、社会发展和人民生活保驾护航。

畜牧业气象服务是气象服务工作的重要组成部分。为适应社会需求,健全公共气象服务体系,建立气象灾害预警应急体系,强化锡林郭勒盟牧业气象服务工作,指导牧业气象服务人员掌握业务技术,促进牧业气象监测、服务技术水平等业务质量提升,做到准确预报、及时预警、合理利用、科学应对、因灾施策,提高畜牧业气候资源开发和利用途径,为进一步做好畜牧业气象防灾减灾和应对气候变化工作提供参考,为政府部门、生产经营户等对畜牧气象服务的需求提供保障。也为制定畜牧气候区划提供依据。基于此,编制《草地畜牧业气象服务工作与管理篇》。

二、编制依据

为遵循气候规律,保证畜牧业生产各个环节高效有序进行,以多年的业务实践和科研成果为基础,以周年服务时间顺序为主线,充分考虑物候季节、牧事活动、牧用天气和灾害性天气。依据国务院《气象灾害防御条例》,中国气象局《农业气象观测规范》,内蒙古气象局《内蒙古自治区气候生态环境监测技术规范》《内蒙古自治区生态与农牧业气象服务体系的研究》和锡林郭勒盟气象局《草原生态与畜牧业气象系列化流程化服务》《牧区公共气象服务规范》等有关内容,制定本篇。

三、编制原则

编制《草地畜牧业气象服务工作与管理篇》贯彻加强气象服务的责任感、建立健全草原生态与畜牧业气象信息服务,坚持发展生态畜牧业的新观念,实行经济效益、生态效益和社会效益的协调统一的原则。力求手册内容科学、实用、先进、语言流畅、逻辑清晰;整体布局规范,标准、简洁,合理、美观;强化针对性、量化指标、细化技术方法;附图、附表严格按照有关规定,做到统一标准,规范编制。

四、适用范围

本篇以锡林郭勒盟为研究区域,内容涵盖锡林郭勒盟气象条件对草地畜牧业的影响、草地畜牧业气象服务、牧用天气预报服务以及草地畜牧业气象服务考核等,阐述了从服务产品分类、业务流程、产品制作技术规范的制定,服务指标的选择到名词解释和周年服务方案内容、形式等的确定各环节多方面内容,并提供大量的畜牧业气象服务的应用实例。可作为内蒙古自治区草原地区气象局技术人员开展畜牧业气象服务工作的参考及应用用书,指导各级业务单位服务工作,以便快速领悟、创新、实践,推动气象服务科学、现代化、快速发展。并且首次提出畜产品气候品质认证这一新兴业务的开展思路,气象信息如果只是向人们提供天气信息,已经不能适应公众新的发展要求,开展气候品质认证工作可提高气象信息的价值,为公众提供更好的服务。也可供乡镇(苏木)政府气象助理和有关的牧业管理人员开展畜牧业气象服务工作的参考及应用用书,以及从事相关领域工作的广大科研人员学习参考。

由于编者水平有限,手册中错误与疏漏之处在所难免,恳请广大读者批评并提出进一步完善的意见。

编者

2017 年 8 月

第1章 概 论

锡林郭勒盟位于中国的正北方，内蒙古自治区的中部，辖9旗2市1县和1个管理区。锡林郭勒草原是我国四大草原之一的内蒙古草原的主要天然草场。东西长逾600km，南北宽460km，土地总面积约20.3万km²，草地面积占全盟总面积的97.2%。这里既是国家重要的畜产品基地，又是西部大开发的前沿，是距京津唐地区最近的草原牧区。

锡林郭勒盟地势南高北低，东、南部多低山丘陵，盆地错落其间，西、北部地形平坦，零星分布一些低山丘陵和熔岩台地，为大兴安岭向西和阴山山脉向东延伸的余脉。锡林郭勒草原地处欧亚大陆草原区，属于中温带半干旱大陆性气候，是我国天然草原最有代表性和典型性的草地。年平均气温2.5℃；年降水量136~387mm，自东向西递减；日照时数3024.7 h[1]。全年热、水、光同季。草场主要分为五类，即草甸草原、典型草原、荒漠草原、沙地植被和其他草场类。野生种子植物达1200多种，各类野生动物260余种。

内蒙古草地畜牧业不仅是蒙古民族生存和发展的物质经济基础，也是其民族文化、精神世界孕育和发展的摇篮。锡林郭勒盟草地畜牧业经济是特有经济模式，形成以特色畜产品经营带动、多种能力互动的特色畜牧业经济格局。不仅为人们提供了多种多样的畜产品、绿色无污染的奶肉食品，而且肩负着保护中国北方生态屏障的重任。锡林郭勒盟主要有牧区、农区和半农半牧区三种经济类型区。天然草场放牧牲畜拥有量位居内蒙古自治区前列，是全区乃至全国重要的绿色农畜产品生产加工输出基地。主要畜种有西门塔尔牛、乌珠穆沁牛、草原红牛、锡林郭勒马、苏尼特羊、乌珠穆沁羊、乌珠穆沁白绒山羊、察哈尔羊、内蒙古细毛羊和苏尼特驼等一系列优良畜种，在国内和国际市场上享有极高声誉，其中苏尼特羊和乌珠穆沁羊以其肉质鲜嫩、绿色有机、营养价值丰富等独特品质享誉国内外肉食品市场；锡林郭勒盟是构成了中国北方的绿色生态屏障的主要天然草原之一，也是历史上千百年来蒙古民族以游牧方式经营草地畜牧业的地区。随着畜牧业的进步和发展，家畜数量成倍增长，而牧草产量与质量严重下降，出现草畜不平衡的状况是当前草地畜牧业再发展的主要限制因素，也使草原作为生态屏障的防护功能受损。

锡林郭勒盟作为最重要的生态屏障和畜牧业发展基地。其天气气候条件是家畜和牧草赖以生存的重要环境因子。不同年份、季节的光、热、水、风等气象因子变化状况，直接影响家畜的生存、生长发育和繁殖，也通过影响饲草、饲料的产量和质量，间接影响畜牧业生产。合理有效地利用天气条件，趋利避害，一方面需要与当地特殊自然条件相适应的经验性知识和技能，另一方面需要高深的现代科学技术和明智灵活的经营管理。锡林郭勒盟草地畜牧业气象服务工作长久以来受到高度重视，也具有一定的基础。因此，在进一步总结多年畜牧业生产实践，利用畜牧业科学研究成果，结合气象服务经验的基础上，编制了《草地畜牧业气象服务工作与管理篇》。就草地畜牧业气象服务、牧用天气预报气象服务以及草地畜牧业气象服务考核进行了系统阐述。

以草养畜和以草维持生态平衡的草地畜牧业受着天气气候条件的极大影响，气象灾害是造成草地畜牧业生产不稳定的主要自然因素之一。研究和认识这些气象灾害的发生规律和灾害指标对草原生态环境保护与建设有重要意义。手册最主要的部分是第三、四章内容,手册第三章为草地畜牧业气象服务,其主要内容是根据气象条件与牧事活动之间的关系及其变化规律,对草地畜牧业气象服务的数据来源、服务指标、技术方法和发布形式等一系列气象服务流程明确确定,并提供大量的畜牧业气象服务的应用实例,指导各级业务单位服务工作,以便快速领悟、创新、实践,推动气象服务科学、现代化、快速发展。还可为制定畜牧气候区划提供依据。手册第四章为牧用天气预报服务,其主要内容是根据气象台发布的寒潮、大风、沙尘、暴风雪、冷雨湿雪等牧业气象灾害性天气预报预警信息,结合灾害性天气对家畜放牧、接羔保育、疫病防御等牧事活动,完成预测、监测、评估和防御等气象服务工作,综合分析评估畜牧气象灾害对牧业生产工作产生的影响,提出科学合理的生产建议和措施。

草地畜牧业气象服务的科学发展是草地畜牧业实现经济效益、环境效益、社会效益统一的可持续发展。拓展畜牧业气象服务领域、提高畜牧业气象服务能力已经成为草地畜牧业气象服务发展的趋势。在充分发挥草原畜牧气象的自身优势的基础上,不断发挥交叉学科的特点,科学发展和完善草地畜牧业气象服务。

1.1 气候特点概述

锡林郭勒盟地处中纬度内陆,为西风环流控制,属中温带半干旱、干旱大陆性季风气候。其气候资源丰富,拥有光能资源、风能资源、热量资源。主要气候特点是风大、干旱、寒冷。年平均气温由西南向东北依次变冷,最暖的地区在苏尼特右旗和二连浩特市,年平均气温在4℃以上。最冷的地区在阿巴嘎旗北部、东乌珠穆沁旗东部和西乌珠穆沁旗东南部的边缘地区,年平均气温均在0℃以下,其余大部地区年平均气温为1~4℃。结冰期长达5个月,寒冷期长达7个月,1月气温最低,平均-20℃,为华北最冷的地区之一。7月气温最高,平均21℃。年较差为35~42℃,极端最高气温39.9℃,极端最低气温-42.4℃,日较差平均为12~16℃。锡林郭勒盟地区≥0℃积温在2536.9℃·d以上,稳定通过0℃的初终间日数为198~211d;≥5℃积温在2373.2℃·d以上,稳定通过5℃的初终间日数在162~180天之间;≥10℃积温在1989.2℃·d以上,稳定通过10℃的初终间日数为122~148d。年平均降水量为271.1mm,由东南向西北递减。西部地区不足185mm,南部大部分地区在350mm以上,大部地区年降水量小于300mm。冬季降水以雪为主,11—3月平均降雪总量8~15mm,具有保墒作用,但极易造成雪灾。年平均风速变化在4~5m/s,年平均大风持续时间64d,平均相对湿度在60%以下,蒸发量为1500~2700mm,由东向西递增。日照资源丰富,春季日照时数平均为837.9h,夏季日照时数平均为848.4h;秋季日照时数平均为716.8h,冬季日照时数平均为622.2h。

1.2 地形地貌概况

锡林郭勒盟是一个以高平原为主体,兼有多种地貌的地区,地势南高北低,东、南部多低山丘陵,盆地错落其间,为大兴安岭向西和阴山山脉向东延伸的余脉。西、北部地形平坦,零星分布一些低山丘陵和熔岩台地,为高原草场。海拔800~1800m,汗乌拉1699.6m为最高点。浑善达克沙地,东西长约280km,南北宽40~100km,属半固定沙地。

锡林郭勒河纵贯中部,形成河间盆地,间有沼泽。较大的湖泊有查干淖尔、巴彦呼热淖尔、巴彦淖尔。按地貌单元类型和地貌形态特征,分为四个地貌单元,即高平原丘陵地区、熔岩台地区、低缓丘陵地和沙丘沙漠地区。

乌珠穆沁波状高平原主要分布于东乌旗与西乌旗北部、锡林浩特市中北部和阿巴嘎旗东部。苏尼特层状高平原,在地貌上隶属于乌兰察布高原。包括苏尼特左旗大部和苏尼特右旗朱日和以北的大部地区。

阿巴嘎旗火山熔岩台地,南抵浑善达克沙地北缘,东以锡林河为界,西至阿巴嘎旗查干淖尔,北至巴龙马格隆丘陵地。

大兴安岭西麓低山丘陵区,横亘于东乌珠穆沁旗东部和西乌珠穆沁旗东部和南部。乌拉盖盆地位于东乌珠穆沁旗中南部和西乌珠穆沁旗中北部。察哈尔低山丘陵地区,包括太仆寺旗全部、多伦县大部、正镶白旗、苏尼特右旗、镶黄旗、正蓝旗南部地区。

1.3 畜种分布状况

锡林郭勒盟天然草场放牧牲畜拥有量位居内蒙古自治区前列,畜种分为地方保护的良种和培育品种,在国内和国际市场上享有极高声誉。其中地方良种包括乌珠穆沁羊、苏尼特羊、乌珠穆沁白山羊、蒙古马、蒙古牛、苏尼特双峰驼等一系列优良畜种,其中乌珠穆沁羊和苏尼特羊以其肉质鲜嫩、绿色有机、营养价值丰富等独特品质,享誉国内外肉食品市场;培育品种有察哈尔羊和锡林郭勒马。不同特性的形成,是地方良种长期受当地特定的自然生态环境和气候条件影响以及自然选择的结果。

由于气候带的差异,锡林郭勒盟地区马和牛多分布在草甸草原,绵羊集中分布在典型草原,而山羊和骆驼则主要分布在荒漠草原。乌珠穆沁羊是在典型的草甸草原生态环境下,经过长期自然选择和人工选育的优质肉脂兼用优良类群,是由国家1986年命名的地方保护品种。其产肉性能优异,遗传性能稳定,具有游走、采食、抓膘、贮脂、抗寒、抗风雪能力强和体大、肉多、脂尾肥厚、肉质鲜美、羔羊生长发育快等特点,具备优秀肉用羊品种条件。分布于锡林郭勒盟东乌珠穆沁旗、西乌珠穆沁旗和乌拉盖,以及毗邻的锡林浩特市、阿巴嘎旗部分地区。锡林郭勒盟现有达到乌珠穆沁羊品种标准的乌珠穆沁羊450万只左右,分别在东乌旗180万只、西乌旗110万只、锡市70万只、阿旗60万只、乌拉盖30万只。

苏尼特羊是1997年自治区命名的地方保护品种。属蒙古绵羊系统中的一类群,在苏尼特草原特定生态环境中经过长期的自然选择和人工选择而形成。其特点是适应性强,繁殖性能好,生长发育快,产毛量低,产肉量高,肉质优,味道鲜嫩,板皮厚实。分布于东苏旗、西苏旗、二连市。现拥有苏尼特羊150万只左右,分别为东苏旗80万只、西苏旗67万只、二连市3万只。

乌珠穆沁白绒山羊是由自治区命名的地方品种,生长在东乌珠穆沁旗和西乌珠穆沁旗,2013年牧业年度统计两旗共有20万只乌珠穆沁白山羊,此羊具有耐寒、抗病、采食力强、善于游牧、产绒量高、绒毛品种好、体重大、产肉性能好等特点。

苏尼特白绒山羊是肉绒兼用的蒙古山羊品种之一,主要在苏尼特左旗饲养,其特点是体质结实,适应性强,抗灾抗病能力好,生长发育快,产绒量和产肉量高。

蒙古马是中国乃至全世界较为古老的马种之一,属于马的地方品种,在高寒地带原始群牧条件下形成,具独立起源。原产蒙古高原,广布于锡林郭勒盟牧区,包括乌珠穆沁马和阿巴嘎黑马等类群。主产区为东乌珠穆沁旗、西乌珠穆沁旗、阿巴嘎旗,共有15万匹左右。现在由国家投资设立的蒙古马保护区在西乌珠穆沁旗。

蒙古牛的锡林郭勒盟保护区为东乌珠穆沁旗,主要分布在东乌珠穆沁旗、阿巴嘎旗、苏尼特左旗边境地带,现有3万头左右,是乳、肉兼用性遗传资源。

苏尼特双峰驼属于内蒙古两大骆驼品种之一,同时也是中国三大骆驼品种之一,早在1979年全国骆驼育种协作会议把苏尼特双峰驼正式列为优良品种。苏尼特双峰驼特别耐寒,耐粗、耐饥和耐渴,繁殖能力差,产肉产绒性能好,也是役用家畜。全盟现存有1.4万峰。主要分布在苏尼特右旗、苏尼特左旗。

除地方保护的良种外,家畜育种推动了畜种的发展和扩大,优良培育品种涌现,有助于扩大生产力。察哈尔羊是由国家2013年9月正式命名的肉毛兼用性新培育品种。是经过多年开展肉羊经济杂交和横交固定工作,用内蒙古细毛羊和德国美利奴羊进行杂交培育出的适应性强、生产性能高、养殖效益高、繁殖成活率高、较为理想的肉毛兼用型绵羊品种,广泛分布在镶黄旗、正镶白旗和正蓝旗,现有60多万只存栏。

锡林郭勒盟马因产于锡林郭勒草原而得名,1987年由自治区验收命名,属乘挽兼用型培育品种。主产区分布在锡林浩特市白音锡勒牧场和正蓝旗黑城子种畜场,其他旗县数量很少。它是以蒙古马为母本,以苏高血马、卡巴金马、顿河马为父本,采用育成杂交经过30多年培育形成。现有1万匹左右。

1.4 草地畜牧业气象服务需求

草地畜牧业不仅是蒙古民族生存和发展的物质经济基础,也是其民族文化、精神世界孕育和发展的摇篮。锡林郭勒盟大草原作为最重要的生态屏障和畜牧业发展基地,像一块巨大而美丽的翡翠一样镶嵌在祖国正北方,不仅是构成了中国北方的绿色生态屏障的主要天然草原之一,肩负着保护中国北方生态屏障的重任;也是历史上千百年来蒙古民族以游牧方式经营草地畜牧业的地区,其天然草场放牧牲畜拥有量位居内蒙古自治区前列,是全区乃至全国重要的绿色农畜产品生产加工输出基地。锡林郭勒盟草地畜牧业经济是特有经济模式,形成以特色畜产品经营带动、多种能力互动的特色畜牧业经济格局,为人们提供了多种多样的畜产品、绿色无污染的奶肉食品等。

随着社会主义新牧区建设的深入,势必对作为科技型、基础性社会公益事业的气象部门提出新的服务要求。在新牧区建设中,一是在气候变暖的大背景下,草原生态保护建设的气象服务需求;二是发展现代畜牧业,进行畜牧业产业结构和生产方式的优化调整的气象服务需求。为解决春季放牧对草地破坏,牲畜春季跑青掉膘问题,利用天然牧草返青期预报、物候期趋势预报以及相关气象条件,准确预测出春季休牧的起始时间、休牧时间长短等一系列春季草原生态保护与畜牧业生产的专项服务;三是畜牧业防灾减灾的需求。锡林郭勒盟畜牧业以天然牧草为主要饲料来源,以天然草场放牧为主要饲养方式,因此,畜牧业生产与当地天气气候息息相关。干旱、冰雹、沙尘暴、暴风雪等灾害性天气的频发,对灾害性天气进行预警服务提出了更高要求。根据天然牧草生长发育状况和畜牧业生产情况,结合当地天气预报,为畜牧业生产提供牧用天气预报预警服务;四是需要将气象信息有效、快捷地传递到牧民手中,最大限度地降低气象灾害对畜牧业生产影响和广大牧民生命财产威胁的气象服务需求。气象现代化和智慧气象为畜牧业气象服务提供有力的保障,提高自身的服务能力,满足新牧区建设需求。

第2章 气象条件对草地畜牧业的影响

气候是决定家畜生态分布的重要因素,其中温度、湿度、降水和太阳辐射等气候因素的相互作用,决定了内蒙古畜牧业的生态分布特性,但温度和降水影响最大。温度是影响家畜表现的主要气候条件。家畜虽然具有很强的体温调节能力,但环境温度直接影响到体格大小、体型差异及生理机能与生产性能等方面。降水主要通过对草原第一生产力影响畜牧业生产。

锡林郭勒盟不同类型的草原植被和牧业气候资源比较有利于发展草地畜牧业,但气候多变,自然灾害频发,常给牧业生产造成损失。主要的气象灾害是干旱和白灾,而沙尘暴、暴风雪、冷雨湿雪等灾害性天气对牧业生产危害也较大,霜冻、冰雹等具有点多面广的特点,则对农作物和饲草生产造成影响。其中干旱、冷雨湿雪、白灾、风沙等气象灾害,是引起畜群掉膘、传染疫病、遭受损失的重要原因。特别是对畜牧业生产目前还不能完全实现机械化、集约化、现代化,依靠天然草场放牧经营为主的锡林郭勒盟草原牧业区,放牧饲养受气象条件的影响极大,因气象灾害造成的损失显得更为严重。因此,要充分认识和掌握灾害性天气的发生、发展规律,趋利避害,把气象灾害对畜牧业生产的影响降至最低限度。

锡林郭勒盟草地畜牧业生产,特别是家畜放牧、接羔保育等受天气气候影响表现为季节性。春季天气气候条件对家畜跑青、抓绒、驱虫、接羔保育等牧事活动影响较大;夏季天气气候条件对家畜饱青、抓水膘、剪毛、药浴等牧事活动影响较大;秋季天气气候条件对家畜抓秋膘、药浴、配种、出栏等牧事活动影响较大;冬季天气气候条件对家畜保胎、保膘等牧事活动影响较大。近年来,锡林郭勒盟年平均气温不断上升,其中冬春季节的升温最为明显;降水量呈现减少的趋势,年降水量较20世纪90年代减少39mm,草原牧区不仅年降水量有所下降,降水格局也发生了一定的变化,尤其以春夏季降水的变幅发生了较大的变化,降水分布不均,干旱事件增多,集中的暴雨事件也增多;干旱与极端天气气候事件增多,以干旱为例,其发生面积和出现频率逐年增加。草甸草原和典型草原降水量减少,草原区气温显著上升,干旱加剧、土地沙化;气候暖干化,使蝗虫和鼠害的发生规模和损失程度呈增大的趋势;气温大幅上升,加大牧草需水胁迫,草场生产力将下降,牲畜的体能体质也将下降。因此为适应气候变化,不仅要采取加强草原生态保护和转变传统放牧方式等措施,更要提高草地畜牧业灾害防御能力。

随着锡林郭勒盟气象现代化建设的深入,气象观测网的不断增强和完善,新的大气探测技术例如气象卫星已在天气气候预报业务中应用,计算机和信息技术的不断更新升级,提供了前所未有的大量观测数据,为深入研究中小尺度天气系统的演变规律进而科学、准确应对畜牧气象灾害奠定了坚实的基础。

2.1 春季气象条件对畜牧业的影响

2.1.1 春季气候特点

锡林郭勒盟春季(3—5月份,惊蛰—小满)冷空气活动频繁,冷暖变化幅度大。平均气温

1.2~6.2℃,降水量 14.8~54.1mm,历年大风平均发生次数为 61 次,沙尘暴平均发生次数为 5.4 次,占发生总次数的 75.7%[2]。主要气象灾害有大风及沙尘天气、雪灾、冷雨湿雪、寒潮、吹雪、雪暴等。

2.1.2 春季牧事活动

锡林郭勒盟春季牧业生产活动包括 4 月下旬—5 月中旬绵羊的跑青期、抓绒期、驱虫期、接羔保育期等。

2.1.3 气象条件对春季畜牧业生产的影响

适宜的生态环境是自然放牧场群体绵羊正常发育健康生长的关键,而决定生态环境优劣的主要因素是气象因素,如温度、湿度、气压、风速、日照、降水等。研究表明,影响锡林郭勒盟草原区放牧绵羊体月增重的主要气象因素排序是:温度>风速>气压>湿度>日照>降水,其中温度和风速是影响放牧绵羊体月增重的主要限制性因素[4]。天气寒冷风大进一步加速了绵羊体热的散失,由于消耗自身更多的能量来维持体热平衡,使得放牧绵羊体重显著下降。春季绵羊经过一个漫长的冬季,体质普遍较弱,有的母羊处在怀孕后期,有的正在哺乳,迫切需要营养,而此时青草又未长起来,正是"远看草色一片绿,近看却是光地皮",绵羊为了采食奔跑即"跑青",还要抵御寒冷的侵袭,消耗大量的体内能量和自身脂肪来维持生命活动,致使绵羊体重显著下降,体重最低值出现在 4 月末,平均为 43.0kg,是最高体重的 32%,体重、膘情处于一年中最差阶段。如遇到大风、沙尘天气绵羊不能正常出牧,放牧时间相对缩短,吃不饱,无法获取充足的养料,进而导致抵抗力下降,影响膘情。如果吸入大量沙尘会引起咳嗽,食入带沙尘的牧草引起消化不良,甚至死亡。同时各种病原体会污染草场和棚圈,造成传染病流行,使易感牲畜发病,影响畜产品质量。如遇到雪灾、冷雨湿雪、寒潮、雪暴灾害性天气,绵羊受冷冻惊群、乱跑、无法采食、放牧,仔畜患感冒、痢疾、气管炎、肺炎等疾病。特别是接羔保育期母畜不但经受"春乏"影响,还要保证胎儿的营养需求,体能消耗更大,如果饲养不善造成营养不良,容易流产、生产弱胎或产后乳汁分泌不足,造成繁殖成活率大大降低。虽然春季远不如冬季寒冷,绵羊对天气冷暖骤变非常敏感,是生存的艰难期,成幼畜多在这个时期,发生"春乏"死亡现象。我国放牧绵羊"春乏"死亡率平均为 6%,掉膘减重所造成的能量损失比死亡所造成的能量损失高 6 倍[5],极大地危害了基础畜牧业的发展。随着气温的回升,天气转暖,应选择晴暖、风小天气进行山羊的抓绒及群体羊的驱虫。当日均温度达 10.7℃时,是春季放牧绵羊体重上升的临界温度,此临界温度的时间是 5 月上旬,此时绵羊进入一年体重增长期,由跑青期逐渐进入饱青期,绵羊进入一年体重积极增长期。春季是自然灾害多发的季节,也是对畜牧业生产产值与品质危害最大的季节。

2.2 夏季气象条件对畜牧业的影响

2.2.1 夏季气候特点

锡林郭勒盟夏季(6—8 月,芒种—处暑)虽是草原多雨季节,但雨量的月际和年际变率较大,阶段性和区域性干旱发生频率较大,由于多阵性降水,局部暴雨、冰雹也时有发生[6]。平均气温 16.9~21.3℃,降水量 100~200mm,东部和南部可达 250mm 左右,占全年降水量的

70%。常发生的气象灾害天气有高温、暴雨、干旱。

2.2.2 夏季牧事活动

锡林郭勒盟夏季牧事活动包括6月初放牧绵羊的饱青期,相继进行抓水膘、剪毛、药浴,8月底进行家畜配种工作。

2.2.3 气象条件对夏季牧事活动的影响

锡林郭勒盟地区进入初夏,温度回升,天气转暖,6月上旬当≥0℃的积温达380~480℃·d,牧草生长高度达10cm左右时,放牧绵羊已经能够吃饱,即饱青期。此时也是抓水膘的时期(6月上旬左右),最适宜抓水膘的气象条件是:日平均气温15~20℃、相对湿度在50%左右、风力1~2级、多云天气或降水适中,既不造成草原干旱,也不因连阴雨而影响放牧。如果温度过高湿度过大,由于炎热与潮湿破坏了放牧绵羊体热平衡,并对消化、呼吸、循环及内分泌系统的生理变化均有较大的影响,表现为食欲减退或厌食,家畜一般生长受阻,生产率下降,发病率和死亡率增加。在抓水膘的初期,为了绵羊生长发育更健康,选择晴朗、暖和天气的上午对其进行剪毛、药浴。适宜开展此项牧事活动的气象条件是:日平均温度在5.0~15℃,相对湿度小于50%,风力3~4级。剪毛后5~7天内无冷雨和剧烈降温;药浴后一周左右无降水和剧烈降温天气,以便羊毛尽快干燥。如果剪毛过早,畜体的抗寒能力降低,遇天气骤变易遭受冻害;剪毛过迟,天气转热后,羊毛会自行脱落,同时畜体热量不易散逸,影响牲畜的正常放牧及畜体生理机能的正常调节,不利于长膘。当日平均气温大于25℃、相对湿度大于80%的高温高湿天气,或冷空气入侵急剧降温天气,大风、降雨等都不同程度地影响着母畜产乳量及乳制品品质。如遇暴雨、冰雹会造成草原植被损伤,破坏生态平衡,危及出牧人员和畜群安全,诱发草原病虫害等。当日照时数减少,气温开始下降,也就是抓水膘的末期(8月中旬左右),家畜进入配种时期。有利于配种的气象条件是天气稳定,晴天或雨后转晴,日平均温度4~20℃,相对湿度30%~50%,风力在4级以下。如果温度过高会影响公畜的性行为,温度越高,公畜的性行为就越低,降低精液品质,从而降低了母畜的受精率,严重影响家畜的繁殖育种;影响母畜的发情,使母畜发情周期延长,发情持续期缩短,有的甚至不发情,降低母畜的受胎率。在自然条件下,短日照时公羊的精液质量最高。夏季干旱可加剧草场退化和草原沙漠化进程,同时可诱发蝗虫、鼠害,影响天然草场载畜量、牧草生长发育、产量及牧草品质,从而影响畜产品质量,严重时会危及牲畜的生存。

2.3 秋季气象条件对畜牧业的影响

2.3.1 秋季气候特点

锡林郭勒盟秋季(9—10月,白露—霜降)气温急剧下降,降水量日趋减少,平均气温16.9~21.3℃,降水量100~200mm,常发生的气象灾害性天气有冷雨湿雪、大风降温。

2.3.2 秋季牧事活动

进入秋季锡林郭勒盟草原放牧绵羊重点要抓秋膘,同时要进行一次秋季药浴,集中精力做好家畜的配种和存栏出栏工作。

2.3.3 气象条件对秋季牧事活动的影响

秋季气温日趋下降,天气凉爽,是放牧绵羊抓秋膘的最佳季节。最适宜抓秋膘的气象条件是日平均气温 4~15℃;相对湿度在 50%左右;晴天、多云、阴或零星小阵雨天气,风力 4 级以下。如遇冷雨湿雪,放牧绵羊会受到冷冻引起感冒等疾病;如遇大风、沙尘天气,绵羊会迷失方向顺着风跑,影响采食抓膘健体;如遇 5 级以上的风并伴有连续性降水,10℃左右的降温,降至 5℃或以下时,就会造成壮畜死亡。在抓秋膘的过程中,为了使绵羊更健康的生长发育,选择日平均气温 10~15℃;相对湿度在 50%左右;风力 4 级以下的晴天,对放牧绵羊进行秋季药浴。药浴后 7~10 天无冷雨湿雪。如遇大风降温、冷雨湿雪,就会使绵羊受到冻害引起疾病,影响抓膘。秋季是放牧绵羊生长发育的最佳季节,也是自然放牧绵羊的配种时期,要充分利用有利的气象条件顺利、有效地开展此项生产活动。配种适宜的气象条件是晴天或雨后转晴,日平均温度 4~20℃,最佳温度为 12℃左右。相对湿度 30%~50%,风力在 4 级以下。公、母羊膘情好,发情旺盛,准胎、受胎率高。天冷风大特别是较大的冷雨湿雪,放牧绵羊自身难以维持正常的能量平衡,使绵羊发情受到影响,母畜受胎率降低。秋季是自然灾害比较少的季节,也是气象条件对放牧绵羊最有利的季节。

2.4 冬季气象条件对畜牧业的影响

2.4.1 冬季气候特点

锡林郭勒盟冬季(11 月至翌年 2 月,立冬—雨水)漫长、寒冷,灾害多。极地冷空气强盛,蒙古冷高压控制本盟,强冷空气分裂南下,常造成寒潮天气。平均气温为 −23~−10℃,降雪量一般达 6~21 mm。而 11 月平均气温已达 −5℃以下,12 月至翌年 2 月各月平均气温在 −12℃以下,极端最低气温达 −35℃以下,最冷月为 1 月。一般积雪覆盖草场,个别年份野外积雪深度达 40cm 以上。常发生的气象灾害性天气有低温、寒潮、积雪、吹雪、雪暴等牧业气象灾害性天气[7]。

2.4.2 冬季牧事活动

锡林郭勒盟冬季家畜多已妊娠,主要牧事活动是家畜保胎、保膘和安全越冬。

2.4.3 气象条件对冬季牧事活动的影响

锡林郭勒盟冬季漫长、寒冷,灾害多,此时天然牧草已黄枯,气温逐渐下降,家畜体重开始下降到翌年 4 月中旬,此时天气变暖,大部分天然牧草返青,家畜体重开始恢复。因此,冬季放牧管理的质量直接影响到家畜的安全越冬和翌年的牧业生产。

高质量的配种必须是配种期的家畜具有较高的营养水平和有利的气象条件。锡林郭勒盟 11 月份是长日照变短日照最大值的月份,也是全年月平均气温降幅最大值的月份,此时天气不冷不热,日照时数逐渐缩短到 8~13h 以下和气温逐渐降低至 12~18℃刺激家畜性活动的增强和繁殖力的提高,同时,期间家畜膘情已达到峰值,有利于家畜配种质量的提高。

家畜冷季承载畜量是草地放牧畜牧业充分利用草地资源,合理存栏出栏,以草定畜,达到草畜平衡。冬季屠宰最适期,是家畜产肉量最高,适合天然冷藏为目的。当日平均气温稳定低于5℃时大多数牧草停止生长,天然牧草进入枯黄期,营养价值迅速下降,靠天然放牧采食已不能满足家畜的营养需求;当日平均气温低于-5℃时,家畜开始掉膘。锡林郭勒盟的11月中下旬,日平均气温低于-5℃,牧区冷暖交替、天气转冷、草枯殆尽,家畜开始迅速掉膘,适时家畜出栏屠宰,不仅能获得最多的产肉量,而且也是加速畜群周转,把过冬家畜压缩到合理限度的途径。

锡林郭勒盟牧区冬季雪灾、黑灾、寒潮、大风等气象灾害多发,对家畜接羔保育不利。锡林郭勒盟1—2月是全年持续最冷时期,气温已降到下限临界温度以下,家畜体表散热量增加,代谢率提高,导致分解体内脂肪产热来维持体温的恒定,加之此时草原上枯草产量和营养价值最低,远远满足不了家畜的维持需要,使家畜掉膘。但在寒冷条件下的低温培育锻炼,又有利于羔羊生长发育,增强体质。寒潮、大风、暴风雪等灾害性天气对畜牧业生产危害极大,牲畜不能出牧,无法采食,得不到草料补充,影响保胎保膘,造成母畜流产,仔畜死亡率增高,将更为不利甚至造成重大损失。但暖冬易发生传染病,影响牲畜的生长发育。如遇有牧区雪灾等畜牧气象灾害时,因降雪时间过长或降雪量过大,积雪覆盖了草场,并且在表面结一层冰壳,使得积雪不能融化而成灾,一旦成灾,牲畜无草吃,影响保胎保膘,造成母畜流产,仔畜死亡率增高,膘情较差的牲畜在饥寒交迫下大批死亡。

第3章 草地畜牧业气象服务

草地畜牧业气象服务包括家畜接羔保育、家畜饱青期预报、家畜疫病防御、抓绒剪毛、冷季载畜量预报、家畜配种、膘情监测等牧事活动的气象服务。

3.1 草地畜牧业气象服务流程

3.1.1 工作流程图(图 3.1)

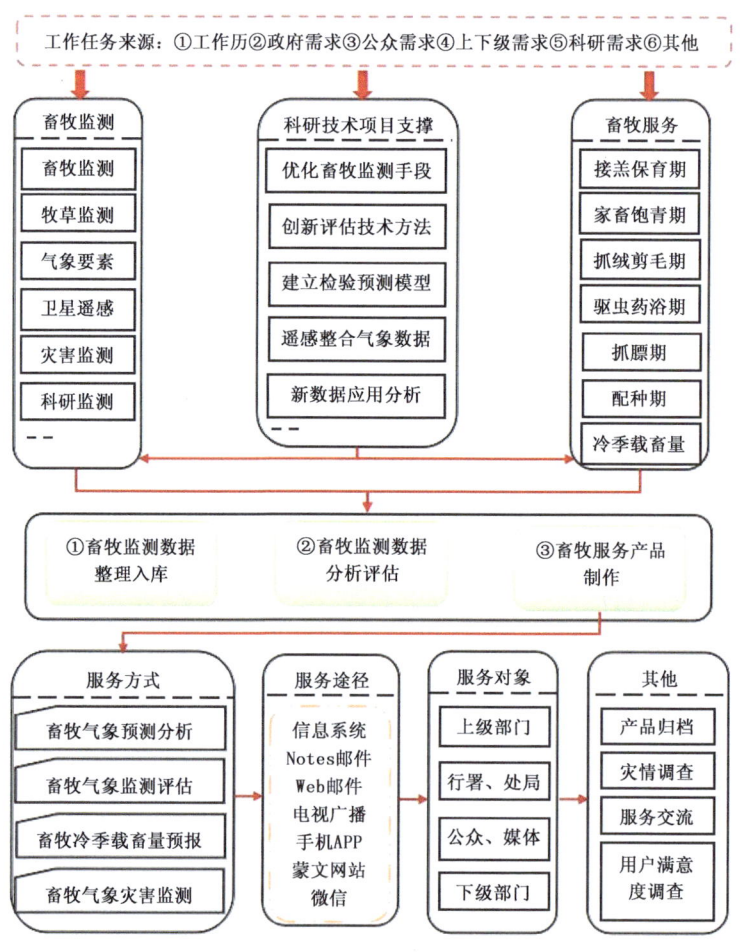

图 3.1 草地畜牧业气象服务工作流程图

3.1.2 技术流程图(图3.2)

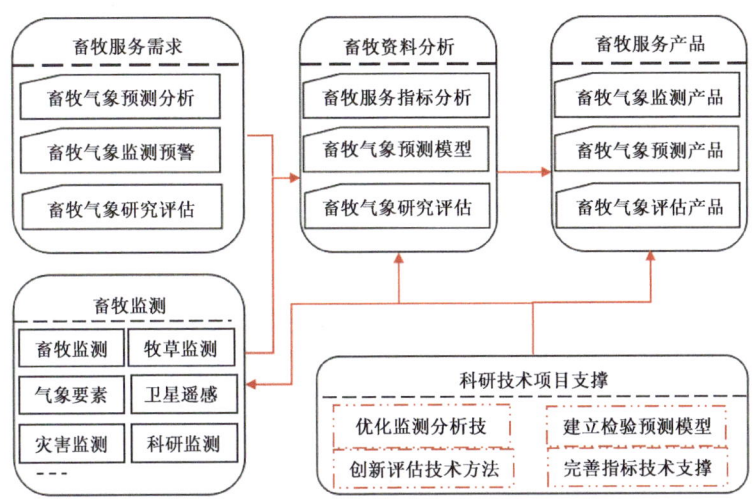

图 3.2　草地畜牧业气象服务技术流程图

3.1.3 服务流程图(图3.3)

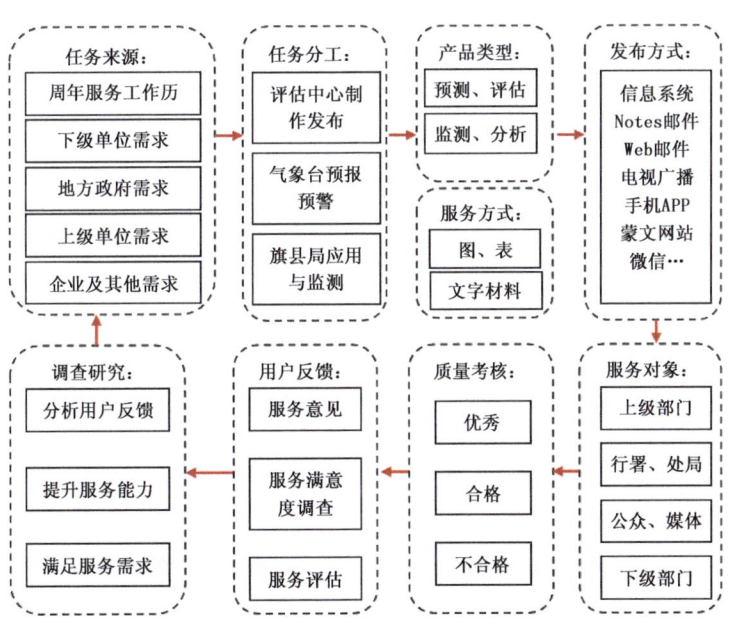

图 3.3　草地畜牧业气象服务流程图

3.2 放牧绵羊接羔保育气象服务

放牧绵羊接羔保育工作是草地畜牧业一项重要牧事活动,一般在1—4月。锡林郭勒盟牧区1—2月产的羊羔称冬羔。此期间平均气温是全年最冷的时期,寒潮、暴雪等灾害性天气多发。接冬羔要有保温条件好的棚舍,储备足够的饲草料,且基础母畜体质要好,所产羔羊当年月龄大、体重也较大;3—4月产的羔羊称春羔。此期间气温开始明显回升,也是锡林郭勒盟牧区气候冷暖交替时期,经常伴有寒潮、大风、冷雨湿雪等灾害性天气出现。在没有较好的接羔保育所需的棚舍,饲草料储备不足够的情况下一般接春羔,但所产羔羊越冬时幼畜月龄较短,体重偏小。

放牧绵羊接羔保育气象服务重点是根据放牧绵羊接羔保育期的气候特点,客观地评估气象条件对放牧绵羊接羔保育期的影响,因地制宜地指导牧民适时安排接羔保育工作,以期让牧民获得最大的经济效益[8]。

3.2.1 工作流程

(1)按照工作历,根据气象台发布的中期气象预测,启动发布接羔保育期预报工作。

(2)相关业务人员利用数据库服务平台、气象服务指标、服务产品所需相关气象(预测期日平均气温、降水、灾害性天气发生状况)资料、绵羊膘情监测资料。通过接羔保育期评估模型运行计算,根据模型分析预测结果,结合当年气候趋势,分析气象条件对接羔保育期的影响。

(3)接羔保育期间,密切关注气象台发布的短期气象预报,结合接羔保育气象服务指标,如果期间气象预报有影响接羔保育工作的灾害性天气,根据绵羊膘情状况,发布接羔保育牧事活动气象灾害预警;

(4)密切监测灾害性天气对接羔保育的影响。如发生灾情,及时上报上级单位,并与农牧业局、民政局、乡镇(苏木)等相关部门联合进行牧业灾情调查。

(5)家畜接羔保育工作结束后,家畜接羔保育进行评述评估,制作气象条件对接羔保育影响评估报告。

(6)将所制作服务产品、新闻通告,地方重大防灾减灾会议、与乡镇(苏木)联防等图片、视频等进行电子归档。

3.2.2 技术流程

3.2.2.1 数据资料

放牧绵羊接羔保育期气象服务所需的资料包括:

(1)气象台发布的冷雨湿雪、寒潮、雪暴、大风、沙尘暴等灾害性天气预警信息和中短期天气预报等;

(2)自动气象观测站观测的平均气温、最低气温、降水、积雪深度、空气湿度、风速等气象要素观测资料;

(3)畜牧局等相关单位统计的基础母畜数、接羔繁殖率、羔羊繁殖成活率等资料。畜牧局统计资料的获取是来源于多部门资料共享平台;

(4)所有的数据资料都要进行质量控制和数据订正。

3.2.2.2 服务指标

放牧绵羊接羔保育的气象服务指标见表3.1。

表3.1 放牧绵羊接羔保育的气象服务指标

指标	有利	较有利	不利
空气温度	>0℃	0~-15℃	<-15℃
空气湿度	30%~50%	20%~30%,60%~70%	<20%,>70%
风力	<2级	2~5级	>5级

续表

指标	有利	较有利	不利
24 小时降温	<2℃	2℃~8℃	>8℃
过程降水	>2mm	2~10mm	>10mm
积雪深度	10~20 cm	5~10cm,20~30cm	<5cm,>30cm

3.2.2.3 技术方法

放牧绵羊接羔保育期气象服务工作包括放牧绵羊接羔保育期气象条件分析、放牧绵羊接羔保育灾情预警和放牧绵羊接羔保育期气象条件评估。

放牧绵羊接羔保育期气象条件分析是依据气象台发布的中期天气预报,结合放牧绵羊接羔保育的气象服务指标,分析影响放牧绵羊接羔保育工作的有利或不利的气象条件。

放牧绵羊接羔保育灾情预警是放牧绵羊接羔保育期间,根据气象台发布的灾害性天气预警,结合接羔保育期气象服务指标,对比分析放牧绵羊接羔保育期可能的受灾程度。

放牧绵羊接羔保育期气象条件评估是依据气象观测站观测实际观测的资料,结合接羔保育期气象服务指标,计算各指标要素对放牧绵羊接羔保育的影响,即不同指标要素在接羔保育期间有利、较有利、不利的保证率,并对各个影响接羔保育的指标要素进行综合评判,分析或评估气象条件是否对放牧绵羊接羔保育有利。

(1)放牧绵羊接羔保育的气象指标保证率计算方法:根据接羔保育期的天数和接羔保育期间符合气象指标出现的天数计算接羔保育的气象指标保证率为

$$P_i = \frac{A_i}{B_i} \times 100\% \tag{3.1}$$

式中:P_i 为放牧绵羊接羔保育的气象指标保证率;A_i 为放牧绵羊接羔保育期间符合气象指标出现的天数;B_i 为放牧绵羊接羔保育期的天数。

(2)放牧绵羊接羔保育气象服务指标的综合评分:根据放牧绵羊接羔保育的气象指标保证率划分气象服务评分标准,如果保证率 $P_i>70\%$ 得 3 分,保证率 $30\%<P_i\leq70\%$ 得 2 分,保证率 $P_i\leq30\%$ 得 1 分。见表 3.2。

表 3.2 放牧绵羊接羔保育的气象服务评分标准

指标	有利	较有利	不利
空气温度保证率评分	3 分	2 分	1 分
空气湿度保证率评分	3 分	2 分	1 分
风力保证率评分	3 分	2 分	1 分
24 小时降温保证率评分	3 分	2 分	1 分
过程降水保证率评分	3 分	2 分	1 分
积雪深度保证率评分	3 分	2 分	1 分

放牧绵羊接羔保育气象服务指标综合评分为

$$D_i = (X_1 + X_2 + X_3 + X_4 + X_5 + X_6)/6 \tag{3.2}$$

式中:D_i 为放牧绵羊接羔保育气象服务指标综合得分;X_1-X_6 分别为温度保证率评分、湿度保证率评分、风力保证率评分、24 小时降温保证率评分、过程降水保证率评分、积雪深度保证率评分。

(3)放牧绵羊接羔保育气象服务指标的综合评价:根据放牧绵羊接羔保育气象服务指标综合得分,如果 $1\leq D_i<2$,即气象条件不利于放牧绵羊接羔保育;如果 $2\leq D_i\leq3$,即气象条件利于放牧绵羊接羔保育。

利用不同草原类型及地区气候特点,统计分析接羔保育期间灾害性天气出现的概率;结合中长期天气预报,预测接羔保育期间的天气条件,统计冬羔、春羔生产期间对接羔保育工作产生重要影响的气象要素变化,将该气象要素与历年同期值以绘制图表等形式进行更为直观的比较;根据预报结果对接羔保育工作顺利开展的有利或不利条件进行综合预测分析,并提出科学合理的生产建议。

3.2.3 服务流程

3.2.3.1 产品制作

(1)放牧绵羊接羔保育期气象条件分析服务产品制作

气象台发布了放牧绵羊接羔保育期间中期天气预报后,对照放牧绵羊接羔保育气象服务指标,分析接羔保育期间气象条件对接羔保育牧事活动是否有利,重点分析寒潮、冷雨湿雪、大风等灾害性天气发生的时间和对接羔保育牧事活动的危害。

提出畜舍棚圈保温、疫病防御、防灾减灾等牧业生产建议。

(2)接羔保育气象灾害预警服务产品制作

在放牧绵羊接羔保育期间,根据气象台发布的中期天气预报产品,密切关注寒潮、冷雨湿雪、大风等灾害性天气将发生的时点,根据气象台发布的短期天气预报产品,三分之一牧业生产区域出现了寒潮、冷雨湿雪、大风等灾害性天气,将对放牧绵羊接羔保育牧事活动造成较大影响,及时制作接羔保育气象灾害预警服务产品。

制作服务产品方法是根据气象台发布的中期天气预报产品,结合放牧绵羊接羔保育期气象服务指标,分析灾害天气发生对放牧绵羊接羔保育工作的危害。

根据中短期天气预报预警信息,提出对牧业生产活动影响及生产建议。

(3)放牧绵羊接羔保育期气象评估报告制作

放牧绵羊接羔保育工作结束后,对接羔保育影响较大的气象要素值与历年同期值进行比较,评述影响接羔保育工作有利或不利的气象条件,并绘制图表。

根据放牧绵羊接羔保育期间观测的气象要素值,计算放牧绵羊接羔保育的气象指标保证率,进行放牧绵羊接羔保育气象服务指标综合评分,根据评分结果,结合畜牧局等相关单位统计的基础母畜数、接羔繁殖率、羔羊繁殖成活率等资料,以及接羔保育期间的天气条件和发生灾害性天气的次数,制作接羔保育气象条件评估报告。

根据气象预报,分析后期气象条件(温度、降水、蒸发等)变化趋势对牧业生产的影响,提出合理的牧业生产建议。

3.2.3.2 产品发布

(1)放牧绵羊接羔保育期气象条件分析服务产品发布

发布时间:接冬羔每年2月28日定时发布;接春羔每年3月28日定时发布。

发布对象:各乡镇(苏木)政府气象助理、牧区家庭牧场、生产经营户等。

发布方式:网络传输、短信、微信等。

(2)接羔保育气象灾害预警服务产品发布

发布时间:接羔保育期间气象台发布灾害性天气预警后,适时发布。

发布对象:当地党政部门、各乡镇(苏木)政府气象助理、牧区家庭牧场、生产经营户等。

发布方式:网络传输、短信、微信、广播电视等。

(3)放牧绵羊接羔保育期气象评估报告发布

发布时间:接羔保育工作结束后,5月13日定时发布。

发布对象:当地党政部门、各乡镇(苏木)政府气象助理等。

发布方式:网络传输、短信、微信等。

3.2.4 服务案例

锡林郭勒盟地区放牧绵羊春羔接羔保育期一般在3月下旬至4月末。

3.2.4.1 放牧绵羊春羔接羔保育期气象条件分析案例

2015年3月28日根据气象台发布的4月份气候预测,放牧绵羊接羔保育期气象服务指标,发布了2015年锡林郭勒盟地区放牧绵羊春羔接羔保育期气象条件分析。

一、气候预测

气象台2015年3月发布了4月份气候预测:

全盟大部分地区平均气温偏高,降水量略多。

4月11—12日,小雨,4、5级风;

15—16日,小雨,6级大风,气温下降6℃左右;

21—23日,小到中雨,5级风,气温下降6℃左右;

月末,小雨,5、6级风,气温下降8℃左右。

二、服务指标

放牧绵羊接羔保育期气象服务指标:

温度>0℃,湿度30%~50%,风力>5级日数<4天,24小时降温>8℃、过程降水>5 mm日数<2天,前期积雪深度<15cm对接羔保育有利;

温度0~-10℃,湿度20%~30%、50%~70%,风力>5级日数4~8天,24小时降温>8℃、过程降水>5mm日数<2~5天,前期积雪深度<15~30 cm对接羔保育较有利;

温度<-10℃,湿度<20%、>70%,风力>5级日数>8天,24小时降温>8℃、过程降水>5mm日数>5天,前期积雪深度>30cm对接羔保育不利。

三、气象服务

根据气象台发布的春季气候预测,计算得出放牧绵羊接羔保育期的温度气象指标保证率P_1>70%,温度保证率评分X_1=3分;湿度气象指标保证率P_2>70%,湿度保证率评分X_2=3分;风力评分X_3=2分;24小时降温、过程降水评分X_4=3分;积雪深度评分X_5=3分。因此,放牧绵羊接羔保育期服务指标的综合评分标准评分D_i=2.8分(2≤D_i≤3),得出气象条件有利于家畜接羔保育期工作的开展的结论。

据此,2015年3月28日发布了接羔保育期气象条件分析报告,通过网络传输、短信、微信、广播电视等渠道及时为各乡镇(苏木)政府气象助理、牧区家庭牧场、生产经营户等发布。

3.2.4.2 接羔保育期气象灾害预警服务案例

在家畜接羔保育期间,密切关注气象台发布的灾害性天气预警。4月10日,气象台发布灾害性天气预警"4月11—12日,小到中雪,5级风,气温下降8℃左右"。根据气象台发布的预警信息,4月13日通过网络传输、短信、微信、广播电视等及时为当地党政部门、各乡镇(苏木)政府气象助理、牧区家庭牧场、生产经营户等发布了接羔保育期气象灾害预警。并就可能出现的冷雨、大风、降温灾害性天气及时向广大牧户发出预警,建议做好接羔保育期的防范措施。

此次灾害性天气,气象台预报准确,预警信息发布及时。引起社会的高度关注,为公众和相关行业部门提供了有效的准备时间,为减少灾害影响做出了较大的贡献。

3.2.4.3 放牧绵羊接羔保育期气象条件评估报告服务案例

根据气象观测站观测的 4 月份天气实况,1—3 日,全盟出现降水天气,其中锡林浩特市最大,过程总降水量为 22.7mm 的大雨(湿雪),南部地区及东乌、西乌、阿旗、二连降水量为 10.0~16.8mm 的中雨(湿雪),其余地区为 4.5~8.4mm 的小雨(湿雪)。4—5 日全盟出现降雪天气,其中:乌拉盖最大,过程总量为 11.3mm 的暴雪天气,中东部地区及阿旗出现 5.7~7.0mm 的大雪,东苏、二连、西苏为 3.9~4.6mm 的中雪,其余地区为 0.2~2.3mm 的小雪。11—12 日全盟大部地区出现降雪天气,其中:阿旗出现 17.6mm 的暴雪,锡林浩特市为 7.1mm 的大雪,西乌、东苏、黄旗为 2.6~3.9mm 的中雪,其余地区出现 0.0~2.3mm 小雪。15—16 日出现全盟性大风沙尘天气,瞬间最大风速为 18~23m/s(二连)。其中:二连、西苏、黄旗、太旗出现沙尘暴天气,最小能见度为 600m,其余地区伴有扬沙,随后大部地区出现 0.0~2.9mm 的降水天气。18 日南部地区出现 0.1~0.9mm 的小雨天气。

家畜接羔保育期结束后,根据天气实况,通过家畜接羔保育的气象指标保证率计算方法及服务指标的综合评分标准评分,计算得出放牧绵羊接羔保育期的温度气象指标保证率 $30\% < P_1 \leqslant 70\%$,温度保证率评分 $X_1 = 2$ 分;湿度气象指标保证率 $30\% < P_2 \leqslant 70\%$,湿度保证率评分 $X_2 = 2$ 分;风力评分 $X_3 = 3$ 分;24 小时降温、过程降水评分 $X_4 = 1$ 分;积雪深度评分 $X_5 = 3$ 分。因此,放牧绵羊接羔保育期服务指标的综合评分标准评分 $D_i = 2.2$ 分 $(2 \leqslant D_i \leqslant 3)$,得出气象条件有利于家畜接羔保育期工作的开展的结论。

据农牧局统计,截至 5 月 28 日统计全盟接产仔畜 667.87 万头只。大畜 53.05 万头只,小畜 614.82 万头只。大小畜成活率达到 99.4%。由于气象服务及时、准确,大大提高了牲畜成活率。

按照工作历,5 月 13 日将放牧绵羊接羔保育期气象条件评估报告及时向当地党政部门、各乡镇(苏木)政府气象助理等通过网络传输方式发布。

3.3 家畜饱青期气象服务

家畜饱青期是绵羊生长发育过程中的一个重要生长时期,是由"春乏""跑青期"体质瘦弱进入"夏壮""饱青期"体质增强的牧业生产活动。由于天然牧草的生长发育受主要气象条件水、热、光变化的影响,水、热、光气象条件匹配适当时,天然牧草返青早,绵羊"饱青期"就早,生长季青草期延长,绵羊相应采食量及采食时间延长,生长发育加快。家畜饱青期气象服务主要目的就是向相关决策部门、牧民养殖户提供家畜生长发育动态,合理安排、调整生产计划获得最大经济效益。

3.3.1 工作流程

(1)按照工作历,根据气象台发布的中期气象预测,启动发布家畜饱青期预报工作;
(2)相关业务人员利用中期气象预测、气象要素对天然牧草生长的影响模型,结合家畜饱青期预报模型所需相关气象(日平均气温、降水、土壤相对湿度等)原始资料,得出家畜饱青期预测结果;

(3)发布家畜饱青期预报服务产品;
(4)将所制作服务产品进行电子归档。

3.3.2 技术流程

3.3.2.1 数据资料

家畜饱青期预报气象服务所需的气象要素观测资料包括:

(1)草原生态气象观测站观测的天然牧草返青期、天然牧草高度、地上生物量、土壤湿度等;

(2)气象台发布的中短期天气预报等;

(3)气象要素观测资料的获取是来源于内蒙古自治区气象局县级综合气象服务系统的数据集;

(4)所有的数据资料都要进行质量控制和数据订正。

3.3.2.2 服务指标

家畜饱青的气象服务指标见表3.3。

表3.3 家畜饱青的气象服务指标

指标	草甸草原	典型草原	荒漠草原
牧草高度	>10cm	>10cm	>10cm
地上生物量(鲜重)	>500 kg/hm²	>300 kg/hm²	>100 kg/hm²
稳定通过界限温度	5℃	5℃	5℃

3.3.2.3 技术方法

天然草场牧草返青后,牧草生长随时间呈缓慢生长—迅速生长—缓慢生长趋势,可用Logistic方程拟合,其一般形式为:

$$H = K/(1+\exp(a+bt)) \tag{3.3}$$

式中:H为天然牧草生长高度,单位cm;t为天然牧草返青至黄枯的日数,单位d;K为一定条件下H的理论上限;a,b为待定系数。

对天然牧草生长高度模型(3.3)式求三阶导数求解可得

$$t_1 = (\ln(2+\sqrt{3})-a)/b \tag{3.4}$$
$$t_2 = (\ln(2-\sqrt{3})-a)/b \tag{3.5}$$

式中:t_1,t_2为牧草生长高度随时间变化的两个特征值,其物理意义分别是牧草高度生长动态从缓慢生长转为迅速生长的时刻和从迅速生长转为缓慢生长的时刻。

根据锡林郭勒盟牧业气象试验站实验观测资料,求得天然牧草(克氏针茅、羊草、糙隐子草、冷蒿等)生长高度随时间变化模型为:

$$H = 50.0/(1+\exp(2.6883-0.0362t)) \tag{3.6}$$

样本数$n=15$,相关系数$r=0.9845$,经检验,天然牧草高度随时间变化模型通过$\alpha=0.01$的显著性水平检验。

通过计算t_1,t_2值,可得天然牧草生长高度从缓慢增长转为迅速增长的时间为草场牧草返青后38天;从迅速增长转为缓慢增长的时间为草场牧草返青后112天(图3.4)。即天然牧草生长高度从缓慢增长转为迅速增长的时间约为草场牧草返青后38天。

正常情况下,牧草生长从缓慢生长转为迅速生长的时刻就是家畜饱青期,此时,天然牧草

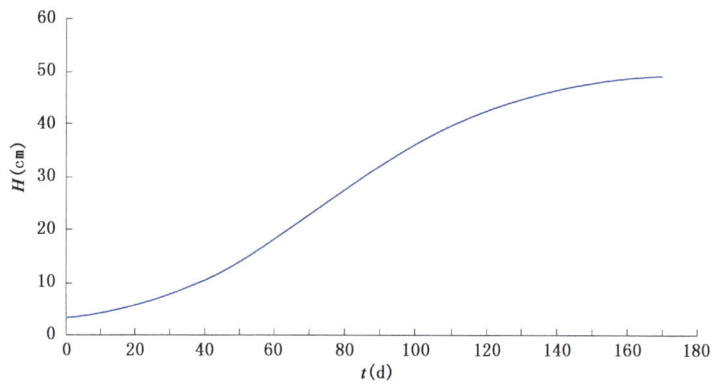

图 3.4 充足水分条件下的牧草生长高度曲线

返青近 40 天,天然牧草高度达到 10cm 以上,草甸草原、典型草原、荒漠草原地上生物量(鲜重)分别超过 500kg/hm^2、300kg/hm^2、100kg/hm^2。而且,天然牧草生长从缓慢生长转为迅速生长后,地上生物量的积累已能满足家畜的饲草量。依此确定家畜饱青期为天然牧草返青后 40 天左右。因此,草甸草原家畜饱青期一般在 5 月下旬,典型草原在 6 月上旬,荒漠草原一般在 6 月中旬。只有在牧草返青后土壤相对湿度低于 20% 时,或者降水少,温度低于 5℃,家畜饱青期将推后 1~10 天。另外,大畜饱青期一般比小畜推迟 5 天左右。

在家畜跑青期间,根据天然牧草高度、牧草地上生物量、气象条件等适时进行家畜饱青期订正预报。

3.3.3 服务流程

3.3.3.1 产品制作

根据家畜饱青期预报方法,结合天然牧草返青后土壤相对湿度、家畜膘情状况,以及气象台发布的气候预测服务产品,得出家畜饱青期预报服务结论,制作家畜饱青期预报服务产品。

根据气候预报,分析后期气象条件(温度、降水、蒸发等)变化对家畜跑青期家畜膘情的影响,提出合理的牧业生产建议。

3.3.3.2 产品发布

每年天然牧草返青后适时发布家畜饱青期预报。

发布形式包括网络传输、短信、微信等。

发布对象主要针对为当地党政部门、各乡镇(苏木)政府气象助理等。

3.3.4 服务案例

2015 年锡林浩特地区家畜饱青期预报气象服务案例

锡林浩特地区家畜饱青期一般在 6 月份前后。根据 2015 年天然草场牧草生长发育监测资料,锡林浩特地区天然牧草返青期为 4 月 21 日,按照家畜饱青期预报方法,初步预测天然草场牧草返青后 40 天左右,即 5 月末左右为锡林浩特地区家畜饱青期。

根据气象台发布的 5 月份气候预测,锡林浩特地区平均温度大于 5℃,降水量正常。牧草返青后土壤相对湿度只有西部地区大于 20%。因此,预报 2015 年锡林浩特地区家畜饱青期为 5 月末、6 月初。

锡林浩特地区2015年天然牧草返青期为4月21日,家畜饱青期为5月末、6月初。因此,锡林浩特地区家畜饱青期为4月下旬至6月初。据此,4月23日为当地党政部门、各乡镇(苏木)政府气象助理等提供了季节型休牧的决策依据。

3.4 家畜驱虫气象服务

家畜在饲养过程中,极易感染上体内、外寄生虫,造成生长缓慢,抵抗力低下,严重的还会死亡,经济效益降低。家畜疫病防控是否有效,不仅关系到家畜机体的健康,畜牧业生产健康可持续发展,更涉及到人类食品的安全。很多家畜疾病是人兽共患病,如口蹄疫、流感等。因此,提供肉源性食品的畜牧业是全球关注的焦点之一,气象条件在很大程度影响着家畜疫病的防控。驱虫、药浴是牧业生产活动中一项重要工作,主要目的是预防和治疗体内寄生虫病或由疥螨科、痒螨科的各种螨寄生于家畜的表皮内所引起的高度接触性传染、寄生虫性皮肤病。利用肌注药物防治体内外寄生虫病。

3.4.1 工作流程

(1)按照工作历做好驱虫期气象服务工作准备;
(2)密切关注气象台发布的中短期天气预报;
(3)根据家畜驱虫气象服务指标,在出现有利于家畜驱虫的时期,相关业务人员根据中短期天气预报结论,结合家畜膘情、天然牧草发育期监测结果,及时发布家畜驱虫气象服务产品;
(4)密切监测对家畜驱虫影响的大风、冷雨等灾害性天气,如果气象台发布了灾害性天气预警,及时发布家畜驱虫期气象灾害预警,提醒牧民推迟开展家畜驱虫工作;
(5)灾害性天气对家畜造成了较大损失,与畜牧部门、民政部门联合进行灾情调查;
(6)家畜驱虫牧事活动结束后,将所制作服务产品、重大防灾减灾会议、与乡镇(苏木)联防等图片、视频等进行电子归档。

3.4.2 技术流程

3.4.2.1 数据资料

家畜驱虫期气象服务所用的资料包括:
(1)气象台发布的冷雨、寒潮、大风、沙尘暴等灾害性天气预警信息和中短、期天气预报等;
(2)家畜驱虫期气象灾害调查数据来源于畜牧局等多部门资料共享平台;
(3)所有的数据资料都要进行质量控制和数据订正。

3.4.2.2 服务指标

家畜驱虫一般在春季4—5月(清明—小满),天然牧草返青前后和秋末9—10月(白露—寒露),天然牧草黄枯前后,各驱虫1次。

家畜驱虫气象服务指标:
(1)温度5.0~13.0℃;
(2)相对湿度50%左右;
(3)风力1~2级;
(4)天气晴朗;

(5)驱虫后7天内无冷雨或降温10.0℃以上的天气。

3.4.2.3 技术方法

家畜驱虫期间,即天然牧草返青和黄枯前后,分别根据气象台发布的短期天气预报,结合家畜驱虫气象服务指标,选择温度5.0～13.0℃、相对湿度50%左右、风力1～2级的天气晴朗日,并根据气象台发布的中期天气预报,其后7天内无冷雨或降温10.0℃以上天气为家畜驱虫日。

家畜驱虫后,密切关注气象台发布的冷雨、大风、强降温等灾害性天气预警,适时评估灾害性天气对家畜驱虫的影响,并提出合理的生产建议和防灾减灾措施。

3.4.3 服务流程

3.4.3.1 产品制作

家畜驱虫期间,即天然牧草返青和黄枯前后,密切关注气象台发布的短期天气预报,结合家畜驱虫气象服务指标,选择适合家畜驱虫的日期,适时制作家畜驱虫期气象条件分析服务产品。并在气象台发布了家畜驱虫期气象条件分析服务产品后10天内,重点关注气象台发布的冷雨、大风、强降温等灾害性天气预警,如出现家畜驱虫灾害性天气,可能对家畜驱虫工作影响较大,制作家畜驱虫气象灾害预警服务产品,提出防灾减灾等牧业生产建议。

3.4.3.2 产品发布

发布时间:春季家畜驱虫期气象服务产品是每年在天然牧草返青期前后适时发布;秋季家畜驱虫期气象服务产品是每年在天然牧草黄枯期前后适时发布。

发布对象:各乡镇(苏木)政府气象助理等、牧区家庭牧场、生产经营户等。

发布方式:网络传输、短信、微信等。

3.4.4 服务案例

2015年绵羊驱虫期牧业气象服务案例

放牧绵羊驱虫主要是在春季和秋季进行,适应在晴朗、晴暖的上午,温度为5.0～13.0℃,相对湿度50%左右,风力在3～4级;驱虫后5～7天内无冷雨和剧烈降温的天气条件下进行。2015年5月上旬,牧区已进入绵羊驱虫期,5月9—12日,锡林郭勒盟出现了一次全盟性较强降水天气过程,中部和东部地区降水量较大。此次降水天气过程对绵羊驱虫后身体恢复极为不利,但由于预报准确,服务及时,牧民提前将驱虫生产活动做出了合理安排,并采取了防范措施,此次降水天气未造成牲畜伤亡。

一、长期预报

根据锡林郭勒盟气象台发布的5月短期气候预测,4月23日做出了《驱虫期牧业气候预测评述》,指出5月9日前后,将会出现一次对绵羊驱虫生产活动较为不利的降水天气过程。

根据此次天气过程预测,开始监测天气变化,并通过邮箱、传真等方式将《驱虫期牧业气候预测评述》传送给地方相关部门、乡镇(苏木)政府。

二、中期预报

5月1日,锡林郭勒盟气象台发布的中期预报指出5月9—11日将有一次将强降水天气过程,东部和中部地区降水量较大。根据中期预报结论,结合绵羊驱虫天气条件指标,制作《牧业气象预报》,主要内容"东部和中部牧区,5月9—11日将会出现一次较强降水天气过程;届时牧业降水落区绵羊驱虫活动将会受到影响,请牧民朋友随时收听、收看最新天气信息,提前做好生产安排。"利用传真、手机短信、邮箱、蒙文手机网站等途径发布;并及时通过传真、邮箱上传至地方党政部门及相关部门、乡镇(苏木)政府。

三、预报预警

5月8日上午,根据锡林郭勒盟气象台发布的降水天气预报,制作《牧业天气预报预警》:"受高空冷涡和西南暖湿气流共同影响,今天夜间至11日,锡林郭勒盟将有一次明显的降水天气过程,中部、南部地区有中雨或雨夹雪,个别地区偏大;此次降水天气,将给中部和南部牧业地区绵羊驱虫、放牧等实时牧业生产活动带来不利影响,提请广大牧民朋友提前做好防范工作。"并与9日和10日,根据气象台降水预报信息,连续制作《牧业气象预报》,利用微信公众号、蒙文手机网站、锡林郭勒盟门户网站等途径发布,并通过传真、邮箱等方式传送给了地方相关部门和乡镇(苏木)政府。

四、监测联防

根据锡林郭勒盟气象台预报信息,从5月7日起就密切关注此次强降水天气过程,带班领导及监测服务人员每天参加自治区天气会商,并与气象台就此次天气对牧业落区影响程度进行认真细致的分析;适时与落区乡镇(苏木)政府领导、牧业情报员进行电话联络,了解降水天气对实时牧业生产活动的影响。过程结束后,及时开展多部门联合牧业灾情调查和评估。

3.5 抓绒剪毛期气象服务

山羊绒是绒山羊主要产品,每年春季4—5月,是山羊抓绒季节。绵羊毛是绵羊的主要副产品,其产量的高低和品质的好坏直接影响养羊业和毛纺工业的发展。每年春季5—6月是绵羊剪毛季节。放牧羊群的抓绒剪毛是牧业生产中一项比较集中的主要牧事活动。羊体被毛是牲畜为适应外界自然环境而形成的保护性物质,它既有御寒保温作用,又在阳光的直接照射下,起到隔热作用,以减轻强烈的热辐射和高温对畜体生理机能的影响。因此,根据当地气候条件适时地进行抓绒剪毛,不仅提高羊毛和羊绒的质量和产量,还有利于牲畜的生长发育。抓绒剪毛气象服务就是为牧民及养殖户提供适宜的气象条件,顺利地开展此项工作,以获得最大的经济效益。

3.5.1 工作流程

(1)按照工作历,根据气象台发布的中期气象预测,启动抓绒剪毛气象服务工作;

(2)相关业务人员利用中期气象预测,根据抓绒剪毛期气象服务指标,分析气象预报要素对抓绒剪毛工作的影响;

(3)在抓绒剪毛期间,密切关注气象台发布的影响抓绒剪毛工作的寒潮、大风、冷雨湿雪等灾害性天气预警;

(4)根据气象台发布的灾害性天气预警,适时发布抓绒剪毛牧事活动预警;提醒牧民根据天气情况,暂时停止放牧和抓绒剪毛牧事活动;

(5)发生牧业气象灾害,造成损失后,与农牧业局、民政局等地方相关单位联合进行牧业灾情调查;

(6)发布抓绒剪毛气象服务的专项服务产品;

(7)抓绒剪毛牧事活动结束后,根据抓绒剪毛工作期间的气象条件、气象灾害性天气、天然

牧草生长状况、灾情损失情况等,结合抓绒剪毛牧事活动气象服务指标,做出抓绒剪毛气象服务总结及灾害评估;

(8)抓绒剪毛牧事活动结束后,将所制作服务产品、联合会商材料,地方重大防灾减灾会议、与乡镇(苏木)联防等图片、视频等进行电子归档。

3.5.2 技术流程

3.5.2.1 数据资料

抓绒剪毛期气象服务所需的资料包括:

(1)气象台发布的冷雨湿雪、寒潮、雪暴、大风、沙尘暴等灾害性天气预警信息和中短期天气预报等;

(2)自动气象观测站观测的平均气温、最低气温、降水、积雪深度、空气湿度、风速等气象要素观测资料;

(3)生态与牧业气象观测站观测的草场牧草长势资料和家畜膘情资料;

(4)畜牧局、民政局等相关单位统计的灾情调查等资料。资料来源于多部门资料共享平台;

(5)所有的数据资料都要进行质量控制和数据订正。

3.5.2.2 服务指标

不同地区气候条件有所差异,抓绒剪毛的时间略有不同,锡林郭勒盟抓绒剪毛的时间一般从西到东时间有所推迟。同一品种不同性别时间也不相同,一般母羊比公羊早。锡林郭勒地区草甸草原、典型草原区山羊抓绒一般在春季4—5月,荒漠化草原提前7~10天左右。剪毛时间基本相同,5月底至6月初剪羔羊毛,6月下旬剪成羊毛。剪毛过早或过晚都对羊只不利,剪春毛过早裸露皮肤要失去被毛的御寒作用,热代谢得不到平衡,天气稍有变化,或受冻害或染病。剪毛过迟,气温回升,畜体不易散热,中午太阳辐射强,气温高时易得射热病,灼伤羊背皮肤。

抓绒剪毛期的气象服务指标见表3.4。

表3.4 抓绒剪毛期的气象服务指标

指标	适宜	较适宜	不适宜
日照时数	>8h	3~8h	<3h
日均温度	10~-15℃	5~-15℃,15~20℃	<5℃,>20℃
空气湿度	<50%	50%~70%	>70%
风力	<2级	2~4级	>4级
抓绒剪毛后7日内24小时降温、降水	<2℃,<2mm	2~8℃,2~10mm	>8℃,>10mm
地上生物量(鲜重)	>500kg/hm²	100~500kg/hm²	<100kg/hm²

3.5.2.3 技术方法

抓绒剪毛期气象服务工作包括抓绒剪毛期气象条件分析、抓绒剪毛气象灾情预警和抓绒剪毛期气象条件评估。

抓绒剪毛期气象条件分析是依据气象台发布的中期天气预报,结合抓绒剪毛期气象服务指标,分析影响抓绒剪毛工作的有利或不利的气象条件。

抓绒剪毛灾情预警是抓绒剪毛期间,根据气象台发布的灾害性天气预警,结合抓绒剪毛期气象服务指标,对比分析放牧绵羊接羔保育期可能的受灾程度。

抓绒剪毛期气象条件评估是依据气象观测站观测实际观测的资料,结合接羔保育期气象服务指标,计算各指标要素对放牧绵羊接羔保育的影响,即不同指标要素在接羔保育期间有利、较有利、不利的保证率,并对各个影响抓绒剪毛期工作的指标要素进行综合评判,分析或评估气象条件是否对抓绒剪毛期工作有利。

(1)抓绒剪毛期的气象指标保证率计算方法:根据抓绒剪毛期的天数和接羔保育期间符合气象指标出现的天数计算抓绒剪毛期的气象指标保证率为

$$P_i = \frac{A_i}{B_i} \times 100\% \tag{3.7}$$

式中:P_i 为抓绒剪毛期的气象指标保证率;A_i 为抓绒剪毛期间符合气象指标出现的天数;B_i 为抓绒剪毛期的天数。

(2)抓绒剪毛期气象服务指标的综合评分:根据抓绒剪毛期的气象指标保证率划分气象服务评分标准,如果保证率 $P_i > 70\%$ 得 3 分,保证率 $30\% < P_i \leqslant 70\%$ 得 2 分,保证率 $P_i \leqslant 30\%$ 得 1 分。见表 3.5。

表 3.5 抓绒剪毛期气象服务评分标准

指标	有利	较有利	不利
日照时数保证率评分	3 分	2 分	1 分
温度保证率评分	3 分	2 分	1 分
湿度保证率评分	3 分	2 分	1 分
风力保证率评分	3 分	2 分	1 分
抓绒剪毛后 7 日内 24 小时降温>8℃、降水>10 mm 日数评分	3 分	2 分	1 分
抓绒剪毛前地上生物量(鲜重)	3 分	2 分	1 分

抓绒剪毛期气象服务指标综合评分为

$$D_i = (X_1 + X_2 + X_3 + X_4 + X_5 + X_6)/6 \tag{3.8}$$

式中:D_i 为抓绒剪毛期气象服务指标综合得分;$X_1 - X_6$ 分别为日照时数保证率评分,温度保证率评分,湿度保证率评分,风力保证率评分,抓绒剪毛后 7 日内 24 小时降温>8℃,降水>10 mm 日数,抓绒剪毛前地上生物量(鲜重)评分。

(3)抓绒剪毛期气象服务指标的综合评价:根据抓绒剪毛期气象服务指标气象服务指标综合得分,如果 $1 \leqslant D_i < 2$,即气象条件不利于抓绒剪毛;如果 $2 \leqslant D_i \leqslant 3$,即气象条件利于抓绒剪毛。

3.5.3 服务流程

3.5.3.1 产品制作

(1)抓绒剪毛期气象条件分析服务产品制作

气象台发布了抓绒剪毛期间中期天气预报后,对照抓绒剪毛气象服务指标,分析抓绒剪毛期间气象条件对抓绒剪毛工作是否有利,重点分析寒潮、冷雨湿雪、大风等灾害性天气发生的时间和对抓绒剪毛牧事活动的危害。提出防灾减灾等牧业生产建议。

(2)抓绒剪毛气象灾害预警服务产品制作

在抓绒剪毛期间,根据气象台发布的中期天气预报产品,密切关注寒潮、冷雨湿雪、大风等灾害性天气将发生节点,根据气象台发布的短期天气预报产品,三分之一牧业生产区域出现了寒潮、冷雨湿雪、大风等灾害性天气,将对抓绒剪毛牧事活动造成较大影响,及时制作抓绒剪毛气象灾害预警服务产品。

制作服务产品方法是根据气象台发布的中期天气预报产品,结合抓绒剪毛期气象服务指标,分析灾害天气发生对抓绒剪毛工作的危害。

根据中短期天气预报预警信息,提出对牧业生产活动影响及生产建议。

(3)抓绒剪毛期气象条件评估报告制作

抓绒剪毛工作结束后,对抓绒剪毛影响较大的气象要素值与历年同期值进行比较,评述影响接羔保育工作有利或不利的气象条件,并绘制图表。

根据抓绒剪毛期间观测的气象要素值,计算抓绒剪毛的气象指标保证率,进行抓绒剪毛气象服务指标综合评分,根据评分结果,以及抓绒剪毛期间的天气条件和发生灾害性天气的次数,制作抓绒剪毛期气象条件评估报告。

根据气象预报,分析后期气象条件(温度、降水、蒸发等)变化趋势对牧业生产的影响,提出合理的牧业生产建议。

3.5.3.2 产品发布

(1)抓绒剪毛期气象条件分析服务产品发布

发布时间:抓绒每年4月28日定时发布;剪毛每年5月28日定时发布。

发布对象:各乡镇(苏木)政府气象助理、牧区家庭牧场、生产经营户等。

发布方式:网络传输、短信、微信等。

(2)抓绒剪毛气象灾害预警服务产品发布

发布时间:抓绒剪毛期间气象台发布灾害性天气预警后,适时发布。

发布对象:当地党政部门、各乡镇(苏木)政府气象助理、牧区家庭牧场、生产经营户等。

发布方式:网络传输、短信、微信、广播电视等。

(3)抓绒剪毛气象评估报告发布

发布时间:抓绒剪毛工作结束后,7月3日定时发布。

发布对象:当地党政部门、各乡镇(苏木)政府气象助理等。

发布方式:网络传输、短信、微信等。

3.5.4 服务案例

2015年放牧绵羊剪毛期气象服务案例:锡林郭勒盟地区放牧绵羊剪毛期一般在6月下旬前后开始。适宜开展此项牧事活动的气象条件是晴暖天气,日平均温度在10~15℃或最低气温不低于0℃的多云天气;相对湿度小于50%,风力在4级以下的晴天;剪毛后5~7天内无冷雨和剧烈降温等灾害性天气。

3.5.4.1 放牧绵羊剪毛期气象条件分析案例

根据气象台发布的2015年6月份气候预测,结合放牧绵羊剪毛期气象服务指标,5月28日定时发布了放牧绵羊剪毛期气象条件分析报告。

一、气象台发布2015年6月份气候预测

6月平均气温18.6℃,与历年相比偏高1~2℃;月累计降水量为728mm,与历年相比略少0~2成。月日照时数偏多为250h。

9—11日:小到中雨,个别地区偏大;

12—14日:小到中雨;

19—21日:小到中雨;

24—26日:中到大雨,个别地区偏大;

月末:小雨。

二、放牧绵羊剪毛期气象服务指标

日照时数>8h,温度10~15℃,湿度<50%,风力>4级日数<2d,抓绒剪毛后7日内无24小时降温>8℃、降水>10 mm日数,抓绒剪毛时地上生物量(鲜重)>500kg/hm² 适宜放牧绵羊剪毛;

日照时数3~8h,温度5~15℃、15~20℃,湿度50%~70%,风力>4级日数2~4d,抓绒剪毛后7日内24小时降温>8℃、降水>10 mm日数1~2d,抓绒剪毛时地上生物量(鲜重)100~500kg/hm² 较适宜放牧绵羊剪毛;

日照时数<3h,温度<5℃、>20℃,湿度>70%,风力>4级日数>4d,抓绒剪毛后7日内24小时降温>8℃、降水>10 mm日数>2d,抓绒剪毛时地上生物量(鲜重)<100kg/hm² 不适宜放牧绵羊剪毛。

根据气象台发布的中期气候预测,剪毛期的天数和剪毛期间符合气象指标出现的天数计算剪毛期的气象指标保证率。计算得出放牧绵羊剪毛期的日照气象指标保证率P_1>70%,日照保证率评分X_1=3分;温度气象指标保证率P_2>70%,温度保证率评分X_2=3分;湿度气象指标保证率P_3>70%,湿度保证率评分X_3=3分;风力评分X_4=3分;24小时降温、过程降水评分X_5=1分;地上生物量(鲜重)评分X_6=3分。因此,放牧绵羊剪毛期服务指标的综合评分标准评分D_i=2.7分(2≤D_i≤3),得出气象条件有利于开展家畜剪毛工作的结论。

据此,2015年5月28日发布剪毛期气象条件分析报告,通过网络传输、短信、微信、广播电视等渠道及时为各乡镇(苏木)政府气象助理、牧区家庭牧场、生产经营户等发布。

3.5.4.2 放牧绵羊剪毛期气象灾害预警案例

在家畜剪毛期间,密切关注气象台发布的灾害性天气预警。6月12日气象台发布"受河套倒槽影响,13—15日南部地区有25~35毫米大雨,个别地区有50毫米以上局地暴雨,伴有短时强降水和雷电天气"大雨预报预警信息。根据气象台发布大雨天气,将对剪毛期牧事活动造成的影响,6月12日适时发布了剪毛期气象灾害预警服务产品,提醒广大牧户避开大雨天气开展家畜剪毛牧事活动。

3.5.4.3 放牧绵羊剪毛期气象条件评估报告案例

家畜剪毛期结束后,按照工作历,根据气象观测站观测的6月份天气实况"全盟月平均气温17.1℃,比常年同期偏低1.4℃;月降水总量909.4mm,偏多47%;月≥10mm降雨日数二连、西苏未出现,其余地区1~4天。13个监测站其中3个日照时数204~232h,未达到日照时数8h,其余地区245~296h,均达到日照时数8小时以上。9—13日,西苏局地出现大雨、雷电、大风等天气过程,赛汉镇、乌日根塔拉镇、朱日和、桑宝拉格苏木、阿其图乌拉苏木地区发生了冰雹和强对流天气;15日17—21时,太旗千斤沟镇和永丰镇局部地区骤降暴雨,最大降雨出现在永丰光林山,为40.6mm;16日17时,蓝旗哈毕日嘎镇辉斯高、北台、二道营子、大营子村遭受短时强降雨天气,最大降雨为32.5mm;24日11—17时,多伦县大河口乡西山湾景区出现暴雨,降水量达51.7mm",结合放牧绵羊剪毛期气象服务指标,计算得出放牧绵羊剪毛期的日照气象指标保证率 $P_1 > 70\%$,日照保证率评分 $X_1 = 3$ 分;温度气象指标保证率 $P_2 > 70\%$,温度保证率评分 $X_2 = 3$ 分;湿度气象指标保证率 $P_3 > 70\%$,湿度保证率评分 $X_3 = 3$ 分;风力评分 $X_4 = 3$ 分;24 小时降温、过程降水评分 $X_5 = 1$ 分;地上生物量(鲜重)评分 $X_6 = 3$ 分。因此,放牧绵羊剪毛期服务指标的综合评分标准评分 $D_i = 2.7$ 分($2 \leqslant D_i \leqslant 3$),得出气象条件有利于开展家畜剪毛工作的结论。并于 7 月 3 日通过网络传输方式,定时向当地党政部门、各乡镇(苏木)政府气象助理等发布了放牧绵羊剪毛期气象条件评估报告。

3.6 家畜药浴气象服务

药浴就是将药物与水配制药水放入专门的池子内对剪毛后的羊只进行泡澡,通过药物对绵羊躯体进行一定时间的浸泡,以杀灭寄生在绵羊体外的各种寄生虫,达到体外驱虫的目的。在发展畜牧业和防控家畜疫病时,必须充利用有利的气象条件,做好家畜疫病防控的保障工作。

3.6.1 工作流程

(1)按照工作历做好家畜药浴期气象服务工作准备;
(2)密切关注气象台发布的中短期天气预报;
(3)根据家畜药浴气象服务指标,在出现有利于家畜药浴的时期,相关业务人员根据中短期天气预报结论,结合家畜膘情、天然牧草生长状况监测结果,及时发布家畜药浴气象服务产品;
(4)密切监测对家畜药浴影响的大风、冷雨等灾害性天气,如果气象台发布了灾害性天气预警,及时发布家畜药浴期气象灾害预警,提醒牧民推迟开展家畜药浴工作;
(5)灾害性天气对家畜造成了较大损失,与畜牧部门、民政部门联合进行灾情调查;
(6)家畜药浴工作结束后,将所制作服务产品、重大防灾减灾会议、与乡镇(苏木)联防等图片、视频等进行电子归档。

3.6.2 技术流程

3.6.2.1 数据资料

家畜药浴期气象服务所用的资料包括:
(1)气象台发布的冷雨、寒潮、大风、沙尘暴等灾害性天气预警信息和中短、期天气预报等;
(2)家畜药浴期气象灾害调查数据来源于畜牧局等多部门资料共享平台;
(3)所有的数据资料都要进行质量控制和数据订正。

3.6.2.2 服务指标

家畜药浴期一般在山羊抓绒和绵羊剪毛后 7~10 天进行。如果过早,则羊毛太短,羊体上药液沾得少;若过迟,则羊毛太长,药液沾不到皮肤上,都达不到消灭体外寄生虫和预防疥癣病的效果。药浴前 8 小时应停止放牧和喂料,浴前 2 小时要饮足水,免得药浴时羊因口渴误饮药液。

家畜药浴期气象服务指标为:
(1)温度 8.0~15.0℃;

(2) 相对湿度 50% 左右；

(3) 风力 3~4 级；

(4) 天气晴朗；

(5) 药浴后 5 天内无降雨或降温 8.0℃ 以上的天气。

3.6.2.3 技术方法

家畜药浴期间，根据气象台发布的短期天气预报，结合家畜药浴气象服务指标，选择温度 8.0~15.0℃、相对湿度 50% 左右、风力 3~4 级的天气晴朗日，并根据气象台发布的中期天气预报，其后 5 天内无降雨或降温 8.0℃ 以上天气为家畜药浴日。

家畜药浴后，密切关注气象台发布的降雨和大风、强降温等灾害性天气预警，适时评估灾害性天气对家畜药浴的影响，并提出合理的生产建议和防灾减灾措施。

家畜药浴应选择晴朗、暖和天气的上午进行，以便羊毛尽快干燥。

3.6.3 服务流程

3.6.3.1 产品制作

在适合家畜药浴期间，密切关注气象台发布的短期天气预报，结合家畜药浴气象服务指标，选择适合家畜药浴的日期，适时制作家畜药浴期气象条件分析服务产品。并在气象台发布了家畜药浴期气象条件分析服务产品后 10 天内，重点关注气象台发布的降雨过程预报及大风、强降温等灾害性天气预警，如出现家畜药浴不利的天气，可能对家畜药浴工作影响较大，制作家畜药浴气象灾害预警服务产品，建议再次进行家畜药浴工作。

3.6.3.2 产品发布

发布时间：家畜药浴期气象服务产品是在每年发布家畜抓绒剪毛后适时发布。

发布对象：各乡镇（苏木）政府气象助理等、牧区家庭牧场、生产经营户等。

发布方式：网络传输、短信、微信等。

3.6.4 服务案例

2016 年绵羊药浴期牧业气象服务案例

绵羊药浴牧事活动，一般在绵羊抓绒和剪毛后（4 月中旬至 6 月下旬），根据天气情况，7~10 天进行药浴；对天气条件的要求是：(1) 药浴应选择晴朗、暖和天气的上午进行，以便羊毛尽快干燥。温度 5.0~13.0℃。(2) 相对湿度 50% 左右，风力 3~4 级。(3) 药浴后无冷雨和剧烈降温，选择剪毛后一周左右无降水天气。2016 年 4 月中旬至 5 月，锡林郭勒盟大风、沙尘天气频发，进入 6 月后，局地暴雨及连续降雨天气时常发生，对绵羊药浴生产极为不利；为做好绵羊药浴期牧业气象服务工作，从 4 月开始，依据气象台发布的短期气候预测，以及天气过程结论进行密切监测，适时与气象台中期预报进行会商，对有利于绵羊药浴的牧业区域，针对性发布《绵羊药浴期牧业气象预报》。由于服务及时、预报准确且有针对性，期间未出现家畜损失情况，取得了很好的服务效果。

一、中期预报

2016 年 4 月至 6 月下旬，生态监测评估中心根据气象台每旬中期预报结论，密切监测天气变化，及时了解各地抓绒剪毛生产进展情况；根据各地剪毛情况，每旬制作《绵羊药浴期牧业气象条件旬预报》，主要内容为："5 月上旬，影响锡林郭勒盟地区的冷暖空气活动频繁，由于大风、沙尘以及全盟性小雨天气过程较多,且转风后气温下降;1至4日,北部地区及镶黄旗、正镶白旗有5~6级西南转西北风,且伴有沙尘天气,不适宜进行绵羊药浴活动;其余牧业地区可择时进行绵羊药浴。"

二、预报预警

绵羊药浴期,根据气象台发布的大风、沙尘天气,以及寒潮、强降水天气预报预警,及时制作《牧业气象预报预警》;依据绵羊药浴天气条件指标,给出对绵羊药浴影响区域、程度,以及防御措施及安全生产建议。

三、多渠道发布牧业预报预警信息

生态监测评估中心充分利用网络、微信公众号、"蒙文手机网站"等途径,以及电视台、电台、草原110、手机短信、邮箱、传真、LED电子显示屏等向牧区公众发布牧业气象信息。由于牧业气象预报针对性强,信息发布及时、覆盖面广,2016年绵羊药浴生产环节未出现牧业灾害,服务效果显著。

3.7 冷季载畜量预报气象服务

超载过牧是人为干扰的掠夺式利用资源,使我国北方重要绿色屏障的锡林郭勒草原生态系统严重受损,草原第一生产力下降,植被沙化退化严重,生态功能失调,对锡林郭勒盟可持续发展造成了严重威胁。草地地上净生物量受气候条件影响年际变幅波动较大,冷季草畜矛盾日益突出,严重制约着草地畜牧业生产力的发展。在这种态势下,合理利用草地资源,必须准确计算冷季载畜量,为合理安排家畜存栏、出栏数提供科学依据。因此,遏制草原退化的根本途径是确定合理的草原载畜量,根据冷季载畜量预报结果,调整规划草场,减缓草、畜之间的矛盾,稳定草场资源,使草地畜牧业步入良性循环的轨道。

3.7.1 工作流程

(1)按照工作历做好冷季载畜量预报发布前期准备工作;
(2)相关业务人员注意收集制作冷季载畜量气象服务产品所需资料;
(3)利用气象卫星植被遥感监测各草原类型(地区)面积、不同草原类型实测的牧草产量;
(4)根据统计局牧业年度牲畜头数、气象台发布的中长期气候预测,搜集预报模型所需冷季贮草量、冷季贮草调入调出量资料以及参数;
(5)根据草原冷季载畜量预报模型预报草原冷季载畜量;
(6)根据模型计算结果,结合当年气候趋势,分析气象条件对冷季载畜量的影响以及载畜量超(欠)载情况,发布冷季载畜量预报气象服务产品。

3.7.2 技术流程

3.7.2.1 数据资料

冷季载畜量预报所用的基本资料包括:

(1)不同草原类型草地地上净生物量,既可根据气候生产力模式计算,也可利用气象卫星监测;
(2)冷季贮草量、冷季贮草调入调出量资料来自畜牧部门;
(3)冷季不同草原类型草地可利用率、不同草原类型牧草保存率资料来自统计部门;

(4)中长期天气预报信息来自气象台;
(5)天然草场牧草长势资料和家畜膘情资料来自畜牧业气象观测数据集;
(6)牧业年度牲畜头数通过相关统计部门获取;
(7)对所有的资料都进行质量控制和订正。

3.7.2.2 服务指标

草地冷季载畜量预报模型为:

$$M = \sum_{i=1}^{n} \frac{Y_{ci}}{et} + \sum_{i=1}^{n} \frac{(g_i Y_i - Y_{ci} + Y_{di})a_i b_i}{et}\left[1 - \frac{F(1)}{p_i f(h)}\right] \quad (3.9)$$

式中:M 为草原冷季载畜量(羊单位);i 代表草原类型,当 $i=1$ 时为荒漠草原,当 $i=2$ 时为典型草原,当 $i=3$ 时为草甸草原;Y_i 为不同草原类型草地地上净生物量鲜重(kg),既可根据气候生产力模式计算,也可利用气象卫星监测;Y_{ci} 为冷季贮草量(kg);Y_{di} 为冷季贮草调入调出量(kg);g_i 为草地产量最高时牧草干鲜比(%);a_i 为冷季不同草原类型草地可利用率(%);b_i 不同草原类型牧草保存率(%);e 为冷季1个羊单位的日采食量(kg);t 为冷季日数(d)。

3.7.2.3 技术方法

(1)利用遥感信息监测草地牧草产量

利用气象卫星 NOAA/AVHRR 信息的归一化植被指数 NDVI=(CH2−CH1)/(CH2+CH1)和比值植被指数 RVI= CH2/CH1 与牧业气象简易观测网点和借助全球卫星定位系统(GPS)定点实测的草地地上净生物量进行相关分析和数理统计,建立不同草原类型的牧草产量估产模型,见表 3.6。

表 3.6 不同草原类型牧草产量鲜重(kg/km²)估产模型

草原类型	牧草最优非线性模型表达式	r	F
荒漠草原	$Y_i = 4457.3\exp(4.247\text{NDVI})$	0.883	144.12
	$Y_i = 1.64 \times 10^4 \text{RVI}^{1.92}$	0.853	126.83
典型草原	$Y_i = 7515.9\exp(6.387\text{NDVI})$	0.891	165.84
	$Y_i = 1.43 \times 10^4 \text{RVI}^{2.13}$	0.954	399.45
草甸草原	$Y_i = 8743.2\exp(8.683\text{NDVI})$	0.926	614.78
	$Y_i = 1.21 \times 10^4 \text{RVI}^{2.29}$	0.981	906.27

根据表 3.6 可计算出草地地上净生物总量(鲜重)为:

$$Y = \sum_{i=1}^{n} S_i \cdot Y_i \quad (3.10)$$

式中:Y 为草地地上净生物总量,单位 kg;i 为草原类型分类:$i=1$ 为荒漠草原,$i=2$ 为典型草原,$i=3$ 为草甸草原;S_i 为不同草原类型的草地面积,单位 km²;Y_i 为不同草原类型的牧草产量,单位 kg/km²。

荒漠草原草地覆盖率较低,地面光谱反射率较高,鲜草产量与 NDVI 的相关性好于 RVI;而典型草原和草甸草原植被覆盖度较高,鲜草产量与 RVI 的相关性好于 NDVI。这表明,不同草原类型的草地因植被覆盖度和叶绿素含量的不同,应选用不同的植被指数估产方程,提高估产精度。

(2)冷季贮草量和贮草调入调出量

冷季贮草量(Y_c)是指暖季刈割调制的干牧草在某一地区储藏起来用于家畜冷季饲用的牧草总量(包括种植牧草收获量)和该地区从外地调入的牧草总量。

冷季贮草调入、调出量是根据当地对冷季贮草的需求，从外区域购进贮草或将当地多余的贮草出售给外区域，以缓解冷季草畜矛盾，调节地域冷季贮草量。若当地冷季贮草不足，从外区域调入贮草时，冷季贮草调入、调出量 $Y_d>0$；若当地冷季贮草剩余，将多余的贮草调往外区域时，冷季贮草调入、调出量 $Y_d<0$。

（3）冷季草场利用率和草地牧草保存率

草场利用率是适宜的载畜量所代表的放牧强度。草地牧草保存率是指枯草期牧草保存量占草地牧草最高产量的百分比。由于气候条件和地理环境的限制，不同草原类型冷季草场利用率和草地牧草保存率不同，见表 3.7。

表 3.7 冷季草场利用率（%）和草地牧草保存率（%）

草原类型	草场利用率（%）	牧草保存率（%）
荒漠草原	55～60	55～60
典型草原	60～65	60～65
草甸草原	65～70	55～60

（4）冷季日数及冷季家畜日采食量

冷季长短直接影响家畜冷季载畜量，冷季日数是从牧草黄枯期到来年春季家畜饱青期间的相隔日数，根据地区的不同而不同，一般占全年总日数的 50%～65%。

放牧畜牧业冷季家畜采食方式主要是家畜自然采食冷季草地残留枯草和补饲贮草。一般情况下，家畜冷季维持正常生长发育和一定生产能力，1 只绵羊单位每日采食量按 $e=2\mathrm{kg}$ 干草计算。

（5）草地积雪对冷季载畜量的影响

草地积雪也是影响冷季载畜量的因素之一。适量的积雪不仅有利于净化草场，减少草地蒸发，抑制病菌滋生，还可以开发无水草场的使用。但积雪过量，则造成积雪掩埋牧草，影响家畜的出牧采食，重则造成大畜死亡，在草原上被称为"白灾"。

积雪对牧草的掩埋程度是影响冷季载畜量的一个重要指标，根据 1985—2007 年天然牧草平均高度和产量资料，利用数理统计方法，建立天然牧草高度的产量函数式方程为：

$$f(x)=242.7/(1+\exp(3.417-0.022x)) \tag{3.11}$$

式中：$f(x)$ 为天然牧草平均高度的产量函数式，当 $x=h$ 时，$f(h)$ 为天然牧草平均高度达到 h（cm）时的牧草产量，单位 $\mathrm{kg/km^2}$；当 $x=L$ 时，$f(L)$ 为积雪深度达 L（cm）时积雪掩埋牧草的产量，单位 $\mathrm{kg/km^2}$。因此，积雪掩埋牧草百分率即为 $f(L)/f(h)\times100\%$。

草原积雪是放牧场上的一种自然现象，荒漠草原积雪深度不超过 2cm，典型草原积雪深度不超过 5cm，草甸草原积雪深度不超过 8cm 时，积雪对家畜采食影响较小。同时，不同的家畜破雪采食的能力是不同的，马的破雪采食能力最强，它个大、腿长，善于奔走，其次是山羊和绵羊，牛是卷食性家畜，只能吃高草，它没有刨雪采食的能力。对于不同的草原类型，家畜的破雪采食能力也是不同的，荒漠草原牧草相对较低，冷季草地牧草残留量少，如果被雪覆盖，草地裸露的牧草就更为稀少，经过进化，荒漠草原家畜的破雪采食能力最强（$P_i=4$），其次是典型草原（$P_i=2$），而草甸草原冷季牧草裸露多，不是特别的白灾年份，家畜刨雪采食现象极少，其破雪采食能力也最低（$P_i=1$）。

3.7.3 服务流程

3.7.3.1 产品制作

草地冷季载畜量预报是利用气象卫星遥感资料，不同草原类型实测的牧草产量及相关的地面气象数据,利用卫星遥感信息分别对草甸草原、典型草原和荒漠草原牧草产量估产。在此基础上,根据冷季草地利用率、牧草保存率、暖季贮草量、家畜采食量、暖季天数及草地积雪情况等建立的草地冷季载畜量预报模型,预测草地冷季载畜量。根据预报结果结合牧业年度牲畜头数,分析载畜量超(欠)载情况,提出牲畜合理出栏建议。

3.7.3.2 产品发布

发布时间:冷季载畜量预报气象服务产品 9 月 23 日发布。
发布对象:当地党政部门、各乡镇(苏木)政府气象助理等。
发布方式:网络传输等。

3.7.4 服务案例

2009 年乌珠穆沁旗冷季载畜量预报气象服务案例

2009 年 8 月上旬,根据卫星遥感植被监测图,在乌珠穆沁旗天然草场对应卫星遥感植被指数分级(四个等级)区域面积,并进行各等级实测牧草 20 个样方作为卫星遥感植被监测地面订正,根据各等级卫星遥感植被指数估产模型和样方平均产量计算区域面积产量,由区域面积产量经过冷季载畜量预报模型计算出冷季载畜量(羊单位)。

$$M = \sum_{i=1}^{n} \frac{Y_{ci}}{et} + \sum_{i=1}^{n} \frac{(g_i Y_i - Y_{ci} + Y_{di}) a_i b_i}{et} \left[1 - \frac{F(1)}{p_i f(h)} \right] \quad (3.9)$$

由式(3.9),根据卫星遥感监测东乌珠穆沁旗草地地上生物量鲜重 $Y_i = 291824.7$ 万 kg;冷季贮草量 $Y_{ci} = 20.5$ 万 kg;冷季贮草调出 $Y_{di} = -122.8$ 万 kg;牧草干鲜比 $g_i = 4\%$;冷草地可利用率 $a_i = 67.5\%$;冷季草地可利用率 $b_i = 53.6\%$;冷季 1 个羊单位的日采食量 $e = 2$ kg;冷季日数 $t = 236$。并根据气象台发布的冬季降雪量正常的雪情预报,将冷季载畜量预报模型参数代入载畜量预报模型,计算出冷季适宜载畜量为 240.3844 万只羊单位。年度东乌珠穆沁旗实际存栏 307.4856 万只羊单位数,因此,建议东乌珠穆沁旗本年度应出栏 67.1012 万只羊单位数。

按照工作历,9 月 23 日,通过网络传输等,定时向为当地党政决策部门、各乡镇(苏木)政府气象助理等发布了家畜冷季载畜量预报气象服务产品,为广大牧户根据实际情况做好家畜出栏准备工作,为政府决策及相关部门保护草原及草畜平衡提供了有利的气象保障。

3.8 家畜配种期气象服务

繁殖育种是增加畜群数量和提高畜群质量的必要手段。家畜配种是牧业生产活动中关系到畜种繁衍、畜牧业兴衰的一项重要工作,合理的利用气象条件趋利避害开展此项工作。

家畜繁殖育种性能的高低受气象因素的影响极大。在自然条件下,短日照时公羊的精液质量高,促使母畜发情。而高温、高湿、剧烈降温及大风、冷雨等天气不仅影响公畜的性行为,还会降低精液品质,且影响母畜发情,使母畜发情周期延长,发情持续期缩短,有的甚至不发情,降低母畜的受精率,严重影响家畜的繁殖育种。

3.8.1 工作流程

(1)按照工作历家畜配种期气象服务产品发布准备工作;
(2)相关业务人员重点关注畜配种期气象台发布的气候预测、灾害性天气预警;

(3)分析气象条件对家畜配种期的影响；

(4)气象台发布灾害性天气预警后，及时发布家畜配种期灾害性天气预警；

(5)发生牧业灾害后，联合农牧业局、民政局调查灾情发生区域、灾害危害程度；

(6)收集整理相关气象资料、天然牧草监测、家畜膘情监测数据，制作家畜配种期气象服务产品；

(7)家畜配种气象服务工作结束后，将所制作服务产品、重大防灾减灾会议、与乡镇(苏木)联防等图片、视频等进行电子归档。

3.8.2 技术流程

3.8.2.1 数据资料

家畜配种期气象服务所用的资料包括：

(1)气象台发布的高温、高湿、剧烈降温、冷雨、大风等天气等灾害性天气预警信息和中短、期天气预报等；

(2)气象观测站观测的与家畜配种相关日照、温度、降水等的气象要素资料；

(3)生态与牧业气象观测站观测的草场牧草长势资料和家畜膘情资料；

(4)家畜配种期气象灾害调查数据来源于农牧业局等多部门资料共享平台；

(5)所有的数据资料都要进行质量控制和数据订正。

3.8.2.2 服务指标

不同家畜有不同的发情配种期，这决定了放牧畜牧业随季节变化对家畜进行配种的特点，也反映了不同家畜配种期间对天气条件的基本要求，因此不同家畜有不同配种季节。

一般配种季节在日照缩短、气温下降的8—10月进行。其中8—9月配种接冬羔；10月或以后配种接春羔。为提高准胎率，配种时间多选择在早晨或傍晚，要科学使用种公畜。

家畜配种期气象服务指标：

(1)选择天气稳定，晴朗天的早晨或雨后转晴，日平均温度4～20℃，最适温度为12℃左右。

(2)对湿度30%～50%，风力在4级以下。

3.8.2.3 技术方法

家畜配种期气象条件预测分析是结合家畜配种期气象服务指标，利用畜牧业气象观测资料及平行观测的气象资料，针对不同草原类型及地区气候特点，根据中长期天气预报，预测配种期间的天气条件，统计对家畜配种产生重要影响的气象要素变化；根据气象台发布的影响家畜配种的灾害性天气预警，分析灾害性天气对家畜配种产生的影响。结合牧草生长发育、牲畜膘情状况，提出科学合理的生产建议和措施。

3.8.3 服务流程

3.8.3.1 产品制作

气候概况：家畜配种期气象条件分析和评估报告的气候概况评述是对其活动前期影响较大的气象要素值与历年同期值进行比较，分析影响配种期工作有利或不利的气象条件，绘制图表进行气候评述。

评估结果：根据家畜配种期气象服务指标以及灾害性天气预警，结合天然牧草生长状况、家畜膘情等分析家畜配种期气象条件对家畜配种的影响。

气候展望:根据气象预报,分析后期气象条件(温度、降水、蒸发等)变化趋势对牧业生产的影响。

生产建议:根据上述分析,提出合理的牧业生产建议及措施。

3.8.3.2 产品发布

发布时间:7月23日定时发布产冬羔配种期气象服务产品;9月23日定时发布产春羔配种期气象服务产品;在家畜配种期间,气象台发布家畜配种期气象服务产品。

发布对象:各乡镇(苏木)政府气象助理、牧区家庭牧场、生产经营户等。

发布形式:网络传输、短信、微信、广播电视等。

3.8.4 服务案例

2016年放牧绵羊配种期气象服务案例

锡林郭勒盟地区放牧绵羊接冬羔配种期一般在8月左右进行。适宜开展此项牧事活动的气象条件是晴天的早晨或雨后转晴,日平均温度4~20℃,最适温度为12℃左右。相对湿度30%~50%,风力在4级以下。

一、放牧绵羊配种期气象条件分析

气象台发布的2016年8月份气候预测:8月份锡林郭勒盟大部分地区月平均气温略高1℃左右,为20.5℃左右;降水趋势是略少0~2成,为48.5mm左右。

11日:小雨;

17—18日:小到中雨,局部地区偏大;

23—25日:中到大雨;月末:小雨。

放牧绵羊配种期气象服务指标:晴天的早晨或雨后转晴,日均温度4~20℃,最适温度为12℃左右。相对湿度30%~50%,风力在4级以下。

根据气象台气候预测,结合家畜配种期气象条件服务指标,2016年7月28日制作家畜"配种期气候评述",分析气象天气条件对家畜配种期的影响。通过网络传输、短信、微信等渠道及时向各乡镇(苏木)政府气象助理、牧区家庭牧场、生产经营户等发布。

二、配种期气象灾害预警

在家畜配种期间,密切关注气象台发布的灾害性天气预警。2016年8月1日气象台发布高温黄色预警"受高空暖脊影响,未来锡林郭勒盟大部地区将持续出现35℃或以上的高温天气"。由于高温会严重影响绵羊的繁殖育种,降低精液品质,从而降低了母畜的受精率,影响公畜的性行为,温度越高,公畜的性行为就越低。根据气象台发布高温黄色预警天气,将对绵羊配种牧事活动极为不利,8月1日及时发布配种期气象灾害预警及服务产品。提醒广大牧户避开高温天气开展家畜配种牧事活动。

此次高温天气过程,气象台预报准确,生态监测评估中心预警信息发布及时。引起社会的高度关注,为公众和相关行业部门提供了有效的准备时间,为放牧绵羊配种工作的顺利开展提供了有利的气象保障。

3.9 家畜膘情监测气象服务

"夏壮、秋肥、冬瘦、春乏"形象地描述了家畜膘情的季节性变化特征。草原放牧畜牧业秋末家畜体重达到最高峰值后过冬畜存栏,由于进入逐渐冬季,气温下降,牧草枯黄,家畜开始掉膘,一直到翌年牧草返青,家畜开始跑青,直到家畜饱青后,掉膘达到最低峰值。家畜饱青后进入一年一度的抓膘期,家畜抓膘分为抓水膘和抓秋膘。抓水膘的季节是夏季,影响抓水膘的关键气象因子是最高气温和降水量。高温高湿季节,由于潮湿与炎热破坏了体热平衡,对消化、呼吸、循环及内分泌系统的生理变化均有较大影响,使家畜食欲减退或厌食,延长饲养周期和降低饲料的有效利用率。特别是夏季在高温刺激下,家畜一般生长受阻,生产率下降,发病率和死亡率增加;抓秋膘的季节是秋季,进入秋季,气候开始变得凉爽,气温逐渐适宜羊的生长发育需求,丰盛的天然牧草及后秋大多数开始结籽的牧草,营养较为丰富,是自然抓膘的好机会。影响抓秋膘的关键气象因子是风速和最低气温。由于低温风大加速了绵羊体热的散失,消耗自身更多的能量来维持体热平衡,使得家畜体重显著下降。

3.9.1 工作流程

(1)按照工作历,每月发布家畜膘情监测信息;

(2)在家畜膘情监测期间,密切关注气象台发布的短期气象。重点关注气象台发布的影响家畜膘情的灾害性气象预警信息;

(3)气象台发布影响家畜膘情的寒潮、暴风雪、干旱、雪灾等家畜膘情的气象灾害天气气候预报,以及高温、高湿、大风、连阴雨等影响家畜抓膘的天气预警信息后,根据气象灾害性预报预警落区、等级,及时启动发布家畜膘情监测灾情气象预报预警工作;

(4)密切监测畜牧业灾情。如发生灾情,及时上报上级单位,并与农牧业局、民政局、乡镇(苏木)等相关部门联合进行牧业灾情调查;

(5)灾情结束后,相关业务人员利用数据库服务平台、服务指标、服务产品所需相关气象(预测期日平均气温、降水、灾害性天气发生状况)资料、绵羊膘情监测资料,评估影响家畜抓膘的灾害性天气对家畜抓膘的影响;

(6)每月对家畜膘情监测,并发布家畜体重气象服务产品;

(7)家畜膘情监测结束后,结合家畜抓膘、掉膘气象服务指标、期间影响家畜抓膘、掉膘的灾害性天气,并根据家畜膘情状况,天然牧草生长发育状况、牧业灾情调查情况等,评估气象条件对家畜膘情的影响,发布家畜膘情监测年度评估报告;

(8)将所制作服务产品、灾情调查情况、地方重大防灾减灾会议、与乡镇(苏木)联防等图片、视频等进行电子归档。

3.9.2 技术流程

3.9.2.1 数据资料

家畜膘情监测气象服务所需资料包括:

(1)自动气象观测站观测的平均气温、最高、最低气温、降水、空气湿度、风速等气象要素观测资料;

(2)气象台发布的寒潮、暴风雪、大风、沙尘暴等灾害性天气预警信息和中短期天气预报等;

(3)天然牧草生长发育状况资料和家畜膘情资料;

(4)灾情调查资料来源于畜牧局、统计局、民政局等多部门资料共享平台;

(5)所有的数据资料都要进行质量控制和数据订正。

3.9.2.2 服务指标

家畜掉膘时期是冬、春季节。期间天然牧草已黄枯,温度低,积雪深,灾害性天气多发,影响家畜保膘。特别是春季牧草返青后,家畜开始跑青,是家畜掉膘最严重的时期。

家畜抓膘时期是夏、秋季节。夏季是家畜抓水膘的季节,期间天气热、蚊蝇多,早晚尽量延长放牧时间,在中午烈日照射时,应安排羊只休息、反刍,增加饮水量,促进代谢,有利于抓水膘;秋季放牧,即抓秋膘。秋季天气凉爽,百草结籽营养价值高,是放牧的黄金季节,这时要尽量延长放牧时间,增加家畜的食草量,有利于抓秋膘和保膘。

家畜保膘监测的气象服务指标见表3.8。

表3.8 家畜保膘气象服务指标

指标	有利	较有利	不利
最低温度	<-5℃	-5～-25℃	>-25℃
相对湿度	40%～60%	20%～40%,60%～80%	<20%,>80%
风力>5级日数	<8天	8～15天	>15天
24小时降温>6℃日数	<5天	5～10天	>10天
白毛风天气日数	<5天	5～15天	>15天
积雪深度	<15 cm	15～30 cm	>30 cm

家畜抓膘监测的气象服务指标见表3.9。

表3.9 家畜抓膘气象服务指标

指标	有利	较有利	不利
最高温度	10～20℃	5～10℃,20～25℃	<5℃,>25℃
相对湿度	40%～60%	20%～40%,60%～80%	<20%,>80%
风力	2～4级	1～2级,4～5级	>5级
24小时降温>6℃日数	<3天	3～8天	>8天
冷雨日数	<2天	2～5天	>5天
连续3天阴雨天次数	<2天	2～5天	>5天

3.9.2.3 技术方法

家畜膘情监测期间,根据气象台发布的短期天气预报和气象灾害预警信息,结合家畜保膘、抓膘气象服务指标,分析家畜膘情监测期间家畜可能受灾程度,评估气候对家畜膘情的影响,并提出科学合理的生产建议和措施。

家畜膘情监测气象条件评估是依据气象观测站观测实际观测的资料,结合家畜膘情监测气象服务指标和家畜体重变化气象条件模型,计算各指标要素对家畜膘情的影响,即不同指标要素在家畜保膘、抓膘情期间有利、较有利、不利的保证率,并对各个影响家畜膘情的指标要素进行综合评判,分析或评估气象条件是否对家畜保膘、抓膘有利。

(1)家畜膘情的气象指标保证率计算方法:根据家畜膘情监测期的天数和家畜保膘、抓膘期间符合气象指标出现的天数计算家畜膘情的气象指标保证率为

$$P_i = \frac{A_i}{B_i} \times 100\% \tag{3.12}$$

式中:P_i为家畜膘情监测的气象指标保证率;A_i为家畜保膘、抓膘期间符合气象指标出现的天数;B_i为家畜保膘、抓膘期的天数。

(2)家畜膘情监测气象服务指标的综合评分:根据家畜膘情监测的气象指标保证率划分气

象服务评分标准。如果保证率 $P_i>70\%$ 得 3 分,保证率 $30\%<P_i\leqslant70\%$ 得 2 分,保证率 $P_i\leqslant30\%$ 得 1 分。见表 3.10。

表 3.10 家畜膘情监测气象服务评分标准

指标	有利	较有利	不利
温度保证率评分	3 分	2 分	1 分
湿度保证率评分	3 分	2 分	1 分
风力保证率评分	3 分	2 分	1 分
24 小时降温>6℃日数评分	3 分	2 分	1 分
白毛风天气日数	3 分	2 分	1 分
积雪深度	3 分	2 分	1 分
冷雨日数	3 分	2 分	1 分
连续 3 天阴雨天次数评分	3 分	2 分	1 分

家畜膘情监测气象服务指标综合评分为

$$D_i=(X_1+X_2+X_3+X_4+X_5+X_6)/6 \tag{3.13}$$

式中:D_i 为家畜膘情监测气象服务指标综合得分;X_1-X_6 分别为温度保证率评分,湿度保证率评分,风力评分,24 小时降温评分,白毛风天气日数(冷雨日数)评分,积雪深度(连续 3 天阴雨天次数)评分。

(3)家畜膘情监测气象服务指标的综合评价:根据家畜膘情监测气象服务指标综合得分,如果 $1\leqslant D_i<2$,即气象条件不利于家畜保膘、抓膘;如果 $2\leqslant D_i\leqslant3$,即气象条件利于家畜保膘、抓膘。

(4)放牧绵羊体重变化气象条件模型:放牧绵羊由于长期适应自然环境,其膘情变化具有明显的季节性,"春乏、夏壮、秋肥、冬瘦",就是描述了绵羊膘情变化的季节性特征,揭示了气候的季节性变化对绵羊膘情变化影响的决定作用[9]。认识绵羊膘情变化规律与气象条件之间的关系,掌握绵羊生长发育动态、对政府决策科学合理的安排畜牧业生产、市产交易、趋利避害有着重要的现实意义。

放牧绵羊体重随一年四季气候呈正弦曲线变化规律。对于不同年龄的放牧绵羊,体重变化可用某些气象要素进行订正。为了合理利用气候资源有效地增加放牧绵羊体重,加快畜群周转速度。

放牧绵羊羔羊哺乳期(8 月末断乳)所需营养主要来自母体。羔羊体重与初生重随出生日数(日龄)呈线性变化,可用直线方程进行模拟。羔羊哺乳期体重变化的数理统计模式为

$$Y_i=Y_0+b+at_i \tag{3.14}$$

式中:Y_i 为哺乳期羔羊体重,单位 kg;Y_0 为羔羊初生体重,单位 kg;t_i 为羔羊日龄,单位 d;a,b 为常数。

放牧绵羊断乳后体重变化趋势模型为

$$Y_j=W_1+W_2+\varepsilon \tag{3.15}$$

式中:Y_j 为放牧绵羊断乳后的体重,单位 kg;W_1 为放牧绵羊断乳后体重的自然累增量,单位 kg;W_2 为放牧绵羊断乳后体重的周期变化量,单位 kg;ε 为随机变量。

家畜在一定年龄范围内,在正常条件下,其体重自然累增量随年龄(或月龄)的增大而增加。绵羊体重自然累增量与绵羊断乳后的月龄呈线性变化,即

$$W_1=Y_i+C+Kt_j \tag{3.16}$$

式中:W_1 为绵羊体重自然累增量(kg);Y_i 为羔羊断乳时的体重(kg);t_j 为绵羊断乳后的月龄

(月);C,K 为回归系数。

绵羊体重的季节性变化趋势可用正弦曲线表示,即

$$W_2 = B + A\sin\left(\frac{2\pi}{T}t_j + \varphi\right) \tag{3.17}$$

式中:W_2 为绵羊体重年周期变化量(kg);t_j 为绵羊断乳后的月龄;T 为年周期,$T=12$;A,B,φ 为系数。

绵羊体重年周期变化与气象要素的年周期变化密切相关,但有明显的滞后现象。绵羊体重年周期变化一般在4月中旬开始回升,10月中旬达到最大值。

放牧绵羊断乳后的体重不仅随四季呈周期变化,而且在不同年份,由于气象条件的差异,绵羊体重随之变化,且对不同年龄的绵羊体重影响不一样。绵羊抓膘过程可划分为夏季抓水膘和秋季抓油膘,绵羊体重下降速度冬季较春季快。据此,可利用影响绵羊体重变化的气象要素对断乳后绵羊体重变化按四季分段进行订正,求得绵羊体重变化的气象体重为

$$W_3 = (M_j - M_{j-1}) - (Y_j - Y_{j-1}) = \sum_{m=1}^{s}\sum_{j=1}^{n}(a_s + b_j\Delta X_j) \tag{3.18}$$

式中:M_j 为放牧绵羊的实际体重,单位 kg;Y_j 为放牧绵羊的理论体重;m 代表季节,$s=1$ 时,为冬季,$s=2$ 时,为春季,$s=3$ 时,为夏季,$s=4$ 时,为秋季;ΔX_j 为影响放牧绵羊体重变化的气象因子平均距平;a_j,b_j 为常数。

3.9.3 服务流程

3.9.3.1 产品制作

(1)家畜膘情监测期气象灾害预警服务产品制作

在家畜膘情监测期间,气象台发布了对家畜保膘、抓膘不利的天气预报后,对照家畜膘情监测气象服务指标,分析畜膘情监测期间气象条件对家畜保膘、抓膘的危害程度,重点分析寒潮、冷雨湿雪、大风、雪灾等灾害性天气发生的时间和对家畜保膘、抓膘活动的危害。

根据气象台发布的短期天气预报产品,三分之一牧业生产区域出现了危害家畜保膘、抓膘的灾害性天气,将对家畜保膘、抓膘造成较大影响,及时制作家畜膘情监测气象灾害预警服务产品。

分析灾害天气发生对家畜保膘、抓膘的危害。提出畜舍棚圈保温、疫病防御、防灾减灾等牧业生产建议。

(2)家畜膘情监测评估报告服务产品制作

家畜膘情监测工作结束后,对家畜膘保膘、抓膘影响较大的气象要素值与历年同期值进行比较,评述影响家畜膘情监测工作有利或不利的气象条件,并绘制图表。

根据家畜膘情监测期间观测的气象要素值,计算畜膘保膘、抓膘的气象指标保证率,进行家畜膘情监测气象服务指标综合评分,根据评分结果,结合实际观测的家畜体重变化等资料,以及家畜膘情监测期间的天气条件和发生灾害性天气的次数,制作家畜膘情监测气象条件评估报告。提出合理的牧业生产建议。

(3)放牧绵羊体重变化监测评估服务产品制作

利用锡林郭勒盟牧业气象试验站观测的羔羊体重资料建立哺乳期羔羊体重模式为

$$Y_i = Y_0 - 0.6565 + 0.2131t_i \tag{3.19}$$

式中:Y_i 为哺乳期羔羊体重,单位 kg;Y_0 为羔羊初生体重,单位 kg;t_i 为羔羊日龄,单位 d。

利用锡林郭勒盟牧业气象试验站观测的 2～5 岁放牧绵羊（羯羊）体重资料建立成年放牧绵羊体重模型为

$$Y_j = W_1 + W_2 + W_3 \tag{3.20}$$

其中成年放牧绵羊体重自然累增量（W_1）、季节性变化趋势量（W_2）、气象要素订正量（W_3）模式分别为

$$W_1 = Y_i + t_j \tag{3.21}$$

$$W_2 = -6.53 + 8.78\sin\left(\frac{\pi}{6}t_j + \frac{12}{45}\pi\right) \tag{3.22}$$

$$W_3 = (M_j - M_{j-1}) - (Y_j - Y_{j-1}) = \sum_{m=1}^{s}\sum_{j=1}^{n}(a_s + b_j\Delta x_j) \tag{3.23}$$

式中：W_1 为绵羊体重自然累增量（kg）；Y_i 为羔羊断乳时的体重（kg）；W_2 为绵羊体重年周期变化趋势量（kg）；W_3 为绵羊体重变化的气象体重（kg）；t_j 为绵羊断乳后的月龄。

在没有家畜膘情观测的情况下，利用放牧绵羊体重变化气象模型可估算每月放牧绵羊体重，制作放牧绵羊体重变化监测评估服务产品。

利用锡林郭勒盟牧业气象试验站放牧绵羊体重观测资料和平行观测的气象资料，求得断乳后绵羊体重变化模型的气象要素订正回归方程的回归系数见表 3.11。

表 3.11　断乳后绵羊体重气象要素订正项回归系数

季节	春季	夏季	秋季	冬季
月份	12 至翌年 2 月	2—4	5—8	9—11
a_s	0.305	0.422	−0.201	−0.923
b_1	−0.007	−0.021	0.091	0.048
ΔX_1	$T_{\min}$	$T_{\min}$	$T_{\min}$	$T_{\min}$
b_2	−0.083	0.021	0.007	0.048
ΔX_2	V	V	V	V
b_3	0.052	−0.061	0.075	−0.096
ΔX_3	P	P	P	P

注：表中 $T_{\max}$ 为最高气温；V 为平均风速；$T_{\min}$ 为最低气温；P 为降水量。

3.9.3.2　产品发布

（1）家畜膘情监测气象灾害预警服务产品

发布时间：家畜保膘、抓膘期间气象台发布灾害性天气预警后，适时发布。

发布对象：当地党政部门、各乡镇（苏木）政府气象助理、牧区家庭牧场、生产经营户等。

发布方式：网络传输、短信、微信、广播电视等。

（2）家畜膘情监测气象评估报告服务产品

发布时间：每年 11 月 13 日定时发布。

发布对象：当地党政部门、各乡镇（苏木）政府气象助理等。

发布方式：网络传输等。

3.9.4　服务案例

2016 年夏季家畜抓膘期气象服务案例

夏季是家畜抓水膘和肉膘的重要时期。2016 年 6 月锡林郭勒盟气温接近常年，牧草长势较好，对家畜抓水膘较为有利；7—8 月是家畜抓肉膘关键期，但 7 月上旬和 8 月上旬，锡林郭

勒盟气温异常偏高,北部地区出现阶段性持续高温天气,造成放牧时间缩短;并受高温少雨天气影响,北部大部地区出现严重干旱,致使牧草生长受阻,家畜青草采食量短缺,东乌珠穆沁旗和西乌珠穆沁旗尤为严重。

8月上旬,持续的高温天气,致使北部大部地区旱情加重。联合地方民政局、农牧业局以及乡镇(苏木)政府,对锡林郭勒盟旱情及牧业影响进行调查、评估;并根据气温、降水等有利和不利天气于家畜抓膘指标,对当地牧民进行指导,取得了很好的效果。

一、短期气候预测

依据锡林郭勒盟气象台发布的夏季短期气候预测;针对夏季绵阳抓水膘期提前做出《牧业气候预测》,重点指出:2016年夏季初期,大部地区气温接近常年,南部地区降水略多,北部地区偏少;锡林郭勒盟大部地区牧草长势较好,对家畜抓水膘较为有利;7月和8月锡林郭勒盟气温较高,将出现阶段性夏伏旱,受夏伏旱及气温偏高影响,对北部牧区家畜抓肉膘较为不利。并将《牧业气候预测》通过传真、邮箱等方式发送给地方党政部门、地方相关部门及乡镇(苏木)政府。

二、中期预报

7月上旬和8月上旬,锡林郭勒盟北部地区连续出现高温天气,依据气象台中期预报于7月1日发布《7月上旬牧业气象预报》,重点指出:7月上旬气温偏高,北部地区将出现一次高温天气过程;持续的炎热天气将会造成家畜中暑,建议牧民朋友择时择地、并采取早出牧、晚归牧等放牧形式。8月1日根据中期预报及一周天气发布的,上旬锡林郭勒盟北部地区将出现持续性高温天气的预报结论,制作并发布了《8月上旬牧业气象预报》,建议牧民朋友及时收听收看最新天气预报,避开高温时段,择时出牧。并通过传真、邮箱、锡林郭勒盟门户网站等渠道及时发布。

三、预报预警

提前发布高温天气预报预警。此次高温天气过程,于6月30日气象台即发布了"天气提示",重点指出:"3—6日北部地区最高气温将达30℃以上。"随着高温天气的范围扩大和温度继续升高,5日又发布"天气提示":"受高空暖脊影响,5—10日北部地区将持续出现35℃以上的高温天气,二连浩特、苏尼特左旗、东乌珠穆沁旗最高气温可达到37℃以上。"8日继续发布"天气提示":"8—10日北部地区35℃以上的高温天气仍将持续,二连浩特、苏尼特左旗、东乌珠穆沁旗最高气温可达到37℃或以上。

6月30日至7月10日,8月1—10日,根据锡林郭勒盟气象台高温预报预警信息,连续制作并通过传真、手机短信、微信公众号、电视、电台、蒙文手机网站等途径发布《牧业预报预警》,重点指出高温落区、影响程度以及持续时间,并针对抓膘期出牧、采食提出牧业安全生产建议。

四、应急响应

在此期间,锡林郭勒盟牧业生产正处于绵羊抓膘旺盛期;领导要求:要高度重视高温天气过程,及时高效发布高温牧业预报预警,全程做好牧业气象服务工作。

7月6日,锡林郭勒盟行署应急办,依据气象台发布的高温橙色预警,启动了2016年第14号应急工作预警。按照应急工作预警,积极落实牧业落区防暑降温保障措施,并提醒牧民尽量圈养牲畜,避免牲畜造成高温中暑死亡。

此次高温天气过程,密切监视天气变化,及时发布高温牧业天气预报预警信息,全盟各地绵羊抓膘提前做好了充分的防御工作,有效避开高温时段,使得抓膘期牧事活动进行顺利。

第4章 牧用天气预报气象服务

4.1 牧用天气预报气象服务流程

4.1.1 工作流程图(图4.1)

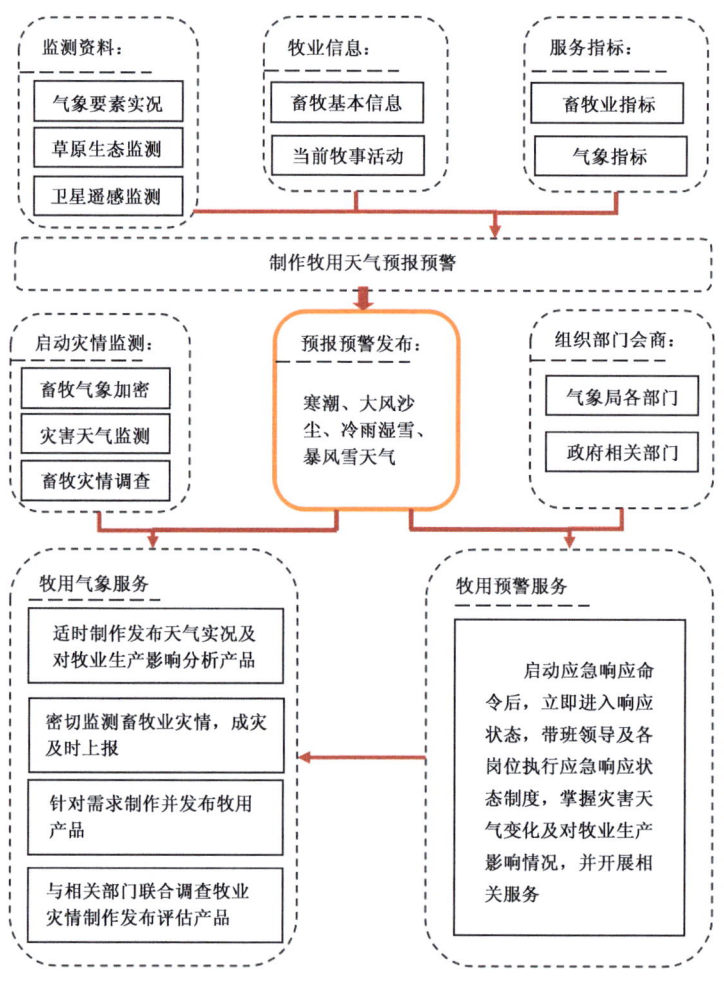

图 4.1 牧用天气预报气象服务工作流程图

4.1.2 技术流程图(图 4.2)

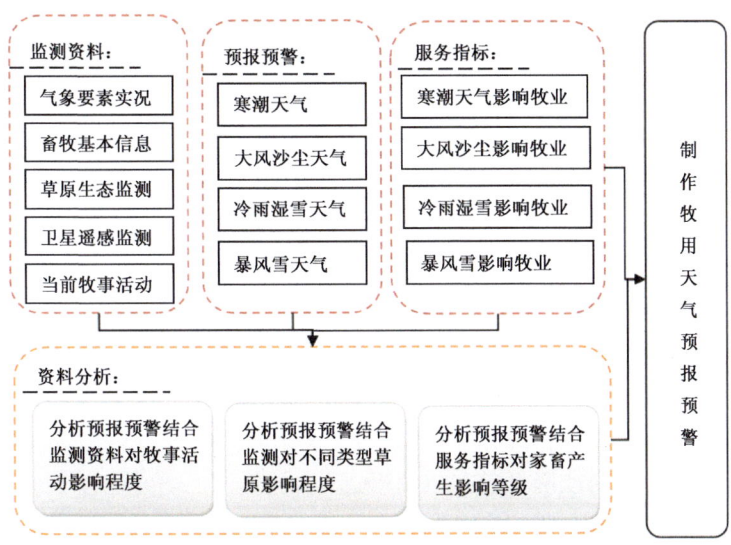

图 4.2 牧用天气预报气象服务技术流程图

4.1.3 服务流程图(图 4.3)

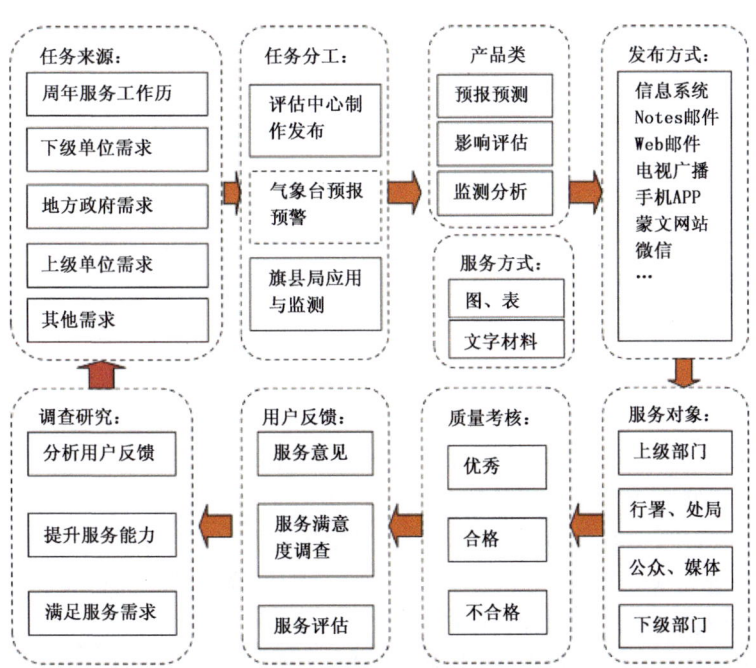

图 4.3 牧用天气预报气象服务流程图

4.2 寒潮天气对牧事活动影响的气象服务

寒潮天气是 24 小时内日最低气温下降幅度≥8℃，或 24 小时平均气温下降幅度≥8℃、同时最低气温下降到 4℃ 或以下的天气。最低气温下降至 2℃ 或其以下，为强寒潮天气。

寒潮天气一般类型分为四类。第一类为降温寒潮，此类寒潮仅降温明显，没有出现 6 级或 6 级以上大风和少量或其以上降水；第二类为大风型寒潮天气，这类寒潮在降温的同时，有 6 级或以上大风；第三类为降雪型寒潮，这类寒潮在降温的同时伴有明显降水（降雪量≥1mm 或 4 月日降雨量≥5mm、5 月日降雨量≥10mm、10 月日降雨量≥5mm）；第四类为大风降雪型寒潮，这类寒潮在降温的同时伴有大风和降雪。

寒潮天气对家畜接羔保育、抓绒剪毛、疫病防御及冬春季放牧等牧事活动影响较大。主要表现为冬、春季节家畜体质较弱，气温急剧下降，易引起家畜发生疾病或造成伤亡。大风型寒潮天气易发生放牧家畜走失或造成死亡，严重时无法出牧；初生羔羊身体弱，抵抗力差，气温骤降或大风均会导致羔羊生病或降低羔羊成活率。

4.2.1 工作流程

（1）根据气象台春、秋、冬季中期预报发布的寒潮天气过程，密切跟踪监测天气，针对春季家畜接羔保育、抓绒剪毛、疫病防御、冬春季放牧等牧业生产环节，做出寒潮天气对其影响的延伸期预报结论，发布牧用预报服务产品；

（2）根据气象台发布的寒潮天气预报预警信息，针对牧业生产落区编发牧用预报预警信息；

（3）利用卫星遥感、地面观测网络、自动站监测数据实时监控天气发展变化，分析对牧事生产活动的影响程度；

（4）适时启动加密观测；

（5）带班领导组织业务人员参加上、下级气象台常规天气会商，必要时组织加密天气会商；

（6）根据预报预警信息及会商结论，分析寒潮天气对畜牧业的影响程度，适时组织本地相关部门及乡镇（苏木）进行联合会商；

（7）寒潮天气发生期间，适时编发天气实况及对牧事生产影响分析的服务产品；并通过内部和外部途径发布；

（8）密切监测畜牧业灾情。如发生灾情，及时上报上级单位，并与农牧业局、民政局、乡镇（苏木）等相关部门联合进行牧业灾情调查；

（9）寒潮天气发生期间，针对需求进行服务并发布牧业气象服务产品；

（10）启动应急响应命令后，立即进入响应状态，带班领导及各岗位执行应急响应状态制度，掌握天气变化及对牧业生产影响情况；

（11）寒潮天气结束后，进行牧用气象服务效益、牧业灾害评估；

（12）寒潮天气结束后，将所制作服务产品、联合会商材料、新闻通告，地方重大防灾减灾会议与乡镇（苏木）联防等图片、视频等进行电子归档。

4.2.2 技术流程

4.2.2.1 数据资料

采用常规观测站和自动站等平均气温、最低气温、降温幅度及最大风速、降水等资料,气象台发布的预报预警信息,以及基础母畜数、接羔成活数、牲畜总数以及死伤头数等数据。

4.2.2.2 服务指标

(1)预报预警服务指标:24 小时内出现降温幅度≥8℃,或 48 小时内连续降温幅度≥10℃,或 72 小时内连续降温幅度≥12℃,且风力达 6 级以上,日最低气温下降至≤4℃。

(2)牧业生产影响服务指标:冬、春季节寒潮天气,气温急剧下降,引起家畜疾病或造成伤亡;大风天气造成的放牧家畜丢失或死亡。

4.2.2.3 技术方法

根据寒潮预警等级,以及寒潮天气对家畜接羔保育、抓绒剪毛、疫病防御及冬春季放牧等牧事活动的影响指标,采用定性和定量的方法分析对畜牧业生产的影响程度;气象要素采用统计、对比分析方法,得出历史同期气候变化对畜牧业影响程度。

4.2.3 服务流程

根据气象台发布的寒潮预报预警信息,密切关注天气变化,根据不同季节牧事生产环节,发布针对性牧用气象预报预警;寒潮天气发生期间,根据大风、降温幅度等资料,对牧业影响进行分析、评估,制作牧用服务产品,领导签发后,通过内部、外部途径发布;关注持续低温天气,适时进行灾后恢复牧业生产气象服务;寒潮天气结束后,对牧业生产影响及灾害损失情况进行评估。

4.2.3.1 服务产品

(1)预报预警产品制作

产品制作条件:根据气象台发布的未来 24 小时将出现降温幅度≥8℃,或 48 小时内连续出现降温幅度≥10℃,或 72 小时内出现连续降温幅度≥12℃,且伴有 6 级以上大风、日最低气温下降至≤4℃的大风;寒潮天气将对家畜接羔保育、抓绒剪毛、疫病防御及冬春季放牧等牧业生产环节造成了影响。

产品制作方法:利用气象台发布的寒潮预报预警信息,根据预警等级指标、牧业生产落区气候特征、承灾能力等做出对实时畜牧业生产活动影响程度的预报结论。

产品内容:依据气象台发布的寒潮天气预报预警信息,给出寒潮天气发生起始时间、落区及发生程度的预报结论;并针对性分析寒潮天气对家畜接羔保育、抓绒剪毛、疫病防御及冬春季放牧等牧事活动等牧业生产环节的影响程度;提出畜舍棚圈保温、能否出牧、疫病防御、接羔保育等实时畜牧业防灾保畜生产建议。

(2)监测服务产品制作

产品制作条件:上级部门、地方领导及地方相关部门、落区乡镇(苏木)政府需求;三分之一牧业生产区域出现了 24 小时降温幅度≥8℃,或 48 小时内连续出现降温幅度≥10℃,或 72 小时内出现连续降温幅度≥12℃且伴有≥6 级大风;或 1/3 牧业区域出现了 6 级或以上大风、日最低气温下降至≤4℃;寒潮天气对家畜接羔保育、抓绒剪毛、疫病防御及冬春季放牧等牧事活动生产环节造成了较大影响或出现牧业灾害。

产品制作方法:根据地面观测气象数据、卫星遥感监测信息,分析本次寒潮天气发生程度;依据寒潮天气降温幅度引发家畜疾病发生甚至死亡的畜牧业影响指标、预警等级指标,分析对实时畜牧业生产活动的影响程度;利用卫星遥感监测及盟市气象信息服务系统制作天气实况监测图。

发布内容:根据寒潮天气过程起止时间、落区、强度等,分析对家畜接羔保育、抓绒剪毛、疫病防御及冬春季放牧等牧事活动等生产环节的影响程度和牧业灾害损失情况;根据未来天气预报预警信息,提出对牧业生产活动影响及生产建议。

(3)评估产品制作

产品制作条件:牧业生产落区发生大风、寒潮天气,经联合调查有灾情发生,或对家畜接羔保育、抓绒剪毛、疫病防御及冬春季放牧等牧事活动等牧业生产环节造成了较大的影响。

产品制作方法:根据调查的灾情情况,以及寒潮天气对实时畜牧业生产活动环节的影响程度,利用灾害评估标准,得出灾害损失等级。

发布内容:大风、寒潮天气过程的起止时间、程度,对畜牧业的影响及牧业灾害,依据灾害评估方法和等级指标得出牧业灾害等级。

4.2.3.2 产品发布

(1)预报预警产品

发布形式:通过传真、邮箱、手机短信、电视、广播、政府网站、微信公众号、蒙文手机网站等方式发布。

发布时间:适时发布。

发布对象:公众。

(2)监测产品

发布形式:通过传真、邮箱、政府网站、微信公众号、蒙文手机网站等方式发布。

发布时间:适时发布。

发布对象:地方党政部门、地方相关单位、落区乡镇各(苏木)政府。

(3)评估产品

发布形式:通过传真、邮箱、报送等方式发布。

发布时间:重大灾害发布。

发布对象:上级部门、地方党政领导。

4.2.4 服务案例

2010年1月2—4日,锡林郭勒盟出现大范围强降温、降雪天气过程:降雪主要集中在西部和南部地区,降雪量为5.2~7.2mm;白旗、蓝旗最大积雪深度达21cm;南部地区降温幅度达10~12℃,北部地区降温幅度7~9℃,北部大部地区最低气温降至-37~-32℃,其中西乌珠穆沁旗最低温度-39℃;西部和南部地区出现了雪暴或吹雪(图4.4)。在天气过程发生期间和结束后,与地方相关部门及时进行了灾情调查。

牧业灾情:正镶白旗4个苏木镇的77个嘎查村受灾,受灾农牧户1.39万户、5.2万人,其中乌兰察布苏木赛音宝力格嘎查走失牲畜70多头只,伊克淖苏木短缺饲草料1000万斤。蓝旗3个苏木、3个镇、103个嘎查、两示范区受到了大雪袭击,受灾人口7万多,受灾牲畜35.9万头(只),牲畜全部圈养,黑城子示范区失踪了30多匹马。多伦县受灾人口11077人,直接经济损失增至519万元。黄旗全旗因灾死亡412只羊,其中新宝拉格镇7户牧民家的144只羊

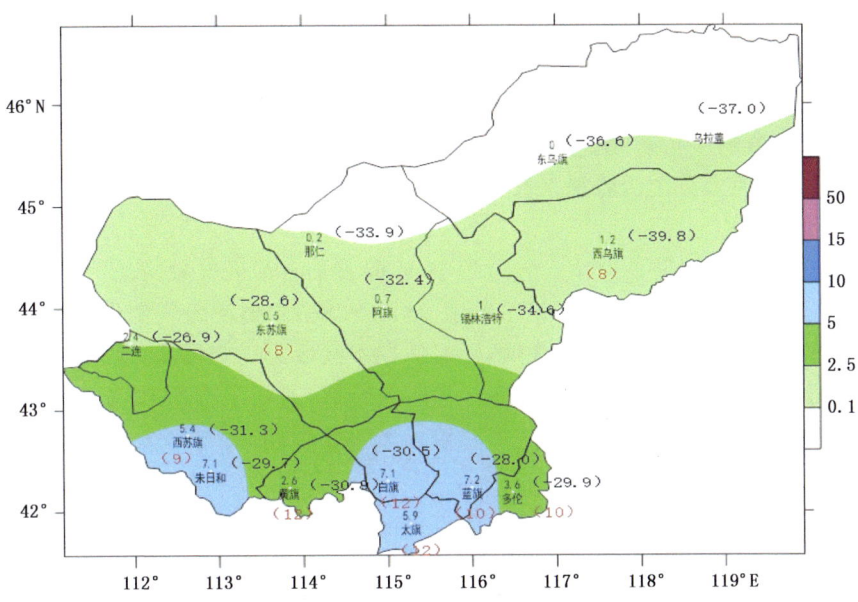

图 4.4　2010 年 1 月 2—4 日锡林郭勒盟各地降雪量(mm)

(括号内数字为最低温度,红色数字为降温幅度)

因灾死亡;巴音塔拉镇 4 户牧民家的 267 只羊因灾死亡,受灾草场面积达 775.8 万亩,直接经济损失 2300 余万元。阿旗受灾户数 188 户共计 660 人,平均积雪深度达 15cm 的草场面积达 60 万亩,受灾牲畜 1.24 万头只。

一、寒潮天气预报预警。1 月 1 日《中期预报》结论是:"3 日至 4 日,我盟将出现一次天气明显的寒潮、降雪天气过程,南部地区有中雪,个别地区偏大,大部地区气温下降 10℃ 左右。"

1 日下午发布寒潮天气预报:"受河套气旋的影响,预计后天我盟大部地区有一次明显的寒潮、降雪天气,其中南部地区有中雪,个别地区偏大,并伴有白毛风,西部、南部地区气温下降 10℃ 左右"。

2 日上午经过与全区大会商,又发布了大风、寒潮、降雪天气《重要天气报告》:"受河套气旋的影响,预计从明天夜间开始我盟有一次寒潮天气过程,气温下降 10℃ 以上,南部地区有中雪,个别地区偏大,风力 5、6 级(短时 6、7 级),并伴有白毛风。"

随着天气形势的加强,3 日上午 9 时发布寒潮黄色预警信号:"受冷空气影响,预计从今天夜间开始西部和南部地区气温下降 10℃ 左右,并伴有暴风雪,外出时请注意安全。"同时发布了"暴雪黄色预警信息"。

二、牧事活动气象服务。1 月 1 日,根据气象台发布的预报信息,分析对实时牧业的影响,针对性发布了《牧用气象预报预警》:"受河套气旋的影响,预计从 3 日夜间开始,锡林郭勒盟大部地区有一次明显的降雪天气,其中南部地区有中雪,个别地区偏大,并伴有白毛风,西部和南部地区气温下降 10℃ 左右;建议牧区尽量减少出牧,提前做好畜舍防风保温。"通过手机短信及时向乡镇(苏木)领导发布;同时通过内部和外部途径及时向公众发布。

3 日根据气象台发布的寒潮预警和暴雪预警,及时发布《牧业气象预报预警》,预报指出:"受冷空气影响,预计从今天夜间开始西部和南部地区气温下降 10℃ 左右,南部地区有中雪,个别地区偏大啊,并伴有暴风雪;此次天气过程将对实时牧业生产造成影响;牧民朋友要随时收听最新天气预报,提前做好防范工作。"通过手机短信、传真、邮箱等形式及时向乡镇(苏木)

政府发布。

三、部署得力,响应迅速。根据锡林郭勒盟气象局领导部署,应对此次强寒潮、降雪天气过程服务要求,提前做好了牧业气象服务工作;依据2日锡林郭勒盟气象局启动的Ⅳ级应急响应命令,立即进入应急响应状态;执行领导带班、各相关岗位24小时值守班制度,带班领导及生态监测评估中心服务人员密切监视天气变化,根据天气发展变化对牧业影响程度,适时向上级部门领导进行汇报。

四、密切监测,实时联防。整个天气过程中,实时参加自治区气象局、盟气象局以及与相邻地区气象局的天气会商,并充分利用卫星遥感、地面观测资料监测天气变化,适时落区乡镇(苏木)政府及气象情报员始终保持联系沟通,随时掌握本区域天气变化及对牧业的影响以及牧业灾害情况。2日上午组织地方相关部门进行了联合会商,通报了本次寒潮天气或将对畜牧业生产造成的影响,以及防御措施、安全生产建议。天气发生期间,与地方相关部门进行了牧业灾情联合调查。

五、服务主动,信息到位。此次寒潮天气过程,根据盟局指导预报预警产品,及时编发《牧业天气预报预警》。期间,共发布《牧业重要天气报告》1期,《牧用天气预警》2次,《畜牧业生态监测信息》2期,实时向地方领导、落区乡镇(苏木)领导发布手机短信。并及时通过电台、电视台、网络、政府政务网站、LED电子显示屏及气象信息员等渠道,向落区乡镇(苏木)及广大牧民进行信息传输、发布。由于服务主动,预报预警信息发布准确、及时,信息覆盖面较广,得到广大牧民好评。

4.3 大风、沙尘天气对牧事活动影响的气象服务

气象上是把风速≥12m/s(6级或6级以上),或瞬时风速≥18m/s,视为大风天气;大风是一种破坏力很强的灾害性天气。沙尘天气一般分为五级,一级为浮尘:无风或平均风速≤3.0m/s时,尘沙浮游在空中,使水平能见度≤10 km;二级为扬沙:风将地面尘沙吹起,使空气相当混浊,水平能见度在1~10km;三级为沙尘暴:大风将地面尘沙吹起,使空气很混浊,水平能见度≤1km;四级为强沙尘暴:强风将地面尘沙吹起,使空气非常混浊,水平能见度≤500m;五级为特强沙尘暴:狂风将地面尘沙吹起,使空气特别混浊,水平能见度≤50m。

大风、沙尘天气在内蒙古地区多发生在春季和秋季,春季尤为频发。大风、沙尘天气对家畜的危害主要是导致缩短放牧时间,或无法出牧,使家畜吃不饱。严重时,放牧突遇沙尘暴、能见度极低,家畜易被吹散走失或造成伤亡。容易帮助家畜病原体的传播,导致传染病流行。影响家畜皮毛品质,风沙容易进入家畜毛层,并使毛层油脂减少,降低毛净毛率,毛的品质随之下降。春季大风会导致羔羊生病或降低成活率。

4.3.1 工作流程

(1)根据气象台发布的大风沙尘天气预报预警,密切监测天气变化;
(2)带班领导组织业务人员参加各级气象台天气会商;
(3)根据气象台发布的预报预警及监测信息、天气会商结论,发布大风、沙尘天气牧用天气预报预警;
(4)通过内部、外部途径发布牧用天气预报预警信息;
(5)根据预报预警等级指标,分析对实时牧业生产影响程度,适时与地方相关部门召开联

合会商；

(6)利用卫星遥感实时监测大风、沙尘天气发展趋势，及时发布牧用天气气象服务产品；

(7)利用卫星遥感监测信息及地面观测站观测资料实时监测大风、沙尘天气变化，如果天气加重，致使畜牧业受到严重影响，及时向上级部门汇报；

(8)大风、沙尘天气发生期间，密切监测畜牧业灾情，并与农牧业局、民政局等地方相关单位联合进行牧业灾情调查；

(9)大风、沙尘天气发生期间，实时发布天气实况及针对牧业服务的专项服务产品；

(10)大风、沙尘天气结束后，做出大风、沙尘天气过程服务总结及灾害评估；

(11)大风、沙尘天气结束后，将所制作服务产品、联合会商材料，地方重大防灾减灾会议、与乡镇（苏木）联防等图片、视频等进行电子归档。

4.3.2 技术流程

4.3.2.1 数据资料

采用常规观测站和自动站等最大风速、能见度、沙尘暴强度等资料以及卫星遥感监测沙尘天气区域、发展演变形势，气象台发布的预报预警信息，家畜走失、伤亡等数据。

4.3.2.2 服务指标

(1)预报预警服务指标：能见度<0.5km，平均风力>6级；0.5km≤能见度<1.0km，平均风力≥6级；1.0km≤能见度<10.0km，平均风力>5级；平均风力≥6级（短时6、7级）的大风。

(2)牧业影响服务指标：大风、沙尘天气造成家畜无法出牧；大风、沙尘天气影响家畜放牧、造成棚圈倒塌；大风、沙尘天气造成放牧家畜走失甚至死亡；引起家畜呼吸道疾病甚至死亡。

4.3.2.3 技术方法

根据气象台发布的大风、沙尘天气预警，利用大风、沙尘天气等级指标，结合大风沙尘天气对家畜接羔保育、抓绒剪毛、疫病防御及放牧等牧事活动的影响指标，采用定性和定量的方法分析对畜牧业生产的影响程度；气象要素采用统计、对比分析方法，得出历史同期气候变化对畜牧业影响程度。

4.3.3 服务流程

根据气象台发布的大风、沙尘天气预报预警信息，密切关注天气变化，根据对家畜接羔保育、抓绒剪毛、疫病防御及放牧等牧业生产环节，发布针对性牧用气象预报预警；天气发生期间，利用地面观测资料及卫星遥感监测大风、沙尘天气发生区域及程度，适时进行对牧业影响的分析、评估，发布牧用服务产品，领导签发后，通过内部、外部途径发布。

4.3.3.1 产品制作

(1)预报预警产品

产品制作条件：气象台发布了未来24小时将出现6级以上大风、瞬时风速≥11m/s，且部分地区伴有沙尘天气的预报预警，大风、沙尘天气将对家畜放牧、接羔保育、疫病防御、抓绒剪毛等实时生产环节造成影响。

产品制作方法：利用气象台发布的大风、沙尘天气预报预警信息，预警等级指标及牧业生产落区气候特征，分析大风、沙尘天气对牧业生产的影响，得出对家畜接羔保育、抓绒剪毛、疫病防御及放牧等牧事活动影响的结论。

产品内容:大风、沙尘天气发生时间、强度、牧业生产落区,给出大风、沙尘天气对实时牧业生产活动的合理化建议。

(2)监测服务产品

产品制作条件:上级部门、地方领导及地方相关部门、落区乡镇(苏木)政府需求;三分之一牧业生产落区发生了6级以上大风天气,且部分地区伴有扬沙或沙尘暴;或48小时、72小时连续出现6级以上大风天气;大风、沙尘天气对畜牧业实时生产环节造成了重大影响或牧业损失。

产品制作方法:利用地面观测资料、卫星遥感监测信息,依托现有的监测网络,以及基础地理信息数据,分析大风、沙尘天气对实时畜牧业生产活动的影响程度。

发布内容:本次大风、沙尘天气起止时间、强度及覆盖区域,阐述大风、沙尘天气给牧业生产带来的影响及畜牧业损失情况;根据未来天气预报预警信息,提出对牧业生产活动的生产建议及防御措施。

(3)评估产品制作

产品制作条件:牧业生产落区发生大范围大风、沙尘天气,与地方相关部门联合调查有牧业灾情发生,或对实时牧业生产造成了较大影响。

产品制作方法:根据联合调查灾情数据,以及大风、沙尘天气对对家畜接羔保育、抓绒剪毛、疫病防御及放牧等牧事活动的影响指标,利用灾害评估指标对畜牧业影响及灾害损失进行评估。

发布内容:大风、沙尘天气过程对牧业区域的影响程度,以及牧业灾害损失;利用灾害评估指标得出牧业灾害损失等级。

4.3.3.2 产品发布

(1)预报预警产品

发布形式:通过传真、邮箱、手机短信、电视、广播、微信公众号、政府网站、蒙文手机网站等方式发布。

发布时间:实时发布。

发布对象:公众。

(2)监测产品

发布形式:通过传真、邮箱、手机短信、政府网站等方式发布。

发布时间:适时发布。

发布对象:地方党政领导、相关部门、落区乡镇各(苏木)政府。

(3)评估产品

发布形式:通过传真、邮箱、报送等方式发布。

发布时间:实时发布。

发布对象:上级部门、地方党政领导。

4.3.4 大风、沙尘天气畜牧业服务案例

2006年3月26—27日,受蒙古气旋影响,锡林郭勒盟自西向东出现了一次大范围大风、沙尘天气。其中锡林浩特、阿巴嘎旗、苏尼特左旗、苏尼特右旗、镶黄旗、正镶白旗出现特强沙尘暴,苏尼特左旗最低能见度为0m,阿巴嘎旗仅10m,正蓝旗最大瞬间风速达28m/s;乌拉盖

降大雪，东乌旗出现雪暴（图4.5）。

灾情影响：西乌珠穆沁旗浩勒图高勒镇阿拉腾敖包嘎查63羊走失，死亡31只，造成直接经济损失3万余元。

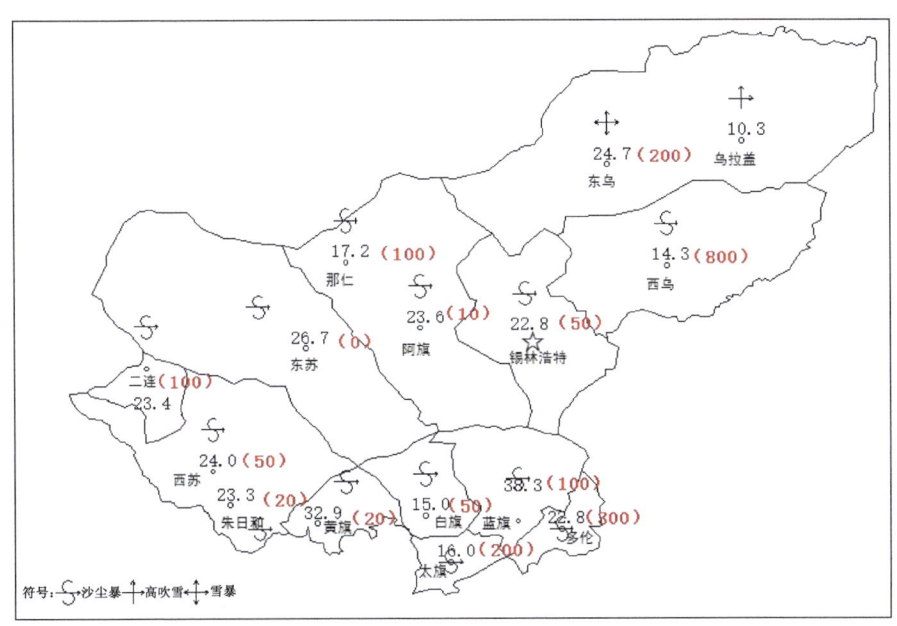

图4.5　2006年3月26—27日锡林郭勒盟各地瞬间极大风速（m/s）

（红色数字为最小能见度，m）

一、大风、沙尘天气预报预警。3月21日，气象台发布《中期预报》：26日前后，受弱冷空气影响，锡林郭勒盟将出现大风、沙尘天气，大部分地区将出现沙尘暴天气，南部地区有微到小雨夹雪，气温下降。

25日短期预报："26日我盟大部地区将有一次大风、沙尘天气，5、6级（短时6、7级）西南转西北风，大部地区伴有沙尘；锡林浩特、西乌珠穆沁旗、阿巴嘎旗、正蓝旗有小雪。大风、沙尘天气将给牧业生产、生活及交通运输及出行打来极大影响，提前做好防范。"

3月26日上午，经与区局会商及天气变化趋势分析，又发布了大风沙尘天气的《重要天气报告》："受蒙古气旋的影响，锡林郭勒盟大部地区将出现大风天气，西部、南部地区及锡林浩特有沙尘天气，部分地区有沙尘暴；东部地区有降水，并伴有吹雪。"10时发布《沙尘暴黄色预警信号》："受蒙古气旋的影响，今天我盟大部地区有大风、沙尘天气，北部地区将出现沙尘暴。"

26日11时20分，锡林郭勒盟西部地区开始出现沙尘暴，随着天气系统的加强，气象台又在13时及时将沙尘暴黄色预警升级为《沙尘暴红色预警信号》："未来6小时我盟大部地区将出现能见度≤50米的特强沙尘暴天气。"并及时将预警信息通过手机短信发送给地方党政领带及相关部门领导。

二、牧事活动气象服务。3月22日，依据气象台《中期预报》，发布《锡林郭勒盟牧业监测信息》，主要内容包括分析前期气候特点、对牧业影响、未来天气预测。26日前后，受弱冷空气影响，锡林郭勒盟将出现大风、沙尘天气，大部分地区将出现沙尘暴天气，南部地区有微到小雨夹雪，气温下降；并针对家畜放牧、接羔保育、家畜膘情、畜舍加固等牧事活动提出防御建议。

25日，根据气象台发布的大风、沙尘天气预报，及时发布《牧用天气预报预警》："26日锡林锡勒盟大部地区将有一次大风、沙尘天气,5、6级(短时6、7级)西南转西北风,大部地区伴有沙尘;锡林浩特、西乌珠穆沁旗、阿巴嘎旗、正蓝旗有小雪。上述牧业地区要提前做好防御工作,大风、沙尘天气将给牧业生产、生活及交通运输及出行带来极大影响,提前做好防范"。及时给落区乡镇(苏木)政府领导发送了手机短信。

26日,依据气象台发布的"沙尘暴黄色预警"和"沙尘暴红色预警信号"的内容,针对性分析大风、沙尘暴天气对家畜接羔保育、疫病防御及春季放牧等牧事活动影响的强度、范围,及时编发了相应的《牧用天气预警信息》,同时通过手机短信发送给盟委领导及落区乡镇(苏木)领导。

三、积极响应,部门联动。在此期间,密切跟踪监测天气发展趋势,实时关注对畜牧业生产的影响,及时发布《牧用天气预报预警》,全程做好牧业气象服务工作;及时向上级部门、地方政府汇报大风沙尘实况及天气变化情况;召开多部门联合会商,通报此次天气或将给牧业生产带来的影响及防御措施;并与地方相关部门联合进行牧业灾情调查。

四、多渠道发布预报预警信息。利用手机短信、传真、电话汇报等形式,实时向地方党政领导及乡镇(苏木)政府提供重要天气信息;并利用电台、电视台向社会发布蒙汉双语牧用预报预警信息,进一步扩大气象信息覆盖面和牧民受众人群;锡林郭勒电视台、电台、报社等媒体在第一时间向社会发布气象预报预警信息;广大公众特别是农牧民朋友提前做好了防范,并提前合理安排生活、生产活动。

五、总结与反思。一是预报准确率有待进一步提高。大的趋势和范围都做了较好的预报,但影响程度的精准预报略有不足;二是信息发布手段不足。仅靠电视、电台、手机短信、报刊媒体等手段发布,难以覆盖边远牧区;三是需进一步加强牧用天气预报预警服务。

4.4 冷雨湿雪天气对牧事活动影响的气象服务

冷雨湿雪定义:冷雨是指气温在5℃或以下,雨量一般在5mm以上,降雨时间较长,同时伴有5级以上偏北风的降雨,有时是降雪,称为湿雪。

对牧业生产的影响:冷雨湿雪天气一般出现在春季末夏季初和秋季末。春季末夏季初家畜正处于脱绒换毛时或剪毛药浴后,对低温的抵抗力较差,当冷雨渗透皮毛下,易引发家畜疾病、冻伤或死亡。同时春季末夏季初又是牲畜经过一冬消耗体质瘦弱之时,也是母畜产羔之际,因此,春季末夏季初发生的冷雨湿雪天气对家畜危害最大。秋末冬初出现的冷雨湿雪天气可能使母畜流产。

4.4.1 工作流程

(1)冷雨湿雪易发生于春末夏初和秋季末,期间要关注气象台发布的延伸期天气预报;

(2)依据气象台发布的4—6月和9—11月延伸期天气预报,制作牧用雨(雪)天气过程对家畜接羔保育、抓绒剪毛、药浴及放牧等牧事活动的影响及应对措施的牧用天气预报气象服务产品;

(3)当气象台发布降水、降温短期预报后,依据短期预报编发雨(雪)天气《牧用天气预报》;

(4)冷雨湿雪天气发生期间,密切监测天气发展变化,根据天气发展趋势,带班领导及服务人员参加天气会商;

(5)根据短期预报和全区会商结论,组织召开地方相关部门联合会商及天气信息新闻通

报会;

(6)冷雨湿雪天气发生期间,密切监测牧业灾情,随时与乡镇情报员联络。如果牧业生产受到严重影响,及时向上级部门汇报;

(7)监测到畜牧业灾情,及时与农牧业局、民政局及相关单位进行联合牧业灾情调查;

(8)盟市气象局启动应急响应命令,立即进入响应状态,执行应急状态值守班制度;

(9)冷雨湿雪天气结束后,进行畜牧业灾害评估及冷雨湿雪天气牧业气象服务总结;

(10)冷雨湿雪天气结束后,将所制作预报预警、服务产品、联合会商、新闻通稿等材料,参加地方重大防灾减灾会议与乡镇(苏木)联防等图片、视频等进行电子归档。

4.4.2 技术流程

4.4.2.1 数据资料

采用常规观测站和自动站观测的降水量、日平均气温、最低气温、降温幅度等资料,卫星遥感监测数据,气象台发布的温度、降水预报信息,畜牧业影响损失等数据。

4.4.2.2 服务指标

(1)预报预警服务指标

春末夏初或秋末期间,未来24小时内出现≥5 mm降水量、日平均气温低于5℃或24小时内降温幅度≥6℃、日平均风速≥8m/s;

夏季冷雨,日降雨量≥18.0 mm、降雨时数15h以、日降温幅度≥6℃、定时风速≥8m/s。

(2)牧业影响服务指标

剪毛后或脱绒换毛时,冷雨渗透皮毛下,造成家畜引发疾病、冻伤或造成死亡;

夏初冷雨给接羔保育带来重大影响或造成幼畜死亡。

4.4.2.3 技术方法

根据气象台发布的预警预报,结合不同草原类型及地区气候特点,根据温度、降水预报等级,以及对家畜放牧、防疫期药浴、抓绒剪毛、孕畜保胎等畜牧业的影响指标,采用定性和定量的方法分析对畜牧业生产的影响程度;气象要素采用统计、对比分析方法,得出历史同期气候变化对畜牧业影响程度。

4.4.3 服务流程

根据气象台发布的预报预警信息,密切关注天气变化;根据冷雨湿雪发生季节及牧事生产环节,发布针对性牧用气象预报预警;天气发生期间,监测降水情况及对畜牧业的影响,适时对雨(雪)情、灾情进行分析、评估,实时发布牧用服务产品,领导签发后,通过内部和外部途径发布。天气结束后,根据地方需求及天气变化情况,进行灾后恢复牧业生产气象服务。

4.4.3.1 产品制作

(1)预报预警产品

产品制作条件:春末夏初、秋末期间,气象台发布了未来24小时内降水达到中雨(雨夹雪)以上(降水量大于5 mm)、日平均气温低于5℃或24小时内降温幅度达6℃以上的预报预警,冷雨湿雪将对家畜放牧、接羔保育、疫病防御、抓绒剪毛等实时生产环节造成较大影响。

产品制作方法:依据气象台发布的降水、降温预报预警信息,预警等级指标及牧业生产落区气候特征、对实时畜牧业生产活动的影响等进行分析。

产品内容:根据气象台发布的降水、降温预报预警信息,结合冷雨湿雪天气对畜牧业影响指标,得出冷雨湿雪天气对牧业影响的预报结论,提出防御措施。

(2)监测服务产品

产品制作条件:上级部门、地方领导及地方相关部门、落区乡镇(苏木)政府需求;三分之一牧业生产区域出现降水天气,且大部牧业生产地区降温幅度≥6℃或最低气温≤5℃,冷雨湿雪天气对畜牧业实时生产环节造成了重大影响或牧业损失。

产品制作方法:依据地面观测站气象数据、卫星遥感监测信息,分析冷雨湿雪天气对实时畜牧业生产活动的影响程度,利用卫星遥感监测系统及气象信息服务系统制作实况图。

发布内容:根据冷雨湿雪天气起止时间、发生区域以及降温幅度等天气实况,阐述冷雨湿雪给实时牧业生产带来的影响及畜牧业受灾情况;根据未来天气预报预警信息,提出生产建议及防御措施;附降水实况图。

(3)评估产品制作

产品制作条件:大部分牧区出现冷雨湿雪天气,与地方相关部门联合调查有牧业灾情发生,或对牧业生产造成较大影响。

产品制作方法:根据联合调查灾情数据,以及冷雨湿雪天气对家畜放牧、防疫期药浴、抓绒剪毛、孕畜保胎等牧业生产影响程度,利用灾害评估指标对畜牧业影响及损失进行评估。

发布内容:冷雨湿雪天气发生程度,对实时畜牧业生产环节的影响及牧业灾害损失情况;依据灾害评估指标得出牧业灾害等级。

4.4.3.2 产品发布

(1)预报预警产品

发布形式:通过传真、邮箱、手机短信、电视、广播、微信公众号、政府网站、蒙文手机网站等方式发布。

发布时间:实时发布。

发布对象:公众。

(2)监测产品

发布形式:通过传真、邮箱、手机短信、政府网站等方式发布。

发布时间:适时发布。

发布对象:地方党政领导、相关部门、落区乡镇各(苏木)政府、牧业大户。

(3)评估产品

发布形式:通过传真、邮箱、报送等方式发布。

发布时间:实时发布。

发布对象:上级部门、地方党政领导。

4.4.4 冷雨湿雪畜牧业服务案例

2006年9月7—8日,受高空冷涡的影响,锡林郭勒盟南部、东部地区出现冷雨湿雪天气,各地日平均气温下降幅度8~9℃,其中西部地区日平均气温下降幅度10~12℃,全盟最低气温降至0℃以下,8日凌晨全盟出现霜冻;其中东部地区降水量为20.0~27.2 mm,苏尼特右旗、镶黄旗、正镶白旗、太仆寺旗降水量为10.6~18.2 mm,其余地区不足1 mm,西乌珠穆沁旗积雪深度8 cm,其余地区1~4cm(图4.6)。

此次天气过程由于前期温度较高,随着天气形势临近,气温的急速下降,由降雨天气转为雨夹雪然后降雪,是锡林郭勒盟有气象资料以来范围最大、出现时间最早的降雪天气,给牧业生产造成一定损失。

牧业方面灾情:各地因灾死亡羊12260只、28头牛失踪。

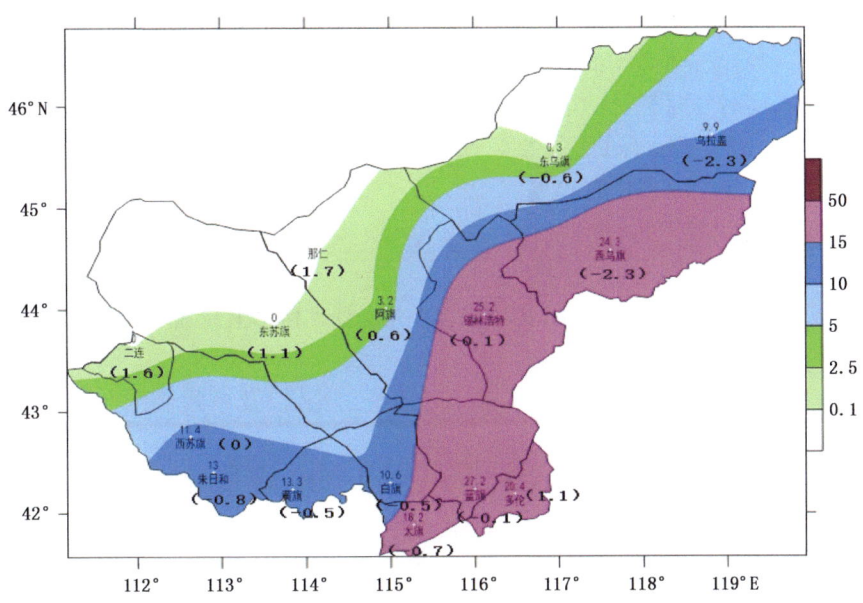

图 4.6 2006 年 9 月 7 日至 8 日锡林郭勒盟各地降水量(mm),
括号内数字为最低温度(℃)

一、提前准确预报。针对本次强降温、降水天气过程,依据气象台提前准确预报预测,及时发布《牧用天气预报预警》,取得了较好的成效。早在 5 日下午 17 时,气象台发布《重要天气报告》指出:从 6 日开始,锡林郭勒盟将强降温天气,风力较大。7 日早晨大部地区将先后出现霜冻的加标题降温天气预报。6 日下午继续加标题发布降温预报;随着天气发展程度的加强,6 日下午 17 时发布了"寒潮蓝色预警信号"。7 日下午再次发布了《重要天气报告》指出:"今天夜间到明天我盟将有一次明显的降水过程。东部、南部地区有中雨转中雨夹雪,局部地区有大到暴雪。降温过程仍将持续。大部地区有霜冻。"的降水标题预报。依据气象台发布的预报预警,及时根据实时牧业生产活动编发《牧用气象预报预警》。

二、多渠道、广覆盖、提前发布气象预警信息。充分利用传真、手机短信、邮箱等传输通道,以《牧用天气预报预警》《畜牧业生态监测信息》等服务产品形式,适时向盟委、行署领导提供重要天气信息,确保牧业气象信息第一时间送达;同时通过手机短信、传真、邮箱及时将牧用天气预警信息发送给地方相关单位、乡镇(苏木)及各媒体。利用电台、电视台、牧区大喇叭等向社会发布蒙汉双语预报预警信息,进一步扩大气象信息覆盖面和牧民受众人群;使牧民朋友提前做好防范,合理安排生活、生产活动。

三、提前部署,服务成效明显。此次天气过程,各级气象部门密切跟踪监测天气,提前部署气象服务工作;各级气象部门,提前向地方政府汇报预报预警信息,各地政府依据预报预警信息,周密部署,提前做好防范了工作,社会服务效益显著。

4.5 暴风雪天气对牧事活动影响的气象服务

暴风雪天气包括雪暴、吹雪等牧业气象灾害性天气,俗称白毛风天气。雪暴是大量的雪被强风卷着随风运行,并且不能断定当时是否有积雪,平均风力大于6级,水平能见度小于1km的天气现象,是一种伴有强降雪的风暴天气。吹雪天气是地面有积雪时,由于风大,将地面积雪刮起,造成能见度时好时坏。一般发生于野外,能见度1000~10000m,平均风力大于5级。暴风雪天气对牧业生产的影响主要是接羔保育和家畜出牧时走散、丢失、造成家畜伤亡,或严重时无法出牧,也可能使家畜棚舍垮塌。

4.5.1 工作流程

(1)暴风雪天气易发生于春季初、秋季末及冬季,期间利用卫星遥感、常规测站数据密切监测积雪变化;

(2)根据气象台3至4月、11月和冬季天气预报结论,以及畜牧业生产活动情况,做出牧用天气延伸期预报;

(3)根据气象台短期预报预警信息,以及地面和卫星遥感监测积雪覆盖区域、积雪深度等监测资料,发布暴雪、暴风雪、大风等牧用天气预报预警;

(4)暴风雪天气发生期间,带班领导及服务人员实时参加各级气象台组织的天气会商;

(5)根据牧用天气预警等级,启动相应的应急响应等级,组织农牧业局、民政局、预报牧业生产落区乡镇(苏木)政府进行联合会商,就暴风雪天气对畜牧业生产将造成的影响进行通报;

(6)启动应急响应命令后,立即进入应急响应状态,带班领导及各岗位执行应急响应状态制度;

(7)暴风雪天气发生期间,利用卫星遥感监测暴风雪区域、积雪覆盖区域等,编发遥感监测服务产品;

(8)暴风雪天气发生期间,实时监测牧区灾情,如有灾情发生,与农牧业局、民政局等相关单位联合进行牧业灾情调查;

(9)实时与牧业生产落区乡镇(苏木)领导进行电话联系,互通信息;

(10)暴风雪天气结束后,进行暴风雪天气对畜牧业影响的灾害评估及服务效益总结;

(11)暴风雪天气结束后,将所制作预报预警、服务产品、新闻通告等材料,联合会商、重大防灾减灾联防会议、与乡镇(苏木)联防等图片、视频进行电子归档。

4.5.2 技术流程

4.5.2.1 数据资料

采用常规观测站和自动站等降雪量、积雪深度、最大风速、能见度、日平均气温、最低气温、降温幅度等资料,气象台发布的降雪预报信息,及家畜棚舍倒塌,影响出牧,冬春羔、母畜伤亡等数据。

4.5.2.2 服务指标

(1)预报预警服务指标:

能见度<100m,平均风力大于6级,伴有强降雪和降温,一般降雪量在3mm以上;

能见度在 100~1000m 之间,平均风力大于 5 级,伴有少量降雪或无降雪;

地面有积雪时,由于风大,将地面积雪刮起,造成能见度时好时坏。一般发生于野外,能见度在 1000~10000m 之间,平均风力大于 5 级。

(2)牧业影响服务指标:

家畜无法出牧、造成家畜棚舍垮塌;

牧区草场大部被雪掩埋、家畜无法采食;

家畜放牧时,造成丢失、冻伤或死亡。

4.5.2.3 技术方法

根据气象台发布的大风、降雪预报预警,利用大风、暴雪预警等级指标,结合不同草原防御灾害能力指标,以及对家畜放牧、接羔保育等畜牧业生产活动的影响指标,采用定性和定量的方法分析;气象要素采用统计、对比分析方法。

4.5.3 服务流程

根据气象台发布的大风、降雪预报预警信息,密切关注天气变化,发布牧用天气预报预警;暴风雪天气发生期间,根据发生的不同季节,监测暴风雪发生区域、程度等情况,以及对家畜放牧、接羔保育等牧业生产环节的影响,实时发布牧业气象服务产品;适时对雪情、灾情进行分析、评估;预报预警、服务产品经领导签发后,通过内部、外部途径发布;根据地方牧业生产需求及持续降雪天气、积雪覆盖、低温等,进行灾后恢复生产牧业气象服务。

4.5.3.1 预报预警产品

(1)预报预警产品制作

产品制作条件:冬季、春季初或秋季末,气象台发布未来 72 小时区域内有暴雪天气,或未来 24 小时将出现 5 级以上大风、瞬时风速≥11m/s,并伴有小雪以上降雪天气的预报预警;冬春季节,前期多次降雪、地面积雪较深,盟市气象台发布 5、6 级(短时 6、7 级)及以上大风天气预报预警。

产品制作方法:根据气象台发布的暴雪预报预警或大风预报预警信息,利用预警等级指标、牧业生产落区气候特征、家畜放牧、接羔保育等畜牧业生产活动得出对畜牧业生产活动影响程度预报。

产品内容:依据气象台发布的暴风雪天气或大风预报预警信息,得出暴风雪天气发生起始时间、牧业生产落区及发生程度和性质的预报结论;并针对性分析暴风雪天气对家畜放牧、接羔保育、家畜设施等畜牧业的影响程度;提出畜舍加固、防风保温、能否出牧、接羔保育等实时畜牧业防灾减灾生产建议。

(2)监测服务产品制作

产品制作条件:上级部门、地方领导及地方相关部门、落区乡镇各(苏木)政府需求,三分之一牧业生产区域出现降雪且部分地区出现雪暴;前期积雪较多、大部分牧区出现平均风力大于 5 级,伴有少量降雪或无降雪且伴有白毛风。

产品制作方法:根据各气象观测站气象数据、卫星遥感监测信息,分析暴风雪天气发生程度,暴风雪对实时畜牧业生产活动的影响,利用卫星遥感监测及气象服务系统制作实况监测图。

发布内容:暴风雪天气过程起止时间、落区、强度等以及相关天气因素分析,对家畜放牧、接羔保育等生产环节的影响程度和牧业灾害情况;未来天气预报预警信息,提出对牧业生产活动及灾后恢复的生产建议。

(3)评估产品制作

产品制作条件:牧区发生大范围雪暴天气,经调查有牧业气象灾情发生,或对畜牧业实时生产环节造成了较大的影响。

产品制作方法:根据调查的灾情,暴风雪或衍生气象灾害发生的程度,以及对畜牧业生产活动等影响分析,按照灾害评估规范对畜牧业影响损失进行评估。

发布内容:暴风雪天气过程、落区、强度等,对牧业生产环节的影响程度和灾害损失情况;根据灾害评估指标得出牧业灾害损失等级。

4.5.3.2 产品发布

(1)预报预警产品

发布形式:通过传真、邮箱、手机短信、电视、广播、政府网站、微信公众号、蒙文手机网站等方式发布。

发布时间:实时发布。

发布对象:公众。

(2)监测产品

发布形式:通过传真、邮箱、手机短信、政府网站、微信公众号、蒙文手机网站等方式发布。

发布时间:实时发布。

发布对象:地方党政部门、地方相关单位、落区乡镇各(苏木)政府。

(3)评估产品

发布形式:通过传真、邮箱报送等方式发布。

发布时间:过程结束。

发布对象:上级部门、地方党政领导。

4.5.4 暴雪、暴风雪服务案例

2015年11月5—8日,锡林郭勒盟出现了强降雪天气过程,降雪范围大,持续时间长,其中太仆寺旗、正蓝旗、多伦县出现暴雪。过程降雪量,多伦为29.0mm,积雪深度达27cm;正蓝旗、太仆寺旗为20.4~22.2 mm,积雪深度17~18cm;镶黄旗、正镶白旗降雪量为9.4~11.8 mm,积雪深度5~8cm(图4.7)。至此,锡林郭勒盟南部地区形成座冬雪,产生积雪和白毛风、吹雪灾害,对交通和牧事活动造成影响。

牧业灾情及影响:暴风雪天气致使太仆寺旗7个苏木乡镇的164个嘎查村和1个农业良种场遭受雪灾,24653户69239人受灾,死亡大畜20头、小畜23只,倒塌牲畜棚圈4座,短缺饲草料3405万kg。牧区大部由于被积雪覆盖且野外伴有白毛风,给牲畜正常出牧和采食造成一定影响。

一、提前发布预报预警。11月1日中期预报发布《未来十天天气过程预报》,11月2日制作《每周天气预报》重点指出:"预计本周前期天气晴好,后期将有一次强降水天气过程。受冷空气和西南暖湿气流共同影响,我盟南部地区将连续出现大到暴雪天气,并伴有白毛风;北部地区将有小雪。积雪和道路结冰会对周末人们出行造成影响,降雪和白毛风对牧事活动将构成危害,外出时需注意安全。"在锡林郭勒盟电视台"锡林郭勒新闻"中播出。

11月4日09时,短期预报员就此次天气过程向盟委、行署及各部门领导发布《天气提示》

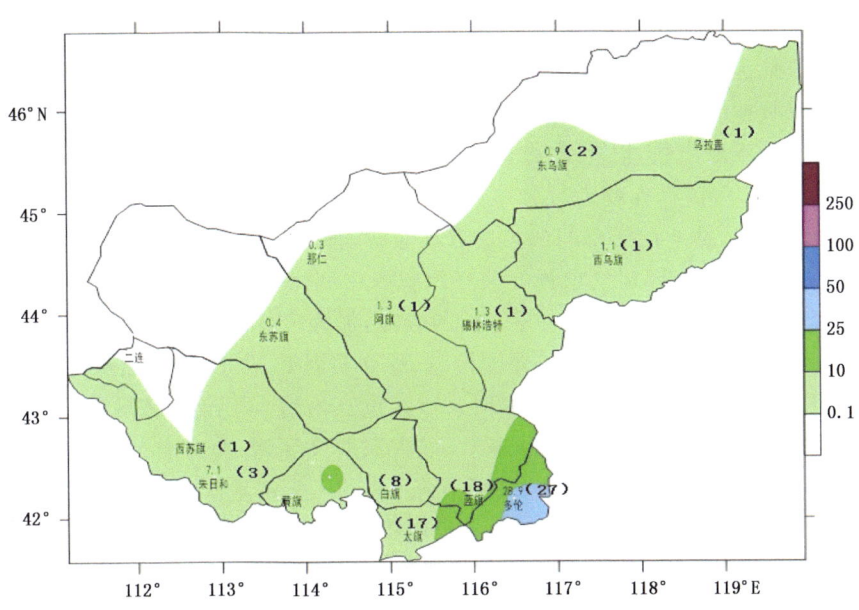

图 4.7　2015 年 11 月—8 日锡林郭勒盟各地降雪量(mm)，
括号内数字为积雪深度(cm)

手机短信，同时向旗县气象局发布指导预报。

《天气提示》为："受冷暖空气共同影响，5 日夜间开始到 8 日，我盟将连续出现降雪天气，南部地区有暴雪，部分地区会有暴风雪，北部地区有小雪，气温下降 6~8 ℃；我盟南部各主要路段有道路结冰。积雪和白毛风对道路交通和牧事活动将造成影响。"

11 月 5 日 09 时，锡林郭勒盟气象台与自治区气象台加密会商天气，10 时召开全盟视频会商，指导旗县气象台预报和服务，业务科下达启动加密观测指令。5 日 17 时短期预报岗发布短期天气预报。

《暴雪预报》："今天夜间到明天白天，多云，多伦县、正蓝旗、太仆寺旗有大到暴雪，部分地区有暴雪，正镶白旗、镶黄旗、苏尼特右旗有中雪，其余地区有小雪；5 级西南转西北风，气温下降 6~8 ℃，南部大部地区伴有白毛风和道路结冰。明天夜间到后天，多云，大部地区有小雪，5、6 级西北风，伴有白毛风，南部地区有道路积雪或结冰。"

11 月 5 日短临预报密切跟踪监测降雪天气，通过天气形势分析、卫星云图监测和各旗县实时加密监测降雪实况，研判天气变化，实时发布预警信号。5 日 16 时经与自治区气象台会商后，又发布暴雪预警信号。

6 日 05 时，短临预报值班员监测到南部地区降雪已达到 6 mm，降雪仍将持续，将暴雪预警升级为黄色预警信号。

6 日 08 时，短临预报值班员监测到南部地区降雪已达到 10 mm 以上，分析预计降雪仍将持续，将暴雪预警升级为橙色预警信号，同时发布了道路结冰预警和暴风雪预警。

同时利用手机短信发布："锡盟气象台 6 日 08 时发布短时天气预报：未来 6 小时我盟南部仍将有 4~6 毫米暴雪，中部有 2 毫米左右中雪，伴有白毛风和道路结冰。"

二、牧业气象预报预警。11 月 2 日根据气象台发布的中期预报《未来十天天气过程预报》及《每周天气预报》，发布《牧用天气预报》，发送至地方相关部门及乡镇(苏木)政府，并通过

LED大屏幕滚动播出；同时利用手机短信、微信公众号、蒙文手机网站发布。

《牧用天气预报》重点指出："11月5—8日我盟将有一次对牧事活动有影响的强降水天气过程。南部牧业地区将连续出现大到暴雪天气，并伴有白毛风；北部牧业地区将有小雪。降雪和白毛风对实时牧业生产活动构成危害，提前做好畜舍加固保温、备足饲料等防御工作；提请南部牧业地区尽量不要出牧，以免暴风雪来临出群失散，造成伤亡。"

5日下午15时，由锡林郭勒盟行署应急办主持召开的农牧业局、民政局、国土资源局、交通局、教育局、水利局、林业局等部门参加的联席会议，部署气象灾害防御工作。

5日下午15时30分，锡盟气象局办公室组织各主流媒体记者召开新闻通报会，向媒体通报天气情况以及对农牧业及交通运输等方面的影响，加大宣传力度。

6日根据预报预警信息、卫星遥感监测信息、地面实时数据，以及牧业落区孕灾环境、承灾能力、防御能力指标，编发《牧业气象灾害预评估》，重点内容：截至6日08时我盟南部牧业地区已出现降雪天气，最大降雪量已达10毫米，积雪深度8厘米，野外伴有白毛风；预计7日到8日，风力将达到5、6级（短时6、7级），气温下降6~8℃，大部地区伴有白毛风和道路结冰，局地可能会有短时暴风雪；根据预报分析，降雪仍将持续并向北扩展，我盟南部牧业地区降雪强度将加强，或将对南部牧业地区畜牧业造成严重影响，以及畜牧业损失。提请牧民朋友注意收听最新天气预报，减少或避免外出放牧，预防暴风雪灾害；加固棚圈设施，做好牲畜保暖工作，预防积雪对牲畜构成危害。

8日针对11月5日至8日降雪天气过程降雪量、落区，以及对牧业生产活动的影响程度；未来天气预测及影响、牧业生产建议。编发《锡林郭勒盟牧业气象监测信息》。

9日针对此次天气过程造成的牧业影响及牧业灾害，编发《牧业灾害评估报告》。

三、应急响应。锡林郭勒盟气象局启动重大气象灾害（暴雪）Ⅳ级应急响应，严格执行应急工作状态制度，全力保障暴风雪天气牧业预报预警服务工作；带班领导参加自治区气象局及盟局以及周边盟市气象部门的会商；适时与牧业辖区进行电话联络，了解牧业生产影响情况；与地方相关部门进行牧业灾情联合调查。

四、预报预警信息全覆盖。面对严峻的防灾减灾形势，根据气象台预报预警信息，对可能出现的牧业灾害性天气及时发布牧业预警信息及应对措施；积极通过广播、电视、电话、网络等媒介，并利用"马都天气"、"蒙文气象服务手机网站"等手机平台，向社会发布蒙汉双语牧业预报预警信息，及时传播到牧民手中。广大牧民自发通过微信、微博等新媒体转发牧业气象预报预警信息，合理安排牧业生产生活，进一步扩大了牧业预警信息的覆盖面，有效提升了牧民防灾减灾意识。

五、下一步工作建议。一是加强牧业预测预报和监测，提高牧业气象预测预报的专业性和针对性。二是加强部门间协调联动，建立健全牧业气象预警信息发布快速通道，完善政府主导的牧业气象预警信息发布传播机制。三是围绕全盟重点生态工程建设，完善锡林郭勒盟草原生态监测评估体系建设，利用气象卫星遥感资料和地面生态监测网，开展监测分析。

第5章 畜产品气候品质认证气象服务

畜产品品质气象认证是从天气气候角度系统化地论证目标产品的生长环境和品质,通过天气气候条件对牲畜产肉、产乳品质影响的优劣等级进行评定,是草地畜牧业气象服务中一项新兴业务,目前尚在探索阶段,仅为日后畜产品品质气象认证工作的开展提供理论基础。

地方良种的畜产品品质,主要取决于品种、年龄、性别、饲养水平、屠宰时期、草地类型及气候条件等诸多因素。其中草地天然牧草种类、牧草生物量、营养成分和天气气候条件对畜产品的品质影响最大。

受锡林郭勒盟特定的地理、气候和草场等自然、生态环境的长期影响,所形成的包括乌珠穆沁羊、苏尼特羊、蒙古牛等一系列肉用型或肉乳兼用型优良畜种,具有产肉量高、肉质优等特点。但同一品种家畜在不同气候条件下,其畜产品的肉含化学成分也有明显差异,地方良种羊在气温低、湿度大的地区绵羊肉中蛋白质的含量比气温高、湿度小的地区要低,含水量和脂肪含量则相反;气候条件对乳的品质也有影响,同一品种的乳牛,适宜的温度和青草期促使泌乳量增加,乳中乳脂和干物质含量减少;低温和枯草期泌乳量明显下降,乳中乳脂和干物质含量增高。因此,最能反映畜产品品质受生态环境和气候条件影响的"身份"证明便是"畜产品品质气象认证"。

绿色食品、有机食品认证向消费者证明了畜产品的安全品质,HACCP认证向消费者证明了畜产品生产企业的对食品安全管理的水平高低,地理标志认证向消费者证明了畜产品的地理来源,而畜产品品质气象认证服务重点是向消费者揭示畜产品在畜牧过程、屠宰过程甚至运输过程中天气气候环境的优劣对畜产品的影响。

畜产品品质气象认证不仅为牧户、合作社甚至相关企业提供了个性化、精细化的直通式畜牧业气象服务,也为畜产品注入了全新的气象科技含量,为区域畜牧业经济发展提供智慧气象服务支撑。

畜产品品质气象认证服务的开展,在认证过程深入挖掘出天气气候资源价值,依据畜产品品质与天气气候的密切关系,考虑相关数据,综合评价确定畜产品品质气候品质等级。同时,认证具有较强的时效性。畜产品气候品质认证不针对某个区域或者合作社,而只针对当年批次的畜产品。畜产品品质气象认证的开展,还有助于促进畜产品流通速度,提升畜牧业综合竞争力,完全符合国际畜产品消费需求的大趋势,能够取得巨大的经济效益和社会效益。今后,消费者选购畜产品时,除"国家地理标志认证"和"三品"认证,还可参考畜产品品质气象认证,这将成为衡量优秀畜产品的一个重要"标签"[13]。

5.1 工作流程

畜产品气候品质认证气象服务工作流程见图5.1。

畜产品品质气象认证前期,对区域的基本气象观测资料和牧业气象观测资料的采集、整

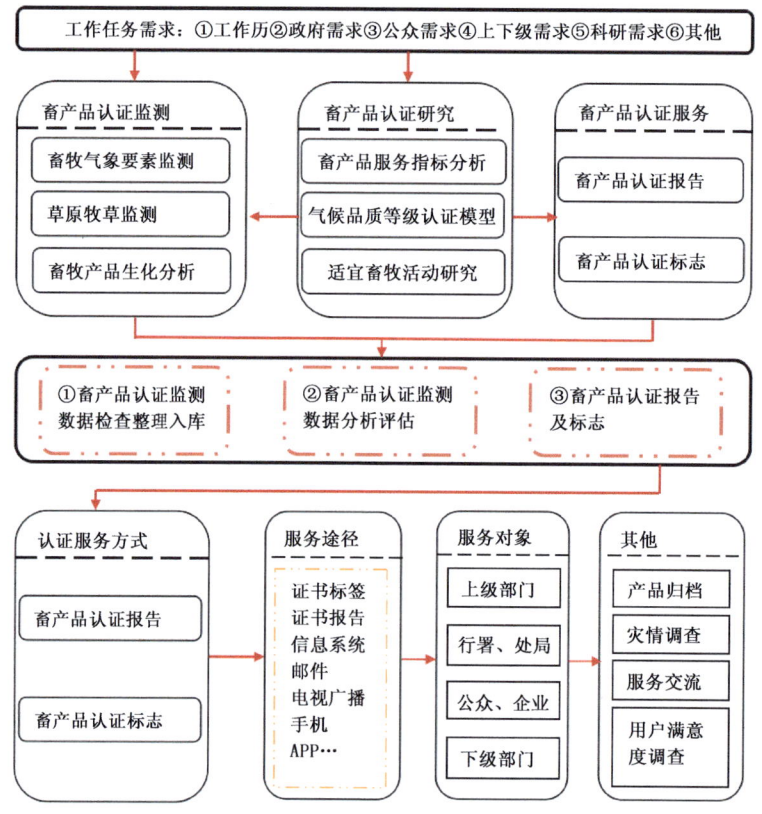

图 5.1　畜产品气候品质认证气象服务工作流程图

理、核对；负责卫星遥感牧草长势监测产品的制作；负责其他相关数据的收集、归档、保管。

畜产品品质气象认证过程中，对牧草营养成分和畜产品生化指标的化验、整理；完成畜产品品质气象认证，并撰写气候品质认证报告书；负责上报认证结果给决策部门，发放对应等级的畜产品品质气象认证标志。

畜产品品质气象认证后期，开展畜产品抽样品质检测工作，收集大量、准确的品质数据，收集用户的反馈信息，继续探索影响因子，改进模型参数，完善畜产品气候品质认证模型，使认证结果更具精细化和科学化，提高服务质量和水平。

5.2　技术流程

畜产品气候品质认证气象服务技术流程见图 5.2。

畜产品品质气象认证是从天气气候角度出发，为天气气候对畜产品品质影响的优劣等级做出评定。因此，技术方法中必须考虑到气候条件和畜产品品质等级两个要素。评定方法是依据畜产品品质与气候的密切关系，通过采集收集、实地调查、实验等相关数据，运用对比分析、相关分析等技术手段和方法，设置认证气候条件指标，建立认证模式，综合评价确定天气气候对牧事生产阶段的畜产品品质影响的优劣，最终评定出畜产品气候品质等级。

5.2.1　数据资料

畜产品气候品质认证所需的气象要素观测资料包括自动气象观测站观测的平均气温、最

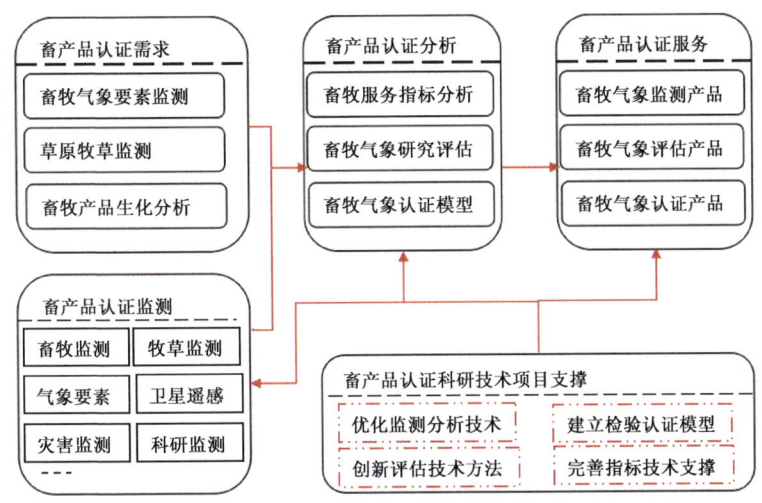

图 5.2 畜产品气候品质认证气象服务技术流程图

低气温、降水、积雪深度、空气湿度、风速等;气象台发布的冷雨湿雪、寒潮、雪暴、大风、沙尘暴等灾害性天气预警信息和中短期天气预报等;卫星遥感监测的牧草长势资料等;家畜的畜产品品质数据和放牧范围内牧草品质数据等资料。气象要素观测资料的获取是来源于内蒙古自治区气象局县级综合气象服务系统的数据集;灾害性天气预警信息和中短期天气预报产品信息的获取是来源于气象预报服务系统;卫星遥感监测资料来源于综合气象信息共享数据库;牧草品质和畜产品品质数据的获取来源于牧业气象试验站的化验结果。所有的数据资料都要进行质量控制和数据订正。

5.2.2 服务指标

畜产品品质气象认证服务工作包括畜产品受天气气候条件影响。畜产品品质气象认证服务指标要参考家畜接羔保育期、家畜防疫期、家畜抓膘期、家畜配种期等各牧事活动的气象服务指标,分别评估各指标要素对畜产品品质的影响。

(1)畜产品品质数据的获取

在划分家畜品种、年龄、性别的基础上,采用物理、化学的方法,进行畜产品品质生化指标的检测,得到肉类和乳类的主要品质数据。其中,肉类的品质考虑脂肪含量、蛋白质含量、水分含量等肉含化学成分,以及瘦肉量及其分布;乳类的品质考虑乳蛋白、乳脂、维生素和无机元素的含量等乳含化学成分。

(2)家畜气候适宜分布区划

根据家畜气候适宜性区划指标,最适宜区、适宜区、次适宜区分别评分为 100 分、90 分和 80 分(表 5.1),不适宜区不予考虑。畜产品品质气象认证过程中,区划指标评分标准采用内蒙古草地畜牧业精细化气候区划指标[14]。

表 5.1 家畜气候适宜性区划评分标准

家畜气候适宜性区划	X_1
最适宜区	100
适宜区	90
次适宜区	80

表 5.2 关键牧事活动与气候品质的关系

牧事活动期间		关键牧事活动与气候品质的关系
抓膘期		抓膘温度多在日平均气温为 8～20℃，正是牧草繁茂时期，≥20℃的高温，对多数家畜放牧采食不利，甚至掉膘，影响畜产品品质； 降水少将造成草原干旱，而连阴雨而影响放牧，不利于抓膘，影响畜产品品质； 风力过大对家畜放牧采食不利，造成掉膘，影响畜产品品质。
从立夏至夏至的 40 多天	立秋以后	
18℃＜日平均气温＜20℃	4℃＜日平均气温＜15℃	
相对湿度在 50% 左右	相对湿度在 50% 左右	
风力 1～2 级的多云天气	风力 1～4 级的多云天气	
降水适中		
屠宰期		冷暖交替季节，过暖易造成肉质腐败；过冷草枯殆尽，家畜迅速掉膘，均影响畜产品品质。
日平均气温＜－5℃		

(3) 畜产品品质受气候条件影响

畜产品受气候条件影响包括气候资源和气象灾害情况两个部分[15]。而家畜的生长发育一方面受气候条件的直接影响，另一方面气候条件又影响牧草营养价值，因此，气候资源对畜产品的影响应考虑关键牧事活动以及牧草营养价值这两个部分。

1) 关键牧事活动对畜产品品质的影响：家畜膘情好坏直接影响畜产品品质（表 5.2），对牧业丰收具有决定性意义，因此，放牧抓膘是夏秋季牧事活动的中心，适时育肥屠宰也尤为重要。

家畜抓水膘的关键气象因子是最高气温和降水量，家畜抓秋膘的关键气象因子是风速和最低气温。因此，在畜产品气候资源评价指标中考虑影响畜产品的主要气候因子包括抓膘期间最高气温、最低气温、日平均气温、降水量、风速、相对湿度和屠宰期日平均气温。

2) 牧草营养成分对畜产品品质的影响：牧草营养对家畜而言，主要指牧草的化学成分、可食性、消化率等方面，而牧草的化学成分中包括粗蛋白质、粗脂肪、粗纤维等。牧草各营养成分的高低是评价其营养价值的重要依据，一般来说，粗蛋白含量越高，粗纤维含量越低，牧草营养价值越高。气候条件是牧草生长形成的基础，研究认为在各气象要素中年均气温、年降水量、年日照时数对牧草品质的影响尤为显著，而年日照时数是影响粗蛋白、粗脂肪和粗纤维含量变化的最主要因素。因此，在畜产品气候资源评价指标中考虑影响畜产品的主要气候因子还包括年均气温、年降水量和年日照时数[16]。

3) 气候资源对畜产品品质的影响：将畜产品的品质数据分别与家畜抓膘期间最高气温、最低气温、日平均气温、降水量、风速、相对湿度和屠宰期日平均气温以及该地区年均气温、年降水量和年日照时数求相关，从各因子中挑选 n 个相关性最大且通过显著性检验的因子作为最优因子。根据这些主要气候因子的影响程度赋予相应权重，评判公式为：

$$\alpha = j_1\alpha_1 + j_2\alpha_2 + \cdots + j_n\alpha_n \quad (5.1)$$

4) 气象灾害对畜产品品质的影响：锡林郭勒盟地区主要气象灾害包括寒潮、大风沙尘、冷雨湿雪、雪暴，影响畜产品品质，按照不同灾害的影响大小分别赋予不同权重 k_1, k_2, k_3, k_4。采取评判公式为：

$$\beta = (k_1\beta_1 + k_2\beta_2 + k_3\beta_3 + k_4\beta_4) \times 20\% \quad (5.2)$$

同种类灾害程度评判标准如表 5.3 所示。

表 5.3 气象灾害评分标准

灾害等级	寒潮（β_1）	大风沙尘（β_2）	冷雨湿雪（β_3）	雪暴（β_4）
无灾	100	100	100	100
轻灾	75	75	75	75
中灾	50	50	50	50
重灾	25	25	25	25

畜产品受气候条件影响:因气象灾害影响效果有限,按统计及经验估算影响程度最多占20%,气候资源占权重80%。最终畜产品受气候条件影响的评判公式为:

$$x_2 = 80\%\alpha + 20\%\beta \tag{5.3}$$

5.2.3 技术方法

综合考虑影响家畜生产和品质的生态适宜性、当年气候条件、管理水平所占比重,赋予不同权重,得出认证评分标准公式为:

$$W = i_1 X_1 + i_2 X_2 + i_3 X_3 \tag{5.4}$$

式中:W 表示认证指数,X_1 代表家畜气候适宜分布区划指标,X_2 代表畜产品受气候条件影响,X_3 代表合作社或企业生产管理条件;i_1,i_2,i_3 分别代表各项指标的权重。

结合锡林郭勒盟畜牧业生产实际,根据畜产品品质气象认证指数 W,将畜产品品质气象评价标准统一划分为特优、优、良和一般 4 个等级(表 5.4)。

表 5.4 畜产品气候品质认证指数等级划分标准

畜产品气候品质指数	畜产品气候品质等级
$W \geqslant 90$	特优
$85 \leqslant W < 90$	优
$80 \leqslant W < 85$	良好
$80 < W$	一般

根据气候品质认证指数计算结果,参照畜产品气候品质评价指数等级划分标准,评价畜产品气候品质等级。

5.3 服务流程

畜产品气候品质认证气象服务流程见图 5.3。

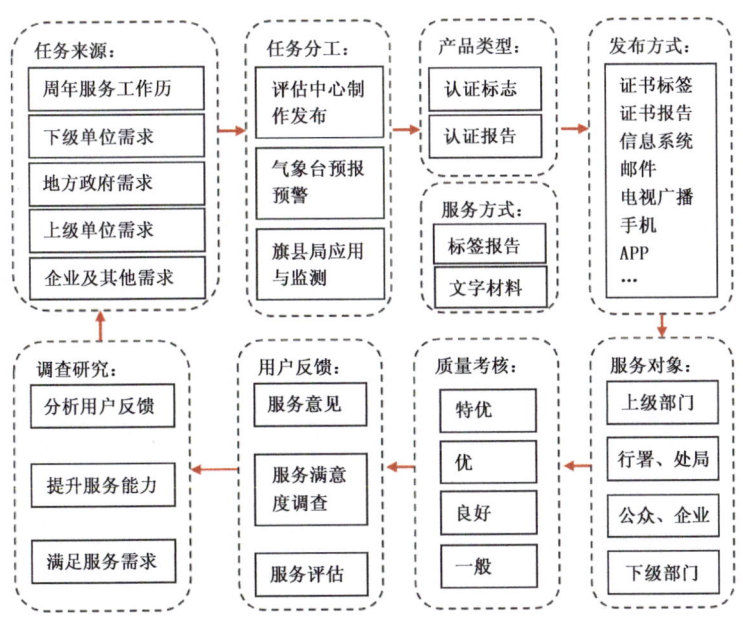

图 5.3 畜产品气候品质认证气象服务流程图

(1)认证对象

畜产品气候品质认证的主要认证对象是牧业生产过程及其所生产的初级畜产品或粗加工产品,且只针对当年批次的畜产品。第二年的畜产品品质等级要根据第二年的气候条件重新申请和认证。

申请开展气候品质认证的畜产品必须来源于认证区域内。同时还应当符合下列条件:一是产品具有独特的品质特性或者特定的生产方式;二是产品品质特色主要取决于独特的自然生态环境、气候条件;三是产品具有一定规模并在限定的生产区域范围生产;四是农产品产地环境、产品质量符合国家强制性技术规范要求。凡不符合上述条件的认证申请,一律不受理。

(2)认证时间

畜产品气候品质认证需要在当年及时进行申请和认证。为确保畜产品在上市一周前通过认证,单位尽量在牲畜屠宰前一个月前提出申请。

(3)品质认证

气候概况:畜产品气候品质认证报告的气候概况评估是对家畜和牧草生长发育影响较大的气象要素值与历年同期值进行比较并绘制图表,特别针对家畜抓膘期间和屠宰期间的天气条件、发生灾害性天气的次数,统计分析影响畜产品品质有利或不利的气象条件,完成气候评估。

认证结果:根据上述分析,结合畜产品气候品质认证指数计算结果,参照畜产品气候品质认证标准,划分认证等级。

认证建议:根据认证结果,提出畜产品品质认证标志的颁发建议。

撰写畜产品气候品质认证报告书,并及时反馈给气候品质认证申请委托人。

(4)认证标志

畜产品气候品质认证标志受自治区统一标志管理。畜产品气候品质标志由标识图和批号代码两部分组成。标识图包含标志名称、气候、品质等级、认证机构等信息。气象部门将把认证信息制成二维码,包括具体的畜产品名称、认证区域、认证编号、认证结论等牲畜履历信息,以及当年牲畜关键生育期天气气候特征,提供给认证申请人印于精加工畜产品的包装外,方便消费者进行查询。

第 6 章　草地畜牧业气象服务考核

为了加强草地畜牧业气象服务业务管理,促进草地畜牧业气象服务规范化,服务效益可持续发展,不断提高服务产品的准确性、规范性、及时性、可用性,提升草地畜牧业气象服务能力,特制定服务产品制作规范考核评估标准,对草地畜牧业服务产品规范质量考核。

服务产品质量考核必须坚持实事求是的工作态度,严格按照服务规范质量标准考核,严禁弄虚作假。

草地畜牧业气象服务产品按服务对象分主要有决策、公众两大类,按内容分主要有预报预测类、监测类、评估分析类等三种。

下面根据不同产品服务对象、时间、服务内容分别建立考核标准。具体考核标准详见服务产品制定的考核标准。

6.1　草地畜牧业气象预报服务产品考核

6.1.1　考核内容

考核内容主要针对服务产品规范性评估、产品内容质量、产品发布时效性。要求预测模型实现定量化,预测依据科学合理,理由充分、观点明确、预测准确,重点突出、逻辑性强。

制作发布服务产品简明扼要、通俗易懂,简述预测结论,提出生产建议。

生产建议具有针对性,可操作性,易懂适用。

考核产品主要有家畜接羔保育期、家畜饱青期、抓绒剪毛期、家畜驱虫期、家畜药浴、家畜抓膘期、家畜冷季载畜量预报、牧用天气预报服务等。

6.1.2　考核标准

产品质量考核:主要为产品规范性、完整性、产品质量。

时效性考核:服务产品在规定时间以前发出即为准时(以内网传输时间为准),否则为迟报。准时按 20 分计算,每迟报一天扣 2 分,超过 10 天按 0 分计算。

评分标准:90 分以上为优秀,80—89 分为合格,80 分以下为不合格(表 6.1)。

表 6.1 草地畜牧业气象预报服务产品考核

内容	序号	考核内容	扣分	序号	考核内容	扣分
产品规范性考核（30分）	1	无产品期号或编号混乱	3	7	无产品标题、标题与内容不相符；格式、字体、字号不正确	2
	2	无签发人或签发人不正确（区别不同类型分别由局领导、分管领导、台站长签发）	4	8	附表、附图、格式、字体、字号不正确	3
	3	正文中格式、字体、字号不正确	2	9	正文中数字、单位、标点有误或不规范	2
	4	正文中时间、地点有误或不规范	3	10	存在4处以上名词术语、计量单位、符号使用不规范	3
	5	图表颜色搭配不规范，解释作用较差	3	11	错别字或漏字大于等于3处	2
	6	产品发布年月日时间不正确	3			
产品内容质量考核（50分）	1	预报产品内容不完整	8	6	预报依据不够充分	5
	2	预测模型科学性较差	5	7	预报结论表述不够明确	8
	3	生产建议针对性与指导性较差	2	8	语言不够简练，重点不够突出	2
	4	预报用语出现错误	5	9	预报文字描述错误	5
	5	预报图文不符	5	10	预报要素预报不完整	5
时效考核（20）		没有在规定的时间内发布传输到服务用户				20

6.2 草地畜牧业气象监测服务产品考核

6.2.1 考核内容

考核内容主要针对服务产品规范性评估、产品内容质量、产品发布时效性。重点围绕接羔保育期、抓绒剪毛期、驱虫、药浴期、家畜抓膘期、家畜配种期、家畜膘情等牧业生产环节，制作发布系列化监测服务产品。监测评估重点突出、归纳合理、概括准确，分析内容观点明确、逻辑性强，具有针对性。生产建议具有针对性，可操作性，易懂适用。

考核产品有家畜接羔保育期、饱青期、抓绒剪毛期、驱虫、药浴防疫期、抓膘期、家畜配种期、影响牧业的寒潮、大风沙尘、冷雨湿雪、强对流、暴雪天气监测评估等。

6.2.2 考核标准

产品质量考核：主要为产品规范性、完整性、产品质量。

时效性考核：服务产品在规定时间以前发出即为准时（以内网传输时间为准），否则为迟报。准时按20分计算，每迟报一天扣2分，超过10天按0分计算。

评分标准：90分以上为优秀，80—89分为合格，80分以下为不合格（表6.2）。

表 6.2 草地畜牧业气象监测服务产品考核

内容	序号	考核内容	扣分	序号	考核内容	扣分
产品规范性评估（30分）	1	无产品期号或编号混乱	3	7	无产品标题、标题与内容不相符；格式、字体、字号不正确	2
	2	无签发人或签发人不正确（区别不同类型分别由局领导、分管领导、台站长签发）	4	8	附表、附图、格式、字体、字号不正确	3
	3	正文中格式、字体、字号不正确	2	9	正文中数字、单位、标点有误或不规范	2
	4	正文中时间、地点有误或不规范	3	10	存在4处以上名词术语、计量单位、符号使用不规范	3
	5	图表颜色搭配不规范，解释作用较差	3	11	错别字或漏字大于等于3处	2
	6	产品发布年月日时间不正确	3			
产品内容质量考核（50分）	1	产品内容完整性差	6	5	资料收集不及时	5
	2	分析数据出现错误	8	6	图表表示信息不清晰、直观	6
	3	监测分析表述不明确	6	7	色标使用不标准	5
	4	生产建议针对性与指导性较差	6	8	分析主要结论不明确	8
产品发布时效（20）		没有在规定的时间内发布传输到服务用户				20

6.3 牧用天气预报服务产品考核

6.3.1 考核内容

主要针对服务产品规范性评估、产品内容质量、产品发布时效性。草原牧用天气预报服务产品考核主要包括根据气象台发布的气象灾害预报预警信息，结合不同草原类型及地区发生规律和灾害指标，或关键性、转折性天气事件，针对性预报分析，对适时牧业生产和牧事活动影响的强度、范围，及时制作发布草地畜牧业天气预报预警服务产品，提出防灾减灾生产建议，及时将预报预警信息传递给广大牧户，并提出有针对性的防灾减灾生产建议。

考核产品有寒潮、大风沙尘、冷雨湿雪、雪暴牧用天气预报等。

6.3.2 考核标准

产品质量考核：主要为产品规范性、完整性、产品质量。

时效性考核：服务产品在规定时间以前发出即为准时（以内网传输时间为准），否则为迟报。准时按20分计算，每迟报一天扣2分，超过10天按0分计算。

评分标准：90分以上为优秀，80—89分为合格，80分以下为不合格（表6.3）。

表 6.3　牧用天气预报服务产品考核

内容	序号	考核内容	扣分	序号	考核内容	扣分
产品规范性评估（30 分）	1	无产品期号或编号混乱	3	7	无产品标题、标题与内容不相符；格式、字体、字号不正确	2
	2	无签发人或签发人不正确（区别不同类型分别由局领导、分管领导、台站长签发）	4	8	附表、附图、格式、字体、字号不正确	3
	3	正文中格式、字体、字号不正确	2	9	正文中数字、单位、标点有误或不规范	2
	4	正文中时间、地点有误或不规范	3	10	存在 4 处以上名词术语、计量单位、符号使用不规范	3
	5	图表颜色搭配不规范，解释作用较差	3	11	错别字或漏字大于等于 3 处	2
	6	产品发布年月日时间不正确	3			
产品内容质量评估（50 分）	1	预报产品内容不完整	8	6	预报依据不够充分	5
	2	预测模型科学性较差	5	7	预报结论表述不够明确	8
	3	生产建议针对性与指导性较差	2	8	语言不够简练，重点不够突出	2
	4	预报用语出现错误	5	9	预报文字描述错误	5
	5	预报图文不符	5	10	预报要素预报不完整	5
产品发布时效（20）		没有在规定的时间内发布传输到服务用户				20

6.4　草地畜牧业气象评估服务产品考核

6.4.1　考核内容

主要针对服务产品规范性评估、产品内容质量、产品发布时效性。要求评估依据理由充足，科学合理，观点明确，重点突出，逻辑性强，监测评估结论（定性和定量相结合）准确。生产建议具有针对性，可操作性，易懂适用。

考核产品有放牧绵羊家畜接羔保育期、饱青期、抓绒剪毛期、驱虫、药浴防疫期、抓膘期、家畜配种期专题评估分析，适时发布的干旱监测信息、雪灾监测信息、大风、沙尘天气监测信息、寒潮、吹雪、雪暴监测信息、冷雨湿雪监测信息、强对流天气评估分析等。

6.4.2　考核标准

产品质量考核：主要为产品规范性、完整性、产品质量。预报结果的准确性暂时不做考核。

时效性考核：服务产品在规定时间以前发出即为准时（以内网传输时间为准），否则为迟报。准时按 20 分计算，每迟报一天扣 2 分，超过 10 天按 0 分计算。

评分标准：90 分以上为优秀，80—89 分为合格，80 分以下为不合格（表 6.4）。

表6.4 天然牧草气象评估产品服务考核标准

内容	序号	考核内容	扣分	序号	考核内容	扣分
产品规范性评估（30分）	1	无产品期号或编号混乱	3	7	无产品标题、标题与内容不相符；格式、字体、字号不正确	2
	2	无签发人或签发人不正确（区别不同类型分别由局领导、分管领导、台站长签发）	4	8	附表、附图、格式、字体、字号不正确	3
	3	正文中格式、字体、字号不正确	2	9	正文中数字、单位、标点有误或不规范	2
	4	正文中时间、地点有误或不规范	3	10	存在4处以上名词术语、计量单位、符号使用不规范	3
	5	图表颜色搭配不规范，解释作用较差	3	11	错别字或漏字大于等于3处	3
	6	产品发布年月日时间不正确	3			
产品内容质量考核（50分）	1	产品内容完整性差	5	8	资料收集不及时	3
	2	分析数据出现错误	5	9	图表表示信息不清晰、直观	3
	3	生产建议针对性与指导性较差	2	10	色标使用不标准	3
	4	对气象因素影响机理的阐述不恰当或明显错误，科学性不强或差	3	11	未考虑气象服务周年方案，服务关注重点不突出	3
	5	内容空泛、概括，表达不清晰、准确、合理，建议措施指导性、可操作性不强	4	12	对气象及其影响事件的分析和评估结果缺乏准确性，建议针对性较差或不强	3
	6	没有综合考虑各种气象条件或相关信息，不符合地方经济社会发展对决策气象服务的综合需求，综合性不强	4	13	主题内容专业方面的描述过多，用语生僻费解，通俗性与可读性不强	3
	7	党政决策部门相关刊物、材料引用较少或未被引用	4	14	未得到党政领导的批示或受到党政领导的批评	5
产品发布时效（20）		没有在规定的时间内发布传输到服务用户	20			

参考文献

[1] 辛志远,史激光,刘雅琴,等,2012.锡林郭勒地区降水时空分布特征及变化趋势[J].中国农学通报,28(02):312-316.

[2] 史激光,2010.锡林郭勒地区近49年沙尘暴特征分析[J].干旱区资源与环境,24(8):63-67.

[3] 史激光,2011.典型草原区3种牧草生育规律及物候期气象指标[J].草业科学,28(10):1855-1858.

[4] 史激光,王英舜,武魁,等,2011.典型草原区放牧绵羊体质量动态变化特征分析[J].草业科学,26(11):109-112.

[5] 伊德,张宏伟,1997.蒙古羊春季牧食行为的研究[J].中国草地,(4):16-19.

[6] 白永飞,李福生,1997.蒙古羊夏季牧食行为的研究[J].草原与草业,(1):32-36.

[7] 刘志刚,王英舜,等,2006.内蒙古锡林郭勒盟牧业气候区划[M].北京:气象出版社.

[8] 乌兰,乌兰巴特尔,李云鹏,2009.内蒙古自治区生态鱼农牧业气象服务体系研究[M].北京:气象出版社.

[9] 盖煜,邓晓东,1998.放牧绵羊膘情变化与气象条件关系研究[J].内蒙古气象,(2):24-27.

[10] 董光荣,吴波,慈龙骏,等,1999.我国荒漠化现状成因与防治对策[J].中国沙漠,19(4):318-332.

[11] 李英年,1997.藏系绵羊体动态变化及其与气象条件的关系[J].家畜生态,18(4):11-15.

[12] 赵忠,王宝全,王安禄,2005.藏系绵羊体重动态监测研究[J].中国草食动物,25(1):14-16.

[13] 李仁忠,王治海,金志凤,等,2015.浙江省农产品气候品质认证服务浅析[J].浙江气象,36(4):23-25,43.

[14] 杨利霞,朱敏武,等,2014.汉中柑橘果品气候认证技术探索[J].安徽农业科学,42(28):9865-9866,9868.

[15] 樊锦沼,乌兰巴特尔,1993.气象与绵羊肉生产[M].北京:气象出版社.

[16] 武艳娟,史激光,2015.锡林郭勒牧草营养成分年际变化及其与气象要素的关系[J].草原与草业,2(27):10-11.

附录 A　草地畜牧业气象服务工作名词解释

1. 雪灾　即白灾。它是由于冬、春季降雪量过多,草场被积雪掩埋,致使家畜采食困难或者根本吃不上草而造成的"雪害"。

2. 吹雪　即白毛风,由气流挟带起分散的雪粒在近地面运行的多相流,又称风雪流,简称吹雪。根据强度的大小等方面分为低吹风、高吹风和暴风雪三类。

3. 雪暴　即暴风雪,大量的雪被强风卷着随风运行,并且不能判定当时是否有降雪,水平能见度小于 1km 的天气现象。

4. 大风　瞬时风速≥17m/s 或目测估计风力≥8 级称为大风,气象上统计为大风日数。

5. 沙尘暴　12 小时内可能出现沙尘暴天气(能见度小于 1000m),或者已经出现沙尘暴天气并可能持续。

6. 跑青期　春天牧草刚刚返青远看一片绿,羊只为了寻觅青草到处乱跑,结果就一直向前跑一直吃不饱,即所谓"跑青"。

7. 饱青期　春季天然草场牧草返青后,生长状况恰好能够使羊只吃饱的时期。

8. 接羔保育　对母畜产羔过程及母幼仔保养护理的一种牧事活动。

9. 驱虫　又称杀虫,指用杀虫药治疗畜体内寄生虫的方法。

10. 药浴　药浴就是将药物与水配制药水放入专门的池子内对剪毛后的羊只进行泡澡,通过药物对绵羊躯体进行一定时间的浸泡,以杀灭寄生在绵羊体外的各种寄生虫,达到体外驱虫的目的。

11. 抓绒　用专制的铁梳子从山羊体毛中梳理出绒毛的一种牧事活动。

12. 剪毛　用剪刀把羊体表毛剪下的一种牧事活动。

13. 抓膘　家畜抓膘分为抓水膘、抓秋膘两种。家畜抓水膘:家畜从饱青期到秋季牧草籽实成熟期间由体能恢复到显著的肌肉增长过程。家畜抓秋膘就是利用秋季天气凉爽,百草结籽营养价值高这一时期,使家畜体重及膘情迅速提升的生产活动。

14. 配种　使雌雄两性家畜的生殖细胞结合以繁殖后代,达到扩大种群的目的。

15. 载畜量　载畜量是衡量草场生产能力的指标,通常是指放牧期内单位面积草场所能放牧牲畜的头数。即一定的草地面积,在一定的利用时间内,所承载饲养家畜的头数和时间。载畜量可区分为合理载畜量和现存载畜量。

附录 B 草地畜牧业气象服务工作制度与职责

一、岗位工作制度

1. 爱岗敬业，忠于职守。时刻要有气象服务工作与国家有安全、经济建设和人民的生活、利益紧密相关的思想，切实履行职责任，尽心尽责办好职责范围内的气象服务工作、事项，不得马虎懈怠、相互推诿、失职渎职。

2. 要讲求服务效率，注重服务质量。熟悉当地气候情况及天气变化特点，及时处理各项服务事宜。了解地方经济发展规划及产业结构和布局，紧紧围绕经济建设高质量开展气象服务。

3. 树立公共服务理念。为领导决策、为经济建设服务、为广大民众服务永远是气象服务工作的出发点和归宿点。

4. 增强服务能力，提高服务水平。加强自身业务和新技术、新方法的学习，提高自身业务技能和综合素质，全面提高气象服务水平。

5. 转变服务作风，改进服务方式。由政府型服务向农村牧区生产一线服务转变；由传统服务向需求服务转变；由阶段性服务向周期性服务转变；由单一服务向多元化服务转变。

6. 坚持勤于思考，敢于创新，不断探索提高服务工作水平的新途径。

7. 发扬气象人勇于吃苦、勇于奉献的光荣传统和精神，在新形势下做出更大贡献。

二、岗位职责

（一）监测工作职责

1. 了解本地区地形地貌、草地畜牧业生产气候背景和草地畜牧业生产状况。

2. 负责草地畜牧业气象监测数据的质量监控工作，积累草原生态与畜牧业气象监测资料，保证资料代表性、准确性。

3. 掌握各种草地畜牧业务制作软件、工具等，及时收集和查询有关预报预警、草地畜牧业生产、畜牧膘情、灾害等信息。

4. 熟悉草地畜牧业服务产品制作流程、标准和基本内容，严格按照产品制作流程和相关规范进行产品制作及发布。

（二）预报、预警评估工作职责

1. 熟知不同区域、不同季节主要草地畜牧业气象灾害类型；密切监视天气实况和未来天气及短期气候预测，尤其要关注未来灾害性天气预报、预警；及时制作传输牧用天气预报。

2. 了解最新草地畜牧业灾情信息和畜牧业产业结构、草原畜牧信息、畜牧业生产目前状态、气象灾情信息传播及灾害防御能力等；熟知草原畜牧气象灾种及不同灾害的主要影响区域，积极开展牧用天气预报的制作与发布等；

3. 熟知天气气候条件对草地畜牧业的影响；不同季节气象气候条件对草地畜牧业产生的影响；做好接羔保育期、饱青期、抓绒剪毛期、疫病防御期、抓膘期、配种期的气象服务工作；研究草畜平衡、做好冷暖季载畜量预报服务；探索优质畜产品气象认证服务。

4. 掌握各种草地畜牧业务制作软件、工具等；熟悉草地畜牧业服务产品制作流程、标准和内容;严格按照服务流程和相关规范进行服务产品制作并及时发布。

5.掌握本地区主要草地畜牧业气象指标,研发、总结和改进预测、预报技术方法;制定草地畜牧业气象评估指标,建立草地畜牧业生产气象服务模型;负责重大草地畜牧业气象灾害评估、重大草地畜牧业气象问题服务工作;研发、总结和改进评估技术方法。

6.定期组织多部门(气象局、生态办、草监局、林业局、农牧业局、水利局、草原站等单位)专家会商,探讨草地畜牧业气象创新服务,探索服务工作的新思路、新方法。

7.利用不同水热条件下的牧草生长规律,研究家畜采食的最佳程度和利用方式并提供服务;根据不同的气候区提出家畜棚舍改善和建设方案;根据目前草场退化沙化的现状,利用气候相似原理,开展优良牧草、优良家畜的引种实验及推广工作。

附录C 草地畜牧业气象服务工作历

发布日期		定期服务产品
月	日	项目
11	3	家畜膘情监测服务信息
12	3	家畜膘情监测服务信息
12	3	接羔保育期气候预测服务信息
1	3	家畜膘情监测服务信息
2	3	家畜膘情监测服务信息
3	3	家畜膘情监测服务信息
3	3	春季驱虫期气候预测服务信息
3	23	家畜饱青期预报信息
4	3	家畜膘情监测服务信息
4	13	抓绒剪毛期气候预测服务信息
5	3	家畜膘情监测服务信息
5	13	抓水膘期监测服务信息信息
5	23	家畜药浴期气候预测服务信息
6	3	家畜膘情监测服务信息
6	13	家畜(产冬羔)配种气候预测服务信息
6	23	家畜暖季载畜量预报服务信息
7	3	家畜膘情监测服务信息
7	13	抓秋膘期监测服务信息信息
8	3	家畜膘情监测服务信息
8	13	秋季驱虫期气候预测服务信息
8	13	家畜(产春羔)配种气候预测服务信息
9	3	家畜膘情监测服务信息
9	13	草地冷季载畜量预报
10	3	家畜膘情监测服务信息
备注:适时发布:干旱监测信息、雪灾监测信息、大风、沙尘天气监测信息、寒潮、吹雪、雪暴监测信息、冷雨湿雪监测信息、强对流天气监测信息。		

附录 D 草地畜牧业气象服务产品制作规范

D.1 气象服务产品格式

（1）产品用纸采用 GB/T 148——1997 中规定的 A4 型纸,其成品幅面尺寸为:210mm×297mm,页边距上下各 2.54cm,左右各 3.17cm。

（2）气象服务产品文头包括领导批示、产品名称、期号、发布单位、发布日期、签发,文头与主体之间用红色横线分隔。

（3）领导批示。标于文头左上角,预留适当空白区域以便领导批示。宋体,小四号,红色,外加红色圆角矩形框。

（4）产品名称。黑体,41 号,红色,居中,每字间空一格,1.5 倍行距。

（5）期号。统一为"××××年第××期",加括号,位于"产品名称"下 1 行。黑体、三号、黑蓝色,居中,1.5 倍行距。

（6）发布单位。统一为"××××气象局",位于"期号"下 1 行。黑体,小三号,黑蓝色,居左,20 磅行距。

（7）发布日期。统一为"××××年××月××日",位于"发布单位"下 1 行。黑体,小三号,黑蓝色,居左,20 磅行距。

（8）签发。插入文本框方式介于"发布单位"和"发布日期"中间,文本框不加边框。黑体,小三号,黑蓝色,居右。

（9）主体包括标题、摘要、正文,如无特殊说明,文字的颜色均为黑色。

（10）标题。居中于红色分割线下。一般用方正小标宋简体,二号,加粗,居中,1.5 倍行距;回行时,要做到词意完整,排列对称,长短适宜。服务产品标题下两行分别标有"××××气象局"和成稿日期,楷体_GB2312,四号,加粗,居中。

（11）摘要。位于标题下 1 行,空两字,回行顶格。楷体_GB2312,四号,行距 20～25 磅,"摘要"二字加粗,段前 1 行。

（12）正文。位于标题下 1 行,仿宋_GB2312,三号,行距 25～30 磅。每个自然段左空两字,回行顶格。

（13）文中结构层次不超过四级,依次使用"一、""（一）""1.""（1）"标注。第一层用黑体,段前 1 行;第二层、第三层和第四层采用仿宋_GB2312,加粗。

（14）示意图应有图框、图例、图号、图名,插入图片时环绕方式采取"嵌入型"。

（15）图框内除主图外只标注图例,原则上不加注文字说明、制作者信息等内容,图例一般在图的下方;卫星遥感监测产品要标出箭头并文字说明。

（16）图号和图名中间空 2 格,采用正文形式,位于图下 1 行。仿宋_GB2312,小四号,加粗,居中,单倍行距。

（17）降水量从少到多,图中颜色从暖色调渐进到冷色调;降水距平百分率从偏少到偏多,图中颜色从暖色调渐进到冷色调;温度距平从偏高到偏低,图中颜色从暖色调渐进到冷色调。

其他图的配色也都遵守这一原则进行,填图颜色要有一定间隔,保证打印和传真质量。

(18)表格应有表号、表名、表头、内容。

(19)表号和表名中间空 2 格,采用正文形式,位于表的上 1 行。仿宋_GB2312,小四号,加粗,居中,单倍行距。

(20)表头。宋体,居中,加粗,根据内容适当调整字体大小。

(21)内容。宋体,居中,根据内容适当调整字体大小。

(22)文尾包括呈报、报送。上下各有一条黑色直线划分,各单位间用"、"号分隔。仿宋_GB2312,小四号,加粗,两端对齐,28 磅行距。

D.2　服务产品内容编辑规范

(1)产品内容提要中心明确、重点突出、针对性强、标题醒目;

(2)内容叙述文字精练流畅通俗易懂,结构严谨层次清楚,气象专业用语尽量通俗化;

(3)格式编排合理,图文并茂美观大方;

(4)名词、单位、符号使用正确、规范,符合国家关于行政行文标准和规定,图标所表示的信息清晰、直观;

1)表示天气现象、云状的符号,尽量引用气象专用符号或气象方面习惯引用的符号,并加以适当说明;计量单位使用《中华人民共和国法定计量单位》和气象标准计量单位;

2)文字的使用,不能使用"多次"、"许多地区"等不确定量词。旗县简称,不得随意简化;

(5)图表所表示的信息直观清晰,图表名称简单明了。

所有的图表均应有图表号、名称、资料提供单位、资料日期(时限)和说明;

图号、图名在图的下方;表号、表名在表的下方;资料日期和单位在图名下侧;说明在图的上方;

图中可使用颜色,使用原则是:从高到低或从多到少,图种颜色从暖色调渐进到冷色调,从低到高或从少到多,图种颜色从冷色调渐进到暖色调。

图中的等直线间隔可根据服务对象需求,按照有利于表达、突出产品内容确定,并将明确标注等直线数值。

(6)各服务单位根据用户的需求,按照上述要求应将服务产品翻译为蒙古文字,直接服务于广大农牧民用户。少数民族文字使用的字体按照国家有关规定执行。

D.3　示例。

服务产品示例见图 D.1。

锡林郭勒盟生态与农业气象信息

总第 XX 期

牧业气象预报预警第 XX 期

XXX 气象局　　　　　　　　　　　分析：XXX

XXXX 年 XX 月 XX 日　　　　　　　签发：XXX

接羔保育气象条件预测分析

内容提要：

一、前期气候概况

二、生态概况

三、接羔保育气象条件预测

四、生产建议

呈报：XX 委、XX 行署、内蒙古气象局领导。
报送：各旗(县)政府、XX 农牧局、XX 草原森林防火指挥部、内蒙古气象局应急与减灾处、内蒙古生态与农业气象中心、内蒙古决策服务中心。

锡林郭勒盟生态与农业气象信息

总第 XX 期

牧业气象评估第 XX 期

XXX 气象局　　　　　　　　　　　分析：XXX

XXXX 年 XX 月 XX 日　　　　　　　签发：XXX

抓绒剪毛期气候评述

内容提要：

一、抓绒剪毛期气候概况

二、抓绒剪毛期气候评述

三、气候展望

四、生产建议

呈报：XX 委、XX 行署、内蒙古气象局领导。
报送：各旗(县)政府、XX 农牧局、XX 草原森林防火指挥部、内蒙古气象局应急与减灾处、内蒙古生态与农业气象中心、内蒙古决策服务中心。

锡林郭勒盟生态与农业气象信息

总第 XX 期

牧业气象预报预警第 XX 期

XXX 气象局　　　　　　　　　　　分析：XXX

XXXX 年 XX 月 XX 日　　　　　　　签发：XXX

XXXX 年草地冷季载畜量预报

内容提要：

一、牧业生产概况

二、XXXX 年天然草地地上生物量

三、草地冷及载畜量预报结果

四、生产建议

附表：各旗县、苏木(乡)镇 XXXX 年冷季载畜量预报

呈报：XX 委、XX 行署、内蒙古气象局领导。
报送：各旗(县)政府、XX 农牧局、XX 草原森林防火指挥部、内蒙古气象局应急与减灾处、内蒙古生态与农业气象中心、内蒙古决策服务中心。

锡林郭勒盟生态与农业气象信息

总第 XX 期

牧业气象预报预警第 XX 期

XXX 气象局　　　　　　　　　　　分析：XXX

XXXX 年 XX 月 XX 日　　　　　　　签发：XXX

XXXX 年 XX 草原季节性休牧生产建议

一、季节性休牧的意义

二、季节性休牧期确定的理论依据

三、XXXX 年季节性休牧起止期

四、生产建议

呈报：XX 委、XX 行署、内蒙古气象局领导。
报送：各旗(县)政府、XX 农牧局、XX 草原森林防火指挥部、内蒙古气象局应急与减灾处、内蒙古生态与农业气象中心、内蒙古决策服务中心。

图 D.1　服务产品示例

附录F 草地畜牧业气象服务工作相关指标

F.1 放牧绵羊接羔保育气象服务指标(表F.1)

表F.1 放牧绵羊接羔保育气象服务指标

指标	有利	较有利	不利
温度	>0℃	0℃~−10℃	<−10℃
相对湿度	30%~50%	20%~30%,50%~70%	<20%,>70%
风力>5级日数	<4天	4~8天	>8天
24小时降温>8℃、过程降水>5mm日数	<2天	2~5天	>5天
前期积雪深度	<15 cm	15 cm~30 cm	>30 cm

F.2 家畜饱青期气象服务指标(表F.2)

表F.2 家畜饱青期气象服务指标

指标	草甸草原	典型草原	荒漠草原
牧草高度	>10cm	>10cm	>10cm
地上生物量(鲜重)	>50 kg/hm²	>30 kg/hm²	>10 kg/hm²
稳定通过界限温度	5℃	5℃	5℃

F.3 抓绒剪毛期气象服务指标(表F.3)

表F.3 抓绒剪毛期气象服务指标

指标	适宜	较适宜	不适宜
日照时数	>8h	3~8h	<3h
温度	10~15℃	5~15℃,15~20℃	<5℃,>20℃
相对湿度	<50%	50%~70%	>70%
风力>4级日数	<2天	2~4天	>4天
抓绒剪毛后7日内24小时降温>8℃、降水>10 mm日数	无	1~2天	>2天
抓绒剪毛时地上生物量(鲜重)	>500kg/hm²	10~50 kg/hm²	<10 kg/hm²

F.4 家畜保膘气象服务指标(表F.4)

表F.4 家畜保膘气象服务指标

指标	有利	较有利	不利
最低温度	<−5℃	−5~−25℃	>−25℃
相对湿度	40%~60%	20%~40%,60%~80%	<20%,>80%
风力>5级日数	<8天	8~15天	>15天
24小时降温>6℃日数	<5天	5~10天	>10天
白毛风天气日数	<5天	5~15天	>15天
积雪深度	<15 cm	15~30 cm	>30 cm

F.5 家畜抓膘气象服务指标(表 F.5)

表 F.5 家畜抓膘气象服务指标

指标	有利	较有利	不利
最高温度	10~20℃	5~10℃,20~25℃	<5℃,>25℃
相对湿度	40%~60%	20%~40%,60%~80%	<20%,>80%
风力	2~4 级	1~2 级,4~5 级	>5 级
24 小时降温>6℃日数	<3 天	3~8 天	>8 天
冷雨日数	<2 天	2~5 天	>5 天
连续 3 天阴雨天次数	<2 天	2~5 天	>5 天

F.6 草地冷季载畜量预报模型

草地冷季载畜量预报模型为:

$$M = \sum_{i=1}^{n} \frac{Y_{ci}}{e \cdot t} + \sum_{i=1}^{n} \frac{(g_i \cdot Y_i - Y_{ci} + Y_{di}) \cdot a_i \cdot b_i}{e \cdot t} \left[1 - \frac{F(1)}{p_i \cdot f(h)} \right] \quad (F.1)$$

式中:M 为草原冷季载畜量(羊单位);i 代表草原类型,当 $i=1$ 时为荒漠草原,当 $i=2$ 时为典型草原,当 $i=3$ 时为草甸草原;Y_i 为不同草原类型草地地上净生物量鲜重(kg),既可根据气候生产力模式计算,也可利用气象卫星监测;Y_{ci} 为冷季贮草量(kg);Y_{di} 为冷季贮草调入调出量(kg);g_i 为草地产量最高时牧草干鲜比(%);a_i 为冷季不同草原类型草地可利用率(%);b_i 不同草原类型牧草保存率(%);e 为冷季 1 个羊单位的日采食量(kg);t 为冷季日数(d)。

F.7 寒潮预警指标(表 F.6)

表 F.6 寒潮预警指标

预警信号		图标	指标				对牧业生产的影响及防御措施
			时间(h)	气温下降(℃)	最低气温(℃)	风力	
寒潮预警	蓝色预警	℃寒潮 蓝 COLD WAVE	48	≥8	≤4	≥5 级以上并可能持续	做好防风防寒准备工作
	黄色预警	℃寒潮 黄 COLD WAVE	24	≥10	≤4	≥6 级以上并可能持续	做好防风防寒工作,对牲畜、家禽等采取防寒措施。做好防风工作,对牲畜、家禽等采取防寒措施
	橙色预警	℃寒潮 橙 COLD WAVE	24	≥12	≤0	≥6 级以上并可能持续	做好防风防寒工作,对畜牧业要积极采取防霜冻、冰冻等防寒措施,尽量减少损失
	红色预警	℃寒潮 红 COLD WAVE	24	≥16	≤0	≥6 级以上并可能持续	做好防风防寒工作,畜牧业等要积极采取防霜冻、冰冻等防寒措施,尽量减少损失

F.8 沙尘暴预警指标(表 F.7)

表 F.7 沙尘暴预警指标

<table>
<tr><th rowspan="2">预警信号</th><th rowspan="2">图标</th><th colspan="2">指 标</th><th rowspan="2">对牧业生产的影响
及防御措施</th></tr>
<tr><th>时间
(h)</th><th>强度</th></tr>
<tr><td rowspan="3">沙尘暴预警</td><td>黄色预警</td><td></td><td>12</td><td>沙尘暴天气(能见度小于1000m),或者已经出现沙尘暴天气并可能持续</td><td></td></tr>
<tr><td>橙色预警</td><td></td><td>6</td><td>强沙尘暴天气(能见度小于500m),或者已经出现强沙尘暴天气并可能持续</td><td></td></tr>
<tr><td>红色预警</td><td></td><td>6</td><td>特强沙尘暴天气(能见度小于50m),或者已经出现特强沙尘暴天气并可能持续</td><td></td></tr>
</table>

F.9 大风预警指标(表 F.8)

表 F.8 大风预警指标

<table>
<tr><th rowspan="2">预警信号</th><th rowspan="2">图标</th><th colspan="2">指 标</th><th rowspan="2">对牧业生产的影响
及防御措施</th></tr>
<tr><th>时间
(h)</th><th>风力(级)</th></tr>
<tr><td rowspan="4">大风预警</td><td>蓝色预警</td><td></td><td>24</td><td>平均风力可达6级以上,或者阵风7级以上;或者已经受大风影响,平均风力为6~7级,或者阵风7~8级并可能持续</td><td>加强畜群管理以防走散,注意草原防火</td></tr>
<tr><td>黄色预警</td><td></td><td>12</td><td>平均风力可达8级以上,或者阵风9级以上;或者已经受大风影响,平均风力为8~9级,或者阵风9~10级并可能持续</td><td>加强畜群管理以防走散,注意草原防火</td></tr>
<tr><td>橙色预警</td><td></td><td>6</td><td>平均风力可达10级以上,或者阵风11级以上;或者已经受大风影响,平均风力为10~11级,或者阵风11~12级并可能持续</td><td>加强畜群管理以防走散,注意草原防火</td></tr>
<tr><td>红色预警</td><td></td><td>6</td><td>平均风力可达12级以上,或者阵风13级以上;或者已经受大风影响,平均风力为12级以上,或者阵风13级以上并可能持续</td><td>加强畜群管理以防走散,注意草原防火</td></tr>
</table>

F.10 暴雪预警指标(表 F.9)

表 F.9 暴雪预警指标

预警信号		图标	指标		对牧业生产的影响及防御措施
			时间(h)	降水量(mm)	
暴雪预警	蓝色预警		12	≥4 降雪持续	可能对交通或者农牧业有影响。农牧区和种养殖业要储备饲料,做好防雪灾和防冻害准备
	黄色预警		12	≥6 降雪持续	可能对交通或者农牧业有影响。农牧区和种养殖业要储备饲料,做好防雪灾和防冻害准备
	橙色预警		6	≥10 降雪持续	可能或者已经对交通或者农牧业有较大影响。加固棚架等易被雪压的临时搭建物,将户外牲畜赶入棚圈喂养
	红色预警		6	≥15 降雪持续	可能或者已经对交通或者农牧业有较大影响。做好牧区等救灾救济工作